左手博弈论
右手心理学

——大全集——

（第一卷）

张维维　编著

中国华侨出版社

图书在版编目(CIP)数据

左手博弈论 右手心理学大全集/张维维编著．—北京：中国华侨出版社，2011.7

ISBN 978-7-5113-1520-5

Ⅰ.①左… Ⅱ.①张… Ⅲ.①心理学－通俗读物 Ⅳ.①B84-49

中国版本图书馆CIP数据核字（2011）第114677号

左手博弈论 右手心理学大全集

编 著：张维维
责任编辑：博 艾
封面设计：法思特书装
文字编辑：万永勇
美术编辑：刘欣梅
经 销：新华书店
开 本：710mm×1040mm 1/16 印张：52 字数：850千
印 刷：北京中创彩色印刷有限公司
版 次：2011年7月第1版 2011年7月第1次印刷
书 号：ISBN 978-7-5113-1520-5
定 价：296.00元（全四卷）

中国华侨出版社 北京市朝阳区静安里26号通成达大厦三层 邮编：100028
法律顾问：陈鹰律师事务所
编 辑 部：(010) 64443056 64443979
发 行 部：(010) 58815875 传真：(010) 58815857
网 址：www.oveaschin.com
E-mail：oveaschin@sina.com

前　言

　　博弈论原是数学运筹中的一个支系，是一门用严谨的数学模型研究冲突对抗条件下最优决策问题的理论。因此，说起博弈论，我们常常会想起大量的数学模型和复杂公式。其实，博弈论不是学者们用来唬人的把戏，它是对世事的一种有效的分析方法。常言道：世道如棋，在社会人生的博弈中，人与人之间的对立与斗争会淋漓尽致地呈现出来。博弈论的伟大之处正在于其通过规则、身份、信息、行动、效用、平衡等各种量化概念对人情世事进行了精妙的分析，清晰地揭示了当下社会中人们的各种互动行为、互动关系，为人们正确决策提供了指导。博弈论不仅在政治斗争、军事战略、商场竞争、国际外交等场合得到广泛的运用，而且在日常生活中人们也在不自觉地使用博弈论来以最小的代价获取最大的收益，比如股市上等待庄家抬轿的散户；等待产业市场中出现具有赢利能力的新产品，继而通过大举仿制而牟取暴利的游资；公司里不创造效益但分享成果的人；等等。当今社会，人与人的关系日益博弈化了，不管懂不懂博弈论，每个人都处在这世事的弈局之中，都在不断地博弈着。我们日常的工作和生活就是不停地博弈决策的过程。每天都必须面对各种各样的选择，在各种选择中进行适当的决策。去单位工作，总要关注领导、同事的举动，据此采取自己适当的对策；平日生活里，结交哪位当朋友，选择谁人做伴侣，其实都在博弈之中。生活中的每个人如同棋手，其每一个行为如同在一张看不见的棋盘上布一个子，精明慎重的棋手们相互揣摩、相互牵制，人人争赢，下出诸多精彩纷呈、变化多端的棋局。因此，在这社会人生的弈局中，每个人都必须懂得博弈论的策略思维，这样才能相机而动，聪明地立身处世。

　　心理学是一门研究人的心理活动规律的科学，通过观察、研究人的心理过程是怎样的，人与人之间有什么不同以及为什么会有这样和那样的不同，即人的人格或个性，包括需求、动机、能力、气质、性格和自我意识等，从而得出适用人类的一般性的规律，继而运用这些规律更好地服务于人类的日常生活。心理学比其他学问更加直接、更加频繁地影响着人们的生活，人际关系中各种的问题，都与心理学有着千丝万缕的联系，一旦掌握了相关的心理学知识，许多工作和生活中的难题就能迎刃而解。比如：如何让他人喜欢自己？如何让他人积极效力？如何化解他人的敌意？如何隐藏自己的真实想法？如何掌控人生的主动权？如何出其不意地操纵对方？如何顺势将对方制服？如何让对手永远无法击败自己？……在生活中，如果你懂得运用心理学，那么你不仅能够给别人留下好印象，还能帮助你建立起宽广的人脉；在事业上，如果你懂得运用心理学，那么你不仅能够开拓商机，打动合作伙伴和客户的心，还能让身边的同事或者上级对你赞赏有加；在求人办事中，如果你懂得运用心理学，那么你就能够以好口才打动人心，凭好策略成为办事高手；在情场上，如果你懂得运用心理学，那么你就能得偿所愿，赢得心上人的爱……总之，懂得心理学，可以让你更加了解自我、看穿他人、驾驭人心、支配环境，在复杂的人际关系中摆脱被动局面，占据主导地位，利用行之有效的方法，从心理层面影响与控制他人。

在现实生活中，博弈论与心理学总是密不可分的，它们如影随形，相互为用：有博弈的地方，必有心理学；有心理学的地方，必有博弈。任何一个博弈的背后都必定交织着人的复杂的心理变化和人们相互之间的心理对抗，而人的心理起伏变化也总是在人们的相互博弈之中发生的。具体来说，博弈论从理性的角度为人们制定决策提供了正确的指导方案，但这一方案在付诸执行之前，仍然是理论上的，它需要现实的人去执行。而人不是机器，他在执行决策的过程中必定要经历复杂的心理变化，甚至面临极为艰巨的心理挑战，执行者若过不了心理这一关，哪怕他再聪明，再有正确的决策，最终也只能一败涂地，扼腕长叹。所谓"因人成事"，说的就是这个道理。更为重要的是，只有懂得人的心理变化规律，能够看透人心，读懂他人的微妙心思，搞懂对方每一个表情、每一个动作所传达出来的信息，并对其作出精准的判断，你才能得知他们内心真正的想法，从而在博弈中获得强有力的信息支持，正确决策自己该扮演什么样的角色、说什么样的话、做什么样的事，做到知己知彼，百战不殆。因此，我们在实际运用中，必须把博弈论与心理学结合起来，一手博弈论，一手心理学，以博弈论的理性思维把握策略的大方向，以心理学的探照灯照亮前进道路上的每一个坑坑洼洼，才能成为人生的终极赢家。

目　录

左手博弈论，智慧决策自己的一生

右手心理学，把握人性才能掌控人心

第一章　慧眼阅人识其品性

左手博弈论，

智慧决策自己的一生

　　说到博弈论，很多人都会被相关著作中大量的数学模型吓倒。其实，博弈论不是学者们用来唬人的把戏，而是一种思维方法，一种为人处世的哲学。"博弈"的目的在于运用巧妙的策略，把复杂的问题简单化。博弈时时存在，它就在你我的身边。人们之所以在生活中学习博弈论，不是为了享受博弈分析的过程，而是为了赢取更好的结局。让我们走进博弈的世界，通过日常生活中常见的博弈，来了解博弈论的基本思想及其运用，并寻求用博弈的智慧来指导生活、工作的决策。

第一章
最佳选择的博弈
——走哪条路才最顺遂

选择的意义很重要。俗话说："男怕选错行，女怕嫁错郎。"选择对一个人的事业成功、婚姻幸福，都起着关键作用。在经济领域，选对战略目标，是企业成功的先决条件。选择又是充满智慧的。博弈论中"酒吧博弈"的故事告诉我们，多方动态的选择博弈纷繁复杂，难以作出最优选择，在尽可能多地掌握信息的前提下，按照"少数人博弈"理论，避免作出与大多数人相同的选择是不错的决策。在选择的方向上努力，也许会感觉到越来越困难，这时，往往正是接近成功的时候，所以，这时需要更加坚定地选择坚持，因为很快就要突破量变的临界点迎来质变。不要总是跟随在"大多数"的背后追逐所谓的"热门"，勇敢地做"极少数"，去走不寻常之路，这样才能开辟广阔的蓝海，才能脱颖而出成为杰出者。当然，做"极少数"，走不寻常之路并不是被动地听天由命，而是需要积极地探索和用心地识别。

"酒吧博弈"告诉我们什么

"酒吧博弈"反映的是一种众多不同特征参与者共同进行一场动态博弈难于作出理想决策的现象。根据"少数人博弈"理论，能够发现大多数博弈者的想法和决策特征，也许对作出更好的决策有所帮助。

"酒吧博弈"是由美国著名的经济学专家布莱恩·阿瑟教授于1994年提出的，来源于一家真实存在的名为爱尔法鲁的酒吧。其理论模型是这样的：

每周末，爱尔法鲁酒吧主打爱尔兰音乐时就会出现大爆满。当然，如果太拥挤的话，也会破坏气氛，那么许多人就宁可待在家里了。但问题是，所有人都有类似的想法。假如有100个人很喜欢泡酒吧，这些人在每个周末，都要决定是去酒吧活动还是待在家里休息。酒吧的容量是有限的，也就是说座位是有限的。如果去的人多了，人们会感到不舒服。此时，他们感觉待在家中比去酒吧更舒服。假定酒吧的容量是60人，如果某人预测去酒吧的人数超过60人，他的决定是不去，反之则去。这100人如何作出去还是不去的决定呢？

阿瑟的解决方式如下：如果爱尔法鲁晚上顾客不超过60人，每个人都会很尽兴。反之，要是超过60人，将没有人开心。于是，人们只有在估计酒吧客人不超过60人的情况下才会去，否则便待在家里。那么，周末晚上人们到底该怎么估计呢？阿瑟先确定，这没法用数学方式解决，因为不同的人会有不同的策略。有些人就只简单假设，本周末的客人数目大概和上周末晚上差不多；有些人则回想上次他们去那儿时，酒吧里大约有多少人；有些人则采用平均法，抓出前几个周末的平均客人数。另外还有些人则猜测，本周人数会与上周相反（也就是说，如果上周客人少，本周客人就会多）。

这个博弈的前提条件做了如下限制：每一个参与者面临的信息只是以前去酒吧的人数，因此，他们只能根据以前的历史数据，归纳出此次行动的策略，没有其他的信息可以参考，他们之间更没有信息交流。这就是著名的"酒吧博弈"。

"酒吧博弈"所呈现的情况，非常接近于一个赌博者下注时面临的情景，比如股票选择、足球博彩等。这个博弈的每个参与者，都面临着这样一个困惑：如果许多人预测去的人数超过60人而决定不去，那么酒吧的人数会很少，这时候作出的这些预测就错了。反过来，如果有很大一部分人预测去的人数少于60人，他们因而去了酒吧，则去的人会很多，此时他们的预测也错了。因而一个作出正确预测的人应该是，他能知道其他人如何作出预测。总的看来，在这个问题中每个人预测时面临的信息来源都是一样的，即过去的历史。不过，他们分析信息的方法不一样，他们所依据的信息片段不一样，最终导致他们作出的决策也不一样。

生活中有很多例子与"酒吧博弈"的道理是相通的。"股票买卖"、"交通拥挤"以及"足球博彩"等问题都是这个模型的延伸。对这一类问题一般称之为"少数人博弈"。

例如，在股票市场上，每个股民都在猜测其他股民的行为而努力与大多数股民不同。如果多数股民处于卖股票的位置，而你处于买的位置，股票价格低，你就是赢家；而当你处于少数的卖股票的位置，多数人想买股票，那么你持有的股票价格将上涨，你将获利。在实际生活中，股民采取什么样的策略是多种多样的，他们完全根据以往的经验归纳作出自己的决策。但在这种情况下，股市博弈也可以用"少数人博弈"来解释。

"少数人博弈"中还有一个特殊的结论，即：记忆长度最长的人未必一定具有优势。因为，如果确实有这样的方法的话，在股票市场上，人们利用计算机存储的大量的股票的历史数据就肯定能够赚到钱了。而这样一来，人们将争抢着去购买存储量大、速度快的计算机了，在实际中人们还没有发现这是一个炒股必赢的方法。"少数人博弈"还可以应用于城市交通。现代城市越来越大，道路越来越多、越来越宽，但交通却越来越拥挤。在这种情况下，司机选择行车路线就变成了一个复杂的"少数人博弈"问题。在这个过程中，司机的经验和司机个人的性格起着重要作用。有的司机因有更多的经验而能躲开塞车的路段；有的司机经验不足，往往不能有效避开高峰路段；有的司机喜欢冒险，宁愿选择短距离的路线；而有的司机因为保守而宁愿选择有较少堵车的较远的路线；等等。最终，不同特点、不同经验的司机的道路选择，决定了道路的拥挤程度。

"酒吧博弈"所反映的社会现象，正像阿瑟教授说的那样，我们在许多行动中，要猜测别人的行动，然而我们没有更多的关于他人的信息，我们只有通过分析过去的历史来预测未来。如果能从中发现大多数人的预测和决策特征，或许能作出更接近理想的决策。

把握混沌世界里的临界点

量变引起质变，质变是量变积累的结果，当量变积累到一定程度，质变就会发生。对于我们的努力来说，量变质变的道理告诉我们要坚持向自己的目标努力积累。俗话说："行百里路半九十。"在最困难、最难坚持的时候，往往就是最接近质变、最接近成功的时候。

自然界万物，都有一个由一种状态转变为另一种状态的"临界点"。如水加热至 100℃ 便会沸腾，变为开水（气压低的高原地区除外）；固体铁，遇 1530℃ 以上高温就会熔化成铁水。人类社会与自然界万物，虽不能一丝不差地契合，但道理相通，许多情况实际上也有一种"临界点"、"临界线"。我们要适时地把握住这些"临界点"坚持自己努力的方向，最终达到成功。

在生活中很多人都有过这样的经历：当你去爬山，爬了一段的时候，会感到筋疲力尽，再也不想往上爬了，但只要咬紧牙关坚持下去，过一会儿你就会感到全身开始舒服起来，爬山的乐趣油然而生。在你咬紧牙关的那一刻，就是你做一件事情的"临界点"。如果你能坚持下去，就会挺过"临界点"，进入一种新的境界，不再害怕接下来面对的更长、更困难的挑战，而且还能在迎接挑战的过程中感到身心愉悦，获得一份成就感和一份自信。

在学习中，我们也会遇到临界点。比如，背诵英语单词。很多人在刚开始背单词的时候发现并不难，一天能背几十个甚至上百个，但过了一段时间就会发现，原来背过的单词很多都已忘记，于是产生了强烈的挫折感。新的单词越来越多，不断重复的背单词便成了一件痛苦的事情，直到最后终于放弃了背单词的努力，前功尽弃。其实在这个时候，只要再坚持一下，越来越多的单词就会被牢牢记住，你也会逐渐摸索出一套适合自己的记忆方法，因此你背单词的速度也会越来越快，背单词也就成为了一种乐趣。你也就闯过了背单词的"临界点"。

在工作中要想取得成功，也需要我们有闯过"临界点"的勇气和坚持到底的毅力。

有一个故事，讲的是有一个人到处寻找金矿，他在自己的那块土地上挖了个遍，结果一无所获，最后只能绝望地卖掉了土地。而买他土地的那个人，只在他挖的土地的基础上挖了几下，就挖出了金矿。想必事后，这个人一定会为自己卖掉土地而懊悔不已。"行百里者半九十"，"九十"就是"临界点"。倘若自己能闯过这个"临界点"，再坚持一下，结果就完全不同了。

人生中，有很多事情通常很容易开始，但往往很难有圆满的结局。因为圆满意味着必须走完全程，意味着必须经历千难万险，意味着在到达"临界点"的时候必须咬紧牙关拖着疲惫的双腿向前奔跑。但是只要你能跨越这个"临界点"，只要你能忍受黎明前那最黑暗的一刻，太阳就一定会带着满天灿烂的朝霞为向着东方奔跑的你升起。

事物都有一个度，也叫"临界点"。一旦事物突破了"度"或超越了"临界点"，就会发生质变。"物极必反"即谓此。生活中我们常说的"掌握火候"、"注意分寸"、"留有余地"、"有所节制"，说的就是要把握好人生的临界点。大凡一个有作为的人，一定是有能力、有魄力者。而这种能力、魄力又是一柄"双刃剑"，如果不注意把握限度，就会伤了自己，事与愿违。魄力与专横，自信与自负，沉着与寡断，坚韧与固执之间并没有不可逾越的鸿沟。

在历史的长河中，人生是短暂的。但它始终处于发展变化之中，好与坏、成与败、善与恶、荣与辱、顺与逆都有个"临界点"，如何把握这些"临界点"，是对我们人生的一个严峻考验。倘若我们既魄力宏大而又虚怀若谷，那么就一定能在工作中获得更大成功。高尚与卑鄙、伟大与渺小、英雄与懦夫、留名千古与遗臭万年，其形成往往也在一瞬之间。不清楚人生变化的"临界点"，不会在"临界点"内把握自己，结果就可能带来遗憾与悔恨。上苍总是把那些对立的东西黏合在一起来锻炼人的德行与智慧。那些在人生道路上取得辉煌成就的人，无不具有清醒的自我意识，善于抑制自己的欲望，永葆事业的青春。而那些在人生达到巅峰之后又跌入低谷的人，其失败的原因并非能力所致，往往是无度的欲望为其挖掘了"陷阱"。有道是"欲生于无度，邪生于无禁"。一个理智的人，必然生活在适度的环境中。因此，我们在诱惑、利害和得失面前切不可放纵，应该在生活实践中善于把握事物发展变化的"临界点"。

做 "大多数" 是不可能杰出的

当机会被70％的人掌握时，它已不再是机会了。做到杰出，就要敢于和善于做开辟蓝海的"极少数"。

玩过股票的人都知道，当大家都在追涨时，你如果跟着追，那么股市中血本无归的失败者中肯定少不了你。生活中有这样一句话，"第一个把姑娘说成花的人是天才，第二个夸姑娘长得比花还漂亮的人是聪明人，第三个跟着称赞姑娘美得像花的人是不折不扣的蠢才"。下面从职场和投资两个方面来谈谈这个话题。

没有人愿意成为失败者和蠢才，因此人们总是竭力避免讲别人讲过的话，做别人做过的事。遗憾的是，职场上有相当部分求职者出于急于求成的心理，也许是因为一些用人企业总爱给求职者"下套"，他们在不知不觉中就变成了"失败者"和"蠢才"。

有家公司招管理人员，给出的题目是：用发给的一支气压计，测出一幢20层大楼的高度。一时间，应聘者们绞尽脑汁苦想种种办法，有的楼上楼下跑来跑去量气压，利用物理知识繁琐地计算；有的爬上屋顶，将气压计系上长长的绳子，一次又一次忙乱地测量；有的则到资料堆中埋头翻阅，希望找到一个更好的方法或公式……有个人却拿着气压计来到大楼管理处，对一位老者说："大爷，这支气压计送给您，请您告诉我这栋大楼的高度。"结果这位没花什么力气的聪明人入选了。

同样的考题，同样的条件，为何聪明人只有一个？其实，聪明人之所以聪明，就在于他用与众不同的方法解决问题。回过头来看，此人解决问题的方法其实非常简单，可在谜底揭开之前，又有几个人能有人说跟着大家走不易犯错误，可对于求职这样一件不要"大家"只要"个别"的事来说，它所导致的结果可能正好相反。如果你选择了和"大家"一样，你就只能是失败的"大家"中的一分子，而不是那个成功的"个别"。成功就是这么简单，不做大家都在做的事，你才能成功地做好每一件事。

"如果总是做显而易见或大家都在做的事，你就赚不到钱"，"对于理性投资，精神态度比技巧更重要"，这是格雷厄姆在《聪明投资者》一书中开篇说的两句话。这两句话是对当代投资出现的一些新现象的精辟的注解：第一句话说明，我们生活在中国的环境中，是多么幸福的事，如果大家都采用价值投资方法投资股市，那就都赚不到钱了。现实情况是，在欧美普遍接受了价值投资理论以后，市场上已很难找到被低估的股票了。第二句话说明，格雷厄姆的投资方法非常简单，但知易行难，即使你掌握了方法技巧，但没修炼成价值投资的精神态度，你一样赚不到钱。

罗杰斯是投资界的传奇人物，国际著名投资大师，巴菲特评价其"对市场大趋势的把握无人能及"。罗杰斯曾说，假如每个人都嘲笑你的想法，这就是你可能成功的预兆！罗杰斯还说，假如周遭的人都劝你不要做某件事，甚至嘲笑你根本不该去做，你就可以把这件事当做可能成功的指标。这个道理非常重要，你一定要了解：与众人反向而行是需要勇气的。事实是，这世界上从不曾有哪个人是只靠"从众"而成功的。

做大多数人都看不懂的事情，做大多数人不愿意做的事情，做大多数人都觉得不可能的事情。因为等到大多数人都看懂了，大多数人都愿意去做了，大多数人都觉得可以做的时候，也许机会就不属于你了，那也就不是机会了！

脱颖而出的先决条件是猜透别人的心

"知己知彼，百战不殆。"掌握了别人的心思，别人的行动也在你的预测之中，从而也就掌握了竞争的主动权。那么在竞争中赢得胜利，脱颖而出也是水到渠成的事。

商场如战场，在没有硝烟的商战中，面对激烈的竞争，谁主沉浮？企业如何才能在优胜劣汰的竞争中如鱼得水呢？最重要的一点，就是要"知己知彼"。何谓"己"，何谓"彼"呢？从商业经营管理的角度来说，所谓"己"，主要是指经营者自身所属的各种因素，这些因素是全方位的，它们涵盖了经营管理者自身的每一个环节。所谓"彼"，从广义的角度来说，所有的外在条件都属于"彼"的范畴。而从狭义的角度来说，"彼"又可以特指经营管理的对象——即已有的客户和目标消费者。

对于每一位有志于从事商业经营活动或者正在从事商业经营活动的人来说，当你涉足某一行业的时候，首先应当事先调查同行的情况，了解这一行业的现状及发展前景，这是日后掌握时机取得成功的关键之一。了解同行，就可以得到市场上的各种信息，熟悉同行的盈亏，正确地把脉市场，看到自己经营的前途。其次应当明白这一点：消费者就是我们的衣食父母，是上帝，应当细致深入地去分析研究、透彻了解、准确把握他们的各种情况，真正做到知己知彼。

那么，怎样才能有效地实施"知己知彼"的策略呢？

具体运作的手法有很多，不同的商家有不同的运作手法。其中最为常用、最为重要、最为有效的方法之一，便是认真细致做好市场调研工作，掌握消费者的第一手资料，把它作为经营决策的依据。国外许多有名的大公司在这方面做得非常到位，很值得我们好好借鉴。为了在经营管理上真正做到"知己知彼"，国外的某些公司对消费者有关情况的了解，竟然超过了母亲对儿女的了解。而且，有的甚至是连消费者本人都不甚知道或者从来没有了解过的东西或事情，他们却了解得一清二楚！

美国《华尔街日报》有一篇文章这样写道：

"没有别人比妈妈更了解你，可是，她知道你有几条短裤吗？"

"妈妈知道你往水杯里放了多少块冰块吗？"

可是，可口可乐公司却知道！

这篇文章说的是：可口可乐公司经过深入细致地调查后发现，人们在每杯水中平均放 3.2 块冰块，每人平均每年看到该公司的 69 条广告。又例如，麦当劳公司通过市场调查，准确地知道，在某个国家，每人每年平均吃掉 156 个汉堡包，95 个热狗。而汉宝公司更是妙绝，它曾经秘密地调查过，消费者在使用卫生纸时是叠起来用还是折起来用，连各自的比例是多少都有记录。

在美国，有 73% 的企业都有非常正规的市场调研部门，专门负责对产品的调查、预测和咨询工作，并且在每一个产品进入新市场时都进行专门的市场调查，及时了解消费者的使用情况。

很显然，深入细致的市场调查是"知己知彼"的重要手段，是作出正确的经营决策的主要依据，假如不进行深入细致的市场调查，决策者又怎么能够做到"知己知彼"呢？又怎么能正确无误地作出正确的决策呢？

这个道理似乎人人都十分明白，但是，在经营管理的实际操作中，真正能够做到知己知彼的人又有几个呢？

在一次主办国为南非的国际展会上，某家用电器公司想当然地认为南非既然是非洲国家，一定会很热，所以只带去了冷风空调器，哪知到了南非后，才发现那里冬天的天气也很冷，后悔没有带冷热两用空调器来。还有的企业更加离谱，带去的参展产品竟然是甘蔗大砍刀，而南非根本就不种植甘蔗！类似这样可笑的"知己"不"知彼"的例子实在太多了。

下面我们再来看一个反面的例子：

大白鲨酒楼是以经营广东粤菜、打边炉、蛇餐等为主要特色的酒楼，位于北京北二环路和新街口交叉路口，背靠商业区，又面临交通顺畅的二环路，地理位置相当不错。走进大白鲨酒楼，你可以看到它西边风景秀丽的什刹海。坐在一层楼的餐桌前，可以欣赏到窗外什刹海波光粼粼的湖面。清风吹来，感觉甚为惬意。真是一个品尝美食的好地方。

然而，就是这样一个地理位置优越、环境舒适典雅的餐厅，开业以来，一直人气不旺，每到吃饭时间，上座率还不到 30%。这是为什么呢？深入研究它的问题，不难发现，惨淡经营的原因就在于它既不"知己"也不"知彼"。

首先是不"知己"。酒楼内部的格局设计得并不是很实用，也不尽合理。比如，每一层都是小餐桌，最多只能容纳四个人同时就餐，没有大圆桌，这样对多人就餐十分不便。而且桌子的布置过于密集，给人一种非常局促的感觉。在经营项目上，打边炉和吃蛇餐不符合大多数北方人的口味，明显货不对板。

其次，存在着明显的不"知彼"。不了解食客的偏好和需求。北京的食客遍尝大江南北各种菜系，吃来吃去还是觉得家常菜最亲切。这几年来，北京菜馆盛行的是北京菜、川菜、东北菜，而广东粤菜因为在口味上与北方人差距较大，在北京始终难成气候。而且，北方人对蛇餐并不感兴趣，偏偏该酒楼的菜谱上便有恐怖的群蛇照片！很显然，这与北京食客的偏好和需求是极不相符的。

既不"知己"，又不"知彼"，怎么能够赢得市场呢？不过，现在的大白鲨酒楼已经彻底改变了，取而代之的是京味大众菜、特色菜，所以生意也越来越好。

"知己知彼"是"百战不殆"的前提条件，只有对双方的情况了如指掌，才能捕捉到更佳的商机，为自己的商业活动找到更合适的突破口，取得市场竞争的更大胜利。

推倒多米诺骨牌只需轻轻一碰

"冰冻三尺，非一日之寒"，"滴水穿石，非一日之功"。令人惊异的极致效果的出现往往是点点滴滴日积月累的结果。神奇的多米诺骨牌效应能化一指之力为镇厦之功，正是积累的力量的体现。人的努力也是可以累加的，台上一分钟的精彩，正是台下十年功累加的结果。

东晋时，有人将大将桓温与王敦相提并论，桓温很不高兴，他最愿意与著名将领刘琨比较。刘琨曾经北伐夺取土地，桓温也曾北伐为东晋争得大片土地。刘琨在后世并不如桓温有名，但他有风度有雄才，曾成为一时的风云人物。

桓温北伐的时候，遇到一位刘琨家从前的歌伎。桓温非常高兴，赶紧回屋披上最威武的盔甲，再去喊那个歌伎来，让她仔细瞧瞧，是不是真的很像刘琨。这个歌伎说了一连串可爱而尖锐的排比句："脸面很像，可惜薄了点；眼睛很像，可惜小了点；胡须很像，可惜红了点；身材很像，可惜矮了点；声音很像，可惜细了点。"桓温听了大受打击，回屋一阵风似的把身上的披挂剥下，好几天闷闷不乐。

为什么会这样，因为这位歌伎用了五个"可惜"，最终得出的结论却是不言而喻：不像。因为每一个"可惜"虽然只有那么一点点改变，但是加起来却完全推翻了桓温与刘琨相像的前提。

头上掉一根头发，很正常；再掉一根，也不用担心；还掉一根，仍旧不必忧虑……但长此以往，一根根头发掉下去，最后秃头出现了。哲学上叫这种现象为"秃头论证"。

一群蚂蚁选择了一棵百年老树的树基安营扎寨。为建设家园，蚂蚁们辛勤工作，挪移一粒粒泥沙，又咬去一点点树皮……有一天，一阵微风吹来，百年老树轰然倒地，逐渐腐烂，乃至最终零落成泥。在生物学中，这种循序渐进的过程也有个名字，叫"蚂蚁效应"。

第一根头发的脱落，第一粒泥沙的离开，都只是无足轻重的变化。当数量达到某种程度，才会引起外界的注意，但还只是停留在量变的程度，难以引起人们的重视。一旦量变达到"临界点"时，质变就不可避免地出现了！

以上这些例子，我们可以用多米诺骨牌效应来解释。

大不列颠哥伦比亚大学物理学家怀特海德曾经制作了一组骨牌，共13张，第一张最小，长9.53毫米，宽4.76毫米，厚1.19毫米，还不如小手指甲大。以后每张体积扩大1.5倍，这个数据是按照一张骨牌倒下时能推倒一张1.5倍体积的骨牌而选定的。最大的第13张长61毫米，宽30.5毫米，厚7.6毫米，牌面大小接近于扑克牌，厚度相当于扑克牌的20倍。把这套骨牌按适当间距排好，轻轻推倒第一张，必然会波及第13张。第13张骨牌倒下时释放的能量比第一张骨牌倒下时整整要扩大20多亿倍。因为多米诺骨牌效应的能量是按指数形式增长的。若推倒第一张骨牌要用0.024微焦，倒下的第13张骨牌释放的能量就要达到51焦。

不过怀特海德毕竟还没有制作出第32张骨牌，因为它将高达568米，两倍于纽约帝国大厦。如果真有人制作了这样的一套骨牌，那摩天大厦就会在一指之力下被轰然推倒!

　　这种效应的物理原理是:骨牌竖着时,重心较高,倒下时重心下降,倒下过程中,将其重力势能转化为动能,它倒在第二张牌上,这个动能就转移到第二张牌上;第二张牌将第一张牌转移来的能量和自己倒下过程中由本身具有的重力势能转化来的动能之和,再传到第三张牌上……所以每张牌倒下的时候,具有的动能都比前一张牌大,因此它们的速度一个比一个快,也就是说,它们依次推倒的能量一个比一个大。

　　也许,下面这个故事可以为我们提供一种不错的思路。

　　有个人发现某个村子卫生习惯非常差,每条街道都脏乱不堪。他想改变村民们的这种习惯,但却很难说服他们。他想了很久,最后买了一条很漂亮的裙子送给了村里的一位小女孩。

　　小女孩穿上裙子后,女孩的父亲发现她脏兮兮的双手和蓬乱的头发与漂亮的裙子极不相衬,就给她好好地洗了个澡,并把她的头发梳理整齐。这样,女孩穿着裙子就十分干净漂亮了,但她父亲发现家里脏乱的环境很快就把她的双手和裙子弄脏了,于是父亲就发动家人把家里好好地打扫了一遍,整个家都变得整洁亮堂了。很快这位父亲又发现从干净的家里出来,门口满是垃圾的过道让人十分别扭,于是他又发动家人把门口过道好好地打扫了一遍,并开始注意保持卫生,不再乱倒垃圾了。

　　不久,女孩的邻居发现隔壁整洁的环境太令人舒服了,而自家脏乱的环境却让人难受,于是他也发动家人,把屋里屋外都打扫了一遍,并开始注意保持卫生了……后来,那位好心人再到村里的时候,他发现整个村子变了样:村民们都穿着干净的衣服,村里的街道也打扫得干干净净!

　　上述理论也同样适用于我们生活中的其他领域。报纸上说,若一个人能毫不懈怠地每天阅读 500 字的文章,他有朝一日就能成为博学之士;一个组织的奋起,也许就是开始于一个员工敲开一扇普通的门。千万不要轻视了细微的力量,而且更要坚持将一丝一毫的力量积累成最后的成功!

不寻常之路不是靠蒙，要用心识别

寻常路有前人的足迹可以遵循，自然安全好走。不寻常之路没有了可沿袭的轨迹，那么，是不是就只能听天由命，靠蒙呢？不，失败一定有原因，成功一定有方法。不寻常之路的成功源自努力摸索和用心识别。

不寻常之路往往蕴含巨大的商机，只要看得准，有魄力，成功往往就在一念之间。当然，不寻常之路也充满危险，稍不小心就会全军覆没，片甲不留。不寻常之路，成功和失败共存，就看决策者的眼光了。几年前，"五谷道场"曾被业内喻为一匹黑马，仅用了短短的6年时间便做到了全国第六。其走的不寻常之路似乎能给我们一些启示。

"五谷道场"方便面在业内素来有"眼球冠军"之称。而它之所以如此受人关注，正是由于它敢于和善于不走寻常路。2006年年底，"五谷道场"诞生。它一面市便一鸣惊人，迅速区隔了原本坚硬的市场条块。铺天盖地的广告和"油炸、非油炸"之争充斥着所有媒体的版面，抢夺着无数人的眼球。当陈宝国用羽扇轻轻撩开"五谷道场"的那一刻起，原本风平浪静的"油炸"市场便被"非油炸"炸开了锅。对此，业界竞争对手纷纷指责"五谷道场"以赤裸裸地攻击竞争对手的方式制造恶性竞争。"五谷道场"是否涉嫌不正当竞争，是否涉嫌诋毁方便面其他品牌？一时间，众说纷纭。于是，迅速划分的两大阵营表现出了前所未有的"团结"。市场乱成了一锅粥。

压力之下，处于方便面行业风口浪尖上的中旺集团把咄咄逼人的"拒绝油炸，留住健康"改成了较为温和的"非油炸，更健康"，但这依旧意味着自己站在了其他油炸方便面品牌的对立面。不过耐人寻味的是，市场厮杀的序幕才刚刚拉开，"五谷道场"的市场份额却在不动声色中迅速飙升。

这肯定是一场经过了周密策划和精确实施的营销战，幕后操盘者的目的就是希望打破既有的市场格局，乱中取胜。众所周知，中国方便面市场绝大部分被油炸产品所占据。油炸产品的市场占有率，也就反映了某一品牌在方便面行业中的地位。"非油炸"的健康概念一登场，就成了油炸企业的不可承受之重。"五谷道场"选定"非油炸"为突破口，其目的就是为了在市场上兴起一场血雨腥风，因为面对强敌，创新几乎是打破市场利益格局的唯一选择。"五谷道场"一上市，不管从包装设计上，还是从其起名上都与其他品牌截然相反，甚至到了匪夷所思的地步。别人用红绿代表喜悦之情，它却用黑色；别人用"康师傅"或"统一"，它却用"道场"。如此反常之思路得出的结果是：当众人还在喋喋不休地对"五谷道场"口诛笔伐的时候，"五谷道场"却已悄然跻身一线主流品牌的行列，成为这场博杀的胜利者——这是一场精彩的对攻战，也是近年来中国营销策划界少见的精彩案例。

《孙子兵法》中有句话叫"攻其所必救"。"五谷道场"选择的攻击点，正是其他方便面企业所必救的"软肋"。在方便面的发源地日本，非油炸方便面经过多年的发展，已经牢牢占据了日本方便面行业15％以上的市场份额。如果将同样的数据移植到中国市场，则意味着每年会有40亿元左右的市场空间，这无疑是一块令人垂涎的大"蛋糕"！中国市场的众多品牌虽然也看出了其中的奥妙，但一直以来却没有动作，这其中有他们的难言之隐——投资一条非油炸的生产线，仅设备投资就需要近2000万元，而市场方面的投入则无法预料。中小品牌没有这样的实力，而一线品牌也不敢轻易涉足，因为一旦投身其中，则意味着对既有产品的否定。全面转型，放弃既得利益——固守自己的一隅市场，过得安逸而又滋润，又何必冒这样的风险呢？于是，中国方便面行业就出现了这样一幅景象：面对"五谷道场"迅猛的攻击，"大佬们"不救，则会愈加被动；而救，却正中"五谷道场"的下怀。于是"乱"境已生，所有方便面企业身在其中，均受其"累"。

难道中旺就没有这样的顾虑吗？细究之下我们发现，中旺出的其实是"按规律做事，不按规则出牌"的奇招。走非油炸的路子，大品牌不愿意做，小品牌做不了。可"非油炸"的市场份额又明摆在那里，别人不做，总要有人去做——以中旺掌门人王中旺"烈性的冲击、理性的思考"的性格，即使冒再大风险，树再多的"敌人"，"成王败寇"的道理他是懂的。而刺激着王中旺创新的理由其实非常简单，那就是"非油炸"方便面巨大的市场需求。王中旺号准了市场需求那跳动的脉搏，将方便面行业潜在的市场需求变成了现实的需求，从结构上填补了方便面市场的需求空白，丰富了产品的种类，辅之以差异化的市场定位和出奇制胜的营销手段，精确打击的结果，自然也就使他收获了大把的市场份额。从这一点来看，王中旺和他的"五谷道场"怎么也不像一个莽撞的叛逆者，倒更像是一个机警、凶猛的掠食者。

从理论上来说，尽管业界的争论非常激烈，但"油炸"、"非油炸"之争尚无定论。不过，争论归争论，那是学者们的事情；对王中旺而言，重要的是实际的行动而不是口头的争论，毕竟质量、销售额、市场份额、利润等硬指标不是争论出来的——于是，烈性的王中旺果断出招，"理性"的王中旺剑走偏锋，独辟蹊径——从名不见经传到家喻户晓。

这一被业内人士评价为"以弱搏强"的经典案例被列入 2005 年中国营销策划 50 强。事实上，如果"五谷道场"按传统的营销套路进行操作，恐怕花一个亿也很难达到目前的效果。而今天的"五谷道场"，至少在"非油炸"方便面这一块，俨然已是"三分天下有其一"的一方诸侯，相比之下，王中旺显然技高一筹。

多年来，方便面行业形成了一个较稳定的市场格局，然而，它就像一个文采枯竭的诗人，需要注入新的素材和思想"血液"了。"油炸"、"非油炸"之争，必将对整个方便面市场进行一次重新洗牌，不愿面对现实进行变革的企业，将成为此次洗牌的牺牲品，而敢于迎接挑战的企业将获得涅槃重生。

"五谷道场"走了这样一条与众不同的路：区隔市场板块、重新洗牌，利用"非油炸"这一利器对市场进行冲击，同传统品牌直接叫板，建立起令其他品牌汗颜的差异，从而使自己在新的领域跑在前头，做了另一品类的"老大"，等其他企业认识到的时候，"五谷道场"已经抢占了先机。从定位上来说，这无疑是成功的。这一策略与当年的"七喜汽水"有着异曲同工之妙。当年，七喜采用逆向思维，获得了巨大的成功，成为碳酸饮料市场上第三大品牌。当然，走这一着险棋也需有气吞山河的勇气和大治"天下"的实力。

选择与放弃：品味智慧人生

"超负荷的工作量，工作中的不愉快等时时侵扰着我，已经很久没有开怀大笑了。"不少上班族常常发出这样的感叹。职场竞争越来越激烈，然而，一个人的精力毕竟是有限的，对工作过度投入，就意味着对生活无暇顾及。无论生活还是工作，人必须学会"选择"和"放弃"。

一项民意调查结果显示，家庭月收入处在中等收入的阶层，对"幸福生活"的感觉最为强烈。这些人衣食无忧，生活稳定，没有更高奢求，最能感受到生活的幸福。但是随着收入的升高，幸福感却有所降低。由此看来，并非收入越高，生活越幸福，这就是为什么有那么多成功人士并没感到幸福的原因。真正的幸福来源于内心。

要达到工作与生活的平衡，最重要的是确定自己的生活重心，也就是你的人生目标，只要不偏离这个重心，你的内心就会保持平衡。必须打消"鱼与熊掌兼得"的念头，你的精力和时间是有限的，没有"舍"，便没有"得"。

鱼与熊掌不可兼得，你必须学会选择，懂得放弃。无论是在工作中还是生活中，在你作一个决定时，你常常会面临两个或多个选择，这就要求你善于分析比较，作出明智的选择，放弃那些弱势选项。如果一个人不懂得选择和放弃的智慧，面对人生的多个选择犹豫不决，迟迟难下结论，最终必然会错过成功的机会。选择是要一个人集中精力朝着一个方向努力，因为无论在哪个阶段，人生都会有许多方向，如果总是不能确定选择哪个方向，结果可想而知。生活中，你有权选择快乐，也有权选择痛苦；你有权选择幸福，也有权选择不幸；你有权选择希望，也有权选择失望；你有权选择成功，也有权选择失败……只有学会了选择，你才能拥有美满的人生，获得成功的事业！没有选择，你的人生就是没有航标的小船，毫无目的地随波逐流。但是生活中仅仅学会了选择还是远远不够的，你还要懂得放弃。懂得放弃，你才能领会选择的重要性；懂得放弃，你才能坦然面对生活；懂得放弃，你才能以微笑面对得失；懂得放弃，你才能得到更多……放弃是另一种美。有所得必有所失，有所失必有所得，该放弃时就放弃，你将与阳光一路同行！

选择是理性的取舍，是有所为有所不为，正确选择了，才能正确做事，选择好了，才不会多走弯路或误入歧途；放弃是另一种更广阔的拥有，放弃是为了更好的选择，敢于放弃者精明，乐于放弃者聪明，善于放弃者高明。人的一生中，需要做出太多选择，无论是在爱情、婚姻上，还是在工作、事业上，不同的选择导致命运的迥异。错误的选择会让人走尽弯路，辛苦一生却一无所获，或走入歧途，酿成人生悲剧；量力而行，睿智选择，才会让人一帆风顺，成就完美人生。同样，人一生中需要放弃的太多，放弃不能承受之重，放弃心灵桎梏，该放弃时就要放弃，放弃是一种超越，一种生存智慧。不懂放弃常使人背负沉重压力，长期被痛苦困扰；懂得放弃让你避免许多挫折，生活更顺利。

让开那架独木桥

执著的精神，珍贵而难得。许多人取得成功跟他们坚定地坚持自己的梦想是分不开的。然而，执著也需要智慧的思考和灵活的选择来导航，多一分思考，变通一下观念，也许能避免因固执而吊死在一棵树上。让开那架独木桥，把目光投向另一片绿洲并勇敢去开辟，前程或许会海阔天空。不要以为离开独木桥是逃避现实，相反，为寻找出路而离开正是积极面对现实的表现。

《吕氏春秋》中记载了这样一个故事：

春秋时，孙叔敖深受楚庄王的器重，为楚国的中兴立下了很多功勋，但是在个人生活方面，他虽然身为令尹，生活却非常俭朴。庄王几次封地给他，他都坚持不受。

后来，孙叔敖率军打败晋国回来得了重病，临死前特别嘱咐儿子孙安说："我死后，你就回到乡下种田，千万别做官。万一大王非得赏赐你东西，楚越之间有一个地方叫寝丘，地方偏僻贫瘠，地名又不好，楚人视之为鬼蜮，越人以为不祥。你就要求那块没有人要的寝丘。"孙安当时没有听明白，因为寝丘在今河南省固始县境内，"寝"字在古代有丑恶的意思，不仅名字很不吉利，而且是一片十分贫瘠的薄沙地，很久以来都没有人要。但是他知道父亲这么安排肯定有道理，于是就点头答应了。

不久孙叔敖过世了，楚庄王悲痛万分，便打算封孙安为大夫，但孙安却百般推辞，楚庄王只好让他回老家去。孙安回去后，日子过得很清苦，甚至无以为继，只好靠打柴度日。后来，楚庄王听从了优孟的劝说，派人把孙安请来准备封赏。孙安遵从父亲遗命，只肯要寝丘那块没有人要的薄沙地。庄王只得封赠了寝丘的土地给他。

其他功臣勋贵往往为了那些肥沃的良田做封地而争得不亦乐乎，孙叔敖却要一块薄地，这里所用的就是少数派策略。这种策略是一种"以患为利"的智慧，把这些不利因素看做有利，这正是他的超人之处。按楚国规定，封地延续两代，如有其他功臣想要，就改封其他功臣。因为寝丘是贫瘠的薄地，一直没有人要封地在那里。因而一直到汉代，孙叔敖子孙十几代拥有这块地，得以安身立命。

因为资源都是有限的，如果没有少数派策略，所有人争夺的焦点都在有限的几种事物上，那么每个人面临的处境都是十分艰难的。唯有另辟蹊径，去到多数人没有注意到的那个"生门"，才有可能绝处逢生，甚至获得比那挤上独木桥的千军万马更高的收益。

19世纪中叶，美国加州传来发现金矿的消息。许多人认为这是一个千载难逢的发财机会，于是纷纷奔赴加州。17岁的小农夫亚默尔也加入了这支庞大的淘金队伍，他同大家一样，历尽千辛万苦，赶到了加州。

淘金梦是美丽的，做这种梦的人很多，而且还有越来越多的人蜂拥而至，一时间加州遍地都是淘金者，而金子自然越来越难淘。不但金子难淘，而且生活也越来越艰苦。当地气候干燥，水源奇缺，许多不幸的淘金者不但没有圆了致富梦，反而葬身此处。

亚默尔经过一段时间的努力，和大多数人一样，没有发现黄金，反而被口渴折磨得半死。一天，望着水袋中一点点舍不得喝的水，听着周围人对缺水的抱怨，亚默尔突发奇想：淘金的希望太渺茫了，还不如卖水呢。于是亚默尔放弃了对金矿的努力，将手中挖金矿的工具变成挖水渠的工具，从远方将河水引入水池，用细纱过滤，制成清凉可口的饮用水。然后将水装进桶里，挑到山谷一壶一壶地卖给找金矿的人。

当时有人嘲笑亚默尔，说他胸无大志："千辛万苦地到加州来，不挖金子发大财，却干起这种蝇头小利的小买卖，这种生意哪儿不能干，何必跑到这里来？"亚默尔毫不在意，继续卖他的水。可以把几乎毫无成本的水卖出去，哪里有这样好的市场？

结果，很多淘金者都空手而归，而亚默尔却在很短的时间内靠卖水赚到几千美元，这在当时已是一笔非常可观的财富了。

这个故事，实际上也为我们提供了一种走出囚徒困境的思维，那就是跳出"人云亦云、人求亦求"的怪圈，改变以自己的需求为中心的传统想法，另辟蹊径。

你看中真的"冷门"了吗

从事物发展变化的角度看，冷门之所以冷，是因为它还处在萌芽阶段，还有很大的发展空间，所以冷门不但不是冷门，反而正是机会。从博弈的角度看，冷门因为被普遍看待为冷门，都不去选择，极少数的选择者反而会获得较高的成功几率，冷门反而是这些极少数选择者的热门。

冷门本身就是一种机会，就是给人们留下的考验眼力胆略的机会。热门当然好，但它已不知上了多少个台阶了。热，相对风险大些，这时更需要眼力和胆略。从投资安全的角度讲，你即使追热门，也要有点儿冷门品种，不要把鸡蛋放在一个篮子里。

一说起石英钟，20世纪80年代的一辈马上会想到康巴丝。从1985年起，每年的春节晚会零点报时，都是这个康巴丝，"为您准确报时"。康巴丝坚持了与抗战一样久的八年，最后这个行业再也打不起"零点钟声"这样一掷千金的广告了。这是因为整个石英钟行业发生了巨大的变化，由少数厂家大规模生产同一品种的时代一去不复返了。随着大量厂家涌进这个低门槛的行业，石英钟生产的利润一落千丈。刘锦城生不逢时地赶在这个时候，才初次进入这个市场。

刘锦城十多年前面对的问题，跟创业者们十多年后遇到的问题，本质上是类似的：第一，这不是一个规模经济起作用的市场。规模经济的特点，是少品种大批量生产，适合产生大规模的企业。石英钟生产的门槛就很低，是个"乱拳打死老师傅"的市场。第二，这是个具有范围经济特点的市场。范围经济的特点，是多品种小批量生产。石英钟的核心技术十年未变，靠的只是外观和功能上的花样翻新，呈现百花齐放的局面。第三，这是个适合小企业的市场，消费者对廉价产品很少有品牌意识。刘锦城说："这个行业你即使是排到100名也还能生存。"

刘锦城的商业策略，不是冲向钟表行业的大热门，相反，他寻求的突破方向，是窄中之窄。钟在全球钟表业中只占十分之一，石英钟又只是钟的一种，刘锦城钻进去的只是石英钟里边的一个小门类——黑钟。他彻底进入了一个微小的利基市场。

差异化是利基市场上的第一法则，而差异化靠的是创新。创新是小企业搏取利基的最大利器。刘锦城的明珠星石英钟，每年推出100种以上的新款。为此，每年投入的研发费用超过700万元。以致刘锦城敢于说他"从来不抄人家的。倒是现在，全世界都在抄我的钟"。明珠星正是靠着创新，在产业低潮时期切入市场，成为全球最大的石英钟生产企业，成为一个典型的隐形冠军。

这启示创业者们：想做成好买卖，不一定非要搞大热门，甚至不一定非成为大规模企业。但它必须具有创新能力，能够在专注的细分领域内，成为某一项第一，不管这个领域多么微不足道。在全球化经济中，任何一个微不足道的市场，它的价值一旦加总，都可能成为一座金山。

邮票投资的编年板块长期不受人亲睐，被人们误认为是永世难以复生的死亡板块。它不是死亡板块，它是最大的冷门板块。"咸鱼翻身，鸡毛上天"，就藏在这一不被人看好的板块之中。比如邮票市场中的"03 小版"，当年推出时也曾打折，也曾不被人看好。而今天，已是公认的好品种。多少人悔不当初多买点。如果当初买了，现在还想什么事？经常听见人们这么说。编年板块中，也有不少垢面佳人，蒙尘明珠。如果现在仍然不屑，他日必有后悔之日。

追逐热门，也许赚快钱，但热门的利润已经经过层层分享了，如果你想赚大钱，就不要放过像编年板块这样的冷门。当然也需要你有犀利的眼光和足够的耐心。

热炒和冷藏，不仅是两种完全不同的理念，而且从技术上讲，如果有走势图，热炒主要是看日线，周线，冷藏至少要参照年线。所以，爱炒短线者不宜投资冷门品种，否则，则要把二者有机结合起来。投资冷门，就是等待暴冷门，就是等待它的爆发。从这个角度说，其投机性并不亚于追热门，甚至有过之，而且获利更丰厚。选择冷门品种，成本低，风险小，获利丰，刺激大，何乐而不为？

历史造就了编年票这个冷门板块，正如一块未琢之璞，它的价值一旦被发现，必有惊世骇俗的表现。

美国 Berkley 出版集团出版的《一代有限公司》一书列举了美国年轻企业家所从事的 100 种最好的职业，其中一些职业在我国很少或是根本没有。"他山之石，可以攻玉"，有志创业的人们不妨从中多多借鉴。

寻根服务公司。专门为个人寻找自己的祖籍，也为公司企业查找其父辈或祖父辈曾经营过的公司或企业的方方面面的信息。

礼品篮零售店。在美国送"礼品篮"算是大礼。礼品篮不仅要赏心悦目，还要种类繁多，要让最难侍候的人也高兴。15 年来，从事这一行当的人都大大赚了一笔。

食品杂货送上门服务。从 20 世纪 80 年代起，美国就兴起了食品送货上门服务，因为越来越多的美国人把去食品店买东西看成"浪费时间"，渐渐地婴儿用品、日用杂货也都时兴送上门。

专业营养顾问。他们的业务是指导客户养成良好的膳食习惯，饮食合理，营养平衡。

形象顾问公司。形象顾问业在美国的发展着实令人吃惊，因为许多失势的公司执行主管，都把自己的不成功归因于着装、谈吐、风度或礼仪上。

提醒服务公司。美国人太忙，又怕忘了亲人、相爱者、朋友的生日，有意义的纪念日，因此习惯地把相关的日子开个清单交给提醒服务公司。

趋向预测公司。这样的公司所预测的事物，一般都和市场未来发展的前途相关，例如，能够预测目前还未成为抢手货的某种玩具娃娃、某种运动用品将来会不会火爆。在美国搞得好的趋向预测公司年净收入可达 50 万美元。

神秘购物服务提供商。此处的"神秘物"是指市场上买不到而顾客又想要的东西，例如一个历史事件的纪念物，一个虽不值钱但对客户有意义的纪念品。

900 电话号码服务。在美国，这是一种通过电话向客户提供旅馆、旅游、交通、占星术等多种信息服务的行业。开通一条电话线，客户电话打进来按次数收费。

催眠业。过去，催眠被美国人认为是庸医的骗人术，而现在却成了可以与治疗糖尿病、肥胖症乃至戒烟等结合进行的从医活动。当然从业人员要经过正规训练，要有执照才能开业，收费相当可观，每小时 100 美元，第一年开业就可望收入 3 万美元。

青年旅店。这是专门为到处漂泊的"世界青年"提供住宿、食品的小旅馆。这样的廉价住所在美国已有数千家。不少青年旅馆的业主都希望能对有志青年进行帮助，因为他们总想着："也许今天来住店的，将来就是一位世界级的大人物。"

第二章
人际交往中的重复博弈
——为什么一定要做个好人

　　一个人也许没有机会成为智者，但可以选择做个好人，而且只要你愿意，对大多数人来说是能够做到的。好人因尊重信誉而保持平衡的交往状态，使交往得以长久；好人因相信积累而步伐塌实坚定，远离虚幻；好人因讲究诚信而得到好报；好人永远不会选择纯粹从自身利益考虑的欺诈，哪怕遭遇到背叛，也不会感情用事地选择以牙还牙的策略；就算被占便宜，如果没有足够的智慧建立更合理的游戏规则，好人仍然会选择以直报怨作为自己的准则；好人会得到好报，起码不会吃大亏。

重复博弈是交往常态

　　重复博弈是指相同结构的博弈重复多次。其最大贡献是对人们之间的合作行为提供了理性解释；而在囚徒困境中，一次博弈的唯一均衡就是不合作。但是如果博弈无限重复，合作就可能出现，这样就对参与多次的重复博弈的双方的个人信誉问题提出了要求。

　　重复博弈是一种特殊的博弈，是指在博弈中，相同结构的博弈重复多次，甚至无限次。其中，每次博弈称为"阶段博弈"，在每个阶段博弈中，参与人可能同时行动，也可能不同时行动。因为其他参与人过去的行动的历史是可以观测的，因此在重复博弈中，每个参与人可以使自己在每个阶段选择的策略依赖于其他参与人过去的行为。

"日久见人心"就是一句有关重复博弈的典型诠释，它是指日子长了，就可以看出一个人的为人怎样。其出处为宋朝的陈元靓所写的《事林广记》卷九："路遥知马力，日久见人心。"为什么日久就会见人心呢？这是因为，日子长了，人们间的博弈的次数多了，掌握了关于对方的为人等方面的越来越多的信息，就会对对方逐渐地了解和熟悉起来，从而就"见人心"了。因而，日久见人心所反映的经济学原理是重复博弈可以减少信息的不对称性，从而带来一种博弈双方间的均衡。

重复博弈具有三个基本特征：

A. 重复博弈的阶段，博弈之间没有"物质"上的联系，即前一个阶段博弈并不改变后一个阶段的博弈的结构；

B. 在重复博弈的每一个阶段，所有参与人都观测到该博弈过去的历史；

C. 参与人的总收益是所有阶段博弈的收益的贴现值之和或加权平均数。

影响重复博弈均衡结果的主要因素是博弈重复的次数和信息的完备性。在重复博弈中，参与人存在着短期利益和长远利益的均衡，有可能为了长远利益牺牲短期利益而选择不同的均衡策略。重复博弈的这个结果，为现实中的许多合作行为和社会规范提供了解释。信息的完备性之所以影响均衡结果，是因为如果每一个参与人的特征不为其他参与人所知时，该参与人就很有可能积极建立一个好声誉，以换取长远利益。

如果博弈不是一次的，而是重复进行的，参与人过去行动的历史是可以观察到的，那么参与人就可以将自己的选择依赖于其他人之前的行动，因而有了更多的战略可以选择，均衡结果可能与一次博弈大不相同。重复博弈理论的最大贡献是对人们之间的合作行为提供了理性解释；而在囚徒困境中，一次博弈的唯一均衡就是不合作。但是如果博弈无限重复，合作就可能出现，这样就对参与多次的重复博弈的双方的个人信誉问题提出了要求。在日常的交往中，"田忌赛马"故事比比皆是，我们必须采用这一博弈策略保持自己良好的心态，增加自信，并且能够运用它，在自己总体优势处于下风时也能取得胜利！

重复博弈中的无名氏定理说明，对于相同的个体进行无限次重复博弈，如果参与人具有足够的耐心，则互利的合作均衡可以作为子博弈精炼均衡出现。也就是说，只要交易具有长期性，且交易双方对未来收益的贴现足够高，则双方将从长远利益出发维持相互的合作。交易反复进行则容易建立信用关系，因为合作的长期利益远远大于失信获取的短期利益。信用是在重复博弈中，当事人谋求长期利益最大化的手段。若博弈重复发生，则人们会更倾向于相互信任。

理性行为并不一定导致社会最优结果，如果交易只进行一次，那么市场中便会出现大量互相欺骗的行为，诚信不可能产生。但当交易扩展到无数次之后，合作便得以出现。只要博弈时间足够长，由于对未来收益的预期，自利的个人，会自愿地选择诚信而不愿意去进行欺诈，从而诚信作为道德的合作机制就得以产生。

在明代的贵州，乡村的市集并不像今天的超市、便利店一样，24小时进行营业非常便利，而是每个月只交易数次。比如王阳明被流放的地方叫龙峰，这个地方便选择传统十二生肖中的"龙日"进行交易，每个月只交易2到3次。但是，由于市场范围很小，交易只进行少数农产品，所以从事商人这种职业的人数极少。不仅所有村庄的人都认识这些商人，而且这些商人都是子承父业，交易可以被看成世代相传的无限次博弈。由于每个博弈者都考虑到未来的收益而不愿意进行欺诈性的行为以损害未来的收益，从而无限次博弈的合作才会出现，这便解释了传统社会中，作为价值伦理的诚信和儒家教义的重合性，因为诚信是好的，而且符合博弈的合作双方的长远发展。如果时间不长，或者贴现因子太小的时候，合作共谋便不成立。

诚信是重复博弈的结果，并非人们自觉自愿的选择，而是出自自身利益的需要，是人们在交易中重复博弈的结果。有人发现，在一个相对封闭的小乡村，人们守信的程度和履约的能力相对较高。这是为什么呢？因为大家生活在一起，谁守信，谁不守信，信息的识别和传递相对较快。如果有人信誉不好，大家很快就知道了，那么这个人在这个村庄里就很难获得其他人的信任，他可能因为失信而中断同村庄其他人的交易，受到应有的"惩罚"。这对不守信的人来说是非常不利的，不仅丧失了许多交易的机会，而且个人的名声以及对整个家庭甚至后代都会受到损害。有这样一个故事：一个老农民临终前叫来儿子，告诉他欠邻居的钱没有还，要儿子替他还债，儿子不得不还，因为父债子还是讲诚信的表现，如果儿子不替父亲还债，那样他的家庭就会失信于人。所以，在一个相对封闭的社会里，由于受到交易范围的局限，人们需要在这个狭小的范围内反复打交道，出于自身利益的考虑，往往会选择守信。

没有未来必然导致背叛

一锤子买卖是一种近视的商业观念，持这种思想的人只能收获背叛，但最终，他会因为看不到未来而输掉未来。

在车站和旅游点这些人群流动性大的地方，不但商品和服务质量差，而且假货横行，因为在商家和顾客之间"没有下一次"，旅客因为商品质优价廉而再次光临的可能性微乎其微，因而正常情况下的理性选择是：一锤子买卖，不赚白不赚。

在公共汽车上，两个陌生人会为一个座位争吵，如果他们相互认识，就会相互谦让。在社会联系紧密的人际关系中，人们普遍比较注意礼节和道德，因为他们需要长期交往，并且对未来的交往存在预期。

上面这两个例子说明，对未来的预期是影响我们行为的重要因素。一种是预期收益：我这样做，将来有什么好处；一种是预期风险：我这样做，将来可能面临的问题。这都将影响个人的策略。

现代博弈论的发展在上述问题上提供了更深入的解释：每一次人际交往，其实都可以简化为两种基本选择：合作还是背叛？在人际交往中普遍存在囚徒困境：双方明知合作带来双赢，但理性的自私和信任的缺乏导致合作难以产生。而且，如果博弈是一次性的，那么这必然加剧双方进行坦白的决心，选择相互背叛。

在这样的博弈中，背叛是个人的理性选择，但却直接导致集体的非理性。似乎没有任何方法能够让我们逃脱两败俱伤的局面。难道人类注定要承受这个无法摆脱的噩梦吗？答案是否定的。

资深的博弈论专家罗伯特·奥曼在 1959 年指出，人与人的长期交往是避免短期冲突、走向协作的重要机制。拥有以色列和美国双重国籍的奥曼于 1955 年获美国麻省理工学院数学博士，当时正是博弈论方兴未艾之际，在以后 50 年的时间里，他一直在寻找避免囚徒困境式的纳什均衡的机制，实际上是从理论上探索协调人们利益冲突、增进社会福利的道路。

在任何博弈中，表现最好的策略直接取决于对方采用的策略，特别是取决于这个策略为发展双方合作留出多大的余地。这个原则的基础是下一步对于当前一步的影响足够大，即未来是重要的。总的来说，如果你认为今后将难以与对方相遇，或者你不太关心自己未来的利益，那么，你现在最好背叛，而不用担心未来的后果。

现实生活中反复交往的人际关系，则是一种"不定次数的重复博弈"。奥曼通过自己的推导十分严密地证明：在较长的视野内，人与人交往关系的重复所造成的"低头不见抬头见"的关系，可以使自私的主体之间走向合作。

这可以解释许多商业行为。一次性的买卖往往发生在双方以后不再有买卖机会的时候，特点是尽量谋取暴利并且带有欺骗性。而靠"熟客"、"回头客"便是通过薄利行为使双方能够继续合作下去。

事实上，重复博弈也更逼真地反映了日常中的人际关系。在重复博弈中，合作契约的长期性能够纠正人们短期行为的冲动，这在日常生活中是具有普遍性的。

一见钟情还是日久生情

一见钟情大多只能是镜花水月，真实的爱情多来自日久生情，日久生情的爱情也走得更塌实、更长远。

一见钟情和日久生情囊括了我们产生爱情的两种最基本的方式。

相信每个女孩子都渴望与自己的另一半是一见钟情，渴望与自己的那个"他"在某个不经意间相逢，相识，相爱，然后幸福地生活在一起。但所谓一见钟情，必然是以貌取人，一见，只能是见貌，长了才能见情。没有哪个女孩子会对一个长相平凡的男孩子产生一见钟情吧，反之，男孩子也一样，甚至更甚，郎才女貌嘛。如果我所说的，得到一大批人的反对，那么试想一下，如果一个女孩子对一个长相平凡的男孩子一见钟情，那么她会不会处处留情，因为平凡永远是占绝大多数的人群。所以我的意见是一见钟情是王子与公主的神话，它会发生吗？会，但不会发生在平凡面貌的我们中间。如果你自认为长相不是很出众，就不要奢望一见钟情。

现实中的我们会遇到爱情的可能，除了上述在某个地点、某个时间的不期而遇以外，还有婚介所，网恋，同学恋情，同事恋情，介绍人介绍恋情等。

我们可以这样来划分一见钟情和日久生情，婚介所和网恋属于一见钟情，同学同事恋情属于日久生情，有介绍人的恋情，属于一见钟情基础上的日久生情。

婚介所中两个人事先不认识、不了解，从第一次见面开始，两个人先是从面貌上判断行不行，相亲主要是相面。如果面貌不过关，后面不管怎么谈，见几次面，最后也只能是散。假定女孩子就只看男孩子的工作能力（实际上没有一个女孩子能够准确衡量男孩子的工作能力），如果两个人不是在一个行业，只能依靠男孩子说话的语气、态度、表情成熟与否甚至穿戴来判断，这种衡量根本没有充足的依据。这就是好多女孩子轻而易举被骗了的原因，他们虽一无是处，但能说会道。这实际上还是一见钟情产生的。

网恋为什么会见光死？实际上还是因为它是一见钟情。两个人在网上聊得很投机，产生感情和信赖，但是他们之间仅仅是网上的沟通，两个人即使互换了照片，也不见得从照片上能看到这人的身材、皮肤、体形上的细微瑕疵，一见面，想象和现实往往产生巨大差距，造成不欢而散，还要骂对方是恐龙，欺骗了自己。

实际上一见钟情，对于大多数人来说，不可遇也不可求，少数人是可遇不可求，凤毛麟角的人是可遇可求。

同学、同事相互在一起学习工作，性格、能力当然包括长相都耳熟能详，由此产生的依赖派生出感情，相对来说稳定可靠。这就是日久生情，而且也是唯一的日久生情的样板。如果你的学校、公司足够的大，不妨去看看，谁最关心你？可能谁就最爱你。

除了上述外，还剩下一种，就是有介绍人的情况，介绍人往往是你的亲戚、朋友、父辈的朋友等，对双方比较了解，但你们双方可能不认识，不了解，你们可能就这样被安排了见面，最好你们一见钟情，如果没有到达钟情的层次，只要还不是很讨厌（如果在婚介所，也许你们就这样散了，但由于你们有介绍人，甚至双方父母都认识），也许你的介绍人还有你的父母在这时会起到极力沟通、劝解、撮合作用，最后是你们在一次一次的交往中，发现对方的优点，所谓的日久生情就产生了，最后也能成为一对。

最后，再设问一下，一见钟情的爱情能否走向婚姻？婚姻能走向长久吗？恐怕还得取决于是否宽容地对待对方。

总之，一见钟情跟日久生情相比，缺乏爱情赖以生存和发展的基础，是很难延续下去的。

所有的诚信都会得到好报

诚信是社会公认的价值取向，是受推崇的道德标准；同时，诚信是人们在重复博弈、反复切磋中谋求长期的、稳定的利益的一种手段。诚信能够获得精神层面和物质层面的双重回报。

从经济学的角度讲，人的社会行为的基本动机是谋求个人利益的最大化。诚信是人们在重复博弈、反复切磋中谋求长期的、稳定的利益的一种手段。从价值观念的角度讲，诚信其实是一种价值取向，是一种道德规范和崇尚标准。而从博弈的角度讲，诚信是基于利益需求而作出的一种策略选择，而不是基于心理需要作出的道德选择。

假定 A 是一名生产商，B 是一名销售商，双方约定做一单 100 万的生意，那么双方博弈后会出现四种情形：

1. 双方都讲诚信，A 按时交货，B 也按约付款，这样两人都会得到 100 万的利益。

2. A 讲诚信，按时交货，而 B 不讲诚信，未付款，这样 B 会得到最大的利益，得到 200 万，而 A 吃了亏，损失了 100 万的利益。

3. A 不讲诚信，收了钱不交货，那么 A 会得到最大的利益，得到 200 万，而 B 吃了亏，损失了 100 万的利益。

4. 双方都不讲诚信，互不信任，生意泡汤，各自得到 0 的利益。

从以上分析中可以看出，为了追求自身的最大利益，双方都希望对方能够讲诚信，而自己则不愿意讲诚信，因为只有在不讲诚信的时候才有机会实现利益的最大化，讲诚信的人很有可能要吃亏。于是，双方都会选择不讲诚信，最后不欢而散。出现这种结果的前提是，双方做的都是"一锤子买卖"，即这种博弈只进行一次，A 和 B 都无法根据这一次的博弈结果再进行一次博弈，再做一次选择。比如在旅游景区的商店，商品价格往往非常贵，偏离商品实际价值，就是因为他们做的基本都是"一锤子买卖"。可假如这种博弈是重复的、连续进行的，这时，如果 A 与 B 想保持长期的合作关系，无论是 A 还是 B 都知道，如果有一次不讲诚信，将会失去以后长期合作的机会，这样，为了获得更长期、更稳定的利益，双方都会理性地克制投机行为，A 会按时交货，B 会按约付款，双方都会选择诚信与合作，于是必然出现了第一种博弈结果。这时双方的综合利益最大化，实现了策略上的"合作均衡"。

由此看出，要想使诚信成为博弈者的主动选择，一次性的博弈与重复性博弈是非常关键的。那些专注于一次性博弈的人，肯定是不讲诚信的，比如现在大家经常收的手机中奖短信，你会天天中奖吗？不会，这就是一次性博弈，那么大家都肯定会选择不讲诚信，所以你不会按照短信的要求汇钱，同样对方也不会兑现短信中的承诺。不过现实中，企业之间的生意，则基本上都是重复性的博弈，为了获得更长期、更稳定的利益，企业之间必然会选择讲诚信，而那些不讲诚信的企业，或许会一时获得较大的利益，可从长远看来，它失去了与其他企业合作的机会，是不会生存下去的。

毫无疑问，诚信是企业的一种无形资产，是企业能够长期稳定发展的重要推动力，它虽然不像有形的物质财产那样能给企业带来直接的市场份额和利润，但是作为企业一种良好信誉的象征，它却能赢得良好的客户资源以及合作伙伴的信赖和尊重，从而节约和降低交易成本，使企业具备持续获利的能力，它是企业的一笔重要的无形财富。相反，如果一个企业不讲诚信或许能使企业在短期内获得一定的利益，但最终必将失去客户的信任和合作伙伴的维护和尊重，作为一个市场主体也必将难以在市场中立足，最终损害的也必定是企业自身的利益。

以上对于诚信与企业之间的分析，同样适用于人与人之间的交往合作。总而言之，诚信也是一种博弈，一种看是无形，实际能够带来巨大效益的博弈策略。

孔子曾讲："始吾于人也，听其言而信其行；今吾于人也，听其言而观其行。"（《论语·公冶长》）一个有道德的人，以己之心度人之心，自己诚信故而也相信别人的诚信。然而，人并不都是言而有信、言行一致的，因此要听其言而观其行。人们生活中流传的"狼来了"的故事，就是一个很好的证明。某些人欠缺诚信的美德，却不思如何实际地约束自己、提高自己的诚信度，而是用各种手段和方法伪装诚信。

1957 年，李嘉诚赴意大利考察塑胶花生产，回港后，他率先推出的塑胶花立即成为热销产品。有位欧洲的批发商，来北角的长江公司看样品，他对长江公司塑胶花赞不绝口，并要求参观长江公司的工厂，他对能在这样简陋的工厂生产出这么漂亮的塑胶花，甚感惊奇。这位批发商快人快语："我们早就看好香港的塑胶花，品质品种，处于世界先进水平，而价格不到欧洲产品的一半。我是打定主意订购香港的塑胶花，并且是大量订购。你们现在的规模，满足不了我的数量。李先生，我知道你的资金发生了问题，我可以先行做生意，条件是你必须有实力雄厚的公司或个人担保。"找谁担保呢？担保人不必借钱给被担保人，但必须承担一切风险。被担保人一旦无法履行合同，或者丧失偿还债务能力，风险就落到了担保人头上。

某篇文章，曾这样记述李嘉诚寻找担保人："在香港这个认钱不认人的社会，金钱关系更胜于至亲挚友关系。'求人如吞三尺剑'，位卑财薄的李嘉诚，只有硬着头皮，去恳求一位身居某大公司董事长的亲戚，这位大亨亲戚岔开话题而言他，令李嘉诚碰了一鼻子灰，陷入了山穷水尽的境地。"

翌日，李嘉诚去批发商下榻的酒店，两人坐在酒店幽静的咖啡室里。李嘉诚拿出 9 款样品，轻轻地放在批发商面前。李嘉诚太想做成这笔生意了。该批发商的销售网遍及西欧、北欧，那是欧洲最主要的市场。李嘉诚未能找到担保人，还能说什么呢？他和设计师通宵达旦，连夜赶出 9 款样品，期望能以样品打动批发商。若他产生浓厚的兴趣，看看能否宽容一点，双方寻找变通；若不成，就送给他留做纪念，争取下一次合作的机会。

9 款样品，每 3 款一组：一组花朵，一组水果，一组草木。批发商全神贯注，足足看了十多分钟，尤其对那串紫红色葡萄爱不释手。批发商的目光落在李嘉诚熬得通红的双眼上，猜想这个年轻人大概通宵未眠。他太满意这些样品了，同时他更欣赏这个年轻人的办事作风及效率，不到一天时间，就拿出 9 款别具一格的极佳样品。他记得，他当时只表露出想订购 3 种产品的意向，结果，李先生每一种产品都设计了 3 款样品。接着，李嘉诚直率地告诉批发商："承蒙您对本公司样品的厚爱，我和我的设计师，花费的精力和时间总算没有白费。我想您一定知道我的内心想法，我是非常非常希望能与先生合作。可我又不得不坦诚地告诉您，我实在找不到殷实的厂商为我担保，十分抱歉。"

批发商目光炯炯地看着李嘉诚，丝毫未表示出吃惊和失望来。于是李嘉诚用自信而执著的口气说："请相信我的信誉和能力，我是一个白手起家的小业主，在同行和关系企业中有着较好的信誉，我是靠自己的拼搏精神和同仁朋友的帮助，才发展到现在这样的规模的。您已考察过我的公司和工厂，大概不会怀疑本公司的生产管理及产品质量。因此，我真诚地希望我们能够建立合伙关系，并且是长期合作。尽管目前本公司的生产规模还满足不了您的要求，但我会尽最大的努力扩大生产规模。至于价格，我保证会是香港最优惠的，我的原则是做长生意，做大生意，薄利多销，互利互惠。"

李嘉诚的诚恳与执著，深深打动了这个批发商，他说道："李先生，你奉行的原则，也就是我奉行的原则。我这次来香港，就是要寻找诚实可靠的长期合作伙伴。互利互惠，只要生意做成，我绝不会利己损人，否则就是一锤子买卖。李先生，我知道你最担心的是担保人。我坦诚地告诉你，你不必为此事担心，我已经为你找好了一个担保人。"

李嘉诚愣住了，哪里有由对方找担保人的道理？批发商微笑道："这个担保人就是你。你的真诚和信用，就是最好的担保。"

两人都欢快地笑出声来，谈判在轻松的气氛中进行，双方很快签了第一单购销合同。按协议，批发商提前交付货款，基本解决了李嘉诚扩大再生产的资金问题，但是这位批发商主动提出一次付清，可见他对李嘉诚信誉及产品质量的充分信任。

从此长江公司的塑胶花牢牢占领了欧洲市场，营业额及利润成倍增长。1958年，长江公司的营业额达一千多万港元，纯利润一百多万港元。塑胶花为李嘉诚赢得了平生的第一桶金，也赢得了"塑胶花大王"的称号。

李嘉诚正是利用了他的"诚信"这一无形资产做成了这笔大生意。诚信也是李嘉诚先生得以辉煌一生的基本品质。

为商之道，诚信为本，诚信已经被很多商人作为自己的价值品牌来经营。

做个好人吧，因为永远可能有下一次

为利益而保持信用的前提是还有下次交易。否则，如果没有下次交易，利益最大化的方式就是欺诈，就是"一锤子买卖"，如旅游景点的骗人小贩。做好人，不仅仅是"乌托邦"的理想和切合实际的道德要求，更是自己利益最大化的必经之路。

关于好人，在现实的世界里，人们都有一种偏见，原因就是"好人约等于傻瓜"，好人经常吃亏。那么下面这个例子，会不会改变人们的看法呢？

有相当多的销售员将向客户进行推销定位为"一锤子买卖"。只要将商品推销出去，就算大功告成。这些销售员没有考虑过客户购买商品后的使用情况，他们往往从自己的利益出发，进行一种十分低级的推销行为。他们所谓的沟通是单向的，他们不需要客户反馈，甚至将客户的反馈当做是制造麻烦。但销售员应着力和客户建立比较长远的关系，因为长远的关系对销售员的推销事业有利。

有个汽车销售员在向客户推销了一辆汽车后，每隔3个月就要跟客户打个电话询问汽车的使用状况，询问是否需要帮助。客户很乐意接到这样的电话，然后很友好地对他说："没有任何问题，一切运转良好，谢谢你的关心。"然后客户很自豪地对他的邻居说起这样的事情，不久邻居也成为了这名销售员的忠实客户。客户在购买汽车的同时，还向这名销售员购买了汽车零部件，以后更换汽车也首先找这名销售员商量，要销售员给他推荐一款新车。这种友好的关系是销售员在进行推销的过程中要注意建立和保持的。

一次培训里，有人做了个有趣的游戏。这个游戏是一个"囚徒困境"的翻版，是为了证明双赢的可能性和重要性的。简单来说，是这样的：两个人猜拳，每个人都可以出剪刀或者布。积分规则如下：

（1）若两人都出剪刀，各得1分；

（2）若两人都出布，各得3分；

（3）若一人出剪刀，一人出布，出剪刀者得5分，出布者得0分。

如此往复很多次，积分最多者获胜。

如果是你参加这个游戏，你会选择以何种逻辑出拳呢？如果是几百个人，两两玩这个游戏，8个小时以后，最高分获胜，你又会怎么玩呢？

如果从个人自私和理性的角度判断，任何人在任何时候都应该出剪刀。在对方出剪刀和布这两种情况下，自己出剪刀总比出布得到更多的积分：如果对方出剪刀，自己出布，得0分；自己出剪刀，得1分。如果对方出布，自己出布，得3分；自己出剪刀，得5分。同时，把两个玩家的积分相加，就得到总财富的增加。两个人都是剪刀的时候，总财富加2；一个剪刀一个布，总积分增加5；而只有两个人都是布的时候，总积分增加最多，是6。从集体的角度，每个人都出布最佳。

这是一个虽然游戏双方都知道出布对于整体更加有利，却又不得不出剪刀的困境。在二十年来的竞赛中，最高分的算法如下：

第一步永远出布。

第二步和对方上一步出的相同，以此类推。

这是个出奇简单的算法。尤其是第一招就出布好像挺傻的，但最终，这种做事准则总能赢得最多的分数。为什么呢？出布，可以说是一个友好牌。他向对方表明自己的善意，虽然这对自己而言危险，等于把赤手空拳的自己交给陌生人一样。现实社会，会有人这么傻吗？

对于永远出剪刀的人，他几乎赢得了每一次单独的战斗（不是比对手多得5分，也是至少和对手打个平手），但最终因为没有人会傻到当他出了多次剪刀以后依然和他出布，他每次得到的只是1分。就算有人因为过于善良或者仅仅是愚蠢，或者他利用第一次接触的机会，占了对方的便宜，得到5分。他的可怜的搭档会因为他的欺负，在后面的比赛中会尽快地被淘汰。他能利用的人越来越少了，能够得到5分的机会也就越来越少了，直到最后，使出全力也只能每次1分地艰难争夺了。

如果把这个世界简单地分为好人和坏人的话，好人喜欢和好人打交道，而坏人也喜欢和好人打交道。最终，是一个好人和好人可以持续生活下去的世界。坏人赢得了所有的战斗，却最终失去了整个战争。因为，从你死我活的角度来看，坏人赢了；但从整体的角度，坏人输了。更多地出现在整体失败的回合中的人，也不会积累多少的财富。

这是个很神奇的结论。它从实验和推理的角度告诉我们，为什么我们要对别人友好，为什么要做好人。

会计师王某通过几年的会计实践，深刻认识到作为一名会计从业者的执业之道，那就是诚信做账有好报。

2004年春即将毕业时，她忙于找工作。6月，一家食品公司经理竟找上门来，王某一家喜出望外。公司经理说："听说你是会计世家出身，在校成绩突出，就到我那里去干吧。"

这年12月份，王某接任会计工作不到半年时间，国税干部通知说要来公司查账，主要查看公司上年的奖金发放和当年的差旅费报销情况。她向经理汇报时，经理的答复是：该撤的撤，该改的改，不要露出破绽。

这怎么能行呢？会计的天性是保证账目的真实性。王某拒绝了经理的安排，如实将全年账本搬出来，让国税干部检查。结果查出了漏报奖金个人所得税和差旅费报销虚列开支的问题。这个问题一出，她的饭碗也丢了。经理当众宣布：王某不适合会计工作，现予以辞退。

2005年的春节，王某是在郁郁寡欢中度过的。不料，刚正月初八，当地一家公司的经理又登门相聘。他说："正是因为你讲诚信，所以我才来聘你！"因前任会计作假，聚德机械公司刚刚被税务部门罚款3万多元。

王某父亲笑着说："怎么样？诚信作会计总会有饭吃吧！"

真诚是诚信的基石，没有真诚就没有诚信。进了这家公司之后，王某坚持真诚做人、实在做事。去年秋，公司为五莲县车厢厂加工了一批71万元的车厢，结果对方寄来了77万元货款。不知是把"1"看成了"7"，还是汇款网络出了错，对方多付了6万元。看到这种情况，王某当即打电话通知了对方，并很快把多付的6万元给退了回去，感动得对方老板登门道谢。他说："我们原想做完这笔买卖另找他人。看到你们办事这样诚实，我们决定以后的买卖还找你们！"结果，对方又签订了100万元的车厢加工合同。

王某真诚做人、以诚待友的做法，为企业留住了老客户，招来了新客户。近两年来，企业老客户不但没丢，新客户又增加了十来家。

2005年12月8日，大连市一笔30万元的货款到账。到账当天，王某向经理做了汇报。经理说："当前职工工资要发，年底一些事还要办；再说，现在货款刚到账，挪到明年1月份缴税也说得过去。你的意见呢？"

王某沉思了一会儿说："经理说的有道理，但是别忘了，货款到位时间是12月8日，按规定应当在当月报税。我的意见是：该报税时就报税，不能拖延。其他问题我们想办法解决。"

几年来，公司因为一直依法诚信纳税，2005年4月获得了该城市国税局颁发的"2005年度诚信纳税单位"锦旗，王某也获得了贾悦镇"十佳诚信会计"荣誉称号。公司经理抚摸着第一次得来的"诚信纳税"锦旗爱不释手，然后把它挂在了办公室正中间。经理高兴地说："这面锦旗金钱买不来，是你帮我得来的！"

做人和做事基本都是有下次交易的长期博弈行为。比如，英国餐饮业有一个不成文的规定，用过的盘子一定要刷七次。有一次一个在校学生在酒店做临时雇员，开始时很认真，每个盘子都刷七次，后来他感到厌烦，开始刷五次，又改为刷三次，始终没有人发现他的偷懒行为。终于有一天老板在检查工作时，发现了他的这种不讲诚信、不按规矩办事的行为，便将其解雇了。这个雇员想去其他地方洗盘子，可是他不讲诚信的事情已尽人皆知，以致其他酒店不再聘他！当一个人不讲诚信的时候，失去的不仅仅是朋友，还有事业。所以，我们必须要求自己做个好人。因为一个人一旦失信于人一次，别人就不愿意继续和他交往了。

你承诺一句，就是欠一笔"债"

许下的承诺就是欠下的债，你承诺一句，就是欠一笔债。

许诺是对愿意与你合作的人提供回报的方式。许诺同样可以分为强迫性的和阻吓性的两种。强迫性许诺的用意是促使某人采取对你有利的行动，比如让被告摇身一变成为公诉方的证人；阻吓性许诺的目的在于阻止某人采取对你不利的行动，比如黑帮分子许诺好好照顾证人，只要他答应保守秘密。相仿地，两种许诺也面临同样的结局：一旦采取（或者不采取）行动，总会出现说话不算数的动机。

轻易许诺是一个很不好的习惯。有些人习惯于轻易许诺，空口说大话。结果，为了自己的轻易许诺，不仅得罪人，自己也因此活得很累很苦；因为轻易许诺，如果诺言不能兑现，就会失去亲朋好友，甚至害了亲朋好友。

张天逸知道父母经济条件不好，就对自己的弟弟轻易许诺：弟弟，你结婚时，我给你 5 万块钱。本来按照自己原来正常的经济收入，省吃俭用是可以积蓄到那笔钱的。可是，世事难料，由于张天逸的工作单位亏损关门，他自己和妻子都下了岗，只能靠在外打临时工，干重活累活赚钱糊口，生活得苦不堪言。平时他在单位连买个荤菜都舍不得，长期每顿饭就喝一碗菜汤，但还是瞒着妻子与自己的孩子，攒弟弟结婚时的那笔钱。然而，这笔钱与张天逸自己原先的许诺少了很多。结果，遭到了弟弟的嘲笑和冷眼，弟弟还因此与他结了怨。张天逸的故事听起来很可悲，但他也并非无错，他错在轻易许诺。有了你的许诺，弟弟就对你有了企盼和期望，办事就有了依赖性的打算。张天逸拿不出来，实现不了许诺，也使弟弟的某些希望和打算落了空，也难怪弟弟怨恨他。

你轻易许诺别人，别人就对你有依赖、有期望。你不能兑现许诺，使人失望，当然，别人会对你有怨言。尤其是口气太大的长久性的许诺，往往由于世事无常，风云突变，会遇到意外而难以兑现诺言，就会出现令轻易许诺者尴尬的局面。有些父母给子女早早许诺，将来给子女买房子结婚，不料现在的房价涨到了出乎大多数人的意料之外，工薪阶层的父母们就是不吃不穿也买不起。

所以，人不要说满口的话，更不要轻易地许诺。假如那位朋友，如果事先没有许诺，在弟弟结婚时，意外给他一笔钱，或许他会对你感谢不尽。你早早许诺，却做不到，结果是吃力不讨好，花钱买冤家。

显而易见，在你作出许诺的时候，你不应让自己的许诺超过能力的范围。假如这个许诺成功地影响了对方的行为，你就要准备实践自己的诺言。这件事做起来应该是代价越小越好，也意味着许诺要是最低限度的。所以不要去轻易地承诺别人，也不要轻信给你承诺的人，诺言不只是一句话，还要去行动。若是你不行动，那么曾经的诺言就变成了你需要背负的一种债。

"千里之堤，溃于蚁穴。"做一个守信的人，我们就不能够轻易许诺。所以，华盛顿感言："自己不能胜任的事情，切莫轻易答应别人；一旦答应别人，就必须实践自己的诺言。"

日常生活中，朋友之间相互帮忙，向朋友许诺是常有的事。许诺也的确可以收到预期的效果。但是，许诺的话好讲，日后兑现不了难办。这会导致自己的"信任危机"，并会给朋友之间日后的交往带来难以逾越的障碍。

因此，在你必须作出承诺的时候，首先要考虑自己实现诺言的实力，承诺不应超出自己的能力范围。也就是说，许诺时一定要考虑到"应诺"的可能性。任何时候，我们都不能光凭良好愿望甚至主观想象去许诺。离开客观实际和条件许可，随意向别人许诺，虽然一时可以用你的诺言满足对方，但是，这"慷慨"带来的苦果却要由你一人来吞食。朱熹早就明确地告诉我们："欺人亦是自欺，此又是自欺之甚者。"因此，许诺一定要慎重，解决不了的问题，要做好解释工作。一旦许下诺言，就要尽全力去实现。

承诺时，不要信誓旦旦，充"热血男儿"，要为自己留有余地。即使有能力办到的事，也可以用"给我一次机会"之类的话语来代替许诺。这并不是教你学要"滑头"，因为事情的发展是千变万化的，正如西班牙谚语所说："诺言快似骏马，但事实可以追上它。"许诺既有它"超前"的一面，又有它"滞后"的一面。说它是超前的，是说它在没有实现之前就已经"预付"给对方了；说它是滞后的，是说它在兑现的过程中，是以过去的情况为依据的。没有人能够准确无误地说出下一分钟会发生什么。只要你珍惜并把握好"这一次机会"，在解决实际问题的过程中，讲求实效，不拖拉，不哄骗，及时与对方沟通事情进展的情况，就足以获得对方的信赖了。

即使许诺，也不要把话说绝，这样，你也就获得了一定的回旋空间，靠着这个空间，你就不会失信于人了。只要我们懂得维护自己的信誉，以"信"取胜，打出自己的名誉品牌，就会朋友满天下，人脉四通八达。

随便许诺的人，也许在当时就会很快获得别人的信任和欢喜，但这样的情感经不起时间的考证。与其早早承诺，不如化为行动，让时间来证明你的真诚。承诺和行动，孰轻孰重，每个人心里都有一个天平，并不是非要量个轻重来，但愿你我心里他们的分量都不轻。

"以牙还牙"明智吗

"以牙还牙"明不明智，也许不能一概而论。不过，这其中蕴藏着丰富的智慧。博弈双方均选择合作并一贯下去，当然相安无事。一旦一方背叛，另一方感情上倾向"以牙还牙"，即使从理智的角度来看，也需要采取"以牙还牙"的策略，因为这样会促使双方思考并建立有利于合作的游戏规则，从而保证新的合作得以继续。

罗伯特·阿克塞尔罗德在其著作《合作的进化》中，探索了经典"囚徒困境"情景的一个扩展，并把它称作"重复的囚徒困境"（IPD）。在这个博弈中，参与者必须反复地选择他们彼此相关的策略，并且记住他们以前的对抗。阿克塞尔罗德邀请全世界的学术同行来设计计算机策略，并在一个重复"囚徒困境"竞赛中互相竞争。参赛的程序的差异广泛地存在于这些方面：算法的复杂性、最初的对抗、宽恕的能力等。

阿克塞尔罗德发现，当这些对抗被每个选择不同策略的参与者一再重复很长时间之后，从利己的角度来判断，最终"贪婪"策略趋向于减少，而比较"利他"策略更多地被采用。他用这个博弈来说明，通过自然选择，一种利他行为的机制可能从最初纯粹的自私机制进化而来。

最佳确定性策略被认为是"以牙还牙"，这是阿纳托尔·拉波波特（Anatol Rapoport）开发并运用到锦标赛中的方法。它是所有参赛程序中最简单的，只包含了四行 BASIC 语言，并且赢得了比赛。这个策略只不过是在重复博弈的开始合作，然后，采取你的对手前一回合的策略。更好些的策略是"宽恕地以牙还牙"。当你的对手背叛你，在下一回合中，你无论如何要以小概率（大约是 1‰~5‰）时而合作一下。这是考虑到偶尔要从循环背叛的受骗中复原。当错误传达被引入博弈时，宽恕地"以牙还牙"是最佳的选择。这意味着有时你的动作被错误地传达给你的对手：你合作但是你的对手听说你背叛了他。在博弈中，"以牙还牙"是一个非常著名的策略，最广为人知的一点是这个策略能够促成高度的合作，不仅两个采取"以牙还牙"策略的玩家相遇时会出现稳定的合作，而且"以牙还牙"策略还能诱导或强迫采取其他策略的玩家也参与合作。

有一个有名的博弈论试验证实，无限博弈的纳什均衡是"以牙还牙"策略，英文是"tit－for－tat"。也就是说一个人最优地与人相处的策略是，当别人对你好的时候，你就对他好；当别人欺负你的时候，你就欺负他；他永远对你好，你就永远对他好；他永远欺负你，你就永远跟他对抗，直到他开始对你好。这个均衡是依据对很多人的试验得出的，也就是说人们普遍接受这样的相处规则，觉得只有这样大家在一起相处才会愉快，才会长久。

"以牙还牙"是"重复囚徒困境"博弈时的最好策略，是一种和直觉不太一致的方法，在一对一时它没有胜过任何一种规则，因为它首先选择合作，然后复制对手的选择；它最后获胜是因为它总分最高，因为阴险规则相遇时会火拼，所以"以牙还牙"渔翁得利，靠敌人消灭敌人。如果我们留意生活的话，在日常生活中可以找到做到"以牙还牙"的人，他一定不是一个要小聪明的人，而且他的原则性很强，熟知"人不犯我我不犯人，人若犯我我必犯人"的理论。

"以牙还牙"策略有很多前提条件，如无限次重复，合适的权重。如果是有限次博弈，最优策略是"总是背叛"；如果背叛能带来百年一遇的好处，也会导致选择背叛。博弈论简直就是学术界的厚黑学，承诺和合同都只是一种策略，只要报酬够高而惩罚相比较不大，就导致选择背叛。只要缺乏监督或者相应惩罚，基金经理可以背叛投资者，三鹿可以背叛良心，因为博弈论指出选择背叛是他们最优策略。

重复的博弈理论上导致了合作的产生，但是谁也不能保证合作的继续，因为之前已经说过，合作的代价是建立在损害个人利益基础之上的。如果个人放弃未来收益或当前背叛收益大于未来收益，背叛的风险仍然存在。那么在重复博弈中怎样的策略才是最优？若干睿智而复杂的策略经过在计算机中PK之后，极其原始的"以牙还牙"策略脱颖而出。固然这个策略简单至极，其威力却无穷，以至于人们在短暂的欣喜之后，发现这把"太阿指之剑"倒持的可怕。一旦重复链条中出现一次（也许不经意的）背叛，那据此原则行事的博弈将永无止境地背叛下去。个人利益极度膨胀的同时，集体利益无限衰微。幸好，这个世界不是模型，也不是如此简单。很多时候，我们不必真正"以牙还牙"，第三方的规范——道德与法律将应运而生，并担当起我们的"牙"，他们更加有利、有理、有节。

有大智慧的人，就要重新开始选择合作，并且心平气和地接受对方的背叛，如果对手选择合作，就要忘记以前被背叛时的愤怒，选择合作（需要好的心态）。切忌不要产生和对手同归于尽的心态，对手比我们多一点就多一点，我们是靠总体来取胜的。

"以直报怨"不会吃大亏

"以直报怨"是理智和胸怀宽广的体现，这样做即使被人占小便宜也不会吃大亏，更重要的是保持了继续获益的能力。

现代社会人与人的关系可以说更近了，也可以说更远了，但无论如何，人际关系是每个人必须面对的问题。当遇到不公正的待遇时，我们该保持什么样的心态？面对自己亲近的人，我们又该掌握什么样的原则？在纷繁复杂的社会环境中，我们怎样才能处理好人际关系呢？孔子特别强调做事情的分寸，"过"和"不及"都是要尽力避免的。曾有人问孔子："以德报怨，何如?"孔子的回答是："以直报怨，以德报德。"

"以德报德"这一说法是很好理解的，就是让人永远记住要感恩戴德。而现实社会里的绝大部分的平民百姓都会坚持"滴水之恩当以涌泉相报答"的做法，只有一些小人，尤其是那些当差的小人，在进行以怨报德时还会发出此事与小人无关、没奈何或者接受差遣不得不来等的感慨，就像水浒中的人物陆谦陷害林冲和玉兰陷害武松一样，这个现实社会就是这样悲哀。

"以直报怨"这一说法从字面上讲同样是很好理解的，这里的"直"就是常说的耿直、公平的意思，整句的意思就是指用真诚的关怀来面对那些制造仇怨的做法，而"以怨报怨"则是带来了永无休止的冤冤相报的争斗局面。因此，"以直报怨"可以让人换个角度对问题进行分析和思考，可以实现求同存异和感化人的效果，是创立和谐社会的保证。当然，很少有人能够做到这一点，就是因为在现实生活中到处存在狐假虎威和无赖扯皮的现象，导致那些善良的百姓和君子为了减少自己日后的麻烦而采取了忍气吞声的逆来顺受的方式。

　　春秋时期蔺相如与廉颇的故事就是一个"以德报怨"的典型。蔺相如以超人的勇气和智慧，让赵国的镇国之宝和氏璧在秦王眼皮下遛了一圈又完整地回到了赵国，功盖朝廷；后来，在秦赵两国的渑池之会上，当赵王处境非常尴尬之时，他又凭借自己的睿智和胆略，帮助赵王摆脱了受辱的困境，维护了国家的尊严。由于其功劳显赫，得到赵王的重用和封赏是顺理成章的事。可是，生性刚直粗犷的廉颇却偏偏对蔺相如很不服气，扬言一定要找个机会羞辱他一番。而蔺相如听说后，不但没有嫉恨和报复，反而为了避免发生不愉快，宁愿一直躲着廉颇，即使是两人的马车在路上不巧相逢，蔺相如也让车夫退避以礼让廉颇。蔺相如以如此忍让的宽厚和仁义回报廉颇的盛气凌人，最终感动了廉颇，使廉颇意识到自己的小肚鸡肠和无理取闹。后来，惭愧难当的廉颇到蔺相如府上负荆请罪，原来不睦的文武二臣终于消除了仇隙和误解，从此结为生死之交，在战国后期风雨飘摇的形势下，共同支撑和维护着赵国的江山社稷。

　　"以直报怨"绝对不是简单的一种宽恕。能够让人宽恕的是一种过失的行为，而绝对不是那些违法的行为，因为宽恕是人与人之间爱护的前提，而爱护就是人与人之间宽恕的结果，这样就标志了"以直报怨"的最高境界，而那些违法行为产生的仇怨是需要法律途径来解决。

　　从博弈论的角度来分析"以德报德，以直报怨"的策略（这里所谓"直"，就是公正，以公正来回报对方），是为了促进人类之间的合作的，即你对我好，我就对你好；你对我不好，我不报复你。我对你好，是为了你能继续对我好。我不报复你，是为了避免睚眦必报、"冤冤相报何时了"的互相损害，将对方重新拉回合作的轨道。

　　最近几年，蒙牛乳业通过成功的事件营销，行业地位逐渐建立起来了。但当年牛根生和同事们创立蒙牛乳业的过程却是九死一生。他们经历了常人无法想象的各种困难，而且，其中大多数困难还是竞争对手人为制造出来的。所以，在采取什么竞争哲学这个问题上，牛根生应该是很有发言权的。他在阐述"小胜凭智，大胜靠德"的座右铭时，讲了一段非常精彩的话：

　　"'小胜凭智，大胜靠德'其实就是'与自己较劲'！发生任何问题，先从自己身上找原因。因为改变自己容易，改变别人难。假使矛盾双方的责任各占50%，那么，你先从改变自己开始。当你主动改变后，你会发现，对方也会跟着改变，而且这种改变不是同比例的，往往你改变10%后，他会改变30%，真所谓'你敬他一尺，他敬你一丈'。万一你改变了50%以后，对方还是一点不变，怎么办呢？你还是要坚持'与自己较劲'。因为95%的情形不是这样的。当你无数次地'与自己较劲'后，回头再看，大数定律的效能就显现出来了：你通过改变自己而改变了世界！"

这不仅仅是不主动做坏事，而且是主动让步，近于主动做好事了。牛根生这个说法，其实是对"以直报怨"战略的最好注解。每天抱怨自己的经营环境恶劣，以至于无法让他们在经营中保持基本的诚信原则的人潜心读一读蒙牛创业的历史，就会有所启示。

接下来，我们用著名经济学家茅于轼的一段经历，来说明人与人相处的这一原则问题：当你被别人以不正当的手段对待时，你应选择什么样的策略进行回应？

有一天，茅先生陪一位外宾去北京西郊戒台寺游览。他们叫了一辆出租车，来回90多公里，加上停车等待约两个小时，总计价245元。但茅先生发现司机没有按来回计价。按当时北京市的规定，出租车行驶超过15公里之后每公里从1.6元加价到2.4元。其理由是假定出租车已驶离市区，回程将是空车。但对于来回行驶，因不会发生空驶，全程应按1.6元计价。显然，出租车司机多收费了。

此时茅先生有三种选择：一是拒绝付款，出租车司机多收费，"以怨报怨"就是拒绝付款；二是"以德报怨"就是不但付钱还给他一笔小费；三是"以直报怨"则是仍按照规定付款，但是告诉他犯了规，以后改正。经济学家茅于轼的做法是：指出司机的违规行为，但仍按规定向他付款。在这种策略中，他们应付180元，另加停车场收费5元。司机将不得不屈从。因为如果茅先生去举报他的违规行为，他将被处以停驶一段时间的处罚，损失更大。

一种方法叫做"人不犯我，我不犯人；人若犯我，我必犯人"，也就是"以怨报怨"。你不守信用，我也不守信用；你欺骗我，我也欺骗你。用这种方法来教训那些办坏事或破坏规则的人，他们吸取了教训或许会改辕易辙。鲁迅有一段话说："损着别人的牙眼，却反对报复，主张宽容的人，万勿和他接近。"这个办法所采用的就是这种态度。

还有一种方法叫做"以德报怨"策略：也就是永远允许对方采取不合作，而自己永远采取合作态度，你对我搞阴谋诡计，我仍旧对你友好。这种策略可以避免冤冤相报无穷尽，但是却只可能被那些道德极端高尚的"圣人"所采用，因为它是超越理性的。

法国作家雨果的名著《悲惨世界》中，冉阿让偷了神父的东西被警察抓住，神父却为他开脱，所采取的就是这种策略，并且产生了巨大的道德感召力，使冉阿让重归正途。但是一般情况下，这个策略对采取者最为不利，因为多数对手并不是冉阿让，而且一旦知道了你会采取这种策略后，他们会永远采取背叛策略。

上述两种方法截然相反，但都有它们的道理。仔细想来确实叫人感到惊奇。两种极端都有道理，其结果是怎么做都可以。对待坏人真的就没有有效的办法了吗？有没有既非"以怨报怨"又非"以德报怨"的办法？修正报复的程度，本来会让你损失五分，现在只让你损失三分，从而以一种公正审判来结束代代相续的报复，形成文明。孔子反对"以德报怨"，因为这样做的话，对坏人也施以德，对好人也施以德，变得没有区别，于理不合。"以直报怨"包含两重意思：一是要用正直的方式对待破坏规则的人；二是要直率地告诉对方，你什么地方办错了事。

除了"以德报德"、"以怨报怨"，我们常说的"投桃报李"、"人不犯我，我不犯人"等都体现了"以直报怨"的思想。尽管这一策略并不是最优的，在充满了随机性的现实社会里有这样或那样的缺陷，但对于"以德报怨"和"以怨报怨"来说，无论从哪个角度来分析都是相对优势的策略。

假装不知道有尽头

离尽头越近，背叛的可能性就越大。当博弈只能有限次重复后结束，最好的状况是双方都不知道有尽头，即使博弈的尽头客观存在，假装不知道有尽头仍然有助于获得较好的博弈结果。

《笑林广记》中记载了这样一则笑话：

有一个人去理发铺剃头，剃头匠给他剃得很草率。剃完后，这人却付给剃头匠双倍的钱，什么也没说就走了。一个多月后的一天，这人又来理发铺剃头。剃头匠还记得他上次多付了钱觉得此人阔绰大方，为讨其欢心，多赚点钱，便竭力上心，周到细致，多用了一倍的工夫。剃完后，这人便起身付钱，反而少给了许多钱。剃头匠不愿意，说："上次我为您剃头，剃得很草率，您尚且给了我很多钱；今天我格外用心，为何反而少付钱呢？"这人不慌不忙地解释道："今天的剃头钱，上次我已经付给你了；今天给你的钱，正是上次的剃头费。"说着大笑而去。

这个故事说明，有限次的"囚徒困境"，情况不同于无限次的"囚徒困境"的重复博弈。当临近博弈的终点时，采取不合作策略的可能性加大。即使参与人以前的所有策略均为合作策略，如果被告知下一次博弈是最后一次，那么肯定采取不合作的策略。

博弈反复进行的次数是一定的，当合作关系快到达某种自然而然的终点时，运用向前展望、倒后推理的原则，我们可以看到，一旦再也没有机会可以进行惩罚，合作就会告终。但是，谁也不愿意落在后面。继续合作，在别人作弊的时候，假如有人仍然保持合作，最后他就只能自认倒霉。

既然没人想倒霉，合作也就无从开始。实际上，无论一个博弈将会持续多长时间，只要大家知道终点在哪里，结果就一定是这样。因为从一开始，两位参与者就应该向前展望，预计最后一步会是什么。在这最后一步，再也没有什么"以后"需要考虑，优势策略就是作弊。这最后一步就是一个不可避免的结果：既然没有办法影响这个博弈的最后一步，那么，在考虑对策的时候，倒数第二步实际上就会成为最后一步。而在这一步，作弊再次成为优势策略。理由是位于倒数第二的这一步对最后阶段的策略选择毫无影响。因此，倒数第二步可以视为孤立阶段单独进行考虑。对于任何孤立阶段，作弊都是一种优势策略。

深谙策略思维者懂得瞻前顾后，避免失足于最后一步。假如他预计自己会在最后一步遭到欺骗，他就会提前一步终止这一关系。不过，这么一来，倒数第二步就会变成最后一步，还是没法摆脱上当受骗的问题。

现在，最后两结局的情形已经确定，因为两个参与者已经决心在最后两步作弊。这么一来，在考虑对策的时候，倒数第三步实际上就会成为最后一步。遵循同样的推理，作弊仍是一种优势策略。这一论证一路倒推回去，不难发现，从一开始就不存在什么合作了。

但是在上面的故事中，剃头匠为什么会上当呢？因为在现实世界里，所有真实的博弈只会反复进行有限次，正如剃头匠不知道客人下一次是否还会光临一样，没有人知道博弈的具体次数。既然不存在一个确定的结束时间，那么这种合作关系就有机会继续下去，实现阶段性的成功合作。要想避免信任瓦解，千万不能让任何确定无疑的最后一步出现在视野所及的范围。只要仍然存在继续合作的机会，背叛就会被抑制。

不可否认，这个世界的确存在一些"善良人"，不管作弊可能带来什么样的物质利益损失，他们仍然选择合作。但是多数人都没有那么善良，而是按照自己的理性行事，在一个反复进行有限次的"囚徒困境"博弈里，他们会从一开始就作弊。这会使其他参与者很快看清楚其本质，并对之加以提防。于是，为了掩盖真相，或者是至少掩盖短时间的真相，他们不得不装出"善良"的样子。剃头的客人一开始为质量低劣的服务付很多的钱就出于这种考虑。

在博弈中，假设有人一开始就按照善良人的方式行事，其他参与者就会认为他大约属于周围少有的几个善良人之一。合作一段时间将会带来实实在在的好处，所以其他参与者也会打算仿效他的善良做法，换取这些好处，从而带来合作的收益。当然，他和其他参与者一样，仍然打算在博弈接近尾声的时候偷偷作弊，但这并不妨碍在最初一个阶段进行互利互惠的合作。因此，在个人假装善良等待占别人便宜的时候，大家已经从这种共同欺骗中得到好处。

在一个反复进行的"囚徒困境"中信任出现的条件，就是合作破裂的代价之前出现。这么一来，作弊与合作相比哪一个更划算，就取决于现在与将来相比哪一个更重要。

在商界，比较现在与将来的利润的时候，会用一个合适的利率进行折算。而在政界，现在与将来的重要性的比较更加带有主观色彩。如果是在商界，若是遇到不景气的年份，整个产业处于崩溃边缘，管理层觉得已经走到山穷水尽，没有明天了，那么，竞争就有可能变得比正常年份更加激烈。

但是隐瞒终点或者说假装没有终点的博弈策略，仍然是以背叛为基础的，其目的无非是在相互背叛之前得到更多的收益。当然也有例外，比如说在多数恋人之间的博弈，其目的并非是为了在分手时得到更多的"好处"，而是希望能更好地维持合作的稳定性，从而喜结连理，白头偕老。

第三章
竞争与对抗的博弈
——两败俱伤还是共分蛋糕

　　竞争并不意味着要以一方消灭另一方为结局。麦当劳和肯德基几乎总是门对门地开店，打得火热，彼此都因为对方的存在和发展而努力提高产品质量，改进服务水平，正因为如此，麦当劳和肯德基双双获得了巨大成功。它们之间，与其说是一种威胁，不如说是一种督促。这也是竞争应该追求的一种积极境界。从竞争的结果来看，竞争可能导致"负和博弈"、"零和博弈"和"正和博弈"三种结局。"负和博弈"是一种纯粹消极竞争，只能带来两败俱伤；"零和博弈"一方的获益以另一方的牺牲为代价，更遗憾的是，博弈双方因公平的失衡而失去利益继续增长的生命力，也不是理想的竞争；"正和博弈"蕴藏着双赢的智慧，是皆大欢喜的竞争。要实现"正和博弈"，达到双赢，就要把努力花在创新上，绕开红海，开辟蓝海，才是一种可取的战略方针。我们不跟现存的竞争，我们跟创新竞争。要达到"正和博弈"，不妨从竞争对手的角度，换位思考，以合作互助的心态参与博弈，这种宽广的胸怀很可能获取双赢的机会。当然，"正和博弈"并非要一味地忍让退缩，报复也并非一无是处，所以要采取适当的、适度的报复来提醒双方游戏规则的重要。

竞争者其实同样忧伤

　　竞争，在很多时候因处理不好，导致"零和博弈"，甚至"负和博弈", 从而给一方甚至双方带来失败的苦涩。竞争者是忧伤的。

当你看到两位对弈者时, 你就可以说他们正在玩"零和游戏"。因为在大多数情况下, 总会有一个赢, 一个输, 如果我们把赢棋计算为得1分, 而输棋为－1分, 那么, 这两人得分之和就是: 1＋（－1）＝0。这正是"零和游戏"的基本内容: 游戏者有输有赢, 一方所赢正是另一方所输, 游戏的总成绩永远是零。

"零和游戏"原理之所以广受关注, 主要是因为人们发现社会中与"零和游戏"类似的情况很多, 胜利者的光荣后面往往隐藏着失败者的辛酸和苦涩。从个人到国家, 从政治到经济, 似乎无不验证了世界正是一个巨大的"零和游戏"。这种理论认为, 世界是一个封闭的系统, 财富、资源、机遇都是有限的, 个别人、个别地区和个别国家财富的增加必然意味着对其他人、其他地区和其他国家的掠夺, 这是一个"邪恶进化论"式的弱肉强食的世界。

"零和博弈"属于非合作博弈, 是指博弈中甲方的收益, 必然是乙方的损失, 即博弈双方得益之和为零。在"零和博弈"中博弈双方决策时都以自己的最大利益为目标, 结果是既无法实现集体的最大利益, 也无法实现个体的最大利益。除非在博弈双方中存在可行性的承诺或可执行的惩罚作保证, 否则博弈双方中难以存在合作。

诸如下棋、玩扑克牌在内的各种智力游戏都有一个共同特点, 即参与游戏的双方之间存在着输赢。在游戏进行之中, 一方赢得的就恰好等于另一方输掉的。譬如, 在国际象棋比赛中, 一方吃掉对方的一个棋子, 就意味着该方赢了一步而对方输掉一步。倘若我们在象棋比赛中作出这样的规定: 当一方吃掉对方的一个棋子时, 对方应输给该方一分钱, 并用"支付"（Pay off）一词表示双方各自输赢的情况, 在比赛进行过程中以及比赛结束时双方的"支付"相加总等于零。所谓"零和博弈"的概念就是由此而来的。

有两个人合伙做生意, 一个有钱出资金, 一个有神通疏通关系。在两人共同努力下, 他们的生意很红火。但是, 渐渐地, 那个有关系的人便起了歹心, 想独吞生意。于是, 他便向出资者提出还了那些资金，这份生意算他一个人的。出资人当然不愿意，因此双方僵持了很长时间，矛盾越来越尖锐，最后诉诸公堂。那个有神通的人不愧有神通，他在两人开始做生意时，便已经给对方下了套，在登记注册时，只注册了他一个人的名字。虽然出资人是原告，却因对方早就下好了套而输了官司。结果，他眼睁睁让对方独吞了生意而没有办法。这便是一种典型的"零和博弈"。

从博弈双方来看，有神通的人是占了便宜，他的所得正是出资人的所失。这对神通广大的人来说，是一时得利，但他这样的行为，从更深一层意义上来看，所失也不一定比所得小。这个独吞别人利益的人，会让更多的人不愿意也不敢和他交往，最终也会失去了那份很好的生意。可见，交际中如果用欺诈行为而侵占别人的利益，可能会因此而失去更多。试想一下，有谁愿意和一个一心只想着独吞好处的人交往呢？

现在再来说说"负和博弈"。"负和博弈"是指竞争者的竞争总体结果所得小于所失，其结果的总和为负数，是两败俱伤，双方都有不同程度的损失。

比如在生活中，兄弟姐妹之间相互间争东西，其结果就很容易形成这种两败俱伤的"负和博弈"。一对双胞胎姐妹，妈妈给她们两人买了两个玩具，一个是金发碧眼、穿着民族服装的娃娃，一个是会自动跑的玩具越野车。看到那个娃娃，姐妹两人同时都喜欢上了，而都讨厌那个玩具越野车，她们一致认为，越野车这类玩具是男孩子玩的，所以，她们两个人都想独自占有那个可爱的娃娃，于是矛盾便出现了，姐姐想要这个娃娃，妹妹偏不让，妹妹也想独占，姐姐偏不同意，于是，干脆把玩具扔掉，谁都别想要。

可以说像这种情况，在我们的生活中是经常出现的。在相处过程中，由于交往双方为了各自的利益或占有欲，而不能达成相互间的统一，产生冲突和矛盾，结果是交往的双方都从中受到损失。这样造成的后果是：其中一方的心理不能得到满足，另一方的感情也有疙瘩。可以说，对双方而言都受到损失；双方的愿望都没有实现，剩下的也只能是双方关系的不和或"冷战"，从而对双方的感情造成不良的影响。

"正和博弈"："双赢"才是皆大欢喜

"正和博弈"蕴藏着双赢的智慧，"双赢"才是皆大欢喜。

"正和博弈"亦称"合作博弈"，就是参加博弈的双方的损失和收益加起来是正数。"正和博弈"研究人们达成合作时如何分配合作得到的收益，即收益分配问题。"正和博弈"的参与双方大都采取一种合作的方式，或者说是一种妥协。妥协之所以能够增进双方的利益以及整个社会的利益，就是因为"正和博弈"能够产生一种合作剩余。至于合作剩余在博弈双方之间如何分配，取决于博弈双方的力量对比和技巧运用。

当前，无论是在工作还是学习中，"博弈"已成为人们使用的高频词汇。但大多数人对于"博弈"的理解与使用仍然局限于竞争环境中，甚至直接将其作为竞争的同义词。事实上，在现代的商业环境中，对于竞争的过分强调会使人误入歧途，如果一个企业家始终固守"商场如战场"的信念，他就有可能错失与其他企业合作双赢的良机。

按照系统论的说法，一个企业是一个开放耗散结构系统，与外部环境不断发生联系与交换。企业总是要在外部环境中，寻找供应商采购，寻找销售商销售，寻找合适人选招聘，以及与其他企业进行合作等，探取合作双赢的结果。在企业合作推出品牌的诸多案例中，最典型的莫过于英美烟草（香港）有限公司与芜湖卷烟厂的合作。

1990年4月，由安徽省烟草专卖局（公司）大力推荐，国家烟草专卖局（总公司）出面牵线搭桥，两个公司开始了合作历程。1991年，双方合作生产的"都宝"牌卷烟非常顺利地占领了首都市场，成为北京的畅销品牌，并远销内蒙古、河北等18个省市自治区。

一般来说，两家企业达成合作协议，推出双方共同拥有的新品牌，就意味着在很大程度上，合作双方开始相互依赖。没有任何一方可以在不牺牲自身利益的情况下回到原来独立经营的轨道上去。

我们不妨认为，英美烟草公司的技术水平要高于芜湖卷烟厂，而芜湖卷烟厂本土化的营销手段与网络则是英美烟草所缺乏的。因此，英美烟草公司与芜湖卷烟厂之间的合作主要是英美烟草公司提供技术，而芜湖卷烟厂开发市场。

设想英美烟草公司支持芜湖卷烟厂的技术开发分为低技术开发与高技术开发两种，技术开发成本分别为9000万人民币与1.5亿人民币；芜湖卷烟厂上新生产线的投入也分为低投入与高投入两种，投入成本分别为1.8亿人民币与3.0亿人民币。

不妨合作双方都预期到"都宝"香烟的市场利润在一年内可以达到3.9亿人民币。双方都以一年内收回成本为目标，但赚取多少钱并不在考虑之列，主要是试探性地进行这个项目。很显然，芜湖卷烟厂高投入上生产线，英美烟草公司采用高技术开发，此时的总成本达到4.5亿，一年内这个合作项目的成本明显无法收回。

我们不妨假定合作双方采用两种策略的概率都是1/2，由此，双方总成本分别为3.3亿、2.7亿、4.5亿和3.9亿的概率都是1/4。那么，双方总成本的期望值为（3.3亿＋2.7亿＋4.5亿＋3.9亿）×1/4＝3.6亿，因此双方的预计利润为3.9亿－3.6亿＝0.3亿。

那么在英美烟草公司与芜湖卷烟厂进行合作协商的时候，就要考虑到项目启动成本是否高于0.3亿元。项目启动成本包括双方谈判成本、人员培训成本、沟通成本等。如果项目启动的初期投资超过3000万，双方就没有合作的可能性，项目自然就被否定掉。

在企业的实际合作中，最大的困难并不是作出这样的预期，关键在于每个企业是否真实地提供自己所负担的投入成本。比如这个例子中，英美烟草公司可以将其技术开发成本报为最高的1.5亿元，芜湖卷烟厂报为最高的3.0亿元。在这种情况下，很明显，合作双方的项目第一年的目标无法达到，更谈不上弥补先期的项目启动成本。自然，项目只会泡汤，双方无法达成合作。

看来让两个公司有效地合作一个项目，并不是一件简单的事情。我们不妨采取这样一种策略：假如芜湖卷烟厂决定将合作项目继续下去，它必须要补偿英美烟草公司的成本，然后保有余下的利润。无论双方的成本总和是不是低于利润目标，芜湖卷烟厂都将决定继续下去，它的收入为总收入减去自身上新生产线的成本，再减去对英美烟草公司的补偿之后的剩余。

双方要同时宣布自己投入的成本，并且在总成本低于利润目标的前提下，项目才能进行下去。对于芜湖卷烟厂来说，补偿英美烟草公司成本的剩余利润必须要高于它实际付出的成本，它才能继续这个项目。由此看来，芜湖卷烟厂最好的做法就是报出真实的投入成本。如果芜湖卷烟厂所报的是虚假数字，很有可能这个项目就无法进行，芜湖卷烟厂就失去了一个赚钱与技术更新的好机会。因此，芜湖卷烟厂报出真实成本是一个优势策略。同理，这种激励机制当然也可以用在英美烟草公司身上，报出真实成本自然也是英美烟草公司的一个优势策略。

然而，这种激励机制的局限在于，不管用在哪一方身上，都只能保证其中一方报出的是真实成本，无法约束另一方也说真话。为了让双方都能够报出真实成本，设计合作协议就显得尤为重要。这份协议要能够激励两家公司都报出真实成本，还要有确保有效继续或取消项目的决策。能够让大家精诚团结的协议，就是要使公司将它们通过自身行动加在对方身上的成本考虑进去。比如在这个例子中，一旦公司夸大自己的成本，项目不得不取消，反而自己所获收益减少。

美国著名拳击手杰克每次比赛前都要作一次祈祷，朋友问道："你在祈祷自己打赢吗?""不，"杰克说道，"我只是祈求上帝让我们打得漂漂亮亮的，都发挥出自己的实力，最好谁都不要受伤。"杰克的话中渗透着双赢的智慧。双赢在个人领域，指的就是用美德为竞争镶边着色，让折射的阳光照亮携手同行的路程，让竞争在微笑中放松心灵，在合作中共同进步，展现出一幅人与人关爱和睦、诚实守信的和谐的生动图景。

参与"零和"与"负和"的，没有赢家

"零和博弈"，一方利润的赢得以另一方的利润牺牲为代价，而赢的一方赢的只是短期利润，实际上输掉的是持续增长利润的能力，同时还背负了沉重的道德债；"负和博弈"则既损利益，又伤感情，纯粹是两败俱伤。

根据是否可以达成具有约束力的协议博弈分为合作博弈和非合作博弈。"零和博弈"和"负和博弈"都属于非合作博弈。"零和博弈"又称"零和游戏"，与非零和博弈相对，是博弈论的一个概念，指参与博弈的双方在严格竞争下，一方的收益必然意味着另一方的损失，博弈双方的收益和损失相加总和永远为零。也可以说，一方的幸福是建立在另一方的痛苦之上的，二者的大小完全相等，因而双方都损人利己。"零和博弈"的结果是一方吃掉另一方，一方的所得正是另一方的所失，整个社会的利益并不会因此而增加一分。至于"负和博弈"，是指双方冲突和斗争的结果，所得小于所失，就是我们通常所说的其结果的总和为负数，也是一种两败俱伤的博弈，双方都有不同程度的损失。

在很久以前，北方有一位技艺高超的木匠，擅长用木头做成各式人物。他所做的女郎，容貌艳丽，穿戴时尚，活动自如，还能斟茶递酒，招呼客人，几乎与真人无异，非常神奇。唯一的不足之处就是不能说话。

当时，在南方有一位画师，画技非常了得，所画人物，栩栩如生。有一次，他来到北印度。木匠久闻画家大名，意欲相聚一下。于是，他备好酒菜，请画师来家做客，又让自己所做的木女郎斟酒端菜，十分周到。女郎秀丽娇俏，画师看在眼里，不由心生爱恋，却故不作声。

在酒酣饭饱之后，天色已经很晚了，于是，木匠便要回到自己的卧室。临走时，他故意将女郎留下，并对画师说："留下女郎听你使唤，与你做伴吧。"画师听了，非常高兴。等木匠走后，画师见女郎伫立灯下，一脸娇羞，愈发可人，便叫她过来，但是女郎不吭声。画师看她害羞，便上前用手拉她，这才发觉女郎是木头人，顿觉惭愧，念道："我真是个傻瓜，被这木匠愚弄了。"他越想越生气，就想办法报复，于是他在门口的墙上，画了一幅自己的像，穿着完全与自己一模一样，还画了一条绳系在颈上，像是上吊死去的样子；又画了一只苍蝇，叮在画中人的嘴上。画好像后，他便躲在床底下睡觉去了。

等到第二天早上，木匠见画师久久没有出来，却看见画师门户紧闭，叩门又没有人。于是，透过门窗缝隙向内望去，赫然看到画师上吊了。惊恐万分的木匠，马上撞开门户，急忙用刀去割绳子，这才发现原来只是一幅画。木匠很是恼火，一气之下，打了画师。

可以说这是一个典型的人际博弈，或者更确切地说是一个典型的"负和博弈"。本应皆大欢喜的事情，结果却以两败俱伤的尴尬局面告终。我们不妨从头分析一下整个事件的原委：由于画师不知女郎是木头所做，见其秀丽，便心生爱恋，而如果此时木匠能告诉他事实，画师就不会去动女郎了；再说了，即使木匠故意做弄画师，如果画师在知道真相后，不去报复木匠，那么也不会发生后来的事。不管怎样，两人的做法都是不可取的，结果只能使他们因为两败俱伤而不再交往。

所以，参与"零和博弈"和"负和博弈"的人们，没有赢家可言，而人们也在社会的不断发展中认识到了这一点。20世纪，人类在经历了两次世界大战、经济的高速增长、科技进步、全球化以及日益严重的环境污染之后，"零和博弈"和"负和博弈"的观念正逐渐被"双赢"观念所取代。人们开始认识到"利己"不一定要建立在"损人"的基础上，若是这样做对双方都没有益处，那就换一种思维，或许可以尝试着合作。通过有效合作，皆大欢喜的结局是可能出现的。要从"零和博弈"或者是"负和博弈"走向"双赢"，要求双方要有真诚合作的精神和勇气，在合作中不要要小聪明，不要总想占别人的小便宜，要遵守游戏规则，否则"双赢"的局面就不可能出现，最终吃亏的还是自己。

为什么要从"红海"游到"蓝海"

红海是残酷的，更低的成本或更突出的差异化是红海的生存法则，即便这样，原本已经拥挤的红海中生存空间也是有限的。蓝海则有着更广阔的发展空间，甚至是大片等待被开辟的领域。选择从红海游到蓝海，是发展形势的需要和要求。

对于"红海"，人们都很熟悉了，比如平常所说的竞争战略，进行产业的分析、竞争分析、定位等，主要从差异化战略和低成本战略作权衡取舍。"蓝海战略"是 2005 年全球范围内管理界的一个关键词，出现在 W. 钱·金和勒妮·莫博涅教授合著的《蓝海战略》一书里。"蓝海"、"红海"是基于产业组织经济学的概念，"蓝海战略"的理论基石是新经济理论，也就是内生的增长理论。

"红海战略"主要是在已有的市场空间竞争，在这里，你或是比对手成本低，或是比他更加可以达到差异化，两个战略取其一。游戏规则是已经定好的，按照这个游戏规则，竞争者进行针锋相对的竞争，所要分析的就是竞争态势和已有产业的条件，这是"红海战略"需要研究的变量和因素。

"蓝海战略"不局限已有产业边界，而是要打破这样的边界条件，有时候"蓝海"是在全新的一片市场天地中开辟的。当然，"蓝海"可以在"红海"中开辟，比如星巴克咖啡，原来麦氏、雀巢这些厂商都是采取低成本，在价格上竞争。星巴克一出现就击倒所有对手，在原有"红海"中开辟了"蓝海"，几乎达到垄断地位的高度。

"蓝海战略"认为，聚焦于"红海"等于接受了商战的限制性因素，即在有限的土地上求胜，却否认了商业世界开创新市场的可能。运用"蓝海战略"，视线将超越竞争对手移向买方需求，跨越现有竞争边界，将不同市场的买方价值元素筛选并重新排序，从给定结构下的定位选择向改变市场结构本身转变。

"蓝海"以战略行动作为分析单位，战略行动包含开辟市场的主要业务项目所涉及的一整套管理动作和决定，在研究 1880～2000 年 30 多个产业 150 次战略行动的基础上，指出价值创新是"蓝海战略"的基石。价值创新挑战了基于竞争的传统教条即价值和成本的权衡取舍关系，让企业将创新与效用、价格与成本整合一体，不是比照现有产业最佳实践去赶超对手，而是改变产业景框重新设定游戏规则；不是瞄准现有市场"高端"或"低端"顾客，而是面向潜在需求的买方大众；不是一味细分市场满足顾客偏好，而是合并细分市场整合需求。

一个典型的"蓝海战略"的例子是太阳马戏团，在传统马戏团受制于"动物保护""马戏明星供方侃价"和"家庭娱乐竞争买方侃价"而萎缩的马戏业中，太阳马戏团从传统马戏的儿童观众转向成年人和商界人士，以马戏的形式来表达戏剧的情节，吸引人们以高于传统马戏数倍的门票来享受这项前所未见的娱乐。

　　"蓝海战略"在获利性增长上的结果与"红海战略"的不同可作以下分析：

　　对于业务投入的结果，在新推出的业务当中，86％是投入"红海"业务，14％是"蓝海"业务，而蓝海业务最后在利润上的影响占61％，也就是达到总利润的61％，这些结果是通过随机抽样，然后运用统计的方法计算出来的。

　　这个结果显示，既然财富都集中在"蓝海"，为什么这么多人挤在"红海"里，主要推出业务还都是"红海"呢？

　　在世界经济论坛，或者财富年会，或者微软的峰会，所有企业的老总一致说创建蓝海非常重要，但是等他们回去要投入项目的时候，要他们真正开出支票的时候，还是举足不前，仍然继续在"红海"。这也是莫博涅教授不解的一点。

　　为什么86％的企业还在"红海"中呢？原来，在"红海"中开创业务，已经有了很多分析工具和框架理论，只要分析产业的现状结构，比照一下竞争对手，在价格质量内容上相比照就可以了，知道我们的竞争对手的优势在何处，就可以制定我们的战略了。但是"蓝海"是冒险，虽然创新是好的，但是没有什么人愿意冒险，在商学院中我们也说失败是成功之母，但是没有人想做失败者，这也就是为什么很多人仍致力于"红海"中的原因。

"强强联合"是"双赢"的最好选择

　　经济学界讲的"强强联合"，是指大企业之间为了增强市场竞争力，获得更大的经济效益而实行合并的经济现象。大企业之间的强强联合，可以实现合并企业的优势互补，优化资源配置，降低生产成本，提高劳动生产率，促进先进技术的研究和开发，达到扩大市场占有额，获取更大经济效益的目的。

"强强联合"与企业兼并不同，企业兼并是建立在通过以现金方式购买被兼并企业或以承担被兼并企业的全部债权债务等的前提下，取得被兼并企业全部产权，剥夺被兼并企业的法人资格。通常是效益较好的优势企业兼并那些效益较差的劣势企业。也就是说，兼并之后，劣势企业将不再存在。而"强强联合"则是建立在大企业相互合作的基础上的合并，不存在剥夺另外企业法人资格之说，也就是联合之后，仍是共同发展。

目前，我们所看到的很多品牌营销活动其实并不属于联合品牌传播活动。比如"长丰猎豹"进行摇滚乐的推广，跟可口可乐当年借助麦克尔·杰克逊进行全球巡演的意义一样，这其实是一种非常简单的借助媒介进行传播的活动。但是不能把这样的活动都列为联合营销的范围之内，必须要把联合营销看成是一个独立的体系。

怎样才能算是真正的联合营销？下面是几年前奔驰和乔治·阿玛尼的合作的一个典型案例：

阿玛尼是代表欧洲豪华服装和时尚产品的品牌，其设计理念是前卫和创新，而奔驰汽车的 CLK 品牌则希望通过跑车的模式，吸引那些富有创新精神并愿意尝试新事物的年轻人士。这两者整合在一起，至少可以获得两个方面的好处：

一是品牌发展到一定阶段之后就演变成消费者价值的象征。即消费者选择阿玛尼品牌，主要是希望借助阿玛尼品牌，彰显自己所接受和认可的阿玛尼精神——时尚、创新、激情。所以，从这个意义上讲，服装更多时候是一种自我精神的外在表现，而不是简单的认可或者接受阿玛尼品牌，这就是品牌的本质特征。

二是可以实现品牌策略上的延伸、扩展。阿玛尼品牌的消费者会自然地将奔驰 CLK 看成是阿玛尼时尚精神的一种延伸或者一种扩展，如果他深信阿玛尼精神，那么在一定程度上，他对于这款汽车的态度就延续了自己对阿玛尼品牌精神的认同和体验。

在上面的合作案例中，假如消费者认定了阿玛尼所代表的精神，从阿玛尼的价值特征和品牌精神出发，在舆论下也会自然地接受奔驰品牌，把奔驰看成是阿玛尼精神的一种延伸，或者是在运动方面的一个补充。

这样一来，CLK 品牌就会得到最大程度的传播，而奔驰 CLK 本身也在积极地吸引具有创新精神和创新文化的年轻人士，把他们变成自己品牌的消费者。

在阿玛尼品牌和奔驰品牌传播的过程当中，由于消费者媒介的选择性，总是会导致相当一部分目标消费者并没有注意到这两个品牌，或者因为种种因素，不能够完全接受或者全面接受该品牌所彰显的文化价值或者精神理念。但通过联合营销，一是双方都能弥补媒介传播上的不足，并最大程度地使自己的品牌得到发扬。二是双方的联合可以大幅度降低成本，同时整合延长自己单一品牌的宣传和传播的时间。

事实上，联合营销等于做了一个加法。在实际操作特别是在品牌传播当中，所有的企业都会花掉大量的费用，如果联合则可以大大降低这些费用。

当然，联合品牌还有一定的限制，不能任何时候都可以使用，而必须注意以下几个方面的问题：

第一，要精选合作对象，最好有共同的消费人群、文化理念和精神理念，以及共同的价值特征、属性。

第二，一般企业可能很少注意到，在成为知名品牌以前，联合品牌很难操作成功。所以要找到一个适当、对等的品牌进行合作，而不能够期望借助远高于自己的价值特征或者社会影响力的品牌提升自身的影响力。联合营销追求的是相互之间的平等合作，而不是借一个品牌去拉动另外一个品牌。东风雪铁龙和卡帕（KAPPA）的合作就是非常典型的例子。雪铁龙是一个欧洲品牌，而卡帕是一个意大利运动品牌，这两者都是当地具有一定影响力的品牌。卡帕刚在香港上市，就取得了服装行业第一品牌的位置，这种影响力对东风雪铁龙来说，无疑具有实际意义和平等价值。

第三，联合品牌最主要的还是巩固品牌的形象，而不是塑造品牌形象，因此联合品牌传播，并不能替代单一品牌的传播。即使联合品牌能够降低成本，也必须在整体战略上把它作为辅助性战略，而不能作为根本性战略。

从对手的立场思考，你能作出更好的决策

站在别人的立场上想一想，就是为自己未来的遭遇着想。站在对手的立场上想问题，不仅仅是一种美德，更是一种赢的策略。

在作出决策前要站在对手的立场好好想想。站在对手的立场看问题，你的看法自然就有了高度。《孙子兵法》有云："知己知彼，百战不殆。"而"知己"与"知彼"相比较，"知彼"就显得很重要。对生死相敌的对手"知彼"则更为重要。伟大的斗士都是不会随便轻视他的对手的。失败者失败的一个重要原因是，他们从来都不懂得站在对方的立场看问题。

创建了著名的松下电器公司的松下幸之助先生，在做生意的过程中，就注重站在对方的立场看问题。松下电器公司能在一个小学没读完的农村少年手上，迅速成长为世界著名的大公司，就与这条人生哲学有很大关系。

人们在交往中，不可避免地总有许多分歧。松下幸之助总希望缩短与对方沟通的时间，提高会谈的效率，但却一直因为双方存在不同意见而浪费了大量时间。在他23岁那年，有人给他讲了一个故事——犯人的权利。他终于从中领悟到一条人生哲学。凭借这条哲学，他与合作伙伴的谈判突飞猛进，人人都愿意与他合作，也愿意做他的朋友。这个故事是这样的：

某个犯人被单独监禁。狱方已经拿走了他的鞋带和腰带，他们不想让他伤害自己（他们要留着他，以后有用）。这个不幸的人用左手提着裤子，在单人牢房里无精打采地走来走去。他提着裤子，不仅是因为他失去了腰带，而且是因为他失去了15磅的体重。从铁门下面塞进来的食物是些残羹剩饭，他拒绝吃。但是现在，当他用手摸着自己的肋骨的时候，他嗅到了一种万宝路香烟的香味。他喜欢万宝路这个牌子。通过门上一个很小的窗口，他看到门廊里那个孤独的卫兵深

深地吸一口烟，然后美滋滋地吐出来。这个囚犯很想要一支香烟，所以，他用他的右手指关节客气地敲了敲门。

卫兵慢慢地走过来，傲慢地问道："想要什么？"

囚犯回答说："对不起，请给我一支烟……就是你抽的那种——万宝路。"

卫兵错误地认为囚犯是没有这个权利的，所以，他嘲弄地哼了一声，就转身走开了。

这个囚犯却不这么看待自己的处境。他认为自己有选择权，他愿意冒险检验一下他的判断，所以他又用右手指关节敲了敲门。这一次，他的态度是威严的。

那个卫兵吐出一口烟雾，恼怒地扭过头，问道："你又想要什么？"

囚犯回答道："对不起，请你在 30 秒之内把你的烟给我一支。否则，我就用头撞这混凝土墙，直到弄得自己血肉模糊，失去知觉为止。如果监狱长把我从地板上弄起来，让我醒过来，我就发誓说这是你干的。当然，他们决不会相信我。但是，想一想你必须出席每一次听证会，你必须向每一个听证委员会证明你自己是无辜的；想一想你必须填写一式三份的报告；想一想你将卷入的事件吧——所有这些都只是因为你拒绝给我一支劣质的万宝路香烟！就一支烟，我保证不再给您添麻烦了。"

卫兵会从小窗里塞给他一支烟吗？当然给了。他替囚犯点了烟了吗？当然点上了。为什么呢？因为这个卫兵马上明白了事情的得失利弊。

这个囚犯看穿了士兵的禁忌，或者叫弱点，所以满足了自己的要求——获得了一支香烟。

松下幸之助先生立刻联想到自己：如果我站在对方的立场看问题，不就可以知道他们在想什么、想得到什么、不想失去什么了吗？仅仅是转变了一下观念，松下先生就立刻获得了一种快乐——发现一个真理的快乐。

著名作家米兰·昆德拉说："站在别人的立场上想一想，就是为自己未来的遭遇着想。"事实上，通过上面的分析我们可以发现，站在对手的立场上想问题，不仅仅是一种美德，更是一种赢的策略。

美国著名企业家维克多金姆说："任何成功的谈判，从一开始就必须站在对方的立场看问题。"最简便、最有效的办法就是模拟谈判，让己方谈判人员扮演对方角色，尽可能多地把对方届时可能提出的问题和要求预先提出来并探讨应对方案。有时候往往能够出现这样的感觉——"对啊，人家这样做一点也不过分嘛"，从而避免实地谈判时判断仓促而造成不应有的失误。更重要的是，己方作如下表达："我们很清楚，贵方这样做无非是想将机会增多。"很显然，这种表现出"你们心里想什么，我们一清二楚"的优越感，能够带来极大的心理优势，造成明显的坡度落差，从而有效地抑制对方的自信和讨价还价的勇气。

适时报复，是为了不受更多欺负

谦恭礼让的美德固然可取，不过，适时报复也无可厚非，一方面它可能减少受到更多的欺负，更重要的是，它警醒了双方对规则的智慧思考。

谦恭礼让是对别人的尊重，从而才能赢得别人对自己的尊重。但谦恭是要有度的，当别人对你过分地无理时，也要不卑不亢，有礼有节地给以适度的回击，来维护自己的尊严和利益，免得日后再受到别人的更多欺负。

"你们要是用刀剑刺我们，我们不是也会出血的吗？你们要是搔我们的痒，我们不是也会笑起来的吗？你们要是用毒药谋害我们，我们不是也会死的吗？那么要是你们欺侮了我们，我们难道不会复仇吗？"（莎士比亚：《威尼斯商人》，第三幕第一场）借夏洛克之口，莎士比亚强调了报复是人类的本能，如同流血、发笑、死亡一样，报复似乎是受控于神经中枢而独立于理性思考的。

从精神健康的角度看，报复的冲动往往是合乎人性的。假若不给人发泄的出路，这个人的整个人生观可能会变得畸形而多少有些偏执。适度的报复，是人性的正常行为。报复的冲动是一种被动的反弹，别人打了你一下，推了你一把，你可能怕失去平衡，不自觉地反击，这是保持平衡的自保行为，也是为了站得更稳。孙子有云："进攻是最好的防御。"所以，我们应该摒弃过去的那种对报复完全说NO的观念，因为适时适度的报复实际上是一种自保行为，或者说是一种有效的回击方式，只有这样你才能在以后少受别人的更多欺负。

下面是《富爸爸，富孩子，聪明孩子》中富爸爸教育自己孩子的一个故事：

罗伯特小时候长得又高又壮，妈妈很害怕他会利用身体优势成为学校里的"小霸王"。所以妈妈着力发掘他身上被人们称作"女性的一面"的性格因素。一年级时的一天，罗伯特拿回成绩单，老师的评语是"罗伯特应该学会更多地维护自己的权益，他使我想起了费迪南德公牛。虽然罗伯特比别的孩子更高更壮实，可是别的孩子就是敢欺负他，推搡他。妈妈曾给我讲过这个故事，说的是一头叫做费迪南德的大公牛不是与斗牛士打斗，而是坐在场地中嗅闻观众抛给它的鲜花。"

妈妈看完成绩单后，感觉到有些震惊。爸爸回家看过后，立即变成一头发怒的而不是闻花的公牛。"你怎么看别的孩子推你这件事？你为什么让他们推你？难道你是个女孩子吗？"父亲嚷着，他似乎更在意关于罗伯特行为的评语，而不是考试分数。罗伯特向爸爸解释他只不过是听从妈妈的教导，他转向妈妈说道："小孩子们都是公牛，所以对任何一个小孩子来说，学会与'公牛'相处很重要，因为他们的确身处于公牛群中。如果他们在童年时就没学会与'公牛'相处，他们到了成年就会经常受人欺辱。"

父亲转向罗伯特说："别的孩子打你的时候，你的感觉是什么？"

罗伯特的眼泪流了下来："我感觉很不好，我觉得无助而且恐慌。我不想上学了，我想反击他们，但我又想当好孩子，按你和妈妈的希望去做。我讨厌别人叫我'胖子'和'蠢货'，讨厌被别人推来推去的，而且我最讨厌站在那里忍受这些。我觉得我是个胆小鬼，简直就像个女孩子，而且女孩子们也笑话我，因为我只会站在那里哭。"

父亲转向母亲，盯视了她一会儿，似乎是要让妈妈知道他不喜欢她教给罗伯特的这些东西，然后他问罗伯特："你认为该怎么办？"

"我想回击"，罗伯特说："我知道我打得过他们。他们都是些爱打人的小流氓，他们喜欢打我是因为班里我的个子最大。因为我个子大，每个人都要我不欺负别人，可是我也不想站在那里挨揍啊。他们认为我不会反击，所以就总是在别人面前打我。我真想揍他们一顿，灭一灭他们的气焰。"

"不要揍他们，"父亲静静地说道："但你要用其他方式让他们知道你不再受他们的欺负了。你现在要学习的是非常重要的一课——争取自尊，捍卫自尊。但你不能打他们，动动脑子想个办法，让他们知道你不会再忍受再挨打了。"

罗伯特不再哭了，擦干了眼泪，感到好受多了，勇气和自尊似乎又重新回到了他的体内。现在罗伯特已经做好回到学校的准备了。

在学校里，难免有小孩受到坏孩子的欺负，这是令许多老师家长都感到头疼的事情。而英国却出了"怪招"，遭遇校园暴力的孩子可以有机会为自己"讨回正义"。

英国政府颁布了一份名叫《安全学习》的文件，专门打击校园暴力问题。文件表示，被欺负的学生有责任帮助学校解决校园暴力问题。最令人惊讶的是，被欺负的小孩可以直接"惩罚"欺负他的坏小孩。如果小孩向老师反映自己受到了坏小孩欺负，在老师惩罚这个坏小孩时，受欺负的小孩可以选择惩罚的方式。惩罚的方式包括让欺负人的小孩捡垃圾、擦洗墙上涂鸦或者留堂等。

英国不少教育官员都表示，这样的做法能够让孩子觉得对坏小孩的惩罚是"公平的"，同时也能让被欺负的小孩重树信心，得到更大的心理安慰。

人们常说"人善被人欺，马善被人骑"，"马善"是说马温驯，而"人善"除了指人温驯，没有反抗的性格外，还包括心软、服从、软弱、畏缩及缺乏主见等。不过，畏缩及缺乏主见的人可能有一副硬脾气，虽然是个小人物，但不合他脾气的话，他一样是听不进去，也指挥不动的，这种人反而不一定会被人欺；最易被人欺的，都是有善良及温厚特质的人，也就是"好人"。"好人"因为一切与人为善，不争不抢、不使手段，不会拒绝人家，因此反而被利用。

为了扭转这种任人欺负的局面，就要学会适度地抗议和生气。当你受到不公平的待遇时，要有勇气抗议，但这种抗议必须要有气势，不必得理不饶人，但要充分表达你的立场。至于生气，也不必得理不饶人，但要让对方了解你的立场。一般喜欢捏软柿子（欺负好人）的人，必然都是虚的（因为他不敢去欺负"坏人"），因此你的抗议和生气会产生相当程度的效果。另外，也可采取适度的报复，不过这种报复，轻重要拿捏得准，否则会让自己良心不安，反而造成自己的痛苦。

要不被人欺，就要武装自己；不必去攻击别人，但必须能保护自己，就像自然界的许多小动物，它们也都有基本的自卫能力。

小心！杀敌一千自损八百

竞争不应以消灭对手为导向，而应以壮大自己为目标，恶性竞争往往杀敌一千，自损八百。

宁波人打麻将，有句老话："杀敌一千，自伤八百。"这句话的意思是："如果你一味地扣着好牌不让人家吃、不让人家碰的话，那么，你自己基本上也不会和牌了。所以，这种牌局的最终结果，往往就是，虽然被你拦阻的那家会输掉一千元，而你估计也会因此输掉八百元了。最终得实惠的，既不会是被拦阻的那一家，也绝对不会是发起拦阻的你。"这种局面提醒我们，在打麻将时，切不可以拦阻某人为目的，而应该以尽可能地自己和牌为目的。

麻将是这样，商战也是这样。如果你一味地以与某人作对为乐，而不去尽力地追求自己的最大利益的话，那么，即使对方真的被你打倒了，估计你自己也不会有好的结果的。很多商人都喜欢以击败某个竞争对手为主要目的，却偏偏忘记了，对商人来说，追求利润才是最要紧的事；很多人都积极地、勇敢地投入到竞争中来，在竞争中拼尽力气去与竞争对手们一展生死之战，可最终，真正得到大实惠的，又会是谁呢？

竞争的目的，是赢得胜利，是获得利益。假如只是为了竞争而竞争的话，那么，就失去了竞争的真正意义了。麻将的要点在于和牌，商战的要点在于利润；不能赢钱的牌手不是好牌手，不能赢利的商人不是好商人！真正会打麻将的高手，会时不时地给你吃几张牌。因为他知道，只有你吃了这几张牌之后，才会把他所要的那张牌打出来！真正懂得竞争的商界高人，也会时不时地给你一些攻击的机会。可等到你一心地去攻击他时，他却早已跳出了竞争圈外！

　　也就是说，在打麻将时，不能老是想着扣牌，不让下家吃。如果一味地拦截下家，那么，自己也就难和牌了。所以，麻将高手总是会在适当的时候，给下家一张牌吃，以此来换取自己抓到好牌甚至和牌的好机会。比如，他会故意打出一张七万来让你吃，逼着你在吃了七万后，顺手打出那张因吃了七万后而变得多余了的八万，而他可能刚好和八万。这样的人，才是真正的麻将高手。

　　这个道理，同样也可以应用在市场竞争中。愚蠢的人，往往会死死地盯着同行，甚至故意捣乱市场秩序，仿佛不让同行赚钱才是他经商的根本目的。结果往往就会搞得"害人又害己"。诸如杀价倾销一类的恶性竞争，就可以看作是这一类的"牌路"。而真正的高手，却会在适当的时候，抛出一些有利的信息来转移竞争对手的视线，进而达到自己独占鳌头的目的。

第四章
合作者间的博弈
——拿什么拴住你，我的伙伴

在高速发展的今天，每个人都需要别人的帮助，需要与别人合作。合作又是一门蕴含丰富智慧的大学问，掌握合作的本领需要不断总结、长期积累。合作需要对双方公平地约束，而这种约束，基于利益比基于道德有效，因为，追求利益是人的本性，道德不过是外在社会的美好愿望。诚实是合作需要的优秀品质，诚实是高尚思想道德的支持，诚实也不违背经济学所推崇的利益，正是对长远利益追求的反映。猎人博弈通过帕累托效率的纳什均衡告诉我们 1＋1 可以大于 2，而这也正是合作的最高境界。心理博弈是合作永恒的话题，合作的确是一种冒险，但怀疑永远不能解决问题，只能制造破裂；用理性驾驭情绪，合作和决策能够获得双重丰收。

利益比道德更有约束力

人们对利益的追求来源于人的本性，利益约束力是基于利益得失而产生的约束。道德约束是排除利益关系的自我约束，是一种自觉的约束。当道德的满足感与可能所受谴责的效用小于其所捡物品给他带来的效用时，道德约束可能失效，利益比道德更有约束力。

尽管先贤圣人早就有过舍生取义的精辟论述，但现实中人真要在"生"和"义"之间进行正确选择，就不像选择鱼还是熊掌那样简单分明了。

当然，道德约束有其自身的局限性。它对不道德的行为的抑制是有限度的，当不道德的行为带来的利益大于道德的满足时，道德约束的作用便失效。举个很简单的例子，拾金不昧是理所当然的美德，捡到别人丢失的100元钱还给失主不仅有道德满足感，还会受到社会的表扬，建立起自己的美誉；若不及时交还失主并很容易被发现的话，则会受到严厉的谴责并失去社会信誉。假想一下，当捡到价值上百万的古玩名画时，极大的可能是据为己有。这是因为他道德的满足感与可能所受谴责的效用小于其所捡物品给他带来的效用。这种情况下，道德作用便失效了，利益则显得更有说服力。

人们对利益的追求来源于人的本性。人是一个理性动物，在这个纷繁复杂的社会里，为了生存，人们不得不去想办法活下来，并努力争取活得更好，基于此，人们必须去努力追逐自己能力所及之利益，甚至会不惜使用一切办法，这和大自然的丛林法则在某种意义上是一致的。

道德约束是排除利益关系的自我约束，是一种自觉的约束。而利益约束则是基于利益得失而产生的自我约束。在很大程度上是外部约束的自我表现形式，是不完全自觉的自我约束。道德约束一般只对较为少数的人产生作用，而利益约束则对大多数人产生作用。如果没有利益约束，在利益的驱动下，就有可能使道德约束失去作用。因而在自我约束力中，利益约束力是最为重要的。

"当道德与利益发生冲突时，你会怎样选择？"回答这个问题，发自内心地讲，总会有一些矛盾。有一句话是这样说的："当道德和利益放在一起，你却只能选择其中之一时，如果你果断地选择了道德，那是因为利益那边的砝码还不够重。"是的，我相信如果是在小利益面前，许多人会毫不犹豫地选择道德，但反之则未必如此。

诚信不过是利益需要

从思想道德的角度，诚实是人类社会推崇的品质，同时，从经济学的角度，诚实也是利益的需要。只有诚实守信，合作双方的彼此依赖和共赢才得以维持，否则，跟他合作的人会越来越少，他的路必将越走越窄，以至无路可走。

古训云："诚者天之道也，诚者人之道也，诚者商之道也；诚招天下客，誉从信中来。"生活中处处都有诚信，诚信是做人之根本。如果一个人没有了诚信，那么这个人也不会得到别人给予他的诚信。这个人将无法在社会上立足，处处都得不到别人对他的信任了。

诚然，追逐利益最大化是每个商人、每家公司的最终目标。经济学家威廉姆森曾指出："由于利己主义动机，人们在交易时会表现出机会主义倾向，总是想通过铤而走险、投机取巧获取私利。"

然而，难道赚取钱财非得要在违背诚信的条件下进行，不能通过合法的手段赚取合法的利润吗？诚信与利益真的互相矛盾吗？坚守诚信就等于放弃利益吗？

合作是指两个或两个以上的企业（或组织）在共同的愿景和目标下，共同从事某项或多项业务活动，互相支持协作，互相交流信息，共享资源，共同受益。它是一种松散的依赖于承诺和信用的战略形式，采用这种战略的企业，首先要解决的问题是选择诚实守信的合作伙伴。

博弈论告诉我们，两个企业合作，如果双方都诚实守信，结果就可以各得一份利益；如果双方都不诚实守信，结果就是两方都无利可得；如果一方诚实守信，另一方不诚实守信，结果就会使诚实守信的一方损失利益，不诚实守信的一方多占利益。在企业合作的实践中，往往会有一些企业为了自身的最大利益而背叛诚实守信的原则，结果给对方造成不应有的利益损失。有的邮政企业就吃过不少这样的亏。譬如，前些年某地邮政企业与某酒厂合作经销该厂生产的白酒，邮政企业承诺包销标定数量的该厂白酒，酒厂承诺该厂生产的白酒由邮政企业独家代理经销，邮政企业信守承诺购进了标定数量的该厂白酒，酒厂却施耍伎俩，同时向其他商家销售，结果是酒厂获得了双重利益，邮政企业却动用了大量人力，花费了四五年的时间还未销售完当年购进的该厂白酒，损失惨重。由此可见，诚信是市场经济的基础，更是企业合作的首要条件。

一年冬天，沈阳多家大商场内，一知名品牌的一款皮鞋走销，销量非常可观。但好景不长，上市几个月后，沈阳商业城鞋帽商场皮鞋二部就接连收到顾客投诉，说皮鞋质量有问题，不到两个月就出现断底。

对此，销售人员找到厂家，检验后发现，确实存在质量问题，于是将该款皮鞋从沈阳的各大商场撤柜，沈阳商业城鞋帽商场皮鞋二部也按"三包"协议给顾客提供了相应服务。一年后，还有顾客投诉该款皮鞋的质量问题。其实，像这样的投诉，销售人员原本可以以已经过了"三包"期为由拒绝处理，但柜组销售人员还是无条件进行了退换。当被问及他们为什么要这样做时，柜组成员说："我们虽然在经济上会蒙受一些损失，但是，我们的信誉不能蒙受损失。"

2004年，沈阳商业城鞋帽商场皮鞋二部被团中央、商务部授予"全国青年文明号十年成就奖"。

一切商机都来源于合作，合作最好应该建立在双方自愿和信息对称的基础上。经济学中有个"囚徒悖论"，就是说在和对方选择合作的情况下，谁先选择了不合作，谁就有可能占上风。这就是源于信息的不对称，如果双方能诚心沟通交流，就不会出现这样的情况。但是人与人之间又是不能完全沟通的，他们合作就是为了追求利益并且都有投机心理，所以如果双方不能有效沟通，常会造成类似于"囚徒悖论"中双方都选择不利于自己的选择。"囚徒悖论"的确有意思，只要是具有理性的人，在双方事先不能沟通的情况下都会选择结果最后看来对双方都不利的选择，这就是失败的合作啊。所以，可以看出合作双方的沟通交流对于合作真心实意的重要性，这其实也就是现在市场经济中讲的诚信。有诚信才让别人对你有期望，才能让合作持久地进行下去，诚信对双方都有益处。在不成熟的市场经济环境下或者在市场转变的转折时期，选择不诚信反而可能是一种理性行为，但是随着人们不断积累经验，市场的不断成熟，人们选择不诚信就越发地在市场中存活不下去。

诚信与利益非但没有互相矛盾，互相冲突，反而是相辅相承，互相作用。失去了诚信，便难以追逐更大的利益。从微观方面来说，商家或许能以不讲诚信为手段谋取一时之利，但这终究不是长久的。聪明的消费者不会在上当受骗一次后再上当受骗。由此，商家最后只能生意惨淡，门可罗雀，甚至破产。

制度不灵，人情是撑不到底的

无规矩不成方圆，制度是中性的，不随形势的变化而变化。人情是不稳定的，必须要有坚定的执行力。

中国有句俗话，"没有规矩不成方圆"。没有规则，合作往往会陷入混乱无序、低效的境地，所以必须先要树立一种规则意识。遵守合作学习的规则是合作品质培养的一个重点。合作的规则直接影响到合作学习的效率与质量。每一个合作学习过程都是一个规则意识的践行与强化的过程。

如果你留意观察生活，你会发现，在自然界中，合作无处不在。哪怕是在小小的蚂蚁家族中，也有着复杂而又严格的分工。工蚁负责探路和寻找食物，兵蚁负责蚁巢的安全，蚁后则生育后代，还有的哺养后代。每一个成员既不多做也不少做，缺了其中任何一个环节都不行。蚂蚁家族正是凭借每一个成员的合作精神，才能生存下去。

小王和他同学是非常要好的朋友，两人一起创业，成立了一个婚庆联盟。筹建婚庆联盟时，小王的另一个朋友小张曾提醒他和他的同学签一个协议，小王也让别人帮着起草了一个协议，拿给他的同学，他的同学说，咱们之间还用得着这个吗？小王没词了，就没签。他俩是这样约定的，组建这个婚庆联盟每个商家都建个网站，小王的同学负责市场开拓，小王负责网站制作，收益三七分成。小王有网站制作成本，网站收入七成归他，他的同学没有成本，网站收入三成归他，网站以外的婚庆联盟收入扣除成本后双方对半平分，就这样他俩分头忙起来。很快前后有近二十个商家加入了婚庆联盟，并做了网站。可前两天，小王打电话给小张说，他的同学要网站以外净利润的70%，他有异议。他的同学就说不合作了，并到商家那说，婚庆联盟解体了，让商家管小王来要钱。小王很生气，

左手博弈论，智慧决策自己的一生

这几天一直和商家对接解释，说他的同学退出了，婚庆联盟还在，承诺和服务还会兑现。这几天把他烦透了。他对小张说，现在这种情况，干生气也拿他的同学没办法，因为双方连个协议都没有，这次算接受教训了，不管和谁合作都得按商业规则办事，要不到时麻烦的是自己。

合作型企业，在创业初期，因为每个人都能积极向上，出现问题的情况比较少。但是当企业发展到一定规模，情况就会出现变化，那个时候利益冲突、权力冲突，甚至相互猜疑就会接踵而至。这时合作中的制度规则就开始发挥它的作用了。在合作初期就需要明确一些基本原则，如决策原则、利益原则、相互监督原则等。比如规定重大问题必须经董事会决定，如有分歧，在经过必要的争论后严格按照少数服从多数的原则作出最后的决策。

中小企业在创业期间，常有一些合作伙伴散伙的事。最主要的一点就是，合作者之间都碍于情面，不愿意划破脸皮去指责和监督别人，这样日积月累，矛盾终究会爆发，最后的结果只能散伙。合作要建立在事业的基础上，而不能建立在私人利益的基础上，相互利用。许多企业要解决合伙人之间出现的矛盾时采取回避的态度，把问题掩盖起来，这样不利于问题的解决，而要解决它则要牵扯到利益。如果一开始就把合作伙伴当成小人，从而制定一些制度来约束大家的行为，就不会为情面所困，将矛盾和问题解决在萌芽状态。

有些成功的家族企业，这方面就做得很好，虽然亲属朋友是家族企业的骨干，但他们在企业中也和普通员工一样，受企业制度的约束，也公平地享受企业奖励机制，在企业只是职务和分工不同，没有谁是谁的亲属朋友，只有老板和员工，这样的企业朋友之间的关系简单化了，只有工作关系，亲属和其他员工的关系也简单化了，也只是工作关系。大家都把心思用在工作上，而不是还要分出精力来研究这些复杂的关系，把大家搞得都很累。

把合作对方当小人，合作前就定下这样的制度，用对小人的制度来约束君子，这样才能为合作打下一个坚实的基础。商道就是商业规律，合作者之间合作只有按商业规律办事，才能合作得开心、长远、共赢。

猎人博弈中的妙术

猎人博弈又称"合作博弈"，通过两个猎人在打猎中获取猎物的博弈举例而得，是博弈论中一个典型的博弈类型。

古代有两个猎人。那时候，狩猎是人们主要的生计来源。

为了简单起见，假设主要的猎物只有两种：野牛和兔子。在古代，人类的狩猎手段还是比较落后的，弓箭的威力也颇为有限。在这样的条件下，我们可以进一步假设，两个猎人一起去猎野牛，才能猎到一头；如果单兵作战，他只能打到四只兔子。从填饱肚子的角度来说，四只兔子只能管四天，一头野牛却差不多能够解决一两个月的食物问题。这样，两个猎人的行为决策，就可以写成以下的博弈形式：

猎野牛：15，15　0，4

打兔子：4，0　4，4

打到一头野牛，两家平分，每家管 15 天；打到四只兔子，只能供一家吃四天。上面的数字就是这个意思。如果他打兔子而你去猎野牛，他可以打到四只兔子，而你将一无所获，得零。如果对方愿意合作猎野牛，你的最优行为是和他合作猎野牛。如果对方只想自己打兔子，你的最优行为也只能是自己去打兔子，因为这时候你想猎野牛也是白搭。

我们知道，这个猎人博弈有两个纳什均衡：一个是两人一起去猎野牛，得（15，15），另一个是两人各自去打兔子，得（4，4）。两个纳什均衡，就是两个可能的结局。那么，究竟哪一个会发生呢？是一起去猎野牛还是各自去打兔子呢？比较（15，15）和（4，4）两个纳什均衡，明显的事实是，两个去猎野牛的盈利比各自打兔子要大得多。两位博弈论大师美国的哈萨尼教授和德国的泽尔滕教授长期进行合作研究，按照他们的说法，甲、乙一起去猎野牛得（15，15）的纳什均衡，比两人各自去打兔子得（4，4）的纳什均衡，具有帕累托优势。猎人博弈的结局，最大可能是具有帕累托优势的那个纳什均衡：甲、乙一起去猎野牛得（15，15）。

从（4，4）到（15，15）均衡的改变，在经济学上被称为具有"帕累托优势"。如果经济资源尚未充分利用，不能说经济已达到帕累托效率。当要想改善任何人的生活都必须损害别人的利益，则说明经济已达到帕累托效率。例如价格战愈演愈烈，只要有竞争，必然有价格战：空调大战、彩电大战、IP 大战、机票打折大战，等等。

猎人博弈的结局告诉我们：在企业发展过程中要多考虑企业之间的合作利益。请切记：经济上的最高境界是合作与共享。法国人让·皮埃尔·德斯乔治说："如果说合同是短期的事，那么合作则是长期的事。"

为什么要"合作第一"？因为合作能够产生利润。为什么合作能够产生利润，因为合作能够有效地降低交易成本。合作意味着参与交易的双方都能够自觉地遵守它们达成的各种正式的或者非正式的契约，不用花大量的成本用于监督交易双方的契约行为；合作意味着双方都旨在提升共同的利润水平，这实际上是用双方的力量做一件事情，自然就提高了效率。最能够说明这一点的就是硅谷的发展。请记住这样一个数字：全球五百强企业平均每一家约有 60 个主要的战略联盟和战略合作者。

无论职场还是生活中，如果我们每个人都只顾自己的利益，各自为战，很可能获益极少，大多数情况下，跟同事或对手合作，就会使利益最大化，就像猎人博弈中的现象一样，也许我们在合作中能实现双方的最大利益，真正实现"双赢"。

猎鹿博弈：帕累托共赢的智慧

帕累托共赢的智慧是"1＋1＞2"。当然，要让"1＋1＞2"的效果真正实现，需要合作双方坚定地信任对方并严格地约束自己。

在经济学中，帕累托效率准则是：经济的效率体现于配置社会资源以改善人们的境况，主要看资源是否已经被充分利用。如果资源已经被充分利用，要想再改善，你就必须损害另外某人的利益。

一句话简单概括为：要想再改善任何人，都必须损害他人，这时就说一个经济已经实现了帕累托效率。

根据猎鹿博弈，当我们比较（10，10）和（4，4）两个纳什均衡时，明显的事实是，两人一起去猎梅花鹿比各自去抓兔子可以让每个人多吃6天。按照经济学的说法，合作猎鹿的纳什均衡，比分头抓兔子的纳什均衡，具有帕累托优势。与（4，4）相比，（10，10）不仅有整体福利改进，而且每个人都得到福利改进。换一种更加严密的说法就是，（10，10）与（4，4）相比，其中一方收益增大，而其他各方的境况都不受损害。这就是（10，10）对于（4，4）具有帕累托优势的含义。

相反，如果在不损害别人的情况下还可以改善任何人，那么经济资源尚未充分利用，就不能说已经达到帕累托效率。效率是指资源配置已达到这样一种境地，即任何重新改变资源配置的方式，都不可能使一部分人在没有其他人受损的情况下受益。这一资源配置的状态，被称为"帕累托最优"状态，或称为"帕累托有效"。

目前在世界上"强强联合"的企业比比皆是，这种现象就接近于猎鹿模型的帕累托改善，跨国汽车公司的联合、日本两大银行的联合等均属此列，这种"强强联合"造成的结果是资金雄厚、生产技术先进、在世界上占有的竞争地位更优越，发挥的作用更显著。

总之，他们将蛋糕做得越大，双方的效益也就越高。比如宝山钢铁公司与上海钢铁集团"强强联合"也好，还是其他什么重组方式，最重要的在于将蛋糕做大。在宝钢与上钢的"强强联合"中，宝钢有着资金、效益、管理水平、规模等各方面的优势，上钢也有着生产技术与经验的优势。两个公司实施"强强联合"，充分发挥各方的优势，发掘更多更大的潜力，形成一个更大更有力的拳头，将蛋糕做得比原先两个蛋糕之和还要大。

在猎鹿模型的讨论里，我们的思路实际只停留在考虑整体效率最高这个角度，而没有考虑蛋糕做大之后的分配。猎鹿模型是假设猎人双方平均分配猎物。

我们不妨作这样一种假设，猎人 A 比猎人 B 狩猎的能力水平要略高一筹，但猎人 B 却是酋长之子，拥有较高的分配权。

可以设想，猎人 A 与猎人 B 合作猎鹿之后的分配不是两人平分成果，而是猎人 A 仅分到了够吃 2 天的梅花鹿肉，猎人 B 却分到了够吃 18 天的肉。

在这种情况下，整体效率虽然提高，但却不是帕累托改善，因为整体的改善反而伤害到猎人 A 的利益。我们假想，具有特权的猎人 B 会通过各种手段让猎人 A 乖乖就范。但是猎人 A 的狩猎热情遭到伤害，这必然会导致整体效率的下降。进一步推测，如果不是两个人进行狩猎，而是多人狩猎博弈，根据分配可以分成既得利益集团与弱势群体。

复杂职场中也可以追求"共赢"

跟物理学中力的合成一样，复杂职场中的各个职员就是各个分力。如果每个成员都朝不同的方向用力，其结果可能不会很理想。要形成最大的合力，就必须有共同的方向。而要达成共同的方向，需要每个职员具备足够的修养和智慧。

下面我们来介绍职场共赢的七大法则，而实践这些法则是需要博大的修养和长远的智慧的。

法则一：尊重差异，换位思考

正是由于差异的存在，才有了林林总总、丰富多彩的大千世界。所以，我们要学会尊重个别差异，并找寻共同点。这就像一幅织锦画一样，就是那些不同的色彩和图案造就了它的缤纷美丽。每一种花色和图案都不相同，而那最真实的美丽就是每一种图案或花色对整体的贡献。

B 先生最近有点烦。公司给他所在的团队布置了一个很大的项目，B 先生看了很多资料，收集了很多数据，写出了一个自认为很好的方案。在开会的时候，他向组里的成员说出了自己的想法，可是大家似乎都有一些大大小小的反对意见。为此，B先生据理力争，结果那次会议不欢而散。在之后的几次会议中，B先生又觉得别人提出的想法根本没有自己的好，他"大胆"提出自己的不同意见，可是结果又是不欢而散。现在组里的人好像在刻意疏远B先生，有事也不和他商量。这使他很苦恼，他很想对他的组员说，其实他说的话都是对事不对人的，他只是想把工作做得更好。

B先生遇到的问题，其实就是团队差异与沟通的问题。尊重差异，不挑剔、不嫌弃；人与人的相处，贵在包容；肯定自己的选择，接受和对方之间的差异。这些说起来简单，做起来难。

法则二：互相帮助，互补"共赢"

其实，在人类社会中，这种利他的范例很多。因为你并非完美无缺，只有让你的合作者生活得更好，你也才能更好地生活。仔细想一想，我们与老板的关系，与下属的关系，与同事的关系，与顾客的关系等，其实不也是一种互通有无，共同发展的关系吗？

法则三：微笑竞争，携手同行

竞争应该是在美德肩膀上优美的舞蹈。"双赢"就是用美德为竞争镶边着色，让折射的阳光照亮携手同行的路程，让竞争在微笑中把心灵放松，在合作中共同进步，在人与人关爱和睦、诚实守信中描绘出一幅和谐的生动图景。

竞争应该在合作的怀抱里微笑。竞争体现着时代的特点，"双赢"更是代表着一个民族和个人的高度！微笑竞争，携手同行，这是"双赢"的智慧，更是人类和人生至高的境界。

蒙牛总裁牛根生深谙竞争与合作的道理。在早期蒙牛创业时，有记者提出这样一个问题：蒙牛的广告牌上有"创内蒙古乳业第二品牌"的字样，这当然是一种精心策划的广告艺术。那么请问，您认为蒙牛有超过伊利的那一天吗？如果有，是什么时候？如果没有，原因是什么？

牛根生答道："没有。"竞争只会促进发展。你发展别人也发展，最后的结果往往是"双赢"，而不一定是"你死我活"。因竞争而催生多个名牌的例子国内国际都有很多。德国是弹丸之地，但它产生了5

个世界级的名牌汽车公司。有一年，一个记者问"奔驰"的老总，奔驰车为什么飞速进步、风靡世界，"奔驰"老总回答说"因为'宝马'将我们撵得太紧了"。记者转问"宝马"老总同一个问题，宝马老总回答说"因为'奔驰'跑得太快了"。美国百事可乐诞生以后，可口可乐的销售量不但没有下降，反而大幅度增长，这是竞争迫使它们共同走出美国、走向世界的缘故。

在牛根生的办公室挂着一张"竞争队友"战略分布图。牛根生说："竞争伙伴不能称之为对手，应该称之为竞争队友。以伊利为例，我们不希望伊利有问题，因为草原乳业是一块牌子，蒙牛、伊利各占一半。虽然我们都有各自的品牌，但我们还有一个共有品牌'内蒙古草原牌'和'呼和浩特市乳都牌'。伊利在上海 A 股表现好，我们在香港的红筹股也会表现好；反之亦然。蒙牛和伊利的目标是共同把草原乳业做大，因此蒙牛和伊利，是休戚相关的。"

法则四：学会宽容，理解体谅

宽容和忍让是人生的一种豁达，是一个人有涵养的重要表现。没有必要和别人斤斤计较，没有必要和别人争强斗胜，给别人让一条路，就是给自己留一条路。

什么是宽容？法国 19 世纪的文学大师雨果曾说过这样一句话："世界上最宽阔的是海洋，比海洋宽阔的是天空，比天空更宽阔的是人的胸怀。"宽容是一种博大，它能包容人世间的喜怒哀乐；宽容是一种境界，它能使人生跃上新的台阶。在生活中学会宽容，你便能明白很多道理。

我们必须把自己的聪明才智，用在有价值的事情上面。集中自己的智力，去进行有益的思考；集中自己的体力，去进行有益的工作。不要总是企图论证自己的优秀，别人的拙劣；自己正确，别人错误。不要事事、时时、处处总是唯我独尊；不要事事、时时、处处总是固执己见。在非原则的问题和无关大局的事情上，善于沟通和理解，善于体谅和包涵，善于妥协和让步，既有助于保持心境的安宁与平静，也有利于人际关系的和谐和团队环境的稳定。

法则五：善于妥协，和平共处

在现代生活中，妥协已成为人们交往中一道不可缺少的润滑剂，发挥着越来越重要的作用。在市场上，买家与卖家经过讨价还价，最终以双方的妥协而成立。

柳传志曾送给他的接班人杨元庆一句话："要学会妥协"。现代竞争思维认为，"善于"妥协不是一味地忍让和无原则地妥协，而是意味着对对方利益的尊重，意味着将对方的利益看得和自身利益同样重要。在个人权利日趋平等的现代生活中，人与人之间的尊重是相互的。只有尊重他人，才能获得他人的尊重。因此，善于妥协就会赢得别人更多的尊重，从而成为生活中的智者和强者。

社会是在竞争中发展进步的，也是在妥协中和谐共赢的。我们甚至可以这么说，妥协至少与竞争一样符合生活的本质。人与人妥协，彼此的日子就都有了节日的味道。

法则六："共赢"思维，富足心态

美国心理学家托马斯·哈里斯在《我好，你也好》一书中，按照人格的发展，将团队中各自然人之间的关系分为四种类型：我不好，你好；我不好，你也不好；我好，你不好；我好，你也好。可见，第四种关系类型：我好，你也好则体现了成熟的人格和共赢思维。

"双赢"和"共赢"的思维特质是竞争中的合作，是寻求双方共同的利益，即你好我也好，这是一种成熟的"双赢人格"。养成"共赢"思维的习惯，需要我们从以下三个方面努力：

1. 确立"共赢"品格

"共赢"品格的核心就是利人利己、你好我也好。首先，要真诚正直，人若不能对自己诚实，就无法了解内心真正的需要，也无从得知如何才能利人利己。其次，要对别人诚实，对人没有诚信，就谈不上利人，缺乏诚信作为基石，利人利己和"共赢"就变成了骗人的口号。

2. 具备成熟的胸襟

我们通常说某个人成熟了，往往是指他办事老练、老道、可靠了，这其实是不全面的。真正的成熟，就是勇气与体谅之心兼备而不偏废。有勇气表达自己的感情和信念，又能体谅他人的感受与想法；有勇气追求利润，也顾及他人的利益，这才是成熟的表现。

3. 富足心态

在现实生活中，在职场竞争上，人们总是不由自主地认为，蛋糕只有那么大，假如别人多抢走一块，自己就会吃亏，人生仿佛是一场"零和游戏"。难怪俗话说："共患难易，共富足难。"见不得别人好，甚至对亲朋好友的成就也会眼红，这些都是"匮乏心态"在作怪。

抱着这种心态的人，甚至希望与自己有利害关系的人小灾、小难不断，他们疲于应付而无法与自己竞争。这样的人时时不忘与人比较，认定别人的成功等于自身的失败。即使表面上虚情假意地赞美对方，内心却是又妒又恨，只有自己独占鳌头，才能使自己满足，更有甚者恨不得身边全是唯唯诺诺之人，稍不同的意见就把他们视为叛逆、异端。

相比之下，"富足心态"源自厚实的价值观与安全感。拥有这样心态的人相信世间有足够的资源，人人都可以享有，世界之大，人人都有足够的空间，他人之得不必视为自己之失。所以不怕与人共名声、共财富、共权势。正是这种心态，才能开启无限的可能性，充分发挥创造力，拥有广阔的选择空间。拥有"富足心态"的人，相信成功并非要压倒别人，而是追求对各方面都有利的结果。所谓"双赢"乃至"多赢"，其实是"富足心态"的自然结果。

法则七：团队合作，统合综效

职业生涯中，我们每一个人都要处在各种各样的团队中，这就要求我们要学会欣赏人、团结人、尊重人、理解人，这既是一种品德、一种境界，也是一种责任。与老板、与同事、与下属，大家在一起共事，既是事业的需要，也是难得的缘分。但"金无足赤，人无完人"，个人的阅历、知识、能力、水平、性格各不相同，相处久了，难免有些磕磕碰碰，但只要是不违反原则，就应从维护团队利益出发，求同存异，坦诚相见，在合作共事中加深了解，在相互尊重中增进团结。只有互相支持不拆台、互相尊重不发难、互相配合不推诿，才能使整个团队在思想上同心，目标上同向，行动上同步，作为团队中的个人也才能用团队的智慧和力量去解决面临的各种困难和问题，这样才能既为公司的成长增砖加瓦，也为自己的职业生涯铺好道路。

信任有时也是一种冒险

信任有时是一种冒险，因为没有人能绝对保证准确知道对方的想法。不过，加强团队内的沟通和交流能够降低风险。

在这个世界上，只要有信任就伴随着一定程度的风险。信任本身有点赌博的味道，当然是健康、无大害的赌博。因为你如果信任了某一个人，实际上就意味着放弃了对他或她的监视、控制和警惕，而这样做需要一定的冒险。

明朝正德年间，大太监刘瑾独揽朝政，大行特务政治，其权势之盛从大江南北流传的一首民谣可见一斑："京城两皇帝，一个坐皇帝，一个站皇帝；一个朱皇帝，一个刘皇帝。"

当时内阁辅臣是大学士李东阳、刘建、谢迁三位，他们都是机敏厉害、久于宦海的人物，时人评述，"李公善谋，刘公善断，谢公善侃"。他们为了扳倒刘瑾，联合太监王岳和范亭向武宗告发刘瑾等人的奸行。不料，刘瑾却顺势将矛头指向内阁："内阁大臣对我们不满是假，借王岳、范亭朝您发飙是真啊！"

武宗终于大怒。李东阳等人眼见大火烧身，商量在武宗面前以退为进，一齐以内阁总辞来逼武宗杀刘瑾。

内阁总辞是轰动天下的大事，明朝自开国以来还未曾有过，武宗未必敢犯众怒。不料刘瑾还是棋高一招，他发现李东阳攻击自己的时候有所保留，因此马上向武宗建议："李东阳忠心体国，他虽然说了我们的不是，却实在是大大的忠臣，应该表彰。"

于是，武宗马上批准了刘建、谢迁的辞职，独独升了李东阳的官。

原本沸沸扬扬的内阁总辞如今成了三缺二，成为天下人的笑柄。刘建和谢迁黯然离开京城的时候，李东阳把酒相送，刘建气得把酒杯推倒在地上，指着李的鼻子痛斥："你当时如果言辞激烈一些，哪怕多说一句话，我们也不至于搞成这样。"

从这个故事中，我们不仅可以看到李东阳城府之深，而且更看到了信任在协调博弈中的重要性。

信任是放弃对他人的监督，因为能预料到他人具有相关的处事能力、高尚的品德和良好的意图，感觉到他人的信任就意味着要衡量遭受背叛的可能。事实上信任就是要做到不相信一些事情。背叛是可能的，但是不代表一定如此。所以信任是一种对合作关系不被利用的预期，由此才能在未来尚未明确的合作情况下自由选择行为方式。

合作过程中如何跟合作者保持相互信任呢？现在是 21 世纪，是一个开放的世纪，人和人之间的交往越来越频繁，尤其是想创业的或正在创业的人都少不了合作伙伴，但是如何能跟合作伙伴保持最开始的那种信任关系，这一点可能是所有创业者十分关注的问题，因为这一点会直接影响到我们创业的成败。

人和人之间建立信任除了生与死的一种考验之外，最好的方式就是让彼此知道彼此在做什么，在想什么，能这样交心还有什么不信任的呢？在一种有很强利益的合作面前这一点尤其重要，把握不好很容易产生误会，从而毁掉团队。尽量不要让你的合作伙伴在猜你现在在想什么，人的想法有两面性，一面是积极的，一面是消极的，有时候的一念之差可能就会酿成大错。这种及时沟通的方法可以减少此类事情的发生。

任何怀疑都可能导致合作破裂

信任是合作的立足基石，是维持合作的养料。怀疑是一道隔断双方心灵的墙，这道墙阻挡了双方前进的勇气和决心，并最终导致合作破裂。

合作和共事，最可怕的莫过于互相怀疑。你要信任你的合作对象，不要一开始就用怀疑的眼光看待别人，你自己的内心里要留着最起码的相信别人的底线。诚信是建立在合作"双方"彼此信任的基础上的。抱着怀疑的态度与别人合作，合作就变成不可能。

合伙最忌相互猜疑。合伙人之间本应彼此信任，但更多的人在利益面前，变得疑窦丛生。对自己的合伙人百般猜忌，结果导致合伙生意失败，甚至合伙人之间反目成仇，连朋友也做不成了。

万岚彬和仇雨生以前关系很好，两人总是以兄弟相称。2005年秋天，兄弟俩合伙做起了生意。刚开始时生意很好，可后来两人在买卖上意见不统一，起了纷争，结果生意也越来越不景气。万岚彬怀疑仇雨生把进货的钱私自扣了起来，仇雨生则怀疑万岚彬私自卖货，兄弟俩因彼此相互猜疑而在心中结下疙瘩。后来两人因一时的言语不和吵了几句，从此矛盾更加激化，两人的关系也越来越僵，本来就不景气的生意也随之解体了。

在合伙企业中，合伙人要做到诚信无疑、相互信任，起码要做到以下几点：

第一，不可主观乱猜疑。合伙人之间，既然大家都走到一起来了，就应该精诚团结，同心同德，为合伙企业的发展而奋斗。合伙人要以诚相待，切忌对张三怀有戒意，对李四放心不下，满腹狐疑，闹得互相猜疑，最后分崩离析。

第二，不要听信流言蜚语。有时合伙人之间本来是相互信任、诚信无疑的，但听了亲戚朋友、企业员工或其他人的议论，便对合伙人产生了怀疑，影响了合伙人之间的团结。

试想，如果没有发现事情的真相，就抱着猜忌的态度去做，合伙企业如何搞得好？因此，合伙人不要轻信别人的流言蜚语，听到别人有什么议论，要认真调查，多问几个为什么。时刻保持清醒的头脑，不要轻易相信别人的议论。

其实，猜忌来自于内心的脆弱和不信任，内心的无知与狭隘，来源于对市场和竞争双方缺乏了解和没有把握。猜忌一旦与保守结盟，企业注定只能在荆棘丛生的道路上步履维艰；猜忌与冒进结合，企业则成了风口浪尖的小船，不论技术如何高超，也难逃颠覆的命运。

商业资源并非不可再生的有限资源，商业合作的结果不是你死我活，而是彼此双赢。为了同样的目的，我们和商业伙伴走到了一起，心中的猜忌却让我们像张开利刺的刺猬，不是相互背弃，就是两败俱伤。这时候，拔掉身上的刺是最明智的选择。退一步不是软弱，而是海阔天空的人生哲学和经营智慧。邻居的互相退让，成就一番"六尺巷"的美谈，商人的互相退让，则会打造一个诚实公平的商业环境。

当所有的秩序都规范化、所有的行为都程序化、所有的操作都技术化，阻碍生意成功的，只有不信任的心灵之墙。谨慎是为商的本能，但过于谨慎多虑，则流于多疑。草木皆兵的后果不是疲惫不堪，就是众叛亲离。

我们共同来拆掉阻碍生意的那道怀疑之墙，因为任何企业的利润增长，决不是靠算计合作伙伴，而是靠真诚的团结合作。只有合作才是利润的无穷源泉。

"看不见的手"失灵

从挤兑现象引申开来，似乎又回到了"囚徒困境"的模型。但是在这里，我们是由此寻找一条能够避免争相挤兑，从而走上集体优化的道路。

《国富论》里论及经济学里有只"看不见的手"，即市场机制。在博弈论里，从"囚徒困境"我们知道了"看不见的手"的原理的一个悖论：从利己目的出发，也可能损人不利己，既不利己也不利他。每个人可能去做从个人看来最好的事情，却得到了从整体看来最坏的结果。因此，理想的理论需要更智慧的机制来支撑。

有这样一个寓言故事，说的是一个人有一妻一妾，妻子年纪大而妾年轻。于是，妻子每天都把丈夫头上的黑发拔一点下去，以使他与自己的年龄相配，同时使他在朋友面前的形象也显得更为德高望重一些。而小妾每天把丈夫的白发拔一点下去，以使他显得年轻一些，显得更有活力一些。过了没有多久，这个人变成了秃头。

无论是妻还是妾，她们为这个男人拔头发的动机都无可非议，但最终却是事与愿违，把自己的丈夫变成了秃头。单纯地批评她们的愚蠢是于事无补的，正如生活中无数类似的故事一样，我们需要的是实现集体优化的解决方法。

按照传统经济学的观点，集体优化是不需要刻意追求的，只需要每一个人都从利己的目的出发，从而最终全社会达到优化的效果。也正是在这样的观点之下，"主观为自己，客观为社会"一度成为广泛流传的观念。

其实，这种观点真正的来源是亚当·斯密的《国富论》。这本书中提出，有一只"看不见的手"会从个人自利的经济行动中，提炼出社会整体的经济福祉。让我们重温一下这段经典论述：

"我们的晚餐并不是来自屠夫、啤酒酿造者或点心师傅的善心，而是源于他们对自身利益的考虑……'每个人'只关心他自己的安全、他自己的得益。他由一只'看不见的手'引导着，去实现他原本没有想过的另一目标。他通过追求自己的利益，结果也实现了社会的利益，比他一心要提升社会利益还要有效。"

1776 年这段话在《国富论》中出现以后，很快成为鼓吹自由市场经济者的最有力论调。很多人因此认为，经济市场的效率意味着政府不要干预个人为使自己利益最大化而进行的自利尝试。

随着市场经济的发展和发达，这种思想及其各种变化形式，迅速成为指导人们行为的一种价值准则或者成为自利行为辩解的一种论据。在《联邦党人文集》中，麦迪逊认为，在幅员足够大的共和国中，不同政治派别图谋私利的行为，在某种自动的作用之下反而可形成内政的和谐。

由孟德斯鸠首倡并且实践的美国宪法之中的三权分立与制衡观念，也是出自同一观点。分权的目的是防止专制，而不是为了政府和谐；其用意在于使政府各部门在追求本身利益的同时，能节制过分的行为，从而促进大家的利益。

同样的原则被应用到国际事务里。各国追求本身利益的同时，对国际社会也会有所贡献，仿佛有一只隐形的手，能够保证各国凭自由意志所作的选择必能为全人类带来福祉。

然而事实上，并不是只要每一个人都追求自己的利益，世界就会取得最好的结果。"囚徒困境"已经向我们详细地说明了这一点。在"囚徒困境"里，当一名囚徒坦白时，他伤害了他的同伴，却不会因此而付出代价。他们两人都是在坦白与抵赖策略上首先追求自己利益的最大化，这样反而要服更长的刑期。只有当他们都首先替对方着想，或者相互合谋（串供）时，才可以得到最短的监禁的结果。个人理性与集体理性的冲突，各人追求利己行为而导致的最终结局是一个纳什均衡，也是对所有人都不利的结局。

因为有太多人会做错事，又或者可以说是每个人都太容易做错事。在这个背景下，我们说"看不见的手"在许多方面是失灵的。

奥曼于1987年提出了"相关均衡"机制。所谓相关均衡是指，通过某种客观的信号装置以及当事人对信号的反应，使本来各自为政的个体行为之间相互发生关系，形成一种共赢的结果。

在生活中，我们也可以发现很多这样的例子。比如在交通路口设置红绿灯、设立金融中介组织以及各种社会媒体与中介组织，世界贸易组织和欧佩克组织等，可以说都是为了使各方在合作中走向共赢。

托马斯·霍布斯认为，在有政府存在之前，自然王国充满着由自私个体的残酷竞争所引发的矛盾，生活显得"孤独、贫穷、肮脏、野蛮和浅薄"。按照他的观点，没有集权的合作是不可能产生的，一个有力的协调机制是推动社会发展所必要的。

公共资源为什么总被损害

对公共资源，所有的享有者都以自己利益的最大化为宗旨，每个人追求自己的利益最大化没有错，可悲的是，单纯从自己利益出发的行为并不都增益公共资源。相反，很多行为损害公共资源。

我们在上面几节对于集体优化的讨论，只限于分配层面，下面我们看一下博弈论中对于管理层面的分析。

《郁离子》是明代刘基的一本寓言散文集，包括多篇具有深刻警世意义的作品。其中有一篇讲了官船的故事。

瓠里子到吴国拜望相国，然后返回粤地。相国派一位官员送他，并告诉他说："你可以乘坐官船回家。"瓠里子来到江边，放眼望去，泊在岸边的船有一千多条，不知哪条是官船。送行的官员微微一笑，说道："这很容易。我们沿着岸边走，只要看到那些船篷破旧、船槽断折、船帆破烂的船，那就一定是官船了。"瓠里子照此话去找，果然不错。

这个故事中所讲的就是公共资源的悲剧。这一理论最初是由加利福尼亚生物学家加勒特·哈丁于1968年在《科学》杂志上发表的文章《公共策略》中提出来的，因此又被称为"哈丁悲剧"。

在那篇文章中，哈丁首先讲了一个关于牧民与草地的故事。当草地向牧民完全开放时，每一个牧民都想多养一头牛，因为多养一头牛增加的收入大于其成本，明显是有利可图的。尽管因为平均草量下降，增加一头牛可能使整个草地的牛的单位收益下降，但对于单个牧民来说增加一头牛是有利的。然而，如果所有的牧民都看到这一点而增加一头牛，那么草地将被过度放牧，从而再也不能满足牛的需要，最终导致所有的牛都饿死。

哈丁以这一思路讨论了人口爆炸、污染、过度捕捞和不可再生资源的消耗等问题，并发现了同样的情形。他指出"在共享公有物的社会中，每个人，也就是所有人都追求各自的最大利益。这就是悲剧的所在。每个人都被锁定在一个迫使他在有限范围内无节制地增加'牲畜'的制度中。毁灭是所有人都奔向的目的地。因为在信奉公有物自由的社会当中，每个人均追求自己的最大利益。"

不同情况下，公用的悲剧可能成为一个多人"囚徒困境"（每一个人都养了太多的牛）：如果社会上每一个人都在追求自己的最大利益，毁灭将成为大家不能逃脱的命运。

哈丁的结论是：世界各地的人民必须意识到，有必要限制个人作出这些选择的自由，接受某种"一致赞成的共同约束"。

防止公用悲剧的办法有两种：第一是制度上的，即建立中心化的权力机构，无论这种权力机构是公共的还是私人的——私人对公用地的处置便是在使用权力；第二便是道德约束，道德约束与非中心化的奖惩联系在一起。

确立产权一度是经济学家最热衷地解决公用悲剧的方案。事实上这也是十五、十六世纪在英国"圈地运动"中曾经出现过的历史：土地被圈起来，变成了当地贵族或地主手里的私有财产，主人可以收取放牧费，为使其租金收入最大化，将减少对土地的使用。这样，那只"看不见的手"就会恰到好处地关上大门。此举改善了整体经济效益，却同时也改变了收入的分配；放牧费使主人更富有，使牧人更贫穷，以至于有人把这段历史控诉为"羊吃人"。

另外，确立产权在其他场合也许并不适用：公海的产权很难在缺少一个国际政府的前提下确定和执行，控制携带污染物的空气从一个国家飘向另一国家也是一个难题。基于同样的理由，捕鲸和酸雨问题都需要借助更直接的控制才能处理，但建立一个必要的国际协议却很不容易。

除了确立产权即卖掉使之成为私有财产，还可以作为公共财产保留，但准许进入，这种准许可以以多种方式来进行。假如集团规模足够小，自愿合作可以解决这个问题。

若有两家石油或天然气生产商的油井钻到了同一片地下油田，两家都有提高自己的开采速度以及抢先夺取更大份额的激励。假如两家都这么做，过度地开采实际上可能降低它们可以从这片油田收获的数量。在实践中，钻探者意识到了这个问题，达成分享产量的协议，使从一片油田的所有油井开采出来的总数量保持在一个适当的水平。

这些方案都有合理之处，也都有经不起推敲的地方。但是正如哈丁指出的，像公共草地、人口过度增长、武器竞赛这样的困境，没有技术的解决途径。所谓技术的解决途径，是指仅在自然科学中的技术的变化，而很少要求或不要求人类价值或道德观念的转变。

不要让情绪压倒理性

情绪和理性是人性中"魔"与"道"的两个层面，魔高一尺，道高一丈，情绪的疯狂需要理性的驾驭，只有这样，播下决策的种子，才能顺利地开花结果。

人类的天性有两种截然不同的层面：一是理性，一是情绪。大多数人认为，人性这两个层面相互分离，毫无关联，但是经常处于相互冲突的状况。按照这种情绪与理性的两分法——它们必然没有关联，但是相互冲突——这便是大多数人性冲突的根源，包括内心与人际之间的冲突。

每个人都有七情六欲，遇到不顺心的时候都会有情绪，这是一种正常的心理反应。但是一个人过分情绪化，就会影响到理智甚至失去理智，造成不可设想的后果。

在与合伙人进行合作的时候，不良的情绪会影响到我们对来自对方信息的理解，还使我们无法进行客观的理性的思维活动，而代之以情绪化的判断。创业者在与合作者进行沟通和合作时，应该尽量保持理性和克制，如果情绪出现失控，则应当暂停而进行进一步的沟通，直至恢复平静。

赵先生是一家集体企业的经理，几年来，连续投资的几个新项目均因各种各样的原因流产了。一系列的投资悲剧使他受到周围人的奚落和怀疑，这让他的自尊心大受打击，也更激起了他的"斗志"。恰巧这时，有下属又呈上一个据说是一本万利的新商机，急于翻本和挽回形象的赵经理连看都没有看，更别说什么科学评估该投资项目了，当即批准。用赵经理的话说就是："一回不成，两回不成，我就不信这回还不成！"可惜市场很快回了话：他的投资又泡汤了。一次又一次的投资失败，赵经理的精神几乎崩溃了。失败乃成功之母，失败是好事。但勇敢不等于鲁莽，创业者因无法忍受屡屡投资失败的压力，激起赌徒心理，以情绪化的思维决策方式去决定投资方向、投资项目，则必败无疑。情绪化是最可怕的投资陷阱之一。一个创业者在任何情况下，都必须有清醒的头脑，冷静而客观的决策，如果觉得自己把握不住，可以请专家或组织智囊团来帮助自己，不能让情绪左右了自己的头脑，从而导致投资一错再错。

在任何领域，成功者与失败者的行为之间存在重大的差异。很多时候，这种差别并不在于智慧与知识，而是在于执行知识的意志力。知识本身绝对不是成功的保证。除了知识，你还需要一套执行知识的管理计划，以及严格遵守计划的心理素质，这样才可以超越情绪的干扰，作出成功的决策。

自制是一种最艰难的美德，有自制力才能抓住成功的机会。成功的最大敌人是自己，缺乏对自己情绪的控制，会把许多稍纵即逝的机会白白浪费掉。如愤怒时不能遏制怒火，使周围的合作者望而却步；消沉时，放纵自己的萎靡，等等。

人的一生是判断的一生，无时无刻不处在判断之中。判断准了，行为选择才能是对的。判断错了，行为选择肯定就是错的。判断方式有两种：一种是用理性去判断，一种是凭感觉去判断。用理性判断，行为选择就会正确。而凭感觉去判断，就是用感情的亲与疏来判断，明明是好的，判断却是坏的，明明是坏的，判断却是好的，这样的行为选择非常容易出错。情绪化就是凭感觉去判断和选择的。

对于一名决策者来说，万万不能情绪化。我们正进入工业社会，面对市场的激烈竞争，要对一件事情作出正确的决策，决策者必须通过方方面面的调查研究，集纳各方意见，深思熟虑，用理性进行决策。如果不顾大局利益，因个人感情等原因，或一时心血来潮而轻率拍板，轻则损伤他人利益，重则给企业甚至国家造成不可估量的经济损失。对于决策者来说，情绪化绝不是一个点的损失，而是一个面的损失，很有可能导致一个企业的彻底破产，一个行业走向衰败，一个地区的老百姓遭受巨大的灾难等。

对于普通人来说，情绪化的人容易因小事而发脾气，也容易因喜乐而手舞足蹈，很难与上级领导及周围同事建立良好的人际关系。当然，人是感性动物，人的情绪化都是因各种因素促成的，但人如果不能控制自己的情绪，就很难作出理性的判断和选择。

情绪化如一匹脱缰的马，只能让人盲目判断和选择，给他人和社会带来的是更多的危害。而理性如马的缰绳，能帮我们摆正方向，分析问题的症结所在，从而处理和解决好问题。作为现代社会人，我们要时刻紧拉理性这根缰绳。因此，希望我们每个人都不要情绪化，一定要学会用理性对事物进行判断，避免对自己的成功造成障碍。

没有惩罚的契约没有约束效力

契约的宗旨是为了实现"双赢"，但"双赢"和个人利益并非完全一致。因此要保证实现"双赢"，契约需要规定对只能实现单赢和有违公平的行为作出惩罚。

在每一个鼓励合作的方案里，通常都会包含某种惩罚作弊者的机制。

一个坦白且供出合作伙伴的囚徒可能遭到对方朋友的报复。若是知道外面会有什么报复等着自己，尽快逃脱牢狱之灾的前景也就不会显得那么诱人了。人人都知道，警察会威胁毒品贩子说，如果不坦白就要释放他们。这种威胁的作用在于，一旦他们被释放，卖毒品给他们的人就会认定他们一定是招供了而加以报复。

在最初博弈之上增加惩罚机制的做法，其目的就是为了减少作弊的动机。在博弈的结构里还存在其他类型的惩罚。一般而言，这种机制生效的原因在于博弈反复进行，这一回合作弊所得将导致其他回合所失。

归纳起来，在一次性的博弈当中没有办法达成互惠合作。只有在一种持续的关系中才能够体现惩罚的力度，并因此成为督促合作的"木棒"。合作破裂自然就会付出代价，这一代价会以日后损失的形式出现。假如这个代价足够大，作弊就会受到遏制，合作就会继续。事实上，法国哲学家卢梭早就指出了这一点，他曾经有一本《社会契约论》，认为契约是整个人类社会存在的前提条件之一。

前面已经分析过，如果"囚徒困境"只是一次性的博弈，那么签订协议是毫无意义的，其纳什均衡点并不会改变。可以签订协议的一个最基本的条件，就是博弈需要重复若干次，至少大于一次。

重复博弈与一般性的动态博弈是不同的。多轮动态博弈中，参与者能够了解到博弈的每一步中其他参与者在自己选择某种策略下的行动，而重复博弈的参与者无法了解到在任何一步中，其他参与者的策略选择。

在重复型的"囚徒困境"中，签订合作协议并不困难，困难的是协议对博弈各方是否具有很强的约束力。任何协议签订之后，博弈参与者都有作弊的动机，因为至少在作弊的这一轮博弈中，可以得到更大的收益。

霍布斯对合作协议的观点是："不带剑的契约不过是一纸空文。它毫无力量去保障一个人的安全。"这就是说，没有权威的协议并不能导致民主，而是导致无政府状态。

"囚徒困境"扩展为多人博弈时，暴露了一个更广泛的问题："社会悖论"或"资源悖论"。人类共有的资源是有限的，当每个人都试图从有限的资源中多拿一点儿时，就产生了局部利益与整体利益的冲突。人口问题、资源危机、交通阻塞，都可以在"社会悖论"中得以解释。在这些问题中，关键是制定游戏规则来控制每个人的行为。

另外，学者爱克斯罗德所著的《合作的进化》一书暗含着一个重要的假定，即个体之间的博弈是完全无差异的。但对局者之间绝对的平等是不可能达到的，因而某些博弈对一方来说是典型的高成本、低回报：一方面，对局者在实际能力上存在不对称，双方互相背叛时，可能不是各得 1 分，而是强者得 5 分，弱者得 0 分，这样，弱者的报复就毫无意义；另一方面，即使对局双方确实旗鼓相当，但某一方可能怀有赌徒心理，认定自己更强大，采取背叛的策略能占便宜。爱克斯罗德的分析忽视了这种情形，而这种事实或心理上的不平等恰恰在社会上引发了大量"零和"与"负和"博弈。

在这种情况下，应通过法制手段，以法律的惩罚代替个人之间的"一报还一报"，才能规范合作行为。事实上，从博弈论的角度看法律就是通过第三方实施的行为规范，其功能是或者通过改变当事人的选择空间改变博弈的结果，或者不改变博弈本身而改变人们的信念或对他人的行为预期，从而改变博弈的结果。

第五章
逆向选择的博弈
——最优秀者并不一定最走运

　　"逆向选择"理论是在美国经济学家阿克洛夫于 1970 年提出的"旧车市场模型"的基础上形成的。说的是二手车市场上，由于信息不对称，买方不能充分获取二手汽车质量信息，只能以平均价格来选择汽车，这就导致优质二手车因得不到与之相适应的价格而退出市场，如此循环，平均价格越降越低，好车越来越少，形成一种"劣币驱逐优币"的现象。现实中，"逆向选择"的现象太多太多。职场中，一个人要获得理想的职位，甚至建立自己的企业，起决定作用的也许并非出众的才华。许多优秀的白领、高管甚至企业家之所以能走到理想的位置，一贯的踏实和敬业对他们的帮助很大。

"逆向选择"是匪夷所思的博弈吗

　　"逆向选择"，是指由于交易双方信息不对称或市场价格下降产生的劣质品驱逐优质品，进而出现市场交易产品平均质量下降的现象。例如，在商品市场上，特别是在旧货市场上，由于卖方比买方拥有更多的关于商品质量的信息，买方由于无法识别商品质量的优劣，只愿根据商品的平均质量付价，这就使优质品价格被低估而退出市场交易，结果只有劣质品成交，进而导致交易的萎缩。

日常生活中经常见到"巧妇伴拙夫"的奇特现象。漂亮女孩身边的男孩总是貌不出众、能力平常，而那些普通女孩倒是不乏优秀男生与之相伴。经济学家认为造成这种现象的真正原因就是信息不对称下的逆向选择。那些对漂亮女孩向往已久的崇拜者相互之间，以及和漂亮女孩之间都不能沟通信息。

漂亮女孩的追慕者会这样想：这么漂亮的女孩，怎么轮得到我来追？肯定有那些比我有钱的阔佬，比如巴菲特去追求她。于是长叹一声，转而追求其他女孩去了。而巴菲特在华尔街上巧遇来纽约观光的漂亮女孩之后，也颇为心仪，但是巴菲特转念一想：这么漂亮的女孩，怎么轮得到我来追？肯定有那些比我年轻的阔佬，比如比尔·盖茨去追求她。于是巴菲特长叹一声，转而与结发老妇相伴而去。

漂亮女孩去微软公司面试时，巧遇比尔·盖茨。面对如此佳人，比尔·盖茨可能再也不能正襟危坐了，心中一阵激动，但比尔·盖茨转念一想：这么漂亮的女孩，怎么轮得到我来追？肯定有那些比我更强壮的阔佬，比如乔丹，去追求她。于是比尔·盖茨长叹一声，继续埋头工作。

漂亮女孩去观看篮球比赛时，邂逅飞人乔丹。面对如此佳人，乔丹岂能等闲视之，脑海中翻起千层浪，但乔丹冷静下来一想：这么漂亮的女孩，怎么轮得到我来追？肯定有那些比我更英俊的小伙，比如她的什么同学或同事，早就已经把她追到手了。于是乔丹长叹一声，转身来个空中漫步就走开了。

那些想追求她的人相互之间都不能互通信息，也不了解漂亮女孩的尴尬处境和真实想法，结果是每个想追求她的男人都根据自己的预期来决定是否要去追求漂亮女孩。由于大家都预期追求漂亮女孩一定是极高的门槛，最后造成大家都退缩不前。

在这个困惑中，大家只观察到了女孩的美貌，只看到了自己的不足之处，而根本不知道其他任何信息。最后每个人都相信追求漂亮女孩的代价将是很高的，因而大家都不采取行动。最后反而是那些不知天高地厚、懵懵懂懂的普通男生追到漂亮女孩。

"逆向选择"理论是在美国经济学家阿克洛夫于1970年提出的"旧车市场模型"这个理论的基础上形成的。

在旧车市场上，买者和卖者之间对汽车质量信息的掌握是不对称的。卖者知道所售汽车的真实质量。一般情况下，潜在的买者要想确切地辨认出旧车市场上汽车质量的好坏是比较困难的。他最多只能通过外观、介绍及简单的现场试验等来获取有关汽车质量的信息。然而，从这些信息中很难准确判断出车的质量。因为车的真实质量只有通过长时间地使用才能看出，但这在旧车市场上又是不可能的。在这种情况下，典型的买者只愿意根据平均质量支付价格。但这样一来，质量高于平均水平的卖者就会将他们的汽车撤出旧车市场，市场上只留下质量低的卖者。结果是，旧车市场上汽车的平均质量降低，买者愿意支付的价格进一步下降，更多的较高质量的汽车退出市场。在均衡的情况下，只有低质量的汽车成交，极端情况下甚至没有交易。

这违背了市场竞争中优胜劣汰的法则。平常人们说选择，都是选择好的，而这里选择的却是差的，所以把这种现象叫做"逆向选择"。

在保险市场上，"逆向选择"现象也相当普遍。以医疗保险为例，不同投保人的风险水平可能不同。有些人可能有与生俱来的高风险，比如他们容易得病，或者有家族病史。而另一些人可能有与生俱来的低风险，比如他们生活有规律，饮食结构合理，或者家族寿命都比较长，等等。这些有关风险的信息是投保人的私人信息，保险公司无法完全掌握。如果保险公司对所有投保人制定统一保险费用（这属于总体保险合同），由于保险公司事先无法辨别投保人潜在的风险水平，这个统一的保险费用，只能按照总人口的平均发病率或平均死亡率来制定。所以，它必然低于高风险投保人应承担的费用，同时高于低风险投保人应承担的费用。

通过这种方式，低风险投保人会不愿负担过高的保险费用而退出保险市场。这时，保险市场上只剩下高风险的投保人。简单地说，这时，高风险投保人驱逐低风险投保人的"逆向选择"现象发生了。其结果是保险公司的赔偿概率将超过根据统计得到的总体损失发生的概率。保险公司出现亏损甚至破产的情况必然发生。

资本市场上也存在着"逆向选择"。比如对于银行来说，其贷款的预期收益既取决于贷款利率，也取决于借款人还款的平均概率，因此银行不仅关心利率，而且关心贷款风险，这个风险是借款人有可能不归还借款。一方面，通过提高利率，银行可能增加自己的收益；另一方面，当银行不能观测特定借款人的贷款风险时，提高利率将使低风险的借款人退出市场，从而使得银行的贷款风险上升。结果，利率的提高可能降低而不是增加银行的预期收益。显然，正是由于贷款风险信息在作为委托人的银行和作为代理人的借款者之间分布并不对称，从而导致了"逆向选择"现象。

怕什么偏偏就来什么

生活中总是发生这样一些事件，为什么总是偏偏怕什么来什么？比如，考试的时候怕上卫生间，越想就越想去了。学习的时候怕饿，饿了就分心了，结果一想就饿了。

身在职场，就像久病成医，你会在工作中不知不觉地总结出一个"魔鬼定律"，即所谓"怕什么偏偏来什么"。

正常情况下，办公桌上的电话振铃响过两声，小刚准会接听。隔壁的洋上司据此绝对能掌握他的工作状态。一天八小时坐班，再加上咱们中国人平时又爱喝茶，所以去洗手间就成了一个挠头的问题。"魔鬼定律"那叫一个准，不管他临去前如何千方百计地算计时机，他前脚刚走，后脚电话铃肯定就会如约响起来，让身在洗手间里的他进退两难。

那些与小刚常打交道的要员们，也往往难逃这一定律。尤其是在漫长的旅行中，即使他们的行李上都挂着明显的 VIP 标志试图引人注意，但到达目的地后，出事儿的保准是他们的行李。小刚的两位顶头上司，光鲜亮丽地来京上任时，一人的行李被意外地落在第三国的中转机场过夜，而另一位的行李，干脆到美国做了一次免费旅行！

司机小王是小刚的老搭档了，小刚是洋上司的"嘴"，小王是洋上司的"腿"，他们一起执行外事任务的机会很多。小王 36 岁，反应敏捷，服务很规范。但在职场的"魔鬼定律"面前，他也是在劫难逃。

有一次要送飞机，小王在饭店的咖啡厅目不转睛地盯着电梯的方向，静静地等候着洋上司和客人的到来。他习惯把他心爱的车钥匙攥在手心里，像工艺品一样地把玩。可一不留神，那把车钥匙竟莫名其妙地滑落到大理石台面的夹缝中去了，怎么抠也抠不出来。出发的时间到了，小王急得满头大汗也没办法，只能眼睁睁地看着愠怒的洋上司和客人打的去了机场！

不过，最惨痛的还是小王和小刚那次在国宾馆接团的遭遇。上午日程结束后，他们随着蜿蜒的车队把客人送往国宾馆休息，下午还在人民大会堂有重要外事活动。小刚领了任务刚要离开，原地待命的小王突然打来电话急切地说："小刚，不好了，我的裤子突然开线了，你快跟洋上司请假，我得回趟家！"一听他的口气，小刚觉得问题很严重，他甚至都没办法坚持到附近的商店现去买一条。可要回家也不容易，国宾馆是凭车号出入的，小刚必须向洋上司请示动用公车，才能保证一会儿他回得来。小王在忙乱中接通了洋上司的电话，洋上司无奈地说："速去速回，千万别误了下午的大事！"

小王坐着开车时什么都看不出来，可到家门口一下车，尽管他前遮后掩的，那一缕红色的破绽还是一下子映入他人的眼帘。幸好小王现在及时补救了这一切，要不这影响可就大了。试想，一会儿正式活动开始时，长龙般的车队"唰"地一停，小王哪能在车里坐得住呢，他得恭恭敬敬地给洋上司开车门呐。熟悉中国国情的洋上司见状马上就能明白些什么："小王，谁不知今年是你本命年啊。"

"墨菲定律"亦称莫非定律、莫非定理或摩菲定理，是西方世界常用的俚语。"墨菲定律"主要内容是：事情如果有变坏的可能，不管这种可能性有多小，它总会发生。

爱德华·墨菲是一名工程师，他曾参加美国空军于1949年进行的MX981实验。这个实验的目的是为了测定人类对加速度的承受极限。其中有一个实验项目是将16个火箭加速度计悬空装置在受试者上方，当时有两种方法可以将加速度计固定在支架上，而不可思议的是，竟然有人将16个加速度计全部装在错误的位置。于是墨菲作出了"如果有两种选择，其中一种将导致灾难，则必定有人会作出这种选择"这一著名的论断。该论断被那个受试者在几天后的记者招待会上引用。

几个月后这一"墨菲定律"被广泛引用在与航天机械相关的领域。经过多年，这一定律逐渐进入习语范畴，其内涵被赋予无穷的创意，出现了众多的变体，其中最著名的一条也被称为"菲纳格定律"，具体内容为：会出错的，终将会出错。这一定律被认为是对"墨菲定律"最好的模仿和阐述。

"墨菲定律"告诉我们，容易犯错误是人类与生俱来的弱点，不论科技多发达，事故都会发生。而且我们解决问题的手段越高明，面临的麻烦就越严重。所以，我们在事前应该是尽可能想得周到、全面一些，如果真的发生不幸或者损失，就笑着应对吧，关键在于总结所犯的错误，而不是企图掩盖它。

2003 年美国"哥伦比亚号"航天飞机即将返回地面时，在美国得克萨斯州中部地区上空解体，机上 6 名美国宇航员以及首位进入太空的以色列宇航员拉蒙全部遇难。"哥伦比亚号"航天飞机失事也印证了"墨菲定律"。如此复杂的系统是一定要出事的，不是今天，就是明天，合情合理。一次事故之后，人们总是要积极寻找事故原因，以防止下一次事故的发生，这是人的一般理性思维都能够理解的，否则，或者从此放弃航天事业，或者听任下一次事故再次发生，这都不是一个国家能够接受的结果。

"墨菲定律"并不是一种强调人为错误的概率性定律，而是阐述了一种偶然中的必然性，我们再举个例子：你兜里装着一枚金币，生怕别人知道也生怕丢失，所以你每隔一段时间就会去用手摸兜，去查看金币是不是还在，于是你的规律性动作引起了小偷的注意，最终被小偷偷走了。即便没有被小偷偷走，那个总被你摸来摸去的兜最后也终于被磨破了，金币掉了出去，丢失了。这就说明了，越害怕发生的事情就越会发生的原因，为什么？就因为害怕发生，所以会非常在意，注意力越集中，就越容易犯错误。

生活中如此"怕什么偏偏来什么"的事件总是成概率地发生，我们所能做的就是尽可能地事前做好充分准备，努力把此概率降低到最低的同时，为可能发生的意外多留一点余地。

天才最怕怀才不遇

当细致观察之后，我们不得不接受一个看似矛盾却大量存在于我们周围，令人惊异不已又甚为残酷的客观事实：在这个世界上，到处都是有才华的"穷人"！

在"穷人"之中，我们不费力便能发现到一些几年前、十几年前甚至二三十年前毕业的大学生，不仅他们厚厚的高度近视眼镜片能证明他们的知识渊博，他们的谈吐更是常常显示其学识的不凡与口才的精彩。最特别的是，尽管他们人生的进程已到生存都有危机之际，但在他们不经意的言谈中，却从来不会有对比尔·盖茨或李嘉诚表示叹服的美言，更始终不会给柳传志等送以尊敬的口吻，对那些人生的成功者，他们得出令人困惑的结论都是同一个："老子运气不如他们而已！"

仿佛比尔·盖茨或李嘉诚他们所拥有的那几百亿资产，全是运气的赠物；柳传志、刘永行他们创立的那一个个财富公司，都是天上掉下来落到那些人头上的馅饼；而他们的困境，却是老天爷犯有分配不公错误的结果。"凭老子这些本事，难道不是另一个李嘉诚、柳传志？否则，老子也就是另一个大富翁，而不会虎落平阳！"他们常常会这样的愤世嫉俗，更伴有冲冲的怒气。

但是，他们这坠入"穷人"行列的理由，实在太牵强。有些人虽然尚未跌入失业者的队伍，虽然还在某一个大公司人模人样的有着一份光鲜的工作，但是，在他们自己心中，以及同行者的眼光中，他们却也有了穷人的征兆，或是他们工作已长达数年，却没能像其他同辈那样富有，不仅既没有自己赚上多少钱，也没能为后代提供优裕的生活与学习条件，而且还全然没有升职加薪的美好前景。相反，那被公司炒鱿鱼的阴影，却常常笼罩在他们的头顶。而在今天这个社会，如果没有了工作，也就意味着在向"穷人"的位置靠拢。

这类尚还在各种公司职位上的打工者，大多是有着种种才华标志的聪明人，他们或能熟练地说出洋文，或可不费力地操作电脑，编制程序，或有对世界 500 强大企业情况了如指掌的专业水平，甚至能使各公司的人力资源主管们连连点头。然而工作多年，他们却始终没有能成为企业老总那样的富人，也没有能成为有车有房、以白领的舒适生活特征为标志的中产阶级，反而滑向"穷人"命运的危机，倒经常成为他们不能不认真对待的大问题。可是因为他们总是没能认真对待这个问题，所以他们成了一批有才华的"穷人"。

有才华的"穷人"，虽然经常会炫耀他们的才华，可是才华却又并未能给他们带来成为富人的美妙现实，相反，他们只能在"穷人"堆或"穷人"堆的边缘，或无奈地抬头向月，或一厢情愿地白日做梦。

为什么才华这种"先进的生产力"在很多人的身上竟没能创造出相应的财富与成就呢？

也许可以套用政治经济学中的一个名词来解释：他们没能处理好自己面临的"生产关系"，他们对任何工作对任何创造，都缺乏一种本不可少的敬业精神。

人的才华是通向财富之路的必要因素，但这还不是充分条件。

只有在一个诚心敬业的平台上，人的才华，才能够发挥它巨大的"先进生产力"作用，从而转化为事业的成功之果。

然而，相当数量有才华有本领有能力的聪明人，轻视了才华必须赖以立脚的敬业精神之平台，甚至将敬业精神的本质当成愚笨呆板的表现，全然忽视不理，而以为凭他们的才华，就可以载运自己到达幸运之境地。这样的情况，在急功近利风行的今天，尤为常见。那么，实现成功的重要基石——敬业精神到底是什么呢？

敬业精神对不同类型的成功者略有不同。欲做创业英雄的公司老板，就得能在物质与精神上吃得大苦，能耐得住奋斗中常有的寂寞；而那些登上舒适白领阶层高级职员位置，想做"打工皇帝"、"打工太师"的人，就得安心职守努力工作，摆正自己的位置，忠于付薪水给你的企业，并始终以此去赢得企业对你敬业态度的回报。

既想做创业公司老板，却又不能像老板那样没日没夜地思虑工作，不能像老板那样在孤独与寂寞中独力面临事业的压力，也不能像老板那样小心翼翼而不是意气用事地对待与处理各种人事关系，这样，老板梦想恐怕永远也不会实现。而欲追求那种"打工皇帝"高级白领神仙般的舒适生活，却又不能安心职守尽心努力地工作，不清楚自己的位置，不能对付给自己薪水的企业报以忠诚，并且心底里老是这山望着那山高，常怀见异思迁的跳槽之念，甚至只为贪图一时之利，不惜利用职务之便做损害自己所在企业利益的事情，还自以为是在追求"实惠"。

才华固然不应成为坠入穷人队伍的理由，但一个没有敬业精神，甚至毫无敬业观念的人，哪怕他是天才，都只会也只佩与贫穷为伴！这不是咒语，不是道德审判，而是的的确确的人生规律的真实现况。才华，并没有使很多人成为富人。敬业之心，却让很多才华不多的青年，或跨进了中产阶级的圈子，或腾飞而成为手握巨产的企业家。这一点，相信已是不需证明的铁的事实。

众所周知，浙江很多民营企业，就是靠做一件只赚几分钱、甚至几毫钱的小商品，而演变为资产数亿的大公司的。20多年的尽心尽意的专业经营，以及扎扎实实诚心敬业带来的高质量，凭每只一分钱利润的打火机，温州的民营企业今天竟能打败现代化的日本公司，杀入并占据日本市场；凭每支利润在零点零零几分钱的饮料吸管，浙江一家民营企业的产品，竟已雄据国际市场的几分之一。

人们常爱说机会，爱说运气。其实，即便没有大机会，没有大运气，只需敬业，此生你就不会做一个穷人。只需敬业，你也能跃上企业大老板的富翁地位。

一切自认为有才华的聪明人，如果你还在做穷人，就请你再聪明一次：捡回你丢失的宝贝——敬业精神。这样，你将很快告别贫穷，而搭上致富的时代列车。请记住：有才华一定要有个好归宿，不要做有才华的"穷人"！

清官为什么被踢出局

"逆向选择"导致好的被淘汰，差的反而被留下，是什么导致了这种异常的现象呢？答案是不合理的机制。

"逆向选择"的理论也说明如果不能建立一个有效的机制，那么高质量产品的卖家和需要高质量产品的买家无法进行交易，双方效用都受到损害；低质量的企业获得生存、发展的机会和权利，迫使高质量的企业降低质量，与之"同流合污"；买家以预期价格获得的却是较低质量的产品。这样发展下去的必然结果，就是假冒伪劣泛滥，形成"劣币驱逐良币"的后果，甚至市场瘫痪。

"逆向选择"在组织设计上可以给予我们很多有益的思路。一个组织岗位的设计，必须考虑到"逆向选择"和道德风险。在设计官僚选拔机制的时候，必须在要求说真话和不偷懒之间作一个折中。比如老师让没做作业的学生举手，如果老师对举了手的学生惩罚太重，那么下次就没有人会再说真话，而如果老师惩罚太轻，又会诱使更多的人不做作业。

学者吴思曾经提出过一个"淘汰清官定律"，并且从经济等角度进行了解析。在本节中，我们可以通过《韩非子》中的一个故事来更感性地理解这个定律。

战国时，魏国西门豹初任邺地的县官时，为官清廉，疾恶如仇，刚正不阿，深得民心。但因他对国君魏文侯的左右亲信官员从不去巴结讨好，所以这伙人勾结起来，说了西门豹许多坏话。年底，西门豹政绩突出，本应受嘉奖，却被魏文侯罢了官。

西门豹心里明白自己被罢官的原因，便向魏文侯请求说："过去的一年里，我缺乏做官的经验，现在我已经开窍了，请允许我再干一年，如治理不好，甘愿受死。"魏文侯答应了西门豹，又将官印给了他。西门豹回到任所后，开始疏于政事，重重地搜刮老百姓，并把搜刮来的东西奉送给魏文侯身边的官员。一年过去了，西门豹回到国都述职时，魏文侯亲自迎接并向他敬礼，对他称赞有加，奖赏丰厚。

这时，西门豹严肃地对魏文侯说："去年我为您和百姓做官有政绩，您却收缴了我的官印。如今我因为注重亲近您的左右，所以印象好，您就对我大加礼遇，可实际功劳大不如以前。这种官我不想再做下去了。"说完，西门豹把官印交给魏文侯便走了。

清正廉洁却被罢官，重敛行贿却名美位固，其中含义发人深省。

西门豹前后判若两人，想必他对为官之道也是十分清楚的。他不想做一个谀上欺下的"坏官"，只想做一个清明、严格、廉洁的"好官"。做"好官"难，做"坏官"易，既然这样，那就只有以弃官来表示自己的不满了。

要减少"逆向选择"，就必须解决信息不对称问题。解决思路是委托人或"高质量"代理人通过信息决策，减少委托人与代理人之间信息不对称的程度。解决的途径有两个：其一是委托人通过制定一套策略或合同来获取代理人的信息，这就是"信息甄别"；其二是"高质量"代理人利用信息优势向委托人传播自己的私人信息，这就是"信息传递"。

招聘中不宜太高调，小心被"逆向选择"淘汰

企业竞争其实质是人才的竞争，在企业人力资源管理活动中，招聘作为一项经常性的工作而被企业开展，但是你知道招聘中的"逆向选择"吗？

在招聘的具体实践过程中，为了招聘到符合要求的员工，需要把应聘者区分开来；而应聘者为了得到满意的工作，从教育水平、工作经历、工作能力等各方面层层包装，向招聘企业传递各种信息。因此，招聘企业不得不主动或被动地采取各种手段对应聘者进行甄别和筛选，而应聘者在应对招聘企业甄别和筛选的过程中，也变得更加富于经验，致使招聘企业和应聘者双方都耗费了越来越多的成本，招聘的效率逐渐降低。

张娟娟是个再普通不过的应届毕业生，她去应聘一家外资公司的总经理助理。面试时，张娟娟发现当天一同面试的十来个人中不乏容貌秀丽的、气质高雅的，也有能力不凡、颇有资历的，而自己各方面的条件好像都处于劣势。但是令他深感意外的是，最后被录用的竟然是自己。后来，在单位工作了一段时间后，张娟娟才从当时面试自己

的同事那探明了玄机。原来，当时打动面试官的正是自己所认为的"劣势"！相比于其他表面光鲜、夸夸其谈的求职者，面试官认为张娟娟态度真诚、谈吐适当，简历也是真实可信的，而且最重要的是，张娟娟让面试官感受到了她性格中细腻、严谨、认真的一面，也感受到了她是个负责任，肯踏踏实实安下心来干事的人，更重要的是，面试官发现张娟娟对应聘岗位的理解很有自己的一套——从多个角度分析了这个岗位适合自己。

求职过程中适当地包装自己是必要的，但展现一个真实的自己，尤其是将自己的个性、气质、能力中独特的一面，以及个人的职业生涯规划充分展现出来，将更加重要。

一般而言，在信息对称的情况下，级别不同的企业会招聘到能力不同的人才，优秀的企业容易招聘到能力高的人才；同样，能力不同的人才会落户到不同级别的企业，高能力人才容易受聘到优秀企业。但由于信息的不对称，最终会导致"逆向选择"。

在人才招聘过程中，企业只能通过人才递交的简历表和对人才进行笔试、面试来获取对方的相关信息。但对其实际工作能力、工作热情和长期打算却不甚了解，而且已获取信息又面临着虚假成分的风险。相对而言，人才对自己的学历、业务水平、偏好、信用等信息却十分清楚，而且对所应聘企业及其职位亦认识深刻。企业并不知道应聘人才的真实能力，只知道应聘人才的平均能力及不同能力人才的分布。

假设一批能力不同的人才到企业应聘。如果信息是对称的，各个人才的能力是共同信息，企业和人才都会根据人才的能力高低提出自己的要求，从而各种受聘都可以实现，达到均衡。但在现实社会中，信息是不对称的，招聘企业并不知道应聘人才的真实能力。在这种情况下，招聘企业只能根据应聘人才的平均能力来确定聘用的人才和给予其待遇。假定人才有两种类型：$Q=4000$（高能力）和 $Q=1000$（低能力），企业遇到两类人才的概率为 1/2。如果信息是对称的，企业代表会在不同的工资水平上雇佣到相应的人才。但由于信息不对称，企业就只能按照平均能力 $Q=2500$ 出资，并希望能雇到高能力人才。但在此工资下，高能力人才将退出应聘过程，招聘市场上只留下能力程度较低的人才，这样，人才的平均能力就会下降。理性的招聘企业知道这一情况以后，便会降低给予应聘人才的待遇。结果造成更多的较高能力的应聘人才退出招聘市场，如此循环下去，形成"劣币驱逐良币"现象，即低能力人才对高能力人才的驱逐。这便是人才应聘过程中的"逆向选择"。"逆向选择"的结果，一方面是低能力人才获得了较高待遇，另一方面是招聘企业承担了较高招聘成本而无法获得高能力人才，最终导致风险和收益在分担与分配上的不对称。

　　每年的大学生求职高峰，都有一批大学生"训练有素"，面试时一味包装自己迎合面试官的录用偏好，导致用人单位在面试时"雾里看花"，很难了解毕业生的真实想法和需求。而一旦毕业生进入公司后，用人单位往往会失望地发现，入围者也许并不是他们需要的人，从而造成双方的损失。

　　专家认为，求职者面试过程中的过度包装很可能引起毕业生就业市场的"逆向选择"。企业的面试官们不但不再相信那些把自己"包装"得十分完美的求职者，而且还可能产生逆反心理，反而使在招聘中面试装扮、技巧并不那么"完美"的应聘者有可能获得更多的机会。

老板裁员与减薪的逆向权衡

　　经济增长放缓的预期已经形成，减薪成了不少企业"过冬"的一大手段。"企业面对不景气的经济，却要力争就业的景气，颇感压力，减薪不裁员成了折中的方法。

　　后周世宗柴荣是五代时期后周的第二个皇帝，又称柴世宗。

　　当时，由于长期割据混战，各朝从未在军队人数上加以整编。到了后期，军兵人数虽多，但是因为有很多老弱病残，战斗力并不强。因此，柴荣决心整顿精减军队。礼部尚书、宰相王浦劝阻说："现在军中传言陛下大幅度精减军队，有违历朝成规和先帝的旧制。"

　　柴荣解释说："这些军队因为是数朝相承下来，以前对他们都尽量姑息，也不进行训练和检阅，因此老弱病残很多。而且这些老兵骄横难驯，在遇强敌时不逃即降，实际并不可用。兵在于精而不在于多，今日一百个庄稼尚且不能养活一个士兵，怎么能用民众的膏血，白养着这些无用的废物。况且，如果仍然对军中能干的和怯懦的士兵一视同仁，又怎么能激励众将作战立功呢？"

他顶住朝中大臣的压力，宣布整编军队。他一方面下令赵匡胤等负责向全国招募勇士，另一方面亲临校场大禁军。通过数日比武，周世宗下令体格强壮、武艺出众者升为上军，给予丰厚的军饷，老弱病残和怯懦者统统发给盘缠遣散回家。其中，在作战中表现极差的侍卫马步军，被裁撤将近一半，从八万人减到四万人。殿前司本来人少，仅仅剩下一万五千人。

据旧史记载，整编裁军不仅大大缩减了供养军队的费用，而且为柴荣提供了一支精锐的军队，战斗力之强是五代以来所没有过的。后来柴荣虽然英年早逝，但是赵匡胤兄弟却凭借着这支军队，凭借着因此而积累下的农粮财富，完成了统一中原的大业。

事实上，柴荣进行裁军的一番考虑，充满了对于"逆向选择"的深刻认识。这种认识，对于当前经济危机中面临裁员还是减薪选择的公司管理者是很有教益的。

中国铝业 2008 年的净利润出现了大幅下滑，大概下降 50%，而在 2007 年，中铝实现了逾 100 亿元的净利润。"活下去才是硬道理！"中国铝业公司用这样一句话来讲述全球金融危机下的中铝。

活下去的手段可能是多种多样的，在中铝，其中的一招即是对 24 万名员工进行减薪。具体的方案为：普通员工减薪 15%，科级领导减薪 20%，处级领导减薪 30%，分公司领导减薪 40%，公司高层领导将减薪 50%。

业绩堪忧，减薪潮起，高管带头降薪已是趋势，而三一重工的调薪方案更有可圈可点之处。

三一重工日前表示，对于普通员工"不裁员、不减薪、不接受员工降薪申请"，而三一集团全体董事则降薪 90%，并接受高管自愿降薪申请。集团实际控制人、三一重工董事长只领 1 元年薪。三一减薪，高管以身作则，而普通员工是否减薪，取决于自身的权衡。在这一方案中，企业获得了弱市出击的资金，员工也尝到甜头，而高管的表率行为则可能获得员工的掌声和支持。

马云逆势对全体员工加薪，鼓励大家去花钱消费。与三一重工相反，"寒冬"下的阿里巴巴则逆势加薪。"去花钱!! 去消费!!!"马云在对全体员工加薪的内部邮件中一连用了 5 个惊叹号。这封阿里巴巴内部邮件着实让业界吃了一惊。在面临经济大环境空前困难之时，公司仍然提出了 2009 年加薪和 2008 年丰厚年终奖计划。

马云在邮件中给全体员工的解释是，越是在困难时期，公司资源越应该向普通员工倾斜，紧迫感和危机感首先要来自公司高层管理者。实际上，目前以外贸为主的阿里巴巴受到世界经济衰退影响颇大，不过，阿里巴巴刚刚斥资 549.78 万港元回购 100 万股。分析认为，这显示出马云对于电子商务行业能够摆脱低迷的自信。而此次在人事方面的逆势涨薪，显示出马云在企业管理方面的特立独行。

阿里巴巴的这一举动与其营利相关，也与其向客户示强有关。如果企业现金流稳定，在此一片萧条的时点上无疑能够起到稳定军心、鼓舞斗志的作用。高管不加薪则为其获得了不少形象分。

我们不应该只看到马云逆势给员工加薪、梁稳根不拿工资这些表面现象，而应该看到，马云投资 3 亿元扶植中小企业，三一重工造出 66 米泵车打破世界纪录。这样的动作恐怕比拿"1 元年薪"更让投资者欢欣鼓舞。

看"1 元年薪"背后。苹果公司的乔布斯为重振公司拿过"1 元年薪"，克莱斯勒的李·艾科卡为拯救企业拿过"1 元年薪"，但是这些商业传奇的关键不在于"1 元"而在于"1 元"背后企业明确的战略和高效的执行。

当然，我们并不否认"1 元年薪"确实能鼓舞士气，但是当每个企业都要实行"1 元年薪"的时候，恐怕就是经济的灾难了。

老实人为什么总是受情伤

生活中，关于"坏男人、坏女人才有人爱"一类的话已经很多了。网上，某老实男生被出国的一任女友踹了，碰到脚踏 N 只船的二任女友，被嘲笑"老实"之后变得玩世不恭，从此也游戏人间，反过来欺骗耍弄纯情小女生。诸如此类恶性循环的故事太多了。"逆向选择"这个符咒又是下在了很多所谓"老实"的痴情男女身上。为什么？

花心男生追女生投其所好，知道进退；同理，花心女生爱广撒网，重点培养，花招百出，热情令人难以抵挡。于是，现实中老实人被抛弃之事已经见怪不怪了。

从经济学上来看，"逆向选择"往往是信息不对称以及一次博弈的结果。劣等商品（股票也好，房产也好，或者人也好），往往会花更大成本在制作虚假信息上，比如会计报表造假，比如假学历假文凭，也比如坏男人和坏女人往往外表华丽、魅力四射，待人殷勤，花言巧语，山盟海誓。信息缺失的那一方呢，往往又容易在有限的交易时间内产生负面心理作用，对于自己的选择产生极大的影响，结果导致"逆向选择"。

但是，在信息全面，或者信息鉴别力强，同时存在道德风险、以及多次博弈的前提下，"逆向选择"就会土崩瓦解。

下面详细阐述这四个前提：

1. 信息全面。要做到信息全面，必须要互相了解，单靠一见钟情或者短时间两三次见面的相亲，往往会导致信息的错误和不完全。由于网恋时真实信息没有被透露，网恋"见光死"也就不难理解了。只有从朋友做起才能保证该前提。

2. 信息鉴别力强。这里主要强调有鉴别经验。如果曾经受过骗或者受过伤，就能从种种细节及表现部分鉴别此人是否适合自己。所以失败的恋爱经历未必是坏事，它可以增加你获得信息的能力。同时，没有谈过恋爱的人，往往容易作出错误决定，这也大概是初恋容易失败的原因之一吧。

3. 存在道德风险。恋爱发展的结果是婚姻，婚姻相当于是合约。信息不对称对于合约的双方是相对而言的，可能有一方占有优势。信息相对充分一方的所作所为将会为你带来两种风险，一种叫做"逆向选择"，另一种叫做"道德风险"。"逆向选择"是合约达成之前的风险，"道德风险"是合约达成之后的风险。二者之间存在着如下关系：只有事后出现了道德风险才能确认合约达成之前的选择是逆向的；事前的逆向选择必然导致事后的道德风险。

通俗来说，如果选错了人，那么就面临事后的道德风险。而结婚以后的道德风险是由结婚以前的"逆向选择"引起的。按照常理，结婚以前越是对你好的，越是追得死去活来的男人，结婚后应该对你好，至少不比婚前差才对。可是事实却是，事前希望越大，事后失望越大。为了避免道德风险，所以婚姻的缔结，人们往往慎重又慎重。

4. 如果是多次博弈，"逆向选择"的可能性又要小得多。比如第一次恋爱失败，你会知道问题所在，第二次的恋爱中同样的错误不会再犯。因此，没有多少爱可以重来，原因是一次博弈中你已经吃了亏，你还会再回头受一次么？一般理性的人来说，不大可能。当然不排除有些痴男怨女矢志不移分了合、合了分，瞎折腾的。从另一方面来看，第二次恋爱，你往往会吸取第一次的教训，比如前女友很执拗的，那么你会选个随和好相处的。前男友没有稳定性的，往后会找个有责任感的。而自己在一次博弈中的失误表现，在二次博弈中你会注意不要再犯。所以从这个角度来看，有些人大概不会选择没有谈过恋爱的人作为伴侣。因为双方都会在二次博弈中表现出色，少犯错误。

如何避免"逆向选择"

在困难的日子里，人们都很清楚该如何做，可在安稳的日子里怎样生活而不至于堕落无聊？这对于我们来说也是个很重要的问题！

"逆向选择"经常是因为信息不对称而引起的，要避免"逆向选择"，就必须依赖信息。为了说明信息的价值，来看下面这个案例。

一位老板想奖励一位员工 A，并打算惩罚员工 B 或者员工 C。于是他告诉 A，他可以从 B 或 C 的皮夹里拿走所有的钱。老板并没有讲这两个人的皮夹里各有多少钱，他只说 B 的皮夹里有 14 张钞票，C 的皮夹里只有 9 张。

假设对 B 和 C 的皮夹就知道这么多，A 此时应该选哪个？

他应该选 B 的皮夹。因为它的钞票数量比较多。从自身的利益出发，A 所关心的应该是钱包里有多少钱，而不是有多少张钞票。但是他没有办法直接获得自己所关心的信息，只能靠皮夹中钞票的数量来推测钱数。也就是说，老板所提供的信息表面上看虽没有什么意义，但却有提示作用。一般来说，钞票数目越多就代表钱数越多，这个结论有可能并不准确，不过只要符合平均条件，就算是发挥了作用。

掌握的信息越多，越能避免"逆向选择"。当受客观条件的制约，掌握的信息有限时，就需要充分地利用有限的信息。如果说避免"逆向选择"一方面受信息充不充分这一客观条件影响，那么另一个更重要的方面就是人的主观态度，也就是看人怎样来面对顺境和逆境。

所谓顺境，就是在生活中因个人特点与生活环境相吻合而具有的美好情景。顺境和逆境是辩证关系，是一个互逆的动态过程。也就是说，随着环境和时间等条件的变化，顺境可能转变为逆境，反之亦然。人们应做到：在逆境时振作精神，奋力拼搏，并积极寻找新的突破口；在顺境时认真分析自己潜在的不足，并抱着积极的态度努力挖掘改造，切忌夜郎自大。同时要注意以下几个方面的问题：

1. 自以为是，目中无人。在人生道路中，由于一切都太顺利了，比如从小学一直上到大学，没有落过榜，就很有可能瞧不起那些留过级、落过榜的人；因其行为从来没有受到过检验或者挑战，常把错误的东西当成正确的东西来对待，往往听不进别人善意的劝告，总以为自己的想法总是正确的。

2. 喜好奉承。因为在学业、事业上一直很顺利，也就很少被人指出其身上的缺点和不足。特别是一些当了一官半职的人，总认为自己能一路升迁，是由于自己的能力和有众多的人拥护。因而他们喜好奉承，听不进不对自己心思的话。这样使其最终在奉承中迷失了方向。

3. 忧患意识差。人无远虑，必有近忧。由于其生活道路一直很顺利，自己的一切来得容易，因而很难体验到身处逆境的人所体验到的那种艰难感。从而也不会做太多的"假如明天我失业了"等这样的假设，更不会为这些假设作心理上的准备。

4. 缺乏同情心。一个人如果长期生活在优越的环境之中，或者他所追求的一切都是很顺利地得到了，那么就很少体验到饥饿、挨冻是什么滋味，考大学不被录取是什么心情。正因为他们缺少这种体验，所以对别人的挨饿、受冻，对别人遭受的歧视和人生打击，就很难在心灵上产生共鸣。

5. 难以自律。"水往低处流，人往高处走。"这话本来不错，可对于一些在人生路上没有受过多大挫折、经过多大打击的人，想得更多的是发更大的财，当更大的官。但这些人往往会因为顺利而忘记了发财和升官应该遵循的原则。

6. 满足现状，不思进取。把一时的顺利看成一生的顺利，这样容易消磨创新的意志。在顺境中常想到逆境的人，才能在顺境中成长，在逆境中不乱。

那么如何在安逸的环境中不断磨炼个人的意志力呢？

首先，要耐得住寂寞。当你生活在较为安逸的环境中时，空闲时间会比较多，这些空闲时间如何度过，如果耐不住寂寞，总想找个人陪伴一下，且觉得人越多就越开心、热闹，这样往往是经不起诱惑的。比如闲得无聊时，周围有斗地主、打麻将等很热闹的地方，总想去凑个热闹。有时甚至对自己说，玩小点消磨时间嘛，还自己主动去组织。所以，如果耐不住寂寞，就会经不起诱惑，进而养成恶习，玩物丧志。

其次，强制性的要求自己生活规律。人的生活规律一乱，一切就会随之而乱。因空闲时间较多，白天没什么事，晚上就成了夜猫，一熬就是凌晨几点，早上一睡就是 12 点，久而久之就养成晚上不到凌晨几点就无法入睡的习惯，饮食也变得无规律。当真正有正经事时，习惯成自然，工作效率就会受其影响，计划与理想也随之而改变，人生的发展规律亦随之混乱。一切混乱了，其收效就变得微薄，自然就导致心灰意冷，万念俱灰，放弃奋斗。故无论如何，都要谨慎坚持，让良好的生活习惯不被打乱。

再次，充分利用自己闲余时间做一些对自己有意义的事情。安逸的生活闲余时间很多，其度过方式也有很多种，应尽量让自己的生活变得丰富多彩，不应用吃喝玩乐的方式来虚度太多的闲余时间。如出去旅游，开阔一下自己的眼界；去健身，强化自己的身体素质。这样不仅使空闲时间得到了有效的利用，而且使自身的综合素质也得到了提高，意志力也得到了循序渐进的提升。

常言道：逆境磨炼意志。其实，在顺境中有意识地利用现有的客观条件，去提升个人的意志力比逆境中更容易。反之，安逸的环境就只能是寄养腐蚀理想与人生的蛀虫了。人的一生真的很不容易，稍有不慎就会铸成大错而成千古恨，所以应时刻具备谨慎意识！

利用"逆向选择"来成功

遵循大多数人的想法，循规蹈矩，有时并不能收到好的效果，相反，有时候我们利用逆向思维，背道而驰，反而可能收到意想不到的效果。

中国古代学者韩非子有一句话："虏自卖裘而不售，士自誉辩而不信。"什么意思呢？就是说一个奴隶如果自己拿着上好的裘皮大衣去卖的话，是卖不出去的，一个读书人如果自己赞誉自己，是没有人相信的。

彼得大帝时期，出访西欧的彼得以重金从荷兰买回一袋土豆，种在皇宫花园里。公元 1842 年，俄罗斯发生饥荒，沙皇尼古拉一世根据国家财产部的建议，命令在几个省设立土豆育种基地，按公有方式种植土豆。但当时农民对土豆不了解，进行了抵制行动，沙皇不得已之下动用军队进行了镇压。

上述案例就是历史上的"土豆暴动"事件，后来在法国也发生了类似的事件。从这些历史事件来看，俄国和法国土豆的推广者当初就是"王婆卖瓜，自卖自夸"。即使农民足够聪明，他们也不会相信。因为农民不知道土豆的价值，作为推广者，却可以判断。农民会认为，向他们推广土豆最热心的人，也就是最了解土豆没有价值的人，或者是最别有用心的人，因此接受建议而种土豆绝对是不明智的。就算推广者把土豆说得天花乱坠，还是不应该相信。

反之，如果推广者把土豆秘而不宣，甚至派卫兵保卫成熟的土豆。那么这种做法所传达的信息，就说明土豆是种植者不想让人轻易获得种子的，是极其有价值的。因此，反而值得去偷来种到自己的地里。

根据博弈论的知识，发生在俄罗斯的"土豆暴动"本来是有办法避免的。这段历史同时也启示我们，不论是产品、建议还是你自己的才华，都是一个个大小不等的"土豆"，在推销时不仅要留意避免"逆向选择"的发生，而且更要想办法利用对方也企图避免"逆向选择"的心理来达到自己的目的。

一般商品的广告宣传，都是大张旗鼓地宣称自己的商品如何好，有什么样的优点等，特别是药品广告，什么"包治百病"啊，还有什么"医学奇迹"啊。这种广告很难打动人和说服人。正所谓物极必反，说的太玄了，反而没有人相信了。有时企业也应站在消费者的角度想一想，看看消费者是什么想法，来一个逆向思维，然后在营销中与别人背道而驰，往往会取得意想不到的收获。

2000 年，沈阳某家日用百货商店，库房里积压了大量的洗衣粉。经理很犯愁，宣布降价 10% 处理。一个月过去了，仍然无人问津。后来经理想出了一条妙计，在店门贴出一则广告："本店出售洗衣粉，每人仅限一袋，买两袋以上者每袋加价 10%。"行人看了广告后既惊奇又惊慌，纷纷猜疑："为什么多买要加价呢?"在这种惊慌和猜疑心理的支配下，人们开始抢购，有的不惜排几次队，有的还动员家人和朋友来排队，甚至还有的宁肯多付 5% 的钱，也要多买几袋。一时间，洗衣粉成了紧俏货，没过几天这家百货商店的洗衣粉就销售一空。

有些时候，企业的管理者或营销人员为了卖出商品，让自己的商品"与众不同"，让消费者更容易接受和信任，也会运用逆向思维，站在消费者的角度考虑问题。上面的这个例子其实有一部分是利用人的好奇心理，但主要的还是经理运用了逆向思维，站在消费者的角度，了解了怎么做才能吸引消费者的注意，并购买商品。

一个计策运作成功与否，重要的在于是否对主观和客观因素有充分、正确的认识。有时候我们利用逆向思维，背道而驰，并不是完全背离事物的客观规律。对某一方面的常规的违反，正是以对另一方面的规律的遵循为补充的，完全违背事物发展规律的应变，是会碰钉子的。我们来看下面一个案例：

有两个人一起出差，其中一个人逛街时看到大街上有一老妇在卖一只黑色的铁猫。这只铁猫的眼睛很漂亮，经仔细观察，他发现铁猫眼睛是宝石做成的。于是他不动声色地对老妇说："能不能只卖一双眼珠。"老妇起初不同意，但他愿意花整只铁猫的价格。老妇便把猫眼珠取出来卖给了他。

他回到旅馆，欣喜若狂地对同伴们说，他捡了一个大便宜。用了很少钱买了两颗宝石。同伴问了前因后果，问他那个卖铁猫的老妇还在不在？他说那个老妇正等着有人买她的那只少了眼珠的铁猫。

同伴便取了钱寻找那个老妇去了，一会儿，他把铁猫抱了回来。他分析这只铁猫肯定价值不菲。于是用锤子往铁猫身上敲，铁屑掉落后发现铁猫竟然是用黄金铸成的。

买走铁猫玉眼的人是按正常思维走的，铁猫的玉眼很值钱，取走便是。但同伴却通过逆向思维断定，既然猫的眼睛是宝石做的，那么它的身体肯定不会是铁的。正是这种逆向思维使同伴摒弃了铁猫的表象，发现了猫是黄金做的内质。

第六章
报复与宽恕的博弈
——"一报还一报"策略

适时报复是理智的,它与胸怀博大和宽宏大量这些美德并不矛盾,因为适时报复的目的在于警示对方尊重规则,并对对方保有积极乐观的预期。同归于尽式的报复是情绪化的,是崩溃的表现,所以报复需要在适当的时候理智地使用。应该长存宽恕之心,人总是从偏执走向通达,从错误走向正确的,所以需要给予成长的机会,长存宽恕之心是不抛弃不放弃的表现。但从执行的角度看,一味地选择宽恕并不明智,因为它可能会误导对方:制度是不重要的。相反,"以眼还眼,以牙还牙"的做法,因为能警示对方对"游戏规则"的高度遵守而能够促成高度的合作,也促成了对方的健康成长。制度的作用在于帮助人们做地老天荒的胜利者,因为它是绝大多数人利益和意志的体现,它能引导人们走得更远。

合作是所有报复的最好结果

合作意味着博弈双方共赢并且均衡,当出现失衡,就需要惩罚来校正这种平衡。要想达成合作博弈除了要有共同的利益出发点,还需要作出对背叛进行惩罚的规定,并保证规定被有效执行。

"一报还一报"的策略在静态的群体中得到了很好的体现,那么,在一个动态进化的群体中，这种策略能否产生、发展和生存下去呢？群体是会向合作的方向进化，还是向不合作的方向进化？如果大家开始都不合作，能否在进化过程中产生合作呢？

为了回答这些问题，爱克斯罗德用生态学的原理来分析合作的进化过程。他假设对局者所组成的策略群体是一代一代进化下去的。进化的规则包括：

1. 试错。人们在对待周围环境时，起初不知道该怎么做，于是就试试这个，试试那个，哪个结果好就照哪个去做。

2. 遗传。一个人如果合作性好，他的后代的合作基因就多。

3. 学习。比赛的过程就是相互学习的过程，"一报还一报"的策略好，有人愿意学。

按这样的思路，爱克斯罗德设计了一个实验，假设的参与者中，谁在第一轮中的得分高，谁在第二轮的群体中所占比例就相应增加。这样，群体的结构就会在进化过程中改变，由此可以看出群体是向什么方向进化的。

实验结果很有趣。"一报还一报"原来在群体中占163，经过1000代的进化，结构稳定下来时，它占了24％。因此，以合作系数来测量，群体是越来越合作的。这个结论还可以引申为：共同演化会使"一报还一报"的合作风格在这个充满背信弃义的世界蔚然成风。

另外，有一些程序在进化过程中消失了。其中有一个值得研究的程序，即原来前15名中唯一的不善良的哈灵顿程序，它的对策方案是：首先合作，当发现对方一直在合作，它就突然来个不合作；如果对方立刻报复它，它就恢复合作，如果对方仍然合作，它就继续背叛。这个程序一开始发展很快，但等到与"一报还一报"不同的程序开始消失时，它就开始下降了。

由此，爱克斯罗德的试验除了表明群体是越来越合作的之外，还揭示了一个哲理：一个策略的成功应该以对方的成功为基础。

"一报还一报"在两个人对局时，得分不可能超过对方，最多打个平手，但它的总分最高。它赖以生存的基础是很牢固的，因为它让对方得到了高分。哈灵顿程序就不是这样，它得到高分时，对方必然得到低分。它的成功是建立在别人失败的基础上的，而失败者总是要被淘汰的，当失败者被淘汰之后，这个从失败者身上占便宜的成功者也被淘汰。

即使在一个极端自私者所组成的不合作者的群体中，"一报还一报"也能够生存。

实际上，我们从逻辑上也可以理解这一点。假设少数采取"一报还一报"策略的个人在这个世界上通过突变而产生了。那么，只要这些个体能互相遇见，足够在今后的相逢中形成利害关系，他们就会开始形成小型的合作关系。

一旦发生了这种情况，他们就能远胜于周围的那些准备主动背叛的类型。这样，参与合作的人数就会增多。很快，"一报还一报"式的合作就会最终占上风。而一旦建立了这种机制，相互合作的个体就能生存下去。如果不太合作的类型想侵犯和利用他们的善意，"一报还一报"策略强硬的一面就会狠狠地惩罚他们，让他们无法扩散影响。

爱克斯罗德发现只要群体的5%或更多成员是"一报还一报"的，这些合作者就能生存；而且，只要他们的得分超过群体的总平均分，这个合作的群体就会越来越大，最后蔓延到整个群体。相反，不合作者无论在一个合作者占多数的群体中有多大比例，都是不可能越来越多的。

这就说明，社会向合作进化的车轮是不可逆转的，群体的合作性会越来越大。爱克斯罗德正是以这样一个鼓舞人心的结论，为人类突破"囚徒困境"指出了一条道路。

事不过三的智慧

一次错误，可以原谅；两次错误可以理解；当同样的错误第三次出现就不要再姑息了，因为再姑息就是纵容了，而纵容则意味着更大的错误。

公元前512年，吴王阖闾执政，为了称霸诸侯，他四处网罗人才，先后把伍子胥和孙武收到自己的麾下。不久，吴国和楚国之间爆发了一场大规模的战争。

说起这场战争的起因其实非常简单，吴国边境有一个小镇叫卑梁，与楚国的边境小镇钟离接壤。虽然分属于两个不同的国家，但是两个小镇的人民之间相处得一直十分和睦。有一日，吴国的一个小孩子采桑叶，与楚国的小孩子吵了起来，双方的人民因此发生争斗。楚平王得知以后，派大兵去平了卑梁。吴王以牙还牙，也派公子光带兵去攻打楚国。吴国大军浩浩荡荡开赴边境，不费吹灰之力就把楚国防守的钟离和居巢荡平了，乘势直迫楚国的腹地，逼得楚国急忙撤军。

公元前 506 年，楚国为了报复，出兵攻打已经归附吴国的小国——蔡国。吴国派大将孙武率领三万精兵，乘船逆淮河而上救援。楚国赶忙退兵，在汉水设防。没想到孙武却突然弃船登岸，从陆路奔袭楚国腹地。吴军五战五胜，占领了楚的国都郢城。然而，这时越国乘吴军伐楚之机进攻吴国，秦国又出兵帮助楚国对付吴国，这样，阖闾不得不引兵返吴。此后，吴又继续伐楚，孙武率领大军挥师直下，一直打到郢都，迫使楚昭王仓皇出逃。

因为两个小孩的争吵而导致楚国几乎被灭亡的这一连串战争，在其演进过程中，我们可以清晰地看到"一报还一报"策略的作用机制。

"一报还一报"的策略解释了一个纯粹自利的人何以会选择合作，只因为合作是自我利益最大化的一种必要手段。如果对方知道你的策略是"一报还一报"，那么对方将不敢采取不合作策略，因为一旦他采取了不合作策略，双方便永远进入不合作的困境。因此，只要有人采取"一报还一报"策略，那么双方均愿意采取合作策略。但是这个策略面临着这样一个问题：如果双方存在误解，或者由于一方发生选择性的错误，即使这个错误是无意的，那么结果也是双方均采取不合作的策略。

在这里，"一报还一报"策略反映出了自己的局限性。两个"以牙还牙"者会从合作开始，然后，由于双方反应一致，合作似乎注定可以永久地持续下去，从而彻底避免"囚徒困境"问题。但是不管出现误会的几率怎样微乎其微（即使是小到万亿分之一），只要有可能出现误会，长期而言，"一报还一报"策略会有一半时间合作，一半时间背叛。理由是，一旦出现误会，双方将问题复杂化与澄清误会的可能性一样大。这么一来"一报还一报"策略其实就跟扔硬币决定合作还是背叛的随机策略差不多，因为后者选择合作和背叛的几率也是相同的。即使出现误会的几率很小，也只是将出现麻烦的时间推迟了。而且反过来，一旦出现误会，就要花更长时间才能澄清。

由于资源的约束，在现实中没有人支出足够的时间、精力来辨识和维持对别人的各种回报，尤其是当他拥有很多博弈对局的时候。由于各种偶然的因素，误解随时随地都有可能发生。比如，两个小孩子之间的争吵可能被看成敌对行为的开始而引发战争。

如何做到回报的"相称"又是一个问题：对于偶然背叛了你，你通过行动或者不行动来显示你对此介意，你自己觉得是相称的"警告"，但对手很可能认为你反应过度、小题大做。因而会出现这样一种情况：哪怕是微不足道的误解，一旦发生，"一报还一报"策略就会土崩瓦解。

这个缺陷在人工设计的电脑锦标赛中并不明显，因为电脑根本不会出现误解。但是，一旦将"一报还一报"策略用于解决现实世界的问题，误解就难以避免，结局就可能是灾难性的。一方对另一方的背叛行为进行惩罚，对手受到惩罚之后，不甘示弱，进行反击。这一反击又招致第二次惩罚。无论什么时候，这一策略都不会只接受惩罚而不做任何反击。由此将形成一个循环，惩罚与报复就这样自动持续下去。

从这个角度来说，"一报还一报"策略在现实世界中会出现两种缺陷：第一，实在太容易激发背叛；第二，它缺少一个宣布"到此为止"的机制。

当博弈中考虑到这种随机干扰，即由于误会而开始出现互相背叛的情形时，吴坚忠博士经研究发现，修正的"一报还一报"策略对双方会更有利。这种修正包括两个方面：一是"宽大的一报还一报"，即以一定的概率不报复对方的背叛；二是"悔过的一报还一报"，即以一定的概率主动停止背叛。

当某一背叛行为看上去像是一个错误而非常态举止的时候，你应该保持宽容之心。必须记住的一个重要原则是，假如有可能出现误会，不要对你看见的每一次背叛都进行惩罚，而要采取"再一再二不再三"的策略。你必须猜测一下是不是出现了误会，不管这个误会来自你还是你的对手。这种额外的宽容固然可能使别人对你稍加背叛，不过，假如他们真的背叛，他们的善意也就不会再被相信了。误会一再出现时，你也不会再听之任之。所以，如果你的对局有投机倾向，他终将自食其果。

如果对于这一背叛是故意的，你当然也不想太轻易地宽恕对方而被对方占了便宜。但是经过一个漫长的惩罚循环之后也许到了该叫停并尝试重建合作的时候了。

爱克斯罗德在《合作的进化》一书结尾早已指出：友谊并不是合作的必要条件，即使是敌人，只要满足了关系持续、互相回报的条件也有可能合作。合作不依靠善意、诚信或者一个外来的仲裁者，也完全可能从自私自利的冷酷盘算中产生。

比如，第一次世界大战期间在战场上自发产生的"自己活，也让他人活"的原则。德英两军在作战中遇上了三个月的雨季，双方在这三个月中达成了默契——互相不攻击对方的粮车给养，约束自己不开枪杀伤人，只要对方也这么做。使这个原则能够实行的原因是，双方军队都已陷入困境，三个月的时间给了他们相互适应的机会。

这个例子说明，友谊不是合作的前提，合适的策略也能达成并保证合作。因此，我们也可以为"再一再二不再三"的策略制定一些具体的操作步骤，作为迈向合作的指导。

1. 开始合作。

2. 继续合作。

3. 计算在你合作的情况下对方背叛了多少次。

4. 假如这个百分比变得令人难以接受，就转向"一报还一报"策略。

注意，与以前不同，此时的"一报还一报"策略不是作为对良好行为的奖赏，相反，却是对企图占你便宜的另一方的惩罚。

要想确定令人难以接受的背叛的百分比是多少，你必须了解对方行为在短期、中期和长期的表现。仅看长期表现是不够的，一个人合作了很长时间并不意味着他不会在声誉开始下降的时候企图占你的便宜，你还要知道"最近他都对你做过什么"。

这种策略的确切规则取决于错误或误会发生的几率，你对未来获益和目前损失的重要性的看法，等等。不过，在并不完美的现实世界里，这种策略很可能胜过严格的"一报还一报"策略。

为什么名将能输掉战役赢得战争

笑到最后的笑得最甜。阶段性战役的失败并不意味着最终战争的失败，从全局来谋求成长和发展才是最终赢得战争的决定因素。

"楚汉之争"是大家熟悉的一段历史故事，最终刘邦获得了胜利。为什么项羽会失败一直是很多历史学家疑惑的问题，当时的项羽在声望上要远远超过刘邦，其军事实力也一直在刘邦之上，而且在二者争霸过程中，项羽赢得了其中90%以上的战役，然而垓下一战的失败，项羽彻底崩溃了，为什么这一战会如此的重要？为什么刘邦能输掉多次战役而取得最后楚汉之争的胜利呢？

其实，从博弈论的角度来看，刘邦取得胜利是必然的，除非刘邦遭遇不幸。在项羽和刘邦的博弈过程中，项羽虽然赢得了很多战役，但却一直在输整个战争，虽然每次他都打了胜仗，可是每次他和刘邦之间的实力对比却在下降，为什么？项羽不是一个合格的领袖，其率领的八千弟子经历史考察多是些流氓、乞丐之徒，这些人好斗，战争能力也不差，但是极缺乏应有的纪律意识。他们每次打完胜仗之后都进城烧杀掳掠，品行恶劣，而项羽对此不闻不问，因此百姓纷纷转而对抗项羽，支持刘邦，实力逐渐朝刘邦的方向靠拢。由于军纪不严，其补给靠一些强抢和威逼得来，一则不稳定，二则使人心更加背离，兵员、粮食、衣服、战具的补养都成为了严重的问题。他虽然能够赢得大多数战役，但他的实力却在一步一步减弱，因此垓下一役彻底被击败。

楚汉之争启示我们，即使每一次合作中最优策略都带来损失，它最后还是能赢得全局的胜利。换句话说，就是你输掉了大部分战役，却依然能赢得整个战争。反之，即使你赢得了每一个战役，也不一定能赢得整个战争。看起来不可思议，但实际上是容易理解的，因为这种策略是善于合作的，对手虽然可能在每一次交锋中都相对得利，但是在全局的优势积累上却无法胜过最佳策略。要做到输战役，赢战争，就必须有全局优先的观念。

我们来从微软和花旗的悲剧谈起。

如果你从几年前开始持有微软和花旗的股票，今天你的脸色一定很难看。从 2002 年 10 月到 2007 年 10 月，微软在纳斯达克市场的年化回报率为 2.6%（包括股息），而花旗集团在纽约证券交易所的年化回报率为 3.9%，还比不上美国国债的收益率。标准普尔 500 指数的同期年化收益率为 11%，是微软的四倍多，花旗的近三倍。这两家超级大公司的表现如此之差，以至于媒体一天到晚猜测巴尔默（微软CEO）和普林斯（花旗 CEO）何时下台。

时光倒转回 2000 年，你会觉得微软是不可战胜的，只有寄希望于美国和欧洲的反垄断法能够予以制裁。微软通过强制捆绑 IE 浏览器打败了网景通讯公司，并且与英特尔公司结成所谓的"Wintel 同盟"，向全世界索取保护费。在纳斯达克泡沫的最高峰，微软的市值达到 5000 亿美元，比尔·盖茨一人的身价就有 1000 亿美元。当时的分析师认为，想在桌面软件市场打败微软是不可能的，而且它已经意识到了网络的重要性，推出了以"Net"为代表的网络服务平台。那些反对微软的人，只能把希望寄托在 Linux 和 Java 身上——前者必须打破微软对操作系统的垄断，后者则必须打败微软统一网络技术标准的美梦。

与此同时，花旗似乎也将成为 21 世纪最伟大的金融寡头。在人类历史上，它第一次实现了"金融超级市场"的梦想，同时拥有一家伟大的投资银行（所罗门兄弟），一家名列前茅的保险公司（旅行者集团），一个规模巨大的资产管理与零售经纪部门（美邦），以及强大的公司银行和零售银行网点。你可以把所有金融事务都交给花旗去管理，从信用卡消费到遗产计划，从买卖股票到办理人寿保险，一切都由它包办。美国和欧洲有许多强大的零售商业银行的投资银行和公司银行，但业务没有花旗那样强大，华尔街有许多优秀的投资银行，但它们没有像花旗那样多的零售客户。一两个大金融集团主宰世界的可怕局面，似乎即将降临。

可是今天，以上忧虑都被证明是杞人忧天。微软必须竭尽全力阻止自己的优秀工程师逃往谷歌和苹果，并且在后两者的强大压力下，徒劳地推销着自己的 Live 搜索服务和 Zune 音乐播放器。当谷歌和苹果不断报出业绩增长 50% 的喜讯时，微软的利润每年只能增长 10%，花旗则已经成为了一个大笑话，它在国内零售网点的竞争中已经输给美洲银行，在投资银行的竞争中远远落后于高盛、摩根士丹利和美林，在国外商业银行的竞争中也没有占到什么便宜，而它的保险业务已经被卖掉了。现在，《华尔街日报》最关心的是花旗高管有几架私人飞机，拿着多高的薪水，什么时候才会被愤怒的股东一脚踢出大门。

微软和花旗遇到什么挫折了吗？它们没有达到预定的目标吗？其实，它们没有输掉任何一场重要战役，基本完成了十年前的计划，却输掉了整个战争，被迫看着敌人站在领奖台上接受欢呼。军事家都知道，如果一个军事计划在政治上和战略上与现实脱节，那么战术上执行得再完美，它也终将失败。同样，在商业上，你可以达到一个又一个战术目标，完成一个又一个短期计划，最后却离战略目标越来越远。因为世界变化了，竞争对手也变化了，你却以为还生活在上个世纪。

赢得战役的人不一定赢得战争，在任何时候，正确的战略都是商业中最重要的事情。

评估一个策略成功与否，一个常见的方法是衡量它有多大能力来克服自己的不足。如果我们从发展的、演进的角度思考，就会发现最有利于成长的策略才是真正的优势策略，不同的策略会经常相互较量。除非一个策略能够保证压倒对手，否则任何最初阶段的成功都将转变为自我毁灭。

有时候，我们面对当前的失败和痛苦，不妨从更高更远的角度来思考一下我们的决定，是不是在输掉战役，但旨在赢得战争呢？商场如战场，你选择当一个战术家还是一个战略家呢？几个回合下来，阶段性的胜利是否能够左右整个战局呢？所以一定要记住：笑到最后才是赢家！

过度的宽恕会传达给对方错误信号

　　人无完人，宽恕是对犯错者缺点的理解，并给予成长改善的机会，但过度的宽恕可能给对方传达错误信号：你很懦弱。更重要的是，过度宽恕忽视了规则的重要性，长期来看，它伤害了犯错者的成长。

　　一只脚踩扁了紫罗兰，它却把香味留在那个踩它的脚后跟上，这就是宽恕的真谛吗？

　　宽恕也是有度的，俗话说："忍无可忍，无须再忍。"当你认为受不了的时候就大胆地发泄出来，过度的宽恕忍让只会让别人认为你懦弱。宽恕是用心去包容和原谅别人，不计较别人的过错，但过分的宽恕只会纵容他（她）。宽恕是一种美德，但宽恕不是没有原则的，丧失了原则的宽恕是对丑陋行为的放任，是宽恕者懦弱的表现。说明这一点，我们不需要名人的事例，生活中到处都是显而易见的事实。

　　父母过分地宽容孩子，使不懂事的孩子更加地放纵自己。骄横跋扈这便是纵容的结果。恋人相处，过分地宽容对方的脾气，促使对方蛮不讲理，以为没有他就不行，一切自以为是，甚至在外面拈花惹草。这便成了纵容。老师一次次原谅犯错的学生，本以为他们会改，以为他们有向善之心，他们反倒最后做出更让人意想不到的坏事，终身监禁。这便也是纵容。

　　往往纵容发生的后果都让人不知不觉。为了不让纵容的负面后果发生，该严惩的就严惩，该纠正的就要纠正。

　　阳虎是春秋时期一个颇为独特的人，他既是治国之奇才，又有毁国之诡才，但是就是这样一个人，赵简子却敢大胆重用。

　　阳虎在鲁国做官的时候，挪用公款，假公济私，贪污受贿。但是由于他手段高明，一些知情者虽然不满，却也奈他不何。后来由于过于嚣张，嫉妒他的人和他的仇家联名向鲁君告状。于是鲁君下令查封他的家产，把他驱逐出鲁国。

后来阳虎来到齐国，取得了齐王的信任。齐王让他管理齐国的军事。开始时，阳虎励精图治，把齐军打造成了一支进可攻、退可守的精锐之师。齐王看到本国力量强大，以为可以高枕无忧了，于是每日寻欢作乐。阳虎见有机可乘，就和部将密谋造反。不料被人告密，只得仓皇逃到赵国。

赵简子淡然一笑："阳虎只图谋可以图谋的政权。"

赵简子果然放手让阳虎进行一系列的改革，使得赵国国力日益增强，在诸侯中的声望也与日俱增。但是阳虎又开始旁若无人地敛财，并聚集了一群门客。

一日，赵简子将一个密折给他，上面赫然记录着阳虎网罗家臣、侵吞库存金的事实。阳虎看过以后，吓出一身冷汗，以后行事再也不敢过于张狂。

我们不得不佩服赵简子的驭人之道。作为一个领导者，不仅需要有宽恕下属迥异的个性和缺陷的气度，敢于大胆地纳才用人，更需要有驾驭下属的非凡能力，扬其长而避其短。倘若一味地宽恕，就不能有效地抑制因下属的缺陷而带来的负面效应。

生活中有时因为他人的过失，使自己的某种权益受到侵犯或是自己受到伤害，这是常有的事，几乎所有的人都会对此产生怨恨情绪，但这种情绪无益于问题的解决。而宽容、宽恕则是人与人之间的润滑剂，可淡可浓、亦刚亦柔，能伸缩自如地把相互间的矛盾摩擦减少到较低程度。因此，人们对日常生活间的磕磕碰碰要多宽容。

但是在提倡宽恕时，莫忘了把握宽恕的底线，对越过底线的人与事就不能宽恕。试想，如果你只是一味地宽恕，一味地退让，那么只会让人感觉你的性格懦弱。

世事复杂，林子大了，什么鸟都有。无边的宽恕不是好现象，无原则的宽恕者也不是好人。理解与谅解是人类特有的智慧和风度，理解可以无边，也应该万岁，但过度的宽恕不能。因为世界本不完美，每个人并非都心存美德与善良。因此，在提倡宽恕的同时，还应该有所警惕地保持某些不该宽恕的原则，这才是正确的宽恕态度。

如何做地老天荒的胜利者

在博弈论中，我们可以看到很多有趣而富于哲理的启示，"一报还一报"策略就是其中之一。这种善意、宽容、强硬、简单明了的合作策略无论对个人还是对组织的行为方式来说，都有十分重要的指导意义。

人们通过接受及回报，形成了社会生活的秩序。这种秩序即使在最无指望的环境中，例如互相隔绝、语言不通的人群之间也是最易理解的东西。哥伦布登上美洲大陆时，与印第安人最初的交往就开始于互赠礼物。有些看似纯粹的利他行为，比如无偿馈赠，也通过某些间接方式，比如社会声誉的获得。研究这种行为，对我们理解社会生活很有重要意义。

爱克斯罗德通过进一步研究发现，合作的必要条件是：第一，关系要持续，一次性的或有限次的博弈中，对局者是没有合作动机的；第二，对对方的行为要做出回报，一个永远背叛的对局者是不会有人跟他合作的。

那么如何提高合作性呢？

1. 要建立持久的关系。即使是爱情，也要建立婚姻契约以维持双方的合作。

2. 要增强识别对方行动的能力。如果不清楚对方是合作还是不合作，就没法回报他了。

3. 要维持声誉。说要报复就一定要做到，人家才知道你是不好欺负的，才不敢不与你合作。

4. 能够分步完成的对局不要一次完成，以维持长久关系。比如，贸易、谈判都要分步进行，以促使对方采取合作态度。

5. 不要嫉妒他人的成功。

6. 不要首先背叛，以免担上罪魁祸首的罪名。

7. 不仅要对背叛回报，对合作也要作出回报。

8. 不要耍小聪明，占人家便宜。

友善、有原则、宽容、简单、不妒忌朋友的成功，其实这些信条本来就是我们生活中应有的为人处世之道。只是很少有人会用博弈论模型的科学结论作指导，将这些信条连接起来作为一种策略组合行事。

"一报还一报"的策略目标就是要同尽可能多的人形成并巩固互惠关系，而且发展为信任和友谊。说的通俗点，就是尽可能多的交朋友，并鼓励这些朋友向你提供帮助。为了达到这个目标，它的手段归结为一个词就是"回报"，就是要对别人的各种行为进行相称的反应。有意思的是，这一策略不怕曝光，而且恰恰需要别人知道你的基本原则，这样才可能更好地实现合作双赢。

根据上述结论，我们可以回答很多交际方法问题，比如恋人如何博弈才能走上红地毯。

每对恋人都要承受未来不确定性的折磨，如果双方都不变心，那当然是最好的结局，"在天愿作比翼鸟，在地愿为连理枝"；如果都变了心，效果也不坏，你走你的阳关道，我过我的独木桥；如果一方变了心，而另一方却还傻乎乎地忠贞不二，那么，另觅新欢的一方是最幸福的，比两人都不变心的结果还幸福，因为他找到了更好的情人；而被抛弃的一方是最不幸的，比两个人都变心的结果更为不幸，因为他承担的压力即来自于自己的太不幸福，也来自于对方的太幸福。

人生发誓最多的时期大概就是恋爱时期。发什么誓呢？无非是什么"非你不娶非你不嫁"一类誓言罢了，目的只有一个，就是让对方相信自己海枯石烂此情不渝。他们希望彼此忠诚，从而换来一个好的博弈结果。但一对恋人相互之间的忠诚，靠的不是这种情深笃爱的誓言，而是需要一定的博弈策略。在恋爱这场不太好玩的"游戏"中，谁能熟练地驾驭博弈规则，谁就是爱情的赢家。

很明显，胜利将总是属于那些采取善意、宽容、强硬和简单明了策略的恋人们。反之，恶意的、尖刻的、软弱的、复杂的恋人们往往会两败俱伤。所以对于恋爱中的人来说，获得幸福爱情的博弈原则应该是：

1. 善意而不是恶意地对待恋人。这个道理很简单，无需多说。

2. 宽容而不是尖刻地对待恋人。幸福的恋人可能并不是忠贞不二的，当然也肯定不是见异思迁的，他们能够生活得愉快，关键是能够彼此宽容，即宽容对方的缺点，甚至也宽容对方偶尔的不忠贞。而尖刻地对待彼此的恋人，往往都不会幸福。

3. 强硬而不是软弱地对待恋人。就是要在永远爱你的前提下，做到有爱必报，有恨也必报，以眼还眼，以牙还牙，以其人之道还治其人之身。比如对恋人与其他异性的亲热行为，要有极其强烈的敏感与斩钉截铁的回报。当然，每次发脾气都是有限度的，而且还要能宽容对方。

4. 简单明了而不是山环水绕地对待恋人。爱克斯罗德的实验证明，在博弈的过程中，过分复杂的策略使得对手难于理解，无所适从，因而难以建立稳定的合作关系。

5. 事实上，在一个非零和的博弈里，"城府深沉"、"兵不厌诈"、"揣着明白装糊涂"往往并非上策。相反，明晰的个性、简练的作风和坦诚的态度倒是制胜的要诀。要让恋人明白你说的是什么，切忌让对方猜来猜去，造成误会。至于剩下的时间嘛，还是有更多快乐的事情可做！

本来应该提防恋人背叛才能在恋爱中获胜的博弈，因为有了不绝于耳的爱情誓言，更因为有了对善意的、宽容的、强硬的、简单明了的原则的把握和利用，人世间才有了很多地老天荒的爱情和白头偕老的婚姻。

给对方设置严格底线

制度就是人类在合作过程中规定的底线。好的制度底线明确清晰，能够保证合作各方的权利与义务建立在平等、公平的基础上，让各方都能够形成稳定的预期，从而在正常情况下，各方的利益都能得到既定的可靠保证，即使出现意外，也能够在既定程序中划定相应的责任，以及按约定承担各自的风险。

"一般来说，底线的存在都是有原因的，为了安全，为了保护，为了更透明……一旦你选择了越过这条线，你自己就要承担风险。"这是美剧《实习医生格蕾》中的一句话，它所要表达的是：无论做什么事情都需要把握一个度，一旦超出这个度，那么事情的结果就会变得很糟糕。在《实习医生格蕾》里，我们经常可以听到"bottom line"这个词。Bottom line——底线，是一个很形象的词。"Bottom"在英文中还有"屁股"的意思，用在这里刚好和汉语中的一句俗语"老虎屁股摸不得"暗合。

其实，每个人都有自己的行事底线，而且每个人对行事底线的定义也是千差万别的。所以，为了避免不必要的麻烦，我们就有必要向对方明示自己的底线，给对方设置严格的底线。

商场中历来不缺少高位出局的职业经理人，有的正处事业顶峰突然被架空；有的春风得意之时却被董事会罢免；有的声势冲天却旋即深陷囹圄。他们对企业都称得上功勋卓著，却高位出局，原因何在？基本结论是触犯了老板的底线。

小李曾经工作的一家公司属于民营企业，老板 30 岁出头，脑子灵活，追求时尚和品位，出手阔气。公司在北京选择了环境非常好的写字楼作为办公室，从电脑设备到办公家具以及老板个人使用的物品都是高档品。

供职期间，小李担任策划部经理。由于公司规模不是特别大，加上他是跳槽过去的，因此深得老板的器重，除了负责策划部工作之外，对于人事、行政甚至财务的事情，老板都会让他参与提意见。因此，实际上他更像是老板的幕僚。

公司主要经营通讯产业。面对同行的激烈竞争，老板给了小李足够的权力，他也不负所望，拿下了众多让人眼红的大客户。可以说，在公司他真正做到了如鱼得水，但就在这样美好的前景下，他却触犯了老板的底线，最终出局。

公司采用的是扁平化管理，除了小李所在的策划部之外，其他部门基本都是由老板亲自挂帅掌管。大到战略决策，小到领用一支圆珠笔芯，全部事情都由老板亲自办。从这一点也可以看出实际上公司采用的是一个个体民营企业的典型管理模式。

由于老板管的事情实在太多，因此在处理问题和工作上会有一些不及时，这样一来，员工就产生了许多情绪。比如，因为老板出差，耽误了会见重要客户；临时口头吩咐的工作，没有引起员工重视，之后老板问起来，员工还在等待办公例会上正式的工作通知。这样的事情隔三岔五就会发生，老板埋怨员工执行不力，反过来员工在心里认为老板下达的任务不明确。

鉴于此种情况，许多员工联合起来找到小李，要求举行一次恳谈会，和老板进行交流，同时为自己讨回公道。

没有仔细考虑，小李只认为这是员工对企业和老板负责的行为。于是，他便把员工们的意愿转达给了老板，并且恳请老板举办恳谈会，大家开诚布公地进行一次交流。老板答应了。

会议安排在一个周五下班之后，开会前老板的心情还是不错的，答应会后请大家共进晚餐。

全体人员落座之后，老板做了个简短发言，意思是希望大家今天踊跃提出工作中的问题，以便能够拿出改进措施。同时，老板安排小李进行会议记录，并表示把会议记录在会后整理出来，传达给每一个参会人员。老板说这是体现公司民主的一次重要会议。

会议的前10分钟还进行得非常有秩序，因为前10分钟发言的是财务部门、行政部门和小李带领的策划部门。前两个部门的员工大多是老板的亲戚或朋友，平常和老板交流比较多，所以，大家的问题也都是些"公司效率可以再提高一步"、"员工考核可以更加完善"之类的锦上添花的建议。然而，当轮到设计部门小王发言时，他指出员工们加班频率过高，以及没有加班费的问题，设计部门和业务部门开始了针对老板的批评，其中业务部的某位员工说老板曾经无意中骂过他，说他是"笨蛋"，这等于侮辱员工。

整个会议马上进入失控的局面，员工们轻易不肯放弃这个难得的机会，纷纷把鸡毛蒜皮的小事情拿出来数落老板。开始老板还能回应："我以前这样做过？""我说过这种话？""这个问题以后会尽量少发生。"可到了最后，随着员工们变本加厉的细节性批斗的深入展开，终于等到有个员工提出："老板你要求我们8：30上班，可你总是不按点来，有事总也找不到你。"老板震怒地拍着桌子说："谁不想干，就给我走人！"说完老板愤怒地起身离开。临走前，小李看到老板怨恨地冲他扫了一眼，而老板走出去的那一刻，表情很狼狈。

大家面面相觑，小李知道这次可闯下了弥天大祸。果然，第二天，当他去老板办公室汇报时，老板对他的态度格外冷淡。在招聘旺季到来的时候，除了老板的亲戚朋友和我之外，参加过那次"恳谈会"的同事都逐渐被辞退，新人越来越多。

终于有一天，老板给了小李一份计划书，那上面写着：青海分公司筹建计划。小李是不可能去青海的，这是当初跟老板早就谈好的，老板用了这个委婉的方式，逼迫小李辞职。

理论上说，制度就是人类在合作过程中规定的底线，或者说，契约就是契约各方约定的彼此的底线。所谓"修定契约"，就是修定底线。

在有效率的合作中，各方的底线不仅是明确的，而且是清晰的，尽管合作的前景总是存在巨大的不确定性，但好的制度安排，往往体现在能够保证合作各方的权利与义务是建立在平等和公平基础上的，由此，各方都能够形成稳定的预期，从而在正常情况下，各方的利益都能得到既定的可靠保证，即使出现意外，也能够在既定程序中划定相应的责任，以及按约定承担各自的风险。

在有效率的合作中，论及底线问题，往往不是看对方，而是看自己，因为底线问题已经不是一个内部问题，而是转化为了外部问题。也就是说，一个人在合作中遵守契约的意义，不在于猜测别人的底线，以及决定是否要突破别人的底线，而是在于需要认真掂量自己是否愿意放弃承诺，突破自己在一定的社会圈子里的做人原则和底线，因为合作制度的真正意义在于：让合作各方承担起法律和社会责任以及个人声誉。在这个问题上，许多企业家已经把它通俗地表述为："做事先做人"。当然，多数情况下，他们是用这句话来标榜自己："我做人向来是有原则、有底线的。"不排除在有的时候，他们也用这句话来批评和规劝别人。

第七章
两难境地中的选择博弈
——放弃也是一种选择

　　适时放弃，也是一种很好的选择。覆水难收，牛奶打翻了，要适时放弃悲伤。周瑜之死，与其说是他不能原谅诸葛亮，不如说是他没能原谅自己。我们在努力拼搏的同时，也要懂得智慧地选择，撞到南墙仍不回头，虽然执著的精神可贵，但违背规律蛮干得到的只能是徒劳，甚至规律的惩罚。选择的智慧博大深邃，有时候，激进的抉择并不是解决问题的法宝，相反，选择后退一步，反而海阔天空。当然，这也是一个人博大胸怀的体现。面临选择，前车之鉴是我们永远的镜子，它能帮我们照亮前面的路，让我们作出最好的选择。当然，我们难免也会选择错误，遭遇失败，不过，不要气馁，要知道后悔是失败之后更大的失败，一味为打翻的牛奶哭泣，意味着错过了星星还将错过月亮。

失去的永远都只是失去的

　　人们往往为失去的东西扼腕叹息，以致浪费了大好年华和机会。失去的永远是失去的，我们要的就是放下对过去的回忆和依恋，面对现实，勇于创新，把握现在。

　　人们在决定是否去做一件事情的时候，不仅看这件事情对自己有没有好处，而且也看过去是不是已经在这件事情上有过投入。我们把这些已经发生不可收回的支出，如时间、金钱、精力等称为"沉没成本"。

2001年诺贝尔经济学奖得主斯蒂格利茨教授说，普通人常常不计算"机会成本"，而经济学家则往往忽略"沉没成本"——这是一种睿智。他在《经济学》一书中说："如果一项开支已经付出并且不管作出何种选择都不能收回，一个理性的人就会忽略它。这类支出称为沉没成本。"斯蒂格利茨不愧是大师，他用通俗的话语道出了生活和投资的智慧。

在经济学和商业决策制定过程中会用到"沉没成本"的概念，代指已经付出且不可收回的成本。"沉没成本"常用来和"可变成本"作比较，"可变成本"可以被改变，而"沉没成本"则不能被改变。在微观经济学理论中，作决策时仅需要考虑"可变成本"。如果同时考虑"沉没成本"，那结论就不是纯粹基于事物的价值作出的。

举例来说，如果你预订了一张电影票，已经付了票款且假设不能退票。此时你付的价钱已经不能收回，就算你不看电影钱也收不回来，电影票的价钱算作你的"沉没成本"。

当然有时候"沉没成本"只是价格的一部分。比方说你买了一辆自行车，骑了几天然后低价在二手市场卖出。此时原价和你的卖出价中间的差价就是你的"沉没成本"。而且这种情况下，"沉没成本"随时间而改变，你留着那辆自行车骑的时间越长，一般来说你的卖出价会越低（折旧）。

大多数经济学家们认为，如果你是理性的，那就不该在作决策时考虑"沉没成本"。关于"沉没成本"，有一个很经典的经济学假设：周末你去电影院看电影，看了不到半小时就觉得片子真是难看，打不起兴趣来，但自己的电影票已经买了，不看完又实在觉得可惜。这时候你会怎样做？在这个问题上会有两种可能结果：

付钱后发觉电影不好看，但忍受着看完；

付钱后发觉电影不好看，退场去做别的事情。

两种情况下你都已经付钱，所以应该不考虑这件事情。如果你后悔买票了，那么你当前的决定应该是基于你是否想继续看这部电影，而不是你为这部电影付了多少钱。此时的决定不应该考虑到买票的事，而应该以看免费电影的心态来作判断。经济学家们往往建议选择后者，这样你只是花了点冤枉钱，而选择前者你还要继续受冤枉罪。

阿根廷著名高尔夫球运动员罗伯特·德·温森在面对失去时，表现得更加令人钦佩。一次，温森赢得了一场球赛，拿到奖金的支票后，正准备驱车回俱乐部。就在这时，一位年轻女士走到他面前，悲痛地向温森表示，她自己的孩子不幸得了重病，因为无钱医治正面临死亡。温森二话没说，在支票上签上自己的名字，将它送给了年轻女士，并祝福她的孩子早日康复。

一周后，温森的朋友告诉温森，那个向他要钱的女子是个骗子，不要说她没有病重的孩子，甚至都没结婚呢！温森听后惊奇地说："你敢肯定根本没有一个孩子病得快要死了这回事？"朋友作了肯定的回答。温森长长出了一口气，微笑着说："这真是我一个星期以来听到的最好的消息。"

温森的支票，对于他而言如同泼出去的水，但他以博大的胸襟坦然面对自己所失去的东西。在经济学中我们引入了"沉没成本"的概念，代指已经付出且不可收回的成本。

关于不可收回的概念，可用《汉书·朱买臣传》中"覆水难收"的故事解释。

西汉时期有个读书人朱买臣，家境贫寒，但他仍然坚持读书。几年时间过去了，他的妻子实在受不了贫寒的生活，决定离开他嫁给一个家境比较殷实的人。

几年后，朱买臣出人头地，做了太守。当他衣锦还乡时，很多人挤在街道两旁，他的前妻也在人群中。当她看到朱买臣穿着官服、戴着官帽，威风凛凛地走过来时，她不禁为以前离开他而自责，主动上前要求和朱买臣复婚。朱买臣叫随从端来一盆水，泼在地上，对前妻说："泼出去的水，是再也收不回来了。"

后来，"覆水难收"比喻一切都已成为定局，不能更改。其实，"覆水难收"就是一种"沉没成本"。

假如你是一家医药公司的总裁，正在进行一个新止痛药的开发项目。据你所知，另外一家医药公司已经开发出了类似的一种新止痛药。不考虑已有的投入，如果继续进行这个项目，公司有很大的可能性会再损失 500 万，有很小的可能性会盈利 2500 万。项目已启动了很久，你已经投入了 500 万，再投 50 万产品就可以正式上市。你会把这个项目坚持下去还是现在放弃？请作出你的选择：

坚持还是放弃？既然已经懂得了"沉没成本"的概念，我想对这道题应该会作出明确的选择。所以在投资时应该注意：如果发现是一项错误的投资，就应该立刻悬崖勒马，尽早回头，切不可因为顾及"沉没成本"而错上加错。

事实上，这种为了追回"沉没成本"而继续追加投资导致最终损失更多的例子比比皆是。许多公司在明知项目前景黯淡的情况下，依然苦苦维持该项目，原因仅仅是因为他们在该项目上已经投入了大量的资金（沉没成本）。

摩托罗拉公司的铱星项目就是一个典型的例子。摩托罗拉为这个项目投入了大量的成本，后来发现这个项目并不像当初想象的那样乐观。可是，公司的决策者一直觉得已经在这个项目上投入了那么多，不能半途而废，所以仍旧苦苦支撑。但是后来事实证明这个项目是没有前途的，所以最后摩托罗拉公司只能忍痛接受了这个事实，彻底结束了铱星项目，并为此损失了大量的人力、财力和物力。

"沉没成本"的确很让人觉得可惜，它意味着前功尽弃，甚至血本无归。不过，一味去追悔过去没多大意义，如果说"沉没成本"是无法改变的失败历史，那么，怎样面对"沉没成本"将决定会有怎样的未来。面对"沉没成本"，采取什么样的态度和行为才能赢得光明的未来呢？

"沉没成本"是一种历史成本，对现有决策而言是不可控成本，不会影响当前行为或未来决策。从理性的角度来说，在决策时应排除"沉没成本"的干扰。对于上面的例子而言，钱已经用出去了，成为了无法收回的"沉没成本"，因此在决定是否继续看电影时，当前的决定应该是基于是否想继续看这部电影，而不是你为这部电影已经付了多少钱，如果为了"不损失"所花的钱，而去看不喜欢的电影，那么除了金钱上的损失外，你可能还会受到精神上的折磨。

类似的例子在生活中很多，在证券投资中也不鲜见。"保本"这一观点一向是很多投资人遵循的最基本的原则：10 元购入的股票至少要超过 10 元才会"保本"卖出。其实，如果理性地看，持有还是卖出股票与 10 元的买入价并没有直接的关系，一旦你用 10 元的价格买入股票，买入价已经成为"沉没成本"，决定卖出的理由应该是它未来的走势，而不是你的买入成本。在单边下跌股市中，"保本"卖出的策略是非常危险的，它可能会让投资人被迫忍受长期下跌造成的巨额亏损。

这要求企业有一套科学的投资决策体系，要求决策者从技术、财务、市场前景和产业发展方向等方面对项目作出准确判断。

当然，市场及技术发展瞬息万变，投资决策失误难免。在投资失误已经出现的情况下，如何避免将错就错对企业来说才是真正的考验。

英特尔公司（Intel）2000年12月决定取消整个Timna芯片生产线就是这样一个例子。Timna是英特尔公司专为低端PC设计的整合型芯片。当初在上这个项目的时候，公司认为今后计算机减少成本将通过高度集成（整合型）的设计来实现。可后来，PC市场发生了很大变化，PC制造商通过其他系统降低成本，已经达到了目标。英特尔公司看清了这点后，果断决定让项目下马，从而避免更大的支出。

理性地面对生活和投资，果断放弃那些已经发生且不可能收回的"沉没成本"，而不是在失败的泥潭中越陷越深，是人们应当具备的一种生存智慧！

你死抱不放的真的是最好的吗

执著的信念固然可贵，但智慧的取舍同样重要。执著容易偏离甚至走向错误的方向而成为偏执，实现自己的目标就会付出很大的代价，甚至，因为坚持的努力与自己的目标背道而驰，导致目标不能实现。舍得舍得，有舍有得，适当地选择放弃是可取的，它并不意味着消极和退缩，而是蕴藏着新的进取和更好的获得。

我们往往都会以为做大事就是要具备十足的勇气，给人以"不达目的，誓不罢休"的形象。可是，当我们发现自己即使竭尽全力也无法到达目标时，就措手不及了。有人仍会"蛮干"下去，可是，此时毫不犹豫地撤离才是最明智的做法。

也许有人会认为主张放弃是消极，是悲观的人生观。也曾和好友讨论关于放弃的认识，好友认为不宜提倡放弃的观点，人生应该努力追求，不能放弃。从理论上是应该如此，但从健康的角度来看，适度的放弃更有利于健康，有了健康才能有积极乐观的人生，才有本钱争取下一轮的拼搏。

死抱着不放似乎有点偏执，在这个社会多元化的时期，为什么非要愚顽不化呢？俗话说："树挪死，人挪活。"更何况，你一直死抱不放的东西真的是最好的吗？你长期以来一直认为的是最好的是最适合你的吗？所以人生不仅要适度地懂得放弃，还要努力去寻找适合自己的。最好的不一定适合你，但是适合的一定是最好的。

许多事情，总是在经历过以后才会懂得，在得到与失去中我们慢慢地认识自己，懂得适度地宽容与放弃是对自己最好的保护，不再因失望失意失落而憔悴。其实，生活并不需要那些无谓的执著，没有什么就真的不能割舍，学会放弃，学会宽容，生活会更加美好。

"宠辱不惊，任庭前花开花落；去留无意，看天边云卷云舒。"抱着宠之不喜，辱之不惧的心态，适度宽容，适度放弃，才能体会内心的平静和适意，才能感觉生命馈赠的宁静与安详，才能欣赏社会人生中的形形色色，并从中找到乐趣。当你本来抱有希望而现实中已无望时就要选择放弃，这样生活则会多一份安静，多一份轻松，多一份绚丽。人生就是一个不断放弃又不断得到的过程。关键是舍得放弃，因为放弃是一种选择。

我们在现实生活中，要做到取舍有度，这样才能有更大的作为。

看过这样一则故事：有一个人想得到一块土地，地主就对他说："清早，你从这里往外跑，跑一段就插一个旗杆，只要你在太阳落山前赶回来，插上旗杆的地都归你。"那个人就不要命地跑，太阳偏西了还不知足。太阳落山前，他是跑回来了，但已筋疲力尽，摔个跟头就再没起来。于是有人挖了个坑，就地埋了他。牧师在给这个人做祈祷的时候说："一个人要多少土地呢？就这么大。"

要减轻欲望，就要懂得适度的放弃。在物欲横流的今天，我们面临着各种诱惑和选择，而更多的时候则需要放弃。人生苦短，要想获得越多，就得放弃越多。那些什么都不肯放弃的人，是不可能有多少收获的，其结果必然是对自身生命的最大放弃。

人的一生会有很多的选择，也会面临很多的舍弃，把握好一个"度"字，方为智者之为。否则得失失衡，遗憾事小，假如误事业、误前程、误人生就太不合算了，到头来就悔之晚矣！

有这么一位女士，虽称不上沉鱼落雁、闭月羞花，却也是端庄窈窕、风情娇媚，而且是勤勉好学、争强上进。只可惜她在生活中不懂得取舍。

在工作单位，她逢先进必争，遇优秀必抢，长工资、评职称更是争先恐后，奋不顾身，有时甚至为一点荣誉或一点蝇头小利，不惜哭天抢地不到手而不罢休。如今，荣誉证、职称证确实是满满的两大抽屉，可谓金玉贴面，红袍加身，但同事间却是敬而远之，如同陌路。

在花季岁月，她瞪着一双如炬凤眼，在茫茫人海中寻找自己的另一半，其淘汰的男儿不计其数。她嫌王生不够伟岸，嫌张生缺乏幽默，嫌李郎书呆子气，嫌周郎大男子味，凡此种种，不一而足，她千挑万选 20 多年，也没有一位如意郎君合意入选。而如今，年届五十的这位女人得到了很多，荣誉、职称、金钱等，但丢掉了亲情，远离了友情，形单影只，孤零零。

综观这位女士的大半生轨迹，最致命的失败就是取舍失度。她在工作中没有学会放弃，不知道放弃不仅是一种平衡，更是一种境界，荣誉、职称、金钱等这些不是生活的全部，更不是人生的唯一。爱情上求全责备，执著追求全能性男士，却不知"人非圣贤"这个浅显的道理。况且，一个人的某些所谓的优点缺点，还有"仁者见仁，智者见智"之说，有十全十美的人吗？

人生如棋局，取舍须有度。愿大家在取舍间"度"出美满、"度"出幸福、"度"出和谐！

做出选择前要考虑的问题

选择不对，努力白费。简短的一句话很好地概括了选择的意义。

的确，决定要做一件事，首先要考虑这件事的价值，看它值不值得做。其次，要看这件事的可行性，也就是能不能做成。如果这两点任何一点不成立，再怎么努力都是白费。

人的一生是一个选择的过程，从呱呱坠地那一刻起就开始了。人的一生不可避免地要面临着很多的选择，甚至有人说，人生就是在不断地选择中度过的。正是因为有不同的选择，所以才会有千差万别的结局，才会有千姿百态的人生。选择比努力更重要，选择应该在努力之前。选择，是一种在比较之后的确定，何去何从由此而明朗。

然而，选择恰恰是一门很深的学问。以往，人们只重视努力，对选择却不屑一顾，结果努力地埋头苦干到累折了腰，仍然没得到成功的眷顾。相反，做出正确选择，便能获得事半功倍的成功快乐。因此，在社会上流传着一种近乎真理的说法，叫做"选择不对，努力白费"。细细品味，这话还真的有道理。

有个中外流传很广的故事，形象地说明了人生选择的重要性。

有三个不同国籍的人犯了罪，马上就要被关进监狱三年。临入狱前，监狱长告诉他们每个人可以各提一个要求并会得到满足。

美国犯人爱抽雪茄，提出要三箱雪茄。

法国人最浪漫，提出要一个美丽的女子相伴。

而犹太人却说，他想要一部能与外界联系的电话。

监狱长分别满足了他们各自的要求。

三年过后，第一个冲出来的是美国人，嘴里、鼻孔里塞满了雪茄，大喊道："给我火，给我火！"原来他入狱时只想到了要烟而忘了要火了。

第二个出来的是法国人。只见他手里抱着一个小孩子，美丽女子手里牵着一个小孩子，肚子里还怀着第三个。

最后出来的是犹太人，他紧紧握住监狱长的手说："谢谢了，这三年来我每天与外界联系，我的生意不但没有停顿，反而增长了200%，为了表示感谢，我送你一辆劳斯莱斯！"

这个故事很经典，道出了选择的重要性：什么样的"选择"决定什么样的生活。今天的生活往往是由三年前我们的"选择"决定的，而今天我们的"选择"将决定我们三年后的生活。

其实选择跟努力同样重要，就如同方法和过程同样重要一样。选对努力的方向，我们的人生才会获得长足的发展，我们的人生价值才能最大化，我们才能更加体验到人生的快乐与幸福。

人生是一个选择的过程，虽然我们不能选择自己出生的家庭，但也是一种选择。选择对我们每一个人来说真的是太重要了，好的选择甚至可以改变我们一生的命运。那么我们该如何作出选择呢？不同的人，遇到的处境不同，自然选择也不尽相同，但选择都是靠我们自己决定的。不同的选择，自然产生的结果截然不同。在这里有一个《管道的故事》：

从前在一个山村，因水资源缺乏，村长雇用两位年轻的小伙子到山顶打水供村里人用。两位小伙子很乐意地接受了这份差事，每天早出晚归提水桶给村里供水。村长按照水桶提来水的数量给予两位小伙子相应的报酬。两位小伙子日复一日，年复一年地做着这份差事，为了增加收入他们只得加大水桶，年龄一天天增长，身体渐渐弯曲，提水越来越吃力。但有一天，其中一位小伙子想了想，这样提着水桶供水不是办法，于是想了个办法就和另一伙伴商量。我们花时间建一个管道从山顶水池将水引进村庄，供村民饮用，那样我们既轻松，又有钱赚。还可用提水的时间做自己想做的事，比如去旅游去度假，享受生活，那该多好！但那小伙子听说要花费时间建管道，还要等到建好管道后才有钱进腰包，于是拒绝了伙伴的建议，仍然重复着提着水桶供水的生活。生活过得也算充裕，每天还拿着悠闲的小钱去酒吧喝酒。而另一伙伴不再提水，而是拿着工具开始了搭建管道。一年时间过去了，管道终于建成了，只要一开阀门，山顶水池的水就会源源不断地流入村庄。可想而知，他的收入也大增，并且还有大量的自由时间供自己支配，去旅游，去度假，享受着生活的乐趣，还无时无刻不有着可观的收入。而另一个伙伴这时却失业了，后悔当初没加入伙伴的行列搭建管道。

看了这个故事，我们不难想到，选择真的非常重要。

做人做事同样要有选择。选择真诚的人，他必然厚道；选择奸诈的人，他必然欺骗。工作也是这样，选择务实、创新，就能发展；选择守旧、应付，必然会犯形式主义的错误，自酿苦果，自作自受。

现实就是如此。什么事情都需要努力，努力很重要。但是，同时，选择也是不可或缺的。一头老黄牛从生下来就在主人家勤勤恳恳地为主人耕地拉车，一直到几年过去了，老黄牛老了，耕地也耕不动了，就被主人卖掉了。老黄牛那么努力，那么勤恳，可是它得到了什么呢？一块地也没有得到。当然老黄牛没有选择的权力，只有一味地付出！然而，付出并没有得到回报。

作为人类，我们有选择的权力，所以我们应该选择一个好的方向去努力，成就我们的未来，成就我们的人生！

你的决定不必这样做

决定容易受情绪的影响，甚至会受情绪的控制。以博大的胸怀来超越情绪，以不同的方式来作出决定，其实能收到更好的效果。

我们在作决定的时候，常常被我们的情绪所控制。而且对于大多数人，按照自己的情绪作决定甚至已经成了习惯。其实，你的决定不必一定遵循大多数人的观念，有时候，改变一下决定方式会收到更好的效果。

林肯在担任美国总统期间，曾有一位陆军部长斯坦顿找到他那里，气呼呼地对他说："一位少将用侮辱的话指责他偏袒某些人。"林肯建议斯坦顿写一封内容恶劣的信回敬那个家伙。

斯坦顿立刻写了一封措辞恶劣的信，然后拿给总统看。林肯看完信后高声叫到："太好了，就是这种感觉，你真是写绝了。"

但是当斯坦顿正准备把信装进信封的时候，突然被林肯叫住："你在干什么，要寄出去？不要这么做，你这种行为是胡闹。快把它扔到火炉里，我生气时所写的信都是这么做的，现在你心情好多了吧。"

上面的这个故事说明：当被不愉快的事情激怒时，不要意气用事，应该让自己的情绪平息下来，然后作出更加理智的决定。

永远不要去看碗背面

酱油装满了碗，却还紧盯着碗底，要把碗底也装满，结果是因小失大。世界上没有完美的事物，面对真实的现实，我们需要学会权衡。

一位母亲让孩子拿着一个大碗去买酱油。孩子来到商店，付给卖酱油的人两角钱。酱油装满了碗，可是提子里还剩了一些。卖酱油的人问这个孩子："孩子，剩下的这一点酱油往哪儿倒？""请您往碗底倒吧！"说着，他把装满酱油的碗倒过来，用碗底装剩下的酱油。碗里的酱油全洒在了地上，可他全然不知，捧着碗底的那一点酱油回家了。孩子的本意是希望母亲赞扬他聪明，善用碗的全部。而妈妈却说："孩子，你真傻。"实际上，很多人都在扮演着那个故事中的孩子，自作聪明地企图把碗的全部空间都用上，期望可以把酱油全部拿回家，最后却因小失大，捧回家的却是一个倒扣着的碗，而洒光了碗里面的酱油。也许不是酱油这类可见的东西，我们不知自己曾经泼洒了什么，但必定是弥足珍贵的。

上面那个孩子打酱油的故事还有第二部分。

他端着一碗底的酱油回到家里，母亲问道："孩子，两角钱就买这么点酱油吗？"他很得意地说："碗里装不下，我把剩下的装碗底了。你着什么急呀，这面还有呢！"说着，孩子把碗翻过来，碗底的那一点酱油也洒光了。

古人说："人非圣贤，孰能无过"。意思是说每个人都会犯错误，即使圣贤如孔子，也还是犯过"以貌取人，失之子羽"的错误。可是做错了以后应该如何面对，却直接关系到为错误付出的代价。

一旦做错了一件事，这件事也就算结束了。我们在检讨过之后，就必须全力以赴地去做下一件事。人生就像跨栏赛，我们不应该碰倒栏杆，但是少碰倒一个栏杆也不会有额外的加分，我们只要在最短的时间内跳过去就是了。如果一味地为碰倒的栏杆而惋惜和后悔，最终的成绩必然会大受影响。

曾经读过这样一篇发人沉思的故事：

一个年轻人离开故乡，开始为自己的前途去闯荡。他动身前，去拜访本族的族长，请求指点。老族长听说本族有位后辈开始踏上人生的征途，就写了三个字："不要怕。"然后望着年轻人说："孩子，人生的秘诀只有六个字，今天先告诉你三个，供你半生受用。"

10年后，这个从前的年轻人已是人到中年，有了一些成就，也添了很多伤心事。回到了家乡，他又去拜访那位族长，才知道老人家几年前已经去世。家人取出一个密封的信封对他说："这是族长生前留给你的，他说有一天你会再来。"他拆开信封，里面赫然又是三个大字："不要悔。"

既然已经错了，就不要一味地懊悔，在错误中不停地纠缠，而必须要有"不悔"的勇气与智慧，放弃那些已经无可挽回的东西。要帮助自己作出这样的决定，需要转换一个角度来看问题，在没有付出成本或者付出成本比较低的情况下作出的决策，是一个很有效的"药方"。

你以每股 8 元买进一支股票，但现在价格是每股 6 元，你应该抛售吗？作这个决策时，你要换位思考一下：假如我是以每股 4 元或者每股 2 元买的这支股票，我会如何决策呢？如果打算卖掉的话，就证明你对这支股票的前景并不看好，应该最好还是抛了它。如果你看好这支股票的前景，那你现在就不应把它出手。在一些大的项目上面，实际上也应该运用这种思维方式。

当你知道已经作了一个错误的决策时，就不要再对已经投入的成本斤斤计较，而要看对前景的预期如何。对前景的观望，使张果喜作出了一个明智的决定：暂时放弃。

当你知道有些酱油已经洒掉了，无法挽回了的时候，最明智的就是抑制住把碗再翻过来的冲动。因为这种冲动，有可能把你剩在碗底的那一点酱油也搭进去。

为了平衡，我们既不要被太多的选择所困扰，也不要为那些做过和没有做过的事情而难过。从我们当下所做的事，当下所在的地方寻找成功，关键就在于端住自己的碗，不要试图去看另一面。

有勇气咬断后腿

咬断自己残废的后腿，意味着直面既成事实的损失，专心去争取眼前利益。事实上，无谓地追悔过去，不但不能补救已经铸成的失败，反而耽误了在前面等待的成功。

丹尼斯是美国野生动物保护协会的成员，为了搜集狼的资料，他走遍了大半个地球。他在非洲草原曾目睹了一只狼和鬣狗交战的场面，久久不能忘怀。

在一个极度干旱的季节，在非洲草原上许多动物因为缺少水和食物而死去了。生活在这里的鬣狗和狼也面临同样的问题。狼群外出捕猎统一由狼王指挥，而鬣狗却是一窝蜂地往前冲。鬣狗仗着狗多势众，经常从猎豹和狮子的嘴里抢夺食物。狼和鬣狗都属犬科动物，能够相处在同一片区域，甚至共同捕猎。可是在食物短缺的季节里，双方也会发生冲突。

有一次，为了争夺被狮子吃剩的一头野牛的残骸，一群狼和一群鬣狗发生了冲突。尽管鬣狗死伤惨重，但由于数量比狼多得多，也咬死了很多狼。最后，只剩下一只狼王与5只鬣狗对峙。显然，双方力量相差悬殊，何况狼王还在混战中被咬伤了一条后腿。那条拖拉在地上的后腿成为狼王无法摆脱的负担。

面对步步紧逼的鬣狗，狼王突然回头一口咬断了自己的伤腿，然后向离自己最近的那只鬣狗猛扑过去，以迅雷不及掩耳之势咬断了它的喉咙。其他4只鬣狗被狼王的举动吓呆了，都站在原地不敢向前。终于，4只鬣狗拖着疲惫的身体一步一摇地离开了怒目而视的狼王。

当危险来临时，狼王能毅然决然咬断后腿，让自己毫无牵累地应付强敌，这很值得人类学习。实际上在我国的历史典籍《战国策》中，也有一个与之十分相似的"虎怒决蹯"的故事。

在山间小路上，有一只老虎误踏进了猎人设置的索套之中，挣扎了很长时间，都没能使自己的脚掌从索套中解脱出来。眼见着猎人一步一步逼近，老虎奋力咬断了那条被套住的腿，忍痛离开了这危机四伏的地带。

面对危险境地，这只老虎懂得牺牲一条腿来保全生命，这是一个十分无奈但是也十分聪明的选择。可是很多比老虎更为聪明的人，却往往没有这样的勇气和智慧，往往陷入"鳄鱼法则"的陷阱。

所谓"鳄鱼法则"，是指假若一只鳄鱼咬住你的脚，而你用手去试图挣脱你的脚，鳄鱼便会同时咬住你的脚与手。你愈挣扎，被咬住的就越多。实际上，明智的做法应该是：一旦鳄鱼咬住了你的脚，你唯一的办法就是牺牲一只脚。鳄鱼法则告诉我们，当你发现自己的行动背离了既定的方向，必须立即停止，以减少损失，不得有任何延误，不得有任何侥幸。

老虎断了一只脚自然是很痛苦的，但是因此而保全了性命。美国通用公司的前首席执行官杰克·韦尔奇曾经把许多业绩不在业界前两名的事业部门关闭，这些都是痛苦的决定，但是为了整体的利益，他都当机立断，拿出勇气和魄力来进行壮士断腕式的放弃。可是很多人在生活中会下意识地"把手伸进鳄鱼嘴里"，他们无法放弃或停止已经失去价值的事情。

要摆脱"沉没成本"的羁绊，除了上面所讲的一些决策方面的知识之外，还有一样东西是十分重要的，那就是勇气。在一些事情的"沉没成本"变得不可接受之前，有勇气及时放弃它们。麦肯锡资深咨询顾问奥姆威尔·格林绍说："我们不一定知道正确的道路是什么，但却不要在错误的道路上走得太远。"这句话可以说是对鳄鱼法则的经典概括。

唐代李肇的《国史补》中有这么一则故事：

通往渑池的路很窄，有一辆载满瓦瓮的车陷进了泥坑，堵塞了道路。正值天寒，冰封路滑，进退不得。拖延到黄昏，后面积聚了数千车辆人众。这时，一位叫刘颇的商人从队伍的后面扬鞭而至，看到瓮车的主人仍然在做着近乎无谓的努力，企图拉出在泥坑里越陷越深的车。刘颇上前询问车的主人："你车上载的瓮一共值多少钱？"主人回答说："七八千。"刘颇马上吩咐仆从取来自己车上载的粗帛，按这个价钱付给车的主人，然后命人登车解绳，把车上的瓮全部推落到路边的崖下。

车辆空载以后马上出了泥坑向前通行，道路也就立刻畅通了。

当机立断，以七八千钱，解数千车辆人众困厄，此事显示出古人刘颇出众的眼界和气魄。后来诗人元稹在《刘颇诗》赞叹说："一言感激士，三世义忠臣。破瓮嫌妨路，烧庄耻属人。迥分辽海气，闲踏洛阳尘。傥使权由我，还君白马津。"其中"破瓮嫌妨路"一句，说的就是这个典故。

放弃愚蠢的坚持

坚持的精神可贵，但坚持错误的方向而不肯变通是愚蠢的固执。

有一人在农村老家旧屋子的麦缸里，发现了一只死老鼠。经过一番勘察，他明白了"悲剧"的前因后果。这只老鼠因为偷吃麦子，掉进了缸里爬不出来。但这是一只坚强而有主见的老鼠，它开始在缸底咬起来，终于咬了一个洞。但它没有想到的是，它咬透的洞正好被一根粗大的圆木顶住。于是它又开始咬这根粗木。可是方向却是顺着圆木的中心。它咬了二尺多深，终于又饿又渴，精疲力竭地退回到缸里，力竭而死。

在为这只坚忍不拔的老鼠惋惜的同时，我们也得到一些有益的启示：有时放弃比坚忍不拔更重要。当我们在人生的路上举步维艰时，所要做的或许并不是坚持到底，一条路跑到黑；而是停下来想一想，观察一下，问一问自己：选择的这个方向对不对？是不是已经到了应该放弃的时候？管理学家菲尔茨曾经说："如果一开始没成功，再试一次，仍不成功就应该放弃，愚蠢的坚持毫无益处。"

心理学研究表明，人们天生有一种做事有始有终的驱动力。请试画一个圆圈，在最后留下一个小缺口，现在请再看它一眼，你有一种冲动要把这个圆完成。这就是"趋合心理"，是促使人们完成一件事的内驱力的原因之一。

1927年，心理学家蔡戈尼做了一个试验。她将受试者分为甲乙两组，让他们同时演算相同的并不十分困难的数学题。让甲组一直演算完毕，而在乙组演算中途，突然下令停止。然后让两组分别回忆演算的题目。结果，乙组记忆成绩明显优于甲组。这是因为人们在面对问题时，往往全神贯注，一旦解开了就会松懈下来，因而很快忘记。而对解不开或尚未解开的问题，则要想尽一切办法去完成它，因而问题一直潜藏在大脑里。

这种现象叫"蔡戈尼效应"。人们之所以会忘记已完成的工作，是因为欲完成的动机已经得到满足；如果工作尚未完成，这种动机因未得到圆满而给人留下深刻印象。

对大多数人来说，"蔡戈尼效应"是完成工作的重要驱动力。但是有些人会走向极端，内驱力过强，非得一口气把事做完不可。比如被一本间谍小说迷住了，哪怕明天早上还有一个重要会议，读到凌晨4点也手不释卷。如果是这样，就需要调整这种过强的完成驱动力，否则它就可能成为时间管理的障碍。

一个经常不把工作做完的人至少能够保留一定的时间和精力，可能生活得丰富多彩；一个非把每件事都做完不可的人，驱动力过强，可能导致生活没有规律、太过紧张和狭窄。对于后者来说，只有减弱过强的驱动力，才可以一面做事一面享受人生。改变不做完不罢休的态度，不仅使你能在周末离开办公室，而且还有时间去应付因工作带来的问题：自我怀疑、感觉自己能力不够或过度紧张，等等。

我们为了避免半途而废，很可能冒着把自己封死在一份没有前途的工作上的危险。兴趣一旦变成狂热，就可能是一个警告信号，表明过分强烈的完成驱动力正在渐渐主宰你的生活。有人会强迫自己织完一件毛衣，结果虽然不喜欢那件毛衣，但却觉得非穿它不可。对于有些事，不应该害怕半途而废。

以下几个问题可以告诉我们是应该坚持还是放弃：可以获得更多的信息和帮助吗？是否有无法克服的阻力？比如我们希望在一个公司里步步高升，但是公司里高层全部是家族成员。可能的回报是多少？我们值得为10万元进行一年的努力，但却不值得在一个只能创造几元钱利润的客户身上浪费三个小时。未完成计划或维持现状需要付出多少？是否有足够的本钱等待回报？很多人在巨大回报出现之前的那一刹那倒下，因为没有足够的资本坚持等待。我们是否在维持一种必然没有回报的现状？如果一个同事答应帮助我们但却食言了，那么就要调查一下他是否经常食言。如果是，就应该断绝这种过高代价的关系；如果不是，那么就宽容一次。是否在参加结局早已决定的竞争？在有些比赛和选拔中，早就有了内定人选，无论我们有多努力也没有任何机会，那么就别在这种不诚实的竞争中"陪太子读书"。

我们要想成功，必须学会把脱缰之马一般的完成驱动力抑制住。运用自己的价值观，如果发现一个工作计划不值得做，那么就勇敢地放弃。我们可以先从小事来训练自己，比如强迫自己在洗碗槽里留下几只碟子不洗；看一本书的时候，尝试停一下，想想自己是否在浪费时间和精力，还要不要继续看下去？

哪种选择更重要

如果没有人向我们提供失败的教训，我们将一事无成。我们思考的轨道是在正确和错误之间二者择一，而且错误的选择和正确的选择的频率相等。没有失败经验的人，不可能成功。

美国自然主义作家爱默生曾经在文集中这样写道："一个人怎样思想，他就是怎样的人；一个人作何种选择，他就是何种的人。"一个人选择在什么时候做什么事，会受到个性与惯性的行为模式左右，因此经常在不知不觉中犯下错误。关键的机会往往只出现一次，一旦错过了，或许我们就再也等不到了。因此，别老是把注意力放在那些琐碎的小事上。只有保持清醒的头脑处理事情，我们才能抓住每一次重要机会，那么成功也将随之而来。

这是一则值得我们引以为鉴的佛教寓言故事：

据说，梵王在波罗奈治理国家时，菩萨是他的政法顾问。有一次，边境发生了一场动乱，当地驻军连忙派人向国王报信，恳求增派部队前往支援。然而，国王这时却自顾自地来到御花园休憩，并准备在花园里扎营。在等候营帐安扎的时间里，国王看见侍者正将蒸熟的豌豆倒入木槽里喂马。与此同时，御花园里的猴子开始骚动起来。忽然，有一只猴子飞快地从树上跳下来，从木槽里捞了一把豌豆，接着立即把豌豆全塞进嘴里，随即它又抓了一把，这才满意地回到树上，愉快地吃着手中的豌豆。但是，因为吃得太急了，有一颗豌豆从它的手中掉了下来，只见这只猴子居然不假思索地扔掉手上所有的豌豆，跳下树，着急地寻找刚刚落下的那颗豌豆。结果，不仅那颗豌豆没有找到，连手上原本的豌豆也找不回来了。国王看到这只猴子可笑的举动，禁不住问菩萨："您对这只猴子的举动有什么看法?"菩萨回答说："国王啊！只有无知的蠢才才会因小失大啊！"国王听见菩萨意有所指地这么说，这才想起刚刚使者来自边境的紧急报告，连忙返回波罗奈城去。在边境骚乱的强盗们，听说国王亲征，决心把强盗赶尽杀绝，连忙逃跑了！

先别嘲笑猴子愚蠢，也别嘲笑国王搞不清楚状况。仔细想想，我们是否也曾经像小猴子一样舍本逐末，忽略手中所掌握的机会，去追逐早已错过的机会？是否也像国王一样不知轻重，只顾着享乐而漠视眼前的灾厄？我们的人生之所以充满那么多困顿和挫折，往往是因为我们在关键时刻作了错误的选择。生活中我们有许多选择，而且每次在作决定前，我们都要先评估其中的轻重缓急，知道哪些是当务之急，哪些又是小事一桩。只有一一谨慎估量，才不致于因小失大，甚至导致无法弥补的后果。

失败之后的选择

在失败之后，人往往内心低沉、徘徊、多虑，心情非常不好，做事也很不用心。如此糟糕的状态，会对周围的人造成伤害，会降低工作的质量。但我们要在失败中学会坚强，不要让后悔带来更多的失败。

人们常常用"悔不当初"、"悔之不及"、"悔恨不已"、"悔之晚矣"、"追悔莫及"来表达对过去所做的事，所说的话，所走过的路的反省和悔悟。不管这样的反省多么深刻、痛心，悔悟多么强烈、彻底，但是，对过去所发生的一切都无济于事。一位哲人曾言道："后悔是一种耗费精神的情绪，后悔是比损失更大的损失，比错误更大的错误，所以不要后悔。"

人的一生，面临着许许多多、大大小小的选择和决策，由于每个人的经历不同，性格不同，所处的环境不同，以及对未来的预测不同，所以不可能每一次的选择和决策都是正确的。但无论如何，我们在选择和决策时，都要慎重再慎重，思考再思考，尽最大的可能避免或减少失误。特别是那些关系到人生的得失与成败，前途与命运的重大选择，更应该深思熟虑，千万不要草草选择，随意决策。"一失足成千古恨"，再后悔也就来不及了。

人生没有彩排，每一天都是现场直播，世上从来就没有什么后悔药。那么，怎样才能减少或避免失误呢？"凡事三思而后行"，不失为一种比较有效的办法。

有这么一个故事：有一个人在外做生意，年关将近，急急忙忙回家，突然想起要给太太买些礼物。他在街上走着看着，见一个和尚坐在那里卖"偈语"，于是，他花了十两黄金买了四句偈语："向前三步想一想，退后三步想一想，嗔心起时想一想，熄下怒火最吉祥。"他回到家正好是深夜，门也没有上锁，想要叫太太，太太已经睡着了，但是，床底下怎么会有两双鞋子呢？一双女人的，一双男人的。他一气之下，跑到厨房拿了把菜刀，想要杀死这一对奸夫淫妇。正要举刀砍下去时，突然想起和尚卖给他的偈语，于是他就开始念起了那首偈语。他的声音惊醒了太太。丈夫怒吼道："你床上还有什么人？"太太说："没有啊。""这双鞋子是谁的？""过年你还不回来，我想你，为了图个团圆吉祥，只好把你的鞋摆在床前了。"丈夫一听，连声说："有价值，太有价值了。""三思"避免了一场悲剧的发生，"后行"挽回了终生的悔恨。

每个人都会有这样的感觉：失败之后，感觉一切都没有了原先的色彩，天空顿时塌陷。其实，周围的一切如故，山依旧是山，水不会变为蒸气。失败之后，试着去做自己认为最有激情的事，可以完全脱胎换骨，换个全新的面孔。不要认为别人会取笑你，你要深信如果换做他人，说不定还不如你表现的棒呢！

有时候，生活是需要放弃一部分的。比如说，"你放弃了太阳，还会有月亮陪伴"；"失之东隅，收之桑榆"。可是有时候，生活也会和人开玩笑。也许，人生本来就应该是这个样子。有失必有得，让我们在失败中学会坚强。在你奋斗的过程中你就会有所感悟。我们也渐渐明白，生活不是给与，更不是施舍，而是需要努力坚强。

坚强有两个方面的表现：一是不怕失败，不怕挫折，不怕打击。不管是人事上的，生活上的，技术上的，学习上的打击，即使再大也不怕，并且敢于正视现实、正视错误，用理智分析，彻底感悟，才不至于被失败击倒；对于感情的创伤，要当做心灵的灰烬看。二是不为胜利冲昏头脑，永远保持对生活的谦卑。这两方面合起来，用通俗的话说，就是胜不骄，败不馁，就是宠辱不惊，得失泰然。

但坚强的最高境界，可以说还在于保有一颗赤子之心。赤子是不知道孤独的。当赤子孤独时，会创造一个属于自己的世界，创造许多心灵的朋友！赤子能够保持心灵的纯洁，能够无惧孤独，赤子之心才是人性中最可贵的无坚不摧的坚强。

我们应该向树学习，做一个坚强的人。在生活中，我们看到草儿虽铺满大地，却矮小无比，任人踩踏；看到花儿灿烂而又美丽，却娇弱无比，任人采摘；而只有树才能昂首挺立在天地之间，自强自立，让人由衷敬佩。

树在生长过程中，不怕风吹雨打，顽强地寻找它们的生命之源，也练就了坚强的意志。这些树才是百年之材，才是一群坚强者！

我们做人也要做一棵任由风吹雨打的坚强的"树"，立足于社会就要有一身硬本领，坚强的意志，做一个不怕挫折、风暴的人！

有一些事情是自己做的，做过之后是不能后悔的，后悔往往不仅会对自己的身心造成伤害，还有可能影响到身边的亲人，这是很划不来的。虽然放松心情不是一件容易的事，但是通过锻炼，通过学习，我想一定会达到释怀的目的。

人有时会在一瞬间，脑子里出现一阵空白，会做出一些事后连自己都难以解释的错事、傻事，之后想起来会感觉到很奇怪、很荒诞、很令人费解。当这种情况发生之后，不能长时间地把这些消极情绪留在心里，更不能任其发酵、腐烂、变质，要学会变换心情，强制自己先放下眼前的这点小事儿不去想，拉开视线想些别的事情，这样就能够暂时解放自己。

试想："事已如此"，老横在心里过不去，有何用？又有什么意义？再者，事物总是有其两面性的，有利就有弊，弊端业已产生，是无法挽回的，再瞎琢磨也无济于事！那么利是什么呢？想到了利的方面，心情就会好起来。

第八章
运气与概率的博弈
——运气好坏全靠上帝掷色子吗

运气不是结果好坏的根源，积极努力才是决定结果好坏的关键。当"黑天鹅"降临时，提起你的精气神，努力去面对，如果是正面的"黑天鹅"，也许你将给世界一个惊喜，即使是负面的"黑天鹅"，你也同样能避到一个安全的港湾。相信可循的概率，赌博等于是放弃，什么时候都应该做最好的准备，做最坏的打算。每个人都有其独特的运气，每一点努力都会为获得好结果的概率增加筹码，这一点对任何人都是一样的。

当"黑天鹅"降临时，勇敢面对它

当古希腊哲学家毕达哥拉斯提出地球是圆形的说法时，亚里士多德没有放过这一观点，经过仔细观察得出"因为月食时月面出现的地影是圆形，所以地球是圆形"的科学判断。偶尔的反常现象可能预示着巨大的好处，也可能蕴藏着巨大的危机，轻易地放弃是遗憾的。

何谓"黑天鹅"？生活在 17 世纪欧洲的人们都相信一件事情——所有的天鹅都是白色的。因为当时所能见到的天鹅的确都是白色的，所以根据经验主义，天鹅是白色的就是一个真理。直到 1679 年黑天鹅出现在澳大利亚，人们才发现以前的结论是片面的。"黑天鹅"的存在寓示着不可预测的重大稀有事件，它在意料之外，却又改变一切，但人们总是对它视而不见，并习惯以自己有限的生活经验和不堪一击的信念来解释这些意料之外事件的重大冲击，最终却被现实击溃。所以，现在人们用"黑天鹅"来比喻不可预测的重大事件。它非常罕见，但一旦出现，就具有很大的影响力。

大约在 400 年前，弗朗西斯·培根就曾经发出这样的警告，当心被我们自己思想的丝线束缚。但是我们老是犯这种错误，老是以为过去发生的事情很有可能再次发生，所以免不了会凭经验办事。比如说，我们经常编出简单的理由或故事来解释我们尚不知晓（而很有可能是我们根本就不可能知道的）的复杂的事情。举个简单的例子：我们无法预知在未来的某一天股市会涨还是会跌，据以往经验推断预测的结论要么过于简单化，要么根本就是错误。

巴菲特是举世公认的投资天才。巴菲特的成功，有一个看似简单但一般人却极难把握的原则。在巴菲特的投资生涯中，他总是尽可能避免犯重大错误，尽可能地抓住重大机会。巴菲特相信，重大投资机会只要抓住有限的几次便已足够，而一次重大的错误便可能使之前的所有努力付诸流水。

巴菲特的研究者们把这些重大错误和重大机会称之为投资理财中的"黑天鹅"事件。"在别人贪婪时恐惧，在别人恐惧时贪婪"，在别人贪婪时恐惧，是为了避免"负面黑天鹅"事件；在别人恐惧时贪婪，是为了抓住"正面黑天鹅"事件。

几乎一切重要的事情都逃不过"黑天鹅"的影响，而现代世界也是被"黑天鹅"所左右。"黑天鹅"存在于各个领域，无论金融市场还是个人生活，都逃不过它的控制。那么我们该怎样面对"黑天鹅"？《黑天鹅》的作者塔勒布给我们提出了建议：

在塔勒布的极端世界里，意外事件占据着统治地位，没有人是安全的。抱最坏的打算是危机管理和风险管理中的最佳准备，必须事先制定详细的应急预案，并考虑到最坏的情况。所谓置之死地而后生，机构如此，人更如此。抱最坏的打算，才能真正达到"不以物喜、不以己悲"的境界，才能在一切祸福、荣辱、得失到来时完全接受，不疑讶，不骇异，不怨不尤。

"我永远不可能知道未知，因为从定义上讲，它是未知的。但是，我总是可以猜测它会怎样影响我，并且我应该基于这一点作出自己的决策。"也就是说，我们无法预知未来，但却应该防患于未然，做最好的准备。塔勒布也说过，我们能清楚地知道某个事件的影响，即使我们不知道它发生的可能性。有句话说得好，机会总是降临到那些做好准备的人身上。充分的准备工作不但能及时抓住"正面黑天鹅"事件带来的好处，而且还能将"负面黑天鹅"事件的影响尽可能降低。

塔勒布从历史学、心理学、哲学、统计学等诸多角度，向我们展示了"黑天鹅事件"的冲击力和影响力，指出了未来的不确定性和不可预知性。在世界上突发性事件愈加频繁的今天，一次次偶然性的灾难或许使我们感到有些无力。在同样充满变化和不确定的人生旅途中，一次次痛苦的失败或许使我们感到有些疲倦。但无论情况有多糟，尽最大的努力都是我们面对"黑天鹅"应有的心态和行动。

《黑天鹅》全书的结语中这样写道："你只会让小概率事件控制自己时，才受到它的影响，而你应该总是控制你自己做什么。"我们很容易忘记我们活着本身就是极大的运气，一个可能性微小的事件，一个极大的偶然。从这个角度上说，我们每个人都是"黑天鹅"。所以我们没有必要为一件小事而过多地烦恼，没有必要为一次挫折而过于伤心，也不需要为不可预知的未来而惶恐不安，更不要因"黑天鹅"的来临而被击溃。我们只要抱着最坏的打算，做着最好的准备，尽着最大的努力，再加上一颗平常心，就一定能掌握自己的命运。

概率绝不是赌博

概率论是"生活真正的领路人，如果没有对概率的某种估计，那我们就寸步难移，无所作为"。概率起源于并不高尚的赌博，但它目前已发展为一个庞大的数学理论体系。

在西方的语言中，概率一词是与探求事物的真实性联系在一起的。生活中有其确定性的一面，如像瓜熟蒂落，日出日落，春夏秋冬，暑往寒来，次序井然，有固定规律可循。生活的另一面却充满了各种各样的偶然性，充满了各种各样的机遇，茫茫然而难踪其绪。概率论的目的就在于从偶然性中探求必然性，从无序中探求有序。

早在公元前1500年，埃及人为了忘记饥饿，经常聚集在一起掷骰子。游戏发展到后来，到了公元前1200年，就有了立方体的骰子，6个面刻上数字，和现代的赌博工具已经没有了区别，但概率论直到文艺复兴后才出现。第一个有意识地计算赌博胜算概率的是文艺复兴时期意大利的卡尔达诺，他几乎每天赌博，并且坚信，一个人赌博不是为了钱，那么就没有什么能够弥补在赌博中耗去的时间。他计算了同时掷出两个骰子，出现哪个数字的可能最多，结果发现是"7"。

17世纪，法国贵族德·梅勒在骰子赌博中，有急事必须中途停止。双方各出30个金币的赌资要靠对胜负的预测进行分配，但不知用什么比例分配才算合理。于是，德·梅勒写信向当时法国最具声望的数学家帕斯卡请教，帕斯卡又和当时的另一位数学家费马长期通信交流。于是，一个新的数学分支——概率论产生了。概率论从赌博的游戏开始，最终服务于社会的每一个领域。

帕斯卡与费马的工作开辟了决策理论的先河，决策是在对未来会发生事情不确定的情况下作出决策方案的过程。尽管帕斯卡和费马都为发展概率论立下了汗马功劳，但另一位数学家托马斯·贝叶斯所做的工作，为将他俩的理论付诸实践奠定了基础。

贝叶斯定理教给我们一种逻辑分析方法，即为什么在众多可能性中只有某一种结果会发生，从概念上讲这是一种简单的步骤。我们首先基于所掌握的证据为每一种结果分配一个概率。当更多的证据出现时，我们对原有的概率进行调整以反映新的信息。贝叶斯定理为我们提供了不断更新原有假设的数学程序，以便产生一个后序信息分布图。换句话说，先验概率与新的信息相结合就产生了后序概率，从而改变了我们相对的概率机遇。每一条新信息都会影响你原来的概率假设，这就是贝叶斯推理。

总之，概率反对和破除迷信，概率是科学的，概率是无序中探求有序的科学。

每个人都有独立的运气

　　每个人都有把握自己命运的机会和找到自己真爱的机会。如果找到了但不去珍惜，那么你一定会后悔一辈子。珍惜自己的选择，好好把握自己遇到的机会和运气。因为，没有人可以给你太多的机会！

　　有些人在失意之后常感叹："万事不由人计较，一生都是命安排！"言外之意，人只能被动地服从命运的安排，个别人甚至把这句俗话奉为座右铭。其实，仔细分析一下，这是典型的宿命论观点，容易使人丧失斗志，变得不思进取。

　　人的一生总是难免会遇到改变自己人生的诸多意外，这些意外就是上天赐给我们的好运。实际上，每个人都有自己的好运，每个人都是会被上天垂青的。而区别在于可能他的好运气出现在事业上，而你的坏运气出现在事业上。或者是每个人的好运气到来的时间不同，又或者是每个人的好运气带给每个人的机会是不同的。

　　面对上天赐给我们的这些好运的关键问题是如何遇到这些意外的机遇，并牢牢地将之抓住，而后钻进去，拼命努力，最终获得成功。所以，只有那些真正利用好自己的"好运气"，并积极地把握住好运气带给他的机会的人才能成功。好好把握自己遇到的运气和机会，因为没有人可以给你太多的机会！

　　牛顿在苹果树下发呆，推出了万有引力定律；阿基米德一脚踩进澡盆，悟出了浮力定律。羡慕之余不禁感慨：为什么别人这么幸运能够轻易获得成功，而自己却总是事与愿违？其实，原因就在于他们除了像你一样坚持不懈的努力之外，更重要的是他们善于把握机遇。只有愚者才等待机遇，而智者则造就机遇。

　　不要埋怨命运不公平，不要怪罪上苍不送给我们机遇。其实我们的身边遍布机遇，只是我们没有把握罢了。机遇是微不足道的，是平平常常的，然而，正是那些很不起眼的机遇创造了辉煌的成就，正是那些平淡无奇的机遇铸就了宏伟的事业。

居里夫人就是一个典型的例子。1898 年 12 月 26 日，居里夫人像往常一样在一大堆矿石上做试验。突然，一个仅百万分之一的未知的元素不经意间闯入了她的眼帘，居里夫人无比珍视这个极其微小的机遇，克服了人们难以想象的困难，不断试验，不断进取，她从 1898年一直工作到 1902 年，经过几万次的提炼，处理了几十吨矿石残渣，终于得到 0.1 克的镭，测定出了它的原子量是 225。居里夫人证实了镭元素的存在，使全世界都开始关注放射性现象。镭的发现在科学界爆发了一次真正的革命。

由此可见，机遇并不遥远，它就在你的学习和生活中；机遇也不神秘，它就在你的工作和事业中。机遇偏爱早有准备的头脑，机遇独钟持之以恒的精神。诸位同道中人，让我们牢牢抓住这上苍的礼物——机遇，一起收获成功的硕果，迈向美好的明天！

没有利用好自己的好运最著名的一个例子便是居里夫人的女儿。讲到实验物理，大家都知道运气是很重要的，往往只有一次机会。不过有的人运气着实不错，却没有把握好机遇，连着两次错过诺贝尔奖。

约里奥·居里夫妇——居里夫人的女儿和女婿发现了新的中性射线，却没有意识到是中子，结果这个诺贝尔奖被查德威克得了。第二次，他们发现了正电子的轨迹，不幸，又忽略了，于是诺贝尔被安德森得了。最后一次，估计上帝他老人家已经愤怒了，给了个特别明显的，根本不能忽略的现象，稳定的人工放射性。这两人这次总算没忽略，终于获得了诺贝尔奖。

生活中，总有那么一些人不时哀叹命运的不公，说上天没有赋予自己良好的发展机遇。果真是这样吗？其实不然。上天对待每一个人都是公平的，给予你同样的运气和机遇。也许那些机遇的到来，并不是那么明朗，完全在你不可预料的情况下意外地出现了。这个时候，能够获得成功，关键就在于你的敏捷性和捕获能力。

请记住，在我们寻找机遇的时候，也许它就在你的身边。你之所以没有发现它，是因为它出现得太意外了。那么努力地捕获这种意外吧，捕获这种也许令你的人生从此与众不同的机遇。不要站着等待机遇，而是主动地捕获那些意外而来的机遇，不少人的成功就是这样靠着捕获完成的。

做最好的准备与最坏的打算

最好的准备，是说要努力争取每一次机会，做有准备的人，因为"上天偏爱有准备的人"；做最坏的打算，是说要以平常心对待争取来的机会，把成功看成意外的收获，即使结果是令人沮丧的，也不要因此丧失对原来生活的信心。

成功可以分为三种：一是金钱上的成功，二是权势上的成功，第三是人格的成功。前面二者皆是虚幻的。因此人格的成长才是个人真正的资产，个人的存在对社会有贡献，对世界有好的影响，才是一个人的成功。一般人都汲汲于前面二者，很少去重视第三者，如果一个人开始重视第三者，对于一时的起落、得失就都不会放在心上了。

从贫贱到富贵，人心是最感到快乐的，但是从富贵降到贫贱，人心就往往无法适应。《红楼梦》描写富贵世家家道中落的过程，书中的人物是痛苦的。"花无百日红"，任何事物都不可能永远存在。经济的变化就如季节的变化，自有一定的更替规律，人们应该学习调整自己面对它。经济不好，就节省一点，节制一点物质的欲望，现在人的痛苦就是想要的太多。

现在很多人对未来惶惑不安，其实把握当下才是最重要的，再怎么担忧未来也没有用，最重要的是脚踏实地。人们应该肯定、接受事实。什么是事实？无常、变化就是事实，不只环境的变化是无常的，就连我们自身也是无常的，例如健康；面对、接受无常，就能对内外的变化有所准备。

因此我们常说，面对生活"要有最好的准备，最坏的打算"，无常是生命的变数，无法加以控制，只有做好心理准备才能在心理上有较好的适应，接受任何的打击。所以，面对变局，首先就是不要自乱阵脚，坚持走自己应走的路。收入少一点就少花一点，房子换小一点，车子不要开了，调整一下就能适应，只要观念稍微调整一下，日子一样可以过下去。

中国有一句老话"生于忧患，死于安乐"，意思是说人们在比较困苦的环境中因为容易催发奋斗的力量，反而能更好地生存；而在相对安乐的环境中，因为没有生存的压力，就容易产生懈怠心理，反而会为自己带来危难。这一句话也可以这样理解：人们如果时刻都有忧患意识，在完成事情过程中不敢有丝毫的懈怠，那么便能达到成功的目的，如果安于享受，抱着今朝有酒今朝醉的态度去生活，那么就有可能真的会失败。

不管将上面的那句话做何种解释，它的本质都是一样的，那就是人要有忧患的危机感。借用现代的流行语言来说，就是要有生存的危机意识。因为，你自认为自己的命好运气好，也不一定就能获得成功。

一个国家如果没有危机意识，这个国家迟早要灭亡；一个企业如果没有危机意识，迟早会垮掉关门；一个人如果没有危机意识，必会遭遇到不可预测的失败。

那么，一个人应该如何把危机意识落实到具体的日常生活中呢？这可以分成两个方面来谈。

首先，应该落实在心理上，也就是心理要随时有接受、应付突发事件的准备，这是一种心理建设。心理有所准备，在遇到挫折时便不会慌了手脚。

其次，要在生活中、工作上和人际关系方面有以下的认识和准备：人有旦夕祸福，如果有意外情况的发生，要想到以后的日子怎么过？要如何才能解决困难？世界上没有永久不变的事情，万一失手了怎么办？万一自己的身体健康出了问题，又该如何办呢？

其实，你所想到的"万一"并不仅仅只是所列的这几方面，所有的事情你都要有"万一……怎么办"的危机意识，并且要做到未雨绸缪，预先做好充分的准备。只要心理有所准备了，你自然就不会太高枕无忧了。

所以，从现在开始，就做最好的准备，以防担心的"万一"真的会如实地发生在我们的身上。

第九章
以弱胜强的博弈
——弱者如何四两拨千斤

世界尊重强者的规律让强者更受关注，更能形成影响，从而为更好的"马太效应"提供一定的客观条件，使"强者通吃"成为可能。不过，尽管如此，在强者的主动和控制下，弱者虽然被动，却学会了妥协和适应，他们甚至比强者有更坚韧的生命力。虽然难以置信，但事实证明，现实给了强者主动创造的才能，同时也给了弱者被动分享利益的机会。当然，消极被动不是弱者终生的追求，跟强者一样，主动、控制、有影响、受关注也是弱者的追求，要真正具备这些，归根结底要让自己强大起来，因为强大最有说服力。当强强对抗时，弱者以旁观者的姿态观望和保存实力，并且清醒地看清时局的变化，等待并抓住最佳的时机成为成功者。当然，最根本的是弱者要时时牢记成功永远只是成长过程中的节点，要真正强大，需要每天不断地积累。

"马太效应"与"赢家通吃"

"马太效应"，是指好的愈好、坏的愈坏、多的愈多、少的愈少的一种现象。任何个体、群体或地区，一旦在某个方面（如金钱、名誉、地位等）获得成功和进步，就会产生一种积累优势，就会有更多的机会取得更大的成功和进步，从而导致赢家通吃。

"马太效应"来自于《圣经·马太福音》中的一则寓言。在《圣经·新约》的"马太福音"第二十五章中说道："凡有的，还要加给他使他多余；没有的，连他所有的也要夺过来。"社会学家从中引申出了"马太效应"这一概念，用以描述社会生活领域中普遍存在的两极分化现象。

1968 年，美国科学史研究者罗伯特·莫顿也提出这个术语，用以概括一种社会心理现象："相对于那些不知名的研究者，声名显赫的科学家通常得到更多的声望，即使他们的成就是相似的。同样的，在同一个项目上，声誉通常给予那些已经出名的研究者。例如，一个奖项几乎总是授予最资深的研究者，即使所有工作都是一个研究生完成的。"此术语被经济学界所借用，反映贫者愈贫、富者愈富、赢家通吃的经济学中收入分配不公的现象。

从前，一个国王要出门远行，临行前叫来了仆人，把他的家业交给他们，依照各人的才能给他们银子，一个给了 5000 两，一个给了 2000 两，一个给了 1000 两，之后国王就出发了。那领 5000 两的人，把钱拿去做买卖，另外赚了 5000 两；那领 2000 两的，也照样另赚了 2000 两。但那领 1000 两的，却掘开地，把主人的银子埋了。

过了许久，国王远行回来，和他们算账。那领 5000 两银子的，又带着那另外的 5000 两来，说："主人，您交给我 5000 两银子，请看，我又赚了 5000 两。"主人说："好，你这又善良又忠心的仆人。你在国家的事上有忠心，许多事我派你去管理，可以尽情享受做主人的快乐。"那领 2000 两的也来说："主人，您交给我 2000 两银子，请看，我又赚了 2000 两。"主人说："好，你这又善良又忠心的仆人。你在国王的事上有忠心，我把许多事派给你管理。可以尽情享受做主人的快乐。"那领 1000 两的，也来说："主人，我知道您是忍心的人，没有播种的地方也要收割，没有散施的地方也要聚敛。我就害怕，去把你的 1000 两银子埋藏在地里了。请看，您的原银在这里。"主人回答说："你这又恶又懒的仆人，你既知道我在没有播种的地方要收割，没有散施的地方要聚敛，就当把我的银子放贷给兑换银钱的人，到我来的时候，可以连本带利收回。于是夺过他的 1000 两来，给了那有一万的仆人。"

"马太效应"揭示了一个个人和企业资源的需求不断增长的原理，

关系到个人的成功和生活幸福，是影响企业发展的一个重要法则。

"马太效应"在社会中广泛存在，尤其是在经济领域。国际上关于地区之间发展趋势主要存在着两种不同的观点：一种是新古典增长理论的"趋同假说"，该假说认为，由于资本的报酬递减规律，当发达地区出现资本报酬递减时，资本就会流向还未出现报酬递减的欠发达地区，其结果是发达地区的增长速度减慢，而欠发达地区的增长速度加快，最终导致两类地区发达程度的趋同；另一种观点是，当同时考虑到制度、人力资源等因素时，往往会出现另外一种结果，即发达地区与欠发达地区之间呈现"发展趋异"的"马太效应"。又如，人才危机将是一个世界现象，人才占有上的"马太效应"将更加明显，占有人才越多的地方，对人才越有吸引力；反过来，被认可的人才越稀缺。此外，在科学研究中也存在"马太效应"，研究成果越多的人往往越有名，越有名的人成果越多，最后就产生了学术权威。

正如一句古语所说，"多财善贾，长袖善舞"，谁拥有的资源越多，谁就越有可能获得成功，成为"赢家"。"赢家通吃"的一个明显特征是他可以借助自身的优势，成为竞争规则的制定者，企业产品的规格定位就经常有这种现象。比如，电子信息业因为行业较新，许多产品的规格尚未标准化。谁能建立标准规格或者跟对了赢家的规格，谁就是获利者。因此，厂商之间的竞争，有很大一部分是"规格之战"。

举一个最突出的实例。美国微软在个人电脑操作系统上的垄断地位，使得其在个人电脑软件的应用程序与规格上占有独享的优势，导致其他软件公司都难分一杯羹。虽然有很多软件开发商声称自己的产品在性能上超过了微软的产品，但人们还是普遍采用微软产品。这是为什么呢？

首先是微软的品牌效应与信誉度。从 DOS 到视窗系统，微软一直掌握着个人电脑操作系统 90% 以上的市场份额，这为它积累了巨大的财富。其次是微软产品要比其他产品有更好的兼容性。微软产品自身的强大功能固然是一个原因，但更重要的原因是绝大多数硬件、软件开发商都不会另搞一套与微软"不兼容"的产品或系统，换句话说，微软可以不必考虑与别人兼容，而别人一定得考虑和微软兼容。微软已经成为了"电脑时代""数字化生存"的代名词，这是一笔巨大的无形资产。而影响力不大的产品，性能再优越，也享受不了这种待遇。

由于多方面的巨大优势，微软可以轻而易举地将可能的威胁扼杀在摇篮里，可以用"暴力手段"挤垮，也可以用"温柔方式"并购，比如"微软拆分案"的导火索，就是微软通过把视窗系统与网络浏览器捆绑销售的手段将"网景"公司逐出了市场。这种横冲直撞的竞争方式虽然显得有些粗暴，但极为有效。这正是微软在电子信息行业处于谁也不可动摇的垄断地位的原因。

"马太效应"体现在个人身上，也就是所谓的强者越强，弱者越弱。一个人如果获得了成功，什么好事都会找到他头上。大丈夫立世，不应怨天尤人，人最大的敌人就是自己。态度积极，主动执著，那么你就赢得了物质或精神上的财富，获得财富后，你的态度更加强化了你的积极主动性，如此循环，你才能把"马太效应"的正效果发挥到最大极致。

强者制定规则，弱者还能生存吗

这个世界就是强者所控制、主导的世界，弱者总是被动适应。强者不是天生的，也需要机会、运气、资源、智慧等各种因素，最重要的是要具有强者心态。尽管如此，与强者相比，弱者更懂得妥协和适应。因此，弱者往往比强者的生命力更坚韧。

我们强调秩序，但秩序到底保护谁？我们强调规则，但规则到底由谁制定？答案是强者，因为强者制定规则。我们强调话语权，但到底谁具有话语权？答案只有一个，就是强者，只有强者才有说话的份儿。强者为了使自己的利益最大化，当然要制定对自己有利的规则。规则面前并不是人人平等，规则往往是强者的逻辑，强者主导着规则的制定，主导着规则的使用。而如今，强者优先是世界的潮流，在国际竞争中尤其明显。杰克·韦尔奇曾经提出著名的"数一数二"

战略，在任何一个领域，只有那些实力处于第一或者第二的个人或团队才能取得最多利润。他们可以根据自己的需要制定规则，他们获得了这个领域内最多的资源和最大的利润，他们就是这个领域内的强者。

强者不是天生的，也需要机会、运气、资源、智慧等各种因素，但强者之所以能成为强者，之所以能在竞争的过程中挤掉对手，最重要的就是他们具有强者心态。具有强者心态的运动员，会把自己的目标定在世界冠军上，而不是当个省、市第一名就够了；具有强者心态的企业家，会把企业的目标定为制造世界一流产品，而不会满足于生产一些廉价商品赚钱赢利；在这方面，我们权且把日本的丰田公司作为一个实例。

第二次世界大战后，一个名不见经传的日本汽车小厂"丰田"却立下了超越美国的雄心。1946年，丰田公司在资金技术上根本不能与实力雄厚的美国汽车大公司相比，而且在1949年以前，驻日本盟军司令部还禁止日本制造汽车，但这些都没有能够阻止日本人向美国汽车挑战的雄心。1952年日本丰田公司和美国福特公司商谈引进轿车生产技术，但由于美方价码较高没有谈成，丰田公司的董事长丰田英二到福特公司参观回来后说："美国人没有什么了不起，他们能做到的我们也能做到。"30年后，日本击败美国成为世界第一的汽车王国，丰田汽车也成为世界上家喻户晓的日本名牌。

弱者的生存之道星星点点写满了智慧。非洲丛林中的蚂蚁、亚马孙河里的蜂鸟靠着"团结一致，同心同德"而所向无敌。蜥蜴太弱小了，几乎比它大的动物都是它的天敌。但它却在地球上生活了上万年。蜥蜴生存之道无非两个字——适应。蜥蜴可以随环境不断地变换自己的肤色。在黄土地上，它的颜色是黄褐色的；在草丛中，它的颜色则是绿色的。能够变色的蜥蜴常常让它逃过一次又一次劫难。

在经济学上，有一种蜥蜴哲学。这种哲学能解释在多变的经济环境中，为什么小企业的营利点要比大企业高？原因就在于小企业更具有适应性，它可以随时调整自己的产业结构。如果把经济学上的道理推及生活，我们仍然能够从中品味出人生有时候也需要掌握一点蜥蜴的生存哲学。

往往就是这样，一个强者总是千方百计维护自己强者的面目，而不甘以弱者的姿态出现。

有一个企业，一直是市里的明星企业，其效益也处在全市的前列。可5年前快到年末的时候，企业主却自杀了。这是一个令人猝不及防的消息，而调查结果更出乎意料之外。企业每到年末都要给职工发放奖金，在全市的企业中，他的企业发给职工的奖金每年都是最高的。但那一年，因为财务管理上出现了问题，企业拿不出一分钱的奖金。在强大的心理压力下，他愚蠢地选择了自我了断。

强者的悲哀也许就在这里，他不愿在世人面前示弱，把虚荣心看得比生命还重要。其实，这有什么呢，退一步海阔天空！

弱与强是相对的。弱者生存的依据在于示弱，在于以柔克刚；而强者却以为自己无所不能，最终不免被更强的撞碎。另一个很好的例子就是人类发明的轮胎，据说一开始人们总想造个无坚不克的轮胎，但始终不成功，最后人们从反面思考，可不可以造一个可以吸收任何阻力的轮胎呢，于是用橡胶做的轮胎就产生了。

这个世界的生存法则是"物竞天择，适者生存"，而非强者生存。恐龙高大，但它却在地球上奇迹般地绝迹了。相对于强者来说，弱者有更多的选择和妥协，因为懂得适应，他们就有更多的生存机会。

美国通用公司总裁杰克·韦尔奇说："这个世界是属于弱者的，因为弱者最懂得适应。"也许真是如此。

初始者不争输赢，只为成长

成长是一个积累的过程，成功是成长过程上的节点，没有成功节点赖以依附的过程——成长，就没有成功，成长是一种内在本质，成功只是一种外在形式。因此，我们应该注重成长、淡化成功。

成长和成功，在人们眼中都是充满光环的字眼，尤其是对于正处于人生起步阶段的年轻人来说，更是充满诱惑。成功是一种结果，成长则是一个过程。成功可能缘于偶然，但成长必须是常态的积累。健康的成长必将收获预期的成功，成长其实比成功更重要。

许多新入职场的新人都关注着自己什么时候能晋升，其实当你的目光总望着远方的时候，无疑脚下会走不稳；当你太关注成长的结果时，就必然会疏忽成长的过程。实际上，成长重要还是输赢重要困扰着很多人。在我看来，成长是第一位的，最后的输赢是成长的结果。

从前有一棵苹果树。第一年，它结了10个苹果，9个被拿走，自己得到1个。对此，苹果树愤愤不平，于是自断经脉，拒绝成长。第二年，它结了5个苹果，4个被拿走，自己得到1个。"哈哈，去年我得到了10%，今年得到20%！翻了一番。"这棵苹果树心理平衡了。

但是，它还可以这样：继续成长。譬如，第二年，它结了100个果子，被拿走90个，自己得到10个。很可能，它被拿走99个，自己得到1个。但没关系，它还可以继续成长，第三年结1000个果子……

其实，得到多少果子不是最重要的。最重要的是，苹果树在成长！等苹果树长成参天大树的时候，那些曾阻碍它成长的力量都会微弱到可以忽略。真的，不要太在乎果子，成长才是最重要的。

成长无处不在，无时不有。虽然四季分明，春种夏长、秋收冬藏，但人们对成长的追求却没有一刻的停留。现在，"成长"已成为最通用的衡量标准。买卖股票要看"成长性"、选拔人才要看"成长潜力"、寻找工作要看"成长空间"，"成长"不仅意味着现在，更着眼于未来。

有一个年轻人大学刚毕业就进入出版社做编辑，他的文笔很好，但更可贵的是他的工作态度。那时出版社正在进行一套丛书的出版，每个人都很忙，但上司并没有增加人手的打算，于是编辑也被派到发行部、业务部帮忙。整个编辑部几乎所有人去一两次就抗议了，只有那个年轻人心情愉快地接受指派。事实上也看不出他有什么便宜可占，因为他要帮忙包书、送书，像个苦力工一样，他真是个可以随意指挥的员工，后来他又去业务部参与销售的工作。此外，连取稿、跑印刷厂、邮寄……只要开口要求，他都乐意帮忙！两年过后，他自己成立了一家出版公司，做得很不错。

原来他在吃亏的同时，把这家出版社的编辑、发行、销售等工作都摸熟了。现在，他仍然抱着这样的态度做事，对作者，他用吃亏来换取信任；对员工，他用吃苦来换取他们的积极性；对印刷厂，他用吃亏来换取品质……由此看来，他真的占到了便宜！

如果吃亏能让你得到比其他人更多的工作经验，更多的发展机会，那么吃亏也就是占便宜！这个年轻的大学生，在最初工作的时候，随意地被老板和其他员工指派，但就是在这个过程中，他积累了工作经验、人脉关系，在短短两年之后成功地开始了自己的事业。

德国著名诗人歌德曾经说过"每个人都想成功，但没想到成长"。在"成功学"泛滥的今天，我们这个社会有些浮躁，在"一夜暴富、一夜成名"故事炒作的推波助澜下，现实生活中很多人都期待用成功的奇迹来点缀生命，却不去关注自己的成长。其实，成功形于外，成长寓于内。成功只是人生的一两个节点，表现于外在，由别人去评论；而成长是个持续的过程，是内在的。一个人可以不成功，但不能不成长。在成长这个过程中，我们会经历很多，感悟很多，收获很多。珍惜自己的成长过程，才会让自己变得成熟，变得优秀。同时，成功的模式不是固定的，成功的标准也绝非一元化的。成功可能是创造了新的财富或技术，可能是为他人带来了快乐，可能是在工作岗位上得到了别人的信任，也可能是回归了自我，找到了真我。成功就是在成长的道路中了解自己，发掘自己的目标和兴趣，努力不懈地追求进步，让自己的每一天都比昨天好。

两虎相争时是弱者的最佳渔利机会

"鹬蚌相争，渔翁得利"，弱者的明智策略是以旁观者的姿态等待两强的拼争，保存好自己的实力等待一个大获全胜的时机。

"枪手博弈中"甲、乙、丙三个枪手正在进行生死决斗，谁才是最好的同盟者？结果必定是排名第一和第二的高手都希望水平最低的人成为自己的同盟，因为他的水平最低，对他们的威胁最小，所以三方争斗的结果经常是弱者坐收渔人之利。

建安十三年，曹操平定北方后南下，从此也就拉开了孙、曹、刘三方在荆州博弈的序幕。荆州刘琮不战而降，刘备在逃亡中被曹操击败退守江夏。曹操为了阻止刘备与孙权结盟便派人给孙权送了一封信："近者奉辞伐罪，旌麾南指，刘琮束手。今治水军八十万众，方与将军会猎于吴。"

这是曹操犯的一个错误，他本不应该在给孙权的书信中对其恐吓。这封信在字里行间透露出来的威胁虽然吓倒了当时孙权身边的谋士，却将孙权推向了刘备这一方。刘备方面也深知光凭自己一定对付不了曹操，在刘备等人到达夏口后立即派出诸葛亮出使江东。最终，在周瑜、鲁肃、诸葛亮等人的努力下，一个枪手决斗的模型形成了。三方实力对比，曹操最强，孙权次之，刘备最弱。他们分别扮演枪手甲、乙、丙的角色。孙、刘联盟无疑是成功的，他们在赤壁之战中大胜曹操。

中国有句古话叫做"两虎相争，必有一伤。"由此衍生出了"坐山观虎斗"以收渔人之利的处世哲学。

一条街上，三家裤子店瓜分了所有市场。当时市面冷清，A 开始降价，随后客人增多，B 也随之降价，也抢了一些客源，C 没办法也只好降价。没过多久，A 为了抢生意，又采取新一轮降价，B 立刻跟进，顿时，A、B 打得不可开交。C 此时宣称自己亏得太多，不能坚持下去，就不再去争另两家的买卖了，这下 A、B 之战愈演愈烈，结果价格一压再压，一开始业绩很好，不光客人很多，买的也多，甚至有人批发购买，后来店铺基本被挖空了，本金大赔特赔。最后他们才知道，很多买家都是 C 雇佣的，最后 A 倒闭，B 成了 C 的分店。

C 的策略告诉我们，要先让强者之间翻脸，保存自己的实力，并乘虚而入，这是一种非常高明的办法。关门的两家一味蛮干，争强好胜，结果下场很悲惨。所以，遇事我们一定要看清楚自己的立场，自己和对手之间的差距，究竟自己是强者还是弱者。处于实力链各个环节的人都有自己的生存之道，关键是给自己正确的定位，选择合适的策略。

通过"枪手博弈"，我们可以了解到，人们在博弈中能否获胜，不单取决于他们的实力，更重要的是取决于博弈双方实力对比所形成的关系。事实上，在"枪手博弈"中如果遵守游戏规则，正确运用博弈策略，实力弱者反而比实力强者更有胜算。对实力弱者来说，积极争胜并不是主要目标，保证自己的安全，才是赢得最后胜利的砝码。

在多人竞争博弈之中，弱者应该懂得坐山观虎斗。远离争斗是保存实力，积蓄实力的必要条件，隔岸观火，把握时机，是赢得胜利的绝妙策略。在混乱的博弈场上，聪明人应该懂得远离硝烟，避开争斗。

先认清时局，再扭转局面

企业必须认清时局，反观自己，时机到来，就重拳出击，这样才可能以小变大，化弱为强。要认清时局，需要对自己和对方都能够看得清，认得准，知己知彼，才能百战不殆，胜出全局。下面是一正一反两个例子，相信能提供一定启迪。

俗话说，"识时务者为俊杰"，聪明人首要的是看清时局。局势认清了，才是扭转局势的基础和前提。事实上，只有看清了局势，才能利用客观时局要素积极准备条件，再改变局势，否则，扭转局势只能是毫无根据的空口大话。东汉末期，当关羽死于东吴谋害，刘备无视当时鼎立局势，强行伐吴，结果只能是反受局势所困。

香港电灯是香港第二大电力集团，1890 年 12 月 1 日开始向港岛供电，一直是香港的主要电力供应商。随着二战后九龙、新界人口激增，工厂林立，它后来居上，升为香港第一大电力集团，赚得盆盈钵满后，还筹划向广东供电。

经济的发展使电力的需求旺盛，所以香港电灯公司的收入非常稳定，加上香港政府准备实行鼓励用电的制度，用电量越多就会越便宜，所以，香港电灯公司的供电量将会有大幅的增长，盈利自是水涨船高。

香港电灯是拥有专利权的企业，不可能会有第二家电力企业在香港与其竞争。可以说，在香港电力市场上，香港电灯处于垄断的地位，能够确保盈利的稳定，这正是李嘉诚青睐香港电灯的主要原因。香港电灯的诸多优势，使众多商家垂涎欲滴，跃跃欲试。除了李嘉诚的长江实业外，英资的怡和实业以及佳宁等资力雄厚的大集团，且已经开始采取行动。虽然李嘉诚对于香港电灯渴望已久，但是面对强敌，他坚持以退为进，避免正面交锋的策略。他是在静观其势，寻找机会。

1982 年 4 月，市面有了置地公司即将着手收购香港电灯的风声。人们都以为长江实业（集团）有限公司、佳宁集团也会参与竞购，所以香港电灯、置地、长江实业（集团）有限公司、佳宁集团的股票都被炒得很高。1982 年 4 月，置地公司准备收购香港电灯的消息，在市面上已经成了公开的秘密。4 月 26 日，正值周一，香港股市一开市，置地公司便以锐不可挡之势，一举收购了香港电灯 2.22 亿股股份。按照收购及合并委员会规定，超过 35％ 的临界点就必须全面收购，持股量要过 50％ 才算收购成功。所以为避免触发全面收购，置地将增购的股份控制在 35％ 以下。置地重拳出击，最后以高出市价 31％ 的条件，顺利完成了对香港电灯的收购。长江实业（集团）有限公司与佳宁欲竞购香港电灯的传闻立即化为乌有。佳宁集团此时也面临着危机，而长江实业（集团）有限公司并不急于出手，故意让置地的收购如愿以偿。置地在香港的急速扩张，使它的现金资源很快消耗殆尽，无奈之下，它开始向银行大举贷款，负债额高达 160 亿港元。

李嘉诚之所以暂时不采取行动，正是经过仔细分析和深思熟虑之后的结果，他认为此时自己出击的时刻还没有到来，置地支撑不了多长时间。精明的李嘉诚要等到置地筋疲力尽的那一刻，李嘉诚这样做是有道理的。他认为置地此时的收购行动，志在必得，士气正旺，如果与之碰硬，置地必会竭尽全力而战。以自己目前的实力，取胜的可能性很小，只能等待时机。所以最终，在置地筋疲力尽无计可施之时，李嘉诚终于认清了时局，一下扭转局面，变小为大。

之所以认清局势之后才能扭转局势，是因为只有认清了局势，才知道局势是顺还是逆，才知道有利局势时顺势而为，在不利局势时积极创造有利条件。

弱者更要懂得生存的智慧

常听人劝人："你改变不了这个世界，所以你只能适应它。"又闻"知足者常乐"。与其说这是弱者生存智慧的真实流露，不如说这是发自内心的极端无奈，但你真的以为简单的韬光养晦就可以逃避这世界的游戏规则吗？

综观一下人类历史的兴亡更替，你就会发现人类社会的游戏规则从来就是强者主导的。虽然哲学家们告诉你要对人类有信心，要相信明天总是美好的，但这只是哲学家说的。哲学家们量度人类美好品质进步作用的思维尺度，最小单位是以百年计，在这百年内足够几代人经历生死劫难了。对于普通人是不能完全听从哲学家的这种逻辑的，否则你会对强势者失去警惕，以为只要懂得内敛、知足常乐就可避祸，从而失去弱者的生存智慧。请看下面的例子。

有一个老者，因为生活困顿，年逾七十还长期摆地摊卖盗版书。他一生习惯勤于积蓄，省吃俭用，自以为存了不少钱，20 年前就有几万块，这在当时来说，几万元可是好大一笔财产。可 20 年间物价结构改变飞快，他中途又遭遇了因病下岗，其间有近 10 年不知如何是好，后来才开始摆起了这地摊。当他想起用几万块加上 20 年间赚的钱给儿子买个城里的商品房的时候，结果却发现这点钱只够买个卫生间。

这位老者的经历是十分典型的，他经历了不同的强者主导的不同游戏规则的转换，在这种转换里他遭到通货膨胀的洗劫，这可以说是对他省吃俭用、知足常乐处世经典的打击，这是很悲惨的。

"子在川上曰：'逝者如斯夫'"，意在劝说人们不要过分执著于当下，一切的困难、灾难都会过去，然而这只是哲学家思维的大尺度。作为普通人来说，在这大尺度量度出的空间里却可能遭遇生死轮回般的折磨，人们应懂得"弱者的生存智慧"。面对无法克服的困难，光有信心是没有用的，比如那位摆地摊的老者。一是要能够有挺住的手段，才不至于饿肚子；二是要有真正保值的积蓄，这是"弱者的生存智慧"中的一小部分。

想咸鱼翻身，归根结底需要自身强大起来

要做赢家，取得主动，说到底要使自己强大起来，因为这个世界尊重强者，只有强大才能获得重视，形成影响。而你需要做的是，每天进步一点点，通过时间来慢慢积累。

在众多的成功人士之中，我发现他们最大的特点就是知道如何扭转失败的人生。他们困惑过、痛苦过、失败过。每个人都难免失败，失败并不可怕，关键是要展示出重塑自我的积极心态，扭转被动的人生局面，这才叫智者，这才叫强者。

俗话说："态度决定高度。"积极的心态、坚定的信心，是事业成功的一半。面对灾难，应对危机，更需要保持一颗每战必胜的信心和决心。信心不是凭空就能有的，它来自于实力，来自于自身的强大。

有时候对手会给你提出各种各样的条件，你虽然有一点感受，但是不管他怎么讲，你可能不会采纳，但是如果是一位比自己强很多的对手跟你谈起，可能结果完全不同，为什么会这样？因为在这个社会，每个人都会尊重强者。强者无需更多说明，但是弱者就是苦口婆心有时也没有用，因为得不到重视！这是一个普遍的社会现象，你可以埋怨别人鼠目寸光，但是社会的现实又一次告诉每一个人：一定让自己慢慢地强大，哪怕每天只进步一点，这样才会被重视，因为自身强大是最好的语言！

有的年轻人可能会故作坚强，也可能靠一些行头来显示自己的能力，靠学习一些冷酷的动作来显示自己的成熟，这些其实没有任何价值。因为自身的经历、谈吐、学识不是可以装出来的。成熟的标志就是可以把自身真实的东西表露出来，做事情很理性，不会为情所困，

也慢慢不会为爱感伤，甚至不再为爱痴狂。因为他知道自身的强大是最好的语言，无须更多说明，也无须任何解释！你可能在彷徨中等待，也可能在迷离中退缩，但是一定要记住一点，每天进步一点，每天要完善自己一下，那样可能你说话就越来越少，效率也会越来越高，因为有更多的人重视你，相信你说的每一句话。反之，你要不断地向每一个人解释，你要不断地表露决心，但是别人还是摇摇头，或者直接把你否定。为什么会这样呢？因为你不够强大，你不用埋怨别人，你自己也经常是这样地对待问题，学会换位思考就会理解这些问题！

和什么样的人在一起就会产生什么样的思维，因为人与人之间相互感染，和喜欢上进的人在一起，你学会了超越，敢于向命运挑战。如果你每天喜欢和保守的人在一起，你学会的是忍耐和退缩，因为你有一千个理由原谅自己，你会默默承受残酷的现实，相信自己的命运安排。中国的强大靠每一个公民的努力，那自身的强大靠谁呢？靠自己，相信自己，做好真的自己！

聪明的人是快速吸收别人的精华，向每一个人学习，不断地锻炼自己，因为自身的强大是最好的语言！好的口碑胜过万马千军！

战国时期，赵武灵王是赵国的一位奋发有为的国君，为了抵御北方胡人的侵略，他施行了"胡服骑射"的军事改革。赵武灵王改革的中心内容是穿胡人的服装，学习胡人骑马射箭的作战方法。这在当时，对地处中原的赵国国民来说，简直是欺师灭祖，不可接受。然而，赵武灵王力排众议，带头穿胡服，习骑马，练射箭，亲自训练士兵。正是赵武灵王的虚怀若谷和勇于学习使赵国军事力量日益强大，进而西退胡人，北灭中山国，成为"战国七雄"之一。相传，邯郸市西的插箭岭就是赵武灵王实行"胡服骑射"、训练士卒的场所。

上面的例子告诉我们：向别人学习，尤其向自己的对手学习将为你赢得胜利提供最好的条件。

第十章
掌控关键信息的博弈
——情报、创意、执行力一个都不能少

市场中的企业或个人总是互相联系互相影响的，因而，对整个市场的信息掌握得越充分越准确，对自身的发展越有利，尤其在自己发展战略的制定上。"海盗分金"告诉我们，最强的并不一定获得最好的结果，有时候，弱者在充分全面掌握信息的情况下，合理地作出决策，反而能取得决定性胜利。信息是一种权力，掌握了信息就掌握了话语权，掌握了主动权；信息是一种价值，各种中介公司直接把信息拿来出售。掌握全面的基本信息，能更清楚地把握时局，掌握还鲜为人知的"小信息"，意味着巨大的机会，因为，当信息已成公共常识，机会已经过去。信息不对称的双方，信息全面者占优势，当处于信息劣势时，应于劣势中找优势，确立自己的信息强项。掌握信息，看清时局，小企业也能赶上大企业开辟的良好行业形势，而无视信息，不顾市场，盲目降价竞争，除了消费者外，没有赢家。

"海盗分金"告诉我们什么

"海盗分金"的隐含假设是所有海盗的价值取向都是一致的、理性的。而在现实生活背景下，海盗的价值取向并不都一样，有些人的脾性是宁可同归于尽都不让你独占便宜，有些人则只求安稳，不计较细碎的利益。在"海盗分金"博弈中，我们还能看到一个富有哲学意义的命题，那就是生命与金钱孰轻孰重？这在博弈中是一目了然的。

没命的话要钱还有何用？所以首先是考虑自身的安全。命比钱重要是肯定的，但在现实生活中，没钱又怎能有命呢？

　　海盗就是一帮亡命之徒，在海上抢人钱财，夺人性命，干的是刀头上舔血的营生。在我们的印象中，他们一般都是独眼龙，用条黑布把瞎眼遮上。他们还有在地下埋宝的习惯，而且总要画上一张藏宝图，以方便以后掘取。然而很少有人知道，海盗是很民主的团体。

　　平时海盗之间一切事都由投票解决。船长的唯一特权，就是拥有自己的一套餐具。可是在他不用时，其他海盗是可以借来用的。海盗船上的唯一惩罚，就是丢到海里去喂鱼。

　　现在船上有若干个海盗，要分抢来的若干枚金币。自然，这样的问题他们是由投票来解决的。投票的规则如下：先由最凶残的海盗来提出分配方案，然后大家一人一票表决，如果有50%或以上的海盗同意这个方案，那么就以此方案分配，如果少于50%的海盗同意，那么这个提出方案的海盗就将被丢到海里去喂鱼，然后由剩下的海盗中最凶残的那个海盗提出方案，依此类推。

　　我们先要对海盗们的信息作一些假设：

　　1. 每个海盗的凶残性都不同，而且所有海盗都知道别人的凶残性，也就是说，每个海盗都知道自己和别人在这个方案中的位置。另外，每个海盗都是很聪明的人，都能非常理智地判断得失，从而作出选择。最后，海盗间私底下的交易是不存在的，因为海盗除了自己谁都不相信。

　　2. 一枚金币是不能被分割的，不可以你半枚我半枚。

　　3. 每个海盗当然不愿意自己被丢到海里去喂鱼，这是最重要的。

　　4. 每个海盗当然希望自己能得到尽可能多的金币。

　　5. 每个海盗都是功利主义者，如果在一个方案中他得到了1枚金币，而下一个方案中，他有两种可能，一是得到更多金币，一是得不到金币，这时他会同意目前这个方案，而不会存有侥幸心理。总而言之，他们相信二鸟在林，不如一鸟在手。

　　6. 最后，每个海盗都很喜欢其他海盗被丢到海里去喂鱼。在不损害自己利益的前提下，他会尽可能投票让自己的同伴喂鱼。

现在，如果有 10 个海盗要分 100 枚金币，结果将会怎样呢？

这是来自于《科学美国人》中的一道智力题，原题叫做《凶猛海盗的逻辑》。一般大家都称之为"海盗分金"问题。

要解决"海盗分金"问题，我们总是从最后的情形向前推，这样我们就知道在最后这一步中什么是好的和什么是坏的策略。然后运用最后一步的结果，得到倒数第二步应该作的策略选择，依此类推。要是直接从第一步入手解决问题，我们就很容易因这样的问题而陷入思维僵局："要是我作这样的决定，下面一个海盗会怎么做？"

以这个思路，先考虑只有 2 个海盗的情况（所有其他的海盗都已经被丢到海里去喂鱼了）。不妨记他们为 P1 和 P2，其中 P2 比较凶残。P2 的最佳方案当然是：他自己得 100 枚金币，P1 得 0 枚。投票时他自己的一票就足够 50％了。

往前推一步，现在加一个更凶猛的海盗 P3。P1 知道——P3 知道他知道——如果 P3 的方案被否决了，游戏就会只由 P1 和 P2 来继续，而 P1 就一枚金币也得不到。所以 P3 知道，只要给 P1 一枚金币，P1 就会同意他的方案（当然，如果不给 P1 一枚金币，P1 反正什么也得不到，宁可投票让 P3 去喂鱼）。所以 P3 的最佳策略是：P1 得 1 枚，P2 什么也得不到，P3 得 99 枚。

P4 的情况差不多。他只要得两票就可以了，给 P2 一枚金币就可以让他投票赞同这个方案，因为在 P3 的方案中 P2 什么也得不到。P5 也是相同的推理方法，只不过他要说服他的两个同伴，于是他给每一个在 P4 方案中什么也得不到的 P1 和 P3 一枚金币，自己留下 98 枚。依此类推，最终 P10 的最佳方案是：他自己得 96 枚，给每一个在 P9 方案中什么也得不到的 P2、P4、P6 和 P8 一枚金币。

结果，"海盗分金"最后的结果是 P1、P2、P3、P4、P5、P6、P7、P8、P9、P10 各可以获得 0、1、0、1、0、1、0、1、0、96 枚金币。

在"海盗分金"中，任何"分配者"想让自己的方案获得通过的关键，是事先考虑清楚"挑战者"的分配方案是什么，并用最小的代价获取最大收益，拉拢"挑战者"分配方案中最不得意的人们。

真是难以置信。P10 看起来最有可能喂鲨鱼，但他牢牢地把握住先发优势，结果不但消除了死亡威胁，还获得了最大收益。而 P1，看起来最安全，没有死亡的威胁，甚至还能坐收渔人之利，但却因不得不看别人脸色行事，结果连一小杯羹都无法分到，却只能够保住性命而已。

其实什么事情都是先手比较有优先决断权。历朝历代的农民起义、争斗不休的宫廷政变、企业内部成帮结派的明争暗斗、办公室脚下使绊的公司政治，哪一个得胜者不是用"强盗分金"的办法，他们都是以最小的代价获得最大的受益，拉拢"挑战者"分配方案中最不得意的人们，而打击"挑战者"。

当老大是不容易的，企业家就是要把各方面摆平。任何"分配者"想让自己的方案获得通过的关键是事先考虑清楚"挑战者"的分配方案是什么，并用最小的代价获取最大收益，拉拢"挑战者"分配方案中最不得意的人们。

为什么企业中的一把手，在搞内部人控制时，经常是抛开二号人物，而与会计和出纳们打得火热？这正是因为公司里的小人物好收买，而二号人物却总是野心勃勃地想着取而代之。

海盗 P10 就相当于公司老板。假如你作为老板，拥有最先分配权，就看你是否仁厚，你有权独吞所有共同成果，也可以合理分配让大家满意；如果你过于贪婪，就要承担被伙伴推翻的风险；如果你不想冒险，就放弃部分利益以求共存。

当然"海盗分金"的隐含假设是所有海盗的价值取向都是一致的，理性的。而在现实生活背景下，海盗的价值取向并不都一致，有些人的脾性是宁可同归于尽都不让你独占便宜，有些人则只求安稳，不计较利益。所以这 10 个海盗换成不同性格的人在不同的位置都有可能影响结果。作为海盗 P10，还必须对伙伴们的性格了如指掌，根据其性格特点和价值观作深入研究和策略分析，才能设计出最合适的分配方案，这是没有什么公式套路的。

和老板领导管理团队一样，要赚取最大化的利润又不能使自己的平台垮掉，就必须对自己的下级作深入研究，制订相应合理的分配方案，才能获得最大的成功。

在"海盗分金"博弈中，我们还能看到一个富有哲学意义的命题，那就是生命与金钱孰轻孰重？

这在博弈中是一目了然的，没命的话要钱还有何用？所以首先是考虑自身的安全，你身上只要还有一枚金币，别的海盗们就会贪图你这一枚金币，怎么办？除非什么都不要，剩下 100 枚金币让其他 9 个人平分。如果其他海盗都愿意以最小的代价（即 9 人内部不愿意再发生争执）换来最大的利益的话，这个方案就没有问题，但遗憾的是自己的利益就彻底丧失。

命比钱重要是肯定的，但在现实生活中，没钱又怎能有命呢？

信息决定博弈结果

掌握的信息越多，作出正确决策的可能性就越大。一句话，信息决定博弈结果。

《郁离子》中讲了这样一个故事：

楚国有一个以养猴为生的人，当地人称他为狙公。他白天必定在庭院将猴子分成几组，让老猴子率领它们到山里去，采摘草木的果实。猴子们把果实上缴了以后，狙公只拿出 1/10 来喂他们。如果有的交的数目少，还会被施以鞭杖。这些猴子因为惧怕，虽然十分痛苦，但是却没有任何办法。有一天正在采摘果实的时候，一只小猴子突然对众猴子问道："山上的果实是狙公栽种的吗？"猴子们都回答说："不是，天生的。"小猴子接着问："既然这样，我们为什么要被他利用，并且受他的剥削呢？"小猴子的话还没说完，众猴子就都醒悟过来了。当天晚上，它们一起等狙公就寝后，拿出狙公平日积蓄的果实，呼朋唤友地进入了树林之中，不再回去了。狙公一夜之间变得一无所有，终于因饥饿而死。

在这个故事中，刘伯温把这位狙公比作玩弄权术的统治者，他评论说："人世间有以权术驱使民众而无道理和法度的人，就如同狙公一样吧。是民众没有完全觉醒，一旦得到启发，权术就到头了啊。"但是，把狙公之死仅仅归结于权术的破产是不够的。实际上，使他变得一无所有的，恰恰是由于信息不对称状态的改变。

谢林曾经在《冲突的战略》中，提到一个强盗的故事。

一天，一个持枪的强盗进入了一所房子。房子的主人在听到楼下的响动之后，同样持枪一步步向楼下走来。于是，危机和冲突发生了。

上述危机显然会导致多种结果。最理想的结果当然是，强盗平静地空手离开房子（一个见义勇为的读者甚至建议勇擒强盗，绳之以法）。此外，一种可能的结果是，主人担心强盗盗窃财物而首先射击，致使强盗身亡；另一种可能的结果是，强盗担心主人会开枪射击，而首先射击，导致主人身亡。第二种可能结果的出现，显然对房子的主人而言是最糟糕的，因为他不仅失去财物，而且还丢了性命。

对于各种可能的结果，其引发的原因却可能有无数种。例如，对于强盗死亡这一结果，除了主人担心财物受损而首先开枪射击外，还可能出于对强盗可能因恐惧而射击的担心使主人先发制人，等等。更有意思的是，主人先发制人的动机可能是对强盗先发制人的担心，诸如此类。

如何成功解决冲突和化解危机？按照谢林的观点，信息的把握和传递是至关重要的。例如，如果持枪的主人经过在黑暗中静静地观察，发现强盗的手中并没有枪；或者持枪的强盗发现主人毫无准备地冲下楼，则事态的进展会有利于掌握更多信息的一方。但如果双方都了解对方持枪的事实，则主人向强盗传递"只是想把他赶走"的信息（或者强盗向主人及时传递只想图财无意害命的信息）就变得十分重要。

诺贝尔奖获得者罗伯特·奥曼在研究中发现，博弈的参与人对信息的掌握通常是不对称的，如果博弈只发生一次，则无疑具有信息优势的人会获得作为信息租的收益；但如果博弈是重复进行的，则今天利用信息寻租者必定会在寻租过程中泄露其所拥有的信息，信息不对称程度就会减轻，这又是重复博弈之所以会改进资源配置状态，使人与人的关系走向公平和谐的原因。

20世纪60年代初期，在对阿尔及利亚的战争中，由于庞大的军费开支给法国政府造成了沉重负担，戴高乐总统决定同本·贝拉领导的阿尔及利亚民族解放阵线谈判，以便尽快结束这场战争。谈判在秘密进行了一段时间之后，只等选择一个适当的时间正式宣布会谈正式开始。当时法国驻阿的殖民军军官们听到这一风声后，为了阻止战争的和平结束，密谋组织兵变。

戴高乐得知这一情况后心急如焚。但是阿尔及利亚远在非洲，所谓"将在外君命有所不受"，他一时居然没有什么良策来应付。这时，一位幕僚给戴高乐出了个似乎不着调的主意：把几千台简易晶体管收音机发到驻阿部队中。军官们认为，在蚊虫肆虐的热带兵营里，让士兵们听听法国流行歌曲，是一件好事，因此也没有干涉。

然而，在正式宣布会谈开始的前天夜里，法国士兵们从收音机里听到的却不是流行歌曲，而是戴高乐的声音："士兵们！你们面临着忠实于谁的抉择。我就是法兰西，就是他命运的工具。跟我走，服从我的命令……"讲话的内容和用语，同戴高乐当年流亡国外指挥反法西斯斗争时所发表过的广播讲话完全一样。这些士兵过去跟着戴高乐，取得了反法西斯战争的胜利，今天自然仍跟他走。第二天早晨，军官们发现大部分士兵对事态的真相已经一清二楚，只得放弃了兵变的图谋。

信息公开会改变双方的资源配置情况，进而改变博弈的结局，这一点是被无数历史事实所证明了的。

劣币为什么最终驱逐良币

劣币驱逐良币不只是一种偶然的现象，它有着存在的深层机制。这个深层机制就是信息不对称。

明朝嘉靖时，朝廷为了维护铜币的地位，曾发行了一批高质量的铜币，结果却使得盗铸更甚。为什么呢？原来在市场上流通的一般铜币质量远低于这些新币，盗铸有重利可图，治罪者虽多，却无法禁绝。私铸者还往往磨取官钱的铜屑以铸钱，使官钱也逐渐减轻，同私铸的劣币一样，而且新币被人收拢，熔化然后按照一般的较低的质量标准重铸，从中获利。

可是另一方面，如果政府铸造的金属币质量过于低下的话，同样会鼓励民间私铸。明代在 15 世纪中取消了对金属货币的禁令，却没有手段来保障铜币的供给，这导致了大量伪钱占领了市场，并引发了劣币驱逐良币的效应。

对于上述现象，从博弈论的角度可以得到一种全新的解读。我们可以利用美国经济学家乔治·阿克洛夫提出的著名的"二手车市场模型"来解读。

新古典经济理论的基础是完全竞争市场。在这样的市场中，资源能够得到最优配置，并能实现社会福利的最大化。然而现实中，完全满足上述假设的市场几乎是不存在的。二手车市场，就是这样一种信息不对称的市场。

阿克洛夫在 1970 年发表了名为《柠檬市场：质量不确定性和市场机制》的论文。在美国的俚语中，"柠檬"是"次品"或者"不中用产品"的意思。这篇研究次品市场的论文因为浅显先后被《美国经济评论》和《经济研究评论》两个杂志退稿，理由是数学味太少。然而它却开创了"逆向选择"理论的先河，他本人也于 2002 年获得诺贝尔经济学奖。

假设你刚刚来到一个城市，想要买一辆二手车，于是来到二手车市场上。你和卖车人之间对汽车质量信息的掌握是不对称的。卖家知道所售汽车的真实质量；但是你只知道好车最少要卖 6 万元，而坏车最少要卖 2 万元。要想确切地辨认出二手车市场上汽车质量的好坏是困难的，最多只能通过外观、介绍及简单的现场试验等来获取有关汽车质量的信息。而从这些信息中很难准确判断出车的质量，因为车的真实质量只有通过长时间的使用才能看出，但这在二手车市场上又是不可能的。所以，在你把二手车买下来之前，并不知道哪辆汽车是高质量的，哪辆又是低质量的，而只知道二手车市场上汽车的平均质量。

假定你的时间有限，或者缺少耐心，不愿反复讨价还价。你先开价，如果被卖家接受，就成交；否则，就拉倒。那么，你应该开价多少呢？开价 6 万元显然是太高了，因为这不能保证你买到好车，如果你希望买到好车的话；而如果你希望买到坏车，开价 2 万元（或者稍微多一点），就肯定有人卖给你。

也就是说，所有典型的买家只愿意根据平均质量支付价格，出价 4 万元。结果是，二手车市场上汽车的平均质量降低，所以买家愿意支付的价格进一步下降。在均衡的情况下，只有低质量的汽车成交。

上面的这个例子尽管简单，但给出了"逆向选择"的基本含义：

第一，在信息不对称的情况下，市场的运行可能是无效率的。因为有买主愿出高价购买好车，市场——"看不见的手"并没有实现将好车从卖主那里转移到需要的买主手中。市场调节下供给和需求总能在一定价位上满足买卖双方的意愿的理论失灵了。

第二，这种"市场失灵"具有"逆向选择"的特征，即市场上只剩下次品，也就形成了人们通常所说的"劣币驱逐良币"效应。传统市场的竞争机制导出的结果是"良币驱逐劣币"或"优胜劣汰"；可是，信息不对称导出的是相反的结果"劣币驱逐良币"或"劣胜优汰"。

从上述分析还可以看出，产品的质量与价格有关，较高的价格诱导出较高的质量，较低的价格导致较低的质量。"逆向选择"使得市场上出现价格"决定"质量的现象。由于买者无法掌握产品质量的真实信息，这就为卖家通过降低产品质量来降低成本从而争取低价格提供了可能，因而出现低价格导致低质量的现象。

我们可以知道，信息不对称是导致"逆向选择"的根源。由于信息不对称在市场中是普遍存在的最基本事实，因而"二手车市场模型"具有普遍的经济学分析价值。

有时信息就是成功本身

当企业、个人面临激烈竞争时，必须要从市场调查入手，发现机会，确立竞争优势。但作为个人和中小型的企业，不可能长期依赖专业调研机构，我们自己该如何进行市场调查和信息收集呢？市场调查、信息收集是辨认市场机会、确立企业和个人竞争优势以及制订市场竞争战略的出发点，必须予以重视。

有一个古董商，他发现有一个人用珍贵的茶碟做猫食碗，于是假装很喜爱这只猫，要从主人手里买下。猫主人不卖，为此古董商出了大价钱。成交之后，古董商装作不在意地说："这个碟子它已经用惯了，就一块儿送给我吧。"猫主人不干了："你知道用这个碟子，我已经卖出多少只猫了？"他万万没想到，猫主人不但知道，而且利用了他"认为对方不知道"的错误大赚了一笔。这才是真正的"信息不对称"。信息不对称造成的劣势，几乎是每个人都要面临的困境。谁都不是全知全觉，那么怎么办？为了避免这样的困境，我们应该在行动之前，尽可能掌握有关信息，人类的知识、经验等，都是这样的"信息库"。

再来看一个故事：

有一个卖帽子的人，有一天，他叫卖归来，到路边的一棵大树旁打起了瞌睡。等他醒来的时候，发现身边的帽子都不见了。抬头一看，树上有很多猴子，而且每一只猴子的头上都有顶帽子。他想到猴子喜欢模仿人的动作，于是就把自己头上的帽子拿下来，扔到地上；猴子也学着他，将帽子纷纷扔到地上。于是卖帽子的人捡起地上的帽子，回家去了。

后来，他将此事告诉了他的儿子和孙子。很多年之后，他的孙子继承了他卖帽子的家业。有一天，他也在大树旁睡着了，而帽子也同样被猴子拿走了。孙子想到爷爷告诉自己的办法，他拿下帽子扔到地上。可是猴子非但没照着做，还把他扔下的帽子也捡走了，临走时还说："我爷爷早告诉我了你这个老骗子会玩什么把戏。"

这两个故事告诉我们：我们并不一定知道未来将会面对什么问题，但是你掌握的信息越多，正确决策的可能就越大。

在实际生活中，很多情况下并不都是这么理想化的。人寿保险公司并不知道被保险人真实的身体状况如何，只有被保险人自己对自身健康状况才有最确切的了解。求职者向公司投递简历，求职者的能力相对而言只有自己最清楚，公司并不完全了解。最常见的例子就是买卖双方进行交易时，对交易商品的质量高低，自然是卖方比买方更加了解。之所以有这些信息不对称的情况，是因为存在"私有信息"。所谓"私有信息"，通俗地讲，就是如果某一方所知道的信息，对方并不知道，这种信息就是拥有信息一方的"私有信息"。

某一商家的产品是否有严重缺陷，这样的信息往往只被能接近和熟悉这种产品的人观察到，那些无法接近这种产品的人却无从了解或难以了解。相反，如果一则信息是大家都知道的，或者是所有有关的人都知道的，它就叫做"公共信息"或者"公共知识"。"私有信息"的存在导致了"信息的不对称"，也就是某些人掌握的信息要多于其他的人。

比如一个女孩面对好几个追求的男生，这些男生的人品、上进心等信息对于这个女孩来说都是私有信息，女孩与追求的男生之间就存在着信息不对称的现象，因此这个女孩到底选择哪一个男生往往就带有很大的不确定性。

"私有信息"造成的信息不对称是一种事前的信息不对称，举个例子说，消费者到商家去买商品，在购买之前就不清楚商品质量的好坏。

然而，还有一种信息不对称是在一定的环境下，博弈的一方无法判断并观察到另一方未来的行为。在信息经济学中，这种别人难以判断或观察到的未来行为是一种隐蔽信息，特别称为"隐蔽行为"。比如，一个民营企业雇佣了一个职业经理人，并授予此人极大的权力，然而这个资本所有者无法判断并观察到将来这个经理上任之后是否会偷懒甚至是将公司的利益据为己有。雇员并不能被全天候监督，他会欺骗雇主或偷懒的行为不可避免。这种行为就是隐蔽行为。

简而言之，隐蔽信息分为两大块：是事件（合同）前已经发生的和已经存在的有关事实，就叫做隐蔽特征；是事件（合同）后发生的有关事情，就叫做隐蔽行为。

正是因为参与博弈者掌握的信息并不完全，往往有很多私有信息的存在，其决策结果必然会有很大的不确定性。所谓不确定性，不管是对未来、现在或过去的任何决策，只要是我们不知道确切的结果的都具有不确定性。不确定性可分为两大类：主观不确定性和客观不确定性。主观不确定性是指决策者由于有关资料的缺乏，而不能对事物的态度作出正确的判断。

总而言之，充分掌握对手信息，并为之制定相应的战略，成功的机率就会高得多。

股神的秘密：抓小信息发大财

信息越少，机会越多。如何在看似既少又零碎的平常信息中发现机会，这是对投资者的一种考验。优秀的投资者往往能在看似平常的小信息里掌握商机，从而发展壮大。

吉姆·罗杰斯是一个在短短 10 年间，就赚到足够一生花费财富的投资家；一个被股神巴菲特誉为对市场变化掌握无人能及的趋势家；一个两度环游世界，一次骑车、一次开车的梦想家。

他 21 岁开始接触投资，之后进入华尔街工作，与索罗斯共创全球闻名的量子基金，1970 年，该基金成长超过 4000%，同期间标准普尔 500 股价指数成长不到 50%。吉姆·罗杰斯的投资智能，数字已经说话。从口袋里只有 600 美元的投资门外汉，到 37 岁决定退休时家财万贯的世界级投资大师。吉姆·罗杰斯用自己的故事证明，投资，可以没有风险；投资，真的可以致富。

在下面这封投资大师吉姆·罗杰斯所写的信里，我们应该能有所启发。

亲爱的读者朋友：

你喜欢投资市场吗？你对投资有热情吗？当我 21 岁开始接触投资市场时，我就知道这是我这辈子最有兴趣的领域。因为喜欢，所以有热情；因为充满热情，所以我花很多时间在作研究，研究竞争对手、研究市场信息、研究所有可能影响投资结果的因素。

找到热情所在，就能找得到机会。所以每个人都要问问自己：最喜欢的领域是什么？如果喜欢园艺，就应该去当园艺家；喜欢当律师，就朝这个方向努力前进。不要管别人怎么说，也不论有多少人反对，反正只要是自己喜欢的，就去追寻，这样就会成功。

我强调"专注"，在作投资决策前，必定要做很多功课，也因此我并不赞同教课书上所说的"多元投资"。看看全世界所有有钱人的故事，哪一个不是"聚焦投资"而有的成果？

投资成功致富来自事前努力地做功课，因为做足了功课，了解投资的产品价格低才买进，所以风险已经降到最低。并不是分散投资就叫做低风险，如果你对于所投资的市场、股票不熟悉，只是把鸡蛋分别放在不同的篮子里，这绝对不是低风险的投资，谁说只有一个篮子会掉在地上？

就好比有人认为分散投资于 50 家公司，一定比投资于 5 家公司的风险低。但是真是这样吗？你不可能完全掌握 50 家公司的详细状况，相对来说，如果只集中投资在 5 家公司，就可以作比较仔细的研究。所以说，5 颗鸡蛋放在一个相当稳固、安全的篮子里，一定比放在 50 个不牢固的篮子里要好得多。

我并不是一个喜欢冒险的人，相反地，我讨厌冒险，就是因为这样，我才要做很多功课。成功投资者的方法，通常是什么也不做，一直到看到钱放在哪里，才走过去把钱捡起来。所以除非东西便宜、除非看到好转的迹象，否则不买进。当然买进的机会很少，一生中不会有多少次看到钱放在哪里。

我不问为什么。所以我并没有任何导师，全部仰赖自己的研究与判断。

一旦我清楚地知道自己在做什么时，是不会有风险的。当然市场有可能在我决定投资、也投入金钱后继续修正，这时候我会回过头来检视，我究竟有没有彻底了解、做足功课，如果没有，那么风险是来自于我没有做好研究。倘若我确实做好功课，那么面对市场超跌的状况，我会投入更多金钱。所以风险高不高的症结在于有没有做功课，而不是集中投资就是高风险。

至于该怎么做足功课呢？那就要看是哪方面的议题。如果是跟栽培作物有关，就要去注意有多少农民、有多少库存农作物、这个领域谁在作什么规划、市场上有什么需求上的变化、是不是才播种、刚施肥……找出包括生产、需求的基本因素，事实上，这些问题可以适用到各种行业中。

另外，媒体也可以当做一个很好的指针，媒体向来是反映大众的看法、反映大家已经知道的事情，所以当媒体都在做类似的报导时，这就表示该项信息已经被充分传递了。

就好像 1999 年的时候，随便找一本杂志、一个广播或电视媒体，都在提".com"这个新经济带来的不同的投资思维，加上每个人都在投资".com"，这就是一个强烈的信号。真正有价值的信息其实是充分不足的信息，当某些信息得花很多力气才能取得时，这样的信息才可帮助你获利。

所以说，大家都知道的信息，机会已经相当有限。像近几年，大家热烈讨论新兴市场，投资人就要去思考，新兴市场是否已经反应了呢？大家是不是都进去投资了呢？如果你发现身边的人，都在买新兴市场的股票或基金，这就表示市场已经在反应了，想要从中获利，当然有限。

我还是要强调，信息愈少，机会就愈多。举个例子来说，当你翻开华尔街日报，你会发现整版都在讲股票、讲基金，但是商品信息却只有一小块，可见商品未被重视，这就是商品的机会所在。而且问问身边的人，有谁在投资商品？如果答案是极少数，这就更证明了商品的投资价值。

投资致富的轨迹在于，做自己喜欢的事，拥有热情，愿意不断地学习、做功课，发掘别人还没有看到的机会，这是我永恒不变的投资哲学，而跟随群众是永远不会成功的。

巧用不对称信息取得优势地位

信息不对称是指交易中的各人拥有的信息不同。一般而言，卖家比买家拥有更多关于交易物品的信息，但相反的情况也可能存在。前者例子可见于二手车的买卖，卖主对该卖出的车辆比买方了解。后者例子比如医疗保险，买方通常拥有更多信息。

有位专家说，信息就是信息，既不是物质，也不是精神。这似乎是什么都没说，又似乎已经说得很正确。广义地说，所谓信息就是消息。对人类而言，人的五官生来就是为了感受信息的，它们是信息的接收器，它们所感受到的一切，都是信息。

然而，大量的信息是我们的五官不能直接感受的，人类正通过各种其他手段来感知它们，发现它们。信息可以交流，如果不能交流，信息就毫无用处。信息还可以被储存和使用，你所读过的书、听到的音乐、看到的事物、想到或者做过的事情，这些都是信息。

私有信息掌握与否也是委托代理关系的重要概念。委托代理关系的概念来自法律。在法律上，当 A 授权 B 代表 A 从事某种活动时，委托代理关系就发生了，A 称为委托人，B 称为代理人。一般的委托代理关系泛指在任何一种涉及不对称信息的交易（合同、协议）中参与者之间的经济关系。掌握信息多、处于信息优势的一方称为代理人，掌握信息少、处于信息劣势的一方称为委托人。简单地说，"知情者"是代理人，"不知情者"是委托人。

社会是由众多个体构成的，人与人之间时刻发生着各种各样的联系。由于不对称信息在社会经济活动中相当普遍，所以许多社会经济关系，都可以归结为委托代理关系。例如，政府与企业、股东与经理、雇主与雇员、消费者与厂家、计算机用户与服务商、信息经纪人与信息用户、病人与医生等，他们之间都可以构成委托代理关系。除了正式的有书面合同（协议）的委托代理关系，以及有口头委托的较为明显的委托代理关系外，社会经济关系中还有大量的隐含的委托代理关系，诸如老百姓与政府官员、选民与议员的关系等。

同一种经济关系中可能包含有多种不同的委托代理关系。例如软件生产商与软件用户的关系，对于软件的生产成本、软件性能等方面的信息，生产商掌握的比用户多，生产商是代理人，用户是委托人，从这一方面来说是"用户委托生产商进行生产"。对于需求欲望、支付能力等方面的信息，用户掌握的比生产商多，从这一方面来说又是"生产商委托用户进行消费"。

可见，委托代理关系是与不对称信息相联系的，针对不同的不对称信息，可以构成不同的委托代理关系，对于参与各方，我们不能简单地说某一方是委托人、某一方是代理人。

一般来说，私有信息指的是现状，如买卖双方交易商品的质量状况、追求女孩的男生人品、健康状况、求职者的能力等。总而言之，私有信息是双方博弈时已存在的事实。在信息经济学中，一般把这种关于现存事实特征的私有信息，叫做隐蔽特征。

正是因为参与博弈者掌握的信息并不完全，往往有很多私有信息的存在，其决策结果必然会有很大的不确定性。

不确定性可分为两大类：主观不确定性和客观不确定性。主观不确定性是指，决策者由于有关资料的缺乏，而不能对事物的态度作出正确的判断。这种不确定性的判断，却是其他掌握资料的人可以有的。例如消费者对商品的质量不如生产者更为了解，换句话说，商品质量对于消费者更加具有不确定性。和主观不确定性相关的信息常常具有不对称性，一些人掌握事物状态的信息，而另一些人则缺乏事物状态的信息。信息的不对称性可以通过信息的交流和公开以及寻找而消除。客观不确定性是指事物状态的客观属性本身具有不确定性，对此，人们可以通过认识去把握不确定性的客观规律，但是，认识本身并不能消除这种不确定性。

当存在不确定性时，决策者的决策就具有风险。不确定性和风险有密切的联系，但又是两个不同的概念。不确定性，直观上很容易理解，一件事情可能出现的结果越多，这件事情就越具有不确定性，结果越不明确（概率分布越分散），不确定性的存在就越显著。

风险的必要条件是决策面临着不确定性的条件。当一项决策在不确定条件下进行时，其所具有的风险性的含义是：从事后的角度看，事前作出的决策不是最优的，甚至是有损失的。决策的风险性不仅取决于不确定因素所含不确定性的大小，而且还取决于收益的性质。所以，通俗地说，风险就是从事后的角度来看由于不确定性因素而造成的决策损失。

对个人来说，拥有信息越多，越有可能作出正确决策。对社会来说，信息越透明，越有助于降低人们的交易成本，提高社会效率。在绝大部分情况下，我们根本无法掌握影响未来的所有因素，这使得作确定性的决策变得困难重重。

信息本身的价值正在于此。博弈参与者一旦掌握了更多信息，其决策获得更大收益的可能性就增大。

比如，一个消费者买一部二手手机需要花 1000 元，而这部手机的真实价值也许只有 500 元，如果消费者购买了这部手机，就净损失 500 元，如果他和二手手机老板很熟，后来请老板出来吃顿饭支出 100 元，老板决定收回前面卖给他的手机，再给这个消费者一部价值 1200 元的二手手机。很自然，获取这部手机真实信息的价值或信息成本就是 100 元，但是不仅没有亏掉 500 元，反而赚了 200 元，一反一复投入 100 元的信息成本所得到的收益是 $500+200=700$ 元。

因此，市场参与者的决策的准确性取决于信息的完整性。准确的决策需要更多信息的支持，所以信息的获取有减少风险的可能性。这就是说，信息的搜集有可能增加决策者的收益。信息的价值就可以用获取信息后可能增加的收益来衡量。

左手博弈论
右手心理学

——大全集——

（第二卷）

张维维　编著

中国华侨出版社

市场选择如何 "搭便车"

市场 "搭便车" 策略是小企业利用大企业的一个很好的策略，这一点尤其体现在广告效益上，大企业做了影响整个行业的广告后，小企业便能借势有所作为。

在小企业的经营中，学会如何 "搭便车" 是一个精明的职业经理人最为基本的素质。在某些时候，如果能够注意等待，让其他大的企业首先开发市场，是一种明智的选择，这时候有所不为才能有所为。

"搭便车" 实际上是提供给职业经理人面对每一项花费的另一种选择，对它的留意和研究可以给企业减少很多不必要的费用，从而使企业的管理和发展走上一个新台阶。这种现象在经济生活中非常常见，却很少为小企业的经理人所熟识。

曾经爆发过的有关天然水与纯净水有害无害的激烈论战。该论战的挑起者是养生堂，这场论战却严重地影响了纯净水整个行业的利益。实际上，在这个事件中，纯净水行业的龙头老大娃哈哈和乐百氏，是有关纯净水有害论战的最大受害者，他们是最有理由首先站出来说话的企业。

所以，在那场水战中，纯净水行业的其他小企业可以对论战不闻不问，精明的小企业经理完全可以坐在家里，看大纯净水企业在媒体上发表的各种声明，坐享其成而不必在国内往返奔波，也在各大媒体发表声明。

为了筹备北京亚运会，秦皇岛亚运村需要订购一批高档家具，这一消息传出后全国各地的著名家具生产厂家及一些香港厂商都想抢得这批订单，但当各厂家得知这批订货质量要求极严，而价格又偏低时，都因无利可图而纷纷退出了竞争，而建国家具厂经过慎重考虑后却接下了这批订单，因为他们看准了亚运会这个宣传自己品牌的平台，于是便加班加点赶制出了质地优良、设计新颖、价格合理的 "海星牌"家具。然后，又通过亚运村各界新闻媒体的宣传，"海星牌"家具获得了良好的口碑，迅速名扬天下，并在全国 20 个省市建立了 230 个销售网点。

看来，企业经营者，特别是小企业经营者至少应该有耐心等待的头脑。

价格大战，谁是最后胜出者

我们经常会遇到各种各样的家电价格大战，彩电大战、冰箱大战、空调大战、微波炉大战……这些大战的受益者首先是消费者。每当看到一种家电产品的价格大战，占到便宜的消费者都会"没事儿偷着乐"。

中国消费者对价格战已经是司空见惯了。从最早的冰箱大战到不久前的彩电大战，以及最近一触即发的空调大战，无一不是以降价作为最常用的竞争手段。

这几年，各类产品降价频频，价格战越打越猛，究其原因，影响的因素很多。行业的成长空间和价值空间的大小、技术进步速度的快慢、价值链的长短等都会影响产品价格的变动。例如早期的手机市场成长空间和价值空间都很大，手机的技术进步快，产业价值链长，每一款新的机型几乎都可以卖到很高的价格。随着行业竞争的加剧，技术进步的速度加快，从 1998 年至今，同样的手机价格已经降了 60% 以上。再如移动通信市场，随着竞争机制的引入，市场逐渐启动并步入正轨，市场的成长和技术的进步，使降价成为可能。

在这里，我们可以解释厂家价格大战的结局也是一个"纳什均衡"，而且价格战的结果是谁都没钱赚，因为博弈双方的利润正好是零。竞争的结果是稳定的，即是一个"纳什均衡"。这个结果可能对消费者是有利的，但对厂商而言是灾难性的。所以，价格战对厂商而言意味着自杀。

从这个案例中我们可以引申出两个问题，一是竞争削价的结果或"纳什均衡"可能导致一个有效率的零利润结局。二是如果不采取价格战，作为一种敌对博弈论，其结果会如何呢？每一个企业，都会考虑是采取正常价格策略，还是采取高价格策略形成垄断价格，并尽力获取垄断利润。如果垄断可以形成，则博弈双方的共同利润最大。这种情况就是垄断经营所做的，通常会抬高价格。

　　另一个极端的情况是厂商用正常的价格，双方都可以获得利润。从这一点，我们又引出一条基本准则："把你自己的战略建立在假定对手会按其最佳利益行动的基础上"。事实上，完全竞争的均衡就是"纳什均衡"或"非合作博弈均衡"。

　　在这种状态下，每一个厂商或消费者都是按照所有的别人已定的价格来进行决策。在这种均衡中，每一企业要使利润最大化，消费者要使效用最大化，结果导致了零利润，也就是说价格等于边际成本。在完全竞争的情况下，非合作行为导致了社会所期望的经济效率状态。如果厂商采取合作行动并决定转向垄断价格，那么社会的经济效率就会遭到破坏。

　　价格战中根本就没有赢家，所有的参与者都会在价格战中伤筋动骨，这里面谈不上谁是赢家。如果企业希望通过降价的手段来增加产品的市场份额，除非它拥有30％或更多的成本优势，否则降价难免会触发一场自杀性的价格战。因为没有谁希望失去客户、销售量以及市场份额，降价几乎无一例外地会被竞争对手效仿，价格战的结果终将是两败俱伤。而且，价格战还会导致全行业利润的下降，影响行业发展的后劲。

　　利润相对于价格水平的变动是非常敏感的。以美国最大的100家上市公司的平均水平为例，如果价格降低1％，而成本与销售量保持不变的话，企业的利润会下降12.3％。实行降价的企业或许希望通过增加销售量来弥补降价造成的利润亏空。但在典型的价格战中，需求的增长幅度几乎不可能抵消价格的跌落对利润造成的损失。而且，企业的价格优势通常都是不长久的，因为削价毕竟是人人会用、最容易仿效的手段。想通过降价来达到大幅度增加市场份额的努力，往往都是白费力气。市场份额会一如往昔、保持原样，所不同的只是价格水平降了下来。

中国的消费市场上还经常发生这样的现象：频繁不断的降价使得消费者对价格无所适从，持币待购。消费者期待着价格的进一步下调，想等价格降到最底线，而不是急于抓住每次降价带来的机会。消费者心理价位的这种扭曲造成市场发展停滞、企业库存激增。这在不久的将来可能会引起更大的动荡，因为在价格降低的同时销量也降低了。这一后果对企业伤害的严重性我们应给予高度重视。

针对不同行业的产品，发生价格战的风险机率是不一样的，如果一项产品品种趋于单一化，则价格往往会成为购买因素中较重要的因素，这样就容易加剧价格竞争；如果市场上竞争者越多，价格透明度越高，则发生价格战的风险越大；同样，客户对供应商的选择比较自由，或是客户的价格敏感度较高，或是供应商成本不稳定或下降，则价格战的风险也会增加。

虽然，有错误信息的干扰，加之判断失误的决策引起价格战的机率较高。但是，我们仍可以构筑一道"防火墙"来保护公司经营的安全：

1. 对市场反馈信息要求证。企业收集到的竞争对手的价格情报，要通过其他渠道再求证，以求达到准确无误。建立企业情报收集系统，对竞争对手的一切行为作全面监控，并画出轨迹变化图，作出尽可能全面的分析。了解到竞争对手价格背后的促成因素，避免反应过激，造成企业不必要的资源浪费和伤害。

2. 将企业价格管理纳入营销战略管理之中。作为企业竞争战略的手段之一，将价格措施纳入企业长远的发展规划之中，将定价建立在科学、全面的分析基础之上，避免企业跟在竞争对手后面，处处被动，以至损害企业的将来。不论是企业产品降价还是涨价的销售手段，都要与企业营销战略规划的目标相配合。

3. 建立差异化的营销战略。在产品设计、功能、服务、促销、人员、渠道等多方面与竞争对手建立差异，避免雷同，使得客户能更快、更好地识别你、接受你。在产品宣传广告方面多做功能品牌宣传，少做价格强调。关注你的产品价值多于关注你的价格。

4. 在制定市场价格时，充分分析竞争对手的行为反应。在做临时清仓价格时，要做好完整的信息传递，避免引起对手的价格反击，造成双输的局面。

5. 稳定你的客户群，与主要客户建立联盟。与主要客户共同开发某一产品、某一市场或为主要客户提供一整套服务，使得客户牢牢地和你捆在一起，共同面对新的市场，以延伸你的价值链。

如何说才能更好地传达信息

传达信息可不是一个简单的动作，不同的信息传达方式使信息接收者有不同的感受。

有个老板出差到外地，刚住进宾馆就接到女秘书打来的长途电话。女秘书报告说他心爱的波斯猫不小心从屋顶上摔下来死了。老板悲痛之余，狠狠地把秘书训斥了一顿："这么大的事你怎么可以打电话呢！你使我毫无精神准备，你应该先拍一个电报来，说我的猫爬上了屋顶，然后再来一个电报说猫摔下来了，已经送进了医院，然后再来一个电报说猫不幸……"

过了几天，老板收到一份电报，是秘书拍过来的。

他打开一看："你爸爸爬上了屋顶！"

老板……

上面这个笑话，实际上揭示了我们在社会交际中的一个普遍困境，那就是应该如何把信息传达给得到它的人，才能产生最好的效果？芝加哥大学的萨勒教授和哥伦比亚大学的约翰森教授经过研究，提出了四条如何设计安排信息传达方式的原则：

第一，如果你有几个坏消息要宣布，应该把几个坏消息同时公布于人。把几个坏消息结合起来，它们所引起的边际效用递减会使各个坏消息加起来的总效用最小。人们常常讨厌雪上加霜、火上浇油的做法，可是真正让人们选择去经受两次伤害还是经受一次大的伤害，在能够承受的限度内，对于很多人来说还是快刀斩乱麻来得更加爽快一些。

第二，如果你有几个好消息要公布，应该把几个好消息分开公布。你把两个好消息分两天告诉别人会让人开心两次。因为分两次听到两个好消息等于经历了两次快乐，这两次快乐的总和要比一次性享受两个好消息带来的快乐更大。双喜临门固然非常令人高兴，可是天天有喜也许能够带来更多的欢笑。

第三，如果你有一个大大的好消息和一个小小的坏消息，应该把这两个消息一起告诉别人。这样的话小小的坏消息带来的痛苦会被大大的好消息带来的快乐冲淡，负面效应也就小得多。比如你被叫到上司的办公室，被告知说因为工作表现突出，每个月被加薪 150 元。但是不巧的是，你在挤公车的时候不小心丢了 100 元钱，那么你回家该把这两个消息一起告诉你的家人。虽然丢了 100 元钱，但比起加薪这个喜讯也算不了什么，你的家人一定不会在意那丢失的 100 元钱的。

第四，如果你有一个大大的坏消息和一个小小的好消息，应该分别公布这两条消息。这样的话小小的好消息带来的快乐不至于被大大的坏消息带来的痛苦所淹没，人们还是可以享受好消息带来的快乐。举例来说，如果股市不景气，你买的股票有天股价暴跌，使你损失了 10 万元。不过，你的运气还算不错，在超市购物时中了一盒价值 50 元的巧克力。你应当将这两个消息分两天带回家，尽管爱人得知股票亏损的消息会很沮丧，说不定还会怪你没有投资眼光，不过这并不妨碍她第二天品尝巧克力的甜美。但是，如果你一次性把两条消息同时告诉她的话，说不定她吃起巧克力来感觉味道也是苦的。

第十一章
讨价还价的博弈
——买的也有可能比卖的精

交易少不了讨价还价的博弈，一般情况，卖家比买家具有信息优势，因此买家需要更多地去获取产品及市场等信息来作出交易决策。另外，很重要的一点，买卖双方，通常，卖家是主动的一方，卖家会首先出招，设计出很多利于自己出售产品和利益最大化的销售方式，比如超市商品的摆放策略、会员卡策略、团购让利策略等。买家接招购买时，首先要抑制冲动，保持头脑清醒冷静。对于各种促销花样，需要以自己的真实需要为根本，并仔细分析商家的真实意图，谨慎作出决策。

为什么总说买家不如卖家精

天上永远不会掉馅饼，生意者永远不会做赔本买卖。这一原则决定卖家不论用什么招式做买卖，肯定是要赚钱的。从这个角度看，买家总是不如卖家精。

常言说："从南京到北京，买家没有卖家精。"就是说卖者能把买者算计住，买者永远也不可能从卖者那儿讨到便宜。这里的"精"有精明之意也有奸猾之意。不管怎么说，这句话是一句实实在在的大实话。生意者是永远不会做赔本买卖的，这是经济领域里的一条规律。

　　提起现在的商场搞活动，可谓是五花八门，手段层出不穷。返季大甩卖，买 100 赠 200，像样的家电促销，赠品五花八门。商家抓住了消费者的这种心理，赚的就是这样的"增值钞票"。其实，羊毛还是出在羊身上，天上永远不会掉馅饼。

　　现在越来越多的商家打出"买××送××"的口号。比如在某年"五一"劳动节的促销活动中，北京某家大型商场推出"买 180 送 80"，也就是购物满 180 元，可以得到 80 元的购物券。5 月 1 日～5 月 3 日这三天时间里，这家商场的销售额连日冲高，甚至高过春节，创下了历史最高记录。原因就是不少购物者都是冲着"买 180 送 80"去的。

　　事实上大多数消费者都算错了账。以"买 200 送 100"为例，许多人都觉得是花 100 元钱买了 200 元钱的东西，相当于商品打了 5 折，实际上，是花 200 元钱买到了 300 元的东西，相当于商品打了 6.7 折。即使这样算，你还要保证自己拿到的 100 元购物券正好买了 100 元的东西，而不是又从口袋里掏了钱。不少冲着"买××送××"去的消费者在购物之后都会发现，自己的开支超出了计划——为了把商家"送"的购物券花出去，自己又买了其实并不一定要买的东西。

　　卖家凭什么在交易中更精明呢？是因为卖家本身有过人的智商和能力？不，其实卖家的精明来自于他们"专精于一行"，而这一机会正是买家赋予卖家的，所以买家是卖家"精"的真正来源。

　　让我们冷静地作一下分析。"买家不如卖家精"的意思，应该是市场上的卖家总比买家更精明，更精于计算、甚至更容易在"欺骗"方面得手。既然如此，我们要问，为什么卖家的"精明水平"总是要高于买家呢？标准的答案是因为卖家对自己出售的产品和服务更了解、更知内情，或者更具有信息优势，这个答案合乎人们的日常经验。是的，粮食或副食贩子比看起来精明的家庭主妇更知道农产品是否真的新鲜。家电和其他高科技产品的生产厂商，比买家懂得更多的专业知识。

　　任何人的智力再不济，选一件事情、甚至一个环节"泡"在其中，待以时日，总可以泡成一个"准专家"吧？这就是说，"专"是"精"之源。遗憾的是，买家为了全面享受生活，要买粮食副食、家电，也可能要买旧车和翡翠，其专门化程度一般总是大大低于卖家的。我以为，这是"买家不如卖家精"的由来。检验上述解释，同样可以用日常经验。天下的卖家都做过买家吧（不然购买力从何而来）？买家在扮演卖家的角色时，不是照样也比买家精？

值得追问的是，卖家因专而精的优势，究竟是谁人赋予的？我的回答是，在一个不能强迫人做买卖的市场上，不是别人，正是买家成就了"卖家因专而精"的大业。难道不是吗？要是市场上没有买家问津，菜农不敢专种蔬菜，果农不敢专营水果，商人不敢专业化以贾为生。哈耶克曾经举证，市场交易起源于正式的农业、工业、甚至狩猎业之前。我是相信哈公此说的，因为没有"买"的因素，任何专业化分工都不可想象。

换句话说，卖家专攻一门——这是其精明优势的基础——无非是买家"花钱买来的"。离开了买家的力量，卖家的精明就成为无源之水、无本之木。是的，我们根本用不着对"不完备的市场"怀有恐惧之情，也不需要对居心叵测的卖家感到防不胜防。买家不出钱，神仙难下手。面对再精明的卖家，买家何惧之有！

买家不如卖家精，谁都知道。在被他们巧计"请"进"商"门之后再对你"晓之以理，动之以情"，不愁你不乖乖就范。陷阱就像是迎面一张温柔可人的笑脸，让你的脸面想冷都冷不起来。

讨价还价是最常见的博弈模式

生活中每个人如同一个棋手，其每一个行为如同在一张看不见的棋盘上布一个子，精明慎重的棋手们相互揣摩、相互牵制，人人争赢，下出精彩纷呈、变化多端的棋局。博弈本是一种普遍存在的环境，没有什么神秘的。小到个人之间的相处、共事，大到国家之间的战争、企业之间的竞争，现实生活中，无不存在博弈。

在现实生活中，无论是日常的商品买卖，还是国际贸易乃至重大政治谈判，都存在着讨价还价的问题。

有一个这样的故事：

某个穷困书生为了维持生计，要把一幅字画卖给一个财主。书生认为这幅字画至少值 200 两银子，而财主从另一个角度考虑，认为这幅字画最多只值 300 两银子。因此如果能顺利成交，那么字画的成交价格会在 200～300 两银子之间。如果把这个交易的过程简化是这样：由财主开价，而书生选择成交或还价。这时，如果财主同意书生的还价，交易顺利完成；如果财主不接受，那么交易就结束了，买卖也就不能做成了。

这是一个很简单的两阶段动态博弈的问题，应该用动态博弈问题的倒推法原理来分析这个讨价还价的过程。由于财主认为这幅字画最多值 300 两，因此，只要书生的还价不超过 300 两银子，财主就会选择接受还价条件。但是，从第一轮的博弈情况来看，很显然的，书生会拒绝由财主开出的任何低于 200 两银子的价格，如果说财主开价 290 两银子购买字画，书生在这一轮同意的话，就只能得到 290 两；如果书生不接受这个价格，那么就有可能在第二轮博弈提高到 299 两银子时，财主仍然会购买此幅字画。从人类的不满足心来看，显然书生会选择还价。

在这个例子中，如果财主先开价，书生后还价，结果卖方书生可以获得最大收益，这正是一种后出价的“后发优势”。这个优势相当于分蛋糕动态博弈中最后提出条件的人几乎霸占整块蛋糕的情况。

事实上，如果财主懂得博弈论，他可以改变策略，要么后出价，要么是先出价但是不允许书生讨价还价。如果一次性出价，书生不答应，就坚决不会再继续谈判来购买书生的字画。这个时候，只要财主的出价略高于 200 两银子，书生一定会将字画卖给财主。因为 200 两银子已经超出了书生的心理价位，一旦不成交，那他一文钱也拿不到，只能继续受冻挨饿。

博弈理论已经证明，当谈判的多阶段博弈是单数阶段时，先开价者具有“先发优势”，而双数阶段时，后开价者具有“后动优势”。这在商场竞争中是十分常见的现象：非常急切想买到物品的买方往往要以高一些的价格购得所需之物；急切于推销的销售人员往往也是以较低的价格卖出自己所销售的商品。正是这样，富有购物经验的人买东西、逛商场时总是不紧不慢，即使内心非常想买下某种物品也不会在商场店员面前表现出来；而富有销售经验的店员们总是会劝说顾客，"这件衣服卖得很好，这是最后一件"之类的陈词滥调。

商场中的讨价还价正如书生与财主之间的卖与买一样，都是一个博弈的过程，如果能够运用博弈的理论，定能够成为胜出的一方。

讨价还价是你应该珍视的权利

讨价还价不是斤斤计较的表现，而是重视规则的表现，是维护自己权利的表现。

旅美作家刘墉在《我不是教你诈》一书中讲了这样一个小故事。

小李搬进高楼，十几盆花无处摆放，于是请人在窗外钉花架。师傅上门工作那天，他特别请假在家监工。张老板带着徒弟上门，他果然是老手，17层的高楼，他一脚就伸出窗外，四平八稳地骑在窗口，再叫徒弟把花架伸出去，从嘴里吐出钢钉往墙上钉，不一会儿工夫就完工了。

小李不放心地问花架是否结实，张老板豪爽地拍胸口回答说："三个大人站上去跳都撑得住，保证20年不成问题。"小李闻听，马上找了张纸，又递了支笔给张老板，请他写下来并签名。张老板看小李满脸严肃的样子，正在犹豫，小李又说："如果你不敢写，就表示不结实。不结实的东西，我是不敢验收的。"张老板只好勉强写了保证书，搁下笔，对徒弟一瞪眼："把家伙拿出来，出去再多钉几根长钉子！出了事咱可就吃不完兜着走了。"说完，师徒二人又足足忙了半个多钟头，检查了又检查，最后才离去。

这个故事告诉我们什么呢？如果你不想陷入某种境地而从此难以脱身，那么就应该预见到事情的后果，并且在自己的讨价还价能力仍然存在的时候充分运用。换句话说，如果你是买家，就要争取先验货或者试用再付款；如果你是卖家，应该争取对方先支付部分款项再正式交货。其实这种策略不仅能够运用到商业中，在生活中也可以灵活变通地加以应用。

一天深夜，两名美国经济学家在会议结束之后，要返回酒店。他们在耶路撒冷街头找了一辆有牌照的出租车，告诉司机应该怎么去他们的酒店。司机几乎立即认出他们是美国客人，因此拒绝打表，并许诺会给他们一个低于打表数目的更好的价钱。自然，两人对这样的许诺颇有点将信将疑。

在他们表示愿意按照打表数目付钱的前提下，这个陌生的司机为什么还要提出这么一个奇怪的少收一点的许诺呢？他们怎么才能知道自己有没有多付车钱呢？另一方面，此前他们除了答应按照打表数目付钱之外，并没有许诺再向司机支付其他报酬。假如他们打算跟司机讨价还价，而这场谈判又破裂了，那么他们就得另找一辆出租汽车。他们的思路是，一旦他们到达酒店，他们的讨价还价地位将会大大改善。何况，此时此刻再找一辆出租车实在很不容易。

于是他们坐车出发，顺利到达酒店。司机要求他们支付以色列币2500谢克尔（相当于 2.75 美元）。因为在以色列讨价还价非常普遍，所以美国人还价 2200 谢克尔。司机生气了，不等对方说话就锁死了全部车门，按照原路没命地开车往回走。司机开车回到出发点，非常粗暴地把他们扔出车外，大叫：“现在你们自己去看看你们那 2200 谢克尔能走多远吧！”

他们又找了一辆出租车。这名司机开始打表，跳到 2200 谢克尔的时候，他们也回到了酒店。

毫无疑问，花这么多时间折腾，对于两位经济学家来说还值不到300 谢克尔。但是这个故事的价值却不容忽视，因为它说明一旦面对一个不懂得讨价还价的对手，可能会出现什么样的危险。在自尊和理性这两样东西之间，我们必须学会权衡。假如总共只不过要多花 20美分，更明智的选择可能是到达目的地之后乖乖付钱。

这个故事还有第二个教训。设想一下，假如两个美国人是在下车之后再来讨论价钱问题，他们的讨价还价地位该有多大的改善。

如果是租一辆出租车，思路应该与此完全相反。假如你在上车之前告诉司机你要到哪里去，那么你很有可能眼巴巴看着出租车弃你而去，另找更好的主顾。记住，你最好先上车，然后告诉司机你要到哪里去。

这个故事还提示我们，必须学会通过改变我们与对手之间的位置，创造一个对自己最佳的讨价还价的地位。

超市里的面包牛奶为何最难找

超市的商品品种繁多、琳琅满目，留心观察，你会发现，面包和牛奶通常被摆放在靠里边的货架上。为什么会是这样呢？经过仔细分析就能明白，原来，超市货物的摆放还有很多学问……

逛超市是人们日常生活里不可少的一件事情。不过大超市的商品陈列摆放可都是有学问的，为的就是让顾客按销售者的意图"自选"。通过对比多家超市，听超市员工讲解超市货架的陈列和布置的意图，就能从中看出商家是如何引导消费者的。

经常逛超市，你可能就会发现，我们经常需要买的面包和牛奶等日常消费需求很大的食品从来就不是放在一个离进口比较近的地方。总的来说，超市中商品的摆放是先生活用品后食品，因为食品相对吸引力较大，所以放在后面（出口）。目的就是强制顾客经过百货区，这样顾客就被"强制性"地浏览了其他的商品。

超市是大多数家庭日常消费的主要场所，普通家庭的日用品、食品等长期性消费项目都是去超市购买。超市作为自选的大型卖场，自然不能花很多的精力去针对顾客单独导购推销，然而商家希望通过某种方法来影响和引导顾客的购买行为，最有效和直接的方法就是货物的摆放方式。对于消费者来说，在购物时，若是能够看懂超市商品的摆放技巧，则能够在购物时避开消费诱导，购买到实惠的好东西。

超市入口区域摆放主打促销产品

超市的入口是每一个逛超市的顾客必须经过的地方，也是超市摆放主打促销产品的地方，人们如果有购买的需求，自然就容易产生购买的欲望。因此，入口的地方货物品种不多，但是摆放的数量多，本着推广和促销的原则，薄利多销，所以这个区域的东西基本属于薄利产品，如果有需求的话，可以购买，一般会比里面的要便宜。

货架或者柜台靠外面的食品不如里面的新鲜

食品是有时间限制的，一旦过期自然就只能下架淘汰或者通过别的途径处理。超市在摆放食品的时候一般都是将新鲜的、刚生产的摆放在货架的里面或者冷冻柜台的下面，这样就能保证外面的剩余保质期相对较短的食品先销售出去。若想要购买的食品长期保存的话，那么最好选择后面的食品或者底层的食品，因为这些食品一般都是刚出厂的，比较新鲜，剩余保质期比较长。

货架摆放有学问，三层区域各不同

货架是摆放商品的主要地方，是多层的。根据人们的选购习惯，在货架最佳视觉区域（1.6米～1.8米）处的位置大都用来陈列高利润商品、自有品牌商品、独家代理或经销的商品；在高层大都摆放那些比较独特，需要进行推销的商品；在货架的底层自然就是主要摆放已经进入销售周期末期，或者打折低价处理的商品，这些商品通常属于实用型的，非常实惠。

处理商品摆花车，低价商品摆两端

不论哪个超市，都会经常有一些特别低价的商品，或许是即将过期的食品，或许是有些损伤的水果，或许是破坏了包装的日用品，这些东西大都会被单独列出来，摆放在购物架附近的花车上。至于低价的商品在货架上大都放在两端，这样有利于购物者看完一排后进行比较，想要实惠的话就会选购了。

对于经常购物的人来说，如果掌握了一些超市商品摆放的技巧的话，就能迅速地找到自己想要的商品，并且知道如何购买到那些物美价廉的商品，购物的成本自然就降低了，生活支出也就减少了。

会员卡的猫腻

会员卡消费已经成为一种时尚。会员卡究竟是蜜糖还是毒药需要区别对待。有的商家为了长期稳定合作关系，通过薄利多销、增值服务留住顾客。顾客确实也能获得实惠和超值。需要警惕的是，有些商家的会员卡背后有着别有用心的陷阱，比如限制消费、附带推销、欺骗等。面对充满诱惑的会员卡，消费者需要抑制冲动，擦亮眼睛，冷静分析再作决定。

近年来，随着消费习惯的改变，不少消费者，尤其是年轻人越来越热衷于持卡消费，打折卡、会员卡、优惠卡、贵宾卡等种类繁多（这里我们统称为会员卡），钱包里厚厚一摞的会员卡似乎成了身份的象征。小到刷鞋、吃饭穿衣，大到买房买车，只要你想得到的，商家都可以让你成为其"会员"。现在很多商家为了吸引顾客都会推出VIP卡，这也是我们所说的会员卡！可拥有会员卡后，我们到底享有哪些权利，或是说能享受什么优惠呢？下面就让我们大家来谈一谈会员卡的好处。

1. 会员卡可以打折（有些商家在搞活动时，会员卡可以享受折上折）。

2. 会员卡可以积分，当你的积分达到一定级别，除了打折力度会变大外，还可以享受会员卡积分兑换。有换礼品的，有换现金券的。

3. 会员可以享受免费停车，前提是当日消费满一定金额。

4. 会员有定期的会员专场，所谓的会员专场就是只针对会员开放的优惠活动，使原有折扣升级，即八折卡变成七折或是六折等。

5. 会员定期抽奖活动，例如一季度一抽，或是半年一抽。

6. 会员俱乐部活动，会员酒会，会员旅游等等。

从上面所罗列的会员卡的好处来看，会员卡貌似是商家送给消费者的蜜糖，可是这些会员卡真的是消费者的蜜糖吗？从营销的角度来讲，采用会员制，可以让人在购物的时候，因"贪小便宜"的心理，优先到自己有会员卡的商场，而商家则是"吃小亏占大便宜"。会员卡的主要作用是帮助企业及时和目标消费者结成联盟，从而让他们之间形成更稳定的合作投资关系，即消费资本化，也就是说消费资本也能为商家带来新的价值和收益。

美容年卡、咖啡室贵宾卡、洗头会员卡、洗车卡、商场打折卡……翻开钱包，数数躺着多少张卡？再扳着指头算算，这些卡一年到头为你节约了多少钱而又"吸"走了多少钱？时下，持卡消费已成为流行的消费方式，但它们是否真的给我们带来了实惠？

对于一张卡是否真的能为我们带来实惠，人们的反映不一。有人认为，办了卡消费起来感觉很时尚，而且可以享受打折积分等，非常实惠。也有人认为，这不过是精明的商家为了圈钱而想出的一种手段，办卡时一定要擦亮眼睛，不能盲目。

事实上，有的会员卡的确会给消费者带来一定的实惠，如折扣、特殊日子（如节假日和生日）有礼品、积分到一定程度可获赠品等，但有的会员卡也暗藏着一些猫腻，让人防不胜防。

猫腻一：限制消费

办了会员卡，原以为淘到了便宜，没想到听上去很美的会员卡反倒平添了许多尴尬，小张和她的朋友就有这样的经历。

小张是某美发店的会员，每次洗头、烫头她都可享受所谓的贵宾折扣，但究竟折扣有多少，她其实也不是很清楚。"当初成为他们的会员是因为姐妹们都说这里的×号师傅烫头技术高，所以交了1000元换了张会员卡，"小张说，"成为他们的会员洗头可享受8折，烫发可享受6折的优惠。洗头少那几元钱就不说了，但烫发折后价也是三四百元，和其他店里的价格差不多，而且还要用他们的指定产品。"特别让小张郁闷的是，每次洗头，店里总是喋喋不休地向她推销所谓"只有会员才可拿到的价格"的美发用品，迫使她前后已花了不下3000元。而且，每当她卡里的钱剩下不多时，店里的人也会特别殷勤地催促她充钱，碍不过面子，她只能"一充再充"。因为这个原因，小张每次洗头不得不选择这家店。

在调查中发现，类似的经历很多人都曾遭遇。一些美容美发店、休闲场所、餐饮店等以优惠价格吸引消费者成为会员后，便以种种理由来限制消费者的消费项目、时间、最低消费、金额等。消费者在带着"可打折"的期望成为其会员后，反倒产生了一种被"套牢"的感觉。

猫腻二：霸王条款——"最终解释权归本店"

这是一句几乎所有的卡背后都会印着的话。事实上，消费者在使用这些卡时也不得不"遵循"商家的"游戏规则"。几乎所有的人都对这种说法耳熟能详，其中也不乏吃亏上当的。

年过四十的尧女士特别注重保养，每年花在美容上的钱都不少。去年，她在朋友的介绍下成为了一家美容院的会员。"当初办卡的时候她们宣传的是花2000元可享受3000元的服务，而且没时间限制，还有好多的优惠条件，这样我才付了钱。"在后来的过程中，店家又不断地向尧女士打广告，诸如这个产品和另一种产品配合效果会更好；又有一款高级的精油到货了，效果好得不得了……尧女士听得动心了，一问价格，又被告知这些产品她只享受七折，店家解释"利润太薄了"。让尧女士生气的是，一到节假日，这家店就狂打折，当初推荐给她"利润很薄"的东西竟打到了三折！尧女士觉得这钱花得冤，找店里理论，店方的解释则是："这是总店的规定，我们没权过问。""这分明是推脱嘛！但当初办卡的时候她们也的确说过拥有'最终解释权'的话呀！"尧女士无奈地说。

"最终解释权归商家所有"，其实是商家和消费者之间的不平等条约，是商家为了达到某种目的而给自己留的一条"退路"，它无疑剥夺了消费者的权利，属于霸王条款。

猫腻三：预存钱难退还，"小心潜规则"

相对于其他的会员卡，消费者预存一定金额的会员卡给消费者提供的优惠享受更多，事实是否真的"与众不同"呢？

达城某咖啡室大厅的一张海报上赫然写着"预存800元可尊享1000元的服务……"服务员说，预存一定金额的方案是经过店里的财务部仔细研究过的，目的是为了达到顾客和店家"双赢"。

李女士几年前在一家美发店花1000多元办了张高级会员卡，没想到才去几次，再去时已大门紧闭，门上还贴着转让广告，这一情况让李女士大为恼火。有人告诉她，头天晚上这个店就折腾了一个通宵，把所有的东西都搬空了。像她这样上当的顾客当天已来了好几个。李女士一气之下将投诉电话打进了消费者权益保护协会。可因为找不到当事人，消协处理起来也力不从心。李女士最后只能自认倒霉。

别让"让利"忽悠了你

可以这样总结，现在的商家促销常使用的方法有概念模糊，误导消费；虚设原价偷梁换柱；促销宣传暗藏玄机；特价诱惑掩人耳目；促销赠品服务缩水；等等。作为一个生活在现时代的人，必须对身边的这些"让利"陷阱充分警惕，以防上当受骗。

要是问沃尔玛的职员：沃尔玛成功的经营秘诀是什么？回答肯定是：便宜。而且他们会举例说，5元钱进货的商品，在沃尔玛会卖3元钱，让利出售，这就是沃尔玛的"天天平价"。

尽管沃尔玛的"天天平价"让商品的平均单价降低了，可因为"天天平价"吸引了大量的消费者，必然会提高销量，总利润肯定不减反增。

看起来，消费者得到了更便宜的商品，商家也得到了更多利润，应该是个"双赢"。但实际上，人们出于对低价的向往来到超市，却抵挡不住货架上琳琅满目的商品的诱惑，花了很多钱，买来很多自己并不需要的东西。

其实，沃尔玛不可能将全部商品都这样打折销售，仅有部分商品是这样打折的，而且是轮流打折。比如今天是烟酒打折，明天就是食品打折。沃尔玛的另一个策略，就是不让每个人都事先知道具体的打折商品。消费者觉得既然有打折商品，而其他商品又不比别的超市贵，为什么不去沃尔玛呢？很明显，我们大家都被精明的商家"忽悠"了。

以很多消费者熟悉的家居用品团购为例，各大家居建材市场卖场的宣传阵势此起彼伏，众多网站、论坛上打起的"团购"大旗充斥着人们的眼球，诸如"金牌杀价师"、"集体砍价团"、"职业砍价员"等形形色色的名目吸引着急于装修、选购建材的消费者，而面对陌生的家居建材领域，更多的消费者就像没头的苍蝇一样撞入了神秘团购组织者挖的一个又一个"团购陷阱"……

宋女士在一次团购活动中订购了一款心仪许久的名牌地板，低于5折的让利价格让宋女士毫不犹豫地就交了订金，之后却被商家告知由于团购数量过大该产品缺货，如想尽快取货不但要增加一部分"加急费"，而且安装工人加班加点送货、安装还需要相应地增加安装费。

在火爆的团购现场，宋女士一心只想趁便宜赶快买下最喜欢的地板，交付了商家列出的一系列"附加费"之后，宋女士如愿在一个星期后将新地板安装到位。当静下心来仔细算账时，宋女士才发现，这样的团购价格再加上各种名目的"附加费"，自己并没有得到什么实惠，甚至比卖场节假日的打折价格还要高。宋女士不明白，当初自己怎么就会被这样的"团购让利"、"低价诱惑"彻底地给迷惑了。

在团购活动中，很多商家为了增加产品的销量，都会打出超低的价格吸引消费者，甚至利用消费者的砍价心理，故意留出了价格余地给消费者砍，让消费者在成功砍价之后既欣喜若狂又精疲力竭，自然忽略了产品的售后服务。有些团购组织还会在收完全款后，告知消费者只有达到一定价格、人数数额时才能享受团购价格，而且还要加收送货费、安装费等一系列附加的服务，最后的结果是羊毛出在羊身上，团购价格并不比市场价格低。

因此，在参加团购之前一定要选择正规、专业的团购组织者，要考察清楚他们的资格、责任承担能力，同时要保证对自己想要购买的产品有一定了解；在准备下订单的同时要将包括产品质量、售后服务、配套产品等在内的诸多情况了解清楚，最好签订合同书，这样会使交易多几分保障。

又以商场促销为例。一般春节临近，商家都会推出"满就送"、"满就减"的促销方式吸引消费者扎堆"血拼"，但也不乏个别商家利用此招来"忽悠"消费者。下面这位消费者石女士的"被骗"经历值得我们警惕。

石女士在一家品牌专卖店看中了一款上衣。当时售货员告诉她原价为 479 元，因为在搞"满 300 减 100"的促销，花 379 元就可购得。然而石女士将衣服买回家后才发现，衣服标签上明码标价却是 379 元，按照商家"满 300 减 100"的承诺，应该只卖 279 元。石女士顿时感觉"被骗"，最后在消费者权益保护协会的干预下商家承认了自己的"疏忽"，并退回了多收的 100 元。

在这个事件中，商家故意隐瞒原来的销售价格，然后随意提高价格，再以打折"诱惑"消费者购买。很多像石女士这样的消费者，没有看仔细，便正中了商家的圈套。

此外，个别商家在促销过程中，除了采取暗设陷阱、虚假特价等不正当手段外，还采取用标签标明商品特价，但在消费者结账时却收取商品原价的手段，导致消费者合法权益受到侵害。由于大多数消费者没有妥善保存好收银条、小商标标签等有效凭证，往往只能吃"哑巴亏"。

所以，在商场购物也是一场博弈。我们要提醒消费者的是：一定要正确对待商家打折让利的经营行为，在选购让利、特价商品后付款时，要注意核对商品的品质、价格等是否与商家标识相符，小心商家打你马虎眼。购物过程中，自觉养成保存收银条、商品包装、小标签等凭据的习惯，确保发生问题后投诉有据。

变个还价法，结果大不同

在日常生活中讨价还价，是人人都遇到的问题。怎样还价效果才最好呢？掌握必要的购物技巧，购买到物美价廉、合心意的优质商品，这可以说是每一个消费者的心愿。

有人不管三七二十一，张口就砍下一半的价。可问题的关键是你砍一半价有时也不适中。因此还价成功的关键还是要货比三家，并从中找出商品的合理市场价值，同时可以猜测一下商品允许还价的幅度。例如，珠宝、艺术品和古董的标价与实价之间的差距通常很大，有很多的还价余地。讨价还价就是买卖双方的一场博弈，在这场博弈中胜出，我们需要一点博弈的技巧：

1. 在要求商家降低价格之后，不要急于提出你的还价，要让对方率先出价。比如，某件商品标价为 175 元，你不应该还价 125 元，要让店家先开出一个比标价更低的价格，然后你再还他（她）一个更低的价格。

2. 通常，同时购买多件商品可以获得折扣。许多零售商急于减少库存，你买的东西多，商家自然愿意提供一定的优惠。

3. 不要开出整十整百的还价。比如，某商品的价格是 700 元，还价 485 元比还价 500 元好。整十整百的数字等于在给对方争价的机会，带零头的出价听起来更强硬。

4. 要有耐心。如果对方很快给你稍稍降了一点价，千万不要松口气就轻易接受下来。你可以装着优柔寡断的样子，或是表示需要与妻子（丈夫）商量一下。商家可能比你更急于成交，从而给你一个更加优惠的价格——对方的心理是，少赚总比不赚强。

5. 让对方觉得你的需求没有得到满足。人们看到自己所中意的商品，往往会眼睛一亮，对商品赞不绝口，爱不释手。殊不知，促使商贩抬高价格的不是别人，正是你自己。小刘就和别人不同，她对看中的货色总是百般挑剔，如颜色不好，式样太旧等。其实，小刘只是为了让对方感到她的需求没有得到满足，这样，对方往往答应减些价。于是，小刘总能买到比别人便宜得多的商品。

6. 谁拥有更多的时间，谁就拥有交涉的胜利。时近黄昏，日落西山，一个看上去十分悠闲的人踱近一个小贩，问："这香蕉咋卖？"小贩赶紧回答："3 元钱一斤。"悠闲的人说："太贵了。今天生意还不错吗，这么一大筐都卖完了。剩下的这些，有 2 斤吧？"小贩道："3 斤还多呢。不信，我称给你看。"小贩拿起秤："看，3 斤 2 两还高高的。"悠闲的人说："2 块钱 1 斤卖不卖？""不卖。"小贩坚决地说。悠闲的人笑了笑，走开了。过了一会儿，天更黑了。悠闲的人又踱了回来，见小贩仍在原地，就说："唉！你还没有卖掉啊？还是卖给我吧，2 块钱 1 斤，我全要了。你就可以回家了。怎么样？"小贩迟疑片刻，一跺脚说："行。"悠闲的人为什么胜利？因为他拥有足够的时间，而小贩累了一整天，要急于回家。

7. 要表示自己有选择的余地。方太太在菜市场上一眼就看中那些又红又大的番茄，但她故意表示要多看几家，同时，还告诉卖主，附近就有更好更便宜的番茄。小贩为了不让到手的生意被别人抢走，只好同意压价。可见，选购商品时，向卖主表明你有选择的余地是很重要的。

8. 杀价要狠。漫天要价是集贸市场一些卖主欺骗消费者的手法之一。他们开价比底价高几倍，甚至高出二三十倍，因此，杀价狠是对付这种伎俩的要诀。比如，有一套西装，卖主要价 888 元，有一位懂得狠杀价的消费者给 200 元，结果成交了。如果你心肠过软，就会上当受骗。

9. 不要暴露你的真实需要。有些消费者在挑选某种商品时，往往当着卖主的面，情不自禁地对这种商品赞不绝口，这时，卖主就会乘虚而入，趁机把你心爱之物的价格提高好几倍，无论你如何"舌战"，最后还是"愿者上钩"。因此，消费者购物时，要装出一副只有闲逛，买不买无所谓的样子，这样经过"货比三家"的讨价还价，就能买到价廉物美的商品。

10. 尽量指出商品缺陷。任何商品不可能十全十美。卖主向你推销时，总是挑好的说，而你应该针锋相对地指出商品的不足之处。比如，你可以指出这套女西装质地还可以，但是款式、色泽都已经有点儿过时，而且附近的几家店铺所出售的这种女西装价格就低等。这样，卖主就会降低要价，双方进行实质性讨价还价，最后会以一个双方都满意的价格成交。

11. 运用反复挑选和最后定价。在挑选商品时，可以反复地让卖主为你挑选、比试，最后再提出你能接受的价格。在这种情况下，卖主往往会向你妥协。因为这个出价与卖主开价的差距相差甚大时，往往使其感到尴尬。不卖给你吧，又为你忙了一通，有点儿不合算。这时，若卖主的开价还不能使你满意，你可发出最后通牒："我的给价已经不少了，我已问过前面几家店都是这个价！"说完，立即转身往外走。这种讨价还价的方法效果很显著，卖主往往是冲着你大呼："算了，卖给你啦！"这样，你运用你的智慧和应变能力购到了如意商品。

讨价还价是一门很有学问的艺术，它要求购买者心理素质要绝对稳定，须在瞬间内掌握对手的心态，及时组织好自己的语言，在拉锯战中要做到进可攻，退可守，还要随时调整心态，随机应变，必要时可面不改色心不跳地转变立场。

几招教你探知卖家底价

市场经济中有很多为探知底价而"讨价还价"的情形，大到国与国之间的贸易协定，小到个体消费者与零售商的价格商定，还有厂商与工会之间的工资协议、房产商与买者之间关于房价的确定、各种类型的谈判等。这实际上是两个行为主体之间的博弈问题，也可以把讨价还价看作一个策略选择问题，即如何分配两个对弈者之间的相互关联的收益问题。

为探知底价的讨价还价是市场经济中最常见、最普通的事情，也是博弈论中最经典的动态博弈问题。在此以采购人员采购货物为例，探讨几种快速地探知底价的方法和策略，从中可以吸取一些经验。

一、借刀杀人

通常询价之后，可能有数个厂商报价。经过报价分析与审查，然后按报价之高低次序排列（比价）。议价究竟先从报价最高者着手，还是从最低者开始？是否只找报价最低者来议价？是否与报价的每一厂商分别议价？事实上，这并没有标准答案，应视情况而定。

一般采购人员工作均相当忙碌，若逐一与报价厂商议价，恐怕"时不我与"。且议价的厂商愈多，通常将来决定的时候困扰就愈多。若仅从报价最低的厂商开始议价，则此厂商可能倨傲不逊，降价的意愿与幅度可能不高。故所谓"借刀杀人"，即从报价并非最低者开始。若时间有限，先找比价结果排行第三低者来议价，探知其降低的限度后，再找第二低者来议价，经过这两次议价，底价可能就浮现出来。若此一底价比原来报价最低者还低，表示第三、第二低者成交的意愿相当高，则可再找原来报价最低者来议价。以前述第三、第二低者降价后的底价，要求最低者降至底价以下来成交，达到"借刀杀人"的目的。若原来报价最低者不愿降价，则可交予第二或第三低者按议价后的最低价格成交。若原来最低价者刚好降至第二或第三低者的最低价格，则以交给原来报价最低者为原则。

"借刀杀人"达到合理的降价目的后，应立即见好就收，免得造成报价厂商之间的"割颈竞争"，致延误时效。此外，摒除原来报价偏高的厂商之议价机会，可以鼓舞竞争厂商勇于提出较低的报价。

二、过关斩将

所谓"过关斩将"，即指采购人员应善用上级主管的议价能力。

通常供应商不会自动降价，必须采购人员据理力争，但是，供应商之降价意愿与幅度，视议价的对象而定。因此，如果采购人员对议价的结果不太满意，此时应要求上级主管来和供应商议价。当买方提高议价者的层次，卖方有受到敬重的感觉，可能同意提高降价的幅度。若采购金额巨大，采购人员甚至进而请求更高的主管（如采购经理，甚至副总经理或总经理）邀约卖方的业务主管（如业务经理等）面谈，或直接由买方的高阶主管与对方的高阶主管直接对话，此举通常效果不错。因为，高阶主管不但议价技巧与谈判能力高超，且社会关系及地位崇高，甚至与卖方的经营者有相互投资或事业合作的关系，因此，可获得令人料想不到的议价效果。

但是业务人员若是回避"过关斩将"而直接与采购经理或高阶主管洽谈，势必会得罪采购人员，将来有丧失询价机会之虞，所以通常会采用逐次提高议价者层级的方法。

三、化整为零

采购人员为获得最合理的价格，必须深入了解供应商的底价究竟是多少。若是仅获得供应商笼统的报价，据此与其议价，则吃亏上当的机会相当大。若能要求供应商提供详细的成本分析表，则"杀价"才不至于发生错误。因为真正的成本或底价，只有供应商心里明白，虽然任凭采购人员乱砍乱杀，最后恐怕还是占不了便宜。因此，特别是拟购之物品是由几个不同的零件组合或装配而成时，宜要求供应商"化整为零"，列示各项零件并逐一报价，并另制造此等零件的专业厂商独立报价，借此寻求最低的单项报价或总价，作为议价的依据。如此做法，也会面临以完成品买进或以个别零件买进自行组装的采购决策问题。

四、压迫降价

所谓压迫降价，是买方占优势的情况下，以胁迫的方式要求供应商降低价格，并不征询供应商的意见。这通常是在卖方处于产品销路欠佳，或竞争十分激烈，致发生亏损或利润微薄的情况下，为改善其获利能力而使出的杀手锏。由于市场不景气，故供应商亦有存货积压，急于出脱产品换取周转资金的现象。因此，这时候形成买方市场。采购人员通常遵照公司的紧急指示，通知供应商自特定日期起降价若干；若原来的供应商缺乏配合意愿，即行更换供应来源，当然，此种激烈的降价手段，会破坏供需双方的和谐关系；当市场好转时，原来委曲求全的供应商，不是"以牙还牙"抬高售价，就是另谋发展，供需关系难以维持良久。总之，在采取"压迫降价"时，必须注意切勿"杀鸡取卵"，以免危害长期的供应关系或激起对抗的行动。

坚定不移的力量

在讨价还价当中，拒不妥协的态度究竟是怎样增加了店主收益的呢？一旦你下定决心坚守一个立场，对方只有两个选择：要么接受，要么放弃。

一位江西富商来到一个卖古玩字画的店里，看中了一套三件精美细致的古砚，售价 800 两银子。富商认为价格太高，于是推说只看中了其中两件，要店主降价。店主看了看他，要价仍是 800 两。富商不愿掏钱。这时店主慢悠悠地开口说："这样看来，你是没有看中我这套东西。既然这样，我怎么好意思再卖给别人呢？"说着他随手拿起一件丢在了地上，精致的古砚马上摔得粉碎。富商见自己喜爱的古砚被摔碎了，再也没法矜持下去，急忙阻拦，问剩下的两件卖多少钱？

店主伸手比了一下：800两。富商觉得太离谱了，又要求降价。店主并不答话，把另一件古砚摔在地上。富商觉得只剩下最后一件了总该降价了吧。谁知店主面色不改，仍要800两。富商有些生气地说："难道一件和三件的价钱一样吗？"店主想了想，微微一笑说道："是不应该一个价钱，我这一件卖1000两。"富商还在犹豫，店主又把最后一件古砚拿在手里。富商再也沉不住气了，请求店主不要再毁了，他愿意出1000两银子把这套残缺不全的古砚买走。

交易完成以后，看得目瞪口呆兼佩服得五体投地的小伙计问店主："为什么摔掉了两件，反而卖了1000两银子？"店主回答说："'物以稀为贵'。富商喜欢收藏古砚，只要他喜欢上的东西，是绝不会轻易放掉的。我摔掉两件，剩下的一件当然价钱就更高了。"

在实践中，坚持到底、拒不妥协说起来容易做起来难，理由有二：

第一，讨价还价通常会将今天谈判桌上的议题以外的事项牵扯进来。大家知道你一直以来都是贪得无厌的，因此以后不大愿意跟你进行谈判。又或者，下一次他们可能采取一种更加坚定的态度，力求挽回他们认为自己输掉的东西。在个人层面上，一次不公平的胜利很可能破坏商业关系，甚至破坏人际关系。

第二，达到必要程度的拒不妥协并不容易。这样做是要付出代价的。一种顽固死硬的个性可不是你想有就有，想改变就能改变的。尽管有些时候顽固死硬的个性可能拖垮一个对立者，迫使他做出让步，但同样也可能使自己的小损失变成大损失。

不可忽视的谈判成本

谈判是需要成本的，快速有效地让谈判达成协议能够节约成本，对博弈双方的总体利益有利，这就需要谈判双方尽可能地坦诚。

我们来看一个讨价还价博弈的基本模型。

假设 A、B 两个孩子商议分吃一块蛋糕，很简单的一个方法，就是一方将蛋糕一切两半，另一方则选择自己得哪一块蛋糕。不妨假设切蛋糕这种累活分配给 A，B 则在两块蛋糕中选择一块。显然，A 在这种切蛋糕的规则下，一定会努力让两块蛋糕切得尽量相同大小。

设想桌子上放着的是一个冰淇淋蛋糕，两个孩子在就分配方式讨价还价的时候，蛋糕在不停地融化。我们假设每提出一个建议或反建议，蛋糕都会朝零的方向缩小同样大小。

这时，讨价还价的第一轮由 A 提出条件，若 B 接受条件则谈判成功，若 B 不接受条件则进入第二轮；第二轮由 B 提出分蛋糕的条件，A 接受则谈判成功，A 不接受，谈判失败，于是蛋糕融化。

对于 A 来说，刚开始提出的条件非常重要，如果他所提的条件，B 完全不能接受的话，蛋糕就会融化一半，即使第二轮谈判成功了，也有可能还不如第一轮降低条件来得收益大。因此 A 第一轮提出条件要考虑两点：首先要考虑是否可以阻止谈判进入第二轮；其次，考虑 B 是如何思考这个问题的。

再看最后一轮，蛋糕在第二轮只有原先的 1/2 的大小，因此，A 在第二轮即使谈判大获全胜，也不过只得到 1/2 个蛋糕，而谈判失败则什么都得不到。从最后一轮再反推到第一轮，B 知道 A 在第二轮时所能得到的蛋糕最多为 1/2，因此当 A 在第一轮时只要占据的蛋糕大于 1/2，他都可以表示反对，将这个谈判延续到第二轮。

A 对 B 的如意算盘也很清楚，经过再三考虑，他在第一轮的初始要求一定不会超过 1/2 的蛋糕大小。因此 A 在初始要求得到 1/2 个蛋糕时该顺利结束谈判，这个讨价还价的结果则是双方各吃一半大小的蛋糕。

这种具有成本的博弈最明显的特征就是，谈判者整体来说应该尽量缩短谈判的过程，减少耗费的成本。

我们再来看看当谈判有三轮时会是什么样的结果。为了便于论述，不妨假设这个时候，蛋糕每过一个讨价还价的轮次就融化 1/3 大小，到最后一轮结束时，蛋糕全部融化。

动态博弈一般都是采用倒推法，从最后一轮看，即使谈判成功，A 最多只能得到剩下的 1/3 个蛋糕。B 知道这一点，因此在第二轮轮到自己提要求时要求两人平分第一轮剩下的 2/3 个蛋糕。A 在第一轮时就知道 B 第二轮的想法，于是在第一轮刚开始提条件时，直接答应给 B1/3 个蛋糕，B 知道即使不同意这个条件，进入第二轮也一样是最多得到 1/3 个蛋糕，到了第三轮几乎就分不到蛋糕，因此 B 一定会接受这个初始条件。这个阶段的分蛋糕谈判最终的结果是 B 分得 1/3 个蛋糕，A 分得 2/3 个蛋糕。

更为普遍的情况是，假如步骤数目 n 是偶数，各得一半；假如步骤数目 n 是奇数，A 得到（n+1）/2n 而 B 得到（n—1）/2n。等到步骤数目达到 101，A 可以先行提出条件的优势使他可以得到 51/101 个蛋糕，而 B 得到 50/101 个蛋糕。

在这个典型的谈判过程里，蛋糕缓慢缩小，在全部消失之前有足够时间让人们提出许多建议和反建议。通常情况下，在一个漫长的讨价还价过程里，谁第一个提出条件并不重要。除非谈判长时间陷入僵持状态，胜方几乎什么都得不到了，否则妥协的解决方案看来还是难以避免的。

不错，最后一个提出条件的人可以得到剩下的全部成果。不过，真要等到整个谈判过程结束，也没剩下什么可以赢取的了。得到了"全部"，但"全部"的意思却是什么也没有。

进二退一的策略

在生活中，我们如果放宽一下视野，完全可以运用进二退一的转换思维，获得事半功倍的效果。

前苏联时期，柯伦泰出任驻挪威的全权贸易代表。上任不久，柯伦泰就购买鲱鱼的事与挪威商人谈判。

谈判一开始，柯伦泰不动声色地伸出左手中指："一位数，超过这个价，我到别的国家去买！"挪威商人瞪圆了眼珠说："尊敬的柯伦泰女士，您真的太能干啦。这个价格只配去买柯伦泰骨头！"柯伦泰伸出左手小指："刚才我搞错了，你的鱼价格还要压低一成！"挪威商人忍不住伸出手指叩叩桌面："柯伦泰女士，这不是开玩笑！"柯伦泰慢慢地回答："如果你诚心要做成这笔生意，我可以出两位数的价钱！"

谈判眼看要陷入僵局了。柯伦泰苦笑着说话了："我不能伤害你们的感情，我同意你们提出的价格。如果我们政府不批准这个价格，我愿意用自己的工资来支付差额，不过只能分期付款，看样子可能要还一辈子债了。"为了做成这笔生意，挪威商人只得将柯伦泰的价格降低到前苏联政府能接受的价格。

柯伦泰在谈判中所运用的策略，可以称为进二退一，也就是在开始讨价还价的时候，明知自己的方案必然会遭到对方的反对，于是首先提出众多条件苛刻、不可达成的要求，极力将矛盾扩大化，使关键问题模糊化，从而引发更广泛的争议。然后，再退一小步，做出妥协的姿态，解决一些次要的小矛盾，牺牲一些次要的利益，展示出退一步海阔天空的"高尚"形象。这样，表面上达成了"双赢"，实际上进一步蚕食了对方的利益，实现其最初要达成的目标，最大化自己最迫切想得到的利益。

在生活中，我们如果放宽一下视野，完全可以运用这种转换思维，获得事半功倍的效果。

如果你是一位上司，某个下属看起来不会工作，接受了任务不知道如何完成，有没有办法促使他按你的意图去做？还有，你主持的团队老是扯皮，议而不决，有没有办法让他们早点儿作出决定？又如，你的孩子要吃巧克力，可是你不愿意让他多吃甜的，有没有办法让他满足于更有益健康的东西？

答案当然有。你如果用进二退一的方式就可以应付上述难题，但是前提是必须提供不同的选择。不过与上述故事中自己进二，自己再退一的方式不同，我们要让员工或者是孩子自己"退一"。

我们先看明智的上司该怎么做。你无法掌握日常事务的每一个细节，因而需要下属帮忙。你想激励他把项目的一大部分管起来，可是又不想放弃对整个项目的指导，该用什么办法呢？

如果能够发现这其实也是一种博弈的话，那么最好的策略之一，就是给他选择。比如可以对他说："你看，我们的工作出现了一些问题，我觉得由你处理比较合适。你看是用甲方法好，还是用乙方法好?"这里，谁是上司呢？下属会觉得自己是上司。其实，选择是你提出的，但下属有了选择权，就有了做主人的感觉，这种感觉会使他更热爱工作、热爱公司，减少失职的情况。他虽然责任更重，但是因为有了责任感，觉得自己所选的方案是最好的，因而也就会全力去完成。

你的孩子闹着要吃巧克力，如果简单地拒绝他肯定哭得更厉害。如果在拒绝巧克力的同时，又问他："你想吃香蕉还是草莓？"孩子会重新考虑是否吃巧克力的合理性，重新估计形势。当孩子参加活动需要选择衣服时，父母也可以用同样的方法，给他两套衣服，让他选择。但是要注意，小孩比成人更习惯于让别人选择，所以上述方法有时可能不是那么有效。

在品牌竞争中买方占尽便宜

博弈者之间是一种互相依存的关系，这就是品牌博弈所追求的均衡状态——竞合。同类别的成功品牌一般都有一个优秀的竞争对手存在，彼此间在战略战术上均针锋相对，在品牌博弈过程中不断完善自己、超越自己。而在这个过程中，买方却可以在竞争夹缝中占得实惠便宜。

品牌博弈的例子在各个行业都普遍存在，可口可乐与百事可乐、麦当劳与肯德基便是典型的例子，它们在品牌的博弈中双方共同成长、不断完善，把一些跟进者远远地甩在后面，就其品牌博弈双方的特质及博弈过程，有许多地方值得我们思考和总结。

以可口可乐与百事可乐为例，从产品层面我们可以清楚地看到，他们之间的每一个产品线都是针锋相对，从可口可乐到百事可乐，从雪碧到七喜，再从芬达到美年达，无论产品的口味还是包装风格都十分类似。虽然可口可乐一再向消费者强调自己有1%神秘配方，但真正影响消费者购买行为、潜移默化地让消费者区分这两个品牌的是它们在消费者定义和品牌定义上存在着的差异。

由此可见，品牌博弈的过程并不是一味追求雷同和寻找绝对的差异，而是要在同质与差异之间寻找一个完美的结合点，使对弈的品牌在消费者的心灵层面有所区分。品牌的产品基本层面若属雷同无可厚非，但品牌感召力必须要有所区分，这样品牌的个性才能够凸现出来，从而影响消费者面对不同品牌时的购买决策。

可口可乐一贯坚持的基本理念是"可口如一"，而百事可乐则用"渴望无限"。从字面上理解，我们就能发现它们在表达内涵上各不相同。先说"可口如一"，透过这四个字，我们可以感觉到一种"经典和永恒"的品牌特性，而"渴望无限"则代表一种"超年轻"的心理状态，表达的是"激情和期盼"的品牌主张，这两种不同的品牌内涵表现的是两种截然不同的生活状态，无形中便影响了消费者的购买决策。

品牌定义是一个设计的过程，而消费者定义是设计的结果。从顺序上讲，是先有品牌定义，再完善品牌核心价值（品牌个性、品牌主张）及诉求，从而顺势有了该品牌的消费者定义。接下来，我们从这两个品牌的经营策略层面，来诠释他们的差异。

有人问起百事可乐成功的秘诀，得到的回答是：我们找到了一个优秀对手，这就是可口可乐！以可口可乐为镜，百事可乐成长迅速。他们的策略是："永远比可口可乐在容量上多一点，永远陈列在可口可乐的旁边并努力比它多一些陈列空间，永远比可口可乐低5分钱……"当然，不可否认的是可口可乐是领导者，百事可乐是跟随者。作为百事可乐而言，跟随者总要付出的多一些，百事可乐知道可口可乐的直销加深度分销的模式就是自己要沿袭和依照的模式，百事可乐清楚地认识到，只有基础的工作做得比可口可乐更出色，才不会落后。

依照以上的实例，可以总结出品牌博弈基础是建立在博弈双方的基本共性上的，而在品牌定义和消费者定义上有所区分，最终让消费者透过心灵层面来感受品牌和区分差异。作为一个市场竞争的参与者，品牌博弈是一面最好的镜子，能够让博弈双方清醒地面对对手，无论是对于品牌力的塑造，或是产品力的提升都是一个弥补和完善。而对于市场中的消费者，"两虎一山"并不是什么坏事情，至少他们能享受到由品牌博弈所带来的更实在的价格和更优质的产品品质。

品牌博弈的特点

品牌竞争的特点主要是相对于其他几种竞争形态而言的，因此只有和其他的竞争形态有所比较，才有利于更深刻地认识品牌竞争。简而言之，品牌竞争的特点主要体现在以下几个方面：

一、综合性

综合性可以从品牌竞争内容和品牌竞争表现两个方面来看。从内容上看，品牌竞争涵盖了企业的产品开发、设计、生产、销售、服务，以及管理、技术、规模、价值观念、形象特征等多种因素。所谓品牌竞争实际上就是这些要素的竞争，只有当这些要素对品牌形成支持时，品牌形象才会丰满，品牌的竞争优势才可能体现。

比如，当我们认定宝洁旗下的那些强势品牌的时候，这不仅是由于它在产品方面表现出的出色优秀品质，还有它对顾客反映的有效关注，通过长期宣传所形成的价值追求等。

二、文化性

文化性是指品牌本身所附着的文化信息，是对某种社会情感诉求的反馈和表达。一般而言品牌的文化内涵直接表达了一种生活方式和生活态度，因此选择一种品牌，也就是选择一种情感体验和生活态度。正是品牌才使得产品这一物质形式有了一定的精神内涵，从本质上讲，品牌集中反映了企业对产品的态度、对顾客的态度、对自身的态度以及对社会的态度。比如，意大利的著名休闲品牌 DIESEL 定位于那些具有叛逆精神的青年一代，通过某种社会理念的表达努力实现品牌的价值追求。

现代消费并不单纯停留在产品本身的物质层面，人们对品牌的选择就是对某种生活方式和生活态度的选择。从这点来看品牌的文化意义还表现为品牌的社会信息，可以帮助顾客实现一种情感体验、价值认同和社会识别。比如，用奔驰汽车象征身份，使用节能产品表现环保意识等。

三、形象化

品牌的形象化特征最为显著，这是由品牌本身所具有的符号特征所决定的。形象化不仅使品牌得到简单明确的区分，而且还生动地折射出了品牌不同的内涵。品牌的形象化具有两重意义，一种是究其外在符号效果而言的。任何品牌总是以文字、图案、符号、产品外形和功能为载体，将其内涵与功能直接表现出来。

比如，可口可乐的斯宾塞体—全球品牌网—文字和红色图案，以及特别的瓶形设计，给人们留下鲜活的印象。另一种是品牌形象也对品牌概念和品牌品质加以浓缩，如可口可乐通过长期的品牌积累，形成了属于自己的文化意味，这种符号形态本身又附着了美国文化的隐喻，在接触这个品牌时可以感受到其强烈的感染力和传播效果。

四、稳定性

稳定性是就品牌可以超越产品而存在这一特性而言的，品牌比产品的内容更加丰富。稳定性可以从产品和企业两方面着眼。就产品而言，通常情况下由于生命周期的原因，产品本身因为市场变化而不断更新调整，但是品牌却相对稳定。比如，宝洁公司的洗发品牌海飞丝，最初定位为去头屑，但是随着市场变化这个功能逐渐失去了优势，它虽然仍旧是海飞丝但产品不断改变和丰富。因此产品的不断创新只是对品牌内容的丰富和充实，产品变化了但是品牌价值却不会随之消失。就企业而言，品牌是企业经营活动等各个方面的高度概括和浓缩，其表现相对比较抽象，具有一般性和普遍性，因此也就具有相对的稳定性。当然，任何稳定性都是相对而言的，没有一成不变的永恒品牌，品牌也必须随着社会和市场而发展，否则也将会遭到淘汰。

五、时尚性

品牌的文化意味和对市场的追随，在一定意义上决定了品牌的时尚性。时尚性具有很多的社会特征，有时候是一种品位的昭示，有时候是一种流行的追捧。人们通过品牌追求一种生活方式，而生活方式在很大程度上就是一种时尚的表达。

品牌时尚通常来自于品牌在社交中所传达的暗示，比如用一个奢侈品牌的 LV 的手包或者戴一块劳力士的手表，都可能被看作是来自社会上层的标志；有时候时尚也来自于人们对品牌的追捧，这是因为品牌本身就是一种具有流行色彩的社会定位，非常注重把握和引导某种社会情绪，人们通过对品牌的追捧，可以表达某种情感并宣泄内心的某种情绪。

第十二章
妥协与折中的博弈
——示弱者最后也可能赢全局

　　博弈是需要采取妥协和折中的。"和事佬"给人平凡甚至窝囊的印象，其实，他正是运用了妥协的智慧签下了一个又一个单。小企业不需要针锋相对地跟大企业血拼，大企业也没必要对小企业穷追猛打，让小企业占据适当的市场份额既不影响自己的大局，还能阻止更多的小企业涉足本行业。面对"斗鸡博弈"的僵局，更是需要双方从换位思考的角度寻找破解僵局的智慧，以一方得到补偿而退让是一个精彩的求解。妥协和折中并不代表懦弱和退缩，而是对长远利益自信的表现，因为要懂得，为小利撕破脸，把别人逼到死角，挡住了别人路的同时也丢失了自己的出路。

为什么"和事老"最能签下单

　　"和事老"最能签下单，是因为他能赢得顾客的心。营销学里有句话说，顾客永远是对的。这正是"和事老"成功签单所依赖的观念和态度。产品和服务的质量会影响顾客的签单决定，但最终决定顾客签单的是顾客的观念和营销者对顾客观念的认同。

　　事实上，"和事老"的态度和行为符合企业营销活动以顾客为中心，以消费者需求作为营销出发点的观点。作为经营者，必须时刻牢记"顾客永远是正确的"这条黄金法则。"和事老"不是去与顾客的陈旧甚至错误观念做斗争，而是理解和认同顾客的观念，因为他们知道，改变顾客的观念远比理解和接受顾客的观念要难。中国营销大师史玉柱就曾说过，不要试图去改变消费者的观念，因为改变一个人的观念简直比登天还难。

一般人乍听起来，似乎颇感"顾客永远是正确的"这句话太绝对了。"金无足赤，人无完人"，顾客不对的地方多着呢。但从本质上理解，它隐含的意思是"顾客的需要就是企业的奋斗目标"。在处理与顾客的关系时，企业应站在顾客的立场上，想顾客之所想，急顾客之所急，并能虚心接受或听取顾客的意见或建议，对自己的产品或服务提出更高的要求，以更好地满足顾客所需。事实上顾客的利益和企业自身的利益是一致的，企业越能满足顾客的利益，就越能拥有顾客，从而更能发展自己。

但顾客与企业并非没有矛盾，特别是当企业与顾客发生冲突时，这条法则更应显灵，更需遵守。当顾客确实受到损害，比如买到低质高价假冒伪劣商品，遇到服务不够周到，甚至花钱买气受，违反消费者利益等情况。此时，即使顾客采取了粗暴无礼的态度，或者向上申诉，都是无可非议的；当顾客利益并未受到损害，但顾客自身情绪不好，工作或生活遇到不顺心的事，抑或顾客故意寻衅闹事，此时，企业当事人应体谅顾客之心，给与耐心合理的解释，晓之以理，动之以情，导之以行，做到有理有节，既忍辱负重又坚持原则，一般情况下，顾客是会"报之以李"的。

谈判里的"斗鸡博弈"

"斗鸡博弈"是一种僵局，如不能变通，只能意味着要有一场你死我活的厮杀，最终两败俱伤。一种比较明智的做法是通过给予一方补偿以让他退让来打破僵局。当然，这要求双方都充分地换位思考，克服贪婪。

"斗鸡博弈"（Chicken Game）其实是一种误译。"Chicken"在美国口语中是"懦夫"之意，"Chicken Game"本应译成懦夫博弈。不过这个错误并不算太严重，要把"Chicken Game"叫做斗鸡博弈，也不是不可以。

两只公鸡狭路相逢，即将展开一场厮杀。结果有四种可能：两只公鸡对峙，谁也不让谁，或者两者相斗。这两种可能性的结局一样——两败俱伤，这是谁也不愿意的。另两种可能是一退一进，但退者有损失、丢面子或消耗体力，谁退谁进呢？双方都不愿退，也知道对方不愿退。在这样的博弈中，要想取胜，就要在气势上压倒对方，至少要显示出破釜沉舟、背水一战的决心来，以迫使对方退却。但到最后的关键时刻，必有一方要退下来，除非真正抱定鱼死网破的决心。但把自己放在对方的位置上考虑，如果进的一方给予退的一方以补偿，只要这种补偿与损失相当，就会有愿意退者。

这类博弈不胜枚举。如两人反向过同一独木桥，一般来说，必有一人选择后退。在该种博弈中，非理性、非理智的形象塑造往往是一种可选择的策略运用。如那种看上去不把自己的生命当回事的人，或者看上去有点醉醺醺、傻乎乎的人，往往能逼退独木桥上的另一人。还有夫妻争吵也常常是一个"斗鸡博弈"，吵到最后，一般地，总有一方对于对方的唠叨、责骂退让，或者干脆妻子回娘家去冷却怒火。

"斗鸡博弈"强调的是，如何在博弈中采用妥协的方式取得利益。如果双方都换位思考，它们可以就补偿进行谈判，最后达成以补偿换退让的协议，问题就解决了。博弈中经常有妥协，双方能换位思考就可以较容易地达成协议。考虑自己得到多少补偿才愿意退，并用自己的想法来理解对方。只从自己立场出发考虑问题，不愿退，又不想给对方一定的补偿，僵局就难以打破。

1985 年，在美国彼得斯堡的一家美式足球俱乐部里，发生了一场很有意思的球员薪水谈判。

球员弗兰克的代理人正在和球队老板谈判。此前，弗兰克在该球队每年能够拿到 38.5 万美元。一开始，事情进展得非常顺利。代理人要求 1985 年弗兰克的年薪要达到 52.5 万美元，老板同意了；接着代理人要求这笔年薪必须被保证，老板也同意了；然后代理人要求 1986 年弗兰克的年薪要到 62.5 万美元，老板思考后同意了；再接着代理人要求这笔年薪也必须被保证，这下老板不干了，并且否定了之前谈妥的所有条件。谈判彻底崩溃，弗兰克最后到西雅图的一个球队，年薪只有 8.5 万美元。

在这个谈判过程中，哪里不对劲了呢？代理人显得太过贪婪，并且在一次谈判中不断更新自己的要求。而真正的关键在于，谈判是一个战略性沟通的过程，这也是罗仁德对谈判的定义。你必须很好地管理谈判过程，在任何一次谈判中，你都不能只关注所谈的内容，而忽略对方在谈判之前已经有的正确答案，但是事实上，在谈判结束之前，并不存在正确的答案。因此，你需要花更多的时间来制定谈判战略。

妥协是实现谈判目的的最终手段！被称为"全世界最佳谈判手"的霍伯·柯恩曾经说过："为了实现谈判的目的，谈判者必须学会以容忍的风格、妥协的态度，坚韧地面对一切。"

有的谈判者在谈判过程中一再后退，连连让步，即使这样也未必能获得对方的好感，更别指望赢得谈判。经验丰富的谈判者都知道，为了达到自己预期的目的和效果，必须把握好让步的尺度和时机，至于如何把握，只能凭谈判者的机智、经验和直觉处理了，但这并不等于说谈判中的让步是随心所欲、无法运筹和把握的。

一、一次到位让步

在谈判的前一阶段，谈判一方一直很坚决地不作出任何让步，但到了谈判后期却一次作出最大的让步。这种让步是对那些锲而不舍的谈判对手作出的。如果遇到的是一个比较软弱的谈判对手，可能他早就放弃讨价还价而妥协了，而一个坚强的谈判对手则会坚持不懈，不达目的决不罢休，继续迫使对方作出让步，他会先试探情况，最后争取最高让步。在这种谈判中，双方都要冒因立场过于坚决而出现僵局的危险。

二、坦诚以待让步

即在让步阶段的一开始就全部让出可让利益，而在随后的阶段里无可再让。这种让步策略坦诚相见，比较容易使得对方采取同样的回报行动来促成交易成功。同时，率先作出大幅度让步会给对方以合作感、信任感。直截了当地一步让利也有益于速战速决，降低谈判成本，提高谈判效率。

三、逐步让步

这是一种逐步让出可让之利并在适当时候果断停止让步，从而尽可能最大限度获得利益的策略。这种让步策略在具体操作时又有不同的形式：等额让步、小幅度递减让步、中等幅度递减让步、递增让步和大幅度让步等。

战国时期思想家庄子曾说过，斗鸡的最高状态就是好像木鸡一样，面对对手毫无反应，可以吓退对手，也可以麻痹对手。这句话里就包含着斗鸡博弈的基本原则，就是让对手错误地估计双方的力量对比，从而产生错误的期望，再以自己的实力战胜对手。

谈判可以说是一种像跳舞一样的艺术。这种艺术的成功并不是消灭冲突，而是如何有效地解决冲突。因为每个人都生活在一个充满冲突的世界里，这就需要博弈的运用，如果你能运用博弈，那么你就会在这场谈判中成为一个真正的成功者。

把对手变成朋友

谈判是双方利益的博弈，但好的谈判是双方都能接受和满意。因此，谈判时不妨在以各自利益为出发点的同时把彼此当成朋友。

2003 年 12 月，美国的 Real Networks 公司向美国联邦法院提起诉讼，指控微软滥用了在 Windows 上的垄断地位，限制个人电脑厂商预装其他媒体播放软件，并且无论 Windows 用户是否愿意，都强迫他们使用绑定的媒体播放器软件。Real Networks 要求获得 10 亿美元的赔偿。然而就在官司还没有结束的情况下，Real Networks 公司的首席执行官格拉塞却致电比尔·盖茨，希望得到微软的技术支持，以使自己的音乐文件能够在网络和便携设备上播放。所有的人都认为比尔·盖茨一定会拒绝他，但出人意料的是，比尔·盖茨对他的提议表示欢迎。他通过微软的发言人表示，如果对方真的想要整合软件的话，他将很有兴趣合作。

2005 年 10 月，微软与 Real Networks 公司达成了一份价值 7.61 亿美元的法律和解协议。根据协议，微软同意把 Real Networks 公司的 Rhapsody 服务包括其 MSN 搜索、MSN 讯息以及 MSN 音乐服务中，并且使之成为 Windows Media Player 10 的一个可选服务。

类似的故事也曾经发生在微软和苹果两大公司之间。

自 20 世纪 80 年代起，苹果和微软就一直处于敌对状态，为争夺个人计算机这一新兴市场的控制权展开了激烈的竞争。到了 90 年代中期，微软公司明显占据了领先优势，占领了约 90% 的市场份额，而苹果公司则举步维艰。但让所有人大跌眼镜的是，1997 年，微软向苹果公司投资 15 亿美元，把它从倒闭的边缘拉了回来。2000 年，微软为苹果推出 Office2001。自此，微软与苹果真正实现"双赢"，合作伙伴关系进入了一个新时代。

上面两个故事发生在比尔·盖茨身上，绝对不是一个巧合，因为它们都来源于比尔·盖茨对商机的把握和设计，以及与对手握手言和的处世智慧。一般人面对敌人或对手的时候，采取的态度是不屈不挠，咬紧牙关，迎面而上，决不退缩。这也是红眼斗鸡们的共识。但是真正明智的人会选择另一种方式，站到敌人的身边去，把敌人变成自己的朋友。

一个牧场主养了许多羊，他的邻居是个猎户，院子里养了一群凶猛的猎狗。这些猎狗经常跳过栅栏，袭击牧场里的小羊羔。牧场主几次请猎户把狗关好，猎户不以为然，只是口头上答应。可没过几天，他家的猎狗又跳进牧场横冲直撞，咬伤了好几只小羊羔。

忍无可忍的牧场主找镇上的法官评理。听了他的控诉，法官说："我可以处罚那个猎户，也可以发布法令让他把狗锁起来。但这样一来你就失去了一个朋友，多了一个敌人。你是愿意和敌人做邻居呢？还是和朋友做邻居？"牧场主说："当然是和朋友做邻居。""那好，我给你出个主意。按我说的去做，不但可以保证你的羊群不再受骚扰，还会为你赢得一个友好的邻居。"法官如此这般交代一番。牧场主连连称是。

回到家，牧场主就按法官说的挑选了 3 只最可爱的小羊羔，送给猎户的 3 个儿子。看到洁白温顺的小羊羔，孩子们如获至宝，每天放学都要在院子里和小羊羔玩耍嬉戏。因为怕猎狗伤害到儿子们的小羊羔，猎户做了个大铁笼，把狗结结实实地锁了起来。从此，牧场主的羊群再也没有受到骚扰。

生活在纷繁复杂的社会中，难免会与人发生对立和冲突，与这样那样的对手"狭路相逢"。在这些对手中，有的也许的确是蓄意阻挡你的前进道路，但大多却是由于阴差阳错或者因缘际会而产生的误会。因为一个理性的人都明白，挡住别人的去路，实际上自己也无法前进。在后面这种情况下，就不能讲究"狭路相逢勇者胜"，而应该调整自己的姿态，避免因为针尖对麦芒而两败俱伤，并且要"一笑泯恩仇"，化对手为朋友，甚至联手找到一条能让双方共同前进的道路。

让对方感觉自己胜券在握

在谈判桌上必须时时充满自信，有自信才能赢得谈判。只有在气势上压倒对方，然后又动之以情，采用一些虚实结合的招式，你才能轻而易举地掌控一场谈判。

人在谈判场上，必须掌握以下四个谈判技巧。

一、心怀豪气压倒人

谈判席上，抖擞的精神面貌至关重要。如果在谦虚的言谈举止间，流露出一股冲天的豪气，其勇气和胆魄，就会击倒对方的心理防线。而谦卑只会被视为无能，对方就会高高在上，接下来的情形，你将会节节败退。

张先生是某进出口公司销售经理，在一次与日本商人的谈判中，张先生慷慨地陈述了公司的产品及销售状况，并强调该产品在美国十分畅销。精明的日本商人被张先生这番话深深触动。一改"试试看"的心情，很快进入十分严肃的、正式的谈判主题。

二、虚实招式迷惑人

谈判有时会进入"马拉松式"的状态，迟迟不能达成协议。这时，要在洞悉对方的弱点和了解对方的底细后，步步紧逼，软硬兼施，刚柔相济，抛出利益相诱。

某文化公司的老总与国外的一家广告公司洽谈合作业务，对方不紧不慢，签合同的日子推了又推。文化公司的老总忍无可忍，透露出另一家广告公司也急于合作的消息，并开始玩"失踪"。欲要太极的广告公司见玩出了火，好说歹说，匆匆签完合同，急急收场，以免夜长梦多。

三、真心相许感动人

在谈判中，存在着这么一些人，只顾漫天要价，毫不理会对方的感受，妄想一口吃成个胖子，把对方当成"咸水鱼"。这样只会令对方非常反感，有气度的对手虽然不表露，但却是铁定了心，绝不能与这种人合作。所以，要为对方设身处地想一想，不妨诚心一点，从关心对方的角度出发，以俘虏对方的心。

何经理在一个公司负责项目研究，项目出来后，他给研究人员开了个恰当的价，并且诚恳地告诉对方："我知道这个价格达不到你的期望，但请理解我现在只能开出这个价格，因为公司正处在起步阶段，资金比较紧张。我向你承诺，等公司发展起来，咱们以后的合作我将给出更让你满意的价格。"

何经理既设身处地地体会到别人的切实感受，又开诚布公地表明了自己的真实状况。正是这种感动人心的真情流露增加了其成交的筹码。

四、因人而异决定报价

一般情况下，如果你准备充分了，而且还知己知彼，就一定要争取先报价；如果你不是谈判高手，而对方是，那么你就要沉住气，不要先报价，要从对方的报价中获取信息，及时修正自己的想法；但是，如果你的谈判对手是个外行，那么，不管你是"内行"还是"外行"，你都要争取先报价，力争牵制、诱导对方。自由市场上的老练商贩，大都深谙此道。

当顾客是一个精明的家庭主妇时，他们就采取先报价的策略，准备着对方来压价；当顾客是个毛手毛脚的小伙子时，他们大部分都是先问对方"给多少"，因为对方有可能会报出一个比商贩的期望值还要高的价格，如果先报价的话，就会失去这个机会。

学会见好就收

贪婪是人性的大敌，每个人都要学会见好就收。

我国古人虽然没有明确提出"斗鸡博弈"一类的名词，但其原理在我国古代历史上早已经得到很好的应用了。

春秋时，楚国一直是南方的强国，公元前 659 年楚国出兵郑国。齐桓公与管仲约诸侯共同救郑抗楚。齐国和鲁、宋、陈、卫、郑、许、曹等国组成联军南下，直指楚国。楚国在大军压境的形势下，派使臣屈完出来谈判。

屈完见到齐桓公就问："你们住在北海，我们住在南海，相隔千里，任何事情都不相干涉。这次你们到我们这里来，不知是为了什么？"管仲在齐桓公身旁，听了之后就替齐桓公答道："从前召康公奉了周玉的命令，曾对我们的祖先太公说过，五等侯九级伯，如不守法你们都可以去征讨。东到海，西到河，南到穆陵，北到无隶，都在你们征讨范围内。现在楚国不向周王进贡用于祭祀的滤酒的包茅，公然违反王礼。还有前些年昭王南征途中遇难，这事也与你们有关。我们现在兴师来到这里，正是为了问罪于你们。"屈完回答说："多年没有进贡包茅，确实是我们的过错。至于昭王南征未回是因为船沉没在汉水中，你们去向汉水问罪好了。"

齐桓公为了炫耀兵力，就请屈完来到军中与他同车观看军队。齐桓公指着军队对屈完说："这样的军队去打仗，什么样的敌人能抵抗得了？这样的军队去夹攻城寨，什么样的城寨攻克不下呢？"屈完不卑不亢地回答说："国君，你如果用仁德来安抚天下诸侯，谁敢不服从呢？如果只凭武力，那么我们楚国可以把方城山当城，把汉水当池，城这么高，池这么深，你的兵再勇猛恐怕也无济于事。"齐桓公和管仲本也无意打仗，只是想通过这次军事行动来增强自己的号召力

左手博弈论，右手心理学大全集

Zuo Shou Bo Yi Lun, You Shou Xin Li Xue Da Quan Ji

罢了。所以他们很快就同意与楚国和解，将军队撤到召陵。

一个明智的博弈者无论是面对怎样的对手，在开始行动之前必须牢牢记住这样一个原则——见好就收。但仅此还不够，一个既明智又老到的博弈者事先必须估计到最坏的博弈结果，更高地警戒自己，更要遵循遇败即退的原则，以保存实力。斗鸡场上逼使对手让步可能会给人带来无比的愉悦和刺激，但是强中更有强中手，千万别把它当做永久的法宝。

让老板加薪的博弈

哪一方前进，不是由"两只斗鸡"的主观愿望决定的，而是由双方的实力预测所决定的。当两方都无法完全预测对手实力的强弱时，那就只能通过试探才能知道。而在试探的时候，既要有分寸，更要有勇气。

两只实力相当的斗鸡，如果它们双方都选择前进，那就只能是两败俱伤。在对抗条件下的动态博弈中，双方可以通过彼此提出要求，找到都能够接受的解决方案，而不至于因为各自追求自我利益而僵持不下，甚至两败俱伤。但是这种优势策略的选择，并不是一开始就能作出的，而是要通过反复的试探，甚至是激烈的争斗后才能实现。

如果你是一位职场人士，那么你与老板之间所进行的最为惊心动魄的博弈，一定是围绕薪水进行的。一方要让收入更适合自己的付出，而另一方则要让支出更适合自己的盈利目标。

首先，作为员工，如果想要让老板给你加薪，那么就必须主动提出来。你不提，不管用什么博弈招数都没用。

在向老板要求加薪时，除了把加薪的理由一条一条摆出来，详细说明你为公司做了什么贡献而应该提高报酬之外，最重要的应该是确定自己提出的加薪数额。你提出的数额，应该超过你自己觉得应该得到的数额。注意关键是"超过"。鉴于与老板之间的地位不平等，这就需要勇气，事先一定要对着镜子，好好练习一下怎么提出这个"超过"的数额。这样见了老板就不会欲言又止、吞吞吐吐了。

一般人请老板加薪，提的数额都不多，但是这种低数额的要求对自身有害无益。提的数额越低，在老板眼里的身价也就越低，这大概是人性的怪诞之处吧。标价过低的东西，比标价过高的东西更容易把买主吓跑。反过来，如果提的数额合理而且略高一些，会促使老板重新考虑你的价值，对你的工作和贡献作出更公正的评价。你就是得不到要求的数额，老板也可能对你更好，比如会改变你的工作条件等。他改变了看你的视角，了解得更清楚，所以会对你刮目相看。

你如果不在乎别人小看，就别要求加薪，就是要求也是很小的幅度。那样，你会发现分配的工作最苦最累，办公条件最差，工作时间最长。总之，你要是不重视自己，也别指望老板会看重你。要求的数额低，就是小看自己。

其实，在你与老板之间形成的博弈对局中，老板会综合对你的能力和价值有所了解，判断出该给你加薪的幅度，并以此作为讨价还价的依据。如果你的理由充分，又有事实根据，可能跟老板对你的看法有出入，发生心理学的所谓"认知不一致"。老板会设法协调一下这种不一致。但是，如果你不把这种"认知不一致"暴露出来，在加薪的对局中你就会处于下风，因为他一直抱着成见。你提供了不同的看法，就迫使他重新评价你，以新的眼光看待你，最后达成有利于你的和解的可能性反而更高。

这是"斗鸡博弈"中如何在避免两败俱伤的前提下为自己争取利益的智慧，正如本节开头所说的，在需要勇气的同时，更需要揣摩与试探的策略。

商务谈判的说话要诀

成功的商务谈判都是谈判双方出色运用语言艺术的结果。

商务谈判是在经济活动中，谈判双方通过协商来确定与交换各种有关的条件的一项必不可少的活动，它可以促进双方达成协议，是双方洽谈的一项重要环节。商务谈判是人们相互调整利益，减少分歧，并最终确立共同利益的行为过程。如果谈判的技巧不合适，不但会使双方发生冲突导致贸易失败，更会造成经济上的损失。而商务谈判的过程就是谈判者语言交流的过程。语言在商务谈判中犹如桥梁，占有重要的地位，它往往决定了谈判的成败。商务谈判中除了在语言上要注意文明用语、口齿清楚、语句通顺和流畅大方等一般要求外，还应掌握一定的语言表达艺术。语言的艺术表达有优雅、生动、活泼、富有感染力等特点，在商务谈判中起到了不可估量的作用。因此在商务谈判中谈判双方应出色运用语言艺术及技巧。

一、针对性

在商务谈判中，双方各自的语言，都是表达自己的愿望和要求的，因此谈判语言的针对性要强，要做到有的放矢。模糊、啰嗦的语言，会使对方疑惑、反感，降低己方威信，成为谈判的障碍。

针对不同的商品，谈判内容、谈判场合、谈判对手要有针对性地使用语言，才能保证谈判的成功。例如：对脾气急躁，性格直爽的谈判对手，运用简短明快的语言可能受欢迎；对慢条斯理的对手，则采用春风化雨般的倾心长谈可能效果更好。在谈判中，要充分考虑谈判对手的性格、情绪、习惯、文化以及需求状况的差异，恰当地使用针对性的语言。

二、表达方式委婉

谈判中应当尽量使用委婉语言，这样易于被对方接受。比如，在否决对方要求时，可以这样说："您说的有一定道理，但实际情况稍微有些出入。"然后再不露痕迹地提出自己的观点。这样做既不会损伤对方的面子，又可以让对方心平气和地认真倾听自己的意见。

其实，谈判高手往往努力把自己的意见用委婉的方式伪装成对方的见解，提高说服力。在自己的意见提出之前，先问对方如何解决问题。当对方提出以后，若和自己的意见一致，要让对方相信这是他自己的观点。在这种情况下，谈判对手有被尊重的感觉，他就会认为反对这个方案就是反对他自己，因而容易达成一致，获得谈判成功。

三、灵活应变

谈判形势的变化是难以预料的，往往会遇到一些意想不到的尴尬事情，这要求谈判者具有灵活的语言应变能力，与应急手段相联系，巧妙地摆脱困境。当遇到对手逼你立即做出选择时，你若是说"让我想一想""暂时很难决定"之类的语言，便会被对方认为缺乏主见，自己从而在心理上处于劣势。此时你可以看看表，然后有礼貌地告诉对方："真对不起，9点钟了，我得出去一下，与一个约定的朋友通电话，请稍等五分钟。"于是，你便很得体地赢得了五分钟的思考时间。

四、恰当地使用肢体语言

商务谈判中，谈判者通过姿势、手势、眼神、表情等非发音器官来表达的无声语言，往往在谈判过程中发挥重要的作用。在有些特殊环境里，有时需要沉默，恰到好处的沉默可以取得意想不到的良好效果。

要实现良好的谈判效果，语言用词要准确、巧妙、有艺术性。下面举几个例子进行分析一下：

1. 不要说"但是"，而要说"而且"

你很赞成一位同事的想法，你可能会说："这个想法很好，但是你必须……"这样子一说，这种认可就大打折扣了。你完全可以说出一个比较具体的希望来表达你的赞赏和建议，比如说："我觉得这个建议很好，而且，如果在这里再稍微改动一下的话，也许会更好……"

2. 不要说"首先"，而要说"已经"

你要向老板汇报一项工程的进展情况，你跟老板说："我必须得首先熟悉一下这项工作。"想想看吧，这样的话可能会使老板（包括你自己）觉得，你还有很多事需要做，却绝不会觉得你已经做完了一些事情。这样的讲话态度会给人一种悲观的而绝不是乐观的感觉，所以建议你最好是这样说："是的，我已经相当熟悉这项工作了。"

3. 不要说"错"，而要说"不对"

一位同事不小心把一项工作计划浸上了水，正在向客户道歉。你当然知道，他犯了错误，惹恼了客户，于是你对他说："这件事情是你的错，你必须承担责任。"这样一来，只会引起对方的厌烦心理。你的目的是调和双方的矛盾，避免发生争端。所以，把你的否定态度表达得委婉一些，实事求是地说明你的理由。比如说："你这样做的确是有不对的地方，你最好能够为此承担责任。"

4. 不要说"几点左右"，而要说"几点整"

在和一个重要的生意上的伙伴通电话时，你对他说："我在这周末左右再给您打一次电话。"这就给人一种印象，觉得你并不想立刻拍板，甚至是更糟糕的印象——别人会觉得你的工作态度并不可靠。最好是说："明天11点整我再打电话给您。"

不要把谈判逼到死角

谈判毕竟是合作，是为彼此共赢创造条件，因而在一定的范围内也得让步，让对手有利可图。

第一，事前充分准备是谈判成功的先决条件。千方百计尽可能搜集对方的资料和信息，全面立体掌握情报，组织顾问团队深入分析，客观判断，"知己知彼，百战不殆"。

有针对性地拟定上、中、下三套谈判方案，既相对独立，又能相互组合搭配，以适应谈判中的变化。从最坏处着眼，往最好处努力。

谈判团队应做到风格各异、优势互补。凌厉地打前锋，稳重地做后卫；既有唱黑脸的，又有唱红脸的。前后搭配、黑红组合。谈判之前一定要统一思想；谈判过程中必须统一指挥，步调一致，密切配合；结束之后及时整理归纳总结提高。

第二，尊重对手是取得竞争共赢的重要因素。"和气生财"、"诚信为本"是中华民族的传统经营理念。天下皆朋友，没有永久的敌人。在交通便捷、信息高速传播的今天，上午的对手下午或更短的时间内就有可能变成朋友，同时谈判两个项目都有可能既是对手又是朋友，人与人的关系因为生意相互交叉，错综复杂。

不要把对手当弱智，人的智力相差无几。不要忽视谈判对手中的任何一个人，每一个人都应得到应有的尊重，最不重要的角色不仅可能影响本次谈判结果而且将来都有可能变成主要角色，注意不要把谈判对手培养成潜在敌人。

不要想一口吃成胖子，欲速则不达。给谈判对手预留一定的利润或生存空间。亦要经常换位思考，替对手着想，立足竞争共赢。即使最具竞争性的谈判也需要一定的合作。

不到万不得已不致对手于绝境。对手破产了，没路可走时很可能破釜沉舟，鱼死网破，最后导致两败俱伤。逼对手走上绝路是最不明智的选择，最终自己早晚也会被逼上绝路。

第三，独特的谈判风格直接影响谈判成败。要将原则性与灵活性相结合。光有原则性没有灵活性，势必导致谈判僵局，无法进展和突破，最终破裂；光有灵活性而无原则性，势必造成过快让步，损失己方重大利益。即使谈成也易被上级否决或执行不了，终致"抹桌子"。

第四，时刻做到稳健、轻松。不管多紧张、多严峻的谈判，都应始终保持绅士风度，有板有眼，喜怒不形于色。一环紧扣一环，稳扎稳打，步步为赢。

谈不下去时不强谈，及时休会，这也是在释放无形的压力。幽默、诙谐、风趣，这种风格不仅可以调节紧张的气氛，化解误会，缓和冲突，还具有很强的穿透力，形成人格魅力迅速感染对方，成为谈判中心，把控局势，赢得主动。

第五，胜不骄，败不馁。谈判结束即成历史，胜利只能说明过去，未来肯定更加严峻。失败不必懊悔，后悔没有任何意义；吃一堑长一智，来日方长；不经历风雨哪能见彩虹，不交学费难成谈判专家。

第六，正确的战略战术组合是谈判成功的关键。关于长期战略与短期战略。若是竞争性的"一次性"谈判，今后不会或不想再发生合作，"一锤子买卖"，那就采取短期战略，就要狠一些，不达目的不罢休，争取利益最大化。若是立足今后长期合作，那就采取长期战略，在尽可能达成有利于己方最好协议的同时，留有充分的合作余地；有时取中间方案；必要时还可主动让步或放弃，取下策以换取长远利益，为未来合作奠定扎实的基础。

进攻战术与防守战术。一般需求方或利益受损方采用进攻型战术，供应方或获益方采用防守型战术。

"进攻"战术与"短期"战略经常搭配，"防守"战术与"长期"战略经常组合。有时为了迷惑对手，出奇制胜，也反其道而用之。不按常理，打破常规。正所谓"水无常形，招无定式"，让对方开局就乱，疲于应付，取得先机，牢牢地控制谈判主动权。

第七，拥有坚持、创新、突破的能力是决定谈判成功的最终因素。办法总比困难多。逆（困）境考验意志和毅力，越是逆（困）境越应坚定信心，怨天尤人毫无意义，坐等一事无成，天上不会掉馅饼，利益不会自然来。最成功的谈判结果往往就在最后一刻的顽强坚持中，拂晓的阳光终究会划过黎明前的黑暗，这一信念对于谈判者至关重要。

目标要灵活而合理，为找到创造性的解决方案留有余地。有时制定一揽子计划，捆绑起来更易实现目标；即使放弃一些，得到的也比单独制定计划得到的要多。研究政策，搞懂法律法规，可打一些擦边球，这是创新突破的良招。

多倾听团队成员的意见有利于在谈判困境中创新。有时好招出自善于思考、沉默寡言的人。绝不能忽视少数人的意见，真理有时就在他（们）脑中。

适当借助西方经济学模型进行科学分析可降低谈判创新中的误差。

借鉴中外谈判成功与失败的案例可减少谈判失误。有时历史会惊人地相似，让我们规避失败，修正曾经犯下的错误。找到破局办法要果断出手，一旦有60％的胜算就毫不犹豫地决断并迅速行动。优柔寡断肯定贻误战机，最后错失一线破局良机，无法走出谈判困境。

谈判中讨价还价的博弈策略

讨价还价是谈判中一项重要的内容，一个优秀的谈判者不仅要掌握谈判的基本原则、方法，还要学会熟练地运用讨价还价的策略与技巧，这是促成谈判成功的保证。

一、投石问路

要想在谈判中掌握主动权，就要尽可能地了解对方的情况，尽可能地了解某一步骤，尽可能地了解对方的影响以及对方的反应如何。投石问路就是了解对方情况的一种战术。例如，在价格讨论阶段中，想要试探对方对价格有无回旋的余地，就可提议："如果我方增加购买数额，贵方可否考虑优惠价格呢？"然后，可根据对方的开价，进行选择比较，讨价还价。通常情况，通过任何一块扔过去的"石头"都能对对方进一步进行了解，而且对方难以拒绝。

二、报价策略

交易谈判的报价是不可逾越的阶段，只有在报价的基础上，双方才能进行讨价还价。（关于此部分内容，在第十一章中已有叙述，在此不作评述。）

三、抬价压价战术

在谈判中，通常没有一方一开价，另一方就马上同意，双方拍板成交的情况，都要经过多次的抬价、压价，才相互妥协，确定一个一致的价格标准。由于谈判时抬价一方不清楚对方要求多少，在什么情况下妥协，所以这一策略运用的关键就是抬到多高才是对方能够接受的。一般而言，抬价是建立在科学的计算，精确的观察、判断、分析的基础上的，当然，忍耐力、经验、能力和信心也是十分重要的。

在讨价还价中，双方都不能确定对方能走多远，能得到什么。因此，时间越久，局势就会越有利于有信心、有耐力的一方。压价可以说是对抬价的破解。如果是买方先报价格，可以低于预期进行报价，留有讨价还价的余地，如果是卖方先报价，买方压价，则可以采取多种方式：

1. 揭穿对方的把戏，直接指出实质。比如算出对方产品的成本费用，挤出对方报价的水分。

2. 制定一个不断超过预算的金额，或是一个价格的上下限，然后围绕这些标准，进行讨价还价。

3. 用反抬价来回击，如果在价格上迁就对方，必须在其他方面获得补偿。

4. 召开小组会议，集思广益思考对策。

四、价格让步策略

价格让步的幅度直接关系到让步方的利益，理想的方式是每次作递减式让步，它能做到让而不乱，成功地遏止对方无限制要求本方让步，这是因为：

1. 每次让步都给对方一定的优惠，表现了让步方的诚意，同时保全了对方的面子，使对方有一定的满足感。

2. 让步的幅度越来越小，越来越困难，使对方感到我方让步不容易，是在竭尽全力满足对方的要求。

3. 最后的让步幅度不大，是给对方以警告，我方让步到了极限，也有些情况下，最后一次让步幅度较大，甚至超过前一次，这是表示我方合作的诚意，发出要求签约的信息。

五、最后报价

最后出价应掌握好时机和方式，因为如果在双方各不相让，甚至是在十分气愤的对峙状况下最后报价，无异于是发出最后通牒，很可能会使对方认为是种威胁，危及谈判顺利进行。当双方就价格问题不能达成一致时，如果报价一方看出对方有明显的达成协议的倾向，这时提出最后的报价，较为适宜。

当然，最后出价能够增强，也能够损害提出一方的议价力量。如果对方相信，提出方就胜利了，如果不相信，提出方的气势就会被削弱。此时的遣词造句，见机而行，与这一策略的成功与否就休戚相关了。

"胆小鬼策略"和"让步之道"

谈判本质上是非零和的。任何基于冲突的谈判，若谈判失败，则双方都会受损；任何通过谈判达到的协议，对双方来说都会比未达成协议要好一些。适时让步也是一种良策。

让步是谈判达成"共赢"必不可少的，任何一方过于强势都不是最优策略。谢林讨论过两国军事对抗的例子。若一国先动员军队进入战备，另一国不动员战备，则先动员一方得益为 a，不动员的国家得益为 c；若两国都动员军队，双方剑拔弩张，则每国得益都为 0；若两国都休战，则双方各得益为 b。这里，$a>b>c>0$。显然，如写成 $2×2$ 矩阵，这里有三个纳什均衡：（c，a），（a，c）与混合策略均衡。而在混合策略均衡中动员军备的均衡概率 $P=c$。谢林敏锐地指出，c 是对方在我方先发制人时的得益，但这里，为了让先发制人方降低动武的概率 P，也需要提高对方的得益 c，而提高 c 就是先发制人一方对对方的让步！

在谈判过程中，对方强烈要求让步的地方，就是对方对于谈判利益的需求所在。在这个时候，如果能做出适当的让步，那么就有机会换取对方在其他方面的更大让步（记住：让步的同时是要对方在其他的方面也做出让步），所以，当对方对你火冒三丈或对你咄咄相逼的时候，也是对方的利益需求充分暴露的时候。比如说一个员工对工资福利有很大意见的时候，对公司而言不一定就是一场危机，反而可能是一个机会，因为管理者可以通过对薪酬福利的让步换取员工更大的劳动积极性，怕就怕员工没有意见但也没有行动。

虽然许多谈判者也知道这个道理，但在谈判实战中往往提不出变换的谈判条件，这主要是对于己方需要获得的利益还没有一个多层面的、全面的把握。所以他们往往死抱着一个或几个谈判条件，要么使谈判陷入僵局，要么被迫做出让步而一发不可收拾。

围绕某一次谈判多发掘己方所需要获得的利益点，相互让步才可真正实现。灵活的让步促成谈判的成功、实现双方利益最大化。

某公司业务经理小张曾经谈过一个合同，作为供应方，小张的报价是220万元。经过了解，小张知道需求方能够接受的价格大概是170万元，中间有50万元的差距。谈判进行一段时间之后，双方争论的焦点集中在该谁让步，让多少的问题上。对方刚开始说可以接受120万元的价格。小张给对方的价格是9折，而对方提出6折的价格作为回应，对此，小张再从9折降到8.8折给出让步。实际上此时小张传达给对方的信息是：供应方价格让步的空间已经很小了，其让步幅度不是10%，而是2%。这样，小张就把对方的期望值降低了。

所以在让步的时候，一定要掌握适度让步的策略。关于适度让步，有很多小技巧，下面详细分析一下这些技巧。

一、在次要问题上做出让步

当谈判不得不做出让步时，要注意，一定是在次要问题上做让步，不能在主要问题上让步。在准备谈判目标的时候，要界定好哪些是主要问题，哪些是次要问题，同时在谈判开始时要设定让步的底线。另外，不要过早地让步，不要谈判一开始就让步。既然是谈判，那就应先谈而后再去判，再决定做事情。让步的时机要掌握好，过早了不行，太晚了对方会觉得你没有合作的诚意。

二、假设性提议

另外，更重要的一点，让步必须有所得，让步不是单方面的，一定是你让出一块，对方也要给你相应的东西，这是谈判的宗旨，实现"双赢"就要有舍有得。当然你舍弃的内容不是最关键的，而是次要的问题，但是对方舍弃的次要的问题，对我们来讲是主要的问题，这就是一个交换过程。让步的时候，一定要用假设性的提议来把双方的情况套起来。

三、一揽子谈判

在让步的时候，也可以作一揽子的谈判，也就是把很多内容夹杂在一起跟对方谈，比如他关心的技术问题、价格问题、付款问题、交货日期等，都可以放在一起谈，这样可以在次要的问题上作出比较大的让步，在主要问题上坚决不让。例如在谈价格的时候，对方肯定希望把价格和付款一起谈，不会是先谈好价格、折扣，再谈付款，这样在价格和付款上都得不到优势，但如果把价格和付款一揽子来谈，对方就可以作出很大的让步。所以可以用一揽子的谈判的方法，得到对方适度的让步。

四、避免对最后提议的拒绝

做出一定的让步之后，一定要弄清楚让步能不能得到相应的内容，如果做出了让步，遭到对方的拒绝，最后的提议被否决了，让步等于白让，所以要特别注意避免这一点。

关注长远关系，别为小利撕破脸

谈判是为了合作，合作才能"共赢"，谈判要尽量在可接受的条件下促成合作。尤其不要为眼前的小利撕破脸，要看到长远的利益。当然，这并非意味着谈判要一味地退让，要让自己在谈判中占据适当的优势，需要一些相应的技巧。

年轻人向富翁请教成功之道。富翁拿了三块大小不等的西瓜放在青年面前问他："如果每块西瓜代表一定程度的利益，你选哪一块？"年轻人毫不犹豫地回答："当然是最大的那块！"富翁听了，笑道："好，那请用吧！"富翁把最大的那块西瓜递给年轻人，自己则吃起了最小的那块西瓜。

很快，富翁吃完了小块西瓜，他拿起桌上那块第二大的西瓜，在年轻人眼前晃了晃，接着大口吃了起来。

年轻人马上就明白了富翁的意思！富翁吃的西瓜虽然每一块都比年轻人的西瓜小，但加起来之后，却比年轻人吃得多。而如果每块西瓜各代表了一定程度的利益，那么富翁所占的利益自然要比年轻人多得多。

有很多时候，我们发现眼前的利益就是最大和最好的，而等到我们把事情做完后才发现原来还要耗费那么多的精力和时间。而如果用同等的精力和时间去做别的事情，虽然一下子没有那么大的利益，但是做的事情却多得多，总利益也比做一件事情来得要多得多。要想使一个企业有大的发展，管理者就要有战略的眼光，要学会放弃，只有放弃眼前的蝇头小利，才能获得长远的大利。

成功的企业之所以成功，是因为他们的战略都是长期的，都是富有远见的。

杰夫教授是一名出色的谈判专家，他经常教导学生：谈判双方为了实现自己的利益，坐到一起，都应得到一定利益，也应该放弃一些预定的利益。如果一方希望不让对方得利，这种谈判注定是要失败的，除非这方占有绝对优势，对方根本没有选择的余地。

许多谈判者都因为在小利益上咄咄逼人而损失了整个交易。如果你已经做好了充足准备，你就能了解最重要的是什么，哪些是希望得到但并不必需的，哪些是可有可无的。如果你没有准备好，你可能会不知道重要问题之所在，于是把自己的努力浪费在对方看来微不足道的目标上。如果你使用"蚕食术"（即企图在谈判结束前再一点点"刮下"一些让步），或在对方已提供他们认为相当大的好处之后，仍得寸进尺地争取对方明确表示不能提供的条件，那么，这只会导致对方的不信任。

新加坡华裔客商李先生与我国某省粮油食品进出口公司洽谈大蒜生意。

首轮会谈中，我公司报价出口每吨大蒜 600 美元，但是，对方李先生只愿出 590 美元购买。显然，双方在价格上有差距，谈判没有达成。两天后，谈判重新开始。由于大蒜收获期马上就要到了，如果这时候不能确定交易数量，错过了收获期，以后再收购价格必然上涨，而且质量也难以保证。我方出口公司权衡再三，最终决定同意接受 590 美元价成交。然而，出人意料的是，李先生没有接受我方的让步，他说："我的祖籍是山东，我们交个朋友吧。说心里话，这批大蒜卖 590 美元一吨，贵公司有点吃亏，我心里明白。做生意嘛，讲个来日方长，我以每吨 595 美元的价格全部成交。"

事后，李先生坦诚直言：多添 5 美元虽然使我们少赚了 2 万美元，但是公司将永远难忘这一次洽谈。我相信我们将来还会有交往的。

几天后，李先生从青岛口岸得知要在月初才有去新加坡的航船，而李先生的这批货恰好错过了月初航船，他十分着急。因为他想在其他货主之前进货上市，卖个好价钱，就得提前装船。这时，李先生找到我方出口公司请求帮忙直运上海，因为上海有近期到新加坡的货船。我出口公司鉴于李先生是一位值得长期合作的友好客户，就同意把大蒜直接由收购地收购后直运上海港，方便李先生装船出运。

从上例可见，我方在推销谈判中，鉴于大蒜是大宗货，且有季节性，让小利而保长远利益，做得十分成功。相反，如果死死抱住条件不放，则有可能丧失机会。

过分计较会惹人厌恶，但这个尺度并不那么好把握。为了避免表现得过于小气，最好是把较小的要求混在其他要求里，或者你也可以说明尽管这个问题不如已商讨过的问题重要，但你对它还是有些意见。然后，聪明地选择你的问题。

第十三章
贪婪与恐惧的博弈
——投资的目的就是要赢钱

投资理财的财富观已经深入人心。投资理财也是你与你的钱博弈的一种表现形式。投资虽然跟博彩、赌博一样，可能以小搏大，可能血本无归，但也有本质区别，投资能依据个人知识和能力，产生规律的回报，而博彩、赌博，纯属随机行为，不存在规律的回报。投资理财的本质就是让钱生钱，对于像炒股这样的投资，也许并不需要掌握太多的经济学知识，关键要懂得大众心理学。因为股市是一场股民的心理博弈，股票的涨跌，是多方博弈者不同认识、不同心理的共同结果。掌握大众的心理和市场的趋势是获胜的关键。甚至像"更大笨蛋"理论说的，很多时候，投资者可以忽略投资品的价值，只要能准确地判断会有"更大笨蛋"出现，照样可以做或多或少的赢家。

投资理财是你与钱的博弈

你与你的钱之间存在一种博弈，你掌控好了这种博弈，钱能很好地跟你合作，为你生更多的钱，给你提供更多的服务。这种博弈通过投资理财这一平台展开。

21世纪，"你不理财，财不理你"的观念已经深入我们的脑海，但是为什么要去理财、如何去理财成为我们的关键问题。

首先我们谈谈为什么要去理财吧。

人的一生，都要经历生老病死，生与死我们大多数情况下都不能主观地控制，但是如何去活是掌握在我们自己手中的。爱惜钱、节省钱、钱生钱、坚持不懈是理财的秘密，把理财当做是一种习惯，重复地、持久地去做，当财富的梦想来临时挡都挡不住。因此，为什么要投资理财？答案很简单，只有学会投资理财我们才能创造美好的生活。

注重理财、善于理财，就能步入财富的殿堂；而不注重理财、不善于理财，即使有再高的工资、再多的收入，生活始终会陷入拮据，度日艰难。态度决定思路，思路决定出路，不同的生活态度和思维方式会导致不同的结果。注重理财是一种积极的生活态度和思维方式。理财就是要树立一种积极的、乐观的、着眼于未来的生活态度和思维方式。在生活目标上有什么样的选择，就决定了拥有什么样的生活；什么样的生活目标会导致什么样的生活状况。今天的生活状况，由以前的选择所决定，而今天的选择将决定未来的生活。

"你不理财，财不理你"，这是以前的理财口号。2008 年以后流行的理财口号是"跑不过刘翔，总得跑过消费者物价指数（CPI）"，在消费者物价指数（CPI）居高不下，大于银行实际存款利率的时候，理财投资就显得尤为重要。

影响我们生活水平、生活质量的因素很多。开源节流，源即来源，具体指的是收入，流即支出，支出我们很难减少，所以我们能够做的即是增加收入。怎么增加收入呢？把 8 个小时延长到 10 个小时？这样的代价也太大了，为什么我们不从其他的角度来增加收入呢？由此，增加收入的重要手段——投资浮出水面。

投资的目的是什么呢？就是保值，增值，简单地说就是赚钱。增加自己的购买力，能够在物价上涨的同时不降低自己手里的银子所能够买的东西的数量和质量，这是保值。那增值呢？就是能够买更多的东西。购买力，什么是购买力呢？举个简单的例子来说，你手里有 10000 元，当前银行利率是 3.6％，消费者物价指数（CPI）为 4.5％，那么也就是说，你的 10000 元在银行存一年得到 10360 元，但是由于消费者物价指数（CPI）为 4.5％，去年 10000 元的东西现在要 10450 元，也就是说你花 1 年的时间的代价和 90 元的差价才能够买到，也就是实际利率为－0.9％。时间就是金钱。存了1年的银行，到头却亏了90元，就是购买力下降的表现。

同时我们还要走出这些理财误区：

误区一，理财是有钱人的事。其实工薪家庭更需要理财，与有钱人相比，他们面临更大的教育、养老、医疗、购房等现实压力，更需要理财增长财富。

误区二，有了理财就不用保险。保险的主要功能是保障，对于家庭而言，没有保险的理财规划是无本之木。

误区三，投资操作"短、平、快"。不要以为短线频繁操作一定挣钱多。

误区四，盲目跟风，冲动购买。在最热门的时候进入，往往是最高价的投资，要理性投资，独立思考，货比三家。

误区五，过度集中投资和过度分散投资。前者无法分散风险，后者使投资追踪困难，无法提高投资效率。

误区六，敢输不敢赢。一涨就卖，越跌越不卖。如果不能够走出这些误区，那么最好的做法就是效仿国外，拿出部分收益把资金委托专业人士进行运作，专业，放心，省心。

投资其实与博弈类游戏有着相同的基本规则，那就是，尽管未来存在着很多的不确定性，但你在出牌前仍然需要制订一个基于概率最优的作战计划，在没有明确信息的前提下，严格执行这个计划就是最优的策略。

所以，投资者应该先对事情作出全面的分析，预想各种可能性之后制订一个严密的计划，投资基本上是遵循这一既定思路的。

当然，严格执行计划并不是要墨守成规，因为接收信息是个动态的过程，随着信息的逐步增加，有些不确定不断地被消除，而另一些情况正在发生变化，这就需要你不断地对自己制订的计划进行调整，这样才能保证决策取得最好的结果。

按照系统论的观点，投资是一个多因素的复杂系统决策过程，在这样一个环境下，保持独立而缜密的思考是最为关键的成功要素。而另一方面，投资环境每天都是在不断变化的，每个投资决策者都要用一种开放的心态贴近市场，不断接受新的信息，作出新的判断，固步自封是投资者的大忌。

国内的基金投资与成熟市场的基金投资还是存在很大差距的，其中最突出的是，投资者的平均投资周期过短。当然，这涉及很多原因，比如投资者结构问题，投资者成熟程度问题等。众所周知，不同投资者有不同的投资偏好，投资偏好的集合就会形成一条投资理念主线，比如，我国的中小投资者曾经是市场最活跃的投资主体之一，但由于一直处于信息不对称的弱势地位，自身投资意识、投资能力和经验也不充分，加上新兴市场波动较大，制度缺位等因素，他们一般非常在意短期得失，"落袋为安"的心理占上风。国内这种只重眼前利益的风气给基金投资也带来了很多问题，明显的是在此压力下，基金投资不得不强调短期收益，基于以上问题，加强投资者教育是必不可少的。

不过令人高兴的是，国内市场正在逐步成熟，投机盛行的状况改善很多。因此投资者似乎可以采用长期策略，为什么不能为自己的基金投资定制一个 5 年期的投资计划呢？事实上，就常理而言，股票投资需要有比债券投资更长的投资周期；相信如果怀着一个健康的心态投资基金，坚持到底必有收获。

彩票、赌博与投资有何不同

彩票、赌博和投资，虽然都有可能以小博大，也都有可能血本无归，但它们之间却有着本质的区别。

彩票对许多人早已不陌生，不少人还买过彩票。买彩票是不是赌博？它是一种游戏，还是一种投资？对于这类问题，未必每个人心里都清楚。彩票与投资有本质不同。

"小赌怡情，大赌败家"，这是常理。"就是玩玩，中不了就当做贡献了"，在街头彩票投注站买彩票的人中，绝大多数是游戏的心态。

"都说是玩一玩，其实买彩票都对中奖有所期待。"在某高校上学的小孟，谈起了自己买彩票从入门到迷恋的经历。"我第一次中了50

块钱，觉得中奖太容易了，从此就一直买，福彩、体彩都买，买彩票是上瘾的。"他再也停不下来了。

在彩民们手中流行的彩票报上，一些彩票培训班做广告，宣传自己独特的神秘公式、权威观点。但上培训班的彩民是少数，更多的彩民各有各的理论，小孟也对自己的理论非常有信心。"我就经常买宿舍号，电话号码，第一眼看到的车牌号，甚至是电线杆子号。更多是凭感觉，有时见到一些数字就有感觉，见到投注站就很冲动。"很多数字都让他觉得眼前一亮，赶紧去买上几注。

在小孟近一年的彩民生涯中，中奖200多元，而投入却在十倍以上。学过概率的小孟也知道自己玩的是输比赢多的游戏，但却很难停下来。

相比小孟，屡见报端的痴迷彩票的极端行为甚至是赌进了自己的身家性命。

社会学研究人员认为，从概率统计学上看，彩票是一种纯随机游戏，除了足球彩票、篮球彩票等，个人知识能在其中起作用之外，其他彩票，个人知识在其中是根本起不了作用的，尤其是用机器摇奖的彩票。这一特点也注定了彩票与投资有着本质的区别。

首先，从某种意义上来说，赌博和投资并没有严格的分界线。这两者收益都是不确定的；其次，同样的投资工具，比如期货，你可以按照投资的方式来做，也可以按照赌博的方式来做——不作任何分析，孤注一掷；同样的赌博工具，比如赌马，你可以像通常人们所做的那样去碰运气，也可以像投资高科技产业那样去投资——基于细致的分析，按恰当的比例下注。

但是赌博和投资也有明显不同的地方：投资要求期望收益一定大于0，而赌博不要求，比如买彩票、赌马、赌大小等的期望收益就小于0；支撑投资的是关于未来收益的分析和预测，而支撑赌博的是侥幸获胜心理；投资要求回避风险，而赌博是找风险；一种投资工具可能使每个投资者获益，而赌博工具不可能。

投资也是一种博弈——对手是"市场先生"。但是，评价投资和评价通常的博弈比如下围棋是不同的。下围棋赢对手一次和赢一百次结果是相同的，而投资赚钱是越多越好。由于评价标准不同，策略也不同。

我们常见有人一夜暴富，谁知过后不久又差点跳楼，这就是赌博方式不确定性的结果。同样的，古今中外的赌场上功成名就的赌博家却不乏其人，究其成功的原因，不外是有意或无意地采用了投资的方式。在此，我们有必要具体谈一下投资和投机的区别。

所谓赌博（投机）的方式，是指缺乏事先严密设计的具有正期望值盈利率的博弈计划，而在单纯利益心理驱动下进行下注。所谓投资的方式，是指按事先周密设计的具有正期望值盈利率的博弈计划进行下注。二者的根本区别在于是否依据一个具有正期望值的博弈计划或操作系统。举个简单例子，甲乙二人各拿10000元来买码，其中甲每次买码只凭感觉或参照某大师的推荐来买，且下注金额随心而下，结果不外乎两种，运气好的话可能获利几万元，运气差的话本钱去了一半或更惨。而乙呢，买前找到了一种合理的科学概率投注的方法，且坚持按方法下注，结果仅获利一两千元。不用说，甲是赌，而乙是投资。

彩票是一种游戏，不是一种投资，不能指望它有规律地回报。买彩票碰运气，正确的博彩意识和健康的心理显得尤为重要。

任何理财都是为了让钱生钱

你手里的金钱就是你的"员工"，它们能给你干活，为你赚更多的钱。它们也希望老板符合它们心中的期望。只有这样，它们才能更好、更多地为你赚钱。

钱虽不是万能的，但生活真的离不开钱。对于当今的青年人与中年人来说，理财更具有特殊意义。我国的社会保障体系还在逐步完善，因此更要求我们懂得理财，让自己的资产在一定的风险程度下不断积累与增值，满足不断增长的生活需求，提高自己的生活质量。

某富翁在临死之前，将全部的财产（包括房屋和田地），统统折换成了金币平分给了他的两个儿子。兄弟俩在得到财产后，分道扬镳，开始各自的生活。

老大生性保守，为安全起见，他在一棵老榕树下挖了一个深坑，埋下了大部分金币，另外一些留在身上。他自己呢，干脆去另一个地主家做长工，天天干活出力，赚得一日三餐。实在太累了、不想干了，就出去逍遥一下，花上几个金币过几天舒服享乐的日子。如此下去，虽然是坐吃山空，但由于金币数量够多，老大还暂时无忧。

两年后，老大收到弟弟的来信，信中说他把父亲原来卖出的房子和田地又都买回来了。老大对此十分不解，回信问弟弟："那么你现在还有生活的钱吗？"

老二没有作答，只是让哥哥来自己的家里做客，然后领着他到自己的密室中参观。结果，老大瞪大双眼，说不出话来。原来满屋子都是金币，至少是当初分得金币的 5 倍以上！

对此，老二解释说："我发现把手里的钱换成地产和房产是有利的，只有这样才能够保值、增值。而且我还发现药材生意很不错，就开始倒卖药材，用其中一部分金币收购药材，然后到药材奇缺的地方去卖，结果才有了现在的利润！"

最后，老二点醒了大哥："其实，让金币生金币并不难。当然，你首先要避免把钱闲置起来！"

记得有句经典对白说："投资是一样神奇的东西，再赔，它也只能输掉你手头的，但一旦赢起来，它却能不受限制地翻倍。"虽然这句话听起来有失偏颇，但至少，它给我们一个暗示：投资，让钱去"生"钱！有些人之所以挣钱快，那是因为他们的理财观和别人不一样，他们让钱去挣钱，而不是靠自己一个人去挣钱。人想钱，难于上青天，钱生钱，易于反掌。

别让没钱成为你不投资理财的借口。在我们的日常生活中，总有许多工薪阶层或中低收入者持有"有钱才有资格谈投资理财"的观念。他们普遍认为，每月固定的工资收入应付日常生活开销就差不多了，哪来的余财可理呢？"理财投资是有钱人的专利，与自己的生活无关"仍是一般大众的想法。事实上，越是没钱的人越需要理财。因此说，必须先树立一个观念，不论贫富，理财都是伴随人生的大事，在这场"人生经营"过程中，愈穷的人就愈输不起，对理财更要严肃而谨慎去看待。

理财投资是有钱人的专利，大众生活信息来源的报刊、电视、网络等媒体的理财方略是服务少数人理财的"特权区"。如果真有这种想法，那你就大错而特错了。当然了，在芸芸众生中，所谓真正的有钱人毕竟占少数。由此可见，投资理财是与生活休戚相关的事，即使微不足道亦有可能"聚沙成塔"，运用得当更可能是翻身的契机呢！

"你不理财，财不理你"的观念已深入人心，那么，人们到底要怎样来投资理财，具体有哪些投资理财的途径呢？在社会经济充分发展的今天，投资理财的途径很多，方式也丰富多样。下面就详细阐述这些途径和方式。

一、储蓄——聚财受益的投资

储蓄或者说存款，是深受普通居民家庭欢迎的投资行为，也是人们最常使用的一种投资方式。储蓄与其他投资方式比较，具有安全可靠（受宪法保护）、手续方便（储蓄业务的网点遍布全国）、形式灵活等特点，还具有继承性。储蓄是银行通过信用形式，动员和吸收居民的节余货币资金的一种业务。银行吸收储蓄存款以后，再把这些钱以各种方式投入到社会生产过程，并取得利润。作为使用储蓄资金的代价，银行必须付给储户利息。因而，对储户来说，参与储蓄不仅支援了国家建设，也使自己节余的货币资金得以增值或保值，成为一种家庭投资行为。

二、居安思危的投资——保险

人生最大的谜，就是未来。任何人无法预料一个家庭是否会遇到意外伤害、重病、天灾等不确定因素。保险是一把财务保护伞，它能让家庭把风险交给保险公司，即使有意外，也能使家庭得以维持基本的生活质量。保险投资在家庭投资活动中也许并不是最重要的，但却是最必需的。老百姓投保的诱因主要有：买一颗长效定心丸（家庭生活意外的防范），居安目前、更要思危（未来风险的防范），养儿防老、不如投资保险等。我国城乡居民可供选择的保险险种多种多样，主要有财产保险和人身保险两大类。家庭财产保险是用来补偿物质及经济利益损失的一种保险。目前已开办的涉及个人家庭财产保险的有：家庭财产保险、家庭财产盗窃险、家庭财产两全保险、各种农业种养业保险等。人身保险是对人身的生、老、病、死以及失业给付保险金的一种险种。主要有养老金保险系列、返还性系列保险、人身意外伤害保险系列等。

三、投资的宠物——股票

利息税的征收范围虽然也包括个人股票账户利息，但对股票转让所得，国家将继续实行暂免征收个人所得税的政策，因此，利息征税后，谨慎介入股市，亦是一条有效的理财途径。

将活期存款存入个人股票账户，你可利用这笔钱申购新股。若运气好，中了签，待股票上市后抛出，就可稳赚一笔。即使没有中签，仍有活期利息。如果你的经济状况较好，能承受一定的风险，也可以在股票二级市场上买进股票。黄金、房地产和股票被经济学家认为是当今世界三大投资热点。股票作为股份公司为筹建资金而发行的一种有价证券，是证明投资者投资入股并据以获取股利收入的一种股权凭证，早已走进千家万户，成为许多家庭投资的重要目标。股票投资已成为老百姓日常谈论的热门话题。由于股票具有高收益、高风险、可转让、交易灵活、方便等特点，因此成为支撑我国股票市场发展的强大力量。股票投资的报酬可以通过计算股票投资收益率来反映。实际收益率＝〔年股利－年股利税率〕/发行（购买）价格×100%。

四、债券——收益适中的投资

新出台的政策国债和国家发行的金融债券利息"暂免征收个人所得税"。通过比较 1999 年凭证式（3 期）3 年、5 年期国债的票面利率和 3 年、5 年期银行存款实际收益，我们不难发现，购买 3 年、5 年期的国债的利息收入要比同期银行存款收益分别高 22.7% 和 28.9%。如今，国债的流动性亦很强，同样可以提前支取和质押贷款。因此，国债对于那些收入不是太高，随时有可能动用存款以应付不时之需的谨慎投资者来说，算是最理想的投资渠道了。如果你手上有一笔长期不需动用的闲钱，希望能获得更多一点的利润，但又不敢冒太大风险，可以大胆买进一些企业债券。企业债券的利息收入虽然也要缴纳利息税，但税后收入仍比同期储蓄存款高出一大截。

五、专家理财——投资基金

投资基金是指基金发起人通过发行基金券（即受益凭证），将投资者的分散资金集中起来，交由基金托管人保管、基金管理人经营管理，并将投资收益分配给基金券的持有人的一种投资方式。居民家庭购买投资基金等于将资金交给专家，不仅风险小，亦省时省事，是缺乏时间和专业知识的家庭投资者最佳的投资工具。

六、外汇投资

外汇是指以外币表示的用于国际结算的各种支付手段，即可以直接用于偿还对外债务，实现购买力国际转移的外币资金。按照我国外汇管理的有关规定，外汇主要包括：

1. 外国货币，包括纸币和金属铸币，如在我国可自由兑换的外币有：美元、英镑、德国马克、日元等。

2. 外币有价证券，包括政府公债、国库券、公司债券、股票、息票等。

3. 外币支付凭证，包括票据、银行存款凭证、邮政储蓄凭证等。

4. 其他外汇资金。居民可选择的外汇投资种类包括：外汇存款（即投资于外国货币，赚取汇率差额）、外汇兑换（在熟知近期外汇兑换率前提下，不失时机地进行买和卖，取得可观外汇收入）、投资外汇证券市场（通过中国银行、驻外机构、经贸公司买卖外汇债券，外汇股票业务，取得正当的外汇投资收益）。

七、期货投资

期货交易是指交易双方在期货交易所内，通过公开竞价方式，买进或卖出在未来某一日期按协议的价格交割标准数量商品的合约的交易。期货交易根据交易对象分为商品期货和金融期货两大类。以具有价值的商品为交易对象的期货称为商品期货。商品期货是期货交易中最主要的部分，也是期货交易的基础。可用作期货交易的产品有农产品和矿产品两大类。而以标准化的金融工具为交易对象的期货，就是金融期货。金融期货主要包括外汇期货、利率期货和股票指数三大类。

八、黄金投资——永远不变的你

黄金一直是人们心目中财富的象征，是世界通行无阻的投资工具。只要是纯度在99.5以上，或有世界性信誉的银行或黄金自营商的公认标志与文字的黄金，不论你携带到天涯海角，都能依照当日伦敦金市行情的标准价格出售。黄金作为最佳保值工具，自古受到投资理财者和普通投资者的青睐，认为在传统的股票及债券资产以外必须拥有黄金才是最佳策略。特别是在动荡不安的时代，许多投资者都认为只有黄金才是最安全的资产。所以，投资者都一致把黄金作为投资组合中的重要组成部分。黄金投资形式有五大类：实金投资（即金条）、金币投资、金首饰投资、纸黄金投资、黄金期货投资。投资黄金能赚钱，主要是看升值。金价虽会因国际政治、经济局势而略有起伏，但整体上将是平稳小涨。

九、房地产投资——高投入、高产出

房地产作为世界三大投资热点之一，向来受到商家的青睐。房地产是房产（房屋财产）和地产（土地财产）的合称。其实，房地产除了满足居民家庭居住需求（遮风避雨）外，兼具保值、增值的功效，是防止通货膨胀的良好投资工具。一个家庭，要投资于房地产，应该作好理财规划，合理安排购房资金，并学习房地产知识。毕竟，购房对于每个家庭都是一项十分重大的投资。房地产市场分三级：一级市场（国家垄断）、二级市场（房地产商开发经营活动场所）、三级市场（房地产再转让、租赁、抵押场所）。投资者可根据实际情况，选择长线投资和短线投机进行操作。购得房地产后，投资者应随机应变，待市场大幅看涨时，果断脱手套现，获取大笔差价收入。

十、收藏品投资——艺术与金钱的有机结合

当今，收藏不仅是一种修身养性的业余文化活动，更是一条致富的途径，是一把打开富贵之门的金钥匙。在各式各样的收藏品中，古玩、字画、钱币、邮品及火花不但历史悠久，而且自成体系，在收藏界占据了显著的位置，并称"五大世家"。随后，特别是近十年来，又涌现出了声名盛极一时的"四大名流"：磁卡、粮票、股证和彩票。还有，诸如纪念章、各种工艺品等都可收藏，人们习惯于把这些收藏品称之为"三教九流"。收藏爱好者应遵循商界"不熟不做"的至理名言，应熟悉某一收藏品的品种、性质、特点、市场行情及兴趣、欣赏原则，及时收藏，待价而沽，达到取得投资收益的最终目的。至于增长的快与慢、高与低，取决于多种因素，就看你是否能慧眼选"股"了。收藏市场有个有趣现象：收藏品越增值，参与收藏的人就越多；收藏的人越多，收藏品增值就越快。近几年收藏市场正在加快

这种"滚雪球"式的良性循环。

面对高通胀率，根据家庭资产状况，家庭成员的年龄结构和性格特点、家庭短期和长期的生活目标、风险承受意愿这些因素，综合运用比对精选后的各种理财工具来进行投资组合，可使家庭资产在较大安全性的基础上，实现高的收益性和流动性的统一。

一是年轻人群：先节流后开源。对于大部分刚毕业的年轻人来说，开源可以暂时排在第二位，节流反倒更加重要，应该先规划好自己每个月的支出，区别必要支出和非必要支出。当然年轻人在做好节流的同时，也要根据自身收入特点搞好开源理财。在投资品种上，比较看好基金的定投。当然在具体品种的选择上，可以根据个人风险承受能力的不同，在股票型基金和平衡型基金等类型上作区别，风险承受能力较大的，可以在自己配置比例上多购买一些股票基金，反之，则增加平衡型基金等其他基金的投入。

二是中年人群：多考虑资本市场。对于那些已经成家并有了一定经济基础的中年家庭而言，适当考虑将资金投入到资本市场，减少银行存款、国债等理财产品，将是一个比较合理的方向。资本市场投资比例最好控制在40％～50％之间；债券类以及银行理财产品，则可以控制在30％～40％之间；剩余的部分资金，则留作流动资金，用投资货币市场基金等理财产品的形式获取一定的收益。目前投资时需要注意的一点就是保证资金的流动性，因此在选择理财产品时，尽量做一些流动性好或者短期的产品。

三是退休人群：需合理地激进投资。老年人群如果一直遵循原来的保守理财方法，很可能面临资金缩水的问题，可以适当考虑一些比较激进的投资方式，比如投资一些股票和基金，当然投入的资金比例一定要控制好，不能过多。老年人还可以投资一些银行理财产品，银行推出的项目信托产品，目前来看还是比较安全的。如果要收益高一些的，可以选择打新股类产品。由于还要考虑到年龄的问题，老年投资者可以做一个类似"倒定投"的投资方式。现在先投入一笔钱，用来投资基金等收益不错的产品，然后到一定的时候，定期赎回。这样一来，届时就可以有一笔比较固定的资金每月进入自己的账户。目前，农业银行已开通了此类业务，老年人群也可以考虑一下。

四是稳定收入的工薪阶层：注重收益稳定。对于普通的工薪阶层来说，收益稳定是第一位的，投资者可以尝试去购买一些打新股产品、基金中的基金（FOF）产品、货币基金、债券基金等。其中，表现好的债券基金，其年化收益率可达到10％～15％不等，甚至更高。同时对于一些有子女的家庭，可进行长期基金定投来补充子女的教育金，每个月投入300元～1000元即可，从长期来看，其年化收益率并不低于消费者物价指数（CPI），是一款保值增值的好产品。

五是高收入人群：注重资产保值。对于高收入人群而言，资产保值是第一位的，而增值是第二位的，高收入者除了可以投资于股票、债券外，还可以选择价值较高的古董、黄金等产品进行投资。当然，高收入者也可考虑涉足房地产领域。

管理时间就是管理金钱

"时间即金钱"，尤其对忙碌的现代人而言更能深切感受，每天时间分分秒秒地流失虽不像金钱损失那样有"切肤之痛"，但是，钱财失去尚可复得，时间却是"千金换不回"的。

管理好你的时间胜于管理好你的金钱和财富。现代人最常挂在嘴边的就是"忙得找不出时间来了"。每天为工作而忙忙碌碌，常常觉得时间不够用的人，就像常怨叹钱不够用的人一样，是"时间的穷人"，似乎都有恨不得把24小时变成48小时来过的愿望。但上天公平地给予每人一样的时间资源，谁也没有多占便宜。在相同的时间资本下，就看各人谁运用的巧妙了，有些人是任时间宰割，毫无管理能力，24小时的资源似乎比别人少了许多；有人却能无中生有，有效运用零碎时间；而有些懂得搭现代化便车的人，干脆利用自动化及各种服务业代劳，用钱买时间。

如果你对上天公平给予每个人24小时的资源无法有效管理，不仅可能和理财投资的时机性失之交臂，人生甚至还可能终至一事无成，可见时间管理对现代理财人的重要性。想向上帝"偷"时间既然不可能，那么学着自己管理时间，把分秒都花在刀口上，提高效率，才是根本的途径。

"忙"、"没有时间"只是借口而并非真实，如果聪明才智相仿，而工作时数比别人长，绩效却不比别人好，那就该好好检讨，是不是没有充分发挥时间效率？在心理上必须建立一个观念，力求"聪明"工作，而不是"辛苦"工作。例如别人6个小时可做到的事，你努力在4个小时之内完成。以追求最高的时间绩效为目标，假以时日，时间自然在你掌握中。

时间管理与理财的原理相同，既要"节流"还要懂得"开源"。要"赚"时间的第一步，就要全面评估时间的使用状况，找出所谓浪费的零碎时间。第二步就是予以有计划地整合运用。首先列出一张时间"收支表"，以小时为单位，把每天的行事记录起来，并且立即找出效率不高的原因，彻底改善。第三步，把每天时间切割成单位的收支表作有计划的安排，切实去达成每日绩效目标。"时间是自己找的"，当你养成一种省时的习惯，自然而然就会使每天的24小时达到"收支平衡"的最高境界，而且还可以"游刃有余"地处于"闲暇"时间，去从事较高精神层次的活动。如果你是开车或乘公交车的上班族，平均一天有两个小时花在交通工具上，一年就有一个月的时间待在车里。如果把这一个月里每天花掉的两个小时集中起来，连续不断地坐一个月的车，或不眠不休地开一个月的车，就能体会其时间数量的可观了。

要占时间的优势，就要积极地"凭空变出"时间来，以下提供一些有效的方法，让你轻松成为"时间的富人"。

一、尽量利用零碎时间

坐车或等待的时间拿来阅报、看书、听空中资讯。利用电视广告时间处理洗碗、洗衣服、拖地等家事。不要忽略一点一滴的时间，尽量利用零碎时间处理杂琐事务。改变工作顺序，例如做饭时，先洗米煮饭、煮汤、再来洗菜、炒菜，等菜上桌的同时，饭、汤也好了。稍稍改变一下工作习惯，能使时间发挥最大的效益。此种"时间共享"的作业方式可在工作中多方尝试，从而"研究"出最省时的顺序。

二、批量处理，一次完成

购物前列出清单，一次买齐。拜访客户时，选择地点邻近的一并逐户拜访。较无时效性的事务亦以地点为标准，集中在同一天完成，以节省交通时间。

三、工作权限划分清楚，不要凡事一肩挑

学习"拒绝的艺术"，不要浪费时间做别人该做的事，同事间互相帮忙偶尔为之，不要因"能者多劳"而做烂好人。办公室的工作各有分工，家事亦同，家庭成员都该一起分担，上班族家庭主妇不要一肩挑。例如，先生的书房、车子；孩子的房间、玩具要求他们自己清理，家事也要分工负责，把省下的时间用来自我充实，做个"新时代主妇"。善加利用付费的代劳服务；银行的自动转账服务可帮你代缴水电费、煤气费、电话费、信用卡费、租税定存利息转账等，多加利用，可省舟车劳顿与排队等候的时间。

四、以自动化机器代替人力

办公室的电话联络可以用传真信函、电子邮件取代，一方面可节省电话追踪的时间又有凭据，费用亦较省。而且传真信、电子邮件简明扼要，比较起电话联络须客套寒暄才切入主题，节省许多无谓的人力与时间。家庭主妇亦可学习美国妇女利用机器代劳的快速做家事方法。例如使用全自动单缸洗衣机、洗碗机、吸尘器、微波炉等家电用品，可比传统人力节省超过一半的时间，效率十分高。

理财牛人都是社会心理学家

理财投资，尤其是股票投资，具备社会心理学知识比懂得经济学知识更有效。投资股票，其实就是和大众心理及市场博弈，充分掌握大众心理和市场趋势，就能赢得胜利。

在从事交易和投资方面，懂得大众心理学往往比经济学知识更重要。成千上万的投资者热衷于模仿巴菲特，巴菲特真正难被模仿的却是获取收益的心态，而不是简单的投资技巧。许多投资者很透彻地研

究并掌握了巴菲特选股策略，但能成功运用的却寥寥无几，最主要的问题就是他们能模仿投资方法却不能复制投资心理和收益心态，并且不能坚持，这就是最大的区别。

投资是场马拉松，买过股票的人想全身而退几无可能，在这个过程中投资者把握好市场心理或者大众心理非常重要。事实上，巴菲特、林奇这些投资大师们的成功之处不管有多少不同点，但有一点相同，即对大众心理把握相当到位。巴菲特说："别人恐惧的时候我贪婪，别人贪婪的时候我恐惧就是这个道理。"

在2007年7月份市场一片沸腾的时候，巴菲特开始减持中石油，当时很多投资者包括所谓的"专家"不理解，质疑巴菲特是不是"廉颇老矣"？事后巴菲特表示"中石油已到自己的目标位"。2008年11月份，市场衰鸿遍野，绝大多数投资者认为指数还会惯性下跌，殊不知底部已悄悄来临。按照林奇的说法"股价与价值就是狗与主人的关系"，正常情况下，狗围绕着主人转，或前或后或左或右，狗可能在某种诱惑力下远离了主人，但迟早会回到主人的身边。

要把握好大众心理，除了力求自己客观，冷静外，一定要多看看自己周围的人，了解一下他们的心理状况，从而才能真正做到"别人恐惧的时候我贪婪，别人贪婪的时候我恐惧"。

从大众心理角度分析股市的理论中，"博傻理论"已经广为人知。该理论认为，股票市场上的一些投资者根本就不在乎股票的理论价格和内在价值，他们购入股票的原因，只是因为他们相信将来会有更傻的人以更高的价格从他们手中接过"烫山芋"。支持"博傻"的基础是投资大众对未来判断的不一致和判断的不同步。对于任何部分或总体消息，总有人过于乐观估计、也总有人趋向悲观，有人过早采取行动，而也有人行动迟缓，这些判断的差异导致整体行为出现差异，并激发市场自身的激励系统，导致"博傻"现象的出现，这一点在中国股市也曾表现得相当明显。

对于"博傻"行为，也可以分成两类：一类是感性博傻；一类是理性博傻。前者，在行动时并不知道自己已经进入一场"博傻"游戏，也不清楚游戏的规则和必然结局。而后者，则清楚地知道"博傻"及相关规则，并且相信当前状况下还有更多更傻的投资者即将介入，因此才投入少量资金赌一把。

左手博弈论，右手心理学大全集

Zuo Shou Bo Yi Lun, You Shou Xin Li Xue Da Quan Ji

理性博傻能够盈利的前提是，有更多的傻子来接棒，这就是对大众心理的判断。当投资大众普遍感觉到当前价位已经偏高，需要撤离观望时，市场的真正高点也就真的来了。"要博傻，不是最傻"，这话说起来简单，但做起来不容易，因为到底还有没有更多更傻的人是并不容易判断的。一不留神，理性"博傻"者就容易成为最傻者，谁要他加入了傻瓜的候选队伍呢？所以，要参与博傻，必须对市场的大众心理有比较充分地研究和分析，并控制好心理状态。

　　那么，普通的大众投资者一般具有哪些投资心理呢？这些投资心理又会为我们的选择提供哪些信息呢？下面以金银币的投资为例予以说明。

　　金银币投资者最常见的心理有三种：一是希望所选择的品种交易越方便越好，这既包含着要便于携带、保管、交易的意思，也包含着必须能顺利找到买家、方便脱手的意思，这就要求这个品种体积小、单位含金量高，同时价格一定要比较适中，可以让绝大多数投资者承受得起；二是希望所选择的品种投资风险越小越好，即该品种的单位价格比较低廉，最好是价值低估的品种，这样一来获益的可能性就要远大于亏损的可能性；三是希望自己持有品种的数量能够在市场中占据一定的比例，形成一定的影响，便于在一定层面上影响走势。而从目前金银币市场的总体情况来分析，最符合这三点投资心理的恐怕就是一盎司彩色银币了。

　　"投资要用大脑而不用腺体"是巴菲特的名言。大脑要做的是判断企业经营前景和大众心理趋向，而腺体只会让人按照本能去做事。巴菲特是格雷厄姆的学生，格雷厄姆是道氏的门徒。巴菲特也不是百分百地拒绝市场炒作，只不过在没有找到更好的鞋之前决不会脱去脚上现有的鞋。所以说，对于博傻现象，完全放弃也并非是最合理的理性，在自己可以掌控的水平上，适当保持一定程度的理性博傻，可以作为非理性市场中的一种投资策略。

股市是一场股民的心理博弈

股市是一场股民的心理博弈，股票的涨跌，是多方博弈者不同认识、不同心理的共同结果。

股市是一场博弈。博弈起源于利益的争夺，参与股市博弈的各方形成相互竞争相互对抗的关系，以争得利益的多少决定胜负。炒股，只有玩通心理才能玩转股市，才能抢夺股市先机。股民如果不懂得个体如何与群体心理进行博弈，如果不懂庄家的心理操作术，如果自身没有一个理性、成熟的投资心理，那么即使在非常稳定的牛市中，即使你身怀绝技，你也可能会因为在股海中迷航而折戟沉沙。

通过购买企业的股票，人们投资于企业；企业拿这些投资去发展业务，当取得利润的时候，要按照股份分红给投资者，这就是股市投资的基本原理。但是，由于股票是可买卖、转让的，这个简单的问题就变得复杂了。股票也成了一种特殊商品，有供给和需求矛盾造成的价格波动，股市又是一个完全竞争的效率市场，股价的活跃程度大大超过任何商品，这就使得很多人参与其中，就是为了博取差价，而"投资——分红"的原始意义反而被忽略了。当然，有许多的市场形态（如期货、外币）都有类似股票市场的逻辑，透过某种公开竞标的方式来购买替代性产品。

在股市征战搏杀的人，有 90% 是聪明人，只有 10% 是所谓的"傻子"，但是结果是前者亏损，后者盈利。为什么只有那些不计得失、波澜不惊的人才获利多多？因为他们在心理上更胜一筹。

有一位非常成功的商人，其发迹初期是个个体户，他在一个非常大的商场里卖衣服。有个奇怪的现象——他的衣服卖得比别人贵，但有很多人去他那里买衣服。人们都很奇怪，与其混熟之后，悄悄地询问其秘诀何在。商户笑了笑："我的摊位在三楼，位置不怎么好，而且一楼也有商户卖同样的衣服，但就因为我做了广告，说明这种衣服只有我这里有卖、没有分店等，所以顾客每次都会问，一楼卖的衣服与你的不一样吗？为什么你的衣服比一楼的卖得贵？我说我的衣服是正宗的，是从厂家直接进的且是总经销，如果你不买的话可以到一楼去买。顾客想了又想，转了又转，还是买了下来，而且是买的人越多越有人来买。所以，一楼卖的衣服虽然与我的一样，而且卖得更便宜，但我抓住了人们的心理，不愁他不来买。"

在证券市场上，心理比较有时看来更像是一场心理游戏，市场所有参与者都在试图摆脱人性的弱点——畏惧、贪婪、轻信、敏感、急躁、自傲、冲动、自负等。

在股市实战过程中，成功者凭着自身资金、技术、信息等方面的优势，根据股市内外环境的变化，操控某只股票或对场外跟风资金进行心理引导，使得博弈的对手（散户或机构）产生错误的分析和判断，从而实现获取巨额利润的目的。大机构操作的高明之处在于善于引导大众投资投机的取向，形成所谓的长线投资与短线投机等片面和错误的操作理念。在股市实战中，如何根据各种技术信息正确地研判主流资金具体的操盘意图，对于投资者来说是在股市中获利避险的重要且根本的生存技能。

股市交易实际上是多方博弈竞技的体现，在竞技过程中，为了实现利益最大化，博弈各方会因各自的利益权衡暂时形成相对稳定的同盟，此时便形成了相对个股而言的主力和非主力机构及松散性投资者。当主力准备拉升或打压某只个股时，会向市场中的其他博弈对手发出信号，寻求某种形式的联盟需求，这时只有对信号的内容及真伪有相对判断能力并能对博弈的游戏方式有深刻体会的博弈方才能及时地加入。当这种博弈变得更有可辨别性时，松散性投资者便会蜂拥而至，在这个时刻，由于账面利润的飙升，导致大部分投资人对美好的前景充满幻想而忽视了博弈规律正在改变或消失，这时主力的博弈目的便达到了，财富会合法地转移。其实，能对这个市场产生影响的因素很多很多，投资者只有明白了这都是在玩博弈心理，就能坦然处之。

股价变化主要有两个要素：价值的变化和心理的变化。其实一个股票的价格上涨往往心理的因素更多。例如，一个公司股票价格在上涨，尽管公司和一个月前、两个月前没有什么变化，人还是那些人、业务还是那些业务，但股价却可以上涨50％甚至更多，为什么？因为市场的预期发生了变化，也就是投资者的心理发生了变化。我们经常可以看到这样的现象，一些公司没有任何变化，但市场却发生了变化，这些公司的股价在短时间内被投资者以不同的态度对待。一个月前它在下跌时无人敢买，可现在上涨了一倍，还有大量的人去追。这些都是投资者心态发生变化的结果。

即使同样的公司业绩发生了变化，变化的幅度也差不多，但是有的股价涨得多，有的涨得少。有的公司业绩一直不错，但是股价就是上不去。所以股价的高低，归根结底还是要看市场是否认同，只有投资者认同了，股价才能上去，而这还是要看投资者心理的变化。

所以，股市的发展归根结底就是投资者心理变化的结果。

做基本面分析的投资者看到股价上涨，他会说，这是因为公司的经营状况有了改善，或者将要改善，公司股票的价值大于股票目前的价格，所以股票会上涨。

做技术面投资的投资者看到股价上涨，他会说，这是目前股票处于上涨趋势之中，所以股票还会维持目前的趋势继续上涨。也有投资者什么分析都不做，只是看到股票上涨就买进，因为它上涨了。而各种投资者对股票的认识结合起来，就构成了这种股票上涨或下跌的合力，最终使其上涨或者下跌。

风险投资人与创业者的博弈

风险投资人与创业者如何博弈，关键要搞清楚二者的角色关系和各自职责。风险投资的职责是出钱，企业经营是创业者的事。当然，风险投资因关心自己的利益有权知道创业者的战略和战术，甚至给出意见和建议。

自古创业有 VC（venture capitalist）。VC 者，风险投资人，给钱要股，但不参与运营者也。

一般人都知道风险投资人在掏钱以前一定会进行彻底的调查，比如对创业者的人品和能力、创业计划的可行性、管理团队的资历及产品潜在市场的规模甚至假定前提等，俗称"due diligence"，即该知道的都应一清二楚。但是，许多人往往忽视创业者其实不应守株待兔，即便你不是万众追逐的明星创业家，你也应该花点时间"审核"风险投资人或公司的背景和现状。比如，有些风险基金专投某一领域（如电信），你不属于该领域就不要去凑热闹；有些风险基金专投某一轮，如开天辟地的第一轮或即将上市前的最后一轮，你应弄清楚自己是否适合。

风险投资人和创业者之间的关系不妨用这句话来概括："创业者好比是演员，他们是在前台唱戏的。"每个电影剧组都充斥着勾心斗角、你死我活的矛盾，每个初创企业也是如此。创业者对于放弃高达70％的股权以取得风险资金（数轮投资的总和）始终耿耿于怀，他们恐惧投资人张牙舞爪"瞎指挥"，不懂管理的来大谈策略，不懂技术的高论研发，稍有不满便威胁撤换管理团队；风险投资人则希望创业者牢牢记住钱从哪里来，究竟谁是老板，他们担心创业者缺乏实战经验，空有雄心壮志，该放手的不放手，该拓展时却迟疑，该收缩时没有决心，最后把投资人的钱变成创业者的"学费"。说到底，就是控制权应掌握在谁手里的问题。

风险投资人与创业者各自的担心都不是没有道理的，在双方的争执中也不能将功过是非一概而论。毕竟，他们的成功和失败都是两方共担共享的。理想的风险投资人与创业者的关系，应是一种和善友好、相互尊重、相互信任、不断沟通的专业关系。创业者不应把风险资金当作自己"天才"的佐证，他应知道，个人的能力再强也有限，如果没有风险资金加入，他很可能丧失竞争力，错失市场良机。风险投资人有权了解企业运营的各个方面，但他不应越俎代庖，把CEO架空；风险投资人的角色应该是董事或者顾问，即对事关企业方向和策略的重大决策发表意见并参与最终决定，但对日常事务的管理则没有必要干预。

投资要有所选择，要讲究策略。创业者若是不加选择地找风险投资，只要有人愿意投就接，这种不考虑自己的实际情况和是否适应的做法，必将导致失败。正确的做法是，首先，你要了解不同VC的投资方向和投资规模，不是所有的投资你都适合接的。其次你要了解VC内部的人员构成。VC可不是一人独大的国有企业，不是请客吃饭将一把手拿下就能等着来钱的。VC里大大小小的人物都具有将你扶上墙或拉下马的能力，妄图忽悠众生只会引火上身。另外，在详细了解VC的特征之前，还是先搞清自己的特点。不然，彼此不相适应的两家仓促凑在一块必定形不成合力，最终只能是不欢而散。

在投资热潮中你该怎么做

"你不理财，财不理你"，与创造和积累相比，投资是更加明智的财富观。那么，投资到底该怎么做呢？

现代经济带来了"理财时代"，五花八门的理财工具书多而庞杂，许多关于理财的课程亦走下专业领域的舞台，深入上班族、家庭主妇、学生的生活学习当中。随着经济环境的变化，勤俭储蓄的传统单一理财方式已无法满足一般人的需求，理财工具的范畴扩展迅速。配合人生规划，理财的功能已不限于保障安全无虑的生活，而是追求更高的物质和精神满足。你还认为理财是"有钱人玩金钱游戏"，与己无关的行为，那就证明你已落伍，该奋起直追了！

不要奢求一夕致富，别把鸡蛋全放在一个篮子里。有些保守的人，把钱都放在银行里生利息，认为这种做法最安全且没有风险。也有些人买黄金、珠宝寄存在保险柜里以防不测。这两种人都是以绝对安全、有保障为第一标准，走极端保守的理财路线，或是说完全没有理财观念；或是也有些人对某种单一的投资工具有偏好，如房地产或股票，遂将所有资金投入，孤注一掷，急于求成，这种人若能获利顺遂也就罢了，但从市面有好有坏波动无常来说，凭靠一种投资工具的风险未免太大。

有部分的投资人是走投机路线的，也就是专做热门短期投资，今年或这段时期流行什么，就一窝蜂地把资金投入。这种人有投资观念，但因"赌性坚强"，宁愿冒高风险，也不愿扎实从事较低风险的投资。这类投机者往往希望"一夕致富"，若时机好也许能大赚其钱，但时机坏时亦不乏血本无归、甚至成为倾家荡产的活生生的例子。

不管选择哪种投资方式，上述几种人都犯了理财上的大忌：急于求成，"把鸡蛋都放在一个篮子里"，缺乏分散风险观念。

随着经济的发展，国人的投资渠道也愈来愈多，单一的投资工具已经不符国情民情，而且风险太大，于是乎"投资组合"的观念应运而生，其目的既为降低风险，同时也能平稳地创造财富。

目前的投资工具十分多样化，最普遍的不外乎有银行存款、股票、房地产、期货、债券、黄金、共同基金、外币存款、海外不动产、国外证券等，不仅种类繁多，名目亦分得很细，每种投资渠道下还有不同的操作方式。若不具备长期投资经验或非专业人士，一般人还真的弄不明白。但是，一般大众无论如何对基本的投资工具都要稍有了解，并且认清自己的"投资取向"是倾向保守或具冒险精神，再来衡量自己的财务状况，选择较有兴趣或较专精的几种投资方式，搭配组合"以小博大"。

投资组合的分配比例要依据个人能力、投资工具的特性及环境时局而灵活转换。个性保守或闲钱不多者，组合不宜过于多样复杂，短期获利的投资比例要少；若个性积极有冲劲且不怕冒险者，可视能力来增加高获利性的投资比例。各种投资工具的特性，则通常依其获利性、安全性和变现性（流通性）三个原则而定。例如银行存款的安全性最高，变现性也强，但获利性相对地低了；而股票、期货则具有高获利性、变现性也佳但安全性低的特性；而房地产的变现能力低，但安全性高，获利性（投资报酬率）则视地段及经济景气而有弹性。

配合大经济环境和时局变化，一般说来，经济景气不良、通货膨胀明显时，投资专家莫不鼓励投资人增加变现性较高且安全性也不错的投资比例，也就是投资策略宜修正为保守路线，维持固定而安全的投资获利，静观其变，"忍而后动"。景气复苏，投资环境活络时，则可适时提高获利性佳的投资比例，也就是冒一点风险以期获得高报酬率的投资。了解投资工具的特性及运用手法，搭配投资组合才是降低风险的"保全"做法。目前约有八成的人仍选择银行存款的理财方式，这一方面说明大众仍以保守者为多，另一方面也显示，不管环境如何变化，投资组合中最保险的投资工具仍要占一定比例。我们普遍认为，不要把所有资金都投入到高风险的投资里去。"投资组合"乃是将资金分散至各种投资项目中，而非在同一种投资"篮子"中作组合。有些人在股票里玩组合，或是把各种共同基金组合搭配，仍然是"把所有鸡蛋放在同一个篮子里"的做法，依旧是不智之举啊！

钱生钱是成为富翁的先决条件，如果不懂得投资理财，不懂得让手中的钱生出更多的钱，一个人是很难成为富翁的。即使是一个没有多少资金的人，通过适当的投资，也有可能成为富翁。但是，在投资理财的过程中，我们也需要适度的注意一些问题：

一、投资的胆子要大，前进的步子要稳

对于投资者来说，一旦你认准了一件事就要大胆去做，不要总是在那里想着如何去进行预测或控制投资结果。如果投资总是参考别人的意见，然后犹豫不决，就会失去许多良机。如今社会真正有财的人，大多是敢于冒险投资的人。胆大心细，这是做成任何一件事情的法宝，投资当然也不例外。

有一句老话，股市上不是看谁赚的多，而是看谁活得久。许多投资者可能都曾在市场上获利，但是当市场风云突变的时候，大多数人不仅丢掉了自己的利润甚至亏损了自己的本金。究其原因就是其在投资的过程中急于求成，陷于一个"贪"字。所以，做投资要时刻谨记风险与收益是并存的，要在稳健的投资中不断获利。

二、找项目不要跟风，投资完全是自己的事

如今的投资项目可谓五花八门，有的的确效益不错，有的难免鱼目混珠，投资者要仔细甄别。面对五花八门的投资项目，采取跟风的态度选择投资项目无疑是不可取的。这就如同股市中散户"追高"一样，本身的投资成本较高，投资对象的升值潜力又十分有限，如果操作不当则有可能满盘皆输。选择类似比较热门的项目之前，应该先了解项目市场的饱和度和运营可行度。

举例来说，如果某项目在固定区域内的市场饱和度已经超过60%，那么再投资该项目意义就不大。如果该项目的年投资回报率为

10％，那么投资该项目也没有意义。投资 10 万元，每年的回报仅为 1 万元，很可能没有长期发展的动力。因此当你发现某项目已经在当地遍地开花的时候，在没有极其有利的条件支撑的情况下要尽量避免跟风。

三、重视复利的威力

有一个古老的故事，一个爱下象棋的国王棋艺高超，任何人只要能赢他，国王就会答应他任何一个要求。一天，一位年轻人终于赢了国王，年轻人要求的奖赏就是在棋盘的第一个格子放一粒麦子，在第二个格子中放进前一个格子的麦子的两倍，每一个格子中都是前一个格子中麦子的两倍，一直将棋盘的格子放满。国王很爽快地答应了，但很快就发现，即使将国库中所有的粮食都给他，也不够百分之一。

"复利的威力胜过原子弹。"原子弹的发明者爱因斯坦如是说。

几乎所有专家都强调复利的威力，的确复利的力量无处不在。大到社会，小到个人投资，莫不如是。经济学家凯恩斯曾经在一篇题为"我们后代在经济上的可能前景"的文章中重点谈到过复利的作用。当时的西方正值 30 年代大萧条时期，许多人认为，未来世界繁荣将不会再现，但凯恩斯却指出，萧条不过是两次繁荣周期中间的间歇，支撑西方经济发展的"复利的力量"并没有消失。凯恩斯在当时已经发现，近代社会的崛起是从 16 世纪的资本积累开始的，而这个崛起致使人类进入"复利时代"。而在 21 世纪，复利的威力甚至强过原子弹！

四、炒股前要有必要的股市知识，慎入股市

任何事物都有规律可遵循，炒股也不例外，了解一些炒股的规律，才能避免一些炒股风险。炒股不仅需要知道一些必要的股票基础知识，同时还要懂得一些股市上的"江湖规矩"，及股票市场上的一些常见的规律。

五、人生有周期，投资方式也要变化

因收入、心态、生活方式、风险承受能力不同，不同年龄段的人群，应该制订不同的理财规划。就像每个人都要经历出生、成长、成熟、衰老这几个不同阶段一样，普通居民的个人收入、家庭财产、家

庭支出，也都有这样一条时间线。专家建议，在制订家庭理财规划，配置家庭资产时，一定要充分考虑个人事业发展、家庭的成长等多方面因素，选择适合不同家庭时期的资产组合。

投资中的"更大笨蛋"理论

"更大笨蛋"理论也被称为"博傻理论"，是指在资本市场中，人们之所以完全不管某个东西的真实价值而愿意花高价购买，是因为他们预期会有一个更大的笨蛋会花更高的价格从他们那儿把它买走。只要有"更大的笨蛋"出现，投资者就能赢。

经济学家凯恩斯为了能够专注地从事学术研究，免受金钱的困扰，曾出外讲课以赚取课时费，但课时费的收入毕竟是有限的。于是他在 1919 年 8 月，借了几千英镑去做远期外汇这种投机生意。仅仅 4 个月的时间，凯恩斯净赚 1 万多英镑，这相当于他讲课 10 年的收入。但 3 个月之后，凯恩斯把赚到的利润和借来的本金输了个精光。7 个月后，凯恩斯又涉足棉花期货交易，又大获成功。

凯恩斯把期货品种几乎做了个遍，而且还涉足股票。到 1937 年他因病而"金盆洗手"的时候，已经积攒起一生享用不完的巨额财富。与一般赌徒不同，作为经济学家的凯恩斯在这场投机的生意中，除了赚取可观的利润之外，最大也是最有益的收获是发现了"更大笨蛋"理论。

凯恩斯曾举过这样一个例子来诠释"博傻理论"：

从 100 张照片中选出你认为最漂亮的脸，选中的有奖。但确定哪一张脸是最漂亮的脸是要由大家投票来决定的。

试想，如果是你，你会怎样投票呢？此时，因为有大家的参与，所以你的正确策略并不是选自己认为的最漂亮的那张脸，而是猜多数人会选谁就投谁一票，哪怕丑得不堪入目。在这里，你的行为是建立在对大众心理猜测的基础上而并非是你的真实想法。

凯恩斯说，专业投资大约可以比作报纸举办的选美比赛，这些比赛由读者从 100 张照片中选出 6 张最漂亮的面孔，谁的答案最接近全体读者作为一个整体得出的平均答案，谁就能获奖。因此，每个参加者必须挑选的并非他自己认为最漂亮的面孔，而是他认为最能吸引其他参加者注意力的面孔，这些其他参加者也正以同样的方式考虑这个问题。现在要选的不是根据个人最佳判断确定的真正最漂亮的面孔，甚至也不是一般人的意见认为的真正最漂亮的面孔。我们必须做出第三种选择，即运用我们的智慧预计一般人的意见，认为一般人的意见应该是什么……这与谁是最漂亮的女人无关，你关心的是怎样预测其他人认为谁最漂亮，又或是其他人认为其他人认为谁最漂亮……

在报纸的选美比赛中，读者必须同时设身处地地从其他读者的角度思考，这时，他们与其按绝对标准选择一个漂亮的女人，倒不如说努力找出大家的期待是不是落在某个焦点之上。假如某个参加选美的女人比其他女人漂亮很多倍，这样她就可以成为一个万众瞩目的焦点。不过，读者的工作就没那么简单。假定这 100 个决赛选手简直不相上下，最大的区别莫过于头发的颜色。在这 100 个人当中，只一个红头发的姑娘。你会不会挑选这位红头发的姑娘？

读者的工作，是在缺乏沟通的情况下，确定人们究竟将会达成怎样的共识。"选出最美丽的姑娘"可能是书面规则，但这可比选出最苗条、头发最红或两颗门牙之间有一条有趣的缝隙的姑娘困难得多。任何可以将她们区别开来的东西，都可以成为一个焦点，使大家的意见得以汇聚一处。由于这个理由，当我们发现当今世界最美丽的模特其实并不具备完美状态时，我们就不会感到惊讶。实际上，她们只是近乎完美而已，却都有一些有趣的瑕疵，这些瑕疵使她们各具特色，成为一个焦点。

"博傻理论"所要揭示的就是投机行为背后的动机，投机行为的关键是判断"有没有比自己更大的笨蛋"，只要自己不是最大的笨蛋，那么自己就一定是赢家，只是赢多赢少的问题。如果再没有一个愿意出更高价格的更大笨蛋来做你的"下家"，那么你就成了最大的笨蛋。可以这样说，任何一个投机者信奉的无非是"更大笨蛋"理论。

1720 年，英国股票投机狂潮演出了滑稽一幕：一个地下冒出的无名小卒创建一家莫须有的公司，自始至终无人知道这是一家什么公司。股票发行日，近千名投资者争先恐后，把大门都挤倒了。该蜂拥场面之所以出现，并非有人相信该公司真正获利丰厚，而是相信有更大的笨蛋会出现，股票价格会上涨，自己能赚钱。饶有意味的是，牛顿参与了这场投机，并且没有逃脱沦为最大的笨蛋的命运。他因此感叹："我能计算出天体运行，但人们的疯狂实在难以估计。"

"博傻理论"也常见于古玩市场、拍卖所。比如说，一件艺术品，预期会有人花更高的价格求购，那么就有人拍卖得到它，然后坐等更大的笨蛋出现。

高级一点的"博傻理论"，就掺搅了"'忽悠'＋现代商业艺术了"。譬如，有一件废铜烂铁，压根不值钱。拍卖所在拍卖之前放风，这件东西值2000万美元，然后通过媒体等手段大肆宣传，自己得到消息后还一副生气的样子，说走漏消息的人简直太讨厌。拍卖一开始，找人拉托张口出价就是1500万，最后该废品3000万被拍出。荷兰17世纪的"郁金香金融风暴"颇有这个意味。

"博傻"是指在高价位买进股票，等行情上涨到有利可图时迅速卖出，这种操作策略通常被市场称之为傻瓜赢傻瓜，所以只能在股市处于上升行情中适用。从理论上讲"博傻"也有其合理的一面，"博傻"策略是高价之上还有高价，低价之下还有低价，其游戏规则就像接力棒，只要不是接最后一棒都有利可图，做多者有利润可赚，做空者减少损失，只有接到最后一棒者倒霉。

别做落在最后的"笨蛋"

"更大笨蛋"理论告诉我们，投资品的价值可以被忽略，只要更大的笨蛋能出现，给我们的结果就只是赚多赚少的问题。从而，能否准确判断究竟有没有比自己更大的笨蛋出现，就成为我们投资成功的关键。

目前，"博傻理论"已经被运用到生活中各个领域。有两个观光团到日本伊豆半岛旅游，路况很坏，到处都是坑洞。其中一位导游连声抱歉，说路面简直像麻子一样。然而另一个导游却诗意盎然地对游客说："诸位先生女士，我们现在走的这条道路，正是赫赫有名的伊豆迷人酒窝大道。"

这个故事一度被人诠释为经典。虽是同样的情况，不同的意念，就会产生不同的感受。思想是何等奇妙的事情，如何去想，决定权在你。你的头脑，你可以任意想，而且你还可以让别人也跟着你这样想，其实这完全是笨蛋理论的无限夸张化。

以艺术品为例说明投资中的"更大笨蛋"理论。在艺术品市场上，投资者是根据什么标准来选择投资品种的？这的确是一个值得我们研究的问题。

如果你是一个纯粹的投资者，仅仅将艺术品作为一种投资品种而不夹杂自己主观偏好的话，那么，理性的投资行为并不是选择自己喜欢的艺术品，而是选择那些最可能被大多数人关注和欣赏的艺术品，即使这件艺术品制作得拙劣呆板、平淡无奇——当然，前提是这件艺术品是真品。这就是说，成功的艺术品投资应该建立在对大多数人购买心理的预期之上。这种观点或许会与在艺术品投资界占主流地位的艺术品"价值投资学派"的主张相左，但事实上，艺术品市场上的情况恰恰就是这样。每一个进行艺术品投资的人在进入艺术品市场的时候，都不得不接受艺术品市场上已有的"游戏规则"。尽管这些"游戏规则"，例如对艺术品价值的判断标准并不一定富有说服力。但是，如果你不遵守这些"游戏规则"，基于自己的个人偏好而不顾及大多数人的偏好，去选择自己感兴趣的投资品种的话，其结果是可想而知的。

我们之所以选择购买某种艺术品作为自己的投资品种，并不是因为这件艺术品具有如评论家们所声称的诸如历史价值、美学价值之类的所谓"真实价值"，而是因为你预期会有人花更高的价格从你手中买走它，正是英国著名经济学家凯恩斯集数十年艺术品投资经验所总结出的结论。另一位经济学家马尔基尔将凯恩斯的这一结论归纳为所谓的"更大笨蛋"理论："你之所以完全不管某件艺术品的真实价值，即使它一文不值，也愿意花高价买下，是因为你预期，会有更大的笨蛋花更高的价格从你手中买走它。"而投资成功的关键就在于，能否准确判断究竟有没有比自己更大的笨蛋出现。只要你不是最大的笨蛋，就仅仅是赚多赚少的问题。如果再也找不到愿意出更高价格的更大笨蛋从你手中买走这件艺术品的话，那么，很显然你就是最大的笨蛋了。

第十四章
背叛与坚持的博弈
——人人都可能遭遇"囚徒困境"

现实中，人们会碰到很多"囚徒困境"，面临着背叛与合作的选择。在"囚徒困境"中作出决策是困难的，因为不知道对方会怎么选择，而且双方的选择相互影响最终的结果。面对"囚徒困境"，"太聪明"的人总是从自己的角度做出选择，很遗憾，聪明反被聪明误，这种选择注定不能获得最好的结果。跟"囚徒困境"一样，经济博弈理论告诉我们，个人的理性行为导致的结果往往是社会的非理性。对博弈双方来说，只有为对方着想，才能有合作"共赢"的好结果。而要真正做到合作"共赢"，一报还一报会是最简单也最有效的执行策略。

"囚徒"的选择为什么困难

"囚徒困境"中，囚徒为什么面临着两难选择？原因是他们都不知道对方会怎么选择，即缺少信息，而且，两者之间的博弈是动态的，并相互影响。

1950年，数学家塔克任斯坦福大学客座教授，在给一些心理学家作讲演时，他用两个囚犯的故事，将当时专家们正研究的一类博弈论问题，作了形象化的解释。从此以后类似的博弈问题便有了一个专门名称——"囚徒困境"。借着这个故事和名称，"囚徒困境"广为人知，在哲学、伦理学、社会学、政治学、经济学乃至生物学等学科中，获得了极为广泛的应用。

所谓"囚徒困境"，大意是这个样子的：

甲、乙两个人一起携枪准备作案，被警察发现抓了起来。警方怀疑，这两个人可能还犯有其他重罪，但没有证据。于是分别进行审讯，为了分化瓦解对方，警方告诉他们，如果主动坦白，可以减轻处罚；顽抗到底，一旦同伙招供，另一个人就要受到严惩。当然，如果两人都坦白，那么所谓"主动交代"也就不那么值钱了，在这种情况下，两人还是要受到严惩，只不过比一人顽抗到底要轻一些。在这种情形下，两个囚犯都可以作出自己的选择，或者供出他的同伙，即与警察合作，从而背叛他的同伙；或者保持沉默，也就是与他的同伙合作，而不是与警察合作。这样就会出现以下几种情况（为了更清楚地说明问题，我们给每种情况设定具体刑期）：

如果两人都不坦白，警察会以非法携带枪支罪而将两人各判刑1年；

如果其中一人招供而另一人不招，坦白者作为证人将不会被起诉，另一人将会被重判15年；

如果两人都招供，则两人都会因罪名各判10年。

这两个囚犯该怎么办呢？是选择互相合作还是互相背叛？从表面上看，他们应该互相合作，保持沉默，因为这样他们俩都能得到最好的结果——只判刑1年。但他们不得不仔细考虑对方可能采取什么选择。问题就这样开始了，甲、乙两个人都十分精明，而且都只关心减少自己的刑期，并不在乎对方被判多少年（人都是有私心的嘛）。

甲会这样推理：假如乙不招，我只要一招供，马上可以获得自由，而不招却要坐牢1年，显然招比不招好；假如乙招了，我若不招，则要坐牢15年，招了只坐10年，显然还是以招认为好。无论乙招与不招，我的最佳选择都是招认，还是招了吧。

自然，乙也同样精明，也会如此推理。

于是两人都做出招供的选择，这对他们个人来说都是最佳的，即最符合他们个体理性的选择。照博弈论的说法；这是本问题的唯一平衡点。只有在这一点上，任何一人单方面改变选择，就只会得到较差的结果。而在别的点，比如两人都拒认的场合，只有一人可以通过单方面改变选择，来减少自己的刑期。

也就是说，对方背叛，你也背叛将会更好些。这意味着，无论对方如何行动，如果你认为对方将合作，你背叛能得到更多；如果你认为对方将背叛，你背叛也能得到更多。你背叛总是好的，这是一个有些让人寒心的结论。

为什么聪明的囚犯，却无法得到最好的结果？两个人都招供，对两个人而言并不是集体最优的选择。无论对哪个人来说，两个人都不招供，要比两个人都招供好得多。

"囚徒困境"假定每个参与者（即"囚徒"）都是利己的，即都寻求最大自身利益，而不关心另一参与者的利益。参与某一策略所得利益，如果在任何情况下都比其他策略要低的话，此策略称为"严格劣势"，理性的参与者绝不会选择。结果，两个嫌疑犯都选择坦白，各判刑 10 年。如果两人都抵赖，各判 1 年，显然这个结果好。但这个帕累托改进办不到，因为它不能满足人类的理性要求。"囚徒困境"所反映出的深刻问题是，人类的个人理性有时能导致集体的非理性——聪明的人类会因自己的聪明而作茧自缚。

囚犯为什么要面临着两难选择？原因是他们都不知道对方会怎么选择，即缺少信息。在我们玩剪刀、石头和布时，同样也无法确定对方会出哪一个，即缺少信息。此类过程与下围棋有点不同，围棋是每人轮流下棋，局面是清楚的。而我们常说的博弈则是不清楚局势，比如说我们去竞暗标，结果只有最后知晓。我们不可能知道对方的底细，只能根据以往历史经验进行判断。同样，对方也是采用类似的方法来判断我们。由于多方同时在操作，这意味着没有绝对获胜的策略。为了最大化自己的收益，必须依赖概率进行选择。

自行车赛事的比赛策略也是一种博弈，而其结果可用"囚徒困境"的研究成果解释。例如每年都举办的环法自由车赛中有以下情况：选手们在到终点前的路程常以大队伍方式前进，他们采取这个策略是为了令自己不至于太落后，又出力适中。而最前方的选手在迎风时是最费力的，所以选择在前方是最差的策略。通常会发生这样的情况，大家起先都不愿意向前（共同背叛），这使得全体速度很慢，而后通常会有二或多位选手骑到前面，然后一段时间内互相交换最前方位置，以分担风的阻力（共同合作），使得全体的速度有所提升，而这时如果前方的其中一人试图一直保持前方位置（背叛），其他选手以及大队伍就会赶上（共同背叛）。而通常的情况是，在最前面次数最多的选手（合作）通常会到最后被落后的选手赶上（背叛），因为后面的选手骑在前面选手的冲流之中，比较不费力。

为什么有时候不背叛就会被淘汰

当对方背叛时还一味地忠诚，实际是放纵了对方，并且破坏了积极进取的秩序，最终只能导致双方都被淘汰。合适的做法是适时以背叛来应对背叛，以获得良好的博弈环境而实现"共存共赢"。

在明代宋濂的《宋文宪公全集》中，记载了这样一个故事。

玉戴生和三乌丛臣是朋友。玉戴生说："我辈应该自我激励，他日入朝为官，对于趋炎附势之事绝不涉足。"三乌丛臣说："这是我痛恨得咬牙切齿的行为，我们干吗不对神起个誓？"玉戴生很高兴，二人就歃血盟誓道："二人同心，不徇私利，不为权位所诱，不趋附奸邪献媚的人而改变自己的行为准则。如有违背此盟誓，请神明惩罚他。"

没多久，他们一起到晋国为官。当时赵宣子在晋君眼前很得宠，各大夫每天奔走于他家。玉戴生重申以前的誓言，三乌丛臣说："说过的话犹在耳畔，怎么敢忘记啊！"但三乌丛臣反悔当初的誓言，又怕玉戴生知道他反悔。于是在一个大清早，鸡刚一报晓，他就前去拜望赵宣子。进得门来，他忽然看到正屋前东边的走廊有个人坐在那里。他走上前去举起灯来一照，那个人原来是玉戴生。

人们对某种权力表现得忠诚服从，实际上并非兴趣使然，而是人们服从一种被选择的纳什均衡。因为在人们的预期中，往往先假定别人绝对会服从，这样为了自己的利益最大化也只能选择服从。

在面临有权势的上司时，面临的选择有以下几个：选择 A——不巴结，落选；选择 B——巴结，落选；选择 C——巴结，升官。在这些选择里面，如果选择巴结上司会有升官的机会，而其他人也面对同样的局面。假定两个人竞争一个官职，对于玉戴生来说，只要他选择了巴结，而如果三乌丛臣选择不巴结，职位自然属于玉戴生；如果三乌丛臣也选择巴结，就需要一个附加的条件——他巴结得比玉戴生更到位，这样才能得到仅有的一个位置。

所以，在这一博弈过程中，无论三乌丛臣做出什么选择，玉戴生只要自己拼命巴结，就会有机会升官，这是遵循我们上面所说的原则的。权力的影响力以及领导的尊严便是这样形成的，人事腐败也是这样产生的。

在这个过程中，利害计算在每一个参与者那里都是超越一切价值与信念的。我们仅就上面故事中两个人的关系来看，可以看出故事中包含的"囚徒困境"基本精神——背叛。无论对方做出什么样的策略选择，背叛对方（同时也是背叛自己曾经发过的誓言），都能够让自己获得收益，那么必然要选择背叛这一道路。

这个故事中，玉戴生和三乌丛臣的思维方式，像极了约瑟夫·海勒的小说《第 22 条军规》中的尤塞瑞安。小说中的背景是：第二次世界大战胜利在望，可是为了给自己捞取功劳，一个飞行大队的指挥官没完没了地提高下属的任务定额，弄得人心惶惶。投弹手尤塞瑞安不想成为胜利前夕最后一批牺牲者，千方百计逃避执行任务。指挥官质问他："可是，假如所有士兵都这么想呢？"尤塞瑞安答道："那我若是不这么想岂不就成了一个大傻瓜？"

在这种思维里面，实际上揭示了一个形成"囚徒困境"的机制——担心自己成为傻瓜。而了解这种机制恰恰可以提供减少自己在"囚徒困境"中损失的策略——处于"囚徒困境"的时候，没有什么十全十美的好办法能让自己从困境中逃脱，只能尽量做到自己不受侵害，正是所谓"两害相权取其轻"。

倒霉的人都是因为太聪明

聪明是好事，但"太聪明"往往是坏事。所谓"太聪明"是指不顾场合滥用自己的智慧，甚至不惜算计他人，伤害他人。"太聪明"的人终将受到社会法则的惩罚。这也就是人们常说的"聪明反被聪明误"。

聪明是对一个人的夸赞，不过，人们在生活工作中还是实诚一些好，有时聪明反被聪明误。如今有的学校专门为学生测试智商，被测出智商高的学生，家长兴高采烈，认为科学家、艺术家的桂冠指日可待了；那些被测出智商不高的学生则泄气了。智商高固然好，但智商不高不等于愚蠢，等到人真正走入社会，做蠢事的常常是太聪明的人。

清朝有个读书人叫乔世荣，其貌不扬，但是却精通诗书，颇有才干。他于某年大考及第，到吏部候职时，因无余银"上贡"，所以坐了好久的冷板凳才被任命为一个七品县令。在走马上任的途中，乔世荣碰到一老一少二人在激烈争吵。一问之下才知道，老者拾获钱袋，在原地等候遗失者前来认领；而遗失钱袋的年轻人，找到钱袋后反而一口咬定钱袋原装有五十两银子，而不是现在的十两银子。围观的民众议论纷纷，有的认为老者昧银，有的认为年轻人要赖。乔县令走上前去亮明身份，先向老者问话："你捡到这钱袋，有没有离开原地？"老者答："没有。"乔县令又问："可有人见证？"一部分围观民众纷纷愿替老者作证。乔县令于是胸有成竹地说："这就对了，老者捡到的钱袋，是装十两银子，那就不是年轻人的装有五十两银子的钱袋。这位老者，你拾金不昧，本县判将钱袋赏你。这位年轻人，你的五十两银子的钱袋，还是自己再到别的地方找一找吧。"在人们的讥笑声中，年轻人只好自认倒霉，灰溜溜地走开了。

这个故事告诉我们：失败不是因为人们太傻，而恰恰是太精明所致。对于这个论断，哈佛大学巴罗教授在研究"囚徒困境"的过程中，也有一个很接近生活的模型。

两个旅行者从一个出产细瓷花瓶的地方回来，都买了花瓶。可是提取行李的时候，发现花瓶被摔坏了。于是，他们向航空公司索赔。航空公司知道花瓶的价格总在八九十元上下浮动，但是不知道两位旅客买的确切价格是多少。于是，航空公司请两位旅客在100元以内自己写下花瓶的价格。如果两人写的一样，航空公司将认为他们讲的是真话，并按照他们写的数额赔偿；如果两人写的不一样，航空公司就论定写得低的旅客讲的是真话，并且按这个低的价格赔偿，但是对讲真话的旅客奖励2元钱，对讲假话的旅客罚款2元。

为了获取最大赔偿，甲乙两位旅客最好的策略就是都写100元，这样两人都能够获赔100元。

可是甲很聪明，他想：如果我少写1元变成99元，而乙会写100元，这样我将得到101元。何乐而不为？所以他准备写99元。可是乙更加聪明，他算计到甲要算计自己而写99元，"人不犯我，我不犯人，人若犯我，我必犯人"，于是他准备写98元。想不到甲又聪明一层，算计出乙要这样写98元来坑他，"来而不往非礼也"，他准备写97元……

下象棋的时候，不是说要多"看"几步吗？看得越远，胜算越大。你多看两步，我比你更强多看三步，你多看四步，我比你更老谋深算多看五步。在花瓶索赔的例子中，如果两个人都"彻底理性"，都能看透十几步甚至几十步、上百步，那么上面那场"精明比赛"的结果，最后将落到什么田地？事实上，在彻底理性的假设之下，这个博弈唯一的纳什均衡，是两位旅客都写0元。

对于这个演进了的"囚徒困境"，巴罗教授称之为"旅行者困境"。一方面，它启示人们在为私利考虑的时候不要太精明，因为精明不等于高明，太精明往往会坏事；另一方面，它对于理性行为假设的适用性也提出了警告。在我们自己的现实生活中，其实这样的故事很多……

有许多刚开始工作的人，为了能让别人注意自己，特别是希望自己的上司对自己印象深刻，于是常常创意独特，做出一些与众不同的表现，希望借此能吸引更多人的视线，不料聪明反被聪明误，反而引来了别人对自己的非议。关于人际交往，很多人认为自己已经懂得了很多。不料，有些问题，越是聪明人，越是容易犯错。

有研究指出，在"囚徒困境"的情况下人们容易耍小聪明，复杂的规则并不比简单的规则做得更好。事实上，这些规则的共同问题是，使用一些复杂的方法来推断对方，而这些推断常常是错误的。一方面，对方经常用试探性的背叛来表明他不会被引诱而合作，更关键的是，这些规则没有考虑到他自己的行为会引起对方的变化；另一方面，对方对你的行为是有反应的，对方将把你的行为看作你是否回报合作的信号。因此，你自己的行为将会反射到你的身上。

离开大学校园步入工作岗位，给人的感触是：人真正走入社会，做蠢事的往往就是那些太聪明的人。

从古至今太聪明的人不胜枚举，举个人人皆知的例子：《红楼梦》中的王熙凤，可谓是个"机关算尽太聪明"的人，她聪明过分之处是用欺骗满足贪心。凡那些"太聪明"的人都不会跳出这个窠臼。再比如奸诈闻名于世的曹操，近代想当皇帝的袁世凯等，他们都属于太聪明之列。袁世凯颇爱权术，且不说他阳奉阴违，使"戊戌变法"失败，六君子被杀，就说在称帝问题上，他更是耍尽聪明。当时袁世凯蓄谋当皇帝已久，但害怕舆论谴责。于是有人为他伪造舆论。一天袁世凯看上海《时报》，某人前来拜访发现报纸与外界出版的《时报》不一样。原来袁世凯阅读的《时报》尽是拥护恢复帝制的，外面的《时报》是谴责帝制的，袁知道"真相"后十分震怒。此事传出后人们以为袁世凯并不热衷称帝，只是手下人的主张，殊不知是他本人玩的欺世把戏。

通常太聪明的人或是贪名或是贪利，总之贪心不离左右。这些人倘若当官，则是搞权术的高手，倘若是为民，肯定也是贪小利争便宜的能人。不过，还是真的要奉劝那些"太聪明"的老兄们：有些时候万事还是"顺其自然"比较好，人不能太聪明了，过于聪明不一定是件好事，什么事都应该有个"度"，即"限度"。

人不聪明不会欺人欺世，人真聪明不敢欺人欺世，人太聪明则认为人可欺世也可欺，于是忘乎所以，把人、世玩弄于股掌之间，然而世事偏偏又不像这些"太聪明"者算计的那样，最终就像仰面唾天者，唾沫最后落在自己的脸上，这就是所谓"聪明反被聪明误"的道理了。

从乳业两巨头的价格战看"囚徒困境"

跟"囚徒困境"的例子一样，蒙牛和伊利在价格战中，从自己单方面的角度出发，都只有选择降价才是最优策略。因为对方不降，我独得利益，获利最多；对方降，我跟着降，我利益减少。

蒙牛和伊利同在呼和浩特，有相同的产品，共同的市场，有剪不断的渊源，所以他们之间的竞争从蒙牛创立之初就没有停止过，并在伊利 2003 年从光明手中夺得中国乳业老大座次的时候双方同时升级了 PK 对决。谈到草原两大乳业的竞争，人们最热衷的就是价格战。

"无论伊利和蒙牛在战略上如何竞争，都会体现在最终的战术上，而最直接的方法就是打价格战。"一乳品经销商这样认为。

伊利的业务员称，尽管乳品竞争比较激烈，但一直没有降价。不过细心的消费者仍然会发现，变相的促销已经将乳品的价格拉到最低线。

蒙牛相关负责人表示，降价对行业的影响非常大，对农牧业也有很大的影响，说到底降价就是企业实力的较量，企业有没有能力承受价格战，如果一直这样持续下去就会出现重新洗牌。该人士表示，蒙牛从来都不会主动参与价格竞争，但是应对还是必不可少，不同时期搞不同活动。

2007 年夏，中国食品行业普遍刮起了涨价风。6 月 21 日，光明、蒙牛、伊利等 14 家国内外乳品企业聚集南京签署"乳品企业自律南京宣言"，约定取消特价、降价销售等促销方式，此举被认为是一种变相的联合涨价。但是结果怎样呢？不到两个月，牛奶就又开始了降价的促销活动。"买一箱伊利纯牛奶送 3 袋 250 毫升牛奶""光明利乐枕原价 22.8 元，现价 18 元""原价 3.2 元特浓纯牛奶现仅售 2.2 元""蒙牛买一箱送一袋"……乳制品业的知名品牌无一例外，全部参加了促销活动，而且超市的促销广告牌上标明促销活动时间为 7 月 24

日至 8 月 10 日。

为什么这些当初如此高调、如此信誓旦旦的价格联盟是这样地不堪一击？博弈论中的"囚徒困境"能给出令人信服的解释。假设乳制品市场有两个寡头同时面临着降价与不降价的选择，如果双方都不降价，则双方都保持原来的销售利润，增加的盈利为 0；如果双方都降价，则各增－50 个单位；如果甲厂降价而乙厂不降价，那么甲厂通过降价扩大了市场份额，盈利增加 100 个单位，而乙厂因为坚持不降价而失去了市场，盈利增加－100 个单位；反之，如果乙厂降价而甲不降价，而乙厂盈利增加 100 个单位，而甲厂盈利增加－100 个单位。那么从双方最好的结果来看，就是双方都不降价（相当于"囚徒困境"中的两个人都不招）。但如同"囚徒困境"一样，只有降价才是每个企业的优势策略——如果对方不降价，我最好降价（我不降价得 0，降价得 100）；如果对方降价，我更得降价（我不降价得－100，降价得－50）。

显然，从参与竞争各方最好的结果来看，就是都不降价。而在现实中，几乎所有的公司都不可避免地陷入了价格战的"囚徒困境"中。

在这里，我们可以解释厂家价格大战的结局也是一个"纳什均衡"，而且价格战的结果是谁都没钱赚，因为博弈双方的利润正好是零。这个结果可能对消费者是有利的，但对厂商而言是灾难性的，所以价格战对厂商而言意味着自杀。

从这个案例中我们可以引申出两个问题：一是竞争削价的结果或"纳什均衡"可能导致一个有效率的零利润结局；二是如果不采取价格战，作为一种敌对博弈论，其结果会如何呢？每一个企业，都会考虑是采取正常价格策略，还是采取高价格策略形成垄断价格，并尽力获取垄断利润。如果垄断可以形成，则博弈双方的共同利润最大。这种情况就是垄断经营所做的，通常会抬高价格。

另一个极端的情况是厂商用正常的价格，双方都可以获得利润。从这一点，我们又引出一条基本准则："把你自己的战略建立在假定对手会按其最佳利益行动的基础上"。事实上，完全竞争的均衡就是"纳什均衡"或"非合作博弈均衡"。

在这种状态下，每一个厂商或消费者都是按照所有的别人已定的价格来进行决策。在这种均衡中，每一企业要使利润最大化，消费者要使效用最大化，结果导致了零利润，也就是说价格等于边际成本。在完全竞争的情况下，非合作行为导致了社会所期望的经济效率状态。如果厂商采取合作行动并决定转向垄断价格，那么社会的经济效率就会遭到破坏。

透过"囚徒困境"看市场博弈行为

对市场博弈，古典经济学家亚当·斯密告诉我们，以追求个人利益最大化的每一个理性经济人通过其"自私自利"的经济行为将导致社会福利的最大化。然而，经济博弈理论告诉我们，在非价格因素和博弈双方信息不对称的情况下，个人的理性行为导致的结果往往是社会的非理性。

"囚徒困境"并非博弈论温室中的奇花异木，事实上，只要有利益冲突的地方就可能会有"囚徒困境"，因此它也会发生在社会科学、生物学、心理学、经济学、法律等领域。比如，把两个囚徒换成两家互相竞争的商家，就可举出一个市场竞争中出现"囚徒困境"的例子。

在竞争的市场中，我们常会看到两家公司生产几乎完全相同的商品。就某些商品如牙膏而言，总的市场规模是相当固定的，只有市场份额会改变。蛋糕总共那么大，要想多获得市场份额，一种有效的方式是做广告，这样能吸引更多的人买自己的产品。假设市场只有两个牙膏品牌：牙洁和白鲜。两种商标在都不做广告时，每年都可获利200万元。为了获得更多的市场份额，两家公司都开始考虑做广告。当然了，广告需要很多钱，但是如果你做广告而你的对手不做，你就一定会从获得的更大市场份额中得到更大的好处，而你的对手失去盈利。然而，如果两家公司都做广告，结果就是相互抵消影响，没有一家公司多盈利，同时每家都会白白赔上广告费用。

由此可知，双方理智的选择都是不做广告。因为两家都做广告的后果是他们都只得利100万元，而假如他们都决定不做广告，他们原本都能保持原来的200万元获利！

两家牙膏公司用完全正确的逻辑作出的决策，最终却都以失利告终。这一牙膏悖论是著名的"囚徒困境"悖论在商场竞争中的再现。这样的例证是非常多的，比如，超市搞优惠活动也是如此。如果一家搞优惠，它会增加市场份额，可是只要一家超市如此，别的超市必然会跟进。竞争的结果是超市没有从它们的对手获益，却在给顾客打折上花费很多。

我们用一种理论上的状态再举一个类似的例子。有一用户想购买两辆汽车，现在有两个推销员来访问他，分别代表两个制造厂。假设他们的汽车已经明码标价，售出一辆车，企业可以赚10元。不过推销员有一定的灵活，能够降价销售，最多降3元，企业赚7元。那么每个推销员有两种做法：一是愿意降价；二是不愿意降价，与明码标价一致。当两者都选择方法一或二时，用户每人选一辆。当有一家用方法一，另一家采用方法二，用户很显然会买便宜的。根据以上情况，我们计算一下收入情况：

1. 当两人都降价销售（背叛），用户各采购一辆，每个人平均起来赚7元。

2. 两人都不降价（合作），每个人平均赚10元。

3. 当某人降价，另一人不降价，用户选价格低的。降价者得到14元，而不降者一分没有。

显然，这里的推销员类似于囚徒，处于两难选择。经济学创立者亚当·斯密认为"背叛"是一种常态。他提出了"看不见的手"的原理，相信只要人是利己的，并且是在竞争的情况下，借助市场机制这只"看不见的手"的引导，必然可以实现"主观为自己，客观为别人"这一社会最优结果。亚当·斯密提出了一个前提条件——竞争，即汽车厂的推销员会讨好消费者，选择背叛。这类似于囚犯互相检举对方，不进行合作，显然这也是警方所乐于见到的。市场有效的前提条件是竞争，而不能进行广泛地合作，即企业面对消费者时为了盈利，会背叛其他企业。

市场博弈中还存在着另外一种情况信息缺失——信息是确定的，

只是我们不清楚，不了解。例如在一些可讲价的服装市场、二手市场，买主并不能完全把握产品质量，但是卖主掌握了更多的信息。这意味着买主不仅对差产品缺少认识，而且对好产品也缺少认识。结果形成一种逆向淘汰：价格高一点的好东西没有人买，价格低一点的差东西销路好。因此，在可讲价的服装市场和二手市场中，往往充斥着低劣的产品。

其实，博弈已经成为现实经济生活中的普遍现象。2005年，博弈论专家罗伯特·奥曼和托马斯·谢林通过对博弈论分析，促进了人们对冲突和合作的理解，进而获得诺贝尔经济学奖，这就是很好的证明。

古典经济学家亚当·斯密告诉我们，以追求个人利益最大化的每一个理性经济人通过其自私自利的经济行为将导致社会福利的最大化。然而，经济博弈理论告诉我们，在非价格因素和博弈双方信息不对称的情况（更贴近现实生活的情况）下，个人的理性行为导致的结果往往是社会的非理性。

为别人着想可能会有好的结果

在博弈中，走出"囚徒困境"，实现利益最大的最优策略是双方合作，通过双方的互惠互利，来实现长久的最大利益，而这就首先要求，博弈的双方都要先替对方着想，站在对方的立场去思考。

在"囚徒困境"中，从共同的立场上看，只要两人都互相信任，共同坚持"盗亦有道"的互利原则，无罪释放将是皆大欢喜的结果。但是两人都在想，如果我坚守原则不招而对方却破坏原则而招供，我不是亏大了吗？所以最后，两人都做出同样的抉择——招，这样就出现了不是最优而是最坏的结果。

他们两人都是在坦白与抵赖策略上首先想到自己，这样他们必然要服长的刑期。只有当他们都首先替对方着想时，或者相互合谋（串供）时，才可以得到最短时间的监禁的结果。因此，从中我们还可以悟出一条真理：合作是有利的"利己策略"，但它必须符合以下黄金律：按照你愿意别人对你的方式来对别人，但只有别人也按同样方式行事才行。也就是中国人说的"己所不欲，勿施于人"。

但为什么不能合作呢？

曾经有两个饥饿的人，他们从一位智者那里得到了一根渔竿和一篓鲜鱼。得到那篓鲜鱼的人就在原地把鱼煮熟了一口气吃完，解决了饥饿问题，可是很快他就又感到肚内空空，最终饿死在了空空的鱼篓旁。而另一个得到渔竿的人则提着渔竿向遥远的大海走去，当他终于来到了大海边的时候，他也用尽了自己的最后一点力气。不久之后，同样是两个饥饿的人，他们也从智者那里得到了同样的一根渔竿和一篓鲜鱼。不同的是他们并没有分头行动，而是一起去寻找遥远的大海。每到饥饿的时候，他们就会从鱼篓中拿出一条鱼来吃。当他们终于来到了大海边的时候，这两个人就拿着那根渔竿开始了靠捕鱼为生的生活。

为什么同样是两个饥饿的人，但却有两种不同的结果的呢？从博弈来看，他们犹如两个陷入"囚徒困境"的"囚徒"一样。只是前两个人是理性地从自己的利益出发，如同两个囚徒理性地选择背叛，最终坦白一样。而后两个人，是从对方的利益出发，如同两个囚徒"合谋"最终走出困境一样。在博弈中，走出"囚徒困境"，实现利益最大的最优策略是双方合作，通过双方的互惠互利，来实现长久的最大利益，而这就首先要求，博弈的双方都要先替对方着想，站在对方的立场去思考。人类的本性是自私的，关键是走出"囚徒困境"——走出自私，实现合作共赢。

社会生活和商业竞争中的许多逻辑都与"囚徒困境"密切相关。

曾经有学者写了一个关于伊克人的故事，故事中讲道：在一个美丽的乌干达北方山谷里生活着一群人，他们就是伊克人，他们是一个靠采集、打猎为生的游牧民族。由于那个地方实在太美了，于是，政府决定在那里开辟一个国家公园。为法律所迫，他们不再在山谷间打猎，而成了靠耕种山岭薄地的农民。

生活环境和生活方式的变化过程，同时也摧毁了他们原有的社会规范，伊克人因此变成了一群不可救药的、让人讨厌的人，他们六亲不认、极端自私和毫无爱心。

虽然这些人生活在同一个密集的小村子里，但他们实际上是孤寂的和互不联系的个人，没有明显的互相利用。虽然他们也说话，但说出的都是些粗暴的强求和冰冷的回绝。他们什么东西都不与其他人共享，他们从来都不歌唱。他们的孩子一旦能走路了，他们就会把这些孩子赶出家门到处抢劫。只要有可能，他们随时都会把老年人抛弃，让这些可怜的老年人饿死街头。抢劫的孩子也从来不怜惜老人，他们常常从这些无能为力的老人嘴边抢走食物。他们虽然也生儿育女但是却毫无爱心，甚至连最粗疏的照顾都没有。他们在彼此的大门口前排便。对邻居的不幸幸灾乐祸，只要看见别人的不幸他们就会笑。如果他们常常笑，也就说明了常常有人倒霉。也因此，伊克人成为了文学上的一个象征，象征着整个人类失去信心、失去人情味后的命运将会是什么样的情况。

如果运用博弈论来分析这则小故事，它是一个绝对没合作的博弈。这种"囚徒困境"中的博弈结果，将是最可怕的，一个没有合作，没有爱心的社会，也就预示着它离灭亡不远了。关于这一囚徒理论的模型，还有一个十分经典的寓言故事：

一只河蚌正张开壳晒太阳，不料，飞来了一只鹬鸟，张嘴去啄它的肉，河蚌急忙合起两张壳，紧紧地钳住鹬鸟的嘴巴。鹬鸟说："今天不下雨，明天不下雨，就会有死蚌肉了。"河蚌说："今天不放你，明天不放你，就会有死鹬鸟了。"这两个东西谁也不肯松口。有一个渔夫看见了，便走过来把它们一起捉走了。

虽然只是一则寓言故事，但通过博弈不难看出，一旦双方都选择了背叛，其结果，必将双方受损，甚至付出足以致命的代价。

个人理性与集体理性的矛盾

个人理性的宗旨是追求自身利益的最大化，集体理性的出发点是实现博弈双方的双赢。但是，并不是所有的行为都能是个人利益与集体利益相吻合，很多行为在这两点上存在矛盾。

明崇祯十七年三月，李自成攻占北京，陪都南京府部官员开始商议由谁来监理国家政事。五月十五日，督师凤阳总兵马士英联合江北四总兵刘泽清、刘良佐、黄得功和高杰拥立福王朱由崧称帝南京，是为南明政权或称弘光政权。

当时，南明诸将以镇守荆楚的左良玉实力最强。南明弘光元年，左良玉以"清君侧"的名义，发兵沿江东下九江，南明内战开始。在清军南侵，左良玉又顺江内犯的形势下，弘光帝召集群臣商讨对策。刑部侍郎姚思孝、御史乔可聘、成友谦说："左良玉稍缓，北尤急，乞无撤江北兵马，固守淮、扬，控扼颍、寿。"弘光帝虽荒淫昏庸，却也讲出一句明白话："左良玉应该不是真想反叛，还是以兵坚守淮、扬抵挡清兵。"而马士英闻言喝道："北兵至，犹可议和。左良玉至，我君臣死无葬身之地。宁可君臣同死于清，不可死于左良玉手。"他随后命令"有议守淮者斩"。

朝议之后，马士英下令明军皆从江淮沿线回撤，死保南京不被左军攻破。江淮门户空虚，任由清军跃马直前。不久，左良玉病死军中，但是清军已经突破虚弱的长江防线，兵临南京城下。朱由崧逃往芜湖，后被擒杀。马士英奔浙江而去，京城文武官员数百名，军士23万开门投降。不久之后，左良玉的儿子左梦庚也率军降清，南明的第一个王朝就此覆灭了。

在上述博弈中，马士英的选择有四种：先攘外打清朝；先安内打左良玉；联合左良玉打清朝；联合清朝打左良玉。

在这四种策略中，先攘外，那么就首先会受到清朝的攻击。而此时另一对手左良玉就有两种选择，攻打马士英或者按兵不动。选择攻打马士英的现实收益值最大，因为很容易就可以把马士英给打败；如果等到马士英或者是清朝打败了对方，那么左良玉再去打的话，就有可能要冒很大的风险了，收益值很有可能就为负了，因此按兵不动是左良玉的劣势策略。按照博弈论的理性人的假设，左良玉肯定会选择优势策略，也就是打马士英。那么，马士英就会两面受敌，很容易给打败，所以先攘外就成了马士英的劣势策略。

如果马士英先打左良玉，安定内部，那么清朝就又获得了主动权，它去打马士英的话又变得很容易了。但清朝是马士英和左良玉共同的敌人，它打马士英时就必然要打左良玉，所以此时是马士英和左良玉双方都同时受损，收益值都得负，但比两面受敌要好得多。

如果联合左良玉打清朝，马士英和左良玉双方都获益，收益值都为正，合作是双方的优势策略。如果联合清朝打左良玉，马士英得正，左良玉就为负了，因为左良玉被打败的风险增加，这是马士英的严格优势策略。但是，这种策略对左良玉也成立，结果就是马士英和左良玉都采取这种严格优势策略，双方客观上都跟清朝联合，结果双方都受到损失。

个人理性与集体理性的矛盾在这里暴露无遗。

"囚徒困境"博弈的一个前提是博弈参与双方都是完全理性的。理性的概念来源于经济学中的理性人假设。所谓理性人就是一个只要求效用，也就是自身的利益最大化的人。效用是一个心理学上的词语，它描述的是一个人从某事、某种活动或某种商品的消费中所获得的自身的满足程度，而博弈论就是指导人们实现效用最大化的手段。

传统经济学的鼻祖亚当·斯密在其传世经典《国民财富的性质和原因的研究》中这样描述市场机制："当个人在追求他自己的私利时，市场的'看不见的手'会导致最佳经济后果。"这就是说，每个人的自利行为在"看不见的手"的指引下，追求自身利益最大化的同时也促进了社会公共利益的增长。也即自利会带来互利。

这种以个体利益最大为目标的理性被称为"个体理性"，而有完美的分析判断能力和不会犯选择行为的错误被称为"完全理性"。完全理性包括追求最大利益的理性意识、分析推理能力、识别判断能力、记忆能力和准确行为能力等多方面的完美表现，其中任何一方面不完美就不属于完全理性。

传统经济学秉承了亚当·斯密的思想，认为人的经济行为的根本动机是自利，每个人都有权追求自己的利益，没有私利社会就不会进步，社会的财富是建立在对每个人自利权利的保护上的。因此经济学不必担心人们参与竞争的动力，只需关注如何让每个求利者能够自由参与尽可能展开公平竞争的市场机制。只要市场机制公正，自然会增进社会福利。

然而，"囚徒困境"模型动摇了传统经济学的理论基础，带来经济学的重大革命。模型中的囚徒是完全理性的，也是完全自利的，因此绝对不会出现一个囚徒选择"坦白"，而另一个囚徒选择"抵赖"的结果；也不会出现同时"抵赖"的结果。这后两种结果的无法实现，恰恰说明个人理性不能通过市场达到社会福利的最优。每一个参与者可以相信市场所提供的一切条件，但无法确信其他参与者是否能与自己一样遵守市场规则。

"囚徒困境"揭示了个体理性的选择与集体理性选择之间的矛盾，从个体利益出发的行为往往不能实现集体的最大利益；同时也揭示了市场理性本身的内在矛盾，从个体理性出发的行为最终也不一定能真正实现个体的最大利益，甚至会得到相当差的结果。

从"囚徒困境"及其变形模型中，我们可以证明在人们相互交往的过程中，每个行为主体的利己主义决策结果，可能是有效率的，也可能是无效率的，但多次重复这种决策肯定是低效率的。

趋利避害是社会人的本能，大至国家兴亡，小至兄弟分家，都无法避开这种本能。"兄弟阋于墙"与"外御其侮"矛盾，是所有联盟参加者所面临的共同困境。从个人理性的角度来说，因利而合、因利而分直到因利而斗，都是不难理解的。

如何打破"囚徒困境"

"囚徒困境"的不合作策略是基于个人理性的，博弈的一次性是它的前提条件。要打破"囚徒困境"，首先需要保证博弈是重复博弈作为条件；其次，博弈的双方要从集体理性的角度来看待博弈。

在"囚徒困境"中表现最好的策略直接取决于对方采取的策略，特别是取决于这个策略为发展双方合作留出多大的余地。这个原则的基础是下一步相对于当前一步的权重足够大，即未来是重要的。这是"一报还一报"的一个伟大胜利。

区分规则好坏的一个特征是，看它们如何迅速地和可靠地对来自对方的挑战作出反应。一个规则可以被称为"报复性的",如果它在对方的背叛之后立即以背叛报复。

为了验证面对"囚徒困境"时人们可选择的策略以及这些策略的有效程度,美国的学者组织了一次以此为主题的计算机竞赛。竞赛要求参加者根据这一困境设计程序,并将程序输入计算机,通过各种程序的相互对局的最后得分评判优劣。

竞赛的游戏方法是游戏双方都在不知对方将如何选择的情况下,选择合作或背叛。这些选择放在一起就产生了四个可能的结果,即合作,合作;合作,背叛;背叛,合作;背叛,背叛。在这个游戏中,如果双方选择合作,双方都能得到较好的结果 R,即"对双方合作的奖励"。在这个例子中 R 为 3 分,3 分也可以代表参赛者得到的奖金数。如果一方合作而另一方背叛,那么,背叛者得到"对背叛的诱惑"T=5,而合作者则得到"给笨蛋的报酬"S=0。如果双方都背叛那么双方都得到 P=1,即"对双方背叛的惩罚"。

在比赛中,有好几个规则故意使用若干次背叛,试试看它们能否讨到便宜。因此,很大程度上决定规则的最后名次的是它们能否很好地应付这些挑战。对付这类挑战性规则的最好办法是时刻准备报复来自对方"无缘无故"的背叛。因此,善良能得到好处,报复也能得到好处。"一报还一报"综合了这些优点,它是善良的、宽容的和具报复性的。它从不首先背叛,但是不管过去相处的关系如何好,它总能被一个背叛所激怒,而迅速做出反应。

生态分析的结果说明了"一报还一报"的又一个胜利。在最初的竞赛中"一报还一报"领先一点点,而且在整个生态模拟过程中一直保持领先,到了第 1000 代,它是最成功的规则,并且比任何一个其他规则都增长得快。

"一报还一报"的所有记录是令人难忘的。概括地说,"一报还一报"是 62 个参赛者中平均得分最高的规则。在竞赛的生态模拟中它一直保持领先,加上它在实验室的对策实验中的良好表现,"一报还一报"显然是一个非常成功的策略。

"一报还一报"的成功可以说明它是一个很具适应性的规则,即它在很大范围的环境中表现极佳。它的成功部分是由于其他规则预料到它的存在,并且被设计得与它很好相处。要和"一报还一报"很好相处就要和它合作，这反过来就帮助了"一报还一报"。即使那些被设计成伺机占便宜而不被惩罚的规则，也很快向"一报还一报"道歉。任何想占"一报还一报"便宜的规则最终将伤害自己。"一报还一报"从自己的不可欺负性得到好处，是因为以下三个条件得到了满足：

1. 遇到"一报还一报"的可能性是显著的。

2. 一旦相遇，"一报还一报"很容易被识别出来。

3. 一旦被识别出来，其不可欺负性就显示出来。

因此，一方面"一报还一报"从它自己的清晰性中得到好处。另一方面，"一报还一报"放弃了占他人便宜的机会。这种机会有时是很有利可图的，但是试图占便宜而引来的问题也多种多样。首先，如果一个规则用背叛试探是否可以占便宜，它就得冒被那些可激怒的规则报复的风险。其次，双方的反击一旦开始，就很难自己解脱。

"一报还一报"的稳定成功的原因是它综合了善良性、报复性、宽容性和清晰性。它的善良性防止它陷入不必要的麻烦，它的报复性使对方试着背叛一次后就不敢再背叛，它的宽容性有助于重新恢复合作，它的清晰性使它容易被对方理解，从而引出长期的合作。"一报还一报"能够赢得竞赛不是靠打击对方，而是靠从对方引出使双方都有好处的行为。

上述"囚徒困境"说的都是一次性博弈，一锤子买卖。如果是多次博弈，人们就有了合作的可能性，"囚徒困境"就有可能被破解。其中道理可以这样理解：火车站边卖的东西质量差，餐馆没法吃，因为顾客多是一次性的过路人；小区里小店质量、服务可能不错，因为他们靠的是回头客。店主都是为自己的利益考虑，但结果对大家都有利。所以说，连续的合作有可能成为重复的"囚徒困境"的均衡解，这也是博弈论上著名的"大众定理"的含义。

行业自律或者同盟可以产生脱离"囚徒困境"的"合作均衡"的情况，不仅仅局限在某一行业、某一国内市场上。各个国家，尤其是发达国家，为了促进本国出口部门的发展，会对出口企业给予补贴，最常见的做法就是出口退税和以优惠利率提供贷款。一旦外国采取了这种做法，那么本国也就得采取相应的举措。倘若不加以自律，那么结果可想而知，为了抢占市场份额，各个国家的出口企业既然得到国家财力上的支持，就会以低于成本的价格倾销，从而会扰乱全球的市场秩序和资源配置。为了求得合作，世界贸易组织的相关法律中对出口税收补贴加以规定，并有强制性的惩罚措施，而经济合作发展组织则对各国的出口补贴贷款规定了最低利率限制。另外一个众所周知的组织——石油输出国组织，其主要功能之一就是限制原油产量，从而部分保证石油价格的稳定，也就是实现各产油国之间的"合作均衡"。

"囚徒困境"并不难理解，只要所有的参与者把眼光放得长远些，积极参与行业自律，那么"共赢"局面是可以出现的。而且，对于主动倡导行业规则制定的参与者来说，还会得到额外的益处和主动权。

温州是中国经济发展速度最快的地区之一，这与温州中小企业如水一般共生共荣的"合作均衡"是分不开的，经济学者将温州企业的合作共赢状态称为"温州企业生态模式"。譬如，温州一些生产打火机的厂家打败了美国和欧洲打火机制造商就是一个极好的例子，它是500家企业联合起来做打火机，每个企业都不大，我做个弹簧，你做个外壳，我们加起来做成一个打火机。之所以能够击败全世界的打火机制造商，是因为他们联起手来做。他们共同遵守约定的商业规则，互相之间是买卖关系，通过市场交易进行组装。这些温州企业之所以能够聚合集体的力量，享受到合意的商业生态环境带来的益处，很大程度上有赖于他们处在合作的"均衡解"上。

如果温州企业陷入"囚徒困境"会怎么样？

假设做弹簧的企业或者做外壳的企业，看到联手制造出的打火机已然创造了丰厚利润，进而打破合作局面，提高自己所生产部件的价格，那么联合制造出的打火机必然会价格上升，从而断送掉竞争优势。或者，假设某一企业规模已经足够大了，认为完全由自己生产打火机配件进行组装的利润空间更大，那么这样做的结果一方面可能会影响到打火机的质量，另一方面必然会触发整个联合企业链的争夺，打火机的价格会不断下降，最后大家都没有利润，进而可能会断送掉大家辛辛苦苦争得的优势地位。所以，避免陷入"囚徒困境"，保持"合作均衡"的状态，遵守合作规则，能够为大家带来更为长久的利益。

第十五章
先锋与跟风的博弈
——巧借外力求成功

　　先锋一旦成功，其收益将是巨大的。然而，风险与机遇总是孪生兄弟，做先锋也意味着更大的困难，更大的风险。先锋需要更全面地看清时局，等待时机，扫清障碍，创造条件，或许还需要智慧地借用外力。然而立足自我但不排斥外力是一种更加宽广、更加智慧的思维。这一点跟风者可谓屡试不爽，其实，它对先锋者同样适用。只要条件合适、规则许可，免费的午餐，但吃无妨。

巧借外力是成功者的共性

　　"它山之石，可以攻玉。"如果说立足自身是成功的根本，巧借外力往往是成功的关键。尤其在今天这个强调合作共赢的社会，立足自我但不排斥外力是一种更加宽广、更加智慧的思维。

　　伟大的人物之所以伟大，之所以能成就一番事业，关键的一点，是善于借力。对此，亭长出身的刘邦当上帝王后，深有感触地自我总结道："运筹于帷幄之中，决胜于千里之外，我比不上张良；管理国家，安抚老百姓，保证物资供给，我比不上萧何；率百万大军，战必胜，攻必取，我比不上韩信。这三个人，都是人杰。我能用他们，这就是我能够取得天下的原因。而项羽呢？虽有一能人范增，但也不能好好利用，所以，他失败了，被我所擒。"

还有这样一个故事：三只蚂蚁负有重要使命，必须过河。面对滔滔江水，蚂蚁不会游泳，如何过河呢？

第一只蚂蚁选择了架桥，它搬来了树枝、杂草，费了九牛二虎之力，结果，桥没架好，自己却被河水冲走了。

第二只蚂蚁选择造船，它同样充满信心，全身心地投入，忙得不亦乐乎。只可惜，洪水来了，船被冲走了，蚂蚁的命也搭上了。

第三只蚂蚁看到前面两个兄弟都比自己勤劳、能干，却这么悲壮地牺牲了，它不能再走它们的老路。于是，它爬到河边的树上，站在树尖的叶子上，想观察一下形势再说。不料，大风起兮，大风卷走了树叶和蚂蚁，蚂蚁就像坐飞机一样在空中飞扬，然后，徐徐地漂落在河的对岸。这只蚂蚁做梦也没想到，自己竟然如此轻松地实现了理想。

每当想起这个故事，我都从内心里钦佩前两只蚂蚁的壮举，但同时为它们感到惋惜。而对第三只蚂蚁，仅仅只是觉得它很幸运，似乎不屑一顾。因为，中国的传统文化，历来强调靠自己的本事吃饭，靠勤劳、靠实力、脚踏实地地打拼，反对投机，反对取巧。

但是，当我们观察社会时，类似第三只蚂蚁的成功者却大有人在，并出现在政治、经济、文化的各个领域，而且第三只蚂蚁的成功越来越成为一种普遍的发展模式、成功模式或寻找出路的模式。于是，第三只蚂蚁的行为越来越耐人寻味，甚至变得越来越崇高起来。

当然，蚂蚁是盲目的，而学蚂蚁的人却是理性的。因为巧借外力，是闯开出路的重要力量，是众多成功者的共性之一。

在蒙牛神速发展的历程中就有多起巧借外力的案例。借伊利成功上位，把自己从名不见经传一下提升至"内蒙古第二品牌"；借呼和浩特之名打造"中国乳都"提升自己的品牌影响力；借"神五"上天事件用"航天员专用牛奶"称号，成为社会关注的焦点；借湖南卫视"超级女声"活动营销蒙牛酸酸乳，再次成为市场的赢家。

越来越多的经典案例表明，在市场竞争越来越白热化的今天，巧妙借用一切可利用的外力进行策划，可以达到四两拨千斤的成效，既节约成本又最大地进行营销、达成目标。

善借外力就是赢家。立足自我但不排斥外力，这是成功者不可缺少的一种思维境界。成功往往是多因素的组合，也是多环节的链接，还是一个成长的过程。一个人的时间、精力、财力是有限的，有时不可能做到万事俱备，所以获取别人的帮助是必需的，比如资金、技术、信息、销售等。善借外力包括能不能找到外力、能不能借到外力、能不能跟外力建立长久的关系，大多数成功者正是得益于这一点。同样，你还没有成功，也与没能很好地处理这方面的关系有关。"好风凭借力，送我上青天。"一个人或一个团体，凡是善于借助别人力量的，均可事半功倍，更容易、更快捷地达到成功的目的。

在《三国演义》的赤壁之战中，诸葛亮巧借东风，火烧赤壁，孙刘联军大胜曹操，为三国鼎立奠定基础。而在酒水营销的战场上，也上演过一出巧借东风的好戏，更巧的是，这次的"借东风"，借的就是"三国风"。这次东风，把默默无名的"庞先生湖酒"带到了大众面前，也让其成为地方酒水市场的一个品牌！

所谓的"借东风"，就是"借势营销"。在刀光剑影的酒水市场上，一个新兴品牌，自身资源是十分有限的，如果不懂得借助外力，别说要做大做强了，消费者连你的面都见不到！"借东风"只要借对了，就能引发非同一般的传播效果和市场效应，所以，"庞先生湖酒"的成功，想必对许多寻求崛起的中小品牌有很好的借鉴作用。我们一起来解析一下，这股"东风"是怎样借的。

"庞先生湖酒"原是湖南耒阳地区流行的一种糯米为原料的湖酒，该低度酒营养丰富、有益健康，是黄酒的一个分支，其中最有代表性的是"庞先生湖酒"。该湖酒可是有故事的：三国时期，张飞奉命到耒阳考察，县令庞统怕其喝烈酒闹事，便用自酿的湖酒招待张飞。因酒醇而不烈，香气四溢，既满足了张飞酒瘾，又调和了现场气氛，双方相谈甚欢，一时成为佳话，在当地影响颇大，该酒因此也被称为"庞先生湖酒"。但是，"庞先生湖酒"一直以来处于自然销售的状态，没有步入品牌运作阶段。在当今社会，比起其他酒类，湖酒的知名度和市场占有率都远远不够。其实，谁首先将湖酒"唱得响亮"，谁就能使其成为该酒类的一个品牌，迎来不可估量的发展空间。因此，"庞先生湖酒"与高度品牌营销咨询机构合作就是顺理成章的事了。突围之路在何方？营销机构经过对"庞先生湖酒"的全方位解剖，认为"庞先生湖酒"优点多多，比如采用地道工艺酿造、健康价值高、喝了不上头等。其中，公司尤其感兴趣的是"庞先生湖酒"加热后饮用别有一番风味，三国时期"煮酒论英雄"的典故中，喝的就是这一类型的酒。因为"庞先生湖酒"上市时间正好是秋冬之际，所以"热饮湖酒"这一卖点被营销机构铭记在心，认为可以考虑在以后的品牌传播中突显出来。

"庞先生湖酒"虽然有着许多的优点，但毕竟"养在深闺人未识"。作为一个新生品牌，在有限的资源下，"庞先生湖酒"既不能靠投放广告来获取知名度，也不能邀请明星作代言人，而如果降价促销，只会降低自身身价，看来还得另想方法！某天，"庞先生湖酒"项目组的同事聊到电视上热播的《品三国》节目，另一位同事猛然醒悟："真是当局者迷啊！'庞先生湖酒'因三国而生，怎么不借三国而起呢？""借三国东风！"大家不约而同地提出了"庞先生湖酒"的品牌运作思路。经过慎重地分析、论证，大家一致认为："三国热"有群众基础、有学术争论、有媒体炒作，必将成为今后较长时期内的热点话题。"三国"这股"东风"，"庞先生湖酒"是借定了！

由于借"三国东风"借得到位，"庞先生湖酒"必然能够一鸣惊人，迅速打响知名度，并同时树立起良好的美誉度。可以说，"庞先生湖酒"具备了"四两拨千斤"的上市实力，也构建了自己独有的"三国文化"。

借力从表面上看是靠别人，从根本上说还是靠自己。怎样才能真正把力借到手？经验有：一是既讨人喜欢，又不失自我；二是唱好自己该唱的调，把事情做得漂亮，给人以信任；三是把自己的重要性显现出来，上帝也只救可救之人；四是一定要有回报，总不能白借，就像借钱要付给人利息一样。同时，还要善于变通，造势"嫁接"。如此，天下力量才能为我所用，壮大自己。

本领再大的个人，如果仅凭一己之力，势必寸步难行，事事难成。所以，要办事得求人，要成事得借力。求人是办成难事、急事的捷径，借力则是成功办事的智慧。借力办事，即充分利用各种人际关系的资源，借势造势，借力发力，借光沾光，借用各种可借之力，使自己要办的事轻而易举地完成，使自己期望的梦想凭借好风，直上青云。在一个遍布各种网络，交织各种关系的现代社会中，唯有会借者成，唯有善借者赢。

不该出手时绝不要出手

经营企业等很多事情好比一场马拉松，并不是时时刻刻都要铆足劲冲在最前面，有时候需要采取跟随战略。当自身条件具备的时候，当局势告诉你冲刺时刻到来的时候才是出手夺取第一位置的时候。

1983 年美洲杯帆船赛决赛前 4 轮结束之后，美国队丹尼斯·康纳船长的"自由号"在这项共有 7 轮比赛的重要赛事当中，以 3 胜 1 负的成绩排在首位。

那天早上，第 5 轮比赛即将开始，整箱整箱的香槟送到"自由号"的甲板。而在观礼船上，船员们的妻子全都穿着红、白、蓝三色的美国国旗背心和短裤，迫不及待要在她们的丈夫夺取美国人失落132 年之久的奖杯之后参加合影。

比赛一开始，由于澳大利亚队的"澳大利亚二号"抢在发令枪响之前起步，不得不退回到起点线后再次起步，这使"自由号"获得了37 秒的优势。澳大利亚队的船长约翰·伯特兰打算转到赛道左边，他希望风向发生变化，可以帮助他们赶上去。而丹尼斯·康纳则决定将"自由号"留在赛道右边。没想到这一回伯特兰大胆押宝押对了，因为风向果然按照澳大利亚人的心愿偏转，"澳大利亚二号"以 1 分47 秒的巨大优势赢得这轮比赛。人们纷纷批评康纳，说他策略失败，没有跟随澳大利亚队调整航向。再赛两轮之后，"澳大利亚二号"赢得了决赛桂冠。

这次帆船比赛成为研究"跟随"策略的一个很有意思的反例。成绩领先的船只，通常都会照搬尾随船只的策略，一旦遇到尾随的船只改变航向，甚至采用一种显然非常低劣的策略时，成绩领先的船只也会照样模仿。为什么？因为帆船比赛与在舞厅里跳舞不同。在这里，成绩接近是没有用的，只有最后胜出才有意义。假如你成绩领先了，那么，维持领先地位的最可靠的办法就是看见别人怎么做，你就跟着怎么做。但是如果你的成绩落后了，那么就很有必要冒险一击。

股市分析员和经济预测员也会受这种跟随策略的感染。业绩领先的预测员总是想方设法随大流，制造出一个跟其他人差不多的预测结果。这么一来，大家就不容易改变对这些预测员的能力的看法。而初出茅庐者则会采取一种冒险的策略：他们喜欢预言市场会出现繁荣或崩溃。通常他们都会说错，以后再也没人听信他们。不过，偶尔也会作出正确的预测，一夜成名，跻身名家行列。

产业和技术竞争提供了进一步的证据。技术竞赛就跟在帆船比赛中差不多，追踪而来的新公司总是倾向于采用更加具有创新性的策略，而龙头老大们则反过来愿意模仿跟在自己后面的公司。

在个人电脑市场，IBM的创新能力远不如其将标准化的技术批量生产、推向大众市场的本事那么闻名。新概念更多是来自苹果电脑、太阳电脑和其他新近创立的公司。冒险创新是这些公司脱颖而出夺取市场份额的最佳策略，大约也是唯一途径，这一点不仅在高科技产品领域成立。宝洁作为尿布行业的IBM，也会模仿金佰利发明的可再贴尿布粘合带，以稳固自己的市场统治地位。

跟在别人后面第二个出手有两种办法：一是一直看出别人的策略，你立即模仿，好比帆船比赛的情形；二是再等一等，直到这个策略被证明成功或者失败之后再行动，好比电脑产业的情形。而在商界，等得越久越有利，这是因为商界与体育比赛不同，这里的竞争通常不会出现赢者通吃的局面。结果是，市场上的领头羊们只有对新生企业选择的航向同样充满信心时，才会跟随后者的步伐。

有时候什么都不做比做什么都好

成功通常都是众多影响因素均具备的结果。当还有条件不成熟，应该先积极创造成熟的条件，在还没有能力创造成熟条件的时候，不妨等待。否则，勉强为之，只能是徒劳一场。

张树新是第一个申请做互联网的人，也是第一批投身中国互联网的先行者。她启蒙了中国公民的网络意识，成为中国互联网的领跑者。但随着企业的发展，张树新的角色已经不能适应瀛海威，她在市场发展的管理策略方面的欠缺，阻碍了企业的发展，最终成为自己的掘墓人。作为一个民营企业家、一个新兴行业创业者，张树新几乎遇到过所有问题，包括那些有人遇到过、没人遇到过的问题。

化学专业出身的张树新一生角色多样，做过记者、策划人，33岁从中科院辞职下海做传呼台生意，1995年创立瀛海威公司。在中国互联网发展初期，瀛海威扮演了一个启蒙者和领跑者的角色。让人遗憾的是，张树新与当时的田溯宁、马云一样，都没找到互联网盈利模式。瀛海威的失败是因为它太早进入市场，而当时的中国互联网市场的形势还不够明朗。

瀛海威生不逢时，瀛海威是在整个行业的资源、环境都不成熟的条件下做起来的。当时由于中国社会环境和人们对互联网缺乏认识，使张树新和瀛海威的发展面临障碍。对于互联网来说，当时这一环境极不成熟，一方面是人们都在谈论的带宽、电信基础设施等问题，另一方面是其发展过程中存在大量政策壁垒，包括互联网的核心该如何定义，电子商务对于中国所有的商务法规会构成怎样的冲击等，所以瀛海威的发展没有产业环境的支撑。

瀛海威只注重技术创新，但是不考虑市场需求。如"网上延安"耗资巨大，但是点击率很低；"网上交费系统"过于超前，不符合当时的实际情况；使用一套与互联网传输功率控制或网协不同的通信规程，以一家之力与整个世界网络标准抗争；由于瀛海威是互联网在中国发展的实验品，因此，张树新在瀛海威的失败结局是一种必然。

做事情要讲究前进与等待。事情越是初创阶段，遭遇的困难就越大。完成事情首先要学会克服困难，克服困难就必须学会等待。实际上，做事情的过程就是一个克服困难、战胜困难的过程，旧的困难解决了又会涌现出新的困难，我们就在前进、等待、甚至后退中艰难跋涉，直至事情完成。

有时间就有变化。当己方处于不利的境地时，不能强行突破。强大的压力会让四周传出种种不同的意见和流言蜚语，这时要坚持等待，在局势明朗和机遇出现前，不能轻举妄动，避免陷入更大的困难。

尽管很享受退役后的悠闲生活，但是飞人乔丹还是在暗自等待一个重返美国男篮职业联赛的机会。只不过这一次，他的身份将由球员变为老板。乔丹曾在接受美联社采访的时候表示，他现在的生活轻松又充实。"我喜欢待在家里，和孩子们在一起，尝试许多以前有兴趣却没时间做的事情。我发现，变了样子的生活也不错。"尽管悠闲的生活很惬意，但是对于飞人来说，篮球永远是生命中最重要的主题。现在，除了忙着张罗全美高中篮球的"全明星赛"外，乔丹还在全力准备推出第20代飞人系列的篮球鞋。

"篮球是我的激情所在，我正在等待一个重返篮坛的机会。"乔丹毫不讳言自己对拥有一支NBA球队的憧憬，但是同时他也强调，"我很有耐心，必须要等待时机成熟才会出手。"乔丹所说的"成熟条件"，指的是"感兴趣的球队、合适的价格和运转良好的经济状况"。当然，这一切要想同时拥有并不容易，据说乔丹为此曾和热火队、雄鹿队以及山猫队都有过接触，但是到目前为止，乔丹的"老板梦"并没有实质性的进展。

枪打出头鸟，是不是就不能出头了

枪打出头鸟，勇敢前进固然首先面临风险。然而，若没有出头鸟的带动，鸟儿们可能将遭遇连巢端的厄运。

当我们因某些事情想要鸣不平时，总有一些饱经风霜的老者来奉劝我们，不要逞英雄，你不出头总有人出头，何必当个大头蒜呢？"枪打出头鸟"，要不要出头，再好好想想吧。枪打出头鸟，这句谚语，我们常常听到，但我们有没有仔细想想，这句话真正所讲的是什么呢？

中国自古是一个讲中庸之道、谦恭礼让的国度。古老的文化传统阻碍着个人的出类拔萃。倘若出人头地而又锋芒毕露，不但不能容于众人，更会成为众矢之的。嫉贤妒才，几乎是人的本性，愿意别人比自己强的人并不多。所以，凡有才能而不懂掩盖才华的人，往往会遭受到更多的磨难和不幸。

三国时，杨修聪明过人，处处表现其聪慧，多次猜透曹操心思，最终成了曹操的刀下鬼。曹植才华横溢，文名满天下，但锋芒尽露，结果招致祸殃。明代海瑞，以正直廉洁而著名，但他仗一身正气，愤世嫉俗，谁都不放在眼里，结果一生被人排挤，最终还被罢了官。如果这些人能收敛一下锋芒，不但可保护自己，更能为黎民社稷多做点事。精通文韬武略的曾国藩，就深知功名之不可靠和害处，反复嘱咐儿子曾纪泽，凡事不可张扬，要谨慎行事，甚至连大门外也不可挂相府、侯府这样炫耀的匾额，以免招人耳目。毕竟"木秀于林，风必摧之""出头的椽子先烂"。古往今来，许多事业有所建树的人大都不愿意太出名，一旦成为典型，尽管风光荣耀，人际关系却十分凄凉。工作上碰到麻烦，精神上受到压力，往往得不偿失。可见"出头鸟"难当。

"出头鸟"为何出头？难道它不知道飞出去的危险吗？它当然知道。但它更清楚，如果狡猾的猎人再走近一点，就会换上霰弹枪，向自己的朋友、亲人开枪。与其让大家都处于危难之间，倒不如牺牲自己，为别人开辟一条活路。而自己的奋力一搏也可能为自己选择一条生路。

国企改革的领跑者，1997 年提出"工者有其股"，现任中国（杭州）青春宝集团有限公司董事长冯根生就是中国商界典型的"出头鸟"。

香港媒体曾送给冯根生一个称号"狂商"，而冯根生则喜欢把自己比成一味中药，"良药苦口"，成分很多，疗效不错。

作为国企"青春宝"的守护人，冯根生有太多被"枪打"的经历，然而数十年后却发现，沉淀的是质疑，而青春宝却在被一遍遍沉淀后更上一层又一层楼。

冯根生从不否认他是一只"出头鸟"，而他关于"出头鸟"的独特见解，也让人印象深刻——枪打出头鸟，在社会上太多见了，而只要保护好心脏（没有私心），或者索性只管自己拼命飞，飞出枪的射程之外就没事了。关键是怕这些"鸟"飞飞停停，生怕偏离方向被枪击中，老是回头看，结果还没在树上停稳，就被那些"老枪"击中了。

冯根生第一次做"出头鸟"，是在 1978 年，他在保健品领域率先"出头"研制出青春宝抗衰老片。该药虽通过动物和临床试验及药理检验，当时却有人反对，认为"保健品"是服务于"资产阶级"的东西，老百姓需要的是"感冒药"，因此致使冯根生迟迟拿不到生产批文。坚冰未破，冯根生毅然决定先投产，做出口。这个决断对当时的冯根生和青春宝，就是一次赌注。

第二次是在1984年，冯根生向旧体制发出挑战，率先在全国国有企业试行干部聘任制、全厂员工实行劳动合同制。

第三次是1991年，面对名目繁多的对国有企业厂长的考试，冯根生率先"罢考"，在全国范围内掀起了一股"为企业领导人松绑"的大讨论。

第四次是1992年，青春宝受困于机制，发展缓慢。为求一个好机制，冯根生与泰国正大集团合资，并让外方控股。但与当时大多数合资不同，冯根生独辟蹊径采取了母体保护法，保留青春宝集团母体青春宝商标品牌，总资产重新评估，只将其核心部分与对方合资。此举既有利于国有资产的保值增值，保护了青春宝的全国驰名商标，又为企业发展赢得了机会。

第五次是1996年，冯根生在胡庆余堂制药厂濒临倒闭、负债近亿元的情况下，毅然接收这块金字招牌，"儿子兼并老子"又掀话题。

1997年，青春宝改制，实现"工者有其股"成为第六次出头鸟。

1997年的"300万持股风波"，是他第七次做"出头鸟"，也是最为人称道的一次。1997年10月，青春宝集团决定对正大青春宝进行股份制改革，从公司的总股本中划出20%作为个人股，卖给员工。作为经营者的冯根生须认购其中2%的股份，经过几个月的资产评估，这2%合计人民币300万元。

对于"冯根生持国有股300万该不该"的问题，猛烈的争议纷至沓来，而且有的质疑来得很尖锐。有人表示，这是让国有资产私有化。共产党员怎么能有股份，这还叫无产阶级吗？此事足足讨论了10个月，终于，杭州市政府专门召开了几次会议进行研究，1998年6月初"正大青春宝国有股权有偿转让方案"被批准通过。

通过之后，冯根生又面临了如何拿出300万的问题，合资前他的月工资是480元，合资后虽增加到几千元，但无论如何拿不出300万元。在一片社会舆论的惊叹与质疑中，冯根生咬咬牙，家里凑足了30万元，再以股权作抵押向杭州商业银行贷了270万元，每天要还的利息就是700多元。千余员工的3000万股一个星期全都认购完成。

股改后，企业当年分红达30%，之后又用3年时间所有本金就全部返还。企业总资产 10 年增长 10 倍以上。

出头鸟的可敬，在于它的勇敢。"枪打出头鸟"，这可能只是愚蠢的猎人对英勇的鸟儿们的一种欺骗性的警告。幸好鸟儿们并未因此而惧怕，依旧前仆后继地从大树上飞起，把猎人的目光吸引，保住了同伴的生命，也为自己的成功选择了机会。

第十六章
透视人心的"枪手博弈"
——轻松猜透对手的心

心理的博弈需要有掌握别人内心意图的能力。"胆小鬼游戏"中的胜利者的强大自信正是建立在猜透对方心思的基础上的。心理博弈有时侯应该欢迎对方前来打探消息，甚至主动把信息透露出去，因为，让对方看到自己的强大实力和坚定决心有可能使对方不攻自破、知难而退。一贯的说假话也许并不可怕，真真假假、虚虚实实最让人无所适从，真话里面夹杂着谎话才是致命的欺骗。面对对方内部的火拼，趁火打劫的做法难免给人居心不良、落井下石的道德定位。隔岸观火而不是幸灾乐祸会赢得对方的信赖。

你猜我这一发装没装子弹

"胆小鬼游戏"是一种内心深处的极端博弈。它需要博弈者对对方的内心有很深入的把握，并且自己表现得要让对方看不到任何退缩的迹象。

电影《天下无贼》中有这样一个场面：刘德华扮演的王薄与盗窃团伙黎叔手下的一名"小弟"比谁胆量大。二人站在飞驰的火车顶上，而火车即将开入隧道。比赛的规则是在火车开入隧道前，谁先躲避谁就输，而如果不能及时躲避，可能会被撞得粉身碎骨。在这样的博弈中,胜利者是英雄,但有可能付出生命的代价,失败者是懦夫,但可保全生命。影片中,是王溥赢得了这场比赛。博弈学中把这样的博弈称为"懦夫博弈",也叫"胆小鬼博弈"。

在《吕氏春秋》中,有这样一个看似荒唐的故事:

齐国有两个自吹勇敢的人,一个住在城东,一个住在城西,有一天两人在路上不期而遇。住在城西的说:"难得见面,我们姑且去喝酒吧。"

另一个爽快地答应:"行。"

于是两人踏进酒铺喝起酒来。酒过数巡后,住在城东的说:"弄一点肉来吃吃怎么样?"

这时,住在城西的说:"你我都是好汉。你身上有肉,我身上有肉,还要另外买肉干什么?"

另一个听了,咬一咬牙说:"好!好!"

于是,他们叫伙计拿出豆豉酱作为调料,两人便拔出刀来,你割我身上的肉吃,我割你身上的肉吃。纵然血流满地,他们还是边割边吃,最后两个人都送掉了性命。

关于《吕氏春秋》中这个故事,有评论感慨地说:"勇若此,不若无勇。"意思是说要是像这样也算勇敢的话,还不如没有勇敢的好。

评论所含的更重要的信息是,从"割肉相啖"的提议一出口,他们就已经进入了博弈论中的"胆小鬼博弈"中。

"胆小鬼游戏"又称胆量游戏,可以简单地描述为两个人驾车撞向对方的同归于尽的做法,都希望对方会在最后一刻转向,而自己的胆量能胜对方。"胆小鬼游戏"无外乎有四种结果:一是在最后一刻,甲乙双方都转向;二是甲先转向,乙获胜;三是乙先转向,甲获胜;四是甲乙都不转向,冲突或战争爆发。

在典型的"胆小鬼博弈"中,两辆车直接对开过去,驾驶员要是转弯就输,当然如果两辆车都没有转弯,那么两位驾驶员则是两败俱伤。要是自己直走,对手转弯,局中人就会得到最好的结果。在这种情况下,获胜的驾驶员会得到男子汉的称号,另一个驾驶员则会被视为胆小鬼。当两位驾驶员都直走而酿成车祸时,这是对双方最不利的结果。因此,理性的局中人只要确信对手会直走到底,他就会转弯。

因此，在"胆小鬼博弈"中，只要让对手相信你绝对不会转弯，你就可以获胜。这种博弈比的不仅仅是谁更像男子汉，还包括谁更能表现出男子汉气概。

双方都希望对手相信自己是不折不扣、宁死不屈的男子汉。如果你可以让对手相信你是铮铮男儿，你就能得到这场博弈的胜利，并成为公认的男子汉。

在典型的"胆小鬼博弈"中，神经不正常的局中人往往占有很大的优势。难道你想证明自己比疯子更愿意赌上性命，不过要是被视为理性成了你的弱点，你该怎样办？有没有人会相信理性的人会采用绝对不转弯的策略？有。如果判断你的对手肯定会转弯，绝对不转弯的策略就很合理。如果驾驶员 B 相信驾驶员 A 一定会直驶，那么驾驶员 B 就会断然转弯。此外，如果驾驶员 A 知道驾驶员 B 相信驾驶员 A 绝对不会转弯，那么驾驶员 A 就确实不会转弯。

对于自己认为会成真的事，驾驶员会自行强化这种想法。如果每一个人都认为某个驾驶员绝对不会转弯，那么这个驾驶员的最优策略就是坚决不转弯。我们可以再次看到，在博弈论的领域中，局中人往往是根据别人认为他们会怎样做来决定策略的。

"胆小鬼游戏"最为典型的代表，莫过于俄罗斯轮盘赌了。

俄罗斯轮盘赌的标的是人的性命。与其他使用扑克、骰子等赌具的赌局不同，俄罗斯轮盘赌的规则很简单：在左轮手枪的六个弹槽中放入一颗或多颗子弹，任意旋转转轮之后，关上转轮。游戏的参加者轮流把手枪对着自己的头，扣动扳机。中枪的当然是自动退出，怯场的也为输，坚持到最后的就是胜者。旁观的赌博者，则对参加者的性命压赌注。

正是因为谁也不愿做胆小鬼，很多人做了枪下之鬼。1978 年，美国芝加哥摇滚乐队的首席歌手特里·卡什表演这种游戏时，被子弹夺去性命。在扣动扳机之前，他嘴里不停地念叨"没事，这一发没装子弹"。

"胆小鬼游戏"之所以比的是胆量，是在假设双方所具备的游戏资源都相同的前提下。其实现实中并非如此，双方资源往往差异巨大，匹配属性结构也往往严重不对称，博弈的难度很大，对资源的适时调度便显得尤其重要。

"胆小鬼游戏"的结果更多是"零和游戏",一方所得为一方所失,"双赢"是不存在的,若赢则只在一方。但是在现代"商战"中,这个原理则被智慧的商家破解了,竞争双方利用这个原理的悖论,积极去寻找"双赢"的结局,而力避双输的结局。也因此有人反对"商战"提法,比如著名的"蓝海战略"就是另辟蹊径,积极地回避"竞争",或者是直面竞争一起走向"竞合"等。

把信息主动透露出去

一般认为,一个公司或机构会将自己的技术或商业计划作为机密严加保守,然而,也有一些人做法正好相反,他们主动把信息透露出去。他们这样做的理由是告诉潜在的竞争者我们做这项工作的实力和决心,让对手知难而退。

2008 年 5 月 18 日,世界打捞业的巨头、美国奥德赛海洋勘探公司正式对外宣布,该公司从大西洋海底一艘古老沉船上,收获了重达 17 吨的殖民时期失落的金银财宝,其中包括约 50 万枚银币和数百枚金币、金银饰品及其他艺术品,总价值至少为 5 亿美元。不过,基于法律和安全的考虑,奥德赛公司没有公布该沉船的具体方位和深度。

根据现行《国际海洋法》规定,奥德赛公司将可以分得 90％的打捞财宝,其余部分归美国政府所有。而奥德赛公司已经派出一架专机,动用数百只塑料桶,满载这 50 多万枚金银古币返回美国境内。该公司计划将钱币以平均每枚 1000 美元的价格向收藏者和投资者出售。

看到这个故事,大家可能会认为打捞沉船是一桩一本万利的买卖。事实上,这一行业不仅需要大量的投资,而且充满了激烈的竞争和法律风险。

首先，海底打捞需要综合运用遥控探测仪、水下机器人和深海摄像机等尖端设备，一个最基本的地磁仪需要 16000～30000 美元，功能更全面的遥控水下探测仪每台的价格则 10 万～200 万美元不等。

其次，由于在辽阔的大洋上根本无法建立秩序，所以对沉船的打捞遵循先到先得的原则，这自然会在竞争者之间出现实力与胆量的较量，"胆小鬼博弈"由此出现。

在这种博弈中，大量的投入还有另外一种作用，那就是传达自己打捞沉船的决心。如果某一公司有足够的决心，那么就可以吓退其他公司。

事实上，"胆小鬼博弈"不仅存在于打捞沉船上，在任何存在竞争的领域它都会出现。

众所周知，电话的发明者是亚历山大·格雷厄姆·贝尔。但实际上与贝尔同一时期有一位发明家名叫伊立夏·葛雷，他也发明了一种电话。恰好贝尔在专利局申请专利的同一天，葛雷也去申请，但他比贝尔晚了几小时，专利权已授给了贝尔。

葛雷发明的发话器与贝尔的发话器不同，他是在薄铁膜片的背后装一个电极，使电极伸到一种电解液里，人对着膜片说话时，震动膜片而带动电极在电解液中颤动，电极浸在电解液中的深度发生变化，从而产生与声音振动相应的变化电流。

当有好几家公司在从事几乎相同的研究时，往往就会形成争夺专利的情况。不过，美国的专利制度规定，当某种有用的发明出现时，该发明的一切权利都属于发现的第一家公司。

如果格雷厄姆·贝尔和伊立夏·葛雷都是依靠别人的投资进行研究，那么因为贝尔更早提出这项发明，专利权就属于贝尔，而葛雷只好向投资人解释，为什么他浪费了这么多钱作研究。

我们假设在当时电话的专利价值是 1000 万美元，而格雷厄姆·贝尔和伊立夏·葛雷同时想争取电话专利，而且都已经花了将近 1000 万美元，那么必然会有一方赔钱。只有当你知道自己的研究确实能取得专利时，这项专利才值得花将近 1000 万美元来研究。

如果伊立夏·葛雷知道同时有别人角逐电话专利，而他不能保证所投入的研究费用能获得回报，那么对他来说最优的策略，就是不去尝试研究这项技术。不过反过来说，如果他连试都不试，格雷厄姆·贝尔一定处于更有利的地位。因此，在一开始，格雷厄姆·贝尔就会很希望让伊立夏·葛雷知道他正在研究电话。

在正常情况下，发明家应该把研究方案作为机密，这样其他人就不会窃取自己的思想。但如果遇到争取专利的"胆小鬼博弈"，跟其他的"胆小鬼博弈"一样，那么把研究目标广告天下，甚至夸大自己争取专利的决心，才是更理性的策略。

在软件研发领域，在正式推出新软件之前先发布试用版，并不仅仅在于收集潜在用户的反映，而是有着更深的用意：借此吓退潜在的竞争者。

有时你要欢迎别人打探消息

不是所有的打探都应该被拒绝，不是所有的信息都应该保守，让你的竞争对手了解到你成功的决心会让你处在有利的位置，所以这样的打探你应该欢迎。

在很多博弈中，每一方都不希望自己的信息被对手打探到。因为如果对方知道了你的底牌，他就赢定了。然而也有一些特例，比如在那些硬碰会使两败俱伤的博弈中，如果对方打探到你会采取强硬不退缩的策略，那么你就会成为赢家。如果你能表现出这种气概，就应该欢迎对手打探，从而在获得信息的基础上决定自己的策略。相反，如果你成功地拒绝了打探，反而可能会引发最为灾难性的后果，即两败俱伤。

在日本的战国时期，柴田胜家（又名权六）从织田信秀当家时起即为织田家的头号猛将，对织田家忠心耿耿。在后来织田信秀统一近畿的一系列征战中，柴田胜家都是最强的战斗力。

1570 年 6 月，六角义贤包围柴田胜家驻守的长光寺城，截断水源。在食水即将告罄的情况下，柴田胜家不愿降敌，准备出城突袭，杀出生路。当着前来劝降的使者的面，柴田胜家毫不吝惜地将最后三竹筒水泼在地上，劈碎竹筒，表示自己决不投降的决心。随后，他打开城门，突袭六角军。六角军将领信心动摇，结果全面崩溃，柴田胜家从此得雅号"破竹之柴田"。

假设柴田胜家决定决战到底，那么他希望对方会相信这一点。但是对方怎样才能相信这一点呢？假设对手派了一个使者或者间谍，到他的营地来打探他是否真的想决战到底。如果柴田胜家害怕泄露情报而把这个间谍赶走，对手会怎么想？显然，对方会怀疑他想隐瞒什么东西，进而怀疑他决战到底的决心。因为在这种情况下，需要隐瞒的只有一件事，那就是他并没有决战的决心。不欢迎间谍的信号相当于告知别人，你可能是个准备投降的胆小鬼。而反过来，如果柴田胜家想让间谍知道他血战到底的决心，那么他就应该张开双手欢迎他，并且把这种信息尽可能地告诉他。信息会决定对方的策略，如果你被对手视为英雄，那么他就会考虑要不要与你硬拼。

因此，在可能两败俱伤的博弈中，不要阻止对手来打探你的行动。它和普通的博弈在对待打探上的区别，主要在于在普通的博弈中，局中人一般通过隐瞒信息来获得优势。不管他想在博弈中做什么，都不希望对手知道。可是，在可能是两败俱伤的博弈或谈判中，只有当局中人采取强硬策略的决心不坚定时，才会想有所隐瞒。所以，在这种博弈中，应尽可能地让间谍掌握有关信息，把间谍拒之门外，等于是把他想知道的一切都告知了他。

在现代商业竞争中也是如此。假设有两位老板都想在某小镇开超市，但是该镇的市场只够让一家超市盈利。两位老板都想让对手相信，自己有十足的决心留在市场，同时也都希望有一套退出市场的计划，以便在无法把竞争对手赶出市场的时候退出市场。这时，两位老板可能都很欢迎对手来打探他们的消息，并且努力通过打探者把自己的决心传递出去。

欺骗并不等于说谎

　　说谎并不一定能构成欺骗，因为如果一个人因好说谎话而不被信任，那么人们就不会上他的当，而且从他的一贯谎话中还可能推得真相。真正能构成欺骗的是真话中夹杂着假话。

　　2005 年，日本一名收藏家打算拍卖一幅印象派名画，但在著名的索思比拍卖行和克里斯蒂拍卖行之间难以抉择，不知委托哪家好。最后，他决定让两家代表以"石头剪子布"的方式决胜负。

　　克里斯蒂拍卖行负责人向员工包括自己 11 岁的女儿寻求制胜策略。小女孩让爸爸先出"剪子"，因为"每个人都以为你会先出石头"。结果不出所料，索思比的代表果然一开始就伸出一只张开的手掌，结果败在了克里斯蒂代表的"剪子"之下，失去了这笔价值大约 2000 万元的合同。

　　这个结果是偶然的吗？

　　答案是否定的，因为根据英国《新科学家》杂志刊登的科学家的研究指出，"石头剪子布"的必胜秘诀是先出"剪子"，而且这一策略是有心理学依据的。

　　众所周知，这一游戏的定律是：石头磕剪子，剪子裁布，布包石头。科学家经过研究发现，玩游戏时人们最常出的第一招是"石头"。因此，稍微精明一些的游戏者第一招通常出"布"。而假如你出"剪子"，就可出其不意地获胜。

　　"石头剪子布"的博弈游戏，实际上就是"协调博弈"的反面。在"石头剪子布"的博弈中，双方要同时选择自己的策略。如果双方选择相同则平局，如果双方选择不同，则其中一人获胜。

　　假设双方在做出选择前，可以先跟对手商讨彼此的对策。如果你是局中人 A，那么很明显你一定会对局中人 B 撒谎。所以，如果你打算出"剪子"，你应该告诉他你会出"石头"，这样一来，他就

左手博弈论，右手心理学大全集

Zuo Shou Bo Yi Lun，You Shou Xin Li Xue Da Quan Ji

会出"布"，来赢得你的"石头"，而你却出"剪子"获胜。

不过，这一招可能无法奏效。因为对手也知道你可能会说谎，如果你有说谎的名声，那么别人就可以从你的话中，找到重要的线索。

因此，从这个博弈中可以看出，如果真要让人上当（或是让别人掌握到的信息无效），你偶尔还得说一些真话，或许这就是高明的撒谎者，一般都会在谎话中夹杂真话的道理。

有这样一个推理的题目：

从前，一个小岛上只有两个村庄，一个叫诚实村，另一个叫谎言村。两个村子相邻，但诚实村的人只说实话，谎言村的人只说谎话。两个村子的人之间经常互相来往。

有一天，一个人要到诚实村。他来到岛上的一个岔路口，不知道哪个方向是诚实村。这时，过来一个村民。他只知道这个村民一定是岛上的人，但不知他是诚实村的还是谎言村的。

在这种情况下，他有办法问到路吗？

答案是肯定的，而且只用一句话就可以问到。这个人只需问他"你是右边这个村的人吗"，那么无论对方是哪个村的村民，只要答案是"是"，那么右边就是诚实村。

推理过程如下：

如果他是谎言村村民，而右边是谎言村，那么答案肯定是"不是"；

如果他是谎言村村民，而右边是诚实村，那么答案肯定是"是"；

如果他是诚实村村民，而右边是谎言村，那么答案肯定是"不是"；

如果他是诚实村村民，而右边是诚实村，那么答案肯定是"是"。

因此，在得到肯定答案"是"时，右边肯定是诚实村；得到否定答案"不是"时，这里是"谎言村"。

解决这个问题的关键在于，如果我们知道一个人总是说谎，那么从谎话中仍然可以很容易推理出真相。

按照基督教的说法，上帝和人类玩的则是一种"协调博弈"，双方都希望得到相同的结果。上帝就像上面故事中诚实村的村民，实话是其合理策略，这也许并不是因为他十分善良，而是由"协调博弈"的实质所决定的。

由此可见，在"协调博弈"中，对手知道你的做法对你有利。但在"石头剪子布博弈"中，你则希望对竞争对手隐藏自己的意图，如果能让对手相信假消息则更好。在后者中，虽然双方说谎的动机都很强，能骗就骗，但是交流并不是毫无意义的。比如说，人和魔鬼进行的就是"石头剪子布"的游戏，双方都希望能够欺骗对手，特别是魔鬼总是企图把人们骗进它的统治之下。那么，这是否意味着交流毫无意义，或者说魔鬼肯定会一句实话都不说呢？

答案是否定的。如果魔鬼从来都不说一句实话，而且人类也知道这一点，那么人们只要采取和魔鬼的指导相反的做法，自然就可以得到救赎。当然，如果他发现人们采用的策略总是与它所说的相反，他就会改变策略，只要一句实话，就可以让人们下地狱。

由此可见，欺骗并不意味着没有一句实话，而是用实话掩盖谎话。真正高明的骗子并非像人们所想象的那样谎话连篇，甚至在绝大多数的情况下都是说实话的，但也正因如此人们才更容易上当。

置身事外的智慧

置身事外不是要作壁上观、但求自保。置身事外要求矛盾调解者能站在中立者的角度，客观并巧妙地解决争端，而不是陷入事情的是非当中，因为只有这样才能真正解决矛盾。

春秋战国时期，韩、赵两国发生战争。韩国派使者到魏国借兵攻打赵国，魏文侯说："我与赵国是兄弟之邦，不敢从命。"赵国也来向魏国借兵讨伐韩国，魏文侯仍然用同样的理由拒绝了。两国使者没有完成任务，怏怏而归。当他们回国后，才知道魏文侯已分别派使者前来调停，劝说双方平息战火。韩、赵两国国君感激魏文侯化干戈为玉帛的情谊，都来向魏文侯致谢。魏国于是开始成为魏、赵、韩三国之首，各诸侯国都不敢和它争雄。

韩、赵两国实力相当，都不可能单独打败对方，因此都想借助魏国的力量。在这种情形下，魏国的行动直接关系到韩、赵之战的胜负。魏文侯没有去介入两国之争，以第三者公平的立场加以调停，使战争变成了和平，从而使魏国占据了三国关系中的主导地位。

由此可见，即使是枪手博弈，在枪弹横飞之前甚至之中，也仍然会出现某种回旋空间。这时候，对于尚未加入战团的一方来说是相当有利的。因为当另外两方相争时，第三者越是保持自己的含糊态度，保持一种对另外两方的威胁态势，其地位越是重要。当他处于这种可能介入但是尚未介入的状态时，更能保证其优势地位和有利结果。

这就启示我们，人在很多时候都需要一种置身事外的艺术。如果你的两个朋友为了小事发生了争执，你已经明显感到其中一个是对的，而另一个是错的，现在他们就在你的对面，要求你判定谁对谁错，你该怎么办？

其实在这时候一个聪明的人不会直接说任何一个朋友的不是。因为这种为了小事发生的争执，影响他们作出判断的因素有很多。而不管对错，他们相互之间都是朋友。当面说一个人的不是，不但会极大地挫伤他的自尊心，让他在别人面前抬不起头，甚至很可能会因此失去他对你的信任；而得到支持的那个朋友虽然一时会感谢你，但是等明白过来，也会觉得你帮了倒忙，使他失去了与朋友和好的机会。

《清稗类钞》中记载的一个故事，可以说是一个绝妙的例子。

清朝末年，湖广总督张之洞与湖北巡抚谭继洵关系不太融洽，遇事多有龃龉。谭继洵就是后来大名鼎鼎的"戊戌六君子"之一谭嗣同的父亲。

有一天，张之洞和谭继洵等人在长江边上的黄鹤楼举行公宴，当地大小官员都在座。座客里有人谈到了江面宽窄问题，谭继洵说是五里三分，曾经在某本书中亲眼见过。张之洞沉思了一会，故意说是七里三分，自己也曾经在另外一本书中见过这种记载。

督抚二人相持不下，在场僚属难置一词。于是双方借着酒劲儿舣舣起来，谁也不肯丢自己的面子。于是张之洞就派了一名随从，快马前往当地的江夏县衙召县令来断定裁决。当时江夏的知县是陈树屏，听来人说明情况，急忙整理衣冠飞骑前往黄鹤楼。他到了以后刚刚进门，还没来得及开口，张、谭二人同声问道："你管理江夏县事，汉水在你的管辖境内知道江面是七里三分，还是五里三分吗？"

陈树屏知道他们这是借题发挥，对两个人这样搅闹十分不满，但是又怕扫了众人的兴；再说，这两方面是谁都得罪不起的。他灵机一动，从容不迫地拱拱手，言语平和地说："江面水涨就宽到七里三分，而水落时便是五里三分。张制军是指涨水而言，而中丞大人是指水落而言。两位大人都没有说错，这有何可怀疑的呢？"张、谭二人本来就是信口胡说，听了陈树屏这个有趣的圆场，抚掌大笑，一场僵局就此化解。

学会了置身事外，你的处世水平当然就上升到了一个更高的档次。英文中有一句谚语叫做：涉入某件事比从该事脱身容易得多。可以说是对置身事外的智慧的一种反向总结。

也许会有很多人认为，这种置身事外，谁也不得罪的做法是一种墙头草的行径，十分令人瞧不起。大丈夫敢作敢为，必须敢于挺身入局表明自己的立场，其实这是对置身事外策略的一种误解。置身事外不过是一种博弈手段，其目标是为了在冲突的最初阶段更好地保护自己，并且在将来挺身入局的时候能够占据更为有利的地位。这一点，本章一开始的"枪手博弈"的模型已经解释得一清二楚了。

弱者也可通过借力打力赢全局

弱者跟强者硬碰硬，基本要输。如果恰当地采取借力打力，也可以获得胜利。当然，这需要良好的大局观和巧妙的智慧。

2000年9月，在日本东京的Kodokan会所，俄罗斯总统普京竟被一个10岁女学生摔倒在地，甘拜下风。这个体形娇小的女学生打败黑带高手普京所用的技巧，是以小博大、以弱胜强的柔道。

借力打力，是一种击败对手而获胜的武术战略，它使身体处于劣势的人能够战胜身体占优势的对手。借力打力是柔道的核心。大块头对手向你猛冲过来，你不是硬挡，而是顺势一退一拉，大块头就失去重心冲了出去。他的劲越大，就越可能因刹不住车而摔倒。大企业所拥有的庞大资产，是其打击小企业的强大武器。所以从柔道中需要思考的是生存在强大对手影子下的弱势企业如何才能以小博大？

如何以小博大？这是所有创业者都必须思考的问题。对此，创立过两家公司，做过职业经理人和VC（风险投资）的天使投资人周鸿的经历颇有研究价值。盘腿坐在摆放着两座巨大立柜音响的工作间里，听着舒缓的古典音乐，周鸿说："今天的创业者亟需柔道思维！"

"3721时代"，周鸿在渠道上做文章，超过了先行者中国互联网络信息中心；主政中国雅虎时期，他用"一搜"在MP3搜索上超过百度，并甩开几家门户，把雅虎邮箱做到第二。"如果我挑战任何一个巨头，对方都不会等闲视之。我都有能力冲击它，撼动它。"周鸿以并不夸张的语调坚定地说。

2004年开始，周鸿把雅虎搜索的发力点定在MP3上，为此推出了独立的搜索网站"一搜"，并把它吹嘘成"中国最大的娱乐音乐搜索"。但即便百度的MP3搜索流量远大于"一搜"，百度却不敢站出来戳穿"谎言"，不敢声明自己才是"中国最大的娱乐音乐搜索"，而任由"一搜"独享这一定位带来的市场认知，高速增长。

因为百度作为"中国最大的网页搜索"有其软肋。百度所有的收入都来自中小企业投放的精准广告，而当时所有中小企业都认为网页搜索上的流量才有价值，不认为娱乐性质的MP3流量会有价值。如果百度这么做，就与其网页搜索的定位不符，会损害在广告主心中的形象。周鸿说："百度的网页搜索越成功，就越导致它不敢在MP3上向我发力，所以我就专打MP3。"一年后，"一搜"超过百度，成为名副其实的"中国最大娱乐音乐搜索"。

柔道的最后一个原则是杠杆借力，强调支点和借力的重要性。在柔道里，这个支点常常是自己的身体，而杠杆则是对手的手臂。在商场上，这个杠杆可以理解为对手的资产，对手的伙伴或竞争者。

一个典型的杠杆借力做法，是使对手的庞大市场份额成为他的沉重包袱。

美国著名的证券公司嘉信理财创建时，其商业模式是为投资者提供简单低价的证券交易服务，很快就开创了一片新天地，吸引了大量总资产较低的投资者。但是，要想进一步发展，就必须赢得更多传统投资者，即总资产较高的人群。这些人当时多被富达投资等行业巨头所垄断。嘉信注意到，富达等对客户收取每月几十美元的管理费。使用杠杆借力原则，嘉信宣布对一万美元以上账户免收管理费。这一招十分刁钻，因为嘉信已有的一万元以上账户相当有限，"光脚不怕穿鞋的"，免收管理费对自己损失很小。反观对手，却有大量的大额账户，如果效法将损失惨重，最后只能不做反应，眼睁睁地看着嘉信蚕食自己的核心客户。

总之，世上没有绝对的弱者，可并不是每个人都善用智慧，这也是决定成功和失败的原因之一。也许每个人都不能够解决世界上的所有问题；有的时候是需要借力而行之。借力并不是无能而是一种智慧！做为弱小的起步者，尤其要学会借势用力。就像借风飞扬自己的旗帜那样，这是一种双赢的策略。

曾经在不少文摘上看到过这个故事：

在美国一个农村，住着一个老头，他有三个儿子。大儿子、二儿子都在城里工作，小儿子和他一起在农场工作。突然有一天，一个人找到老头，对他说："尊敬的老人家，我想把你的小儿子带到城里去工作，行不行？"老头说："不行，绝对不行，我可就这么一个儿子在家陪我了！"

这个人说："如果我在城里给你的儿子找个对象，可以吗？"

老头摇摇头："不行！"

这个人又说："如果我给你儿子找的对象，也就是你未来的儿媳妇是洛克菲勒的女儿呢？"

老头想了想，哦，儿子能当上洛克菲勒的女婿？攀上这门亲事，那可真是太棒了，于是，他同意了。

过了几天，这个人找到了美国首富石油大王洛克菲勒，对他说："尊敬的洛克菲勒先生，我想给你的女儿找个对象，好吗？"

洛克菲勒说："对不起，我没有时间考虑这件事情。"

这个人又说："如果我给你女儿找的对象，也就是你未来的女婿是世界银行的副总裁，可以吗？"

洛克菲勒想了想，终于被女儿嫁给世界银行的副总裁这件事打动了。

又过了几天，这个人找到了世界银行总裁，对他说："尊敬的总裁先生，你应该马上任命一个副总裁！"

总裁先生说："不可能，这里这么多副总裁，我为什么还要任命一个副总裁呢，而且必须马上？"

这个人说："如果你任命的这个副总裁是洛克菲勒的女婿呢？"

总裁先生同意任命一个副总裁，而且是洛克菲勒的女婿。

这个也许是杜撰的故事其实就是一个借力使力的例子。"这个人"借助洛克菲勒的女儿，从而让老人同意他带走儿子，接着，"这个人"又借助"世界银行副总裁"，促使洛克菲勒同意将女儿嫁给老人的儿子，最后，"这个人"又借助洛克菲勒，说服世界银行行长任命老人的儿子为副总裁，最后圆满地达到了预定的目标。由此看来，借力使力，可以让一件事情出其不意而圆满地得到解决。

什么是借力使力呢？简单地讲，借力使力，就是借助别人的力量，来实现自己的目标。自古以来，我国就有"借船出海"、"借鸡生蛋"、"借渠浇水"等诸多典故，其实，这都是借力使力在现实当中的有效运用。作为经销商，其资源往往是有限的，因此，经销商更多的要思考如何利用别人的资源，来为自己办事。作为一个经销商，你手中有多少资源并不重要，关键的是你能支配或者调控多少资源为你所用，这才是最核心的。

隔岸观火可能是最优策略

面对对方的内乱，趁火打劫会给人落井下石、居心不良的印象，对方可能反而结成联盟共同抵御。隔岸观火不但能免去引火烧身，甚至还能坐收渔利。

隔岸观火，就是"坐山观虎斗"、"黄鹤楼上看翻船"。敌方内部分裂，矛盾激化，相互倾轧，势不两立，这时切记不可操之过急，免得促成他们反而暂时联手对付你。正确的方法是静止不动，让他们互相残杀，力量削弱，甚至自行瓦解。

东汉末年，袁绍兵败身亡，几个儿子为争夺权力互相争斗，曹操决定击败袁氏兄弟。袁尚、袁熙兄弟投奔乌桓，曹操向乌桓进兵，击败乌桓，袁氏兄弟又去投奔辽东太守公孙康。曹营诸将向曹操进言，要一鼓作气，平服辽东，捉拿二袁。曹操哈哈大笑说，你等勿动，公孙康自会将二袁的头送上门来的。于是下令班师，转回许昌，静观辽东局势。

公孙康听说二袁归降，心有疑虑。袁家父子一向都有夺取辽东的野心，现在二袁兵败，如丧家之犬，无处藏身，投奔辽东实为迫不得已。如收留二袁，必有后患，再者，收容二袁，肯定得罪势力强大的曹操。但他又考虑，如果曹操进攻辽东，只得收留二袁，共同抵御曹操。当他探听到曹操已经转回许昌，并无进攻辽东之意时，认为收容二袁有害无益。于是预设伏兵，召见二袁，一举擒拿，割下首级，派人送到曹操营中。曹操笑着对众将说："公孙康向来俱怕袁氏吞并他，二袁上门，必定猜疑，如果我们急于用兵，反会促成他们合力抗拒。我们退兵，他们肯定会自相火并。看看结果，果然不出我料！"

"隔岸观火"之计的目的不是在"观"，而是要在火势不明之时观"时"，趁势而动获取己利。

"隔岸观火，静以待变"其意在于当对方的内部矛盾日趋激化而产生混乱时，采取"作壁上观"的态度静等它发生内乱，然后收取其中渔利。运用此战术的要旨是利用对方的内部矛盾，自己不用付出任何代价而达到预期目的。其关键要善于发现和激化对方的内部矛盾，这是战术采用的前提，然后还要善于静观其变，能够在"变"中达到战术运用的目的，却不是趁机出动、趁火打劫。

一家地区中心医院需要采购一台彩超。采购彩超的同时，这家医院也同时进行采购大型核磁共振医疗诊断设备。彩超和核磁共振设备在 G 公司和 F 公司都是属于两个部门。G 公司的核磁共振设备在整个销售活动中占有绝对的优势，医院对 G 公司的核磁共振设备非常满意，同时，G 公司的核磁共振部门为了扩大战果，要求将彩超设备纳入核磁共振的采购大包内。通过沟通，G 公司的销售员说服了医院的决策领导，G 公司的销售员认为赢得彩超的订单是十拿九稳的了，于是忽略了与彩超使用科室李主任的沟通工作。

李主任是一位年轻的女主任，在医院里，她的业务能力非常强，同时，从个性上看，这位女主任非常好强、自尊，医院在采购活动启动时，曾明确这台彩超设备是为了帮助科室提高科研水平和诊断水平的，李主任认为这台设备的供应商应该由她确定。在采购活动的前期，医院在这方面也的确请她出面帮助选型，而她一直在 G 公司、F 公司和 S 公司之间的设备选择中徘徊，在这种情况下，医院突然通知将彩超的设备并入核磁共振的设备购买中。对此，李主任认为对于这样的安排，医院的领导和 G 公司的销售员事前应该征求自己的意见，这样做是对自己的不尊重。于是，李主任到院长的办公室大吵大闹，并且将医院的这种安排迁怒到 G 公司的销售员的身上，认为这都是 G 公司销售员捣的鬼，以前对 G 公司彩超设备还能接受的态度一下子发生了 180 度的转变，并且拒绝和 G 公司的销售员沟通。这样在李主任和医院领导、G 公司之间发生了激烈的争吵。

F 公司和 S 公司的销售员一直和李主任保持着联系，在得知医院准备将彩超设备并入核磁共振设备的采购包中后，这两家公司都认为大势已去了。但是在得知李主任的争吵事件之后，S 公司认为这是一个机会，于是，重新多次拜访医院的领导和李主任，极力说服李主任向医院要求购买S公司的设备。与此同时，F公司的销售员冷静地分析了当前的状况，只是经常通过电话和李主任进行沟通，对李主任受到的境遇表示同情，并且了解事件的进展，但是，在公开的场面上一直没有出面，静静地等待着机会。

应该说李主任的反应是十分剧烈的，她将平时通过小道消息听到的各种关于不正当竞争的信息一股脑向医院的领导诉说。医院领导对李主任非常生气，但是医院领导又不能说服李主任，同时，医院领导由于在此期间，经常在医院看到S公司的销售员，认为这件事情一定和S公司的销售员有关，于是，为了防止事件的扩大，放弃了将彩超放入到大包中的做法。但是在选择彩超设备时，选择了在事件发生过程中一直没有出面的F公司的设备。

F公司的销售员采取的正是"隔岸观火"的做法，将自己放在所有矛盾之外，从而有了这次机会。

隔岸观火的策略的运用，需要准确把握运用对象的心理，要注意对方的内部矛盾是否与此战术的要求恰如其分地相符，也就是说这种矛盾在对方心理上产生的作用能不能达到实际需要达到的标准。如果对方在心理上对此矛盾并不重视，那么就不可能导致"着火"，施计者也就不可能"观"之了；在激化矛盾的过程中根据不同对手的心理素质，采取不同的对策，或直接、或间接、或激之、或骄之，只要能促使其矛盾激化，自相残杀，从而削弱力量就达到了目的；在静观待变时，不要趁火打劫，有灭火经验的人都知道，往火势熊熊的烈焰中投掷爆炸物不但不能助长火势，反而会将烈火炸灭。同样，当对手内部矛盾激化时，如果急于攻击，会使对手联合起来一致对外，自己反倒化主动为被动了，一切计划和准备工作将毁于一旦。正确地运用隔岸观火战术，是无本而万利的事情，尤其处在商战中的人，如能得其精髓，必有巨大的收益，因此，从商者应对此战术有了解并能运用自如。

第十七章
激励与内耗的"鲇鱼效应"
——用脑去管理，你会事半功倍

自企业诞生以来，管理一直是企业的核心问题，管理是执行力的保证，是战略目标实现的基础。管理的智慧丰富博大。企业的本质是追求经济效益，企业要生存和发展，需要具备强硬的狼性精神，"鲇鱼效应"的运用就能给公司带来狼性精神，能给公司带来效率和效益。管理需要自上而下的规范和约束，更需要自下而上的激发和诱导。让公司上下对企业的战略目标明确清晰，无疑是对员工巨大的精神鼓励。当然，管理者更多的需要关注日常工作中的内部激励机制。制定什么样的绩效考核制度，怎样用制度来激发员工的积极性和创造性。制定什么样的人力资源管理制度，怎样做到人尽其才，而不是彼此内耗、互相拆台。彼得·德鲁克说："管理是实践的科学，对于管理的知识，身处管理工作一线的人员最有发言权。"管理的智慧还需要我们在实际工作中积极探索、不断总结。

为什么"鲇鱼效应"能带来公司效益

"鲇鱼效应"的故事，讲的其实就是"生于忧患，死于安乐"的道理。企业中运用"鲇鱼效应"，通过竞争激发了倦怠员工的活力和拼搏精神，因而能给公司带来效益。

很久以前，挪威人从深海捕捞的沙丁鱼，总是还没到达岸边就已经口吐白沫，渔民们想了无数的办法，想让沙丁鱼活着上岸，但都失败了。然而，有一条渔船总能带着活鱼上岸，他们带来的活鱼自然比死鱼的价格高出好几倍。这是为什么呢？这条船又有什么秘密呢？原来，他们在沙丁鱼槽里放进了鲇鱼。鲇鱼是沙丁鱼的天敌，当鱼槽里同时放有沙丁鱼和鲇鱼时，鲇鱼出于天性会不断地追逐沙丁鱼。在鲇鱼的追逐下，沙丁鱼拼命游动，激发了其内部的活力，从而活了下来。

这就是"鲇鱼效应"的由来，"鲇鱼效应"的道理非常简单，无非是人们通过引入外界的竞争者来激活内部的活力。鲇鱼，一种生性好动的鱼类，并没有什么十分特别的地方。然而自从有渔夫将它用作保证长途运输沙丁鱼成活的工具后，鲇鱼的作用便日益受到重视。沙丁鱼，生性喜欢安静，追求平稳，对面临的危险没有清醒的认识，只是一味地安逸于现有的日子。渔夫，聪明地运用鲇鱼好动的作用来保证沙丁鱼活着，在这个过程中，他也获得了最大的利益。

自从"鲇鱼效应"的秘密被大家知道以后，已经被用到生活的各个方面。

人天生是懒惰的。在我们的现实生活中，大多数人天生是懒惰的，都尽可能逃避工作；他们大部分没有雄心壮志和负责精神，宁可期望别人来领导和指挥，就算有一部分人有着宏大的目标，也缺乏执行的勇气。人们之所以天生懒惰或者变得越来越懒惰，一方面是所处环境给他们带来安逸的感觉；另一方面，人的懒惰也有着一种自我强化机制，由于每个人都追求安逸舒适的生活，贪图享受在所难免。此时，如果引入外来竞争者，打破安逸的生活，人们立刻就会警觉起来，懒惰的天性也会随着环境的改变而受到节制。

人的潜能是无限的。柏拉图曾指出："人类具有天生的智慧，人类可以掌握的知识是无限的。"人类大约有 90％～95％ 的潜能都没有得到很好地利用和开发，我们每个人都有巨大的潜能等待发掘。

被尊为"控制论之父"的维纳认为"每一个人，即使是做出了辉煌成就的人，在他一生中所利用大脑的潜能也还不到百亿分之一。"他还认为，人脑原则上能储存大量信息，每个人的大脑，能记忆世界上最大的图书馆储存的全部信息。

那么，我们又该如何释放自己的潜能呢？要释放人的潜能，就需要进行潜能激发，让人进入能量激活状态。如果一个组织中所有成员的能量都处于激活状态，那么它可以带来核聚变效应。"鲇鱼效应"是最经典的潜能激发案例，所以一个组织中需要有几条"鲇鱼"，"鲇鱼"本身未必有多大能量，但他可以给整个组织带来能量释放的连锁反应。"鲇鱼效应"即采取一种手段或措施，刺激一些企业活跃起来投入到市场中积极参与竞争，从而激活市场中的同行业企业。其实质是一种负激励，是激活员工队伍之奥秘。在企业管理中，管理者要实现管理的目标，同样需要引入"鲇鱼"型人才，以此来改变企业相对一潭死水的状况。

当一个组织的工作达到较稳定的状态时，常常意味着员工工作积极性的降低，"一团和气"的集体不一定是一个高效率的集体，这时候"鲇鱼效应"将起到很好的"医疗"作用。一个组织中，如果始终有一位"鲇鱼式"的人物，无疑会激活员工队伍，提高工作业绩。

"鲇鱼效应"是企业领导层激发员工活力的有效措施之一。它表现在两方面：一是企业要不断补充新鲜血液，把那些富有朝气、思维敏捷的年轻生力军引入职工队伍中甚至管理层，给那些固步自封、因循守旧的懒惰员工和官僚带来竞争压力，才能唤起"沙丁鱼"们的生存意识和竞争求胜之心；二是要不断地引进新技术、新工艺、新设备、新管理观念，这样才能使企业在市场大潮中搏击风浪，增强生存能力和适应能力。

综上，从不同的角度分析，鲶鱼代表的内容是不同的，对于一个从业者，领导可能是"鲇鱼"，那么你的努力最好和组织保持同方向，不要往后游，否则就有被吃掉的危险，永远充满激情地向上游，也许某一天你也变成了"鲇鱼"，赶着一群"沙丁鱼"向上奋斗；你的同事也可能是"鲇鱼"，那就和他比拼比拼，看谁翻腾的能量更大；你的下级也可能是"鲇鱼"，那就在激励下属成长的同时，别忘了给自己充充电，保持强劲的势头发展，否则你也有被下属吃掉的危险；你的工作中也可能有"鲇鱼"，那就合理地安排自己的工作，分清主次，让"鲇鱼"工作越游越欢，最好能到上一层工作岗位上去搅动一番。

团队管理也是这样。无论是传统型团队还是自我管理型团队，时间久了，其内部成员由于互相熟悉，就会缺乏活力与新鲜感，从而产生惰性。尤其是一些老员工，工作时间长了就容易厌倦、懒惰、倚老卖老，因此有必要找些外来的"鲇鱼"加入团队，制造一些紧张气氛。从马斯洛的需求层次理论来说，人到了一定的境界，其努力工作的目的就不再仅仅是为了物质，而更多的是为了尊严，为了自我实现的内心满足。所以，当把"鲇鱼"放到一个老团队里面的时候，那些已经变得有点懒散的老队员迫于对自己能力的证明和对尊严的追求，不得不再次努力工作，以免被新来的队员在业绩上超过自己。否则，老队员的颜面就无处存放了。

对于那些在能力上刚刚能满足团队要求的队员来说，"鲇鱼"的进入，将使他们面对更大的压力，稍有不慎，他们就有可能被清出团队。为了继续留在团队里面，他们也不得不比其他人更用功、更努力。

可见，在适当的时候引入一条"鲇鱼"，是可以在很大程度上刺激团队战斗力的重新爆发。在这一方面，日本的本田公司就做得非常出色，值得我们借鉴。

有一次，本田对欧美企业进行考察，发现许多企业的人员基本上由三种类型组成：一是不可缺少的骨干人才，约占二成；二是以公司为家的勤劳人才，约占六成；三是终日东游西荡，拖企业后腿的蠢材，占二成。而自己公司的人员中，缺乏进取心和敬业精神的人员也许还要多些。那么如何使前两种人增多，使其更具有敬业精神，而使第三种人减少呢？如果对第三种类型的人员实行完全淘汰，一方面会受到工会方面的压力；另一方面，又会使企业蒙受损失。其实，这些人也能完成工作，只是与公司的要求、发展相距远一些，如果全部淘汰，这显然是行不通的。

后来，本田先生受到鲇鱼故事的启发，决定进行人事方面的改革。他首先从销售部入手，因为销售部经理的观念离公司的精神相距太远，而且他的守旧思想已经严重影响了他的下属。必须找一条"鲇鱼"来，尽早打破销售部只会维持现状的沉闷气氛，否则公司的发展将会受到严重影响。经过周密地计划和不断地努力，本田先生终于把松和公司销售部副经理、年仅 35 岁的武太郎挖了过来。武太郎接任本田公司销售部经理后，凭着自己丰富的市场营销经验和过人的学识，以及惊人的毅力和工作热情，受到了销售部全体员工的好评，员

左手博弈论，右手心理学大全集

Zuo Shou Bo Yi Lun, You Shou Xin Li Xue Da Quan Ji

工们的工作热情被极大地调动起来，活力大为增强。公司的销售出现了转机，月销售额直线上升，公司在欧美市场的知名度也不断提高。本田先生对武太郎上任以来的工作非常满意，这不仅仅是因为他的工作表现，还因为销售部作为企业的龙头部门带动了其他部门经理人员的工作热情和活力。

从此，本田公司每年重点从外部"中途聘用"一些精干的、思维敏捷的、30 岁左右的生力军，有时甚至聘请常务董事一级的"大鲇鱼"。这样一来，公司上下的"沙丁鱼"都有了触电式的感觉，业绩蒸蒸日上。

管理者的预期决定博弈结果

管理者的预期，简单说就是管理者眼中企业的愿景和目标。管理者让企业的愿景越清晰，企业的执行力越强，企业越容易成功。

许多人认为："在计划经济时代，企业员工缺乏激励，偷工减料，效率低下。"之所以这样是因为都是吃大锅饭，没有足够的动力；而在市场经济下，企业有赚取利润的驱动力，自然企业都会努力降低成本，提高效率以赚得更多的利润。

明确的预期激励是人们决策的最根本动力。从经济学我们知道，不确定性是一种巨大的机会成本。由于我们对未来发展预期的不确定导致我们焦虑不安，进而迷失了方向，生活渐渐失去激情，学习自然就成了一种为了拿到学分的形式。在做大蛋糕的过程中存在着一个庞大的利益集团，有生产的合作者，有消费者，还有竞争者，利益相关者的博弈直接决定着各方福利增加的程度。而在博弈的过程有一个重要的条件决定着博弈结果福利的大小，就是预期的确定程度。

很久以前，在一个遥远的山村，生活着三个好朋友，他们都是石匠，每天一早，都上山采石头，然后把石头卖出得以获得生存所需的钱物。有一天一位先知来到这个山村，正好遇见三个好朋友在山腰汗流浃背地忙碌着。

"你在做什么?"先知问三个好朋友中最年长的一个。

"我在采石头,养家糊口。"最年长的石匠回答。他是三个人中间最敦厚、最本分的一个。凡事都小心谨慎,并且事事都讲求实际,没有百分之百把握的事情,他从来都不会去做。

"你在做什么呢?"先知问年龄第二的石匠。

这个石匠想了想说:"我在磨炼自己,争取将来成为全国最棒的石匠。"这个石匠思想开放,具有一定的冒险精神,只要有把握的事,他在思考之后,通常都敢于去干。

先知笑了笑,然后转身去问年龄最小的石匠:"还有你,在做什么?"

"我现在是在采石头,但我的目标是建造一座全国最漂亮的教堂。我现在所做的一切,都是在朝着这个目标前进。我挣的每一分钱,都是为我的教堂而挣的。"年龄最小的这个石匠敢想敢干,富有冒险精神和创新意识,常常说出一些正常人看来根本不切实际的想法。

听他这么一说,两个年长的朋友哄然笑起来:"又在做白日梦了,也不知道害臊!"

先知没有笑,而是赞赏地注视了一会儿这个小伙子,然后拍拍他的肩,不言而去。时间一晃,20年过去了。年龄最大的石匠一直在采石头,辛辛苦苦地劳动,但是只能勉强养家糊口,如果某一天停止劳动,家里就可能断炊,生活依然如此,没有好转。年龄次之的石匠的境况要好得多,他实现了自己的理想,成为全国最棒的石匠。开始的前十年,他采普通石头,并到全国各地采珍稀的石材。后十年,他在采石的同时,也做石头雕刻,许多地方都有他的雕刻品,还多次被邀请到全国各地,替人辨别石材材质,或者指导别人采石。他最终没有成为雕刻艺术家,因为他没有想过,也没认为自己有能力成为雕刻艺术家。他的雕刻品,基本上都是仿制或者复制前人的作品,没有创作成分,工艺上也谈不上丝毫创新。但他经济上很宽裕,他的家人衣食无忧。

年纪最小的那个石匠呢?在前5年里,他采石头,积累了一大笔钱,离开了采石场,远走他乡。到了第7年,他劝说一个有钱人投资建造教堂。于是用这个有钱人的资金,召集了一批人,成立了一个建筑队，着手建造教堂。教堂规划得太宏伟，而建造进度却很慢，第10年时那个有钱人看不到希望，不肯再投资，教堂的工程差点半途而废。这个石匠意识到不能把命运寄托在别人手中，应该掌握在自己的手里。他又招募了一批建筑人员，成立了一个建筑队，专为民众建筑，挣来的钱投到教堂修建上。

第16年时，教堂修建眼看过半，这个石匠想到，教堂得有专职人员。他立刻委托别人经营管理两个建筑队，自己去学习如何做一名牧师。

20年过去了，全国最具规模、最漂亮的教堂已投入使用。而那个年龄最小的石匠成为了两家大型建筑公司的董事长，同时也是一位颇有名望的牧师。应该说，年龄最小的石匠是最成功的，年龄第二的石匠次之，年龄最大的石匠还和原来一样。

都是石匠，出生在同一个地方，开始同时从事着同样的采石工作，为什么结局会不同呢？这就是目标和预期的作用。

你想要达到什么目标，就有可能实现什么目标，心中根本没有目标什么也实现不了。比如，两个人在操场里，一个人的目标是向前走50米，一个人是向前走100米。应该说，目标定为50米的那个人，要走100米也完全可以做到，可是他只想走50米。到50米处他停下来，他怎么可能在100米的地方出现呢？实际上，即使在市场经济体制下，企业员工也并不都是个个勤奋，人人努力。一般的企业领导人采用的不过是古已有之的胡萝卜加大棒的方法来统驭下属。

管理学家孔兹对领导的界定是："领导可定义为影响力。它是影响他人，并使他们愿意为达成群体目标而努力的一种艺术或方法。这种观念可以扩大到不仅是使他们愿意工作，同时也愿意热诚自信地工作。"其中最关键的是"影响他人，并使他们愿意为达成群体目标而努力"。管理者为了对组织的项目负责，达成企业"群体目标"，必然用一种艺术或方法去影响被领导者，使之愿意工作，甚至是热情而自信地工作。

对于下属来说，管理者的信用、权威必须要通过管理者长时间发给下属的各种信号以及相互之间的良好交流才能达到。比如一个民营企业的老总若要建立起良好的名誉，必须乐意给下属高出劳动力市场上一般的福利待遇，让下属认识到企业对员工的关心与认可。

权威本身也要具有伟大的人格、优良的品质和出众的才能。权威并不是脱离群众的，他也要采纳群众的意见。只有部属能尊重上司权威，而上司也能采纳部属意见的公司，一切才可以顺利推动。

管理者与员工的交流能够大大提高领导者建立信誉的能力。如果员工发现与管理者分享私人信息和代价很高的努力是值得的、理性的，这种信任就是必不可少的。管理者若无法得到员工的尊敬，上下级之间就会相互猜疑，信息沟通极少。勇于尊重员工以及敢于谈论他们自身缺点的领导者将赢得下属的尊重。一旦员工信任并尊敬一个管理者，真正的进步就成为可能。

管理者应该能够帮助员工建立对未来的预期。对未来的预期，是影响员工行为的重要因素。预期分为预期收益和风险，也就是员工这样做将来会有什么好处，同时这样做又可能面临哪些问题。这些将影响员工个人的策略，如员工是否会将精力真正地投入到企业中。

有这样一个有趣的故事。一只绰号叫"无敌手"的猫打得老鼠溃不成军，最后老鼠几乎销声匿迹了。残存下来的几只老鼠躲在洞里不敢出来，几乎快要饿死。"无敌手"在这帮悲惨的老鼠看来，根本不是猫，而是一个恶魔。但是这位猫先生有个爱好：喜欢向异性献殷勤。

有一天，这只猫爬到又高又远的地方去寻找相好。就在它和相好献殷勤时，那些残存下来的老鼠来到了一个角落里，就当前的迫切问题召开了一个紧急会议。一只十分小心谨慎的老鼠担任会议主席，一开始它就建议必须尽快地在这只猫的脖子上系上一只铃铛。这样，当这只猫进攻时，铃声就可以报警，大伙儿就可以逃到地下躲藏起来。会议主席只有这么个主意，大伙儿也就都表示同意，因为它们都觉得再没有比这个主意更好的了。但问题是怎样把铃铛系上去。没有哪只老鼠愿意去拴这个铃铛。到了最后，大伙儿就散了，什么也没做成。看来，给猫系上铃铛无疑是一个绝妙的主意，但对于一群已经被吓破胆的老鼠来说，这个主意意味着只是无法实现的美好梦想而已。一些企业没做出什么成绩，也是一样的道理。

对于一个管理者来说，应该本着务实的精神，制定切实可行的计划，让他的团队有一个可以实现的目标，而不是作出一个不可能实现的决定。同时，管理者要对这个目标作出承诺，在承诺的同时，上下级之间要能够相互沟通，建立一个交流网络来寻求共同的价值观与信念。同时，管理者能够以身作则，以自己的个人行为作为员工学习的典范。

通过领导者自己与下属之间的"互动过程"，有效地协调了子系统之间的竞争与合作关系，树立了领导权威，促进了系统的有序化，这才是现代领导的本质所在。显然这种领导权威不是领导者个人素质的单独结果，而是领导者与下属双方相互作用的结果。这也是有别于传统的新理念。

企业要有好的内部激励机制

好的内部激励机制是实现企业效率效益的需要，也是员工自身，尤其是自我实现的需要。从企业来看，好的激励机制是企业的核心竞争力，从个人来看，激励机制是个人前进的发动机。

激励机制是为了激励员工而采取的一系列方针政策、规章制度、行为准则、道德规范、文化理念以及相应的组织机构、激励措施的总和。激励机制是企业管理中的一项重要内容。激励是现代企业管理的精髓，激励就是开发人的能力，调动人的积极性和创造性，使其发挥内在潜力，为达到所追求目标而努力的心理引导过程，即主要通过内部、外部刺激来激发人的行为动机的心理过程。它通过激发人的动机来诱导人的行为。激励的过程就是管理的过程。不同的激励会促使客体产生不同的行为。一个好的激励机制对于企业激发员工工作热情、促进企业经济快速持续发展具有重要的作用。激励机制运用的好坏在一定程度上是决定企业兴衰的一个重要因素。如何运用好激励机制也就成为各个企业面临的一个十分重要的问题。

国内外的实践证明，适当地运用激励机制并据此改进生产环境、组织结构和管理方法，协调人际关系，可以缓和劳资矛盾，形成"同舟共济"的情感，齐心协力应付经济危机。从精神上、物质上引导员工充分发挥他们的劳动创造性和工作积极性，对提高工作效率和工作效益、推进企业的可持续发展，有着极其重要的作用。

联想是一个以业绩为导向型的公司，不唯学历重能力，不唯资历重业绩。联想现在许多高管人员其实在公司工作时间并不长，能从普遍员工上升到最高管理层，原因不是跟谁有什么关系，而是全凭业绩。为什么外企一些有相当级别的管理人员愿意到联想工作，就是看中了这一点。不同层次的人员收入不同是很自然的，但联想的干部没有贵族化的倾向。

联想的干部比例适中，中级以上管理人员有 200 多人，而公司全部员工有 1.1 万多人（其中职员约 5000 人）。其实联想每一个事业部的规模，都相当于一个中型 IT 企业，这些管理者得到的收入高些也是理所应当的。当然从薪酬结构上看，固定工资部分，经理层跟员工层的差异并不大。联想员工的收入分为 3 块，固定工资、绩效浮动和年底分红，在一个以业绩为导向型的企业里，员工的收入是跟其贡献直接挂钩的。任何一个企业都是 20% 的人才创造 80% 的财富，对这 20% 员工的薪酬当然不能少了。现在市场竞争很激烈，人才争夺很激烈，争夺的焦点就是一些高级管理人才和高级技术人才，因为这些人才可以为公司做出重大贡献。

在联想，普通员工并不是只有做管理人员一条升迁之路，不做经理也可以走技术职称的道路。技术骨干的待遇与相应的管理者的收入没有差别。年底之前，联想要完成能力评价体系，要让公司的各级管理层知道每个员工的能力如何，其社会竞争力处在什么水平，是否达到了人岗匹配，是不是把最适合的人放在最适合的位置。这项工作可以达到三个目的：公司清楚员工的能力水平、主管清楚手下人员的能力水平、员工清楚自己的能力水平，真正做到人尽其用，不造成人才浪费。

为突出业绩导向效果，联想在业绩考核中实行末位淘汰制，如果员工在考核后进入最后一个层次，就进入了末位淘汰区。所以，不论哪一层次的人都有压力，中层管理人员压力也很大，如果考核时排在最后，就会成为不合格员工。联想还培养了后备干部，对于被淘汰的人所在的岗位，马上就有人可以顶上，这是一个合理的循环。确实，在 IT 企业必须每个人时刻都要有危机意识，不进则退，跟不上形势就要被淘汰，企业如此，个人亦如此。

许多企业活力不足，管理不善，经营陷入困境，整个企业的内部效率低下。事实证明，这些企业活力不足的主要症结在于不能形成有效的激励机制来激发生产者和管理者的积极性，从而致使单个劳动者劳动效率和工作努力程度普遍不高，甚至导致企业优秀人才跳槽，人才流失严重，降低了企业的核心竞争力。而具有竞争优势的企业，其成功的一个必要条件就是具有合理完善的人才激励机制。

激励手段的灵活多样是企业适应时代和环境的要求，是现代企业的战略性资源，也是企业发展的最关键的因素，激励理论就是从把握个体（员工）、群体（单位）的心理状态和行为特点入手，运用各种激励（即"正刺激"）、约束（即"负刺激"）来激发、挖掘群体中每个成员的能动性和创造性，设法获得最佳的工作绩效，以达到组织目标为最终目的的。因此，企业实行激励机制的最根本的目的是正确地诱导员工的工作动机，使他们在实现组织目标的同时实现自身的需要，增加满意度，从而使他们的积极性和创造性继续保持和发扬下去。这对于企业管理者预测、控制员工的行为，充分发挥和调动员工的积极性、主动性和创造性，实现最佳的经济效益和社会效益，具有十分重要的意义。

下面以销售行业为例，列举几种激励的主要方法：

1. 薪酬激励。要激励销售战线的员工，必须通过合理的薪酬来激发他们工作的积极性。尽管薪酬不是激励员工的唯一手段，也不是最好的方法，但却是一个非常重要、最易被运用的方法，因为追求生活的需要是人的本能。

2. 目标激励。对于销售人员来讲，由于工作地域的分散性，进行直接管理难度很大，组织可以将对其分解的指标作为目标，进而授权，充分发挥其主观能动性和创造性，达到激励的目的。

3. 精神激励。销售人员常年在外奔波，压力很大，通过精神激励，可以使压力得到释放，有利于取得更好的业绩。比如在企业的销售人员中开展营销状元的竞赛评比活动，精神激励，目的就是给"发动机"不断加油，使其加速转动。

4. 情感激励。利益支配的行动是理性的。理性只能使人产生行动，而情感则能使人拼命工作。对于销售人员的情感激励就是关注他们的感情需要、关心他们的家庭、关心他们的感受，把对销售人员的情感直接与他们的生理和心理有机地联系起来，使其情绪始终保持在稳定的愉悦中，促进销售成效的高水准。

5. 民主激励。实行民主化管理，让销售人员参与营销目标、顾客策略、竞争方式、销售价格等政策的制定；经常向他们传递工厂的生产信息、原材料供求与价格信息、新产品开发信息等；公司高层定期走下去、敞开来聆听一线销售人员的意见与建议，感受市场脉搏；向销售人员介绍公司发展战略，这都是民主激励的方法。

绩效考核中的微妙战争

在职场中，绩效考核历来是人力资源工作的一项重要组成部分，受到人力资源工作者的重视。通常人力资源工作者希望员工及用人部门能够提供客观公正的原始资料，但在实际工作中，由于绩效考核运作模式直接影响到员工的个人收入，因此员工倾向于有意高估自己的工作绩效，以追求个人利益最大化。用人方主管人员为了避免挫伤员工积极性，尽可能采取在本部门内部解决问题的方式，客观上却纵容了员工的行为。由于人力资源部门所收到的原始资料缺乏应有的价值，因而在考核管理中，人力资源部门应有的权力制衡作用受到削减，对企业及员工个人发展产生不利影响。

为了避免员工有意高估问题的产生，许多企业采取单纯的上对下评估方式，但这种做法一方面使员工完全失去了考核权力，往往降低工作积极性及员工满意度，进而影响到企业的长期发展；另一方面，由于主管的权力过大，加上部门主管不可能都具有较高的人力资源管理水平，尤其在部门主管管理水平偏低的情况下，有可能限制了一部分员工的发展，从而增加了公司员工，特别是重要员工的流失率。

在一个团队中，根据同样的原理，有的人能力突出而且工作积极努力，相反，有的人工作消极不曾尽心尽力，或者因能力差即使尽力了也未能把工作效率提高，团队业务处于瘫痪状态，受害的不仅是单个团队，而且会伤及整个公司的总体利益。

那么，如何使用好绩效考核这把钥匙，恰当地避免考核误区，既能做到按绩效分配，又能做到奖罚分明？

"囚徒困境"也可以用来分析考核与被考核的关系。在这个博弈中，两个博弈方对对方的可能决策收益完全知晓并各自独立作出策略选择。每个博弈方选择自己的策略时，虽然无法知道另一方的实际选择，但他却不能忽视另一方的选择对自己决策收益的影响，因此他会根据对方两种可能的选择分别考虑自己的最佳策略。

博弈双方在决策时都以自己最大利益为目标，结果是无法实现最大利益或较大利益，甚至导致对各方都最不利的结局。可以看出，由于一方的决策结果都将受到另一方选择的影响，所以在"囚徒困境"中不存在占优策略均衡，即该博弈的具有稳定性的结局是两博弈方共同选择坦白策略。

绩效考核，实际是对员工考核时期内工作内容及绩效的衡量与测度，即博弈方为参与考核的决策方；博弈对象为员工的工作绩效；博弈方收益为考核结果的实施效果，如薪酬调整、培训调整等。

由于考核与被考核方都希望自己的决策收益最大化，因此双方最终选择合作决策。对于每个公司来说，这将有利于员工、主管及公司的发展。

但是从长期角度看，只能是双方中有一方离职后博弈才结束，因此理论上考核为有限次重复博弈。实际工作中，由于考核次数较多，员工平均从业时间较长，而且离职的不可完全预知，因此可将考核近似看作无限次重复博弈。

随着考核博弈的不断重复及在一起工作时间的加长，主管与员工双方都有一定程度的了解。在实际工作中，由于主管在考核结果中通常占有较高的比重，所以主管个人倾向往往对考核结果有较强的影响力。而且考核为无限次重复博弈，因此员工为了追求效用最大化有可能根据主管的个性倾向调整自己的对策。因此，从长期角度分析，要求人力资源部作出相应判断与调整，如采用强制分布法、个人倾向测试等加以修正。

总而言之，在公司内部形成合理的工作及权力分配，一方面可以通过降低主管的绩效考核压力，使部门主管有更多精力投入到部门日常管理及专业发展；一方面通过员工能对自己的工作绩效考核拥有一定的权力，协调劳资关系，从而激发员工的工作积极性，因此将在极大程度上推动公司人力资源管理状况。

考核与被考核存在着一种博弈关系，无论对于哪一方来说，建立一个合理的考核制度是非常重要的，这都有利于双方达到利益最大化。

激励背后是信用博弈

在批评人时，我们常常听到的一句经典的话是"对事不对人"，借以说明保持批评的客观态度。那么在奖励人时又当如何呢？如果从资本的本性出发来看，那么它也必然是"对事不对人"的，但是管理者要和具体的人打交道，尤其是在激励中出现职员对策时需要具体问题具体对待，必须处理好"对人"的个案，"各个击破"。因此在奖励时既要对事也要对人，将两者有机地结合起来。

在实践中确实存在着"叶公好龙"式的经营管理者，声称要奖励职员的积极性，而一旦职员的积极性极大地调动起来时，自己却乱了手脚，有时还会产生"功高盖主"的恐惧。但这只是问题的一个方面，问题的另一个方面是"叶公"确实"好龙"，可是"龙种"与"跳蚤"都跳了出来，活灵活现地出现在奖励的殿堂里，于是便演绎出一幕幕企业监管的悲喜剧，使得管理者不得不认真对待其间的是是非非。美国安然公司的财务丑闻就说明了这一点。

允许企业高管持股并授以股权，作为一种制度安排并不是针对某一"千里马"而授予的特权，安然公司也不例外。但是安然公司的高管们正是利用这种制度安排，聘请财务公司做假帐，制造泡沫业绩，抬高股价，然后迅速抛出所持股票，发了一笔大财，而公司的资金链条却因此出现裂痕，导致破产。从激励的角度汲取教训，就需要认真研究安然公司高管们在股权激励中作假的个案，在聘用或考核企业高管时，就应当认真考量其个人的诚信度；而加强对企业高管诚信度的考核，不是跟某一个高管过不去，考核的严格而是对每一个人一视同仁的。这就是"对事"与"对人"两个方面的相互过渡，作为管理者对职员的奖励也是一样。管理者实施奖励时当然不愿意把事情弄得这么复杂，但现实却要求管理者必须这么做。正如美国管理专家米契尔·拉伯福所说的那样："我们宣布讲究实绩，注重实效，却往往奖励了那些会作表面文章，投机取巧的人。"为了减少这种现象，管理者在实施奖励时，必须警惕职员以人谋事，或者以事盖人的对策。

所谓职员以人谋事或者以事盖人的对策，是指当管理者奖励绩效时，职员就拼凑绩效，或者没有达到绩效时就以自己有特殊情况需要照顾为由要求享受奖励待遇；而当管理者针对某种人群的特殊性实施奖励时，职员就努力挤进这种人群，挤不进去时就以大家都在辛苦地做事，也取得了一定成绩为由要求得到"公平"的奖励。面对这两种倾向，管理者都要保持清醒的头脑，将奖励的对人与对事有机地结合起来。这样做也是由奖励的规律决定的，既重视奖励的系统性又要保持奖励的针对性。

在奖励中将对事与对人有机结合起来，在逻辑上并非不可能，其出发点是相信每个人都可以进行奖励。应当承认，一般工薪阶层是为自己而工作的，这固然增加了奖励的难度，但恰好也说明了不同类型的职员的一个重要共性：为了自己必须工作。那么，管理者只要让职员明白为企业做事就是为自己做事，每个职员都有可能得到奖励。管理者要让职员看到，他们为企业付出努力，同时得到回馈，是一个"双赢"的结果。除了基本物质的回馈外，回馈可以是认同、成就感，也可以是收入的提高，这些都可以看作是奖励的一部分。当然，仅仅让员工了解企业的诚意并不够，还要让员工找到说服自己为企业效命的理由，这样每个人身上都存在的激励因子才有可能被激活。

在奖励中将对事与对人有机结合起来，并不是说不讲人与事的区别，奖励为企业的目标服务首先要保证企业的事业有所成就，在确定了对事的原则后，在适用具体人时要有所区别。在现代企业中，企业激励的对象可以具体划分为权益层、经营层和操作层，对不同的层次实施不同的奖励。不同层次的奖励根据不同的分工和环节还可以进一步细化，对于操作层面的员工，可以具体到为每个员工设定恰当的目标，直至考虑到为员工安排的职务与其性格相匹配。员工的个性各不相同，他们从事的工作也应当有所区别。与员工个人相匹配的工作能让员工感到满意、舒适，这本身对他们就是一种激励。如果让一个喜欢冒险的人从事一成不变的审计工作，而让一个风险规避者去炒股票，他们可能都会对自己的工作感到不满，工作绩效自然不会好，或许管理者越激励，他们越烦躁。在符合每个职工性格特质的情况下，为员工设定一个明确的工作目标，通常会使员工创造出更高的绩效。目标会使员工产生压力，从而激励他们更加努力地工作。这样实际上也是为了防止实施奖励时职工强调自己的现实差别，对管理者提出这样那样的要求，便于对个案的处理。

明确了对每个人的个别激励方案后，还要回到注意掌握处事公正的原则上。美国的一个心理学家分析，员工的工作动力来源于两个方面：第一是自己的付出和收入成正比，这个是最基本的，对于员工的影响是初级的；第二就是相对平衡报酬的影响，他会比较周围同事或者社会中可比较人员的综合付出和收入。如果领导者有一些偏心，那么他也会感到不够公平公正，而这会使管理者前期的激励措施功效消失殆尽。管理者通过奖励下属创造一个公正公平的环境预期是非常重要的，可以由此让他们有一种安全感，感到跟着这样的领导自己不会吃亏，这样才不会费尽心机在激励中与管理者博弈。即使他们提出一些问题，管理者有的放矢，也能圆满化解可能出现的矛盾，保持竞争和按劳分配的合理性。

管理者很难做到的是百分之百对事不对人，一定要（只能）既对事又对人。

老板用人不妨"分槽喂马"

"一山不容二虎，一槽难喂二马"，当一个企业同时有两个人胜任同一部门或同一项目的领导工作时，为了避免他们互相排挤、彼此内耗，老板该考虑"分槽喂马"了。

领导的核心任务是选贤任能，从而也不可避免地面临一个巨大的挑战，那就是如何才能让人才满意，把人才留住。

话说有个老先生，养了两匹千里马，准备合适的时候出手卖个好价钱。所谓"人不得外财不富，马不吃夜草不肥"，养马必须要勤快，要每晚起来给马喂草添料。尽管老先生很勤快，很努力，但是他发现，辛辛苦苦，几个月下来，两匹马没有长膘反而掉膘了。原因何在呢？有问题找专家，于是他把"马博士"请来了。"马博士"来了一看，告诉老先生，马不好好吃东西，关键就是因为把两匹千里马养在一个马厩里，让它们在一个槽里吃东西。每次吃东西的时候，两匹马又踢又挤，你争我抢，根本不能安心吃草料。解决方案就是把马分开，为两匹千里马准备两个食槽，让它们分开吃。一试果然有效，两匹马很快就变得膘肥体壮。这就叫做"分槽喂马"。

分槽的精髓就是"不能安排两个能人一起去做同一件事情"。两个实力相当的人才就好比两匹千里马，在一起的时候即使不互相争抢，也难免互相妒忌、互相攀比，难以专心做自己该做的事情，因此还不如分开。比如《水浒》中，宋江和卢俊义每次出兵的时候都是一个人领一支队伍各当一面，这就是典型的分槽策略。

"分槽"的核心是"分而管之"。法国著名企业家皮尔·卡丹曾经说过："用人上一加一不等于二，搞不好会等于零。如果在用人中组合失当，常常会失去整体优势；安排得宜，才成最佳配置。"所以，在一个药店，一般不适合让两个表现卓越且具有相同技能的店员在同一个岗位上工作，这样非但不会使得他们的力量实现叠加，相反会增加互相倾轧和拆台的风险。

联想集团的"分拆"曾被业界视为"分槽管理"的典范。联想分拆，二少帅分掌事业空间。2001年3月，联想集团宣布"联想电脑""神州数码"战略分拆进入到资本分拆的最后阶段，同年6月，神州数码在香港上市。

分拆之后，联想电脑由杨元庆接过帅旗，继承自有品牌，主攻PC、硬件生产销售；神州数码则由郭为领军，另创品牌，主营系统集成、代理产品分销、网络产品制造。

至此，联想接班人问题以喜剧方式尘埃落定，深孚众望的"双少帅"一个握有联想现在，一个开往联想未来。曾经长期困扰中国企业的接班人问题，在联想老帅柳传志的"世事洞明"的能力下，顺利解决。

柳传志"分槽喂马"对其他企业的意义在于人才最好从系统内培养；培养一批而不是单个接班人，让他们在相同的游戏规则下跑出高下；如果有幸得到难分轩轾的赛马结果，千万珍惜这种幸福，不要轻易把"宝马"送人，尤其是送给敌人；把跑道划开，一定要清晰、明白、严谨地划开；假如一方受扼，另一方可以立即出手相助。

这个案例给管理者的启示是：在培养人才的时候，一定要考虑人才的特长。培养接班人必须遵照能力优先的原则，同时，为了使人才之间不产生"合槽争食"的现象，应该对其进行"分槽管理"，如将能力和特长接近的人才分别派到不同的门店任职，而不是在同一门店以"正手"和"副手"的形式出现。

分槽喂马的关键是摆正人才的位置。古人说："千里马常有，而伯乐不常有。"现代企业也是这样，各种各样的专业人才并不少见，但要想在工作中准确找到他们的位置，不仅取决于人才自己，更取决于掌控"千里马"工作岗位的"伯乐"，即老板。所以，要想让人才发挥自己的特长和作用，首先必须给他们找到适合自己的位置。

曾担任美国罗斯福总统首席顾问的成功学大师拿破仑·希尔说："天才，是放对地方的人才。"所谓"筷子夹菜勺喝汤"，这虽然是最简单不过的生活常识，但是放在管理学中同样适用。如果你反其道而行，硬要用筷子喝汤、用勺子夹菜，并不是不能，而是会大大降低就餐工具的效率，你最终是无法吃饱的。

摆正人才的位置，首先是要了解人才的特长。在一个高效的团队里，术业有专攻的人有哪些？这一点管理者必须心中有数。只有掌握了每个人的特长，才能给他们找到适合的岗位。其次是要给人才搭建平台。但凡胸有大志的人才，他们更看重企业的发展前景和企业所能提供的展示平台。因此，管理者能不能为人才搭建一个可以施展才华、实现抱负的平台，直接决定着人才的去留问题。

第十八章
威胁与震慑的博弈
——提高威胁的真实效力

人与人之间的心理博弈常常用到威胁。威胁的运用方法很多，它们分别从不同的角度发生效力，或者针对不同的场合针对不同的人发生效力。树立自己的强硬形象对对方是一种威胁，它告诉对方自己的正直和坚定，一旦遭到背叛或被戏弄，将会很难应付。威胁要有可信度，那些若真正实施对威胁方带来很大不利的"空洞威胁"，被对方清楚识破后将没多大约束效果。有时候，交出你的控制权，让对方看到，你除了实施威胁的策略，别无选择，会给对方更显著的压力。当规则被践踏，底线被突破，且形成群体欲效仿情势时，杀一儆百是适时的制止办法。威胁也并非一定是居高临下的金刚怒目，有时候，菩萨低眉也能收到好的教育效果。当利己的理性反被对方利用，形成公平失衡的条件时，"装疯卖傻"会收到以毒攻毒的效果。

为自己树立不好惹的名声

欺软怕硬固不可取，但并不意味人们应该选择软弱。人与人总是相对的，一味地容忍示弱，可能会助纣为虐。人有必要树立强硬的形象。

让别人知道你是不好惹的，这样你会省掉好多麻烦。

　　从前有一位武林豪杰，他在交通要道边开了一个酒馆。生意十分兴隆，引起另一位武林高手的垂涎。这位武林高手决定打败那位豪杰然后霸占酒馆。两强相遇，武林豪杰和武林高手相互之间不知对方底细，于是需要一番比试。本来，他们俩可以通过打斗来解决问题，但打斗一场双方都会有所损伤，不如通过其他方式比较武功高低。豪杰拿来5块砖，一掌将其击碎，高手也不示弱，照样击碎5块砖。于是，豪杰又拿来10块砖，同样是一掌击个粉碎，高手见之，心中没底，于是明白自己武功较豪杰还差一截。于是，这位武林高手甘拜下风，放弃了原来的计划，弃剑而去。

　　这个电视剧中的情节就是一个典型的"信号传递博弈"。豪杰身怀绝技、天下无敌。但其他人不一定会相信他是武林第一高手，除非亲自与之交手并败于他。交战虽然可以决出高下，但对双方都会有损失，打个头破血流对谁都不是好事。当然，豪杰可以对外宣布他的武功非凡，其他人不是他的对手，但即使豪杰没有什么本事，也可以如此对外宣布。所以，仅凭口头宣布是难以令人信服的。

　　俗话说，"是骡子是马，拉出来遛遛"。豪杰用过人武功劈掉别人难以劈掉的10块砖，就向别人发出了一个信号。这个信号向外传递的信息是我的武功高强，你们可不是对手。这样，不用打斗就决出高下，避免了打斗带来的损失。

　　"软的怕硬的，硬的怕不要命的"，"吃柿子专捡软的"。生活中一些蛮横霸道的恶人之所以能够得意一时，就是因为社会上老实人太多。他们作威作福、发火撒气往往找那些软弱善良者，因为他们清楚，这样做并不会招致什么值得忧虑的后果。在我们身边的环境里到处都有这样的受气者，他们看起来软弱可欺，最终也必然为人所欺。因为一个人表面上的软弱事实上也助长和纵容了别人侵犯你的欲望。

　　人是应该有一点锋芒的，虽然不必像刺猬那样全副武装，浑身带刺，至少也要让那些凶猛的动物让人觉得你不好惹才是。对于那些没事找事的恶人，你只能是"腰里别副牌，谁来跟谁玩"。

　　树立一个不好惹的形象，是确保自己不受欺侮的一个很重要的处世技巧。这一形象在时刻提醒别人，招惹你是要承担后果并付出更大代价的。

　　在社会中生存和发展，只要能够显示出你是一个不容欺侮的人，你就能够做到不受气。当然你不必现还现报，只要能抓住一两件事，大做文章，让冒犯者尝到你的厉害，就能收到一种"杀鸡给猴看"的效果，起到某种普遍性的威慑作用。

哪些形象最不易受欺侮呢？

一、泼辣的形象

所谓的泼辣，便是敢说别人不好意思说出口的话，敢做出别人不好意思表现的举动。谁敢让他受气，谁当面就会下不来台。他敢哭敢闹、敢拼敢骂，口才好，又敢揭对方的老底儿。所以，很少有人敢惹这种人，以免自讨没趣。

二、天不怕，地不怕的形象

其实，人类一切的弱点都可归结为一个"怕"字，而怕死则是人类最本能的一种东西。那些爱玩命的主，往往喜欢用武力解决问题，以玉石俱焚的态度来实现自己的意志，这种游戏自然是常人不敢玩，而且也玩不起的。

三、有仇必报的形象

人人都知道，仇恨是一种非常可怕的东西，而其最可怕的地方莫过于它的爆发没有时间的限制，令人防不胜防。所谓君子报仇十年不晚，就是这个意思。当然，我们这里并非提倡人们动不动就去报仇，而是说在大是大非的原则问题上，应该做到还以颜色。

四、实力派形象

塑造实力派形象就是你在平时要注意展示你雄厚的力量，比如，令人可羡慕的专业本领、广泛的人际关系、神秘莫测的后台等，这些都会在周围的人群中造成一种印象，即你是一个能量巨大的人，不发威则已，一旦发威则后果难当。所以，人们一般不敢招惹这类人物，持有这种形象的人也很少受气。

总而言之，树立一个不好惹、不受气甚至敢玩命的形象是很重要的，有了这一形象，就好比是种下了一棵大树，从此，你便可以在树阴下纳凉，再也不用担心别人敢平白无故地欺侮和招惹你了。

被威胁者首先要权衡威胁的可信度

威胁的效果取决于威胁的可信度，一个威胁，如果将威胁（承诺）所声称的策略付诸实践对于威胁者本人来说比实施非威胁（承诺）声称的策略更不利。那么这个威胁就是不可知悉的"空洞威胁"，对被威胁者没什么效果。

美国普林斯顿大学的古尔教授1997年曾经在《经济学透视》杂志上发表文章，通过深入浅出的例子说明威胁的可信性问题：两兄弟老是为了玩具吵架，哥哥老是抢弟弟的玩具。不耐烦的父亲宣布政策，好好去玩，不要吵我；不然的话，不管你们谁向我告状，我把你们两个都关起来。

被关起来与没有玩具比，情况更糟。现在，哥哥又把弟弟的玩具抢去了，弟弟没有办法，只好说："快把玩具还给我，不然的话我去告诉爸爸。"哥哥想，你真的告诉爸爸，我是要倒霉的，可是你不告状只是没有玩具玩，告了状却要被关起来，告状会使你的情况变得更坏，所以，你不会告状。因此，哥哥对弟弟的警告置之不理。的确，如果弟弟是会计算自己利益的理性人，他还是会选择忍气吞声的。可见，如果弟弟是理性人，他的上述威胁不可信。

房玄龄的夫人好嫉妒、性情凶悍，房玄龄很怕她，一个妾也不敢纳。

唐太宗李世民与房玄龄的关系很密切，听说这件事情以后，就让皇后召唤房夫人，告诉她现今朝廷大臣娶妾有定制，皇帝将赏给房玄龄美女。房夫人听了，坚持不肯。

于是，李世民让人斟了一杯醋，谎称是毒酒，端上来吓唬房夫人说："如果你再坚持不肯，那就是违抗圣旨了，抗旨者应喝毒酒！"

房夫人听了，毫不犹豫地接过酒来，一饮而尽。唐太宗见了，哭笑不得地叹息道："这夫人我见了尚且害怕，更何况房玄龄！"

据说，这就是吃醋典故的由来。我们从博弈论的角度来思考一下，李世民的"毒酒"威胁为什么没有奏效呢？

真正的原因，并不是房夫人不怕死，而是因为这里出现了一个有关威胁的悖论。

在任何体制之下，上级都会试图用威胁的方式来管教下属的行为。李世民也是如此，因为他想让房玄龄享受和其他男人一样的乐趣，帮助他解决家庭中的矛盾，才让皇后给房夫人讲道理。但是等到劝说无效以后，他就用皇帝的权威来威胁房夫人。

从房夫人的角度看，这种威胁是否可信呢？

如果她了解李世民的为人，并且相信李世民对房玄龄的倚重，那么一定不会把这一威胁当真。因为她知道，这一威胁只是为了使房玄龄过得更好，而不是为了让他为娶小妾先丧妻。发出威胁的动机一旦与威胁的行动相矛盾，威胁也就不可信了。

在博弈论看来，威胁所起的作用有二：一是作为一种博弈策略，通过威胁为自己在博弈（讨价还价）中占据更有利的位置、获取更大的收益。如老师可能会在课堂上宣布说，只要有学生迟到或早退超过一次，该科成绩就记零分，其目的就是通过这样的一种威胁来约束学生逃课，使学生的到课率较高；二是通过威胁来促进合作，约束对方的机会主义行为。如许多婚后的妻子为了约束花心的老公，就会约法三章：不许私自出去见其他女人，不许与其他女人有短信或电话来往，不许出轨；否则，离婚，而且财产归自己！

然而，并不是所有的威胁都能达到预想的效果，威胁要发挥出你预想的效果，需要一个前提条件，那就是，所作出的威胁必须是可置信的。如果一个威胁是不可置信的，那它就是无效的，就是1994年诺贝尔经济学奖得主赛尔腾所谓的"空洞威胁"。"空洞威胁"之所以不可置信，没有效果，就在于将威胁（承诺）所声称的策略付诸实践对于威胁者本人来说比实施非威胁（承诺）声称的策略更不利。所以，人们就没有理由相信这种威胁。

那么被威胁者判断威胁的可信度的依据是什么呢？

1. 威胁与承诺是否可信，不应听对手说了什么，而应看对手做了什么。

2. 如果对手所声称的威胁实施起来对其本人不利，那么这个威胁是不可置信的。

3. 通过限制自己可选择的行动来作出承诺，可以使威胁变得可信。

4. 不留退路，背水一战，可以显示一个人的决心，其威胁是可信的。

5. 如果承诺了，就应当坚决地将主张表达出来，否则会让人心存怀疑。

6. 威胁产生作用的前提是让对手知道你的实力，因此传递实力信息可以强化威胁，拒绝威胁方的信息可以让威胁失效。

7. 适当地交出控制权可以获得意想不到的好处。

8. "空洞威胁"只在对方不具有理性的时候才可能有用，而不具有理性的一方所提出的威胁通常也是可信的。

9. 报复能力很重要，潜在的报复能力将影响对手策略的选择。

那么，如何让威胁变得可信呢？显然必须形成一种形势，在这种形势之下，如果所声称的威胁没有实施，那么声称者将有更大的损失。

比如说一家垄断企业为了阻止其他企业进入该领域，威胁说如有企业参与竞争，自己将对其实施打击，不惜两败俱伤。很显然，这是一个"空洞的威胁"，毕竟真正实施打击带来的两败俱伤要比两家企业共同占有市场要差得多，因此其他企业可以完全不理会"空洞威胁"。但是如果该企业通过一定方式，产生了如下的形势，即如果所声称的打击威胁没有实施，那么该企业的声誉将会受到严重损害，这样一来，威胁便是可信的了。

另外，我们还可以让威胁实施的控制权超出自己的控制，来使威胁变得可信。有这么一个故事：深夜一个小偷潜入一户人家企图盗窃却不小心被主人发觉，主人持刀，小偷持枪，双方对峙。表面上看是小偷占优，主人将被吓退，但其实小偷只不过想偷些东西，并不想杀人，因此对理性的主人来说小偷的威胁是空洞的。但是如果小偷声称自己的枪会走火，那么持枪的威胁便能够产生作用。如果小偷声称自己血债累累，那么他的威胁便非常地可信了，主人将被吓退。

那么，如果双方都持枪的情况下会是什么情况呢？如果双方并没有把握一枪击杀对方，那么谁都不会轻易地开枪，因为一旦开枪且不能让对方丧失行动能力，必然会带来对方疯狂的报复，最终的结果将是两败俱伤。在这种情形下，最好的结局是小偷缓慢地向门口移动，最终逃走，而主人也不再追击。

由于忌惮对方所拥有的报复能力，使得谁都不愿意将冲突升级，选择后退便成了优势策略。

最超值的胜利是不战而胜

胜利不一定要天翻地覆、流血牺牲，以最小的代价换取最大的胜利是最理智的，最超值的胜利是不战而胜。

1853 年，小刀会在上海造反，擒获上海道台吴健彰。与上海一湾之隔的宁波顿时紧张起来，宁波知府段光清立即组建民间联防体系，安排联防队巡夜。不久，一个地保找段光清告状，说城西有个开小店的营兵就是不肯去巡夜。段光清来到营兵家，问他为什么不去。营兵回答段光清说："士兵每日白天操练，夜晚随军官巡逻，没时间参加民间巡夜。"

段光清笑着说："你不必对我说官话。如果营中果然是每夜都巡逻，哪里还需要百姓巡夜？现在我劝百姓巡夜，原本就是想互相保卫，连百姓都不说辛苦，营兵反而叫苦吗？"段光清接着说："况且你既然吃粮当兵，白天操练，夜晚去巡逻捉贼都是营兵的工作。你怎么会来城西开店呢？我带你去见你的营官，要问一问你是真营兵还是假营兵？"

这是一个暗示出顺竿爬对策的提问，其潜台词是："绿营的营官无须为管理不严承担责任，我也无意追究这种责任。你可以说这营兵是冒牌的，可以把责任完全推到这个小瘪三身上。"试想，营官要害一个小兵有什么难的？又不是自己的儿子，砍下他那颗惹麻烦的脑袋还可以吃空额呢，每月四两银子。那个营兵当即无言应对，只好应允按规定出丁巡夜。

在这个故事当中，段光清的第一句话，是指出看到一步棋的棋手的最佳选择；第二句话，是指出看明白了三步棋的棋手的最佳选择。既然双方都在他制定的规则中得到了自己的最佳选择，这局棋也就玩妥帖了。段光清在这个过程中，把双方对抗的前景指给对手看，并顺利制服了对手，可以说是一个娴熟无比的博弈高于。

博弈论专家奥曼认为，人与人冲突的原因之一是相互猜疑。但是，一旦我知道你如何算计我，你知道"我知道你如何算计我"，我知道"你知道'我知道'你如何算计我"……这种"知道"链延伸至参与博弈的全体成员，并且又延伸至博弈的无数个回合，则人们在一念之间就可能会停止相互猜疑与算计，立即达成和解。在这个过程中，不可忽视的一点就是恰当的回应规则——威胁或许诺。

威胁是对不肯合作的人进行惩罚的一种回应规则。既有强迫性的威胁，也有阻吓性的威胁。两种威胁面临同样的结局：假如不得不实施威胁，双方都要吃大苦头。许诺是对愿意合作的人提供回报的方式。与威胁类似，两种许诺也面临同样的结局：一旦必须采取（或者不采取）行动，会出现说话不算数的动机。

对上面故事中的那位营兵来说，输赢无非是熬几十天夜的问题；而对段知府，输赢却关系到联防体系的建立和稳定，关系到维护这种稳定所必需的权威，而这些又关系到段知府的前程甚至身家性命。

段知府如果不肯对付这点麻烦，治一治不听使唤的人，地保就有理由不好好干活，宁波就可能沦陷，知府的损失就太大了。承受一点小麻烦，也是两害相权取其轻，并不是段知府的肚量小。况且，连一个小兵都治不了，知府的面子又往哪里摆？小民的面子都值钱，知府的面子就更不要说了。这样一比较，也可以说，段光清的这一胜利是建立在威胁的可信性基础上的。

承诺与威胁在合作中也起着重大作用。

合作的关键是承诺与威胁的可信度有多大。因为承诺与威胁都是在博弈者进行策略选择之前做出的，因此它们对博弈者的约束力越小，合作的可能性就越小。

不妨主动交出控制权

交出控制权，让对方看到，你除了让对方按你说的做外，别无选择，对方就会明显地感受到你的威胁的压力了。

要提高威胁的可信度，有一种方法，那就是交出控制权。这实际上也是使得执行威胁成为对方违背条件后你的唯一选择。

如果你是一个军事将领，想要攻占一个岛屿上的一座城堡。攻守双方都清楚，如果你坚持进攻到底，最后一定能够取胜，但是如果强攻，双方都会伤亡惨重，因而最好的情况是敌人能够投降。但是敌人在作出是否投降的决策的时候，一定会考虑你是否会不计代价地进攻到底。如果是，那么敌人注定会失守，因而最好的决策就是投降；相反的，如果敌人判断你会更加在意士兵的生命，那么他就会顽抗到底。在这种情况下，你当然希望对方相信如果他不投降，你就会血战到底。但是光靠拿个大喇叭喊话是没有说服力的，你还需要将自己的船全部烧了。这样，如果对方不投降，而你又不拼命攻下城堡，就会全军覆没，因而血战到底就是你唯一的选择。敌人看到了这一点，就会选择投降。

在上面所讲的围攻城堡的例子中，你也可以先给部下下命令，让他们战斗到最后一兵一卒，然后自己一走了之。如果敌人见到你走了，而岛上没有其他人可以收回成命，那么他们也会相信你的部队会奋战到底。

秦末，有一年，秦朝的30万人马包围了赵国的巨鹿（今河北省平乡县），赵王连夜向楚怀王求救。楚怀王派宋义为上将军，项羽为次将，带领20万人马去救赵国。谁知宋义听说秦军势力强大，走到半路就停了下来，不再前进。军中没有粮食，士兵用蔬菜和杂豆煮了当饭吃，他也不管，只顾自己举行宴会，大吃大喝的。这一下可把项羽的肺气炸了，他杀了宋义，自己当了"假上将军"，带着部队去救赵国。

项羽先派出一支部队，切断了秦军运粮的道路；他亲自率领主力过漳河，解救巨鹿。

楚军全部渡过漳河以后，项羽让士兵们饱饱地吃了一顿饭，每人再带三天干粮，然后传下命令：把渡河的船（古代称舟）凿穿沉入河里，把做饭用的锅（古代称釜）砸个粉碎，把附近的房屋放火统统烧毁。这就叫破釜沉舟，项羽用这办法来表示他有进无退，一定要夺取胜利的决心。

楚军士兵见主帅的决心这么大，谁也就不打算再活着回去。在项羽亲自指挥下，他们以一当十，以十当百，拼死地向秦军冲杀过去，经过连续九次冲锋，把秦军打得大败。秦军的几个主将，有的被杀，有的当了俘虏，有的投了降。这一仗不但解了巨鹿之围，而且把秦军打得再也振作不起来，过了两年，秦朝就灭亡了。打这以后，项羽当上了真正的上将军，其他许多支军队都归他统帅和指挥，他的威名也从此传遍天下。

在这里，破釜沉舟所起的作用更主要的是给对方传递一种信号，使对方相信你的威胁，从理论上讲，只要能够传递这种信号，是否烧船并不重要。

放弃对某些事物的控制权能够增强你的谈判地位。交出控制权后，你就有很好的借口表明你对加薪无能为力，开口拒绝就容易得多。以切断联系的方式交出控制权也有助于你攻占那座假设中的城堡，比如为让买主相信你不会降价，你可以给一个最后的报价，然后就停止谈判，连电话传真也不回。

"对不起，这事不归我管，你去找某某吧"，这种类似的话在生活中好像经常听见。原来这在博弈论里是一种常见的谈判手段，即告诉别人你已经交出了控制权，从而在博弈中占优势。

一天，小林去买衣服遇到的一个事情，可以用博弈论进行解释。小林先后到两家店买了衣服，付款后索要发票，两家店的店员都没直接拒绝，但他们给出了几乎同样的答复："对不起，晚上我们店长不在，发票他管理，我们开不了。您改天拿着购物小票再来开吧。十分抱歉！"然后小林只能说"好啊"，人家小店员没权，她又不能难为人家。以后的结果是小林可能一直记着再去开发票，也可能很长时间不逛街把这事忘了，也可能逛街时忘带小票不能去开发票，也可能小票当废纸扔了……总之，她拿到发票的可能性大大减小了。

在这场博弈中，由于店员交出了控制权，他的谈判地位升高了。他们逃税的可能性增大了，小林拿到发票中奖的可能性也随之减小了。

把握好威胁与许诺的"度"

威胁需要把握好"度"，威胁小了，起不到作用；威胁大了，不能令人信服，需要兑现时一旦兑不了现更是会让自己的信誉大大降低。许诺跟威胁一样，要把握好"度"，既不要大到无法实现，也不要太小，以至根本不能让人满意。

宋仁宗时，宰相富弼采用朝士李仲昌的计策，从澶州商湖河开凿六漯渠，将水引入横贯陇西的故道，北京（大名府）留守贾昌朝素来讨厌富弼，私下与内侍武继隆勾结，买通司天官提出抗议就说不应当在京城的北方开凿渠道，这样会使皇上龙体欠安。两个司天官听从武继隆的主意向皇上上书，请皇后与皇上一起出来审议开渠一事。

他们的奏章被呈送给宰相文彦博，文彦博看后藏在怀中，召来两个司天官说："日月星辰、风云气色的变异，才是你们可以说的事，因为这是你们的职责。为什么胡言乱语干预国家大事？你们所犯的罪应当灭族。"两个司天官吓坏了。文彦博又说："你们两个真是愚昧之极，你们先下去吧，如果再犯，一定要从重处置你们。"两个人走后，文彦博把他们的奏章拿给同僚们看。富弼等人说："他们胆敢如此胡作非为，为什么不斩了他们？"文彦博说："斩了他们，事情就公开化了，宫中会闹得不安宁。"

过了不久，朝廷决定派遣司天官测定六漯渠的方位，文彦博还是派那两个人去。这二人怕治他们的前罪，就改称六漯渠在京城东北，而不在正北。在博弈中，假如你打算通过威胁或许诺影响对方的行动，那么对方的行动也应该可以让你看到。否则你不可能知道对方是不是选择顺从，而对方也明白这一点。

在你作出一个许诺的时候，不应让自己的许诺超过必要的范围。假如这个许诺成功地影响了对方的行为，就要准备实践自己的诺言。因此，代价越小越好，意味着许诺只要达到必要的最低限度就行了。

适度原则其实同样适用于威胁，不要让自己的威胁超过必要的范围。一个大小恰当的威胁应该是大到足以奏效而又小到足以令人信服。如果威胁大而不当，对方难以置信，而自己又不能说到做到，那就会打击自己确立的信誉。

接下来才考虑可信度，即让对方相信，假如他不肯从命，一定逃脱不了已经明说的下场。若是在理想状况下，就没有别的需要考虑的相关因素了。假如对方知道反抗的下场，并且感到害怕，他就会乖乖就范。那么，我们为什么还要担心若实践这个威胁，会有多么可怕的情况发生呢？但问题在于，我们永远不会遇到理想状况。首先，发出威胁的行动本身就可能代价不菲。国家、企业乃至个人都在许多不同的博弈交织之中，在一个博弈中的行动会对所有其他博弈产生影响。其次，一个大而不当的威胁即便当真实践了，也可能产生相反的作用。最后，所谓一个成功的威胁完全不必实践的理论，只有在我们绝对有把握不会发生不可预见的错误的前提下成立。

我们来看一看法国著名女高音歌唱家玛·迪梅普莱是如何威胁那些私闯园林的旅行者的。这位女高音歌唱家有一个很大的私人园林。每逢周末总是会有人到她的园林里采花、拾蘑菇，更有甚者还在那里搭起了帐篷露营野餐。虽然管理员多次在园林四周围上篱笆，还竖起了"私人园林，禁止入内"的木牌，可所有这些努力都无济于事。

迪梅普莱知道了这种情况后，就吩咐管理员制作了很多醒目的大牌子，上面写着"如果有人在园林中被毒蛇咬伤，最近的医院在距此15公里处"的字样，并把它们立在园林四周。从那以后，再也没有人私自闯入她的园林了。

从这个故事我们也可以理解，威胁的首要选择是能奏效的最小而又最恰当的那一种，不能使其过大而失去可信度，而务必要使惩罚与过错相适应。

给"集体"执行的规矩最可靠

西点军校规定，对进攻当中的最落后的一个人要判处死刑，并且每个士兵周围的士兵都有权并且必须负责监督执行，否则，周围的士兵还要被判处死刑。这一规定不仅仅体现出严格的标准，并且具有广泛的监督效力和可靠的执行力。

古罗马军队也曾对进攻当中的落后者判处死刑。按照这个规定，军队排成直线向前推进的时候，任何士兵只要发现自己身边的士兵开始落后，就要立即处死这个临阵脱逃者。为使这个规定得到执行，未能处死临阵脱逃者的士兵同样会被判处死刑。这么一来，哪怕一个士兵本来宁可向前冲锋陷阵，也不愿意回头捉拿一个临阵脱逃者，现在他也不得不那么做，否则就有可能赔上自己的性命。

罗马军队这一策略精神，直到今天仍然存在于西点军校的荣誉准则之中。西点军校的考试无人监考，作弊属于重大过失，会被立即开除。不过，由于学生们不愿意告发自己的同学，学校规定，发现作弊而未能及时告发同样违反荣誉准则，同样会导致开除。一旦发现有人违反荣誉准则，学生们就会举报，因为他们不想由于自己保持缄默而同样违规。

这几个故事的启示在于，其他人常常可以帮助我们立下可信的承诺。虽然每个人在独立行事的时候都有可能显得弱不禁风，但是大家结合起来就可以形成坚定的意志，团队合作可以在社会压力的范畴外发挥作用。通过运用一个强有力的策略，迫使我们遵守自己的许诺，这就给我们一个社交中的有益策略：重视利用圈子来解决问题。

圈子是一种十分重要的文化现象，我们走上社会以后，经过几年就会建立起一个相对固定的交际圈子，所处的地域、行业、阶层、亲朋好友等共同构成了这个圈子，圈子就是基本的社会关系。无论在哪个领域、哪个地方，都存在各式各样的圈子。圈中的人互相提携，互相帮助，而不同圈子的人之间则彼此排斥和攻击。从这个角度来看，圈子似乎是弊大于利。

然而任何事物都有两面性。从内部人的相互关系来看，所谓的圈子，实际上就把彼此之间的双边关系，放进了多边关系中来考虑。这样一种转变，可以使不少问题迎刃而解。某人可以为了 1000 元的利益而背叛你，但若他背叛了你一个，同时也意味着一群人不会再借钱给他，那么他可能就要仔细掂量了。因而在一个圈子中，名声和信誉非常重要，这其实也是一种道德约束，其机理大大降低了个体回报的成本。

认识到这一点，在交际中将新朋友介绍给老朋友认识，是一个十分有效的策略，将使彼此间的承诺与威胁更为有利，因而关系也就更为牢固。

杀一儆百是威胁最常用的招数

当看到一扇窗子被打破而没受到任何惩罚，按照破窗理论，接下来会有更多的窗子被打破。这个时候，最好的制止办法是严惩下一个违反者。这也就是平时常说的"杀一儆百"。

公元 949 年，后汉叛将李守贞率军进攻河西（今甘肃河西走廊一带）。行动前，他叫人假扮卖酒商贩，以小利引诱河西郭威部众畅饮，然后乘其酒醉，偷袭河西军营。郭威得知后，立即下令：河西除犒赏、设宴外，一律不准私自饮酒，违者当斩。一次，郭威最亲近的将领李审违犯规定喝了酒，他派人将李审找来怒斥一顿后，立即推出斩首。河西官兵从此再不敢随便喝酒。

大家都知道，杀一儆百这种方法之所以被使用，究其原因，主要在于其所起到的威慑作用。严格地讲，杀一儆百是一种心理上的战术，是一种驭众的手段，它能起到"前车之鉴、后世之师"以及"惩前毖后、治病救人"的作用。杀一儆百的威慑方法能起到重要的警告作用，能给那些正在闹事的人敲起警钟，亮起红灯，能让他们的行为逐渐减退，是个积极的好办法。

在历代统治阶级及领导人的管理方法中，杀一儆百是最常使用的方法，它的作用远远胜于其他的统治方法，因而受到许多人的推崇。下面的两个事例是人们所熟悉的，它所说明的道理相信大家读后自有体会。

其一，杀仆警主。唐太宗晚年，高阳公主与僧人辩机通奸。高阳公主赠辩机金宝神枕，辩机不知珍藏，被贼盗走。后来破案时，搜出金宝神枕，审问窃贼，窃贼称是从辩机处所盗。又审问辩机，辩机称是高阳公主所赠。御史纠劾此事，太宗自觉惭愧，也不欲问明案情，即处死辩机，并密召高阳公主身旁奴婢，责备他们导主为非，杀毙十余人。太宗所为，实是为了警告高阳公主。

其二，杀鸡儆猴。孙子见吴王，以宫中美女演练兵阵，选 180 人，分为两队，令吴王宠爱的两个妃子为队长。然后说明演练的方法和纪律，并设立了刑具，击鼓令其向左，美女大笑；孙子又重复纪律，然后又令击鼓向左，美女还是哈哈大笑。于是要斩两个妃子，吴王阻止，孙子说："臣已受命为将，将在军，君命有所不受。"就斩了二人。又选用另二人为队长，于是重新击鼓，美女们左右前后跪下站起都合乎要求。

菩萨低眉有时胜过金刚怒目

同样是批评，菩萨低眉有时胜过金刚怒目。菩萨低眉，没有居高临下的说教，没有义正词严的指责，对有的人来说有更好的接受效果，能够获得更深刻的教育。

隋朝，吏部侍郎薛道衡有一天到钟山开善寺参访。偌大的寺院里一片宁静，寺中每个出家人都善尽本分，各得其所。有的在禅堂中打坐，有的则勤于执务，个个举止安详，神态自若。

薛道衡仔细观察寺中的一景一物，好似身处人间净土。这时正巧一位小沙弥从大殿向庭院走来，薛道衡突然动念头想考考这位小沙弥，于是趋前问道："金刚为何怒目？菩萨为何低眉？"小沙弥虽小，却不假思索立即回答："金刚怒目，所以降服四魔；菩萨低眉所以慈悲六道。"此话一出，薛道衡一脸错愕，惊讶于小沙弥的才思敏捷。在佛教中，"金刚"是佛菩萨的侍从力士，因手持金刚杵而得名；"金刚怒目"是指金刚力士面目威猛可畏，以降伏诛灭恶人。"菩萨"是上求宣、下化众生的人。"菩萨低眉"是以菩萨的慈眉善目来形容人之慈善。

此后，"金刚怒目，菩萨低眉"成为大众所熟识的用语。

仔细观察不难发现，有威严的领导往往不是那种动辄打骂的粗鲁之人，而是那种看起来温和却透露着威严的领导者。因此，身为上司，为了能使属下俯首听命发挥所长，并且带动整个团队向上，其先决条件是必须成为受人尊重而有威严的领导。

领导该如何树立自己的威严呢？以下是在工作中需要注意的几点：

1. 对于工作要耳熟能详。"希望接受这位上司的指导，想要跟随他，听从他的话绝对不会错……"，若属下对你有如此印象，你必然深受尊重。至于邀属下喝酒、送属下礼物的行为，是不必要的。

2. 保持和悦的表情。一位经常面带微笑的上司，谁都会想和他交谈。即使你并未要求什么，你的属下也会主动地提供情报。你的肢体语言，如姿势、态度所带来的影响亦不容忽视。若你经常面带笑容，自然而然地，你本身也会感到非常愉悦，身心舒畅。

3. 仔细倾听属下的意见，尤其是具有建设性的意见，更应予以重视，热心地倾听。若那是一个好主意并且可以付诸实施，则不论属下的建议多么微不足道，亦要具体地采用。属下将因为自己的意见被采纳，而获得相当大的喜悦。即使这位属下曾经因为其他事件而受到你的责备，他也会毫不在意地对你备加关切和尊崇。由于上司对属下的工作提案相当重视，不论成败皆表示高度的关切，因此属下会感谢这位上司，并觉得一切的劳苦皆获得了回报。

4. 对属下给予肯定。上司交代属下任务时说："采取你认为最适当的方法。"即使属下工作的结果并不很完善，上司也应用心地为其改正过失。

你必须具备对属下的包容力，不能忽略给予失败的属下适当的肯定。虽然属下的任务失败了，但切勿忽略了属下在进行工作时所付出的努力，并且需要给予适当的评价。

禅宗里有这样一则故事。徒弟学艺多年，出山心切，赶去向师父辞行。"师父，我已经学够了，可以独闯天下了。"

"什么叫够了？"师父问。

"满了，装不下了。"徒弟答。

"那么你装一大碗石子来。"

徒弟照办。

"满了吗？"师父又问。

"满了！"徒弟十分自信。

师父抓起一把细沙，掺入石中，沙一点儿没溢出来。"满了吗？"师父又问。

"这回满了。"徒弟面带愧色。

师父又抓来了一把石灰，轻轻洒下，还没有溢出。"满了吗？"师父又问。

"没满！"徒弟似有所悟。

此故事中，师父对徒弟的批评是心平气和的，是充满哲思的，没有居高临下地说教，也没有义正词严地批评，所作所为所言虽均是批评徒弟的，但没有一点横眉冷对，所以徒弟没有逆反心理，而是顺理成章地接受了师父的批评。

装疯卖傻也是威胁

总是从利己的角度出发，做出最优选择自然是理性的结果。但是，如果博弈中对方通过控制条件，使你的理性虽然能获利，但总是获得不公平的微利时，你也许需要适当地超越理性，你要让对方看到，你并非唯利是图。当公平出现严重失衡时，你也会失去理智，作出损人不利己的决策来。

在博弈论的假设中，参与者都是理性的，但在现实中，并不都是这样。那么在参与者非理性的时候，是否就不能用博弈论来研究了呢？答案是否定的，因为博弈论中还有一个很重要的概念，就是效用。如果在效用中计入非理性的因素，仍然能将参与者归入到广义理性的框架中来。

在博弈论中考虑到非理性的时候，就会得出一个有趣的结论：非理性的人反而可能比一心一意只想挣钱的人获得更多的钱财。考虑这样一个一次性博弈：由你的竞争对手先选择，如果他选择好心，你们两人都可以获得 1000 块，博弈就此结束。如果他选择坏心，接下来你可以选择好心或者坏心。选择前者可以使你得到 100 块，而他能得到 2000 块，而你如果选择后者，你们两人所得都为 0。对于一个理性的人，当对手选择坏心的时候，你必然会选择好心，得到 100 总比啥也得不到强。但是如果你的竞争对手知道你会选择好心，那么他一开始必然就会选择坏心。相反的，如果他认为你会为了报复他而选择坏心，他反而会选择好心。始终选择好心的你是理性的，而选择报复的你是非理性的，是不太在意钱财的，但是结果却是在意钱的人反而比不在意钱的人得到的要少，那是不是说人为了得到更多的钱应该更加不在意钱呢？

事实上，在这场博弈中，理性本身并不是错，错的是让对手知道你是理性的。狭路相逢勇者胜，不是你不勇，而是你不够勇，没有对手勇。你是理性的，但是对手也是理性的，而且对手占据了先手之利，你吃亏自然正常。

看到这一点以后，我们就会发现另一个提高威胁置信的方法，那就是装疯卖傻。在很多情况下兑现威胁并不一定对自己有利，但是如果能让对方相信你不是一个完全理性的人，经常被愤怒冲昏头脑，睚眦必报，还时不时地"发疯"，那么对方就会认为你就算血本无归，也会兑现威胁，他自然就不会拿你的威胁当作耳旁风了。这就是孙子兵法所谓的"能而示之不能"。

能而示之不能，迫使对手让步。这是在商务谈判中经常采用的假痴不癫之计。例如有一个人想以 2 万美元的价格卖一辆汽车，他向买主们发出信息。许多人前来看货，其中一位愿以 1.85 万美元的价格购买，并可预付 300 美元订金，卖主接受了。于是他不再考虑其他买主，可一连等了数天后，买主才来，很遗憾地说明，由于家人的不同意，实在无法买车。同时他还提到他已经调查和比较过一般车价，这辆车实际价值只值 1.4 万美元，何况……卖主当然非常生气，因为他已拒绝其他买主，接着他开始怀疑自己，也许市面上价格确如对方所说。此时他不愿再和其他买主接触，最后一定会以少于 1.85 万美元的价格成交。表面看来这个买主很痴，他不能最后决定价格。而这正是以能而示之不能换取同情的手段，他用假出价消除了同行的竞争，取得了购买权，之后才正式讨价还价。

装疯卖傻可以提高威胁的可信度。当下属威胁说不加薪我就割腕，你一定会置之不理。如果别人不把你的威胁当回事，你就应该告诉别人，你有点发疯，即使落得血本无归，也要报复和落实威胁，这并不表示你非得要发疯，但你有时候要让人相信，获得最多的钱并不是你的唯一目标。

在博弈中，如果博弈参与者一方是性格鲁莽、不顾后果的，而另一方是足够理性的人，那么"鲁莽者"极可能是博弈的胜出者。比如在商业领域，价格战是竞争的常见手段，价格战初见端倪时，最简单的办法就是树立鲁莽、粗暴的形象，以实际行动来威胁对手："我们对任何的降价行动都将奉陪到底，如果你要降价，那么就让大家都没好日子过！"

20 世纪 70 年代，美国通用食品公司就采取这种手段赢得了与宝洁公司之间争夺速溶咖啡市场份额的斗争。

当时美国通用食品公司的麦克斯韦尔之家（Maxwell House）咖啡占据了东部 43% 的市场，宝洁公司福爵（Folgers）咖啡的销售额则在西部领先。1971 年，宝洁公司企图扩大在东部市场的份额，于是在俄亥俄州大打广告。而对宝洁公司的做法，通用食品公司立即作出反应，一方面增加了在俄亥俄地区的广告投入，另一方面大幅度降价，麦克斯韦尔之家（Maxwell House）咖啡的价格甚至低过了成本。宝洁公司见状，只好放弃在该地区的努力。后来，在两家公司共同占领市场的中西部城市扬斯敦，宝洁公司又增加广告并降价，试图将通用食品公司逼出该地区。通用食品公司又毫不迟疑地采取了报复措施，直接以其行动向宝洁传递了这样一个信号：要打价格战、广告战，本公司奉陪到底。通过几个回合的争斗，通用公司的"粗暴的报复者"形象得以成功树立，所有的企业都明白，谁要跟通用公司争夺市场，通用公司就将跟谁同归于尽。在以后的岁月里，再没有其他公司企图通过价格战与广告战与通用公司争夺市场。

在这里，通用食品公司通过冒险采取的这种"自杀式报复"策略最终成功地使对手感到畏惧且退避三舍。

右手心理学，

把握人性才能掌控人心

现代社会纷繁复杂、瞬息万变，每一个人都无时无刻不在与他人进行沟通和交往。要想从这波诡云谲的人生之海中，绕过波涛汹涌的暗流，驶过错综复杂的险滩，寻找一个人生航向的指南针，必须要多学点心理学。具有了解他人心理变化与动向的本领是非常关键的，它能让你的人生方向不致有所偏颇，摆脱无所适从的困惑；它能让你具有认清环境和辨别他人的能力，使你在风云突变之际，从容地让心灵栖息在生命的港湾。

第一章
慧眼阅人识其品性

在日常生活中，我们要知道一个人性格的大概不难，但要了解他性格的更深层一面，就不是容易看穿了。一个人，从头到脚，从谈吐到举止，都是他性格的外在表现，要了解一个人的内在性格，除了日积月累的友情使双方熟悉以外，还能从他外在的表情、姿势、行为习惯等揣摩。

从眼睛透视对方心灵

眼睛是心灵的窗户，眼睛里隐藏着内心的诸多秘密，要在最短的时间内看透对方心理，不妨先从眼睛开始解读对方。

一、深眼睛

如果一个人眼睛嵌在脸庞的后方，四周有强而有力的眉毛和高高的额骨包围，表示这个人性喜探究，仿佛周遭的一切都经常处在他的一面放大镜之下。其擅长区分极细的细节，可以探测出一个人个性中的小缺陷。就因为这个原因，这个人十分挑剔，除非相当特别的人，否则很难进入他的生活中。

二、两眼相近

这样的人是那种在某一方面能够取得相当成就，但又因为在另一方面未得到他人认同，而沮丧万分的人。他一直认为自己总是在最好的时机上，做了错误的选择。不过，他却又马上指出，这绝大部分是因为别人给了自己不恰当的建议。在他心中，自己怀疑每一个人。事实上，他的疑心病严重到连对待自己都小心翼翼。

三、两眼分得很开

这个人很有爱心，凡事替别人着想，对人生看得很开。虽然他朝着自己的目标前进，但并不因此而盲目，也不因此局限了自己的视野。他乐于帮助他人，一点儿也不嫉妒别人。受其帮助的人，经常问他该如何回报。那些人并不知道，让这个人帮助他们，便是他们给他的最大回报。

四、眼皮沉重

这样的人很可爱。想睡觉的眼睛也是这个模样，因此，睡觉成为他离开人群最好的借口，因为沉重的眼皮，看起来就像只能上床睡觉。不需多说，这人说话必是轻声细语，行事轻松自在，但保守退缩。

五、大眼睛

这样的人的眼睛清澈明亮，反射出一种永远好奇的模样。他喜欢尝试任何事情，即使某件从前做过许多次的事，让其做来都仿佛从没做过一般。睡觉是少数几件令其憎恨的事，因为他讨厌闭上眼睛，即使只闭上一秒钟，他也老大不愿意，因为其怕错过某样东西。

六、弯眉毛

他的个性并不武断，但是个梦想家，喜欢沉浸在轻柔而超现实的优美色彩中。这样的人家里到处都是活泼的抽象造型和极富原创力的设计，而且其乐于在家中招待一群经常往来的艺术界朋友。他可能有点儿善变，不过永远热情洋溢。

七、直眉毛、眉眼相距远

这样的人很大胆，而且能够一眼看穿任何男人或女人。他灼热的眼神很容易穿透他人的心防，甚至粉碎大多数人的保护网。他喜欢证明自己有权威，而且经常这么做，他时常不说一句话，却以冰冷、可以洞悉一切的眼神，凝视着自己的对手。他有一颗深思熟虑和逻辑性强的心。

八、皱眉型

他对任何事都深思熟虑，是个足智多谋、深谋远虑的人，总是静悄悄地退在一旁，并从各种可能的角度去研究事情。在得到任何结论之前，他反复考虑所有可能性。虽然他那深思熟虑的举止，看起来不积极，不过认识他的人，都知道不要去打扰他的思绪，以免惹他生气。

九、眼睛上扬

眼睛上扬，是假装无辜的表情，这种动作是在证明自己确实无罪似的。目光炯炯望人时，上睫毛极力往上抬，几乎与下垂的眉毛重合，造成一种令人难忘的表情，传达某种惊怒的心绪。斜眼瞟人则是偷偷地看人一眼而不愿被发觉的动作，传达的是羞怯腼腆的信息，这种动作等于是在说"我太害怕，不敢正视你，但又忍不住地想看你"。

十、眨眼

眨眼的变型包括连眨、超眨、睫毛振动等。连眨发生于快要哭的时候，代表一种极力抑制的心情。超眨的动作单纯而夸张，眨得速度较慢，幅度却较大，好像在说："我不敢相信我的眼睛，所以大大地眨一下以擦亮它们，确信我所看到的是事实。"睫毛振动时，眼睛和连眨一样迅速开闭，是种卖弄花哨的夸张动作，好像在说："你可不能欺骗小小的我哦!"

十一、挤眼睛

挤眼睛是用一只眼睛使眼色表示两人间某种默契，它所传达的信息是："你和我此刻所拥有的秘密，任何其他人无从得知。"在社交场合中，两个朋友间挤眼睛，是表示他们对某项主题有共同的感受或看法，比场中其他人都接近。两个陌生人间若挤眼睛，则无论如何，都有强烈的挑逗意味。由于挤眼睛意含两人间存有不足为外人道的默契，自然会使第三者产生被疏远的感觉。因此，不管是偷偷或公然的，这种举动都被一些重礼貌的人视为失态。

十二、眼球转动

眼球向左上方运动，回忆以前见过的事物；眼球向右上方运动，想象以前见过的事物；眼球向左下方运动，心灵自言自语；眼球向右下方运动，感觉自己的身体；眼球左或右平视，弄懂听到语言的意义；正视，代表庄重；斜视，代表轻蔑；仰视，代表思索；俯视，代表羞涩；闭目，思考或不耐烦；目光游离，代表焦躁或不感兴趣；瞳孔放大，兴奋、积极；瞳孔收缩，生气、消极。

体型是性格的"投影仪"

在工作或社交场合当中，人们总是把自己的内心包裹得严严实实，要想了解一个人的性格，并不简单。但是，人至少有一样东西是难以包裹的，这就是他的体型。人的体型无法受意识控制，然而却能反映内心。因此，我们可以通过体型识人，来大致判断一个人的性格。

德国精神病学和心理学家克雷齐默尔在 1921 年发表了《身体结构和性格》，最先将体型与性格联系起来，并进行归类和系统研究。

下面介绍六种不同的体型及其相关性格分析。

一、肥胖型

这种体型的人的特征就是在胸部、腹部、臀部厚积了一大堆肥肉。一旦腹部等处屯积大量脂肪，俗称的"中年肥胖"便出现了。这类人能很快适应周围变化的情绪，多属于好动的人，乐于被奉承和偷懒，有时在工作中要点小聪明，其中许多人仍容易被周围的人原谅，是受欢迎的人。

他们的性格特征是活泼开朗，喜好社交，行动积极，善良而单纯，经常保持幽默或充满活力，也有稳重、祥和、温文的一面，经常突然地改变为喧哗或文静态度，属躁郁质类型。

他们当中，有许多人是成功的政治家、实业家，他们的理解力和同时处理许多事物的能力强。但考虑欠缺一贯性，常失言，过于轻率，自我评价过高，喜欢干涉对方言行，好管闲事。

二、略瘦削的健壮型

这类人争强好胜，无论什么事都愿接受挑战。常用"我认为"之类的口气说话。他们拥有坚强的信念，充满自信心，坚持不懈，百折不回，判断及裁决迅速果断。坚信"天生我材必有用"，工作中是值得信赖的好伙伴，商业交往中是好顾客。但是，这种强烈的个性有时向坏的方向发展，表现为硬干到底、专制、高压、不信任他人、态度粗暴，在工作岗位上，如果有人无法默默地顺从他们的意志时，他们就会立即与该人断绝往来。

假如有人不幸和此类人结下怨仇，则由于这类人欠缺思考的柔韧性，一旦在脑海中存在某种思想后，要想改变他的想法就很困难。

这类人缺乏人格魅力。即使才能出众或拥有权力，即使有人顺从迎合他，但都与他保持一段距离，在家庭中也易孤立。

在与这种人接触和交往时，不可以与他对立。因为这类人有攻击性，在自己的正确性被认同之前，必会急切地主张自我的正当性，这类人被认为属于偏执质类型。

三、苗条而有心事型

苗条是针对瘦弱型人的一个常用词，瘦弱型人中许多人都隐藏心事，给人无法接近、无从交往的感觉。

瘦弱女性大都个性刚强，生起气来男人都招架不住。这类人最大的特色是冷静沉着，但其性格相当复杂，存在互相矛盾的地方，属于分裂质类型。对幻想中的事物兴趣大，不让人了解自己内心或私生活，以冷漠面纱包裹自己。

这类人不愿与平常人相交为友，而表现出一种令他人意欲与其接近的贵族气质。他们身上常散发着一股罗曼蒂克情调。

他们专心致志于鸡毛蒜皮的无聊小事，倔强而不肯通融，骄傲而外表冷漠，当无法下决心时，凭冲动裁决事物。天生对文学、美术、手工艺感兴趣，对流行服饰感觉敏锐。对他人的一些小事非常热心，表现出优雅的社交风度。

在与这类人交往时，要知道他们有良心，心细致，生活严谨慎重，又有点迟钝，意志薄弱，是很难交往的人。

四、强健型

这类人的特征是粘液质类型，其第一特征是肌肉发达，筋骨强健，体态匀称，肩幅宽阔，头部肥胖，言行循规蹈矩，一丝不苟，诚实正直，不少人是举重、摔跤选手或公司领导。他们抽屉内井然有序，写字字体经常是一笔一画正楷写成。

这类人的第二个特征是常以秩序为重，讲求规律，每天生活充实，一旦着手某种工作，必坚持到最后完成。

这类人的第三个特征是速度迟缓，说话绕大圈子，唠叨不停，写文章过于冗长，谨慎而周到，洋洋洒洒一大篇。这类人是足以信赖但稍欠缺趣味性的坚硬性人物，容易被妻子提出离婚要求。这类人有顽固执著的一面，也有拘泥于形式思考的习惯。

如果你想控制这种类型的人，不妨偶尔利用闲谈或请客来试试他们。

五、娃娃脸半成熟型

这类人怎么也看不出年纪大小，脸长得像个娃娃，即未成熟型的人。他们以自我为中心，个性很强，又称为显示性性格。

如果话题不是以他们为中心，他们就会不愉快，他们完全不听他人的话，属任性类型。

他们对每一门类都不精通，但拥有广泛的知识，谈吐风趣，擅长搞笑，谈话常用"我……"这样的句式，没完没了。

他们属于天真而无心机的人，但他们自己并不知道自己没有成人个性和思想，所以是个悲剧。如果自己被奉承，就感觉很好，如果被冷遇，就会嫉妒，这时要小心他们变成歇斯底里状态。

如果这类人是女性，你只能担任她的听众。在商场上，要注意这类人，她们轻薄任性，没有主见，受他人意见左右，如果对她过于信赖而受损失，可就追悔莫及了。

六、瘦弱细线条型

这类人强烈的敏感性使其对自己周围的变化非常敏锐，常会过于留意周围人的动静。这类人中绝无脑筋差的人，知识分子较多。这类人无论什么都自我承担一切责任，当他们犯错时，常会说："都是我不好……"

这类人心理不稳定，失衡，心情焦虑，本人却能经常发现自己的这种缺点，具有丰富的感受性、细腻的感觉。文静真诚而又顺从的神经质的性格，给他人的印象是没有自主性、迟钝、性情易变、不易相交。

对于受这类朋友或上司之托的事，一定要确实地实现，遵守约定，注意礼节等。

从女性的发型看穿性格

对于天生重视外表的女性来说，发型也是一张有"表情的脸"，它表现出一个人的风格、情感，起着与人交流的作用。不同的发型显示着人的不同性格，从发型上也能体现出性格心理等许多方面的东西。

女人都爱惜自己的头发，将头发视为"另一半肌肤"，因此通过了解女人发型的变化也能了解其一般的心理状态。

一、飘逸的过肩发

这样的女性比较清纯、浪漫，个性温柔，较为传统，人缘好，朋友多。她们相信女性的天职是相夫教子，在结婚生子后会乐意做全职的家庭主妇。

二、过肩波浪型长发

她们希望留给对方充满女性魅力的印象。这样的女性常常会令追求的男士觉得她是匹勒不着缰绳的野马，必须花尽心思去取悦她。她们的这种态度非常吸引喜欢挑战及有征服欲的男士，因此无论何时，她们的身边都不乏追求者。这种女性对事业有强烈的野心，认为成功的事业是增强自己魅力的筹码。

三、没有任何修饰的长发

有的女性头发笔直得毫无生气，就像干枯的柳条，即使这样了她也从不烫发，不做任何头发护理，因为她认为装扮自己就是在矫揉造作。因此，她们总是素面朝天，不化妆，不穿高跟鞋，衣服是素色的且剪裁简单，喜欢以朴素的形象出现在人前。这类人注重的是内在的东西，希望给别人留下有深度、有涵养、不轻浮的印象。不过这样的人往往因循守旧，缺乏开拓精神和创新精神。

四、披肩发

不长不短的头发，使人看起来既不会太"男人气"，也不会太"女人味"。这类人是中庸之道的拥护者，衣服不会太光艳但也不属于素色，衣服的款式虽然未走在潮流的前端但也绝对不会过时。这类人既不守旧，也不冲锋陷阵去冒险，容易满足于现状，不会勇于开拓，不擅长创新。

五、短发

留短发的女士希望自己看起来精神爽朗，充满生气，所以不介意因此失去了几分女人味。这类人会把自己的生活安排得井井有条，而且必定选择用最简单直接的方法处理事情，嫉恨拖拉，即使是生活上情意缠绵的情怀也是她们所不能理解的。

女性把头发梳得很短，并让它保持顺其自然的状态，说明这个人比较安分守己，甚至是封闭保守的；如果她把头发梳理得很整齐，但也不追求某种流行的款式，则表明她可能是比较含蓄，有较强烈的自主意识的人；在自己的发型上投入很多的精力，力争达到精益求精的程度，说明这是一个自尊心比较强、追求完美、爱挑剔的人。因此追求她的男士必须非常自信，不仅不会被她威风凛凛的外表吓怕，而且能够看到其刚强外表下那妩媚的一面。

六、梳髻

这类女性端庄自律，拥护一切传统并时常提醒周围的人不要忘旧。她们重视家庭、关心亲人，努力维护家庭的秩序和权威。尽管被认为是老古董也毫不改变，反而更加执著于此。

七、扎辫

喜欢扎辫的女性希望给人能够留下干练豁达的印象。这类人的生活往往一丝不苟，少有变动，受到许多原则的束缚。对她们而言，每一件事只有一种正确的处理方法，即真正信奉的只有一个。从更高的层次来说，面对生命也只有一种正确的态度。因此，别人很容易觉得她们鹤立鸡群，而为了维护本身的立场，她们往往自我封闭，将别人的观点拒之于门外。

从男性的发型看穿性格

男人的头发不仅是彰显个人风格的重要标志，而且是某种"个性精神"的标志，因此从发型特征中，我们可以清晰地看出男人的性格特点。

男人的头发在历史上有着极其重要的地位。有人为留发髻而被砍头，也有人为保护长辫而舍弃生命。发型作为一个男人品位和个性的集中体现，在一个男人的整体形象中起着举足轻重的作用。

一、简洁的短发

这一类型的人大多有雄心壮志，其生活总是被各种各样的事情所占据。他们工作细致，但缺乏必要的责任心，在遭遇困难、面对挫折的时候容易选择逃避。

二、飘逸的中长发

留有一头长长的，直直的，看起来显得非常飘逸和流畅的中长发的男人的性格大多界于传统与现代之间，既蕴含世故又大胆前卫，只是要视情况而定。他们通常有很强的自信心，对成功的渴望非常迫切。

三、过肩长发

留过肩长发的男人大多我行我素，讨厌被任何人或事束缚，是自由的崇拜者。他们不愿去做沉闷规律化的工作，具有宁愿我负天下人、不让天下人负我的男性气魄。成长的过程中，他们自认为受到了太多的限制，因此在羽翼丰满时，作为一种反弹，他们决定主宰自我，跟着感觉走，不屈服于别人的命令。

四、波浪型烫发

这类人对流行时尚非常敏感。他们很在乎自己外在的形象，并且知道怎样才能使自己的外在形象达到最佳的效果。他们比较现实，在绝大多数的时候，能够根据客观实际来协调和改变自己。他们能够把握自己的命运，总是积极主导着自己的生活，使之向自己要求的方向前进。

五、前端高梳的发型

将头发前端梳得很高并用护发用品定型的人通常比较保守，个性执著，或者可以说是固执。他们一旦喜欢上了一件东西，认准了某一事物，就绝不会轻易地改变自己的想法及观念。

六、中分短发

将头发剪短从中间平分的人是希望自己在各方面都能够做到面面俱到，左右逢源。这种类型的人目标明确，毫不掩饰自己的野心，有冲劲，会给人一种为达到目标而不择手段的坏印象。但他们知道自己是个有原则的人，不会做出任何违背良知的事情。这类人所具有的野心和战无不胜、攻无不克的冲劲使他不甘心去做一个普通的打工仔。因此年纪很轻的时候，就已经开始创业。他们工作积极，又充满信心，所以在事业上无往不胜。许多时候，他们过快的前进步伐会令身边的人有跟不上的感觉。

七、平头

将头发理成平头使男人的男性形象非常鲜明，有很浓的"男人味"。他们讨厌娘娘腔十足的人，对有骨气的硬汉十分欣赏。他们的思想比较传统和保守，反对对传统进行肆无忌惮的改革，有很重的家庭观念，具有相当温柔的一面，认为男人必须孝顺父母，尽自己的能力去照顾妻儿。这类人在工作方面刻苦耐劳，坚信"吃得苦中苦，方为人上人"。他们总是在尽力表现自己，但做事稍显武断，自视过高。

八、剃光头

喜欢剃光头的人，追求简单、脱俗、飘逸的境界，有简化世间所有现象的倾向。他们多是在努力营造一种能够让人产生误解的氛围，这样很容易给人一种神秘感，让人猜不透他们心里在想什么。他们一方面可能在逃避男女之情，认为恋爱及婚姻只会带来无限的烦恼。另一方面，他们可能在对以前的经历及自我角色进行否定，以期新的生活能使他们备受关注。

九、自然式发型

偏爱自然式发型的人总是怨天尤人，但却从来不从自己身上寻找原因，更不会付诸行动去寻求改变。这类人容易向别人妥协，所以很多行动的产生只是迫于压力，而并不是真正地发自内心想做的。

十、各种奇怪的发型

故意把发型弄得很怪的人表现欲望很强烈，他们希望自己能够吸引更多人的目光。他们有什么就说什么，通常不考虑他人的心情和感受。这类人对任何事情都有自己独特的见解和认识，并且会始终坚持自己的立场。他们敢于不屈不挠地与权势对抗。尽管这些人的行为有时显得让人有些难以接受，但仍然能够得到不少人的尊敬。

通过皮肤可以看出什么心理特质

随着时代的进步，我们对皮肤的了解越来越深入，对皮肤的分析解剖，不再局限于医疗方面，也开始利用皮肤来辨识一个人的体质结构、心理特质。

面对不熟悉的人，我们通常会认为皮肤粗糙的是体力劳动者，皮肤细腻的是脑力劳动者。毕竟，体力劳动者长年累月暴晒于阳光之下，皮肤想不粗糙都难。同时，这类皮肤粗糙的人还伴有毛孔粗大、毛发粗硬、大手大脚、身材粗壮、声音浑厚等特征。他们往往被视为身体健壮、个性爽朗、行为鲁莽的代表。

这种认识有一定的合理性，但并不是所有皮肤粗糙的人都一定是体力劳动者，世界知名小说家杰克·伦敦、雕塑家罗丹、大文豪托尔斯泰就是例外。他们虽然皮肤粗糙，却极具智慧，富有同情心和创造力。皮肤粗糙的人身上的某些特征，与自身的体形特征相辅相成，显示了他们的勇敢大胆、直言不讳、勇于挑战的心理性格。还有台湾作家三毛，一身古铜色皮肤，显示了她对自由动荡生活的热爱。如果没有终年浸在阳光下的经历，也就无法造就一身古铜色的皮肤。

再来看看皮肤细腻的人。一般而言，这类人通常拥有柔软的毛发、纤巧的五官轮廓，看起来赏心悦目。这类人很爱美、喜欢幻想、看重事物的品质。如果你有一位这样的女性朋友，你会发现，她购物时喜欢反复比较，很难买到一件称心满意的商品。她选择聚餐地点时，注重餐厅四周的气氛远胜过食物本身。

牙齿能体现人的教养

牙齿，是人外表的一部分，能体现出一个人的卫生习惯与教养。

你知道吗？美元上的华盛顿肖像看起来似乎有一口整齐而健康的牙齿，但事实并非如此。华盛顿患有牙周病，很早就是满口假牙了。由于当时制作假牙的技术很差，只要他张口一笑，假牙随时有可能掉下来，所以华盛顿的各种肖像都鲜少展露笑脸。唯独拍摄美元上的华盛顿头像时，摄像师让华盛顿取掉假牙，在他口腔内暂时填上棉花，才勉强拍出了一张面容最自然的照片。

现代人也越来越重视牙齿给人留下的印象，注重洁牙护牙。但是，我们依然可以从牙齿轻易地看出一个人的年龄和性格。大多数人对自己的年龄都守口如瓶。其实，只需观察一个人的门牙，就可以看出一个人的年龄。门牙上下各4颗。儿童满7岁时，门牙已经长齐，外形有点像锯齿，到16岁或18岁，牙齿上部尖尖的锯齿状才会被磨平。如果你发现一个人的门牙还是尖尖的，这个人肯定还很年轻。

如果牙齿松动或牙齿的问题越来越多，如莫名其妙出血、吃饭塞牙等，说明这个人真的老了。很少有人能正视自己的衰老，但华盛顿做到了。我们要全面地认识华盛顿，就要联系他只剩下两颗牙齿的现实，他的行为也跟这两颗牙齿密切相关。他有自知之明，知道牙齿的脱落是身体衰老的明证。一个只有两颗牙齿的人不足以支撑一个新生的百业待兴的国家。华盛顿主动弃权，回到家乡平静地度过晚年时光。这种正视，除了说明华盛顿作为一个人具有纯真、诚实的品格之外，还说明他对其他健康生命的尊重。

牙齿，不仅能看出一个人的年龄，也能看出一个人的性格。一般说来，牙齿洁白整齐而坚固，又与脸形相衬的人，性格开朗、乐观、热情，且富有行动力；牙齿排列不整齐的人，情绪波动较大；龅牙的人，多心直口快，做事比较马虎；门牙大的人，则外向、好动。另外，一个人牙齿的清洁度也说明了他受教养的程度，牙齿上残留的饭粒菜渣比穿一件脏衣服更能体现这个人的教养之缺乏。牙齿洁白与否也是相同的道理。

嘴巴的大小暗示了交际能力的高低

嘴巴是一个人对外沟通的工具，可以从中看出性格的很大一部分特征。

一个人嘴巴的大小，暗示了这个人交际能力的高低。民间谚语说，"大嘴吃四方"。大嘴的人，有远大的梦想和抱负，有志气，性格明朗开放，比小嘴的人社交能力更强。小嘴的人做事小心翼翼，求知欲强，考虑事情较周密。

此外，薄唇的人，情感淡薄、固执坚定；厚唇的人，重感情、为人豪爽、热情奔放。唇端向上的人，善理财，能创业；唇端向下的人，妒忌心较强。上唇突出的人，在情感上倾向被动；下唇突出的人，在情感上很主动。

进一步仔细端详嘴唇周围的肌肉，能让你更深入地看到这个人的内心。嘴唇周围的一圈圆形肌肉牵动着唇纹的深浅，暗示了这个人对待友谊的态度。唇垂纹越深，表明这人待人越真诚，很重视友谊。面颊上如果有从嘴角向外的线纹，说明这人热情好客，不管对方的身份、地位，他都会热情接待。下唇肌肉过于下垂，拉长了上唇的人，说明他压力大，沮丧的心情主导了他的精神。

从声音透视对方特性

人的讲话声音特点与性格之间有莫大的关系。

说话声调平稳的人，心态稳健，性格持重。如果加上声音洪亮，中气较足，这样的人一般都是单位领导。这样的人在职场官场容易升迁，容易给人留下成熟稳健自信的印象。

说话语调较轻的人，为人小心谨慎，比较内敛。若有气无力，同时语调不平稳，话尾不清，反映出为人内向或胆小，或心神游移。这样的人一般境遇不太好，比较悲观。

说话语气抑扬顿挫，节奏分明，像唱歌一样的人，一般具演员气质，表现欲较强，喜欢自我欣赏，为人比较圆滑。

说话语气很急很冲，声音很大的人，性格急躁而任性，自控能力较差，信心不足。

语气低沉，说话时由牙缝深处发出声音的人，怀疑心大，性格执拗，有自大倾向。

语势及音色均不规则，经常发生变化的人，思维活跃，爱幻想，做事三分钟热度，性格轻率，易产生挫折感。

话语沉稳有力，语速适中，讲起话很少犹豫的人，精力旺盛，有领导欲和控制欲，有勇气和自信心。

讲话声音比较尖利刺耳的人，一般性格比较复杂古怪，悟性较差，很难合理把握自己的言语举止，给人坏印象，尤其是男人。

声音沙哑的人，性格豪放不羁，享乐欲强，有野性成分，尤其是女人。

女性的声音如果像男性，她也具有男性的性格，直率，粗心，不喜欢做家务，有同性恋倾向。

男性的声音如果像女人，他也会具有女性的性格。敏感，细心，多疑，易有洁癖，有同性恋倾向。

无论男女，声音无力，语尾听不清楚的人，不论做什么事情，都难以获得成功。

跟人说话时，显得唐突的人，不论男女，假如不是很粗野，便是很害羞，否则就是非常纯朴。

讲话木讷之人，他们看起来虽然马马虎虎，但却十分有人情味，对感情渴望，外冷内热，尤其是男人，属家庭主夫类，能操持家务。但也属比较不容易想开事情的人。

说话时高声尖叫的人，性情促狭，爱计较和辩论。容易激动，容易歇斯底里发作。虚荣心很强，缺乏诚实感。

从口头语看对方的个性

口头语因人而异，五花八门，是不同的人不同个性的体现。

心理学家指出，每个人都有口头语。口头语虽无实际的意义，却是在日常说话时逐渐形成的。其所以形成某一口头语，和一个人的性格有一定的关系。例如不少人常说的口头语"差不多"，便反映了"随便"、"圆滑"等性格。

一、"说真的"型

常说"说真的"一类口头语的人，有一种担心对方误解自己的心理，所以在说话时加"说真的"，以表明自己的重视程度。说这种口头语的人，性格有些急躁，内心常有其他想法，故用"说真的"来表白。这一类型的口头语还有"老实说"、"的确"、"不骗你"等。

二、"应该"型

常说"应该"的人，也常说"不该"。这一类的人，自信心极强，显得很理智，为人冷静。自认为能够将对方说服，令对方相信，另一方面，"应该"说得过多时，反映了有"动摇"的心理。"必须"、"必定会"、"一定要"……也属这一类型的口头语。

三、"听说"型

"听说"这一个口头语不少人常用，具有一种给自己留有余地的心理。这种人的见识虽广，决断力却不够。明明是事实，如果是他人说的话，便会说"听说……"。类似"听说"的口头语有"据说"、"听人讲"……很多处事圆滑的人，都有这类口头语。

四、"可能是吧"型

"小帆和阿庚闹翻了，可能是性格不合吧。"说这种口头语的人，自我防卫本领很强，不会将内心的想法完全暴露出来。在处事待人方面冷静，所以，工作和人事关系都不错。"可能是吧"这类口头语也有以退为进的含义。事情一旦明朗，他们会说"我早就估计到这一点了"。类似的口头语有"或许是吧"、"大概是吧"等。这一类口头语都隐藏了自己的真心。

五、"但是"型

"我虽然很想去，但是……""这事好虽好，但是我不能做。"常说"但是"这一口头语的人，有些任性，所以，总提出一个"但是"来为自己辩解，"但是"这一口头语，也是为保护自己而使用的。从另一方面看，"但是"也反映了温和的特点，它显得委婉，没有断然的意味。类似的口头语有"不过"等。从事公共关系的人常有这样的口头语，因为它的委婉意味，不致令人有冷淡感。

六、"啊""呀"型

"啊""呀"，常是词汇少，或是思维慢，在说话时利用间歇的方法而形成的口头语，年幼时受到宠爱，也会养成说这种口头语的习惯，因此，说这种口头语的人，应是较迟钝的，也会有骄傲的性格。类似的口头语有"这个、这个"、"嗯、嗯"……因怕说错话，需有间歇来思考。

对方怎样和你握手

所谓"一样米养百样人"，在人浮于事的社会，最要紧是带眼识人。握手是见面的礼仪，亦是友好的表现，想在交往前摸清某人的底细，与对方握个手便可见端倪。

美国心理学家伊莲嘉兰曾对握手的含义进行了分类，分析认为握手有8种类型，每种类型代表着不同的含义，显示出不同的性格。

一、摧筋裂骨式

握手时大力挤握，令对方感到痛楚。这种人精力充沛，自信心强，组织领导能力超卓，但可能是个独裁专断者。

二、沉稳专注型

握手时力度适中，动作稳实，双眼注视对方。这种人个性坚毅、坦率，有责任感，善于推理，经常为人提供建设性意见，能得到别人信赖。

三、漫不经心型

握手时只轻柔地触握。这种人随和豁达，凡事不为人知。

四、双手并用型

握手时习惯双手持握对方。这种人热诚温厚，心地善良，喜怒形色，爱憎分明。

五、长握不舍型

握手时握住对方久久不放。这种人感情丰富，喜交朋友。

六、用指抓握型

握手时只用手指抓握对方而掌心不与对方接触。这种人性格平和而敏感，情绪易激动，心地善良。

七、上下摇摆型

握手时紧抓对方，不断上下摇动。这种人极度乐观，对人生充满希望，热诚积极，受人欢迎。

八、规避握手型

有些人从不愿意与人握手。他们个性内向羞怯，保守但真挚，不轻易付出感情，一旦建立友谊，会使情比金坚。

仔细观察对方的名片

从一个人的名片上，也可以看出他为人的方方面面。

一、喜欢在名片上用巨大字体印上姓名的人

大多与医师、自由职业等有关；爱好粗大字体的人，多是从事个性强的职业，也是个性强的人物。

二、名片印刷喜欢使用材料、色泽、形状怪异的人

大多爱表现自我、个性独来独往、好恶偏激、依赖心强、动辄掉泪。这种人对于喜欢的人是仁至义尽、关怀备至；但因为感情用事、缺乏协调性，易被他人出卖、为人所欺。

三、名片式样特殊的人

功名利禄的心理强烈。若把姓名文字细小地排在名片上，表示其人相当谨慎、小心、思前顾后。

四、名片上没有印上头衔或职称的人

具有善变的个性、独创力卓越，但不善于管理和指挥他人，也不能被人所用。

五、名片上没有印上自宅通讯处的人

对工作也缺乏责任感的人就不会在名片上附注自宅通讯处，以避

免自找麻烦及使自宅变成办公事务所。

六、同时具有两张名片的人

大多是在本职之外尚有其他兴趣。

七、到处散发名片的人

属于特意想贩卖自己的野心家类型，自我显示欲强烈。

万种帽子万种人

帽子的功能早已不再局限于防寒、保暖，而是能够显示出一个人的品位、地位等许多方面的信息。它也可以作为一种装饰品，使一个人的个性得以展现在众人面前。

戴的帽子风格不同，其性格也各有千秋。

一、爱戴礼帽的人

戴礼帽的人都自认为自己稳重而有绅士风度。他们的愿望是让人觉得自己散发着沉稳和成熟的风格。他们经常表现得热爱传统，喜欢听古典音乐和欣赏歌剧，有时他们甚至站出来反对那些他们自认为是糟粕的东西，要求政府出面制止这些大逆不道的行径。他们欣赏一个男人穿西装打领带，一个女人穿套装旗袍，对那些袒胸露背穿超短裙的女人不屑一顾。

无论在什么时候，他们所穿的皮鞋总是擦得锃亮，而且所穿的袜子也一定给人以厚实的感觉，即使是炎热的夏季，他们也讨厌穿着凉鞋和拖鞋走路。由于他们看不惯很多东西，所以他们很清高，有些自命不凡，认为自己是干大事的人，进入任何一个行业都应该是主管级的人物。可惜他们过分保守并且缺乏冒险精神，循规蹈矩，按部就班，成就并不大，所干的事业也不是非常地顺心。

在友情上，他们的朋友会觉得他们保守、呆板、不容易掏真心话，不知变通，甚至城府颇深。他们和任何一个朋友之间的友谊都不能保持应有的深度。他们有时也会试图努力去改变，但他们天生的性格使他们难以表达自己的心思，有时反而会弄巧成拙，适得其反。

二、爱戴旅游帽的人

旅游帽子既不能御寒也不能抵挡太阳的照射，纯粹是作为装饰之用。戴这种帽子的人多半是用来装扮自己，以此来给人某种气质或形象。在某些情况下，戴上它还别有意图，用来掩饰一些他们认为不理想或者有缺陷的东西。因此他们不是心地诚实的人，凡事喜欢遮遮掩掩，不肯以真面目示人，是善于投机的人。真正了解他们的人很少，一般人看到的只是他们的表面。

由于他们过度聪明，往往恃才傲物，自以为是，在别人面前既唱红脸又唱白脸，以为自己做得天衣无缝，其实别人早已看出他们是个不可深交的人。因此他们真正的朋友不多，即使有也多是在做表面文章，面和心不和。在事业上，这种人也惯用他们那套投机之术去钻营各种空当。虽然有时也会收到不错的效果，但终究不会有大的成就。

三、爱戴鸭舌帽的人

戴鸭舌帽的人希望能显示出稳重、忠实的形象。他们认为自己是客观实际的人，从不虚华，面对问题时，总能从现实出发，不会因为小节而影响整个大局。

有时候他们也会觉得自己很老练，在与别人打交道时，喜欢兜圈子，即使把对方搞得晕头转向，也不直接说出他们的心思。这是因为他们自我保护意识很强，想留给对方神秘的印象，不愿轻易让别人了解他们的内心。他们不是攻击型的人，但很会保护自己。他们很少伤害别人，但也绝不容许别人伤害他们。

在生活中，他们比较会敛财聚物。他们不相信能不劳而获或少劳多获，而是恪守一分耕耘、一分收获的信条，艰苦创业，从不懈怠。他们认为他们所拥有的财富来之不易，所以他们从不乱花一分钱。

四、爱戴彩色帽的人

这类人对色彩敏感，清楚在不同的场合、穿着不同颜色的服装，应该戴不同色彩的帽子，属于天生会搭配且衣着入时的人。他们喜欢色彩鲜艳的东西，对时下流行的东西非常敏感，每当出现新鲜玩意，总是最先尝试，是那种"敢为天下先"的人。他们希望人家说他们的生活过得多姿多彩，懂得享受人生，并且总是以弄潮儿的身份走在时代前列。与此同时，他们有着一颗不甘寂寞的心。他们精力旺盛、朝气蓬勃，经常邀请伙伴们一起玩耍，尽情玩乐。尽管如此，却也难以抚平他们那颗不安的心，他们的内心依旧充满空虚感。

对于工作，他们的热情和消极是成反比例的，这样有时会为他们带来一定的好运。当他们热情起来时，就像有使不完的劲，一旦感到无聊时，空虚感马上袭满他们的心头。

五、爱戴圆顶毡帽的人

这纯粹是一种老百姓的派头。他们对任何事情都非常感兴趣，却从不喜欢表达自己的看法，即使有看法也是附和别人的观点，好像很没主见似的。从某种程度来讲，他们确实就是这类人，但他们并不是没有主张的人，而只不过是不愿随便得罪任何一个人罢了。

从本质上讲这种人是个忠实肯干的人，追求平衡踏实的生活。在他们平和的外表下，有自己执著的观点，他们相当痛恨不劳而获的人，认为付出才有收获。他们有着正直的金钱观，相信君子爱财，取之有道，他们从来不让不义之财玷污自己的手指。

领带是男人的心理名片

领带是男人非常重要的配饰，不同类型的男人，佩戴的领带自然也各有千秋。

领带是服装中很醒目的佩件之一，系在衬衫领子上并在胸前打结，广义上包括领结。它通常与西装搭配使用，是人们（特别是男士们）日常生活中最基本的服装饰品。领带常能体现出佩戴者的年龄、职业、气质、文化修养和经济能力等信息，它的产生受地理气候、生活习俗及审美情趣的影响，也是社会政治、经济、文化发展变化的一种客观反映。同时，它作为物质与文化的产物顺应着历史的潮流，处于不断地演变发展之中。它同其他服饰一样是人类独有的文化特征。

有些人认为领带是对于个性的束缚，著名的西班牙诗人费尔南多·贝索阿就把领带比作是"绞索绳"，认为它毫无使用价值，也有一些设计流派和个性族群在尝试着放弃领带这一传统，但几经服饰王朝的兴衰和潮流观点的更迭，领带的风行依然故我。

那么，领带有着如此强的生命力的原因是什么呢？心理学家经过研究认为，领带是象征男性的一种服饰。就如同女性可以通过裙子、高跟鞋、紧身胸衣来表现女性特有之美一样，领带也许就是男性用来表现其特性之美的方式了。

在当今的社会环境下，男士的形象就是走向成功的第一步。文雅、沉稳、温情是文明社会对男士的形象要求。领带作为男士服饰的一部分，充分体现了其丰富的内涵，为男士独特而深沉的内心世界作了最好的形象注释。因此，领带在经历了服饰潮流的漫长考验后，随着人类文明的迅猛发展和审美时尚的不断更新，以它独有的灵魂和个性愈来愈受男士的青睐和推崇。

因此，我们可以从男士对领带的选择与喜好上看透对方的个性与心理等信息。

平时男士所系的领带主要有以下几种：

一、素色领带

选择这款领带的人给人平易近人的印象。他们往往遵循正统，不知变通，希望营造自己沉稳、成熟、值得相信和依靠的形象。另外人们也有可能是出于改变自己形象的目的来选择素色领带的，比如初入职场的年轻人。

二、鲜艳色领带

选择这款领带的人自我主张强烈，但个性欠成熟，缺乏独立自主的精神，希望借领带强化自己，营造出"态度积极""充满活力"的形象。有时，胆子小的人出于掩饰自己缺点的目的也会选择这样的款式。

三、碎花领带

这是比较节制的一种打扮，非常有分寸。选择这款领带的人通常是性格极其稳定的类型。决断力强，知道自己处理事情的时候该从何处入手，能够有条不紊地进行，最终妥善地解决。他们公私分明，不会因为感情上的波动而影响自己的工作。

四、斜纹领带

斜纹领带是比较正统的款式。选择这款领带的人适应能力强，善于与周围的人沟通协调，能够得到较高的评价。这类人倾向于维持现状，通常无大功亦无大过。他们对交给的工作踏实努力，会尽力完成。不过，由于缺少挑战精神和新思路，所以与大的成功无缘。

五、有大而艳的花纹的领带

佩戴这种领带的人对所有事物都怀有强烈的好奇心，头脑灵活有创意，创造力强。他们喜欢新鲜事物，愿意承担富有挑战性的工作。但他们喜新厌旧，无法忍受一成不变。

六、有卡通人物、动物图案的领带

领带上某处有卡通、动物图案的人，通常是希望用不同方式来显示自己。他们的心态不能用单纯的幼稚来形容。这类人可能曾有过不悦的经历或过于拘泥于小节。他们的性格有点别扭，容易对别人进行苛刻的评断。

七、名贵领带

选择名贵领带的人一般有两种：一种是出于自己职业、职位、个人气质、品位等方面的考虑，选择适合自己的名贵领带，这些人通常在西装、衬衣、鞋子等方面也舍得投资，无论何时何地总是衣冠楚楚，穿着得体；另一种则是出于爱慕虚荣的心理，他们常常选择名牌标记印在显眼位置的领带，为的就是使别人能够一眼看到，达到炫耀自己的目的。

八、红领带白衬衫

象征火一般的热情和纯洁的心，是积极奔放与和平祥和的结合。他们希望自己成为被关注的焦点，能够令别人刮目相看。

九、蓝领带白衬衫

沉稳颇有君子风度，风度翩翩，事业心极重。他们喜欢速战速决的闪电式工作，擅长抓住机遇，但略显急功近利。

十、绿领带白衬衫

选择这样搭配的人富有青春的活力与朝气，对事业有信心，生活态度积极，但却不免性情鲁莽，自制力差。

十一、花领带蓝衬衫

丰富多彩的颜色充满了诱惑，选择这样领带的人具有很浓的市侩气，喜新厌旧，见异思迁，对爱情不专一。

十二、黑领带白衬衫

这种人阅历丰富，做事稳重，见多识广，有明确的人生目标并为之不断努力。他们善于明辨是非，极富正义感。

十三、黄领带绿衬衫

这类人具有诗人或艺术家的气息，性情温和，对人友好可亲。他们敢于走自己的路，按照自己的理想设计人生，富有创造力，对许多事都怀有自己独到的见解。

十四、灰领带黑衬衫

这类人思想消极，没有干劲，对任何事都容易放弃，人生的态度也是模棱两可，可能是一个厌世主义者。

十五、黑领带灰衬衫

这种打扮总让人觉得不太舒服。多数性情阴沉，心中压抑、忧郁，心胸狭窄，人际关系差，常常变换工作环境和生活环境。

十六、绿领带黄衬衫

这样搭配的男人充满朝气，富有活力，聪明，办事果断，对任何事都充满信心和干劲，生活态度积极向上，但自控力较差。

小饰品戴出人内心的秘密

饰品在现代人的生活中扮演了十分重要的角色，通常看一个人戴什么样的饰品，能大概知道他是个什么样的人。

现实生活中，人们经常喜欢借用饰物来装扮自己。心理学家发现，不同性格的人对饰物的形状、大小及颜色的要求不尽相同。

首先，在饰物形状选择上：

一、喜欢圆形款式的人

这类人中，女性拥有极强的家庭观念，有一定的依赖性，但比较容易满足，性格属恬静型；男性则性情温和、亲切、平易近人，具有强烈的责任心，能够带给人安全感。

二、钟情于椭圆形款式的人

女性具有较强的独立性和创造性，不论在生活中还是事业上，都能够独当一面，往往容易得到上司的欣赏和器重；男性则富有正义感、具有超群的领导能力，易得到大家的认可。

三、偏爱心形的人

女性性情细致、体贴入微，而且浪漫活泼，感情丰富，富有女人味；而男性则热情大方，乐于助人，对爱情执著，具有很强的社交能力。

四、偏爱长方形或方形款式的人

女性生活态度比较严肃认真，做事井井有条，坦诚、坚强；而男性则处事沉稳，具有很强的洞察能力，理性思维胜过感性思维，精力充沛。

五、偏爱梨形款式的人

女性多表现为追求时尚的现代女人，容易接受新鲜事物，勇于探索，具有较强的适应能力；男性则禀性坦诚、外向，懂得尊重他人。

其次，在饰物大小选择上：

一、小巧精致的饰物

这类饰物多半会为活泼好动、性格开朗的女性所喜欢。相对于女性而言，这样的饰物一般比较容易打动性格豪放型的男性。

二、大而不张扬的饰物

这类饰物则多为性格恬静、温顺柔和的女性所钟爱，同时也会成为沉默寡言型男性的首选。

最后，在饰物颜色选择上：

一、喜欢红色饰物的人

他们个性积极进取，充满活力，朝气而又富有热情，对人生充满希望，不断激励自己迈向人生一个又一个的成功阶梯。即使跌倒，还会坚强地站起来继续向目标挺进。总而言之，这类人喜欢在挫折中前进。

二、喜欢绿色饰物的人

对新奇的事物充满兴趣，对朋友多会表现为热心过度，帮助别人之时，常常给人留有好管闲事的印象，让人觉得不能忍受，惹人生气，但他是一个懂得享受生活的人。

三、喜欢灰色饰物的人

拥有很强的责任心，从来不会把分内的工作推给别人，无论多么辛苦也尽量独立完成；品味与众不同，并拥有自己的一套做人做事原则，不过有时做事过于激进，缺乏周详的考虑。

四、喜欢黄色饰物的人

向往过富丽堂皇的生活，重面子，讲究排场，并以此为目标激发自己不断上进，成功与胜利的祝贺经常在耳边，使其对人生充满期待。

五、喜欢黑色饰物的人

善于思考，思维清晰且具有很强的理性，乐于帮助人，同时又是一个理想主义者。

六、喜欢棕色饰物的人

重视名誉与尊严，总喜欢在平淡的生活中为自己设定目标，待人宽厚，从来不会和朋友计较过多，喜欢安分守己，是个平凡可靠的人。

七、喜欢紫色饰物的人

喜欢具有挑战性的生活，渴望刺激，懂得不失时机地表现自己的魅力，热情又好奇，总能让生活变得多姿多彩。

八、喜欢蓝色饰物的人

是个典型的实干家，具有很强的执行能力，喜欢出席各种社交活动，但此时要注意关心周围的人，否则可能会因为出席活动过多而忽略了对方的情感。

T恤是个性的标语

T恤充满了活力与动感，是一种几乎适合所有人的服装。我们可以从人们对T恤的选择上看出穿着者的个性。

一、无花彩色T恤

选择没有花样的彩色T恤的人大多数性格比较内向，不爱张扬，自我表现的欲望也不是特别的强烈，他们甚至可以甘于平凡和普通，做一个默默无闻的人。但他们非常富有同情心，在自己能力许可的条件下会去关心和帮助他人，常有匿名捐款之类的举动。

二、无花白T恤

选择没有花样的白色T恤可以说是一种刻意的选择。他们个性比较独立，是传统的拥护者，不会轻易地向世俗潮流低头。他们往往具有一定程度的叛逆性，尽管这种叛逆往往并没什么理由，他们表现叛逆的形式也不是特别地明显和恰当，甚至是令人质疑的。

三、标语式T恤

他们把"支持'安乐死'"之类的理想像旗子一样挥舞着，忙于奔走疾呼为自己赢得支持者，但心底里却隐隐希望和某人争辩一番。

这种类型的人颇具同情心，道德观念非常强烈。他们总是在寻觅和选择与自己理念相同的朋友，对自己意见相左的人根本无法容忍。

四、印有明星画像、名字之类图案的 T 恤

喜欢穿印有明星的画像及与之有关的图案的人以追星族居多。他们对那些人有无限的崇拜，将其视为自己成功的自我设定，并且希望自己有朝一日能像他们一样，同时也很乐于向别人表达自己的这种心理。

五、印有学校、单位名称的 T 恤

穿着印有学校名称或大公司的标志装饰的 T 恤，仿佛是在告诉别人自己就读于该学校或在该公司工作。这类人对自己所在的学校和公司具有一定的荣誉感，希望他人知道自己的身份。他们希望能够以此为载体，吸引一些志同道合的人来进行交往。

六、印上自己名字的 T 恤

穿着印上自己名字 T 恤的人，思想比较前卫，对一些新鲜的事物接受很快，对陈旧迂腐的老观念相当排斥。他们性格外向，爱结交朋友，为人真诚热情，人际关系非常好。他们的自信心很强，有一定的随机应变能力，懂得自我推销。

七、印有幽默语言的 T 恤

喜欢在 T 恤衫上印有一段幽默标语的人性格外向，非常具有幽默感的他们总是对生活抱有乐观豁达的态度。他们具有很强的表现欲望，希望自己能够吸引别人的注意，成为众人注视的焦点。

八、名胜景点纪念 T 恤

喜欢穿着著名景点的风景的 T 恤，想要传达的是对旅游和冒险的热爱。这一类型的人对旅游总是情有独钟。他们的性格多是外向型的，对新鲜事物有着很强的接受能力，自我表现欲也超过常人，希望把自己所知道的一切都传达给他人。他们性格乐观，乐于助人，对别人对自己的看法不甚在意。

九、破旧的 T 恤

选择这种另类 T 恤的人，往往是为了寻求一种优势或彰显一种无

所畏惧的精神。他们会对自己在"战场"上留下的伤疤颇感自豪，还会若无其事地展示给别人看，他们不会在意别人不解或是嘲笑的眼光，有时甚至把那当做是一种赞美。

从手表佩戴阅读男人性格

对于手表的选择，也能看出一个人的喜好与个性。

一、稳重务实型

这类型的男人多半会佩戴各种品牌的正装系列，虽然购买力不同，表的档次也有差异，但共同点是追求朴素踏实，有这样一只表在手，基本可以应付各种场合了。这样的男人是传统意义上的"好男人"，四平八稳，没有花哨的钻饰和让人眼花缭乱的多功能，就是这样简简单单的但却值得女人去依靠和信赖。

二、时尚运动型

这一型的男人永远有一颗年轻的心！别以为潮流和酷炫只是小青年的专利，许多三四十岁的大男人腕上佩着直径 40mm 以上的大表，或是表盘上密密麻麻的计时圈，让人一看就知道这样的男人一定是有趣且善于享受生活的。和这样的男人在一起，生活充满了新鲜和刺激感，当然了，保不准也会有一些情感上的意外哦。

三、张扬炫耀型

钻石、黄金，是这一型男人不可少的装备！手表当然也不例外地要被用来提升他们的价值了，表盘表链全镶钻当然最好，实在不济也至少先把刻度和表圈给武装起来嘛。这样的男人一伸手，先不用说话额头上就已经刻上了俩字：有钱！而且是愿意让所有人知道他有钱。碰上这样的男人，女人要先掂量自己是否年轻且貌美，够得上成为他身边另一张值得炫耀的活名片，否则，免谈。

四、标新立异型

他手上的表绝对不会是主流品牌，也不会是大众款式。因为不愿和一般人重样，但因为经济能力所限，无法购买价高稀缺的表款，那一些相对冷门的品牌就成了他们的选择，既脱离了俗套又不至于瘦了钱袋。这类型的男人性格中有强烈的自尊心和小小的自卑感，女人若和他们相处，可要小心照顾好他们的面子哦。

五、实力内敛型

这种男人已经不需要用黄金钻石来证明他的实力了，他戴的表可能一般人都不认识，也没机会认识，没关系，要的就是这种低调的精致，于细微处透出的深厚内力。这种男人应该是豁达的，对生活有着独特的见解，当然了，他年纪应该也不小了，看看他身边的女人，会发现一个共同点，那就是智慧。

手机是心灵交汇的驿站

用什么样的手机，也可以透露出一个人的性格类型。

目前市面上的手机款式大致可以分为三类：直板、翻盖和滑盖。你喜欢的是哪种呢？

一、喜欢直板手机的人

通常这类人性格比较直率、坦白，习惯将心中的感受表露出来，不介意别人的目光，也不在乎是否会被人看穿，不太懂得保护自己，在性格上倾向于外向。

二、喜欢翻盖手机的人

通常这类人性格较为内敛，不善于表达自己的感受，也不愿意向别人吐露自己的心事，习惯保护自己，介意或是害怕被人看穿，在性格上倾向于内向。

三、喜欢滑盖手机的人

通常这类人对于时尚比较敏感、在意，懂得适当地保护自己，会向别人有限度地吐露心事，在性格上介乎于外向和内向之间。

钥匙的挂件透露出来的个性

虽然只是一个小小的钥匙圈，可是借此也可以看出他的个性走向。

一、选"可爱的人偶或娃娃"

这类人的想象丰富，只是脾气有时不容易控制，在职场文化中，常常会听不懂别人的"言外之意"，或是举止有容易冲动的倾向。

二、选"重金属的图案"

第一次看到这种图案，大家常会有被吓到的感觉，直觉反应就是这类人很血腥很暴力，其实这只是他们的伪装色，事实上他们是那种内在非常害羞，又没自信的装酷人物。

三、选"有特殊意义的符号或图案"

这一类的人，喜欢别人对他付出许多，希望不管什么时间和空间，别人都能持续给他关怀和鼓励。但他自己却对爱情极为压抑，并不喜欢把爱情挂在嘴上。

四、选"铃铛"

他的心思颇为细腻，很重视生活的细节，是典型的当别人忘了什么重要日子，就会气得不理对方的人，但相对的，他也会记得每个他和你值得庆祝的日子，或是你的生日等重要日子，他就会精心营造浪漫的气氛。

左手博弈论
右手心理学

——大全集——

（第三卷）

张维维　编著

中国华侨出版社

背包表现出来的性格密码

和服饰一样，随身背包同样可以显示出人的个性，装点个性人生。随身背包的颜色、质地、款式、品牌，无不蕴藏着主人的情趣和境遇。它们在一定程度上可以向外界传达人的个性信息。

一、喜欢大众化随身背包的人

他们的性格也比较大众化，没有什么特别鲜明的、属于自己的个性。这类人思想平庸、狭窄，成就不大。

二、喜欢独树一帜、标新立异背包的人

他们通常拥有很强的个性，看事情都能够从自己独特的思维、视觉等角度出发，凡事喜欢理性思考，经过分析后，再作出选择。这一类型的人通常具有浓厚的艺术细胞，喜欢我行我素，不被人限制，同时他们还具有敢冒风险的精神，有胆有识。如果不出现什么意外，自己又肯努力，将会在某一领域做出一定的成绩。

三、喜欢具有浓郁的民族风格、地方特色的随身背包的人

具有较强的自主意识，是典型的个人主义者。他们个性突出，往往有着与他人截然不同的衣着打扮、思维方式等。他们在人际交往过程中，不善于营造和谐、融洽的气氛。

四、喜欢超大型随身背包的人

他们性格多是那种自由自在、无拘无束，容易与他人建立某种特别关系的人，但是关系一旦建立以后，也会很容易破裂，这或许是由于他们的性格使然。他们对待生活的态度多表现为散漫，缺乏必要的责任感。虽然他们自己感觉无所谓，但却并不是被所有人都能容忍和接受的。

五、偏爱休闲式随身背包的人

他们的性格平和，喜欢无拘无束，喜欢从事伸缩性较强、自由活动空间较大的工作。这类人大多懂得享受生活。他们对生活的态度比较随便，不会苛刻地要求自己。他们比较积极和乐观，也有一定的进取心，能很好地安排工作、学习和生活，做到劳逸结合，在比较轻松惬意的氛围里把属于自己的事情做好，并会小获成功。

六、喜欢把随身背包当成一种装饰品，不在乎其实用性的人

喜爱这一款式随身背包的人，多是生活阅历比较浅，没有经历过生活磨难洗礼的人。他们比较脆弱，一旦遭遇挫折将不堪一击，容易妥协或做出让步。

一般来说，这种小巧精致、不实用、装不了什么东西的手提包，多会被年纪轻、涉世不深、比较单纯的女孩子所崇尚。但如果过了这样的年纪，步入成年，非常成熟，还热衷于这样的选择，说明这个人对生活的态度是非常积极而乐观的，对未来充满美好的期待。

七、喜欢中型肩带式随身背包的人

他们个性比较独立，但在言行举止等各个方面却相对比较传统和保守。他们有一定的自由空间，但不是特别的大，交际圈子比较狭窄，朋友也不是很多。

八、喜欢金属制随身背包的人

他们多是有较敏感的时尚观念，能够很快跟上流行的脚步，他们对新鲜事物的接受能力也是很强的。但是这一类的人，在很多时候总是吝啬于付出自己的财力、物力、情感等，而总是希望别人的付出能够多于自己。

九、喜欢中性色系手提包的人

其表现欲望并不是很强烈，他们不希望被人注意，目的是减少压力。他们凡事多持得过且过的态度，比较懒散。在对待他人方面，也喜欢保持相对中立的立场。

十、喜欢男性化随身背包的人（对女性而言）

比较坚强、吃苦耐劳，性格外向。

十一、喜欢把手提包当成购物袋的人

他们做事急于求成，很讲效率，却没有一定的规则，很多时候适得其反。这类人性格多比较随和亲切，有耐性，满足于自给自足。在他们的性格中感性的成分重，做事有些喜欢意气用事。独立能力比较强，不太习惯于依赖别人。

十二、随身包是公文包的人

能从侧面反映出包主人的工作性质。他们可能是某个企事业单位的普通职员或高层管理人员。选择公文包可能是出于工作的一种需要，但在其中多少也能透出一些个性的特征。这样的人大多办事较小心和谨慎，他们不一定非得要不苟言笑，即使是有说有笑的人也会相当严厉。当然，他们对自己的要求往往更高。

十三、不习惯于携带随身背包的人

要分两种情况来分析其个性特征：一种可能是因为他们比较懒惰，觉得带一个包是一种负担，太麻烦了；还有一种可能是他们的自主意识比较强，希望独立，而手提包会在无形当中造成一些障碍。这两种情况有一个共同特点，就是都把随身包当成是一种负担，可以间接反映出这种人的责任心并不是特别的强，他们不希望对任何人任何事负责任。

鞋子表现出女性的个性信息

鞋子已经不是当初仅有单纯保护足部的功用了，一个人穿什么样的鞋，除了显示她的品位外，还能透露出她的性格。

有人说，要看出一个人的品位，首先要看她的鞋子。可见鞋子已经不是纯粹用来保护足部，而是更能诉说出一个人的性格及心事。

一、喜欢高跟鞋的人

喜欢穿高跟鞋的女性，个性成熟大方，喜欢思考，头脑聪明。在

生活及工作上都相当尽责与努力，对周围的人、事物要求会比较高，但是因为想要的东西太多，有时会因为无法满足而脾气不佳。一般来说，这样的女性比较适合坦诚相对，如果你想要追求她，就大方地对她好，关心她，如果她觉得你是一个值得交往的对象，通常她不会故意摆架子刁难你。

二、选择运动休闲鞋的人

喜欢穿运动及休闲鞋的女性，表面上看来大而化之，容易相处，但是她非常会保护自己，警觉心很强。外表好像很容易和男性打成一片，其实她们都把这些男性当成同性朋友一般，反而对于心里喜欢的那一位，保持距离敬而远之。一般朋友比较难看出她的心事，在坚强的防卫之下，其实她有非常脆弱的情感。

三、选择凉鞋的人

喜欢穿凉鞋的女性对自己相当有自信，喜欢将自己美好的一面表现出来。一般而言她的人缘不错，朋友也不少，对异性也很有兴趣。不过有时候会对男友要求较多，希望对方意见与自己一样，而且个性颇为固执，不易说服。如果要当她的男友，可能要有耐心及多替她着想。

四、选择学生鞋的人

喜欢穿学生样式，造型简单鞋子的女性，个性单纯敏感，家庭教育严谨，容易压抑自己的情感。一般来说爸妈可能管得比较紧，或是学校、工作场所风气较为保守，所以平时言行比较内敛，但是这样的女性其实内心会想尝试一些冒险的经历，要小心旅行时容易受骗。

五、选择长短靴的人

喜欢穿短筒靴子或长筒靴子的女性，爱好自由，个性独立，不喜欢受拘束，勇于表现自己。一般来说这种女性不是外表出众，就是相当聪明有能力，容易成为异性倾慕的对象。虽然看起来好像不难亲近，但是要成为她的男友，必须具有某种才华，并且了解她，才能赢得她的芳心。

六、选择厚底前卫鞋的人

喜欢穿厚底鞋、造型特殊鞋子的女性，注意时尚并且追逐流行，喜欢成为大家注目的焦点，外表看来作风大胆，其实内心相当保守。她可能对自己本身不具备足够的信心，所以会希望成为流行的一分子，让人也注意到她的存在。想要追求她的人，必须多多肯定她的优点，给予鼓励，会让她更加有自信。

每个人都有自己的站立方式

每个人都有自己习惯的站立姿势，不同的站姿可以显示出一个人的性格特征。

一、站立时习惯把双手插入裤袋的人

城府较深，不轻易向人表露内心的情绪，性格偏于保守、内向，凡事步步为营，警觉性极高，不肯轻信别人。

二、站立时常把双手置于臀部的人

自主心强，处事认真而绝不轻率，具有驾驭一切的能力。他们最大的缺点是主观，性格表现固执、顽固。

三、站立时喜欢把双手叠放于胸前的人

这种人性格坚强，不屈不挠，不轻易向困境、压力低头。但是由于过分重视个人利益，与人交往经常摆出一副自我保护的防范姿态，拒人于千里之外，令人难以接近。

四、站立时将双手握置于背后的人

性格特点是奉公守法，尊重权威，极富责任感，不过有时情绪不稳定，往往令人感到莫测高深。这种人最大的优点是富于耐性，而且能够接受新思想和新观点。

站立时习惯把一只手插入裤袋，另一只手放在身旁的人：性格复杂多变，有时会极易与人相处，推心置腹。有时则冷若冰霜，对人处处提防，为自己筑起一道防护网。

五、站立时两手双握置于胸前的人

其性格表现为成竹在胸，对自己的所作所为充满成功感，虽然不至于睥睨一切，但却踌躇满志，信心十足。

六、站立时双脚合并，双手垂置身旁的人

性格特点诚实可靠，循规蹈矩而且生性坚毅，不会向任何困难屈服低头。

七、站立时不能静立，不断改变站立姿态的人

性格急躁，暴烈，身心经常处于紧张的状态，而且不断改变自己的思想观念。在生活方面喜欢接受新的挑战，是一个典型的行动主义者。

字如其人，从笔迹洞悉他人性格特质

不同的人，写的字不同，当然性情也不一样。

在人际交往中，人们总是要掏出笔来写字的，哪怕是登记姓名、购买商品，也离不开书写。

不同的人，其写的字体、字形、字貌等各有各的风格，各有各的独到之处。

日本科学搜查委员会 1979 年出版的《文市鉴定》一书，在引用"书如其人"观点后写道："人们写下来的文字以及运笔写字习惯，都把这个人的生理、生活、职业、环境因素倾注进去了……"我们认为，一个人书写时情绪、思想及环境的影响是渗透其间的。情绪正常与烦躁时笔顺的条理不同，思想和环境的不同可能影响字迹及笔的把握程度，尤其不能否认性格心理对笔迹的巨大影响。一些笔迹学家对人的书写特点进行了分析，得出如下结论：

如果你的字大部分是圆的，那么，你的脾气好、温柔、审慎，做事从容不迫。

如果你的字很大，这象征你热情，锐气旺盛。你也许有许多特长，但缺乏精益求精的态度。

如果你的字大部分是尖的，你很活跃，有较强的主动性和自尊心，但见赶不上别人时，有时会发怒。

如果你的字很小，说明你有良好的专注力，办事周密，对待事物能透过现象看本质，而且对文学有鉴赏能力。

如果你的字简洁明了，没有花字和怪字，你是可信赖的，因为你正直、真诚、慷慨、心肠仁慈，能关心一切不及你幸运的人。

如果你的字体独特，你多半留心怕别人注意你，且有点自私，好吹毛求疵，难以取悦于人，并常以一种愁闷、漠不关心的样子去掩饰内心真实的感受。

如果你的字与字之间显得松散，你是一个喜欢直言、诚实的人，别人问你意见时，能坦诚相见，正如你希望别人做的那样，你能宽恕他人的过失。

如果你的字笔画大部分是紧凑的，你是个沉默、谨慎的人，喜欢独处，给别人的印象是你不爱和人交谈。

如果你的字写得慢，你有耐心、谨慎、善思考，你不是一个健谈的人，但并不表明你内涵贫乏，可能是不易动感情。

如果你的字写得很快，说明你富有情感、热心，是可信赖之人，你那丰富的想象力和幽默感，可使你在写作上颇有成就。

如果你的字铺得很开，你重友谊交际，喜欢与人接触，能与朋友长处。

如果你的字靠得很紧，你的私心较重、沉默寡言。由于性情孤独，不会和人合伙共事，对钱物之事考虑太精。

如果你写字很细心，总把每个字都写全，你是默守成规、遵守各种清规戒律的人，做事讲究准确、有条理，有善于即兴发言的才能。

如果你的字写得潦草，你遇事容易冲动，不是说话轻率，就是行动草率，这常使你陷入难堪之境地。

如果你书写时行与行之间间隔很大，你为人大方，为别人用钱和自己用钱一样慷慨，宽宏大量，爱交际，别人喜欢向你倾诉烦恼。

如果你书写时行与行之间靠得很紧，你不够慷慨，想指挥别人，有时十分固执。当然，这一个性用在适当场合是可取的。

如果你书写时用力不重，你是个谦虚、文雅之人，对事物有较高鉴别力，但缺乏魄力，在生活中常不能如愿以偿。

如果你书写时用力很重，表明你有支配别人的意愿，容易自满，过于自信，但常无力维持他人对你的信任。

如果你的字体一行一行向下斜，你无上进心，喜怒无常，总觉得别人是错的，常悲观失望。

如果你的字一行一行向上倾斜，你是一个欢快、乐观、希望成功的人，总是精神焕发而不讨人嫌，有远大抱负，并且付诸很大热情和充沛的精力使之实现。

如果你的字向右倾斜，你有热情、开朗的性格，具有博爱之心，关心别人幸福，一言一行表现出真诚。

从喜爱的运动项目透视对方品性

一个人喜欢什么样的运动，能看出他为人处世大概是什么样的。

以下项目你最喜欢哪一个？

A. 排球　　　　B. 羽毛球　　　　C. 足球　　　　D. 棒球
E. 游泳　　　　F. 拳击　　　　　G. 跆拳道　　　H. 摔跤
I. 柔道

解析：

A. 你很主观，但为人亲切又肯付出，所以很受欢迎。

B. 你个性单纯，很有毅力。

C. 你简单而缺乏成熟感，但做事很努力。

D. 你热爱自由，感情丰富，没什么脾气。

E. 你是行动派，做事干净利落。

F. 你富有责任感和同情心，就算有什么不满，也会自我克制。

G. 你活泼外向，行动力强，很会开发自我。

H. 你本性善良，性格开朗、率真。

I. 你比较内向，自我防御心理比较重。

从阅读喜好观察人心

读书，是人的兴趣嗜好，通常人选择什么样的书来读，就多少表明了他是个什么样的人。

在心理学家眼里，读书不仅能增加一个人的知识和修养，还能在某种程度上反映出一个人的性格和心理。从一个人喜爱看的书，可以大概分析出其性格心理：

喜欢读言情小说者是重感情的人，这种类型的人非常敏感，生性乐观，直觉敏锐，通常很快就能从失望中恢复过来，东山再起。

喜欢看传记的人属于好奇心重、谨慎、野心大的性格。他们在作出决定之前，一定会权衡各种选择的利弊得失及可行性，决不会贸然行事。

喜欢看通俗读物（如各类型街头小报、周刊、八卦杂志）的人富有同情心，乐观开朗，经常利用其巧妙的言辞带给他人欢乐。这种人总有源源不断的趣味性话题，经常成为办公室或社交场合中颇受欢迎的人物。

喜欢浏览报纸及新闻性杂志的人（特别是那些喜欢看实事文章的人），多属于意志坚强的现实主义者，且善于接受各种新思想。

喜欢读漫画书者一般都喜欢玩乐，性格无拘无束，不想把生活看得太认真。

喜欢读圣经的人诚实而勤奋，是尊重掌握权力的人，同时也很容易原谅别人。

喜欢读侦探小说的人勇于接受思想上的挑战，善于解决各种问题。别人不敢碰的难题，他们也愿意去应付。

喜欢看恐怖小说的人多半因为生活太沉闷，使得他们渴望寻找刺激及冒险。

喜欢读科幻小说的人多是富有幻想力和创造性的人，多为科学技术所迷惑，喜欢为将来拟定计划。

经常翻阅财经杂志的人多喜欢竞争，争强好胜，最喜欢把别人比下去。

喜欢读妇女杂志的女性，上进心强，渴望自己成为女强人，希望事事都表现得很出色。

喜欢翻阅时装杂志的人，非常在意自己的外貌，十分顾及面子，在日常生活中会尽力改变自己在别人心目中的形象。

喜欢读历史书籍的人富有创造力，不喜欢胡扯、闲谈，宁愿花时间做些有建设性的工作，而不会想去参加无意义的社交活动。

从约时间就能了解对方的性情

当我们和对方约见面时间时，可以从他确定时间的习惯大概看出他的个性。

一、回答准确时间

例如"约在七点三十五分"。这种人多半性格内向，实事求是，做事认真，好学上进，遇逆境能忍受，具有持之以恒的精神。但待人不够热情，喜好也不广泛，习惯就事论事。他们的诚实度将近90%。

二、回答的是大约的时间

例如"大概七点好了"，而且最多相差几分钟。这些人不拘谨，不计较个人小的得失，性格随和，亦不嫉妒人，也会考虑到各种意外状况。他们在和你对谈时，多半会保留一些弹性的空间。

三、回答的时间误差极大

例如"上午好了"。这种人多半办事马虎，处事不能随机应变，而且思维迟钝，毫无洞察力。他们不太会说谎，即使说谎也很快就会前后矛盾。

四、回答时故意变大或缩小时间值

例如"我会等你到海枯石烂"。这种人虚伪，无法实事求是，口是心非，往往把芝麻说成绿豆大，考虑问题不用大脑，办事无所谓，常传达一些错误的信息。通常他们说的话大都不可信。

从掏钱的习惯看对方的个性

从对方掏钱的习惯，我们可以轻易得知金钱在他心中的地位，以及他希望别人怎么看待自己。

一、"大款"型

这种人口袋里通常都会放着一叠厚厚的钞票，目的是要告诉别人"我就是有钱"。他们相信钱是最好的身份象征。此类人往往会把面值大的钞票放在外面，里面再夹着小额钞票。为了让人知道他有钱，他还会把整叠的钞票拿出来张扬。此类型的人是最好的客户，而且完全受不了他人言语的刺激。

二、硬币叮当型

这种人会不断地让硬币在口袋里叮当作响，目的是要让自己安心，提醒自己还有钱。和此类型的人交易时，他们常常会心不在焉，不停地计算自己还有多少预算可以使用。

三、钱随处乱塞型

这种人对钱十分粗心大意。如果到他们家去，会发现在地板上或沙发上都有随便乱放的零钱或钞票，他们也会把钱胡乱塞在衣袋、皮夹或手提包内。这种人往往认为，人生还有更多东西比金钱重要，他们对创作和智慧很有兴趣，欣赏艺术和大自然，把宇宙视为乐趣及奇异的源泉。所以，和他们做买卖时，从"这是上天注定的相会"着手，比较能引起他们的兴趣。

四、对钞票爱不释手型

这种人在付款时，会不停地抚摸、摆弄钞票，表现出舍不得的样子，甚至夸张到流露出生离死别的模样。这种人喜欢各种奢华的生活，但却不愿付出代价，是个内外矛盾的人。他们希望能用最少的钱买到最好的东西，除非你觉得有利可图，否则还是别和他们交易为妙。

五、省吃俭用型

这种人用钱十分谨慎，他们通常生长在贫困家庭之中，必须通过努力工作，才能摆脱贫困。这种人往往能专心致力于勤奋工作，但与他们相处却很不容易，因为他们把钱看得太重了。可想而知，他们也不会把钱单纯花在满足物质的欲望上。

六、斤斤计较型

这种人对任何金钱交易都十分小心，不管是钞票或硬币，在找钱时必会仔细数清楚。他们多属于猜疑型的人物，在他们看来，世界到处充满欺诈，所以不能轻易相信别人。

七、藏匿金钱型

这种人会担心被偷而在家中四处藏钱。他们通常对每个人都怀疑，这种恐惧感反映了其某种程度的精神不正常。还有一些女性常把钱包放错地方而丢失钱财。他们对一切都不太确定，买卖东西时也没有明确的目标。

八、喜欢让别人付钱

这种男人严重地缺乏安全感，而希望别人能以各种方式为他"背书"，他们喜欢有保修的商品，这会让他们有脚踏实地的感觉。

九、不太有钱却爱充阔佬

这种男人非常重视金钱，看钱大过任何人的感情，为了赚钱，宁愿牺牲和别人的任何关系。和此类型的人交易时，必须要有讨价还价的高超手段才行。

十、装穷，但实际上口袋里却有大把钞票

这种人经常觉得不满足，不管卖什么产品给他们，他们都会觉得

质量不够好或价格不够低。

十一、速战速决型

不管是买一个发夹，或是添购一套家具，都像十万火急般，只求付款成交，从不愿意在购买时多停留一分钟。至于所买的东西是否适用，则是以后的事了。不过日后一旦有问题，他们又会大张旗鼓来向你"讨公道"，最好能在交易时说清楚条件，才不至于后患无穷。

从购物习惯观察对方的个性

如果你无法看到对方掏钱的习惯，也可以从他们挑选物品的习惯来观察其个性。

一、三心二意型

这种人缺乏判断力，永远不清楚自己需要什么。买东西对他们来说是件痛苦的事，连陪他购物的人以及店员也都要跟着受罪。最常听到的对话是"真的吗?""你觉得这个好吗?"

二、独立自主型

认为购物是自己的事，与别人无关，除非自己中意才买，不愿采纳他人的意见。这种人是意志坚强、具有独立性的类型。

三、非买不可型

不管东西是否有用或合适，也不论价格高低，只要看中，就非买不可。这种人容易冲动、喜怒无常。

四、毫无主见型

他们出外购物时，若无人陪同，就会买不到东西；若有朋友陪购，他们买的东西必定是朋友所喜欢的样式，但对自己却未必合适。此类型的人依赖心较重。

五、三思而行型

购物时必经观察、思索、分析、判断四个阶段，如果不是真的喜欢，绝不马虎成交。因此，他们也是最识货、最懂得购物的人，不轻掷一分钱。此类型的人一般都很稳重、谨慎、负责、守纪。

六、清单购物型

他们购物时，知道自己要买的牌子和尺码，只要东西是其需要的，话也不多说一句，立刻就买。此类型的人很大方，有坚强的个性。

请对方抽烟，能快速了解对方性格

有些人谈事情时，常常会先点根烟。我们可以从对方拿烟和抽烟的习惯，看出他的性格。他们的姿态可能每次都不太一样，这也表示他们的心情处于不同的状况。

一般说来，吸烟人比不吸烟人的性格外向。外向型的人发闷时，需要尼古丁刺激，因而吸烟的可能性很大。外向型性格的人比内向型性格的人大脑皮层的觉醒度低，为了使大脑觉醒度达到最适合的程度，就会产生吸烟的欲望。在吸烟量和吸烟目的上也存在着性格差异。经过对大量的流行病学调查资料的统计处理后发现，重度吸烟者以外向型性格为多；中度、轻度及非吸烟者，则外向性格减少，内向性格增多。外向型性格吸烟者多为求烟草的兴奋作用，而内向性格吸烟者则多求其镇静效果。

同时，吸烟的方式反映着一个人的性格。

一、持烟的方式

夹在食指和中指的指尖上，这是常见的持烟方式。性情比较平静、踏实，爱表达自己，亲切自然。但是，不足之处在于容易随波逐流，缺乏决断力和意志力。

夹在食指和中指的指缝里。是个行动主义者，自我意识很强，不太善于协调人际关系，因此容易引起误解和反感。

用拇指、食指和中指拿着。性情较为冷一些。头脑聪明，工作作风干练。不过，有的时候这种人的骄傲、自我会让人不快。

把大姆指放在嘴边抽烟。意志较坚强，具独立性，较为自负，讨厌别人对自己发号施令。无论什么问题，若自己不发表点意见，便觉得失去了点什么。这种人最讨厌无所事事，喜欢忙忙碌碌。

张开手指拿烟。这是敏感而细心的人。这种人情绪不稳定，非常任性，因为爱逞强，所以不易和别人亲近，实际上却是一个随和、喜欢和别人相处的人。这种人平时抽烟不是这个姿势，只在心情不顺或精神进入紧张状态时才这样抽烟。

抽烟时手掌向外。这是一种跟谁都能谈得来的人。这种人若独自安静一会儿就会受不了，他喜欢和各种各样的人接触。和此类型的人洽谈时，可多利用抽烟时间闲聊，能比正襟危坐地交谈获得更多信息。

二、吸烟的方式

叼在右端。思维敏捷，能够迅速下决断，行动出手很大胆，常常出其不意。

叼在左端。思绪很多，计划性强，有城府。

在嘴唇的中央向上衔着。爱慕虚荣一些，即使有踏实的外表，也难免去做超出自己能力范围的事情，并自食苦果。

在嘴唇的中央向下衔着。理性远远大于感性，做事决不会强人所难。很踏实，喜欢按着自己的节奏去推进事情。

嘴上叼着烟，手的动作不停。对自己非常自信，而且，工作业绩的确很突出。对自己的生活现状和工作比较满意，并且充满了希望。

咬烟头，用唾液湿润烟卷。多见于男性。性格中依然残留着不成熟的幼儿习性。

没抽几口就把烟熄掉。表示对方想尽快结束谈话，或是已经下定决心。不过当然也有可能是他火气正旺，情绪不好。

三、喷烟的方式

把烟喷向自己面前的人的方向。乐于挑战，无视对方的存在，在对对方有攻击心理的时候，常常这样。

把烟往下吹。努力不想把烟弄到他人身上。对人际关系非常细心和在意，对人态度温和，属于温厚型的性格。这种人也多是情绪消极、意气消沉、心有疑虑、信心不足或企图遮掩某事的表现。前者表示他胸有成竹，后者则表示他打算放弃底线了。

把烟往上吹。向上吐烟者多是积极、自信、骄傲、有主见、地位优越的表现；朝下吐烟，抽烟时不向前吐烟，而将烟从嘴角吐出。给人一种诡秘感，表示正处于积极或消极两种思想情绪的极端状态。当然，有时也可能是出于礼貌——怕把烟吐到别人脸上。

抽烟时从鼻孔往外喷烟。往往给人一种自负的感觉。这样向上喷的烟愈高，表示其自负、优越感或得意的心情愈强烈。但如果抽烟者总是低着头且从鼻孔往外喷烟，则表示一种忧虑、愁苦的心理状态。

抽烟时口中喷烟，使烟浮动并觉得快乐好玩。一定是一个好静而不喜欢多动的人。他们多半也不喜欢闲聊，习惯就事论事。

四、抖烟灰的方式

正抽得起劲，频繁地把烟灰抖到烟缸里。做事认真，有一点神经质。即便烟灰很短，也要抖落，精神压力多来源于不能轻松对待事情，过于紧张地把握。

烟灰很多才会抖落。缺乏足够的精力，本质很小心翼翼。

周围有不吸烟的人的时候，就把烟朝上。是个非常仔细的人。

抽烟时不停地弹落烟灰，甚至吸一口抖一次烟灰。表示内心有冲突，忧虑不安。也可能是所提出的谈判条件不够吸引人。

五、抽烟的习惯

抽烟时两眼不住眨动。说明他是一个很机警、很难接近的人。和此类型的人洽谈，很难占到便宜。

见人必敬烟。说明他善于交际。他们寻求公平的合作方法，不喜欢也不会去占人便宜。

自己明明带着打火机却不用，喜欢向人借。大多是不大方的人，否则就是不甘寂寞、喜欢和别人搭讪的人。

烟吸完后仍舍不得丢。说明此人一定很节俭或是很小气。

习惯用烟斗抽烟。此类人往往比吸纸烟者更深沉、更慎重、更老练。他们作出某项决定时，往往经过慎重考虑。

六、掐灭烟的方式

敲打烟头，把有火的部分在烟缸里弄灭。是慎重派，缺乏自己的主张，总想藏在别人的背后，附和他人。

把烟很直地按在烟缸里捻灭。不会感情用事，做任何事情都很界限分明。把工作和娱乐、恋爱和婚姻分得很清楚。

把烟头折成两段弄灭。性格开朗，但有时难免倾覆，说话不算数的时候多。

把烟头折成三半以上弄灭。看起来很认真的样子，对异性的影响力不小，善于游说异性。

把有火的一部分弄成一个球捻灭。性子比较急，思维常常武断，容易出小错。

火没掐灭也不在意。爱撒娇，好恶明显。以自我为中心，缺乏协调性。

向烟灰缸里倒水。既有对自己要求完美的一面，也有不修边幅的时候，容易走两个极端。平日里很冷静，但行动起来非常迅速。常常让同事吃惊。

习惯性地抽烟或掐烟。有的人常以抽烟来稳定心情，每当紧张不安时就把香烟叼在嘴上。而经常抽烟者在特别紧张的时候，往往又会把烟弄灭或任其自灭。

七、对烟品种的喜好

喜欢抽雪茄。此类人往往比较强悍、豪放、敢作敢为。他们敢花钱，而且都是花大钱。

爱用木制烟盒而里面却放廉价烟。通常是虚荣心强而又不务实者。

抽烟必选高贵牌子。表示是好胜心强或是有钱的人。

抽烟不择种类。此人尚无烟瘾，他之所以抽烟，只是敷衍、点缀生活而已。

从惯用招呼语进行判断

不同类型的人，会选择不同的话语跟别人打招呼。有的热情，有的腼腆，有的活力四射，有的保守稳重。你会选择什么样的招呼方式呢？

所谓的"惯用招呼语"，是指一个人刚结识另一人或与熟人相遇时最常使用的那一种语句。美国心理学家斯坦利·弗拉杰博士曾经做过几项统计，他认为从这些招呼语中，可以分析出说话者的性格特征：

一、你好

此类型的人头脑冷静得近乎保守。他们工作勤快、一丝不苟，很能控制自己的感情，不喜欢大惊小怪，为人稳重，平时深得朋友们的信赖。和此类型的人接触时，别寄希望于他们对你特别；同样地，时间对他们来讲十分宝贵，最好尽量就事论事，速战才能速决。

二、喂

他们多半快乐、活泼、精力充沛，而且直率、坦白、思维敏捷，富有创造性，具有幽默感，并喜欢听取不同的见解。如果对此类型的人进行销售时，要能跟得上他们的节奏。不过，他们也喜欢稳重型的销售业务人员，这会让他们相信你的专业度，并较易接受你的"专业解说"。

三、嗨

此类型的人腼腆害羞、多愁善感，极易陷入尴尬、为难的境地。经常由于担心出错而不敢从事新的尝试，但如果和熟识的人相处，则会显得热情多话。和他们接触时，别奢望第一次就成交，最好先进行完善的自我介绍，之后再以电话或邮件联系，才能有效建立亲密感。

四、很高兴见到你

此类型的人性格开朗，待人热情、谦逊。他们喜欢参与各式各样的尝试，而不是袖手旁观。他们多是乐观主义者，而且非常喜欢投注心力于对理想的关注，常常沉浸在自己的幻想中，容易感情用事。遇到此类型的人时，如果能和他们高谈阔论未来，很能引起他们的共鸣，他们也会比较喜欢和你交往。

五、最近有什么好玩的

如果你们已经不是第一次见面，而他用这句话来问候，表示他是个雄心勃勃、凡事都爱问个究竟、热衷于追求物质享受并为此不遗余力的人。如果你能为他提供新的产品，他肯定会爱不释手。

六、你最近怎样

此类型的人喜欢引人注意，也对自己充满信心，在买卖时深思熟虑，喜欢比价，向你确认一些问题。如果要拥有这个客户，可以提供试用机制，一方面让他亲自体验，还可以节省他打破砂锅问到底的时间。

七、总是用固定方式打招呼

此类型的人自我防卫心极重，最好不要随意侵犯他的个人空间，如此才可能让他专心听你解说并完成交易。

从谈话的主要方式观察人的特性

我们也可以从人习惯性的谈话方式，来了解他们的心理状态与适合他们的说服技巧。

一、话题离不开个人的事情

有自我陶醉的倾向，是属于以自我为中心的性格。那些言必谈

"自己"的人，最关心的对象就是自我，他们深信这个世界就是（或应该是）以他们自己为中心，所以也比较任性。此外，不仅仅谈论自己，而且动不动就希望把话题集中在自己家人、工作、家庭等周围事物的人，也是属于这种以自我为中心的性格。此类型的人常常不会考虑别人的想法，如果产品稍微不合他们的意，甚至会马上大发雷霆，与人发生争吵。

二、无视他人的话题，径自提出毫不相干的话题

其支配欲和表现欲较强。有些人谈话时，话题不断变换、东拉西扯、杂乱无序，让人摸不着边际，这类人多是由于思维能力不集中，不能进行逻辑思考。向他们介绍产品时，最好时时把焦点拉回来，否则他们压根不记得自己究竟想买些什么。

三、只是附和别人或顺着别人的话题加以深入讨论

这种人大都能宽容并且体贴别人。他们在销售上是属于会用心听你介绍的客户，也会针对产品深入讨论，属于积极型客户。

四、平时和你交情深厚的客户开始客套时

表示此时他们内心存有自卑感或者隐藏着敌意。相反地，故意使用粗话，可能只是不想和你拉近心理距离，或希望让自己处于优势。

五、经常使用"嗯……这个……那个……"等

除了表示他们的语言表达能力较差、说话无条理外，也表示他们思考没有头绪。通常这表示他们不太清楚自己是否需要这个产品，你必须为他们找出需要的理由。

六、经常使用"我想……""我认为……"这类开头语

大多较为谨慎小心，但其性格的另一面却有点怯弱。他们不太喜欢作决定，通常会把重大责任托付给身旁的亲人或朋友。

七、爱发牢骚

多有压抑心理，属于否定型性格的人。牢骚是心理压抑的一种发泄，我们从牢骚之中可以发现一个人的心态和愿望。例如抱怨商品质量不好的人中，有不少是因为不喜欢这个商品，又不懂拒绝，或是本身没有足够的财力，才会借由商品质量不好而把不满意的心理表达出

来。发牢骚成癖的人，除了心理压抑和心有不满之外，还出于一种虚荣心——不希望把自己真正的困境展现在别人面前。

八、喜欢提"当年勇"

例如过去自己曾以多低的价格买到类似商品、以前大家都会对他很特别等，回忆过去时总是洋洋得意。这种现象正说明这类人落后于时代潮流又难以赶上，向人炫耀也只是想要满足自己的虚荣心。

从对方爱吃的食物解读他的个性

一个人的个性与口味有着很密切的联系。科学实验发现，食品中的属性，总是有意无意地影响着一个人的个性。因此，从一个人喜爱吃的食物中，也很容易看出一个人的性格本质。

一、喜欢吃大米的人

一个人喜欢吃大米，这个人属于自我陶醉、孤芳自赏的人。他们对人对事处理得都比较得体，比较会通融。但是，这种人互助精神一般都比较差。

二、喜欢吃面食的人

这种人性格外向，善交际，能说会道，喜欢夸夸其谈，往往不会考虑后果和顾及影响。这种人的意志不够坚定，做事常常会半途而废。

三、喜欢吃油炸食品的人

这种人常常具有一定的冒险精神，有理想，希望干一番事业，但是这种人有时爱犯冷热病，一旦受到挫折就会灰心丧气，一蹶不振。

四、喜欢吃零食的人

这种人性格外向，往往是信口开河，嘴巴毫无遮拦，所以给人一种心直口快的印象。视野比较狭窄，不能参与激烈的竞争。但是有口无心，比较正直，值得信赖。

五、爱吃虾的人

这种人性格保守，有执著精神，是为了实现自己的欲求，牺牲一切也在所不惜的拼命三郎型。虽然有一定的能力，却不善于交际，人际关系也搞不好，因此，这种人很孤独。

六、爱吃鲍鱼的人

这种人性格活泼大方，喜欢冒险，但缺乏耐心，活力不足。虽有强烈追求刺激的愿望，却总是半途而废无法获得满足，所以，常常处于焦躁的状态中。对于工作的集中力不足，当然得不到上司的好评了。

七、喜欢重口味食品的人

这种人的性格果断，待人接物比较稳重，对人有礼貌，做事有计划，喜欢埋头苦干，但是常常不太重视人与人之间的感情，有时还有点虚伪。喜欢吃酸的人比较有事业心，但是个性孤僻，不善交际，遇事喜欢钻牛角尖，很少有知心朋友。

八、喜欢吃辣椒的人

这种人善于思考，比较有主见，常常是吃软不吃硬，有时爱挑剔别人身上的小毛病。

九、喜欢喝咖啡的人

喜欢喝咖啡的人往往很注重情调，但是他们的言辞却常常咄咄逼人，好像只有自己才是英雄。蔑视常人，极端自信，自私自利。所以，他们也不被常人所理解。按理说，这样的人有能力取得更大的成就，但是因为他们的自命不凡，常常会失去竞争的机会。这种人一旦失意，常常会怨天尤人，感叹"世态炎凉，人心叵测"。这种人最大的弱点就是一辈子只能生活在自己的圈子里，无论面对什么人，总是高高在上，不能低下头来与人亲近。即使是好朋友、好同事乃至夫妻之间，他们这种傲视一切的神态也不会有什么大的改变。

从饮食仪态解读他人性格

饮食文化是人类文明史上最重要的部分之一，它不仅包括食品本身，还包括进餐时候的礼仪姿态。一个人如果在餐桌上不讲究礼仪，会被别人看作是缺乏教养的人。不管在生意场上还是日常生活中，餐桌礼仪无时无刻不伴随着人们，饮食文明越来越应该被人们重视。

专家通过调查研究指出，从一个人进餐的仪态就可以看出其性格特征。下面就分类简单讲述一下进餐仪态与性格特征究竟是什么关系。

特别注重食具整洁，进餐时哪怕有一粒面包屑掉在餐桌上，也要捡起来，并会将用过的碟子叠起来以方便侍者收去的人，通常赞赏别人所做的努力，若也遇上一个爱好整洁的人，很容易成为好友。

食物端上餐桌时，尽管并不是很饿，但仍表现得坐立不安或是待食物一端上来就立即开始狼吞虎咽的人，大多曾经吃过苦，或少时家贫。

饮汤以及咀嚼食物时发出声音的人，不但令旁人产生厌恶的感觉，还显示他们有根深蒂固的孤僻倾向。

有的人吃饭时唠叨不停，急于跟人交谈，以至于来不及将食物吞下肚。此类人在处事时往往比较性急，并且咄咄逼人。

进餐时一声不响的人，可能是个美食家；一心一意放在食物上，也可能是害羞或孤僻，也可能是心情不好。

匆匆进餐后立即离开的人，对别人为准备食物所花的时间和心思视若无睹，通常以自我为中心。

食物一端上餐桌，在完全未试过味的情况下，便乱加调味品的人，喜欢冒险，做事可能会比较草率。

从对方喜好的音乐类型看个性

从对音乐的喜好方面出发的确能判断出一个人的心境和爱好。如果在交易时能留意这一点，就能轻易判断出对方大概需要多少时间来作决定。

一、喜欢古典音乐

喜爱追求人生尽善尽美的境界，身份、地位对他们来说极为重要。他们看起来不太讲究物质的享受，但是一旦有资格追求的话，他们必然会要求一切是最好、最高级的。也因为如此，在他们看上一个东西后，并不会四处比较，只要质感符合自己的需要，很快就能成交。

二、喜欢进行曲

一切循规蹈矩，凡事不爱求变，同时还是一个完美主义者，希望自己的一切都能做到最好、完美无缺。在买卖东西时，这种性格使他们善于等待和比较。

三、喜欢听凄凉哀颤音乐

多属善感型，富悲天悯人的同情心。在他们的生命之中，常与歌曲有所联系。和此类型的人交易，人与人之间的交流才是重点，产品本身并没有特别的吸引力。

四、喜欢大型乐队表演乐章

性情乐观，满怀希望，为人处世只看到别人美好的一面。喜欢出风头，经常幻想自己能跻身上流社会之中。他们买东西习惯挑三拣四，既要质量好又要价格低，往往因此而耗费不少时间。

五、爱好爵士音乐

大多喜欢宁静而富有情调的夜生活，他们不爱放荡不羁，对别人也十分关怀体贴，知道要怎样为他人着想。而表现在买卖上，他们只对感兴趣的东西速战速决，其他连看都不看一眼。

六、喜欢打击乐

大多率直天真，为人处世十分随和，对人生充满希望，同时也喜欢说笑与自嘲。此类型的人对买卖极有自制力，会视需要的急迫性而作决定。

七、喜欢摇滚乐

多数精力充沛，性格易冲动，并喜欢社交活动。冲动的性格常使他们快速作决定，因而买了不需要的物品。

第二章
透过面具准确识别他人真实意图

　　现代生活决定了人们的交际越来越复杂，面对交错的人际网，人们已经把掩饰自己的真实情感当做了一种交往的行为准则，好像谁先被看穿了真心，谁就会在双方的"交锋"中输掉一样。实际上，的确如此。与人打交道，面对对方设法掩饰的情感，我们就要撕破对方的"面具"，做到注意观察对方的言行姿态，学会分析对方遮掩下的事实，才能让我们不被他人的幌子所迷惑，在交往中稳步向前。

人人都有"面具"，表情就是内心的镜子

　　在所有的表情下面，都有一个缘由。抓住这个缘由，就能看透对方的内心。

　　我们不惊讶于全人类的四肢执行着几乎完全相同的功能，但惊讶于看到人类的表情是那么出奇地一致，因为大家都明白表情是引出人内心的一面镜子。究其缘由，这些都是人类祖先遗传下来的。

　　一个人"尝到苦味"时的表情，舌头根部和颊部之间就分得很开，因为舌头根部对苦味最为敏感，这是一种基于生理的条件反射，是为了避免尝到某些味道不好的物质。而"甜味"表情正好相反，"甜相"存在于一种吮吸运动之中，是为了让舌头尽可能与甜味物质完全接触。

正是基于对"甜"和"苦"的生理反应，才产生了所有表情的基础，即"愉快"和"不愉快"。

因此，表情是指面部各部位对于情感体验的反应动作。动物遇到敌人，会龇牙咧嘴，让敌人不敢靠近；当阳光耀眼的时候，则会皱起眉头来挡住点阳光，以便看清对方的一举一动。所以人类发怒时，也会咬牙切齿，横眉瞪眼。人类与动物表情不同的是，动物不会隐藏心思，而人类则不可能把任何情绪都表现在脸上。表情对于人来说，是心情的写照，更是一种沟通交流方式。它常常与说话内容配合，因而使用频率比手势高得多。所以当一个人在说谎时，他的表情也往往跟着在说谎。

脸色变化暗示内心波动

通过脸色也能观察出人心和性格。面对一个陌生人，你首先注意的是他的脸。对方还没有开口，但他的脸已经在进行自我介绍了。所以，要快速了解对方，最好就从观察他的脸开始。

汉语的词汇资源丰富，民间说法更是妙趣横生，单单一个"脸色"就可以有上百种不同的解读。在观察脸色变化对内心语言的暗示方面，文学家都是高手。我们来看看鲁迅先生在《孔乙己》中是如何解读孔乙己脸色变化的。

孔乙己一出场，鲁迅先生就说他"青白脸色，皱纹间时常夹些伤痕"。寥寥数语，活脱脱地刻画出一个穷愁潦倒的下层知识分子形象。孔乙己未能进学，又不会营生，还好喝懒做，他不可能有上流社会达官豪绅的"红光满面"，只能是"青白脸色"。

有人揭发孔乙己偷书时，"孔乙己便涨红了脸，额上的青筋条条绽出，争辩道：'窃书不能算偷……'"孔乙己本是"青白脸色"，但当有人肆意耍弄他，揭他短时，他就"涨红了脸"，竭力争辩，企图维护自己"读书人"的面子。

有人质问孔乙己"你怎么连半个秀才也捞不到呢"时，"他立刻显出颓唐不安的模样，脸上笼上了一层灰色"。这"灰色"恰如其分地表现了孔乙己因捞不到秀才而被人家取笑戳到内心隐痛时那种失望、颓唐的悲凉心理。

孔乙己被丁举人打折了腿，用手"走"到酒店时，"他脸上黑而且瘦，已经不成样子"。这"黑而且瘦"的脸色，暗示了他是在受尽了折磨之后死里逃生，苟延残喘活下来的。当掌柜取笑他时，孔乙己只是低声应答掌柜的讪笑，露出"恳求"的脸色，显现出他横遭摧残后那种畏缩、害怕、绝望无告的心境。

孔乙己的脸色由"青白"而"红"，再到"灰"而"黑瘦"，是孔乙己性格的逻辑发展，这样一个变化，形象地刻画了孔乙己迂腐而又麻木的性格特征，孔乙己的悲剧形象也就深入人心了。同样，我们在日常生活中也能通过脸色来观察人心，了解他人的性格。因此，我们也不妨抓住他人"脸色"变化这个特殊细节，分析这人的内心世界。

眼神会最多地暴露对方情绪

一个小小的眼神，里面却蕴含着大大的含义。

东汉末期，曹操派了一个刺客去刺杀刘备。刺客见到刘备后，没有立即下手，而是先和刘备"套近乎"，讨论削弱曹军的策略。刺客的分析深得刘备的欢心。过了一会儿，刺客还没有下手，诸葛亮走了进来。这时刺客很心虚，借故上厕所。

刘备对诸葛亮说："依我之见，刚刚那位奇士，可以帮助我们攻打曹操。"诸葛亮却连连叹道："此人一见我，神色慌张、畏首畏尾，视线低而流露出忤逆之意，奸邪的形态完全暴露出来了，他必定是个刺客。"

于是，刘备赶紧派人追出去，但是那个刺客已跳墙而逃了。

诸葛亮能够识破那个刺客，最主要的原因还是刺客的眼神暴露了太多的秘密，那种闪烁不定的眼神，就算我们平常人看上一眼也会深刻地印在我们的头脑中。不知道有没有人向你投来过不屑的目光，那些不太友好的人会轻轻地斜视你，你一旦察觉就永远忘不掉。

当然，要做到像诸葛亮那样，瞬息间通过对方的眼神变化看出他的内心，实属不易，既需要有点天赋，也依赖后天的训练和揣摩。

面无表情也是值得玩味的

面无表情并不等于没有感情，面无表情下的感情往往是压抑的，难以捉摸的。

生活中有个别人不管看到什么、听到什么，都不露声色，这副没有表情的面孔几乎没有任何动作。无表情的面孔最令人窒息，它将一切感情隐藏起来，叫人不可捉摸，它往往比露骨的愤怒或厌恶更深刻地传达出拒绝的信息。

无表情绝不等于无感情。无表情的很多时候都和说谎的表情一样，都是在极力压抑情感。因此，面无表情时可以看到同说谎时表情类似的内心痕迹。随着心情的变化，脸部肌肉不变化，必然呈现出不自然的表情，例如会眨眼、皱鼻子、脸部抽动等。这些都表现出了内心的不满和自卑感。

同样的无表情，有时还展现出极端的不关心和忽视。也许这背后正藏着一种有意的回避，那就是怀有好意或爱情的表现，尤其是在女孩子中较为多见。由于羞于对自己爱慕的对象表现得过于露骨，也不想让第三者知道，这就使她进入了左右为难的状态。如果自己喜欢的对象对自己露出这样毫不关心的表情，而非厌恶或戏谑，就说明他（她）心中在乎你，此时就可以继续向他（她）传递自己的心意。

鼻子发出了怎样的信号

鼻子的动作微小到总会被人忽略，但这里也同样蕴含着丰富的信号。

鼻子的动作很微小，通常人们也不会去注意，因此让人难以捉摸。我们不妨多观察一下鼻子的动静，定能从这里看出些端倪。

当鼻孔张大，也可以说是鼻子张起来，它表示一个人的情绪高涨，这种情绪可以是愤怒的、恐惧的、兴奋的，也可能是紧张所致，要根据情况而定。两个针锋相对的人，常常呈现这种鼻翼扩张的行为，表示他们的愤怒、紧张感，他们的呼吸加快、心跳加速，所以鼻孔张大。鼻孔张大还是一种意图线索，一个人将要做某一件有挑战性的事情之前也会这样，比如将要登山时，要爬一段陡峭的山坡时，或是去敲陌生人的门时。

鼻头冒汗也是很容易被漏掉的细节。无疑，这是内心焦躁或紧张的表现。如果你注意到对手鼻头冒出了汗珠，你就该庆幸，他肯定很急于达成协议，唯恐失去这个机会。

再来说说大家熟悉的"嗤之以鼻"，这也是一个有实际意义的动作，当发出"嗤"声之时，鼻子向上一提，这个动作轻微，不易被发觉，仿佛是在说"我瞧不起你"或者"有什么了不起的"。

比"嗤之以鼻"更进一步的就是"鼻孔朝天"。因为通过使劲耸起鼻子的动作，使得鼻孔对着他人，其视线必然是由上而往下看，这是一种鄙视他人的表现。耸高鼻子，就现出了板起脸的表情，便意味着自我势力范围的扩大，是妄自尊大、傲慢等的表现，想要把对方的气焰压下去。"鼻孔朝天"肯定是一种不高兴或拒绝的姿态。连婴儿也知道要别过脸去，以表示拒绝他所不喜欢的食物，而且他们会尽量把头向后仰以致"鼻孔朝天"，似乎在逃避那种他们所讨厌的气味。

根据人的左右取向选择说服方式

人的大脑左半部支配着人体右半身的活动，具有理解语言及进行抽象解读、逻辑推理、数字运算及分析功能；而大脑右半部支配着左半身的活动，是处理外界形象、空间概念及分辨几何图形、识别记忆音乐旋律和进行模仿的中枢。

一般来说，惯用左手的人比较能接受抽象概念，也形成我们在说服别人时的一个分析要点。

惯用左手的人，通常容易受到周边影像、声音、人物的影响，大脑注意力广而分散。而且他们的记忆力极佳，在听你说话的同时，他们已经在记忆中翻出各种相似的产品作比较，甚至能把你的话前后对照、相互印证，以确信你不是个前后矛盾的业务员。此类型的客户比较不容易被说服。有研究指出，左撇子比较难被"催眠"，且能持续注意感兴趣的事物。

能让他们感兴趣的事，大多是感性或图形化的事物。所以，你可以营造出心灵相通或各种浪漫的情境，让他们的脑海中浮现具体图像，这样一来，他们会对你的产品更有感觉。例如"我们今天能碰在一起就是有缘""你看过卡通片《美女与野兽》吗？这幢房子的构想就是取材自片中的厅堂""这份保单不只能给你保障，还能让家人体会你的爱"……这些语句能有效地唤起左撇子们感性的一面，增加他们对你的好感以及对产品的期待。

下面我们来分析惯用右手的情况，惯用右手的人比较理性也注重逻辑性，他们会专注于你所说的每一句话。

不过，由于左脑的运作方式是将看到或听到的信息、画面等，以"语言"方式记忆，所以相当花时间。他们必须凝视一件东西很久之后才能记住，因为他们要把看到的东西语言化。例如当他们看到一瓶香水时，是这么转换的："这是个红色透明瓶子，装着有玫瑰花香的香水。"他们的记忆容量不大，而且还很容易忘记，所以有时候你会发现，使用左脑的人有严重的健忘症，使用右脑的人记忆力好得像是一本"活字典"。所以，惯用右手的人为了快速反应眼前发生的事，会习惯以脑中的刻板印象来判断事物，常会产生先入为主的观念。

和此类型的人进行对谈时，要尽量引用数据或专家说法，例如"这件衣服是百分百纯棉""这商品有 3 年保质期，比其他厂家多两年""这份保单大约 5 年就可以回本""彼得·德鲁克曾经说过……我们相信未来的潮流必定是往这个方向走"……这些语句能使惯用左脑思考的人快速记忆，同时对你和你的产品印象深刻。

不同的妆容折射出不同的心理状态

女人化妆不仅有使形象亮丽，提升气质的作用，不同的妆容还可以折射出一个女人的性情和心态。

"爱美之心，人皆有之"，尤其是女人对美更加钟情，但一个人的容貌是天生的，怎样才能看上去更漂亮呢？这就需要化妆。事实上，一个女人化什么样的妆，从某种意义上说也就是她性情的外露，作为男人，便可以通过观察女友化妆的方式来了解女友的心。

一、喜欢时髦妆的女人城府不深

喜欢化流行的时髦妆的女人，她们对新鲜事物的接受能力往往是很强的，但常缺少属于自己的独立的个性。她们缺少必要的对未来的规划，相对更热衷于"今朝有酒今朝醉"。她们不知道节省，自我表现欲望强烈，希望自己能够引起他人的注意，城府不是特别深。

二、喜欢浓妆的女人前卫

喜欢浓妆艳抹的人，自我表现欲望强烈，总是希望通过一种比较极端的方式吸引他人，尤其是异性。她们的思想比较前卫和开放，对一些大胆的过激行为常持无所谓的态度。她们为人真诚、热情和坦率，虽然有时会遭到一些恶意的攻击，但仍能够尊重他人。

三、喜欢自然妆的女人单纯

化看起来非常自然的妆，这一类型的人，她们多是比较传统和保守的，思想有些单纯，富有同情心和正义感。但不够坚强，在挫折和打击面前常会显得比较软弱。为人很真诚，从来不会怀疑他人有什么不良动机。

四、长时间喜欢以同一模式化妆的女人现实

从很小的时候就开始化妆，并且多年来一直保持着同样的模式，这一类型的人多有一些怀旧情结，常会陷入到过去的某种回忆当中，享受往昔的种种，但也能很快地走出来。她们比较现实，能够尽最大努力把握目前所拥有的一切。她们为人真诚、热情，所以人际关系不错，有很多志同道合的朋友。她们很容易获得满足，但是有一点儿跟不上时代的潮流。

五、喜欢长时间化妆的女人有毅力

用很长的时间化妆，这一类型的人是完美主义者，凡事总是尽力追求达到尽善尽美。为了实现自己的目标，她们可能会付出昂贵的代价，但并不怎样在乎。她们大多有很强的毅力。她们对自己的外表并没有多少的自信，所以在这方面会花费大量的时间、精力甚至是财力。但由于她们过分地强调外在的形象，总会给人造成一种相当不自在的感觉。

六、喜欢异国色彩妆的女人有较丰富的想象力

喜欢化异国色彩比较浓重妆的女人，她们大多是有比较丰富的想象力的，身体内有很多的艺术细胞，希望自己能够成为一个艺术家。她们向往自由，渴望过一种完全无拘无束的生活。她们常常会有许多独特的让人吃惊的想法，是个完美主义者。

七、任何时候都不忘化妆的女人不自信

无论在什么时候，哪怕是出门到信箱里去拿一封信或是一份报纸也要化一化妆的女人，大多对自己没有自信，企图借化妆来掩饰自己在某一方面的缺陷。她们善于把真实的自己隐藏起来。

八、化妆特别强调某一部位的女人自信

在化妆的时候特别强调某一部位的人，她们大多对自己有相当清楚的认识，知道自己的优点在哪里，更知道自己的缺点在哪里，尤其懂得如何扬长避短。她们对自己充满自信，相信经过努力一定能够实现自己的理想。她们很现实和实际，并不是生活在虚无飘渺的幻想中的一类人。她们在为人处世等各个方面都非常果断，并且能保持沉着、冷静的态度。

九、喜欢淡妆的女人聪慧

喜欢化淡妆的女人，她们追求的目的是看起来说得过去就可以了，并不要特别地突出自己，这一点与她们的性格是很相符的。她们的自我表现欲望并不是特别的强，有时甚至非常不愿意让他人注意到自己。这一类型的人有很多都是相当聪明和智慧的，也会获得一定的成就。她们拥有自己的绝对隐私，并且希望能够在这一点上得到他人的尊重和理解。

十、从来也不化妆的女人不肤浅

从来都不化妆的女人，更在乎的多是"清水出芙蓉，天然去雕饰"，她们追求的是一种自然美。这一类型的女人对任何事物都不局限在表层的肤浅的认识，而是更看重实质的东西。在她们心里有非常强烈的平等观念，并且不断地追求和争取平等。

搞定关键人物先要确定他的类型

如果你必须和大公司的主管进行洽谈，可以先从观察他主持会议的表现开始，归纳出他的性格，这将有助于你的业务营销。

一、独裁型

这种主持会议的人多属实权人物，他们握有生杀大权，开会之前

已胸有成竹、腹案在先，不容他人质疑。他让出席者参加会议，只是为了标榜民主，满足与会者有参与的虚荣心而已。同样地，在和你面对面时，他也有一套自己的想法，如果你无法遵照他的意思走，就别奢望会成交。

二、教师型

这样主持会议者多属专家型人物，他们学有专长或精于公司某一业务。在开会时，他们常把出席者看成是学生，唯恐学生不懂或懂得不彻底，会一而再、再而三地重复解说，甚至到了忘我的境界而忘了下班时间。和此类型的人谈生意很累，因为他们会针对一个观念或问题不断地重复，而且最后往往会不了了之。

三、超人型

这样主持会议者多属"当红炸子鸡"型人物，是上司眼中的亲信，并且他们常以此为傲。会议有三分之二的时间被他们所占据，他们往往在与会时口沫横飞、高谈阔论，当有人直抒己见时，常会被其有意无意打断。他们头脑敏捷，也常常见风转舵。他们在会议上常会说"有事我负责"，但要是真出了大事，上司还没去找他们，他们早已找好人头当替罪羔羊。和此类型的人谈生意要万分小心，因为代罪羔羊很可能就是你。

四、圆滑型

此类人在主持会议时光滑如水管，毫无保留地上意下达、下情上达，但若要他们作决定则十分困难，他们往往会以"我一定传达大家的意见，请静候佳音"来回答各位。然而，等你真要等待回音时，则往往是杳无音讯。通常他们也会这样对你说："我考虑过后，会给你回音。"但你永远等不到他的电话或邮件。不过，此类型的人只要你稍一催促，他们反倒会立即作决定。

五、学者型

此类人多属新一代接班人，他们温文有礼而谦虚，可以畅所欲言，提出意见。但他们往往是理性有余、魄力不足，因此会议到最后难作结论，有时机会还难免为他人所乘。他们也是三心二意型的人，既想为公司得到最好的价格，又害怕质量不够好，最后往往会顾此失彼。

最好能向他解释所有的利弊得失，才能帮他们快速作决定。

六、野心型

这种人主持会议时怀有野心，为了摆架势、显威风，常会通知无关的人出席会议，甚至会派部下到会议上助阵。他们为了获得某种权力或目的，常借机塑造多数民意的假象，迫使上级就范而得以如愿。同样地，他们很擅长用威吓的手法来对你进行攻击，而且你很难拒绝他。

从走路姿势判断对方的想法

根据不同的走路姿势，可以辨别出不同类型的个体特征。

每个人的走路姿势都有所不同，对熟悉的人，我们在很远的地方或拥挤杂乱的场合中，一眼就可以认出他来。有一些特征是由于躯体本身的原因造成的，但如步率、跨步的大小和姿势会随着情绪的变化而改变。如果一人很高兴，他会脚步轻快，反之，他就会双肩下垂，走起路来好像鞋里灌了铅一样。莎士比亚在《特尔勒斯和克尔斯主》一书中有段对一只大公鸡走路姿势的描述，文字极为生动："这个高视阔步的运动家，以自己的脚筋而自豪。"

一般说来，走路快而双臂摆动自然的人，往往有坚定的目标，并且能锲而不舍地追求；习惯于将双手插在口袋中，即使天气暖和也不例外的人，爱挑剔，喜欢批评别人，而且颇具神秘感，常常显得玩世不恭。

一个人在沮丧时，往往两手插在口袋中，拖着脚步，很少抬头注意自己是往何处走。在这种心情下，如果他走到井边，朝里面望望，也没什么可以大惊小怪的。

走路时双手叉腰，上身微向前倾的人，如同事业上的短跑运动员。他想以最短的途径、最快的速度来达到自己的目标。当他似乎无所作为时，往往是在计划下一步的重要行动，并且积蓄了能突然爆发的精力，那叉起的前臂，就像代表胜利的"V"字型一样，成为他的特征。

一个人心事重重时，走起路来常会摆出沉思的姿势。譬如头部低垂、双手紧紧交握在背后。他的步伐很慢，而且可能停下来踢一块石头，或在地上捡起一张纸片看看，然后丢掉。那样子好像在对自己说："不妨从各个角度来看看这件事。"

一个自满甚至傲慢的人，他的下巴抬起，手臂夸张地摆动，腿是僵直的，步伐慎重而迟缓。这样走路是为了加深别人的印象。

速率和跨度一致的步伐往往为首脑人物所采用。这样走路，容易让随从和部属跟在后面时保持步调一致，形成小鸭跟着母鸭的队形，以显示追随者的忠实和服从。

透过衣装看人心所想

当代衣服的色彩、款式丰富至极。选择什么样的着装，不仅能体现一个人的品位，反映这个人的爱好，甚至能全方位地揭示这个人的潜在信息。

衣服乃"第二种皮肤"。通过服装，人们可以判断对方的身份、地位、性格、情趣等多方面的潜在信息。人总是为了掩饰赤裸裸的身躯而穿着衣服，但是又往往因为自己对衣着的选择反而使得内心暴露于外了。所以，有人将衣服视为与人体不可分的部分，甚至视为"自己的化身"。

郭沫若曾说："衣服是文化的表征，衣服是思想的形象。"也就是说，人可以通过衣着打扮向外界展示自己的文化素养与思想内涵。

一般来说，喜欢穿简单朴素衣服的人，性格比较沉着、稳重，为人较真诚和热情。这种人在工作、学习和生活当中，做任何一件事情都比较踏实、肯干，勤奋好学，而且还能够做到客观和理智。但是如果过分朴素就不太好了，这种情况表明人缺乏主体意识，软弱而易屈服于别人。

喜欢穿单一色调服装的人，多是比较正直、刚强的，理性思维要优于感性思维。

喜欢穿淡色便服的人，多比较活泼、健谈，且喜欢结交朋友。喜欢穿深色衣服的人，性格比较稳重，显得城府很深，不太爱多说话，凡事深谋远虑，常会有一些意外之举，让人捉摸不定。

喜欢穿式样繁杂、五颜六色、花里胡哨衣服的人，多是虚荣心比较强，爱表现自己而又乐于炫耀的人，他们任性甚至还有些飞扬跋扈。

喜欢穿过于华丽的衣服的人，也是有很强的虚荣心和自我显示欲、金钱欲的。

喜欢穿流行时装的人，最大的特点就是没有自己的主见，不知道自己有什么样的审美观，他们多情绪不稳定，且多不安分守己。

喜欢根据自己的嗜好选择服装而不跟着流行走的人，多是独立性比较强，有果断的决策力的人。

喜爱穿同一款式衣服的人，性格大多比较直率和爽朗，他们有很强的自信、爱憎，是非、对错往往都分得很明确。他们的优点是做事果断，干脆利落，且言必信，行必果。但他们也有缺点，那就是清高自傲，自我意识比较浓，常常自以为是。

比如，前美国总统卡特有一阵子很喜欢穿斜纹布牛仔装，甚至出席白宫部长级会议时，也都以牛仔装打扮出现。牛仔装可以说是一种超越性别、年龄、阶层、职业的服装。卡特或许是想以牛仔装来树立一个亲切和蔼、平易近人的总统形象，这恐怕也受了身体语言理论的影响。不过，在探心术中，也可视这种情况为表面上试图消除自己与他人的差异，但在实际上却具有某种政治意图，同时也显示了此人心底深处蕴藏着的强烈的信心。

在现实社会中，有些人喜欢穿深蓝色粗直条纹的西装，是想尽量夸大自己或自我表现的心理。因为深蓝色与红色相反，是一种可以给人以安定感的颜色，因此，深蓝色粗直条纹的服装，使人在表现自我的同时，也能显示出"自己在社会上的稳定地位"这一愿望。当然，穿这种服装的心理，也可看作其担心自己地位受到威胁的不安感，也可视为表面徒有豪杰风范，实则软弱无能。

由服装了解他人所应该注意的一项要领，也就是要注意服装的变化。服装当然足以反映出个人的喜好。每个人都有各自喜爱的款式、色调以及质料等等。一般来讲，在一个公司的桌子上，如果放着一件上衣，就凭该上衣的类型、颜色等，便能够让人猜出大概是属于什么样的人的。

可是，有时候，我们也会碰到随时改变其所好，让人无法了解其真正喜好的服装为何的人。这种人的情绪大都不稳定，或者也可能由于希望脱离单调的工作，过着富于变化的生活，以致有此种逃避现实的表现。

还有一种人，本来一向穿着特定格调的服装，可是，突然之间，穿起完全不同格调的服装来。这种人大多数是在物质或者精神方面，遇到了重大的刺激，他（她）的思维方式受到新观念的影响，从而表现在服饰上的重大调整。

服装颜色是心理状况的反映

我们常用色彩来描述心情，也用着装的颜色代表内心的变化。

留意于一个人着装的色彩选择，可以看出他的性格特征和心理动向。

一个人在选择服装的色彩上，总与个性脱不了关系。因为，每一个人服装的色彩，总是和个人当时的心理活动状态有着一定的联系。所以，从每个人所喜爱的服装颜色上可多少看出他具有什么样的性格特征：

一、喜欢橄榄色的人

这种人在选择橄榄色时，当时的心理一般是处于被抑制的状态和歇斯底里的状态。

二、喜欢绿色的人

这种人一般喜欢自由，有宽大的胸怀，绿色是其在抱有希望、没有偏见的心理状态下选择的。

三、喜欢蓝色的人

这种人通常是表现为内向的性格，在有现实感的时候选择蓝色。

四、喜欢橙色的人

一般是在无法独居时，对人生意欲强烈的人，这种人雄辩、开朗、口才好，并喜欢幽默。

五、喜欢黄色的人

这种人在使别人感觉自己有智慧、有纯粹高洁心境时，选择黄颜色的服装。

六、喜欢红色的人

选择红色的人是冲动的、精神的、很坚强的生活者。红色是在虚张声势时所选择的。

七、喜欢紫红色的人

选择紫红色的人，一般是在无法冷静、无法客观分析自己的时候所选择的。

八、喜欢桃红色的人

喜欢桃红色的人，是希望保持漂亮。这种人以举止优雅为特征。

九、喜欢青绿色的人

这类人是在喜欢有纤细感觉的时候选择青绿色的。

十、喜欢紫色的人

这种人一般具有保持神秘、自我满足的艺术家的气质，喜欢别出心裁。

十一、喜欢褐色的人

这类人在选择褐色时，当时的心理状态很踏实。

十二、喜欢白色的人

这种人通常是缺乏感动性、决断力、实行力，不知所措的。

十三、喜欢黄绿色的人

这类人一般是缺乏兴趣、交际狭窄、缺乏纤细心情的。

十四、喜欢灰色的人

这种人一般是缺乏主动性，自己没有勇气面对困难。

十五、喜欢浊紫红色、暗褐、黑色的人

这种人一般在非社交场合时，不喜欢表露心情。

下巴的动作可以表达情绪

下巴的动作虽然简单，却可以传达出极其明确的情绪。

提到下巴的动作，我们最容易注意到的是，下巴向前突出和往里收缩。

西方有谚语说："仰起下巴来。"这句话的含义就是要人别灰心，常被用来鼓励那些精神萎靡或遭遇不幸的人。确实，我们可以从仰起的下巴中读出积极的意义，当一个人处在积极的状态时，下巴就会向外伸，鼻子也就会抬高。

仰起下巴，不只具有积极的心理状态，突出下巴的动作还被视为属于攻击性的行为。可看作有准备大干一场的架势，仿佛在说"谁怕谁"或"你要怎么样"。下巴的突出，是用来表现自我主张的，而且下巴突出的程度越大，其自我主张的程度也就越高。比如有"颐指气使"的态度、"目中无人"的人，都是在尽力地伸长和抬高自己的下巴。采取这种动作的人，心中自认为高人一等，不把别人放在眼中。一个自满或者傲慢的人，在走路时就会把下巴抬得高高的，即所谓趾高气扬的姿势。人们在发怒时，也经常将下巴伸向前方，可以看成他想把自己的愤怒情绪扔向对方，以达到宣泄自己攻击欲望的目的。

当一个人自信心下降或感到担心时，下巴就会往里缩，进而带动鼻子向下低。做错事情的人，就会缩紧自己的下巴，显得"灰溜溜"的，而且缩紧下巴的动作也是一种顺从心态的表现。它表示不仅不敢侵略对方的势力范围，而且还在有意地缩小自己的势力范围，心甘情

愿地服从于对方。

对方的手能泄露他的底牌

手是人体活动最频繁的部分之一，在与人交流的过程中，人们不免要运用丰富的手势来辅助表达。当我们注意力集中在对方的话语上时，也不能忽略了手上的"语言"。

有很多人在言谈时，往往会有意识或无意识地带上各式各样的手势，其实手势往往比言语更能传达说话者的心意。

若某人在言谈中双手交合，一手放在嘴边，或搁在耳下，或两手交叉、身体微微向前倾，表示其十分关注对方的谈话内容，正聚精会神地倾听着。

交谈中手势呈开放状，手心向上，两手向前伸出，手与腹部等高，表示愿意与对方接近并希望建立良好的关系。这种手势会给对方一种充满了热情和自信的感觉，对双方谈论的话题胸有成竹。

在与人交谈时一手向前伸，掌心向下，然后由左至右做一个大的环绕动作，表示其对所述内容有充分的把握。而在交谈中会将食指与大拇指拈起，或把拳头握紧，表示说话者希望吸引听众的注意力，或强调其说话内容的重要性。

另外，会用头发或手遮住脸，不让对方看见自己的表情，表示这种人表里不一，或者意图隐瞒什么。

边说话边用手指指着听者，或是握拳、缩脖子、皱眉头，或者其他一些激烈的手势，一般而言都表示此人具有潜在的攻击性。而说话时膝盖会向内缩、上身向后倾、两手交叉放在腹部，表示此人极度缺乏安全感和自信心。

当别人说话时，摆出一副超然的样子，不是往后仰靠着，用手摸下巴，就是打哈欠、四处张望，或不时地拉衣角、整领带、撩头发，这些都表明了其心里不耐烦，暗示对方不要再讲了。

从腿就知道他人信不信任你

从一个人腿的摆放姿势，能读出他不加以修饰的信息。

人类学家通常会告诉我们"脚是最诚实的传讯者"。因为多数的人都可以控制腰部以上的表情和动作，唯独这离大脑最远的肢体无法随意控制。事实上，动物的双腿原本就是朝向"解除危机"而演化的，所以，当人们潜意识或生理上发现不对劲时，双腿的动作也会跟着紧绷，呈现随时准备离开的状态。

当我们在进行销售时，如果客户对你不信任，即使他脸上能堆满假笑，脚还是会呈现抗拒，甚至表现出想逃开的姿态。如果你发现对方口头上一路附和你，膝盖却愈来愈往旁边偏，就表示他是在随口敷衍你。

一、双腿外张型

摆出这种腿部姿势的人，通常以男性居多。他们的个性直率豪爽、任性而极有胆量，凡事我行我素，不受别人意见左右，进取心极强，坐而言就会起而行，从不拖泥带水。所以，别尝试说服他，那几乎是不可能的事，你只能尽自己的义务解说，再打赌他会不会接受。

二、一腿横放于另一腿的膝部，另一腿脚尖触地

此类型的人野心大而精力旺盛，凡事勇往直前，不达目的绝不罢休。这种人也是一般销售人员最头痛的典型，因为如果他们拿不到自己想要的价格就绝不会轻易下手。

三、双腿在膝盖上交叠，下方的一腿脚尖触地，小腿拱成弧状

此类型的人个性羞怯退缩，表面看来似乎洒脱轻悦，其实内心非常沉稳，待人处世步步为营，自我防卫心极重。当他们试着和你打哈哈时，代表内心有些紧张，这时正是说服的好时机。

四、双脚脚尖以"八字"向内放置，双膝紧贴

此类型的人个性天真，渴望别人关怀、照顾，凡事缺乏主见，依赖性极强。所以，他们会希望你对他们特别一些，例如私下的交流或说一些产品内幕等。

五、双腿在大腿部位交叠，小腿则相互垂直

他们多对自己缺乏信心，做事也缺乏主见，但是头脑冷静，自制力强，不会随波逐流。他们喜欢听实际的产品条件或建议，不需要用太多感性词句。

六、双腿在膝盖上方交叠，双手按膝，上面的腿脚尖轻微上跷

他们外表看起来很随和，事实上却是封闭严谨的类型，尤其是他们跷起的脚尖，多少有要你保持距离的警告作用。所以，即使在交递数据时，也最好避免肢体碰触，以免引起他们的不悦。

七、双腿紧贴平伸

此类型的人性格开朗，办事果断，自主性极强，不容易为人左右。说服前如果能先当"朋友"，交易过程会简单得多。

第三章
洞察内心套出底牌

　　人们往往能从一些大人物的行为姿态中，找出一些人物性格的端倪。分析这些大人物的表象，其实也是为了树立一个特例，以便于我们分析身边的人的内在特征与需求，更好地认识对方，与对方打交道。一个精于处事的人，一定是一个善于分析周边人的行为、理解周围人内心真实需求的人。他们不拘泥于对方的外在行径，而是通过洞察对方的内在想法，来与人沟通，交流。

从打招呼的表现可透视其真实意图

　　打招呼是人们交流的开端，打招呼的方式也能确定两人关系的模式。

　　根据统计，每个人一天的生活里，平均至少要和 30 个人打招呼，包括家人、邻居、同事、商家等，面对亲近度和熟悉度不同的人，我们打招呼的形态也有所不同。同样地，从客户和你打招呼的态度，也能快速分析出他把你定位在哪一点，以及他的心理状态究竟如何。

　　初次见面时，有些人会两眼直视着对方并频频点头。此类型的人多半是利用打招呼来试探对方的内心，并在下意识中希望自己占上风，建立自信的气势。不过反过来说，当一个人这么做时，也表示他带着极重的戒心和防卫感，而且多半自以为是。和此类型的人打交道，不要急于求成，要先隐藏自己的缺点，例如解析力不足、口齿不清等，否则对方很容易由于认为你专业不足而看不起你。

有一些人，打招呼时不看对方的眼睛，而是把目光移向他处。这种人并不是傲慢，只是自卑感较重，而且胆小怕事、喜欢安定。和此类型的人打交道，最好用比较轻松、诙谐的话语来消除对方的不安，同时化解他们惧怕、紧张和戒备的心理。只要让他们放松下来，你很快就可以进入他们的个人距离。

有些人在和对方打招呼的时候，会"故意"退后两三步，这并不是你侵犯了他们的个人空间，而是他们对每个人都如此。也许他们认为这是一种礼貌或谦让的表现，但这种小动作，很容易让人误以为是疏离的表现。像这样有意拉开距离，虽然是故意的，但一样可视为是防卫、谦虚、顾忌等情感的表现。

假如客户和你打招呼时，毫不顾忌地从拍肩膀等身体接触开始，表示他对你丝毫没有戒心，或者是他认为自己的能力、权力都比你大，并以此显示出自己的优势地位，造成"以声夺人"的局面。他不见得是蓄意的，但这种方式能说明他更有自信和你对谈；另一方面，这也表示他希望你能用较尊敬的态度对待他。

听懂别人的场面话

场面话是人际关系中不可或缺的一部分，它不是罪恶，也不是欺骗，而是承接双方对话的一个工具。面对热情洋溢的场面话，保持客观冷静的心态，并学会认识使用场面话，才能游刃有余地与他人客套交流。

语言是人类沟通的工具，从一个人的言谈，足以知悉他的心意与情绪，但是，若对方口是心非，就令人猜疑了。这种人往往将意识里的冲动与欲望，以及所处环境的刺激修饰伪装后，以反向语表现出来，令人摸不清实情。

例如，偶遇个不投性格的朋友，往往抛出社交辞令客套邀约："哎呀，哪天到舍下坐坐嘛！"其实心里的本意可能是："糟糕，怎么又遇上他了，赶紧开溜为妙！"这种与本意相反的场面话，往往是因为内心的不安与恐惧，为求自我安慰，或是一而再，再而三，因循成习。

说场面话也是一种生存智慧，在人性丛林里进出过一段时日的人都懂得说，也习惯说。这不是罪恶，也不是欺骗，而是一种必要。

有一个人十几年没有升迁，于是去拜访一位主管调动的单位负责人，希望能调到别的单位，因为他知道那个单位有一个空缺，而且他也符合条件。

那位主管表现得非常热情，并且当面应允，拍胸脯说："没问题！"

他高高兴兴地回去等消息，谁知几个月过去，一点消息也没有。打电话过去，不是不在就是正在开会；问其他人，别人告诉他，那个位子已经有人捷足先登了。他很气愤地说："那他又为什么对我拍胸脯说'没问题'？"

这件事的真相是：那位主管说了场面话，而他相信了主管的场面话！

场面话有的是实情，有的则与事实有相当的差距。听起来、说起来虽然不实在，但只要不太离谱，听的人十之八九都会感到高兴。

诸如"我全力帮忙""有什么问题尽管来找我"等，这种话有时是不说不行，因为对方运用人情压力，若当面拒绝，场面会很难堪，而且会得罪这个人；若对方缠着不肯走，那更是麻烦，所以用场面话先打发，能帮忙就帮忙，帮不上或不愿意帮忙就再找理由。总之，场面话有缓兵计的作用。

对于拍胸脯答应的场面话，你只能保留态度，以免希望越大，失望也越大。你只能姑且信之，因为人情的变化无法预测，你既然测不出他的真心，只好先作最坏的打算。要知道对方说的是不是场面话也不难，事后求证几次，如果对方言辞闪烁，虚与委蛇，或避而不见，避谈主题，那么对方说的就真的是场面话了！

总之，你对场面话的真实性要有所保留，否则可能会坏了大事。对于称赞同意或恭维的场面话，要保持冷静和客观，千万别因别人两句话就乐过了头，因为那会影响你的自我评价。冷静下来，才可以看出对方的心意如何。

用心听出隐晦的话

有些时候不能直抒胸臆的话，只能选择兜兜转转。当别人话里有话的时候，更加希望你的理解，要学会看清其中暗含的讯息，才能将这些难言之隐一一解决。

有的人说话很隐晦，一句话可能有很多种意义，遇到这样的情况，你就要察觉其中隐含的讯息，如此才能摸透对方的心思。有人走进你的办公室，然后对你说道："我快要累死了！昨天、前天和大前天晚上，我都加班到十点钟才回家，我真的是累坏了！"你身为经理，听了那个人说的话，你必须找出其中隐含的讯息，这是你应该做到的。

那个人想要传达的心思可能是这样的："我实在需要别人帮忙，我知道公司雇用我做这个工作，是希望我自己一个人做，我担心的是，如果我说我需要帮忙，你会认为我没有做好工作，所以，我不想直接说出来，我只是告诉你，我现在的工作分量太重了。"

另一个隐含的讯息可能是这样的："上一次你评估我工作成效的时候，提起工作态度的问题来，并且还说希望每个人都更加努力工作，现在我只是想让你知道，我正在照着你的指示去做。"也有可能这个隐含的讯息是："我有点担心，怕保不住工作，遭到公司辞退，所以我希望你知道，我是个多么恪尽职责的职员。"可能还有一个隐含的讯息是："我希望你拍拍我的肩膀，希望你这位上级主管对我说：'我知道你工作很努力，我非常欣赏你的工作态度。'"

你应该能找出来"我快要累死了"这句话背后代表的意思。与人谈话时，如何才能更好地摸透说话者的心思呢？

一、听声

同一句话，用不同的声调表达出来，其含义就不一样，有时甚至完全相反。听声就是通过发现声调中的异常因素，作出辨析，抓住隐含其中的心思。

比如说"好啊！他行！他真行！"这句话，如果说话者说这句话时，语气上扬，听者便能感觉出这是在赞扬某人。但如果说话者刻意压低语调，刻意拖长"行""真行"，那意思就刚好相反了，那就表示说话者对某人的严重不满，而这种不满情绪尽在言语之外。

很多情况下，同样一个意思，可以用肯定句、否定句、感叹句、反问句等许许多多的形式表达，可能不同的形式就表达不同的意思，这就需要结合语境仔细辨析了。

二、辨义

说话者总是从一定的角度来表达他的思想。辨义主要是抓住说话角度这个关键，发现其中的异常因素，从而看清他的真正意图。

人们对于不好明说的事情，经常会换个角度含蓄地表达出来，而这个角度的改变其实都没有脱离具体的场合，所以你不要以为对方跑题，只要你结合场合来分析对方说的话，就很容易悟出对方的意图。

三、观行

人们有时候碍于面子难免会说些违心的话，这个时候表现出来的就是言行不一，你只要注意观察他的具体行为，就能意会其内心的真实想法。

有些人心里不愉快，或生你气的时候，不会直接表达内心的不满，他们会绷着一张脸，用力地对你说："没什么！"或是用不耐烦的语气表示："算了！算了！不跟你计较！"一边说还一边乒乒乓乓地摔东西。即使是小孩，也看得出他们在生气！

很多时候，身体也是会说话的，而且说的话是由无意识控制的，那才是最真实的表达。

其实，看透别人心思的方法很多，最关键的就是要善于结合语境，只要你用心去听，留神当时的场合，就不难听出对方隐晦的话语。

诱导对方暴露真心

成熟老练的谈判者，总会给自己设计两条出路，这两条路中，有一条是出于本意，而另一条则是陪衬品。要想理清对方真正的思路，就必须懂得把握"两面性"的技巧，将一条路堵死，才能探出对方真实的意图。

学者或是评论家，应记者的要求对微妙的问题发表意见的时候，虽然会说出一个结论，最后，总是再加一句："但是，也有另一种可能。"

老练的企业主管，在开会时，就懂得把这种"两面性"很技巧地运用在他的话里，以便事后有个申辩的机会。

例如，他会说："这个事情可以说是十万火急，但是，我必须慎重考虑。我打算尽可能迅速地想出一个万全的对策。"这句话，既可解释为"很快就想出对策了"，也可以解释为"花点时间好好去研究"。

交谈之中，如果所说的内容有很强的"两面性"，那就表示对方犹豫不定，有意避免造成统一性的印象。有些话乍听之下，好像意志已定，实则不然。若想揭穿他是否真心，这种"两面性"的理论，可以成为有效的利器。也就是说，当对方只强调事情的一面来下结论，你就要发出强调另一面的质辞，借此套出他的真意。

当然，"欲速则不达"是真理，"打铁趁热"也是真理，每一件事必有它的两面性，关键是看他如何视情况而做应变。他下的决定如果不是出于真心，只要向他强调"两面性"，他的结论就会轻易地发生改变，或是迷疑丛生。相反的，如果意志甚坚，则任你如何强调"两面性"，他还是坚定不移，绝对不会改变他的结论。要诱导对方说出他的本意，在交谈中不妨故意拂逆对方的意见，处处给予反驳。接连数次向对方表示"不"，对方的态度必会急速地转变。尤其是对方想要传达自己的心意时，故意打断而大声地抢话说，在这个关头对方会露出真心。

与对方谈话时，如果我们不急不缓地说："我们慢慢谈吧！"而真放慢步调打算从长计议时，对方却突然显得坐立不安。该如何判断对方是否有急事呢？对方的心理该如何掌握才合适？

技巧是试着改变说话的速度。譬如："我啊……其实……今天……"故意把话拉长说，有急事者必会不耐烦地问："你到底有什么事？"如果坐在椅子上则尽量舒坦地深坐。当对方有急事时会立即表态说："其实我今天有急事。"或急忙地想站起身来。所以，若要探知对方是否有急事则故意慢条斯理地动作。譬如，拿起对方端出的茶慢慢品尝，或把茶杯拿在手上优哉游哉地谈话。有急事者看见这些动作，会更为焦急而立即暴露真心。

要从语言的密码中破译对方的心态，闲谈是了解对方的一种最好方式，整个氛围显得轻松愉快，又让对方没有心理防线。第二次世界大战中期，东条英机出任日本首相。此事是秘密决定的，各报记者都很想探得秘密，竭力追逐参加决定会议的大臣采访，却一无所获。这时候，有位记者有心研究了大臣们的心理定势：大臣们不会说出是谁任首相，假如问题提得巧妙，对方会不自觉地露出某种迹象，有可能探得秘密。于是他向一位参加会议的大臣提了一个问题："此次出任首相的人是不是秃子？"因为当时有三名候选人：一是秃子，一是满头白发，一是半秃顶，这个半秃顶就是东条英机。在这看似无意的闲谈中，这位大臣没有仔细地考虑到保密的重要性，虽然他也没有直接回答出具体的答案，但聪明的记者，从大臣思考的瞬间，就推断出最后的答案。因为大臣在听到问题之后，一直在思考半秃顶是否属于秃子的问题。记者从随意的闲聊中套出了他需要的独家新闻。

"酒后吐真言"，看透他的秘密

应酬的场面上，少不了酒的出现。酒是饭桌上联络感情的纽带，生意人更是喜欢在这一点上大做文章。喝酒就避免不了喝醉，喝醉往往是一个人最真实的状态。酒量好的话，可以利用这一点把握很多信息。如果酒量不好的话，还是不要冒这个险了，以免酒后失言，泄露了秘密。

我们都知道，酒是一种麻醉品，只要喝得稍多一点，便非常容易使人的言谈失去控制，多数人在酒醉的时候，喜欢胡乱说话。虽然语无伦次，但多为真言。所以，通过酒后所言可以得知对方的内心想法。

仔细观察醉酒百态是非常有趣的事。一个人若能事先掌握住自己的酒癖，就可以更加理解自己是个什么样的人。为让他人理解自己，也有必要事先掌握自己的酒癖。

一、喝了酒老是喜欢喋喋不休、"吃吃"地傻笑的人

这种人性格内向，平时沉默寡言、彬彬有礼，一旦喝了酒就喋喋不休，不时露出真感情的话，这种人平时的人际关系一定是处于紧张的状态中。

这种类型的人，一丝不苟，很有韧性，重视秩序，对于长辈必是采取毕恭毕敬的态度。对于女性也是很认真的，绝不会开玩笑，总之，是个"正经八百"的人。基本上，此种人的精神压力较大，所以，会借酒来发泄其精神压力。

但是，反过来说，这种人若不是借酒来发泄的话，压力就会积蓄在身体内。因此，当知道喝了酒就有喋喋不休的毛病时，就尽量地不要一个劲地工作，需培养些轻松的兴趣，平时要让自己过得快活点。

二、猛敲猛打，到处活动，动作很大的人

这种人性格刚烈，反抗心很强，有强烈的欲求不满或强烈的自卑感。此种人不喜欢配合他人来行动，若硬要他们配合他人来行动，就会出现挫折感，而他们就会借酒来发泄此种挫折感，例如摔杯子、摔椅子等。常会做出让周围人吃惊的事，需特别注意。

三、沉默不言的人

这种人性格外向，平时很活泼，很具行动力，是受大家信赖的人物，一旦喝了酒，反而会很安静、很沉默的话，表示其强烈地想排除自己的判断，才会有这样的行动。在其心底深处，有着"现在我觉得一切还算顺利，但如果我就任此下去的话，难道就不会出问题？以后的情况我也许无法把握得住"的不安，而其心中的迷茫就会借酒发泄出来。

四、醉了就会哭的人

这种人性格内向，感情炽烈，待人接物放不开，常常压抑自己。既是个热情家，也是个浪漫主义者。具有强烈的自我，过分压抑自己强烈的感情。

五、喝了酒爱触摸异性身体的人

这种人较有城府、有心计，爱想入非非，见异思迁，爱发牢骚，此种人因不满于无法以"心"和异性接触，遂用"物理性的接触"来填补其空虚。当对性事感到衰弱，或自己的欲望无法适当地发泄，或在金钱方面、工作方面不顺自己的意时，即心中有不平、不满时，多会做出此种举动。

六、喝了酒爱唱歌的人

这种人性格开朗活泼、自信，很有活力，极富冒险精神，随和。既有社交性又喜欢照顾人，把工作和私生活划分得很清楚。此种人很有发展前途，很值得信赖且不惧失败，会把自己的技术和个性发挥在工作上。但如果属于在卡拉OK厅里拿到麦克风就不交给他人的类型的话，就另当别论了，这种人多是有着精神压力的"中年人"。

七、喝了酒喜欢跟人吵架的人

这种人性格外向，刚直，嫉恶如仇，有情有义，爱打抱不平，乐于交各种朋友，喜欢帮助弱者。可以说是个具有强韧行动力的热血汉子型人物。

八、喝了酒呼呼大睡的人

这种人性格内向、意志薄弱，心思比较缜密，优柔寡断，待人接物很放不开，没有主心骨，依赖性强，没有创新的激情。可能是因为白天把太多精力花在注意周围的缘故吧。

九、喝酒时老劝他人的人

这种人性格外向，善于交际，虚荣心强，希望对方和自己是相等的，属于保守且防卫本能强的类型。若是热心地劝异性（尤其是女性）喝酒，则是对异性有强烈的憧憬和具有支配欲的人。不会把自己的想法强迫给他人，而会尊重对方的立场，是思想很具弹性、很体贴的人。

十、喝酒时不断喊"干杯"的人

这种人性情冷漠，颇有心计，十分注意自身的仪表。听他的口令好像很懂事，其实却很固执，看起来很和蔼可亲，其实性格很冷淡的人物多有此种酒癖。

十一、喝得再多也跟平时一样的人

这种人性格内向，很有城府，谨慎认真，不太爱暴露出自己的缺点，因而有比他人强一倍的警戒心。总之，可以确定的是，此种人皆具有"小心翼翼"的性格。

十二、喝酒可能醉酒时就不喝的人

这种人性格随和，心地善良，待人真诚，为人处事极有分寸，很会处理各种人际关系。他们喝酒绝不是为了一解口瘾，而是借着喝酒营造很愉快的气氛，这种类型的人富有协调心，在团体中最擅长赢得众人的协助。

十三、有特殊酒癖的人

这种人性格具有双重性，有时过于内向，有时过于外向，有着很独特的性格。

如何判断他是否真心微笑

微笑有两种——发自内心和虚情假意。虽然都是笑，但藏在笑容下的含义却有天壤之别，解读微笑的含义，能帮助我们决定与人的亲近和疏远。

笑是人类生存的一种本能，笑是人类与他人交流的最古老的方式之一，笑是全人类都懂的一种表情。笑的种类成百上千，尽管人们随时都能听见笑声，但是只有特定的接收者才能听懂笑声传递出的信息。笑声，就像间谍们发送的电码，需要特殊的密码才能解读出它所代表的真正意义。

解读笑，第一步就是要辨别它是真笑还是假笑，这是很有价值的表情解读。笑容的真假能让你瞬间读懂正在寒暄的两人之间的真正关系是亲密还是疏远。甚至你还可以从对方的笑容中估计出他对你的想法和态度。那么，如何辨别一个人笑容的真假？只需观察对方嘴角肌肉的运动方向，我们就可以看出此人是真诚地笑还是虚情假意地笑了。真笑时，嘴角会向眼睛方向上扬。若是假笑或"应付"的笑，嘴角会被拉向耳朵方向，嘴唇会形成长椭圆形，笑者的眼中也不透露出一丝情感。要留心这种笑不是发自内心的笑，谁知道有这种笑容的主人正打着什么坏主意呢。

从随身提包看出客户需求

心理学家研究指出："从一个人手提包里所装的物品是什么，就可以了解这个人的心理状态与需求"，这对销售人员侦察客户心理的工作来说是很重要的。

一、混杂型提包

个性表现：在这类提包里，即使是最常用的物品，也会被放置在提包的最底下，一旦要取出一张车票或者寻找一本工作手册，就得把提包里的一大半东西全部掏出来。这种提包告诉我们：提包的主人在日常生活中，凡事都奉行"无所谓"的随便态度。

一般说来，他们待人殷勤热情，对小事从不斤斤计较。由于过分地随便或者无所谓，他们也常常会使别人陷入窘境。例如事先预定的约会，他们会任意遗忘，过后也不会想到要道歉；要他们尽快完成一项工作或者找出某件东西，总令人提心吊胆。与这类人容易相识，也容易分手。在平常的生活和工作上，与他们较难志同道合。

销售技巧：因为个性太随意，此类型的人不太容易产生购物欲，但也很可能一次就砸大钱买不需要的东西，关键在于你的态度和服务能不能让他们觉得开心。

二、整齐型提包

个性表现：这种提包与上述的混杂型提包正好相反，任何需要的东西总是伸手可及。提这种提包的客户，有强烈的上进心，办事可靠，品行端正，待人接物彬彬有礼。一般来说，他们自信心很强，并有组织能力。

销售技巧：他们只买自己需要的物品，而且有一套自己的规划，基本上不需要花太多时间在他们身上。

三、收集型提包

个性表现：在这种提包里，有过期的电影票根以及皱巴巴的发票、商品说明书，有从报纸、杂志上剪下来的小纸片，还有信封、照片等。有这种习惯的人，都喜欢购买比较大的提包。提这种提包的人，一般来说，大多喜欢幻想、缺少条理，他们平时不太善于处理各种生活琐事。

销售技巧：此类型的人属于感性型的，赞美是最好的说服方式。

四、全面型提包

个性表现：这种提包里有备用眼镜、保健药盒、通讯簿、各种钥匙串、指甲剪、针线包及塑料食品袋等，应有尽有。用这种提包的女人，善于处理各种实际问题，很能持家，心地善良。如果这些东西在男人的提包里出现，那就表示他在各方面都过分拘泥细节，在生活上也不太会自理。

销售技巧：他们总觉得自己需要很多以备万一的物品，"我觉得你一定用得到"的句型，常让他们无力抗拒。

五、公事型提包

个性表现：提包里经常装有文件、档案数据，还有掌上电脑、厚厚的记事簿、杂志、当天的报纸……而且包里肯定还有一支笔（甚至不止一支）。持用这类提包的人，尽管性格各异，但他们有一个相同之处——自信，缺乏幽默，对许多生活中的事情看法过于简单幼稚。

销售技巧：他们不太深思熟虑，而且有点优柔寡断，需要别人一再肯定物品的优异性才会下手。

六、奇怪型提包

个性表现：如果一个人背的是一个塞得满满的奇形怪状的小提包，然后又拎着几个提袋或纸袋，这说明他缺乏想象力和预见力。

销售技巧：此类型的人也是冲动购物型，常因一时兴起而购买许多东西。

七、大背包型

个性表现：无论什么时候都背着大背包的人，往往情绪悲观，对生活充满不信任感，对自己也缺乏信心，萎靡不振，戒备心很强。

销售技巧：他们不太会随便买东西，一定是需要的东西才会买。

八、色彩鲜艳型

个性表现：喜欢幻想、个性有点轻快的人，喜欢用色彩鲜艳的提包或背包，而且，由于他们买这些提包时丝毫不考虑与自己的服装颜色是否协调，更可看出他们心里的不协调和对梦想的憧憬。

销售技巧：在产品中加入一点梦幻元素，能使他们的眼睛为之一亮。

九、旧提包型

个性表现：梳妆整齐、穿着雅致而又常常拎一个不讲究的旧包包的人，大都常会莫名其妙地激动。他们的生活表面上看起来颇为幸福，但实际上却有一些不为人知的烦恼。除此之外，当他们面对那些看起来困难的事情时，往往会推托，不愿实时处理。

销售技巧：他们喜欢别人称赞自己善于处理家务，从家人着手，容易引起他们谈话的欲望。

十、变化多端型

个性表现：如果一个人经常换背包，并且是不同款式，表示他的精神状态不太稳定，缺乏固定的观点和兴趣。

销售技巧：凡事只要套上"看起来还不错"的说辞，就能让他们开始考虑。

从挑选座位看性格强势与否

在生意场上，座位的安排也是一门学问。对方地位高低、职位等级等因素，都能影响到安排次序的问题。

很多公司主管级人物往往坐在办公室的最后方，因为这个位置可以将整个办公室的动态尽收眼底。当你和客户共在餐厅或其他开放空间见面时，如果对方选择可以直接看到门外或最内部面向门口的位置，通常显示他们的权力掌控欲比较强。所以，和他们对话时，注意不要抢了他们的发言权。另一方面，他们有一套自己的行事逻辑，你只要照他们的话"按表授课"，就能让他们满意。

另外，很少有人愿意坐在正背门口的第一个位置，这是源于人类安全感的顾虑——坐在那个位置，看不到从门口进来的人，这会让人感到一种潜在的威胁——看不见进来的人做些什么。如果你的客户选了这个位置，只有两种可能：第一，他对你很信任，认为当危险来临时你会提醒他；第二，他的个性很迷糊，不太能意识到外在的威胁。

其实，答案多半是后者。

观察客户如何挑选座位是门大学问，以下先就简单的四人座位进行解析：

一、从座位了解互制性

1. 两人以 L 型座位分布

代表互动性极佳、对方也不介意和你有肢体接触。

2. 以面对面位置分布

这类位置属于竞争、防卫型，因为这样的座位，对方可以清楚看见你的眼神，他可以很快决定如何响应和防守。

3. 平行座位分布

这是最有利的合作位置，不但可以清楚地看见对方的手势、腿的动作和各种数据记录，偶尔也会有肢体碰触。

4. 对角位置

如果你被编派到这个位置，那么这笔生意也不用多谈了。这表示对方一点也不想与你互动，一切只是你自己的一厢情愿而已。

二、从坐姿看个性

1. 正襟危坐、目不斜视

通常是力求完美、办事周密且讲求实际的人。这种人只做有把握的事，从不冒险行事，但他们往往也缺乏创新与灵活性。除非你的产品有质量保证或保修，否则他们不会轻易点头。

2. 爱侧身坐在椅子上

喜欢舒畅的感觉，觉得没有必要给其他人留下什么更好的印象。他们往往是感情外露、不拘小节的人。此类型的人买东西往往只为了自己开心，属于较主观的人。

3. 把身体蜷缩在一起，双手夹在大腿中而坐

自卑感较重，谦逊而缺乏自信，大多属于服从型性格的人。只要你说"买了对你会有好处"，他们多半会乖乖照办。

4. 展开手脚而坐

有领导的特质或是支配性格的呈现，也可能是性格外向、不知天高地厚、不拘小节的人。他们多半喜欢你顺着他们的话说。

5. 将一只脚放在另一只脚后面坐

大部分是害羞、胆小和缺乏自信心的人。如果你说"这产品能让你比现在更好"，往往能引起他们的兴趣。

6. 踝部交叉而坐

当男人显示这种姿势时，他们通常还会将握起的双拳放在膝盖上，或用双手紧紧抓住椅子的扶手；而女性采用这种姿势时，通常在双脚交叉的同时，双手会自然放在膝盖上或将一只手压在另一只手上。大量研究发现，这是一种控制消极思维外流、控制感情、控制紧张情绪和恐惧心理，表示警惕或防范的人体姿势。这也表示他们对你还不够信任，你们必须再多谈几次，才可能使他们放松。

7. 将椅子转过来跨坐

这是当人们面临语言威胁、对他人的讲话感到厌烦或想占据谈话优势时所做出的防护行为。有这种习惯的人，一般总是唯我独尊，当然也不会顾虑你的感受。

8. 在他人面前猛然而坐

表面上是一种随便、不太礼貌或不拘小节的样子，其实说明此人内心隐藏着不安，或有心事不愿告人，因此不自觉地用这个动作来掩饰自己的抑制心理。通常他们的不安在于他们喜欢这个产品，但价格

还不到他们满意的地步。

9. 在椅子上摇摆或抖动腿部，或用脚尖拍打地板

这表示他们内心焦躁不安、不耐烦，或为了摆脱某种紧张感。这种现象多半是由环境引起的，记得下次别再约在类似的环境里。

10. 和你坐在一起，有意识地挪动身体

说明他在心理上对你有防卫，想与你保持一定距离。

11. 斜躺在椅子上

表示他比坐在他旁边的人更具有心理上的优越感，或想处于高于对方（也就是你）的地位。

12. 直挺着腰而坐

表示被你的言谈激起浓厚的兴趣，很认真地想继续听下去。

13. 将椅子坐满

希望在谈话上能占优势也表示他的个性，比较强势。

14. 坐在椅子前端

是有意识地传达"对对方所说的话感兴趣"的信息。

15. 坐下来马上双脚交叉

有不愿意输给对方的对抗意识。换言之，你提出的条件还不足以让他们接受。

16. 背靠椅子坐着，两腿和手臂交叉，或者脸不朝向你

表示对你不感兴趣。

17. 脊背挺直，无精打采，眼睛看天花板或不停地看手表、四处观望

表示已经对你的话题感到厌烦。

18. 从座位距离观察

（1）彼此侵犯对方的身体区域程度愈大，表示两人的关系愈亲密。

（2）有意识不侵犯你身体区域的人，对你有抗拒感。

（3）单方面侵犯你身体区域的客户，表示想占有优越地位。

（4）坐在你旁边，却突然想要转身从正面看你的人，是对你有疑惑，或重新有了关心的意思。

从拿杯姿态探知他人的用心程度

要想了解一个人的个性，不仅可以从这个人待人的方式上了解，还可以从他接物的习惯上有个认识。对于你奉上的茶杯，对方如何接，从很多细节动作上，你都可以明察秋毫。

在接待客户时你最好奉上一杯茶，因为从拿杯子的姿态，也能看出一个人的个性。当然，另一个更实际的考虑是让他们在你的地盘上停留久一点。如果你是个保险业务员，或任何一种需要在外面接待客户的推销员，不妨尽量约在咖啡厅等可以喝饮料的地方，让自己多一个观察的机会。

一、把杯子放在手掌上，一边喝一边滔滔不绝地说话

是亢奋或外向型的人。此举反映出他活跃好动的特性，这也表示他并没有对你的话用心，只希望你用心听他说话。

二、手握高脚杯的脚，食指前伸

这种人只对有钱、有势、有地位的人感兴趣。可想而知，他们多半是有目的地和你交易，会用心了解交易内容，只要你不偏离主题，此类型的人全程都会很专注。

三、喜欢玩弄杯子

是平常就忙于琐事的人。他们很难定下心来听你在说些什么，除非你能用生动的比喻或新鲜用语引起他们的注意。

四、一只手紧紧握着杯子，另一只手漫无目的地沿着杯缘画圈

沉思型的人。他们十分用心在听你说话，只是有时会因为过度思考而漏掉一些细节。如果可以提供书面资料，会对他们很有帮助。

五、紧握杯子，甚至把杯子放在大腿上

他们喜欢听别人说话，这种拿杯子的方式，可以使他们更集中精

力听你的谈话内容。

六、紧紧抓住酒杯，拇指按着杯口

豪爽型的人。他们会很认真地和你对谈，而且很有见地。你也必须全神贯注地理解他们的话语才行。

七、把杯子紧握掌中，拇指用力顶住杯子的边缘

有主见的人。你会发现他们也经常敲打桌缘，因为他们时时刻刻都想发问。

八、双手抓住杯子

深谋远虑型的人。他们会认真评估你说的每一个字，并期望在最短时间内得出结论。

第四章
品语察言甄别真实信息

随着人际交往的复杂化，人们在与人交流的过程中也越来越小心谨慎了。在不明确对方的底细，对对方还没有一个全面了解的情况下，人们不免要用一些手段来伪装自己，保护自己。但是，高明的人永远不会被这形形色色的"面具"所骗，他们会用自己独特的眼光观察对方的言行举止，穿透对方的层层伪装而识破谎言，获得对方真实的信息。以便在以后的交往中，不被谎言"牵着鼻子走"；在与人打交道的过程中，永远掌控主动权。

面部表情会泄露说谎人的内心秘密

极细微的表情展现常常是我们识别谎言的关键之所在，皱眉，眨眼，撇嘴，吐舌，通过观察这些脸部细微的表情，我们会捕捉到一个人真实情感的讯息，从而参透他的真心，揭开他伪装的面具。

识别谎言的一个关键线索就是微笑。说谎人的微笑很少表现真实的情感，更多的是为了掩饰内心的情感世界。研究显示，微笑并伴随着较高的说话音调是揭穿谎言的最有力的证据。

假笑缘于情感的缺乏。纯粹从形式上看，它甚至不能算作欺骗。由于缺乏情感，微笑时神情显得有些茫然，嘴角上扬，一副愉快的病态假相，好像在说："这绝非是我的真实感受。"

假笑的识别也许更为困难，而下面的六种面部表情会无意识地将一个人的假笑暴露无遗。

1. 笑时只运用大颧骨部位的肌肉，只是嘴动了动。眼睛周围的匝肌和面颊拉长，这就是假笑。因此假笑时面颊的肌肉松弛，眼睛不会眯起。狡猾的撒谎者将大颧骨部位的肌肉层层皱起来补偿这些缺憾，这一动作会影响到眼部，因此皱起松弛的面颊并能使眼睛眯起，从而使假笑看起来更加真实可信。

2. 假笑保持的时间特别长。真实的微笑持续的时间只能在 2/3 秒到 4 秒之间，其时间长短主要取决于感情的强烈程度。而假笑则不同，它就像聚会后仍不肯离去的客人一样让人感到别扭。这主要是因为假笑缺乏真实情感的内在激励，所以我们就不知道何时将其结束。其实，任何一种表情如果持续的时间超过 5 秒钟或 10 秒钟，大部分都可能是假的。只有一些强烈情感的展现如愤怒、狂喜和抑郁例外，而这些表情持续的时间常常更为短暂。

3. 对于绝大部分表情来说，突然的开始和结束就表明我们在有意识地运用这种表情。而只有惊奇例外，它一闪即过，从开始、保持到停止总的时间不会超过一秒，如果持续时间更长，他的惊奇就是装出来的。很多人能模仿惊奇的表情动作（眼眉上挑，嘴巴张大），但很少人能模仿惊奇的突然开始和结束。

4. 假笑时，面孔两边的表情常常会有些许的不对称。习惯于用右手的人，假笑时左嘴角挑得更高，习惯于用左手的人，右嘴角挑得更高。

笑容来得太早或太迟都可能表明是一个欺骗的表情。例如，如果一个人说："我不是已经和你说过这件事了吗？"然后才勃然大怒，这多半是在欺骗，他的表情是矫揉造作出来的。面部表情和身体姿势应该同时发生，而不是在其之后才发生。又如，一个人砰砰砰地敲打桌面之后才表现出愤怒的样子，这实际上是装腔作势，是在演戏。隐藏的情感常常会在脸的上部暴露出来。当一个人悲哀、苦恼、痛苦和有负罪感时，眉毛的内角挑起，前额向中间皱起，不到 15％ 的人能假装出这种表情。要装出恐惧和难过的表情甚至更难，这些表情为，眉毛挑起，双眉皱在一起，很易将秘密泄露，并且只有 10％ 的人能装出这种表情。

几乎没有人知道，极细微的表情展现常常是我们识别谎言的关键之所在。有时在一瞬间，面部会突然冒出所隐藏的真实情感。

即使脸上藏得住，身体却不说谎

肢体动作相较于语言来说，更不容易受大脑控制。这就是为什么我们总是做出一些"下意识"的动作。想了解对方真实的想法，就不能忽略他们的肢体语言。对方的身体也许会"不由自主"地告诉你一些不能说的秘密。

说不清是源于遗传还是后天学习或模仿，我们人类天生就拥有不用口语只用肢体动作就能互相沟通的本能。下意识地耸肩，交叉双腿的坐姿，不自觉地揉眼睛……其实都无声地向我们传递出了这人内心的秘密。可见，想要成功地看穿人心，要理解他人有声的语言，更要学会观察他人的无声信号，并能够在不同场合中正确使用这种信号。

观察对方的肢体动作可以透视对方的心理，这可不是天方夜谭。

曾经有一位年轻人同伯威斯德教授讨论文学作品，当教授询问到他对一本现代文学著作的意见时，年轻人一边说非常欣赏这本书，一边不由自主地揉着鼻子。伯威斯德教授哈哈一笑，一针见血地说："其实你根本不喜欢这本书。"年轻人一下子愣住了。他很佩服教授的观察力，却不清楚自己的回答哪里出了纰漏，只得窘迫地承认自己只读了几页，并不感兴趣。其实，不是他的回答，而是他揉鼻子的动作泄露了他的秘密。

千万不要小瞧了这些肢体动作，我们不加思索地伸手拿起桌上的杯子喝水，就会暴露我们的思想。这种不假思索的下意识行为更能暴露我们的真实想法，正是这些自己都无法控制的肢体动作在"说真话"。

事实上，只要我们了解了肢体动作、语言和表情的不同功能，就会明白肢体动作比语言和表情更容易让人了解一个人的想法。语言最主要的功能是用来传递信息，其次才是运用到社交活动，表情虽能根据情感自然流露，但是人为掩饰的痕迹很重，唯有肢体动作隐蔽性较差。比起语言和表情，肢体动作更能反映出一个人的内心，因为肢体动作受人的情绪、感觉、兴趣的支配和驱使，是内心状态的外部表现。

可以通过对方触摸的行为发现其撒谎的迹象。

一、触摸嘴

当人们在说谎的时候或者说别人坏话的时候，往往习惯用手捂住嘴巴。用手捂住嘴巴的动作有两种方式：一是用指尖轻触一下嘴唇；一是将手握成拳头状，将嘴遮住。无论哪种动作，都是为了掩盖自己说谎的真正企图，阻止嘴的活动给人以过分明显的表示，防止对方察觉出来。在说谎时，内心深处会有一种愧疚和害怕的心理，从而感到不安和不自在，这是人在说谎时的生理反应。为了克服自己的不自在心理，就用手捂住了嘴巴，掩饰自己，使自己镇静下来。因而，用手捂嘴原因有两个：一是控制自己，使自己镇静；一是掩饰自己，不让别人知道自己在撒谎。

二、触摸脖子

脖子也是人体传达信息的重要器官。用手摸脖子，或用手去扯衣领的行为也是说谎的表现。说谎时，大脑的消极思维会引起脸部和脖子的肌肉组织发痒，需要用手去搔痒，直接的方式便是用手去触摸。但是，当意识到对方已察觉出自己在说谎时，往往会很紧张，引起颈部出汗，拉一下衣领，使颈部周围的空气可以流通，这样消除发痒的感觉。

从身体姿势看穿谎言与大话

人的手势和姿势是了解谎言的又一窗口。即使是在静止的状态下，也能通过这些特定的象征性姿势，对对方有所了解。

手势是指用手和手臂表示出的各种动作姿势。姿势指以躯干为主体的身体的各部位做出的各种动作以及呈现出的不同状态。手势和姿势也可以发出情感和体态信号。

在交流的过程中，如果发现对方的手势比较多，但随着谈话的深入对方手部的动作减少了，那么表明对方可能就已经在说谎了，因为当对方把注意力集中在自己讲话的内容上，身体动作变得不再是自发做出而是刻意做出的时候，这些身体动作就会明显减少。身体动作的降低可能因为面试者正在说谎，正在把注意力放在监督谎言的语言内容上。同时在下意识里，人们觉得挥动双手会把自己的秘密泄露出去，于是在说谎时就很可能也不自觉地把手藏起来，放到口袋里。

当人们说谎后担心谎言被拆穿，都会表现得很紧张、焦躁不安，就会将手背到身后掩饰心神不定的心理状态，或者互相紧握着，或者是握住另一只手的腕部以上的部位，握的部位不同，心情紧张的程度也不同。一般来说，握的部位越接近另一只手臂的肘部，他的紧张程度也就越高。当然在交谈中有很多人由于过于紧张，即使诚实地进行交流也会出现双手紧握的情况，所以需要结合多种体态语言进行分析和审视。

双臂交叉的姿势表示一种防卫的、拒绝的、抗议的意思，显示出矛盾、多种情况交互影响或紧张等心理因素的存在。当对方说谎时或害怕自己的谎言被拆穿时，总有一种防卫的心理，他不愿别人去接近或获得任何信息。在不使用语言表达时，他便采用某种姿势以示拒绝、抗议。

象征性动作是指在特定文化群体内具有精确含义的形体动作、面部表情或身体姿势。这些象征性动作对于其他文化群体的成员来说可能具有不同的含义乃至没有特殊意义。皱眉、点头、摇头和扬眉等都是象征性的动作。

象征性的动作具有地方色彩，在不同的地区和国家都会表示不同的含义，这就需要尽量多地了解对方所在的地方具有的这些象征性的动作以及含义。

象征性动作是非语言交流的独特方式，尽管它们通常处于个人意识的支配下，但有时也可能会超出个人的意志而不自觉流露出来。当一个象征动作与说话语义完全相反时，就表示对方的非语言行为出卖了他的谎言。例如，轻微地点头（表示肯定）可能就表明"否定"的言语是谎言；或者当对方说自己很感兴趣，但却收回张开放在桌上的双手，交叉抱在胸前，并把前倾的身子往回缩（表示拒绝和不感兴趣）

可能表明对方刚才说的自己很感兴趣的话就是谎言。

窥破他眼底深藏的真话

眼睛是心灵的窗口，虽然只占身体很小的一部分，但它传达讯息的能力不容小视。眼睛流露的丰富内容，使人与人之间的交流变得更加神奇。

很多人小的时候都曾经有过这样的经历：当母亲质问我们的时候，她常会说"如果你没有说谎，就看着妈妈的眼睛"。
从中可以看出，眼睛最容易流露人们的真实感情。

一、视线方向

眼睛的注视方向或视线能反映出人的心情和意向。眼睛斜视，被认为是说谎时常见的标志。比如，某位丈夫有心事不愿让妻子知道，但突然有一天，妻子诈他说："你到底做了什么蠢事，还想蒙混过关吗?"由于丈夫自己心虚，不敢正视妻子的眼睛，所以就战战兢兢地、目光斜视顾左右而言他。看到丈夫做贼心虚的表情，妻子就进一步确信了自己的猜测，并不停地追问，最后丈夫不得不"坦白"了……

当视线斜视的时候，常常被认为是有什么秘密不愿示人。视线斜视是"不想让别人识破本心"的心理在起作用。因为说谎而感到不安，所以试图尽可能地收集周围的信息以求转移不安或者找回安全感。

回避对方的视线常表明不愿被对方看穿自己的心理活动，或心虚，或害臊，抑或是厌恶、拒绝。偷偷地看人一眼又不想被发觉，等于是在说："我不敢正视你，但又忍不住想看你。"视线闪烁不定或左顾右盼，常产生于内心不稳定或不诚实之时。

说到测谎，人们注意的最多的是"正视"。人们总是怀疑那些不敢对自己正眼相看的人，认为他们必定有某些事情需要加以掩饰。说谎本身就会使说谎者处于一种紧张状态，而视线与对方相会，看到对方那怀疑、探究的目光则更会引起心理紧张的加剧，因此说谎者会本能地避免与对方的视线相接触，以降低紧张程度。

二、瞳孔变化

瞳孔的大小变化也反映情绪活动的变化。当情绪激动时，瞳孔就会扩大，这种情形是说谎者自己无法控制的，而且说谎者往往也不会想到要花精力去防止或掩盖这一泄露秘密的细节。当然，瞳孔扩大只表明情绪激动，但究竟是什么样的情绪却不能仅由此得出结论，必须具体情况具体分析。

三、眨眼频繁的程度

人通常每分钟眨眼5～8次。眨眼这个动作是一种身不由己的反应，当人的情绪产生波动时，眨眼的次数就会明显增加。

因情绪的不同而产生的眨眼方式有连眨、超眨、挤眼等。连眨是指在单位时间内连续眨眼，通常是犹豫不决或考虑不成熟的表现，有时也是竭力抑制激动的表现。超眨是指那种幅度夸张、速度较慢的眨眼动作，它通常表示假装惊讶的戏剧性表情。

挤眼睛是一只眼睛给某人使眼色，表示两人之间有某种默契。它所传达的信息是："你和我此刻所拥有的秘密，其他人无从得知。"在社交场合，两个朋友间相互挤眼睛，是表示他们对某个问题有共通的感受或看法。

如果一个人频繁地眨眼，那意味着他心中藏有秘密。眨眼次数增多，意在防止心中的秘密泄露。这是一种两难的抉择，既不想一直正视对方，又不想使自己分神，结果就采用了频繁眨眼的办法。过度频繁的眨眼行为，也有在对方面前隐藏弱点的意图。

一个人闭上眼睛，同关上门是一回事儿，都是不想让别人窥探自己内心真实想法的举动。由此可以推断，要窥破一个人内心的秘密，一个简单有效的方法就是盯着他的眼睛，读懂他眼睛流露出的真正想法。

从言辞看穿他的谎言

说谎，还是要从"说"开始。言辞是谎言表达的最直接方式，字眼的选择、口误、语速、声音的转折、停顿等，这些都是辨别真实与谎言的信号。

说谎者最为留意的正是说话时言辞或字眼的选择，因为他不可能控制和伪装自己的全部行为细节，他只能掩饰、伪装别人最注意的地方。

由于懂得人们注意的重点是言辞，因此说谎者常常谨慎地选择字眼，对不愿出口的话仔细加以掩饰，因为他们懂得"一言既出，驷马难追"。

另外，用言辞来捏造或隐瞒一件事情是比较容易的，而且也很容易事先全部写下来进行练习。说谎者还可以通过说话不断地获取反馈信息，以便及时修改自己的"台词"。

很多说谎者都是由于言辞方面的失误而露馅的，他们没能仔细地编造好想说的话，即使是十分谨慎的说谎者，也会有失口露馅的时候，弗洛伊德将之称为口误。

人们常会在言辞里违逆己意，同时在内心中潜抑着矛盾，以致稍一大意就会说出本不想说的或相反的话，从而在口误之中暴露了内心的不诚实。因此，口误的必然情形便是说话者要抑制自己不提到某件事或不说出自己所不愿说的东西，但又因某种原因而"说走了样"。口误可以说是一种自我背叛。

与口误相近的还有笔误。在很多情况下，笔误也是内心自我的一种走样的表达方式。有研究表明，人们在书写时比在说话的时候更容易发生错误，即使在一些极需庄重、严谨的情形下也概莫能外。面对书写（印刷）上的错误，人们常常难以确定谁是真正的祸首，尽管当事人多半会以"意外差错"或"技术性错误"等借口来加以解释，然而其中往往潜伏着内心冲突甚至"别有用心"。笔误产生的原因，是人们在书写的时候，思绪常常会因为内心潜抑的思潮而游离笔端，或者联想到其他事情，只要稍不注意，这种思想就会悄然侵入笔端，造成笔误。

通过语速也可以判断一个人是否说谎。例如丈夫做了亏心事，妻子质问的时候，为了隐瞒这些事，他就会向妻子编些好听的瞎话，不自然地套近乎，讨好妻子。人们在说谎或者隐藏不安情绪的时候，总是想转换个话题。由于心里七上八下的，所以说话时的语速会发生变化。平时少言寡语的人突然做作地高谈阔论起来，我们就可以据此推测这个人藏有不可告人的秘密。平时快人快语的人突然变得沉默寡言，我们就可以据此推测这个人很可能想要回避正在谈论的话题，或者对谈话对象怀有敌意和不满之情。

当你要判断一个人说话时的情绪和意图时，固然要听他究竟说些什么，但是在许多情况下更要听他怎样说，即从他说话时声音的高低、强弱、起伏、节奏、速度、转折和停顿中领会"言外之意"。

当说谎是为了掩饰恐惧或愤怒之感时，声音通常会比较大也比较高，说话的速度也比较快；当说谎是为了掩饰忧伤的感受时，声音就会与之相反。那种担心露馅的心理会使声调带有恐惧感；那种"良心责备"的负罪感所产生的声调效果会与忧伤所产生的极为相近。

人在说谎的时候，另一常见的言辞表现便是停顿，如停顿得过于长久或过于频繁。

根据有关研究，说谎者说谎时流露出的各种语言信号的发生率，如下所示：

1. 过多地说些拖延时间的词汇，比如"啊，那"等这些词占 40%。
2. 话题转换，比如"因为临时有事，在那天去不了"。
3. 语言反复，例如，"本周的星期天吗？星期天要加班？"
4. 口吃，例如，"什，什么？"
5. 省略讲话内容，欲言又止。
6. 说些摸不着头脑的话。
7. 说话内容自相矛盾。
8. 偷换概念。

以上信号中，如果在对方讲话时有好几处得以验证的话，那就表明十之八九他是在说谎或者是有难言之隐。

自相矛盾的话八成是谎言

说谎者需要有极好的记忆力和智商，才能将谎言承上启下。稍有不慎就会自相矛盾，露出破绽。即使是天才的谎言家，也需苦心经营，而不能草率行事，因为谎言始终不是真相。

说谎者要么编造虚假信息，要么掩盖和篡改事实。如果是编造和篡改的事实，一遍又一遍地讲述这件事时，难免会自相矛盾，露出破绽。

倘若有人患了绝症，医生想掩盖实情，就得另想办法解释病人的症状，当然这些解释是假的。这样一来，医生就得时时牢记着虚构的解释，要不然，过不了几天病人问起，会回答得驴唇不对马嘴。这是因为大脑首先接受的是真实情况，意识和认识将其印入记忆，它们总会一下子浮出脑海，把编造的事实驱赶出去，而后者的根基却没有如此坚实牢固。真实情况由于是先入之见总会使人蓦地回想起来，排斥后来的虚假细节或篡改过的细节。

如果说完全子虚乌有，说谎者就没有那么多理由担心说走嘴，因为并不存在什么相反的印象与之发生冲突。因此由于谎言完全是自己捏造，全然没有根基，很容易忘掉，除非记忆力超强。

对此常有些令人发笑的事情成为佐证，而出丑的则都是见风使舵、看人下菜的人。这种人的信仰和良知依情况的改变而不同。情况总是不断地变化，因此他们的说法也就各不相同，这些人的见解此一时彼一时，大相径庭，见人说人话，见鬼说鬼话。一不留神就说漏了嘴，这也是常有的事。

利用骗子的记忆不清，抓住他们的自相矛盾之处，就很容易看透说谎者的心。

唐朝初年，李靖担任岐州刺史时，有人向当时的朝廷告他谋反。唐高祖李渊派了一个御史前往调查此事。御史对这件事是否诬告很怀疑，便邀请告密者一起去岐州。告密者很高兴地答应下来。在途中，御史假称检举信丢失了，观察告密者以后的动作反应。御史佯装很害怕的样子，不停地向陪伴的告密者说："这可如何是好？身负皇上之托，职责所在，却丢失重要证据，我可真的难辞其咎了！"说着，他便发起怒来，鞭打随从的典吏官，使告密者确信检举信丢失。御史无奈地向告密者请求："事已至此，请您再重写一份吧。否则，我要负不能办成查访之任的罪责，可您的检举得不到查证，不是也没办法让皇上论功行赏吗?”那人一想不错,就赶紧去重写。他以为反正上封信已经丢失,便不管自己早已记不清当时是怎样写的,根据想象,凭空又造出一份来。御史接到信件,拿出原信一比较,只见大有出入:除了告李靖密谋造反的罪名一样,所举证据都换了模样,细节问题更是与前一封大相径庭,时间、人物都难以对上号,一看即知是胡编乱造的诬告信。御史笑笑,立刻吩咐把告密者关押起来。随后赶回京城,向唐高祖禀告原委。唐高祖大为吃惊,一气之下杀掉了诬告人。这件事中,御史是个有心人,他巧妙地找到说谎者的破绽,成功地揭穿了诬告谎言,惩治了撒谎者,大快人心。

事实上这种方法十分有效,不光因为编造另外的谎言能使人抓住自相矛盾的地方,即使事先有很充裕的时间来准备,并且说谎的人很谨慎地编造了台词,但假如他不够机灵的话,便无法预期对方反问的所有问题,仔细想好所有的答案。就算说谎的人很机警,也无法应付所有的突发事件。本来说辞是可以骗到别人的,但是一旦发生这种突然的改变,就会出现漏洞。

“听我解释” 其实多是在说谎

“解释就是掩饰,掩饰就是事实。”一语道破了这里面的玄机。解释是谎言的一种,掩饰的就是谎言背后的真实。

生活中,我们经常会发现每当事情即将败露的时候,总有人会慌张地说:“等一等,请听我解释!”这是典型的说谎举动。“等一等,听我解释”,只是为了拖延时间,为了给自己找到脱身的机会,好让自己想出辩解的理由或准备反攻。许多说谎者正是在“听我解释”的空隙里找到了貌似真实的解释来蒙蔽别人。

当下属气愤地说:“你这可恶的家伙,别以为你是上司就可以胡说八道,你如此看不起别人,是不可原谅的!”下属说着就挥起拳头想打过去,这时上司会慌忙地说:“等等,请不要用武力,听我解释!”于是，上司就能找出许多"看不起"下属的理由，试图通过"听我解释"来掩饰自己不合理的言行。

"听我解释"，多数是说谎的代名词。当有人对你说这句话的时候，你应该格外注意，看他接下来的解释到底有没有可信性。人们常说"解释就是掩饰"，这句话是有道理的，掩饰什么，掩饰的就是谎言背后的真实。

刚出门上了趟洗手间的魏明，回来后就发现桌上的随身听不见了，他奇怪地问室友王博。

"王博，刚才有人进宿舍吗？"魏明问道。躺在床上的王博侧翻了一下身，答道："没有啊，我没发现有人进来啊。"魏明说："那我桌上的随身听去哪了？"王博显得有点慌，他说："我真的不知道。"魏明笑着说："没关系的，如果你拿了就说一声，没关系的。"

王博勉强地笑着说："我真没有，请听我解释！"

接下来，王博就开始编故事了，他说刚才自己也出去了一趟，买了包烟……

很明显，王博是在说谎。去楼下超市，再回到宿舍最少也要5分钟，而魏明去趟洗手间不过两分钟。魏明心里明白王博在说谎，随身听就是王博拿的。

如果留心观察，我们就会发现，当一个人说"等一等，听我解释"时，大都是在被逼问得没法回答的时候才这样说的。正是因为没法继续回答，所以才会拖延时间，编理由，编故事为自己开脱。所以，不要轻易相信别人的"听我解释"，因为那些解释有太多说谎的嫌疑。

轻易说出的承诺和秘密多是谎言

不管是作出承诺，还是说出秘密，都需要两人之间有一定关系基础，才能建立起如此的契约。过于轻率地许诺，或是脱口而出的秘密，让诺言和秘密本身变得"轻于鸿毛"，犹如谎言一般，没有了信任的价值。

生活中有许多人都把握不了承诺的分寸，他们的承诺很轻率，结果使许下的诺言不能实现。

某高校一个系主任向本系的青年教师许诺说，要让他们中 2/3 的人评上中级职称。但当他向学校申报时出了问题，学校不能给他那么多的名额。他据理力争，跑得腿酸，说得口干，还是不能解决问题。他又不愿意把情况告诉系里面的教师，只对他们说："放心，放心，我既然答应了，就一定要做到。"最后，职称评定情况公布了，只有不到 1/3 的人评选上了，这个结果令众人大失所望，把他骂得一钱不值。甚至有人当面指着他说："主任，我的中级职称呢？你答应的呀！"而校领导也批评他是"本位主义"。从此，他在系里信誉扫地，校领导也对他失去了好感。

事物总是发展变化的，许诺的人或许原来可以轻松地做到他许诺的事，但可能会因为时间的推移、环境的变化而实现不了。一旦遇上某种变故，本来能办成的事没有办成，诺言也就成了谎言。

为什么人们总喜欢承诺一些他们将来无法做到的事情？因为人们一般都会认为，在未来的日子里会比现在有更多的时间。这种想法容易让人们许下承诺，但如果要求他们马上兑现，他们就要打退堂鼓了，而且他们一旦作出承诺，就会感到时间的压力，并且会越来越觉得自己根本就没有时间完成许下的承诺。

现在的人，每天的生活都变化很快，所以让人们预先安排好未来的时间是相当困难的，这就直接导致了人们的很多承诺往往无法兑现。可是，看上去人们还总是喜欢做一些超越自己能力的承诺。而实现不了的承诺就是谎言，诺言和谎言也就只有一步距离。

同轻易许诺一样，脱口而出的秘密往往都是谎言。凡是会说"你不要告诉别人，我只告诉你……"的人，对其他的人也一定会这么说，所以很容易泄密。再说得更具体一点，就是因为他们会冲动地想把某种秘密告诉别人，才会特别强调"不要告诉别人""我只告诉你"。

一个人若知道他人不知道的秘密，要其隐藏在心中并不容易，通常都有"告诉别人"的冲动，其理由如下：

1. 因为自己一人保守秘密，负担太重，所以想借泄密的方法卸下心中的重担。

2. 把自己知道的独家秘密向他人炫耀的幼稚性格。此外，也有向特定人物泄密，以博得对方欢心的欲望。

当别人对我们诉说秘密时，当然不好意思拒绝，但至少应该了解对方说这话的用意。

不要轻信那些随便许诺的人。回想一下那些拍胸脯答应你某些事的人，究竟兑现了多少，事实常常低于诺言与期望。如果你真的轻信这些没有分量的许诺，抱着一丝幻想坐等对方实现承诺，结果只会耽误时间，浪费生命。

不要轻信那些爱传播是非的人。有很多时候，传言可能就是谣言，如果你把这些荒谬不经的话当真，被其影响，作了错误的选择，终有一天会后悔莫及。

对方每退一步，对你的信任就减一分

很多针对销售人员的训练中都会强调一点：建立与客户的亲密关系。所以，有些销售业务人员的应对办法就是"装熟"。但实际上，掌握"让对方舒适"的距离才是你能否成功销售的关键。

黄明陆曾经遇到过一个销售药品的业务员，因为是他的朋友介绍给黄明陆的关系，那个业务员就觉得应该对他表现得更友好一点，所以，在整个讲解过程中，不断地和黄明陆勾肩搭背、附耳说话，企图跨越他的警戒门槛。

但是没过几分钟，黄明陆就很抱歉地对他说："这种'示好'并不会使其业绩加分，反而容易惹人嫌。"黄明陆当场就婉拒了这个业务员的推销与产品，因为他让自己觉得"不舒服"。

事实上，有一个很简单的技巧可以判断客户对你的信任度：在你们站定位置后（也就是保持交谈的距离），如果你轻轻上前一步，他就退后一步，很明显地表示他对你有戒心；如果你这时还不识相地又往前踏上一步，他就会觉得深受威胁，在更退一步的同时，也会在瞬间变得更不信任你。

根据一项针对个人空间需求的研究显示：一般人在和其他人交流时，潜意识中会自然依照对方和自己的关系，产生四种不同的距离，分别是亲密距离、个人距离、社交距离和公众距离。和客户面对面时如果能善用这些距离信息，将会使整个过程更愉快而轻松，当然也能更有效地促成交易。

亲密距离是一个人和最亲近的人相处的距离，指的是身体四周0～45厘米之间的距离范围。这同时也是专家认为个人最敏感的距离，基本上这是亲人、情人和宠物才能进驻的区域。甚至亲人间也有分别，例如在0～15厘米的这段区域范围，只有在父母对小孩、情人间的亲密接触，或是对宠物的亲近这些状况下才可能出现；如果有陌生人或不熟识的人进入这个领域，很容易使人产生强烈的厌恶和排斥感。比如，在拥挤的公交车上或电梯内时，人们的身体通常会呈现僵直、不自然的状态，每个人都尽量地避免身体上的碰触。如果不经意碰触到，双方都会快如闪电地避开。这是因为他们不了解对方是否会对自己造成伤害，直觉式的闪避是害怕自己受到威胁。

所以，假设你第一次和客户见面就贴近对方，甚至附耳说话，并不会让他感受到你想建立亲密感或有听你分享秘密的兴奋，反而会使他直觉反应你正在威胁他的私人空间，并产生"这个人只是想控制我"的厌恶感。

在关系还没到达某种程度时就侵入别人的亲密距离范围之内，并不会增进你们的亲密关系，只会让对方觉得你是个没有礼貌、不懂规矩的家伙。尽管对方可能会维持友善的笑容，但这只是不想把气氛弄僵而已。在这种情况下，想销售成功简直是不可能完成的任务。

45～120厘米之间就是所谓的个人距离了，其中45～75厘米是朋友或熟人间的交际距离，75～120厘米则是彼此认识但较不熟悉的人交谈时的恰当范围。人们在这个范围内可以亲切交谈，又不致触犯对方的个人空间。一般和朋友或熟人相遇，往往也在这个距离内问候、交谈。

如果你和客户已经可以在这个距离内进行交谈，表示他不再把你定位为销售人员，而已经是普通的朋友。

身体四周120～360厘米的距离，是比较"正式"的洽谈空间。例如面对第一次见面的人、和店家礼貌交谈或是商务性会谈，都在这个距离中进行。其中 120～200 厘米之间，是在开放空间中处理私人事务的距离。例如在 ATM 机提款时，银行通常会在提款机外约 120 厘米距离处画一条等候线，让提款者感到自己很安全。

通常业务人员和客户第一次见面时，也是在这个社交距离内，彼此除了握手和交换名片的那一瞬间，极少会跨越这个大约两人手臂长度的界线。其他像开会、和新同事打招呼等，也多在这个距离内进行。只要你稍加留意，会发现公司开会时的会议桌必然是长条形或扇形的，极少有"圆桌会议"，因为长条形及扇形桌都有很明显的"相对距离"，经常和老板交流的主管会坐在离老板较近的位置，甚至进入老板的个人距离；而位置较低者，会离老板较远。

200～360 厘米这段距离，则是针对有必要接触却不太可能会更进一步交往的陌生人的，例如到家里施工的工人、管理员等。如果你不幸被安排在这个区域中，通常表示客户认为自己不太需要你的服务，你不妨寻找下一个目标吧！

超过 360 厘米都属于公众距离，一般最常见的就是演讲场合。在这个距离范围，大家可以对彼此视而不见，单纯为了某种目的进行交谈，而不是针对个人发言。所以，一些有经验的演讲者，会找时间靠近听众，至少把距离拉近到社交距离，如此就能在听众心中有效营造"他在对我说话"的错觉，提高自己在听众心目中的亲密度，即使他压根儿不知道自己靠近的人是谁。

上述四种距离自成规矩。在人际交往中，亲密距离与个人距离通常都是在非正式社交情境中使用的，在正式社交场合则使用社交距离。你必须了解自己的定位，判断自己在对方心中属于哪一种人，然后站在最适合的区域内，对方才可能认真地和你对谈，既不显得疏离又不至于太亲昵。你不必担心他没听你说话，他也不用担心你会对他造成任何令人不悦的侵犯。

说话速度变化，预示他内心出现转折

不同的说话速度往往代表人不同的心理状态。例如当别人和你交谈时，说话速度突然加快，这表示他的内心有了转折，而且几乎要对你投降了。这时候正是你加紧取得主动权的时候，千万别被他的虚张声势吓倒了。

以下简单列出几种常见的人们说话速度转折和心理转变的情形：

1. 说话速度较平常慢——心中有不满和敌意。

2. 说话速度较平常快——心中产生了自卑，否则就表示他正在说谎。

3. 说话时具有明显的抑扬顿挫——自我表现欲强烈。

4. 采取肯定式的说话方式——对自己所说的话有相当的自信。

5. 反复叙述某句话——唯恐别人不认同自己的说法。

6. 马上提出结论——害怕对方提出反驳。

7. 以亲昵的方式结束话题——例如"亲爱的朋友，你说是不是?"是想规避说出此话的责任。

8. 说话时突然用手指指人、握拳、缩脑袋、皱眉，或对着听众做出其他比较猛烈的手势——因受到威胁而产生攻击性。

9. 喜欢小声说话——缺乏自信。

10. 说起话来没完没了，希望将话题拖长——内心通常隐含着怕被别人打断和反驳的不安，唯有这种人，才能以盛气凌人的架势谈个不停。

11. 喜欢用暧昧或不确定的语气、词汇作为交谈结束语——害怕承担责任。

12. 经常使用条件句"这只是我个人的看法""这不能一概而论""在一定意义上""在某种情况下"等——大多属于神经质的个性。

频频点头，是因为他觉得无聊了

如果你曾经做过"点头如捣蒜"这个动作，就会发现，当你快速点头时，很难专心听进对方究竟说了什么。

点头在多数社会里都表示赞同，很多人会借点头表达自己用心听讲；也有人借观察对方的点头反应，评估自己说的话有没有分量。美国俄亥俄州立大学的心理学家理查德·贝蒂曾做过一个实验，他让82名参加实验的受试者戴上耳机，要求一半受试者在听的时候每秒点一次头，另一半受试者听的时候每秒摇一次头。试验时，每个受试者的耳机里播放一段广播，内容是鼓吹提高学费。他让点头那组受试者听的广播，阐述了很有说服力的提高学费的理由，例如可以变成小班教学、教学质量可以提升、将来容易谋职等。摇头组听的是很没有说服力的理由，例如可以在校园里种郁金香、请清洁工、美化校园等。

结果，点头组受试者听完后，更加不同意提高学费的提议；摇头那组受试者却不那么强烈反对增加学费。原来，当人在点头的时候，并不一定是同意别人，而是进一步强化自己原先的想法，摇头则反之。

真正表示赞同的点头法，应该是听对方说完一段话后，缓慢点头一下到两下，或是大笑点头。如果你希望对方提供更多信息，可以在他说话停顿时，缓慢而连续地点头，这会使他觉得你很用心听他说话，也能鼓励他继续说下去。

识别恋人说谎的讯号

爱情是人类永恒的经典话题。苦辣酸甜，悲欢离合里面必然掺杂着这样那样的谎言。想要摆脱爱情"小白鼠"的命运，想在爱情里做真正的强者，就要具备辨别爱情的真伪的能力。是心酸，还是浪漫，从恋人那里我们就能寻找出真实的答案。

爱情最重要的是忠贞与坦诚，但有时候不管你们多么心心相印也难免会出现谎言，或许爱得太深或许另有所图。那么你怎样才能发现对方说谎的蛛丝马迹呢？

当你怀疑他在对你说谎时，该怎么办？当面兴师问罪是最蠢的方法，而如果你想洞悉他的谎言，不妨按兵不动，细心观察，你会发现恋人的谎言是很容易识破的！

一、不耐烦

如果一个人说"我不是已经和你说过这件事了吗?""干吗那么无聊?""你干吗叫我发誓?"等，然后才勃然大怒，这多半是在欺骗，他的表情是故意装出来的。

二、忽然示好

当他突然对你特别好，就要小心了。他平常总以工作或朋友为重，不曾花心思、费时间对你嘘寒问暖，今天却突然打电话对你表示关心；平常连你生日或纪念日都会忘记的大木头，却突然买了贴心小礼物送你；突然陪你做他以前最不喜欢的事；或是突然陪你看他不喜欢的电影；要不然就是突然帮你烧饭洗衣……这种"突变"一般是"礼多必诈"，必定是在掩饰、消除自己内心的不安与罪恶感。

三、以朋友为借口

男人最典型的说谎方式，就是用许多根本不存在的借口来蒙骗你，而且十之八九跟他的朋友有关！说谎，一定会含有"虚构"的五大要素，即人、事、时、地、物，而只有"人"这个要素线索可以追查。当你怀疑他时，对方谎话一出，你立即去询问构成这个谎言的当事人，十之八九他们之间还来不及套招。

四、出缺勤状况不佳

他最近是不是行迹诡异？三天两头就突然消失一下，出现后又说公司有急事（大概是躲到哪儿去了）；下班时间看不到人，出现后却说是因为公司主管临时开会（真的没有那么多会可开）；约会迟到的情况越来越严重，却以塞车、上厕所当借口。诸如此类的状况，偶尔一两回就算了，如果太过频繁，很可能就是对方有事刻意隐瞒。

五、经常联系不畅

通讯频频受阻，爱情之路必定隐藏危机。如果恋人的通讯设备常常出状况，就得小心彼此的距离。假日或深夜里，手机总是关机，家里电话总是不接，E—mail又常常不回，这些"通讯障碍"代表对方一定是有所隐瞒，而且事态已到了有点严重的地步了。

六、心不在焉，喜怒无常

这世上没有人喜欢说谎，所以，谎言一出，任何人都会害怕在不经意间被识破。因此，许多人说谎后讲起话来难免会变得吞吞吐吐，有技巧一点的，可能会借小的原因跟你发脾气，转移你的注意力，明明做了对不起你的事，却拿小事情对你大发雷霆，让你紧张或愧疚地忘记了他的小状况。如果你还以为他最近的阴晴不定是因为工作压力太大，那小心最后欲哭无泪！

七、个性改变

个性的暂时改变也是说谎的征兆之一，例如安静变得多话、活泼变得沉静、习惯邋遢却刻意打扮，明明不习惯称赞人，却突然对你赞誉有加等，都表示他的心里藏着秘密！

因此，极细微的讯号表现可以帮助我们识破恋人的谎言。其实，对于常常在一起相处的人来说，由于非常熟悉和了解对方，一方有微小的变化都会被另一方敏锐地捕捉住，所以，坦诚相待的恋人，爱情到了深处，两人之间不能说没有秘密，但应该没有密码。

小心"故意动作"导致误判

由于对肢体语言的意义解读几乎已成为很多人所知的"显学"，因此也有很多人会利用大家对肢体语言的普遍解读，企图造成对方的误判，以获得更多优势。其实，这些动作也是有迹可循的。

一、点头

前面曾提及，点头如捣蒜的人其实只是做做样子，他们并不全然认同你的话。现在有愈来愈多的人会恰当地使用这个动作——减缓点头的速度。不过，如果你仔细观察，就会发现他们的目光有些迷蒙，并不全然专注在你身上。

二、掩口

有些人会故意以手或拳头掩口来表示惊讶，如果他的脚并没有对着你，这可能表示他在说谎。不过，假如你说话时他也掩着嘴巴，那可能表示他觉得你在说谎。有时候他为了不使这个动作看起来太明显，会选择用摸鼻子来代替掩口的动作。

三、擦眼睛

这种姿势是用来阻挡被别人看见的眼神中的欺诈、怀疑，或者是说谎时避免看对方的脸。男人常常会用力擦眼睛，假如是撒个大谎，还会把眼睛向别处看，通常是望着地下。女人则多半在眼睛下面轻轻擦一下，也许是为了避免把眼睛的妆弄花。当对方突然出现擦眼睛动作时，你可得万分小心了。

四、搔颈

用右手的食指搔搔耳垂下面的颈部，而且搔颈次数很少超过五次，也许是怀疑或不能肯定的信号，表示那人在想："我不能确定那家伙是否同意我说的话。"但表面上他还是会笑着和你对谈，企图说服你他只是脖子有点痒。

五、揉耳朵

当对对方有疑惑却不敢发问时，很多人会出现像小孩子一样双手掩着两耳的姿势——只是转化为了成人比较世故的一种动作。除了揉耳朵之外，也有人揉耳背、拉耳垂，或把整只耳朵弯向前面掩住耳孔。

第五章
通过观察认知薄弱之处

　　不是每个人天生都具备交友的能力，有不少人经过后天的努力才建立起自己庞大的人际关系网。也就是说，"与人交流"这项活动也是有它的步骤和规律可循的。与陌生人接触，首先的任务就是要尽可能地观察对方。懂得交往定律的人会时刻观察对方的言行与表情，抓住对方的一切特征。之后，再作进一步的分析，设法了解这些信息所暗示的对方的弱点和需求，以这些作为切入点，与对方展开交流、谈判、合作，相信会达到事半功倍的效果。

说话时指手画脚的人好胜心强

　　人在表达自己的过程中，应该注意言谈举止的协调性。语言柔和、身体动作自然的人，会给人亲切放松的感觉。而言辞激烈、身体动作极其夸张的人，则让人倍感压力，从而形成距离感。

　　一般而言，指手画脚的动作幅度大的人感情丰富，和身体僵硬、言行拘谨的人正好相反，这种人的行为举止和自己情感、情绪的表达有非常密切的关系。当情绪高昂时，身体的动作便很自然地多了起来，若心中有不吐不快的事情时，身体的动作也会不自觉地夸张起来。

这种人总是急于表达自己的情感、宣泄自己的情绪，因而忽略了他人的感受，是属于个性较为强势的人。缺乏主见者若是和他们在一起，将全被其强势的气焰压制住。正因为他们只考虑自己而忽视他人的感受，基本上是属于较自私的个性。

但是，这类型的人在工作上大多相当有能力，由于个性积极，对自己想说的话、想做的事，都能通过流畅的表达能力，轻易地传达给他人。再加上说服能力够强，办事的成功率也提高不少。他们的动作夸张，好像在演戏似的，以致自己情绪的兴奋、低落，很容易影响周围的人，在工作职场上或团体中，可带动他人和自己一起往前冲，是创造活跃气氛、使大家团结为一体的高手。

特别是那种连打电话时都会夸张地指手画脚的人，明明看不到对方，却好像对方就在眼前似的，这种人若对一件事物热衷起来，其他的事便不会放在眼里。除此之外，他们也是好胜心非常强的人，若有强劲对手出现的话，他们一定会使出浑身解数，绝不愿输给对方。

这类型的人，不仅在工作上，对于玩乐和商场上的应酬，也毫不含糊，样样事都拿捏得十分恰当。可是一旦遭遇挫折，却会变得异常脆弱。若再加上没有赏识自己的上司，缺乏适时的激励，也会令他们油尽灯枯、欲振乏力。因此，他们也常常需要看一些励志性的书籍，借以鞭策自己。当他们感到失落时，与其对他们说一些鼓励的话，还不如制造一个新环境，让他们重新投入一个自己主演的"剧情"中，反而会让他们振作起来。

双臂交叉抱于胸前者防卫心重

在人们的印象中，警察、教官、教练等一些职业的人，总是会摆出一副交叉双臂的姿势。这些职业的人往往给人一种冷漠、严厉的感觉。交叉的双臂可以代表一个人的防御心和警戒心，因此，在人际交往中，要想给人一种亲近感，还是放开胸前的双臂为好。

将双臂交叉抱于胸前，是一种防御性的姿势，防御来自眼前人的威胁感，保护自己不产生恐惧，这是一种心理上的防卫，也代表对眼前人的排斥感。

这个动作似乎在传达"我不赞成你的意见""嗯……你所说的完全不明白""我就是不欣赏你这个人"的信息。当对方将双臂交叉抱于胸前与你谈话时，即使不断点头，其内心其实对你的意见并不表示赞同。

也有一些人在思考事情时，习惯将双臂交叉抱于胸前，但是一般来说，有这种习惯的人，基本上是属于警戒心强的类型。在自己与他人之间设置一道防线，不习惯对别人敞开心胸，永远和对方保持适当的距离，冷漠地观察对方。

防卫心强的人，大多数在幼儿时期没有得到父母亲充分的爱，例如母亲没有亲自喂母乳、总是被寄放在托儿所、缺乏一些温暖的身体接触。在这种环境之下长大的人，特别容易表现出此种习惯。

著名的日本演员田村正和，在电视剧中常摆出双臂交叉抱于胸前的姿势，因此他给观众的感觉，绝不是亲切坦率的邻家大哥，而是高不可攀的绅士。他不是那种会把感情投入对方所说的话题中，陪着流泪或开怀大笑的类型。他心中似乎永远藏有心事，在自己与他人之间筑起一道看不见的墙。这种形象和他习惯将双臂交叉抱于胸前的姿势，似乎非常符合。

个性直率的人通常肢体语言也较为自然放得开。当父母对孩子说"到这儿来"，他们想给孩子一个拥抱时，一定会张开双臂，拥他入怀。试试看将双臂交叉抱于胸前对孩子说"到这儿来"，孩子们绝不会认为你要拥抱他，而是担心自己是否惹你生气，准备挨骂了。

观察一下对方，是习惯将双臂交叉抱于胸前，还是自然地放于两旁呢？自然放于两旁的人，较为友善易于亲近，并且可以很快地和你成为朋友。不过，若你有不想告诉他人的秘密，又想找人商量时，请选择习惯将双臂抱于胸前的人。因为太过直率的人守不住秘密，而习惯于双臂抱胸的人会将你的秘密守口如瓶。但是，要和这种人成为亲密的朋友，可能要花上一段很长的时间。

眼珠转动频繁的人一般性急易怒

"眼珠的转动"这一如此细微的动作，也能反映出一个人的性格。领导用人的时候，可以通过观察一个人眼珠转动的频率来判断这个人适合的职位。如此一来，也许可以避免发生"急性子"在公司中大发脾气的事。

美国心理学家 L. 卡茨与 E. 乌迪对 130 个家庭进行了调查，结果发现，焦躁易怒的人与他人发生争执的比例，比稳重的人高 58%。

冲动、易发火的人，不擅长处理人际关系。

易怒的性格一般是长年累积形成的，很难在一朝一夕改过来。即使下决心"从明天开始不再轻易发火"，顶多也只能忍耐两三天。

从一定意义上看，易怒的人充满了能量和活力，喜欢接受挑战。如果你欣赏这一点而录用了易怒的人，公司的人际关系很可能会被搞得一团糟。

那么该怎样避免这种危险呢?

如果你负责公司的人事工作，请一定记住下面这个判断法则。就是要注意对方眼珠的转动方向，说话时眼珠习惯朝右转动的人往往属于易怒、攻击性强的类型。

斯坦福大学的临床心理学家 G. 拉丘爱鲁博士，曾对 28 位男士做了一个实验，要求他们在 30 秒内不间断地回答一连串问题。在回答问题的时候，人们的眼珠不是向左转就是向右转。博士并不关心他们对问题的回答，只是注意 28 位男士眼珠的转动方向。然后将他们分为眼珠朝左转动和眼珠朝右转动的两组，在问答过程中对各组表现出的性格特征倾向进行了调查。

结果表明，回答问题时眼珠朝右转动的人，性格更急躁，攻击性更强。他们无法将焦躁不安的情绪或压力隐藏起来，一定会发泄出去，比如严厉地责备他人、扔东西或摔东西等。在这一点上，回答问题时眼珠朝左转动的人正相反。他们一般会把不快封闭在心中，不会表现出攻击性。不过，拉丘爱鲁博士指出，这种类型的人容易出现精神方面的问题。

在商业谈判中，如果你发现对方的眼珠总是朝右转动，就可以推测出他相当难对付，而且具有很强的攻击性，是个很麻烦的对手。相反，如果你提问时对方的眼珠总朝左转动，那么即使你的要求很过分，对方心中的怒火已经开始燃烧，但在表面上他还会表示认可。

不断提问，观察对方眼珠的转动，就能发现许多问题。

开场白太长的人缺乏自信

前方的铺垫是为了更顺利地做好后方的工作，俗话说"一个好的开始就是成功的一半"，而很多人都过于看重这样一个"好的开始"，这也就从侧面暴露了这个人对于后面工作的准备不足和不自信。

为促进彼此的人际关系，大部分人交谈前都会先有一段开场白。的确，和对方见面时，如果不先说点引言，就直接切入重点，可能会令人对自己的意图产生误解，从而产生戒心而不易沟通，所以在商业会谈中开场白是不可或缺的。

但若一个人所做开场白过长，听者不易抓到说话的重点，不过是浪费时间，徒增焦急。但不知为什么仍有人喜欢把开场白拖得很长。

首先，可能是说话者对听者的一种体贴。若对方是个敏感仔细、易受伤害的人，直接谈到问题重点，可能会对对方造成冲击。所以说话的人就刻意拖长开场白，以顾虑对方的反应。

其次，另一种人则考虑若开场白太过简短，可能会使对方误会或不悦，因而留下不好的印象。基于这种不安，所以延长开场白。

由此可知，说话者无非是为了更详细地表达自己的意思，所以才有很长的开场白。

开场白太长固然令人不耐烦，但有的人却矫枉过正，在面对上司、前辈时，生怕自己过长的开场白会使对方产生反感而遭斥责，所以不顾虑对方态度，这也就太反常了。

此外，有人应邀演讲时，也难免会把开场白拖得很长，这则是因为缺乏自信所做的一种辩解。

为什么有人要利用开场白为自己辩解？通常说来都是为了隐藏自己的不安，于是，有些人就会借很长的开场白来为自己辩解，所以，这种人应是小心翼翼型的人。

主动当介绍人的人喜欢自我表现

有人主动帮忙固然好，但如果是没有什么交情的人过于主动地帮忙，就不一定是件好事了。这种喜欢主动当介绍人的人多数都好招摇，好炫耀，从而夸大自己的能力。碰到这种人，就算他摆出天大的诱惑，还是不要轻信为妙。

"听说你明天要到外地出差，那儿正好有很多我的好朋友，你只要向他们报上我的名字，保证你办事会很顺利。"有的人就是如此，别人还未请他帮忙，就主动为即将出差的人介绍朋友。

如果这位出差的人士靠这位仁兄的介绍，得到当地朋友的特别照顾，同时借着这些人的面子和信用，的确能顺利地开展工作，甚至他们还体念这位人士刚到陌生的地方，晚上带他四处游乐，那么这种人的好意实在不错。但多半情形都是尽管他按地址找到了其人，情况却与预期的不同。其中原因可能是因为被推荐人并不像介绍人所说的可以信赖，而且他们两人也没什么特别亲密的关系，所以可能会得到冷淡的待遇。

如果出差的地点是在国外的话，这个介绍人想发挥自己影响力的欲望也就更强烈，所以我们可听到他说："喂！你这次是不是要到伦敦？可以拿我的介绍信去拜访这个人，或者你到了纽约去找这个人……"而当事人若信以为真，拿着那封信拜访被推荐人，结果可能又和前述遭遇相同，不但自己的期待幻灭，对方也许根本不知道介绍人为何许人。

这种人，为什么如此热衷于帮别人介绍朋友？

原因之一就是这些介绍人可以通过为人介绍这一行为，来满足自己爱管闲事的冲动。

当然，他们一方面是出于好意，体念朋友人地生疏，但另一方面，也是是向朋友表示他有不少知心好友，他很有办法。但这些人的想法未免太单纯，因为他们既然要替人介绍，至少应该知道必须对当事人双方负责任。这些介绍人，表面上看来似乎很乐意照顾别人，本着"助人为快乐之本"的心，事实上他们根本没想过自己是否尽到介绍人的责任，只是以此满足自己而已。

总之，喜欢替人介绍的人，往往是希望表现自己的能力却并未真正替被推荐人或第三者考虑。所以，各位不要把他们的行为和真正喜欢照顾别人混为一谈。

沉默寡言的人往往深藏不露

寡言的人，给人的感觉不仅仅是安静平和，还有神秘，他们喜欢默默行动，有了成绩也不聒噪。在商场中，沉默寡言的人通常是"不鸣则已，一鸣惊人"。

沉默的人，不等于无言，而是将言语内敛，不表露而已。人在社会上活动，何时沉默，何时言语，当然是很有学问的。

沉默寡言的人，大都具有人格面具。因为长期在刀光剑影的名利场上争斗的人，会有一种本能反应。越是轻浮，越是直白说出自己观点的人，往往越危险。即使达不到深沉、达不到大智若愚、达不到一种淡定自若，他也得装出来，这样让人感觉到他也是有内涵的，他不是轻浮的，是有内功的，这种叫扮深沉。

小人得志，把鸡毛当令箭，目光短浅，井底之蛙，偶拾到一粒沙子就以为捡到了整座金矿。真正成大事的人往往是沉默寡言的，真正咬人的狗是不叫的。他们懂得闷声发大财，沉默是金的道理。

下面这段文字是一位中信沙龙鸽友会的成员对其内部成员的一些观察和感想，或许可以给我们一些提示：

第一种人：自以为是，夸夸其谈，旁若无人。

常见到有些"鸽友"拿到麦克风以后即爱不释手，全然不顾其他朋友的想法，尽情宣泄着内心的情感，夸夸其谈，旁若无人。且以自我为中心，容不得一点其他不同意见，如若有"好事者"插嘴，便会有一番理论，甚而有言语间冲突，骂骂咧咧。每至于此，皆会引起众怒，还得由管理员出面协调。

其实在沙龙内，此种人少之又少，因为难以得到大家的赏识，无法立足，更无市场可言。大家来到沙龙干什么，一种是为了学习，能够于不经意间学到些理论之外的东西；一种为真心地想在实战经验方面获得相应的提高，取长补短，再接再厉；再者作为初学者，生门生路，只有一个心愿，希望能结识新朋友，若有缘还会结为师徒之美。时间本来就很宝贵，没有人耐着性子去听一些夸夸其谈，一派胡言，更何况毫无获益。因此，那些善于表现自己的"鸽友"们是否应该稍有收敛，但愿吧。

第二种人：沉默寡言，不言则已，一语千金。

真正的高人在此时的确能够得到完美地体现。这种人往往德高望重，在某一区域堪称真正的疆场英豪，赛场高手，摘金夺银对他们来说如探囊取物。他们于沙龙内常常是沉默寡言，任凭风吹雨打稳如泰山，但每次遇到棘手的问题，总会在"鸽友"们的一再要求之下欣然而出，针对问题一语道破天机，一枪中的，于是乎满堂喝彩，"鸽友"们内心之佩服溢于言表。相比较之下，那些夸夸其谈者真的是相形见绌。

对深藏不露的意图可利用，却不可滥用，尤其不可泄露。一切智术都须加以掩盖，因为它们招人猜忌；对深藏不露的意图更应如此，因为它们惹人厌恨。欺诈行为十分常见，所以你务必小心防范。但你却又不能让人知道你的防范心理，否则有可能使人对你产生不信任。人们若知道你有防范心，就会感到自己受了伤害，反会寻机报复，弄出意料不到的祸患。凡事三思而行，总会得益良多。做事最宜深加反省。一项行动是否能圆满到极点，取决于实现行动的手段是否周全。

保持沉默并不意味着拒绝参与、贡献或沟通。在生意场合保持沉默并不包括因愤怒或一时冲动而拒绝开口的情形。它也不是如怨偶之间或愠怒的青少年所做的给别人"沉默的对待"。沉默是有目的地保持安静，深谋远虑地倾听，有意识地选择不讲话，除非讲话比不讲话能有更多的收获。

当正确地采用沉默时：

1. 会增加你形象的神秘感。

2. 减少错误。

3. 让别人去说，使你从中学到更多东西。

4. 使别人处于舞台中心，如果这种策略是必要的话。

5. 对那些你不想讨论的问题不予置评，而使你能主导谈话的方向。

对深藏不露的人，迂回谈话是最好的谈话方式，你可以就一个问题从不同角度多问。当对方深藏不露时，你要有耐心，可以迂回地问同一个问题，从不同的角度，试探他的意见。不要和他一起兜圈子，否则时间都会浪费掉，要不时在谈话中流露出自己的感情和对事件的关切，尽量拉近他和你之间的距离，稍微迂回之后再切入主题，请他发言。

看透虚荣者的浮华面具

在这个物欲横流的社会中，人们都想追求功绩和名利。追求本没有错，但是如果过分贪恋，就会形成虚荣心。虚荣是一个欲望的深渊，多少名利都无法填满它。虚荣让人找不到成功的快乐，只会让人活在欲求不满的痛苦之中。你还会做一个虚荣的人吗？

虚荣心是自尊心的过分表现，是为了取得荣誉和引起普遍注意而表现出来的一种不正常的社会情感。

虚荣与自尊及脸面有关，自尊与脸面都是在社会活动中才能得以实现。通过社会比较，个体精神世界中逐步确立起一种自我意识，自我意识又下意识地驱使个体与他人进行比较，以获得新的自尊感。有虚荣心的人是否定自己有短处的，于是在潜意识中超越自我，有嫉妒冲动，因而表现出来的就是排斥、挖苦、打击、疏远、为难比自己强的人，在评职、评比、评优中弄虚作假。

虚荣心是一种为了满足自己对荣誉、社会地位的欲望，而表现出来的不正常的社会情感。有虚荣心的人为了夸大自己的实际能力水平，往往采取夸张、隐匿、攀比、嫉妒甚至犯罪等反社会的手段来满足自己的虚荣心，其危害于人于己于社会都很大。虚荣心有以下几个特点：

1. 普遍性：在社会生活中，每个人都或多或少有些虚荣心理，这是正常的，如果过分虚荣，则是病态的。

2. 达到吸引周围人注意的效果：为了表现自己，常采用炫耀、夸张，甚至用戏剧性的手法来引人注目。例如用不男不女的发型来引人注意。

3. 虚荣心与时尚有关系：生活中总有时尚前卫的存在，而人总喜欢追求新奇的东西，满足自己的虚荣心。

4. 虚荣心不同于功名心：功名心是一种竞争意识与行为，是通过扎实的工作与劳动取得功名的心向，是现代社会提倡的健康的意识与行为，而虚荣心则是通过炫耀、显示、卖弄等不正当的手段来获取荣誉与地位。

虚荣心太强是有明确表现及危害的：

1. 物质生活中的虚荣心行为：主要表现为一种病态的攀比行为。

2. 社会生活中的虚荣心行为：主要表现为一种病态的自夸炫耀行为，通过吹牛、隐匿等欺骗手段来过分表现自己。

3. 精神生活中的虚荣心行为：主要表现为一种病态的嫉妒行为。

虚荣心重的人，所欲求的东西，莫过于名不副实的荣誉，而所畏惧的东西，莫过于突如其来的羞辱。虚荣心最大的后遗症之一是促使一个人失去免于恐惧、免于匮乏的自由；因为害怕羞辱，所以不定时地活在恐惧中，时常没有安全感，不满足；而虚荣心强的人，与其说是为了脱颖而出，鹤立鸡群，不如说是自以为出类拔萃，所以不惜玩弄欺骗、诡诈的手段，使虚荣心得到最大的满足。问题是虚荣心是一股强烈的欲望，欲望是不会满足的。

英国哲学家培根和德国哲学家叔本华有两句格言："虚荣的人被智者所轻视，愚者所倾服，阿谀者所崇拜，而为自己的虚荣所奴役。""虚荣心使人多嘴多舌，自尊心使人沉默。"

男人虚荣：小品《有事您说话》的主人公为了表现自己比别人强，有本事，就瞎吹牛，说自己有路子买火车票，结果别人托到他的时候，为了证明自己能，只好夜里排队去买票，弄得自己狼狈不堪。这是典型的虚荣表现，它所带来的痛苦和麻烦都是自找的。

女人虚荣：我看了一篇报道，说有位女同胞，月收入不过 2000～3000 元，但为了在别人面前有"面子"，她宁可省吃俭用，攒下大半年的收入去高档专卖店买一个路易·威登的挎包，她可以每天背着这个挎包去挤公交车或走路上下班以省下车钱。

有的女人为了在别人面前显示高贵，超出自身承受能力地去买高档服装、化妆品、首饰等奢侈品，为了过上表面奢华、虚荣的生活，不惜傍大款、卖身、啃父母，她们失去的是什么呢？自由、独立和持久的心灵快乐。

父母虚荣：很多大人把孩子当成工具，为了实现自己未能实现的梦想，要求孩子为父母争面子，于是，一味地要求、强迫孩子，不尊重孩子。殊不知，这也是对孩子心灵的一种摧残。

克服虚荣必须分清自尊心和虚荣心的界限，正确认识自己的优、缺点；必须做一个诚实的人；必须培养自己的求实品质。有些人非常希望得到别人的尊重与欣赏，却往往不能如愿以偿，一个重要的原因是他们陷入了虚荣的误区。虚荣心是一种表面上追求荣耀、光彩的心理。虚荣心重的人，常常将名利作为支配自己行动的内在动力，总是在乎他人对自己的评价。一旦他人有一点否定自己的意思，自己便认为自己失去了所谓的自尊而受不了。

"揭人之短"者心怀嫉妒

在工作单位里常会遇到喜欢揭人短处的人，这种人不是说人坏话，就是把别人不愿让人知道的隐情揭露出来，其实这种人非常喜好嫉妒，他们与其说是想从自己的事物中寻找快乐，不如说从别人的事物上寻找痛苦，这些人也是公司中的隐患。

喜欢揭人短处的人，非常可恶，他通常先发制人，令人很尴尬和难堪，尤其是这些人还善于找"后台"来撑腰，这个"后台"就是支持他的某些领导。这种人也许偶尔会对领导有作用，这也使他在企业有一定的生存空间。但是长此以往，他会破坏公司和谐的气氛，从而影响公司长远的发展。但是对这种人不可鲁莽行事，如果作为上司去和这样的下属硬拼，那就正中他的下怀，聪明而且正确的做法是先要冷静剖析事件形成的原因，再分析他的性格，以静制动，最后再找机会主动出击。另外，作为上司应该尽量营造一种宽松和谐的工作氛围，如果出现这样的事作为下属的直接管理者应该主动从自己身上找原因，平时给下属广开言路的机会，加强上下级间的沟通。

王丽芳是一家企业的文职人员，她性格内向，不太爱说话，不属于那种爱拨弄是非的人。可每当别人就某件事情征求她的意见时，她总是在揭别人的短处，所以她说出来的话总是很伤人。

一次，老板交给王丽芳一个难度很大的任务，并跟她事先声明"这件事难度大，你敢不敢承担，敢不敢接受挑战"。尽管王丽芳明白自己的实力，但她觉得在公司众人中，老板主动找她征求意见，说明老板器重自己，所以王丽芳一咬牙就接受了。结果，由于老板给的期限较短，王丽芳确实没能按时完成任务。所以因为此事王丽芳遭到了老板批评，并受到了经济处罚。

可她感觉非常委屈也很气愤。王丽芳认为既然任务这么艰巨，做不完本是预料中的事。自己当时那么努力，没做完也不该算是工作失误。

"老板真过分，这么短的时间里，让我干那么难的活儿，我都说做不了，可他非让我做，这老头太不近人情了。"事后，王丽芳跟身边同事都这么抱怨。结果不久，这个同事添油加醋地将这句话传到老板耳中，并且说王丽芳能力低下等，将她的缺点和不足都跟老板说了。于是不久之后，老板又给她新任务，还好，这回王丽芳完成得相当顺利。正当王丽芳高兴时，老板又把一个难度更大的任务交给她。王丽芳无奈之下只好走人。

这种爱揭人之短、喜欢打听别人秘密的员工，有点风吹草动便草木皆兵，防范心理极强。有点小事爱添枝加叶，描绘得有声有色，若搜寻不到告密的"素材"，就要兴风作浪，搬弄是非，炒新闻向领导交差。

爱夸大的人往往最自卑

事实上，我们也可以从对方的习惯语句来观测他们的行为和个性。

一、在谈话中绝不强调或突出自己

那种使用"我们……""大家……"甚于"我"的人，具有随声附和的性格。他们不见得真的认同你的话，但会礼貌地微笑点头。

二、喜欢在谈话中引用"名言"

大都属于权威主义者。这类人不分场合、不分谈话对象和主题，经常会在与别人的交谈中，使用名人的格言警句来驳斥对方或证明自己的观点。这种人缺乏自信，低估自己的能力，并且总是借助他人之名来壮大自己的声势。这类人在生活和工作中也会有类似的"狐假虎威"现象。但如果你能用"某某名人也用过这个产品"来进行说服，通常能事半功倍。

三、常在谈话中夹杂外语

此类人在学问及能力上有自卑感。可用母语说清楚的事情，却莫名其妙地蹦出几个外语单词来，令听者感到困惑和别扭。这类人大都是希望借着语言来掩饰自己的弱点。这种情况多是由于对自己的学问及能力缺乏自信而引起的。此类型的人喜爱名牌，尤其是国外的名牌。

四、谈话中经常喜欢引用母亲说过的话

在心理和精神上尚未独立。有些女性常用自己母亲的话来表达自

己的意见，如"我妈妈说你很有风度"等。这表明此类人尚未成熟，没有完全独立的个性。他们的消费行为属于保守型，不太会买东西来满足自己的物质欲望。

五、过分使用客套话

表示存有戒心。在人际交往中，恰当地使用客套话是必要的。但如果两人的关系已经相当地好，一方却突如其来地说些客套话，则说明说话者心中有鬼或另有图谋。同时，以过于谦虚的言辞谈话，还有可能表示强烈的嫉妒心、敌意、轻蔑、戒备心等。

六、爱夸大的人往往最自卑

那些喜欢用"我三百年前就知道了""你再不给我一个答案，我就要去撞墙"等夸大语气的人，通常在个性上比较自卑，他们希望通过这些夸张的语气引起别人的注意，而夸张的语气也带给他们不必据实吐露的安全感。

透过言谈识人：说的并不比唱的好听

人的言辞往往流露出了一个人的本性，通过言谈来透视下属是一个最直接也最经济的办法，但这也是一种复杂的艺术。因为每一个人都有言不由衷的时候，所以作为一个老板掌握从言辞辨下属的性格的方法是一项必备的管理技巧。

在日常生活中，善于倾听的人能从偏颇的语言中知道对方性格的特点，就像孟子所说："错误的言辞我知道它错在何处，不正当的话我知道它背离在何处，躲躲闪闪的话我知道它理屈在何处。"其实从其言辞分析其性格，说起来很简单，但是其中却蕴含着很大的学问。

例如，有的人言辞偏颇，这些不当或夸大的言辞常在忘乎所以时出现，不论人们高兴或不高兴，凡是夸张的话都好像是在说谎，正因为如此，人们都不大会相信，因此传达这种不大令人相信的话的人往往要遭到祸殃。在我们的周围，有的人言辞锋锐，抓住对方弱点就不放手，看问题往往一针见血，这表明此人比较有洞察力。如果领导用人时，能考虑他在这方面的优点，就能使之成为公司中难得的栋梁之才。

有的人侃侃而谈，宏阔高远却又粗枝大叶，不大理会细节问题，这种人往往志大才疏。优点是志向远大，善从整体上把握事物，大局观良好，缺点是理论缺乏系统性和条理性，论述问题不能细致深入，做事往往不能考虑周全，面面俱到。

有的人不屈不挠，公正无私，原则性强，是非分明，立场坚定，缺点是处理问题不善变通，显得非常固执，但是这种人如果巧妙地运用，往往也能够发挥巨大的作用。

有的人知识面宽，随意漫谈也能旁征博引，各门各类都可指点一二，显得知识渊博，学问高深，正像古人所说的"才高八斗"。但是这种人缺点是脑子里装的东西太多，系统性差，往往眼高手低，如能增强其分析问题的深刻性，定会成为优秀的、博而且精的全才。但这种人也往往反应不够敏捷果断，转念不快，属于细心思考、常思考型人才，如能加强果敢之气，会变得从容平和，有长者风范。

有的人接受新生事物很快，听到新鲜言辞就能在日常工作中活学活用，而且往往都可以小试牛刀。但缺点是没有主见，不能独立，如能沉下心来认真研究问题，形成自己的一套思路，无疑会成为业务高手。

有的人独立思维好，好奇心强，敢于向权威说不，敢于向传统挑战，开拓性强。缺点是冷静思考不够，易失于偏激，可利用他们做一些有开创性的事。

有的人用意温润，性格柔弱，不争强好胜，不轻易得罪人，可以说是一个老好人。缺点是意志软弱，胆小怕事，雄气不够，怕麻烦，如能增强毅力，知难而进，勇敢果决，会成为一个外有宽厚、内存刚强的刚柔相济的人。

单单了解以上的这些语言跟性格之间的关联还是不够的，关键是对于这些东西活学活用，正如德国一个哲学家说的"对于一个优秀的人才来说，单单掌握理论是不够的，重要的将这些理论化为现实的力量"。对于一个领导者来说，其在这方面首要的一个步骤是学会如何从谎话中识别人。

　　小时候父母就教导我们，不要说谎，并反复告诫我们，说谎是人变坏的开始。但是不论是生活中还是工作中说谎这种事都是很难避免的。这种"说谎的艺术"随着年龄的增长却变得越来越高明，我们小的时候说谎时明显地用手遮住嘴巴，并且还会羞愧得变红脸好像是想防止谎话从嘴里出来一样，可长大后这种手势则变得老到而又隐蔽。许多成人会用假咳嗽来代替，还有的则是用大拇指按住面颊，或用手来回抹着额头。女性说谎最常见的是用手撩耳边的头发，似乎企图把不好的想法撇开。再如，你去同事家串门，尽管主人表示欢迎，但却多次看表，那表明此时你的来访已经打扰他了。告别时，尽管他再三挽留，而身体准备从沙发上起来，眼光瞟向门边，则表明你的离开是时候了。

　　心理学家研究证明：一个人一开始说谎，身体就会呈现出矛盾的信号，面部肌肉的不自然，瞳孔的收缩与放大，面颊发红，额部出汗，眨眼次数增加，眼神飘忽不定。尽管说谎者总是企图把这些信号隐藏起来，但是往往很难如愿。而且一个人在电话里说谎比当面说谎要镇定从容。基于这一特点，老板在与下属谈话时应该尽量单面谈，与下属面对面，目光直视，这样就会让其体态语言暴露无遗，这样很容易看出他是否在说谎。谈话时还可以让他的身体没有依傍，不应该让下属背靠墙，从而解除他的防备心理，这样会使他谈话时候坦白一些。

　　有时，对方谈吐的速度、口气、声调、用字等，蕴藏着极为丰富的第二信息，撩开罩在表层的面纱，就能探知一个人内心的真实想法。一般来说，如果对方开始讲话速度较慢，声音洪亮，但涉及到核心问题，突然加快了速度，降低了音调，十有八九话中有诈。因为在潜意识里，任何说谎者多少有点心虚，如果他在某个问题上支吾其辞，吞吞吐吐，可以断言他企图隐瞒什么。倘若你抓住关键的词语猛追不放，频频提问，说谎者就会露出马脚，败下阵来。

　　在这一方面我国晚清杰出的政治家和军事家曾国藩就是一个很好的例子。他指出，人的言辞往往流露了一个人的本性。他在日记中说："天地之所以不息，国之所以立，圣贤之德业之所以可大可久，皆诚为之也。故曰诚者物之终始，不诚无物。"对一般人来说，"知己之过失，即自为承认之地，改去毫无吝惜之心，此最难之事。豪杰之所以为豪杰，圣贤之所以为圣贤，便是此等处磊落过人。能透过此一关，寸心便异常安乐，省得多少瓜葛，省得多少遮掩、装饰、丑态。"

至于用人之道，曾国藩指出："观人之道，以朴实廉价为质。有其质而附以他长，斯为可贵。无其质，而长处亦不足恃。甘受和，白受采，古人所谓无本不立，义或在此。"可见曾国藩非常地强调从言谈举止之中去分辨一个人。他进一步分析道"将领之浮滑者，一遇危险之际，其神情之飞越，足以摇惑军心；其言语之圆滑，足以淆乱是非，故楚军历不喜用善说话之将。"

由以上可见，曾国藩的观察人才的标准，以朴实廉正为最本质的。有了根本再使其有其他特长，这是难能可贵的。没有根本，其他特长也不足倚重。甘甜的味道容易调和，洁白的底色容易着彩，古人所说的没有根本不能成器，就是说的这个意思。

作为一个领导者更要认真研究曾国藩的用人识人艺术，只有用真诚之心自我约束，虚心与人相处，公司的事业才会蒸蒸日上。

"自言自语"的人多半胆怯

一些人会出现自言自语的行为。例如开会时必须在众人面前报告，为求表现理想，所以不得不先自言自语一番；或要向老板汇报情况的时候，也必自言自语预先演练。总之，观察爱自言自语的人，我们都可判断出，这种人多半是不自信、自卑感很强，易受他人影响的人。

我们每一个人，每一天都在自己跟自己说话，跟自己交流。虽然绝大多数情况下，并没有出声，并没有念念有词，但它除了没有动用声带以外，和有声的自言自语的区别，并没有你想象的那么大。没有人会把一个人思考时的那种"自己跟自己说话"看成不正常。

人是一个有思想的动物，同时，人又是一个社会动物。男人在相对不自信、自我感觉不好时，非常忌讳让别人知道或者看出自己和自己力求维持的形象的不同。但是，他的大脑并没有闲着，而且因为人有思想、有语言、有倾诉和交流的心理需要，还会在自己一个人的环境内造出一个"社会"来，于是就有了自言自语。这不奇怪，你看唐代大诗人李白，明明是一个人喝闷酒，还要"举杯邀明月，对影成三人"，把一人独饮变成一个酒会。只可惜，我们多数人没有李白那么浪漫、洒脱。但是有人可能因自言自语的习惯，导致无法与组织、团体中的其他人相处。

总之，一个自信的人，绝不会自言自语。那我们要搞清楚什么是"自言自语"。这种人往往需要和他人交流和沟通，否则，自己最基本的心理需要得不到满足，郁闷得不到排除，就会"憋"出各种各样的问题。这些问题的初期症状最容易出现在小有所成的中年人身上，但从另一方面来说，也许对于这些人来说，也是一件好事。它就像一面镜子，能帮助他们注意到自己忽视了什么，及时作出调整。

一般来说，自言自语正常与否，不取决于是否出声，而是在了解这个人的通常习惯和特点的基础上，注意它与这个人本身的"个人正常值"之间的变化的大小。比如，一个人从来不出声地自言自语，而近来却经常不由自主地自言自语、唠叨不停。这种行为和他通常的"个人正常值"出入太大，那么，就有可能是问题的体现。或者，自己那不出声的自言自语，频率变得越来越勤，也越来越激烈，可能搞得自己烦躁不堪，甚至有了头疼、失眠、失去食欲等生理症状，那么，这种情况就必须引起你的重视了。心理学将这种无声的、越来越勤、越来越激烈的自言自语称为"思维爆炸"。

"人前炫耀"是自卑的表现

每个人多少都会有表现欲，最常见的就是在日常生活中炫耀自己，但是这种人前的炫耀往往是与其自卑联系在一起的。对这种员工领导尤其要小心，不要对他们下错了"药方"。

在生活中我们经常会碰到这样的人。他们非常喜欢人前人后地炫耀，或者是其身上穿着的名牌服装，或者其才华横溢的能力，以及出色的工作业绩。总之，炫耀的东西千奇百怪，而炫耀的情况会因男女而有差异。

对于一个男性来说，他经常炫耀的对象主要分为智能与体能两方面。例如职位、工作能力、学历、成绩等，这些是智能上的炫耀；而体能上的炫耀，则以爱好某项竞技运动等，为其炫耀的对象。女性炫耀的对象，则有关服装、化妆品、丈夫、男朋友、孩子，甚至男性对自己的好感等。更有甚者，有的人没有可炫耀的对象，就搬出自己的亲戚朋友，甚至只有一面之缘的人，也成其炫耀的对象。

这种种表现，其中有的是"自卑情结"引出的"自卑补偿"。自卑情结，一般是在人幼年时种下的。孩子的认知像一张白纸，"笨蛋"、"残废"等一点点有关自尊的伤害，都会在他的心灵里扎根，长出自卑的树来。"自卑情结"植根于人的潜意识中，很可能连他本人都没有意识到，但它总会有所表现，有的直接表现为退缩，有的却与之相反，如更加争强好胜。心理学家阿德勒称这种现象为"自卑补偿"。

"自卑补偿"让很多人获取了成功。如，拿破仑、纳尔逊身材矮小，但却在军事上大有作为；而阿德勒自己，自小驼背，在蹦跳活跃的哥哥面前自惭形秽，但他却奋发努力，在心理学上成果辉煌。但有的"自卑补偿"，却让人陷入了种种的心理障碍。

王某在一家民营公司工作，在工作之余，她喜欢夸张地炫耀自己，父亲只是厂里车间一个班长，她却说他是厂领导；妈妈是街道干部，她说她在政府部门担任要职。所在部门若有活动，她指手画脚安排东安排西，好像只有她最能干；工作上总喜欢和别人争论，而且不占上风不罢休；同事聚餐，她抢着点菜买单，而且还会把菜谱介绍得有声有色。

据了解，王某小时候，因是女孩而不被父母喜欢。在小学三年级时，因拿了邻居家的手表，而受到父母的打骂。尽管她认识到了错误并进行改正，但事后父母仍揪住此事不放，一旦她稍有不对，就讽刺她，还在左邻右舍前令她难堪。

在这个例子中，王某小时候父母的打骂、社会舆论的评头论足、说长道短，都增加了她的心理压力，诱发了其自卑心理。她之所以总想表现出博学多识，永远都正确，喜欢与持对立观点的人辩论，是因为消极的自我暗示在她的潜意识中，总是不断地出现，让她不由不想在炫耀中，或与别人的冲突中，证明自己的价值。

某个周一，大家刚匆忙赶到办公室，小徐就开始炫耀她手指上闪闪发光的新钻戒了，她一面假笑着对周围人说："这个啊不算什么，我老公说下次要给我从南非买一只5克拉的钻戒。而且下个月说不定我要请假咯，我老公要带我去香港庆祝我们结婚五周年，还会有大采购哦！"

虚荣心理的产生往往是那些缺乏自信、自卑感强烈的人进行自我心理调适的一种结果。某些缺乏自信、自卑感较强的人，为了缓解或摆脱内心存在的自惭形秽的焦虑和压力，试图采用各种自我心理调适方式，其中包括借用外在的、表面的荣耀来弥补内在的不足，以缩小自己与别人的差距，进而赢得别人对自己的重视和尊敬，虚荣心便由此而生。

几乎每个单位中都会有这样的炫耀型员工，他们时而过火的炫耀会让同事和管理者感到哭笑不得。管理这类型下属的原则是你不必动怒。因为自以为是的人到处皆有，这很正常。可就是有再多的才能也不会在各个方面超过所有的人，谁都既有长处又有短处。

要仔细分析下属这样表现的真实用意。一般下属只有在怀才不遇时才会表露对上司的不满。如确实如此，就要为之创造条件展现其才能。当重担压在肩头时，他便会收起自己的傲慢态度。

如果他的炫耀确属自己的性格缺陷，你要旁敲侧击地提示他。而不必直接用"穿小鞋"的行动压制他。因为他会越压越不服，长久下来，矛盾会越来越严重。对不谙世故者可予以适当地点拨，语重心长、有理有据的谈话可以改变对方的认识。

第六章
做一见倾心的"万人迷"

一个人在与别人的交往中，外在表现起着举足轻重的作用。无论是单纯的硬件设施——长相，还是外表的端庄沉稳，都是别人对你印象的重要组成部分。如果外表不够干净得体，那么你在对方的眼中便留下了不好的印象，这就成了你们进一步交往的障碍了。除了外表外，语言交谈的技巧，也是你在社交生活中必不可少的手段，无论是口头语言，还是肢体语言，都是关系你一瞬间成败的因素。因此，在与别人相识的过程中，如何运用这一切既定和流动的"工具"，让自己在别人眼中留下良好的印象，是一个不能懈怠的学习过程。

首因效应，第一面必须留下好印象

人与人第一次交往中给人留下的印象，在对方的头脑中形成并占据着主导地位，这种效应即为首因效应。

在人与人的交往中，我们常常会说或者会听到这样的话：

"我从第一次见到他，就喜欢上了他。"

"我永远忘不了他留给我的第一印象。"

"我不喜欢他，也许是他留给我的第一印象太糟了。"

"从对方敲门入室，到坐在我面前的椅子上，就短短的几分钟内，我就大致知道他是否合格。"

这些话说明了什么？说明大多数的人都是以第一印象来判断、评价一个人的。对方喜欢你，可能是因为你留给他的第一印象很好；对方讨厌你，可能是你留给他的第一印象太糟。这就是所谓的首因效应。

首因效应也叫首次效应、优先效应或"第一印象"效应。它是指当人们第一次与某物或某人相接触时会留下深刻印象，个体在社会认知过程中，通过"第一印象"最先输入的信息对客体以后的认知产生的影响作用。第一印象作用最强，持续的时间也长，比以后得到的信息对于事物整个印象产生的作用更强。

"第一印象"效应是一个妇孺皆知的道理，为官者总是很注意烧好上任之初的"三把火"，平民百姓也深知"下马威"的妙用，每个人都力图给别人留下良好的"第一印象"……心理学家认为，由于第一印象主要是性别、年龄、衣着、姿势、面部表情等外部特征。一般情况下，一个人的体态、姿势、谈吐、衣着打扮等都在一定程度上反映出这个人的内在素养和其他个性特征，不管暴发户怎么刻意修饰自己，举手投足之间都不可能有世家子弟的优雅，总会在不经意中露出马脚，因为文化的浸染是装不出来的。

俗话说："有缘千里来相会，无缘对面分西东。"这里的"缘"是什么呢？心理学研究发现，当你与一个人初次会面，45秒钟内就能产生第一印象，这一最先的印象对他人的社会知觉产生较强的影响，并且在对方的头脑中形成并占据着主导地位。不论是陌生人见面、招聘面谈，还是社交聚会或初到一个新的环境，给人留下的最初印象，不管是否是真实的，都会在以后的人际交往中不断在对方头脑中出现，并制约着他人改变这种印象的可能。

美国有一位心理学家曾做过一个实验：把被试者分为两组，同看一张照片。对甲组说："这是一位屡教不改的罪犯。"对乙组说："这是位著名的科学家。"看完后让被试者根据这个人的外貌来分析其性格特征。结果甲组说：深陷的眼睛藏着险恶，高耸的额头表明了他死不改悔的决心。乙组说："深沉的目光表明他思维深邃，高耸的额头说明了科学家探索的意志。"可见，对陌生人的印象由提供信息的先后顺序决定，先入为主。

现实生活中往往也是这样，首次与人见面，我们没有其他相关信息，但以后的交往中，我们就会不由自主地以首次印象来解释当前的知觉信息。尽管第一次印象难免对以后的知觉带来偏见，但它又是我们认识人所不可缺少的基本信息来源，这就是首因效应得以存在的理由。

一个新闻系的毕业生正急于找工作。一天，他到某报社对总编说："你们需要一个编辑吗？""不需要！""那么记者呢？""不需要！""那么校对呢？""不，我们现在什么空缺也没有了。""那么，你们一定需要这个东西。"说着他从公文包中拿出一块精致的小牌子，上面写着"额满，暂不雇佣"。总编看了看牌子，微笑着点了点头，说："如果你愿意，可以到我们广告部工作。"这个大学生通过自己制作的牌子表达了自己的机智和乐观，给总编留下了美好的第一印象，引起其极大的兴趣，从而为自己赢得了一份满意的工作。

首因效应在人际交往中对人的影响较大，是交际心理中较重要的名词。我们常说的"给人留下一个好印象"，一般就是指的第一印象，这里就存在着首因效应的作用。因此，在交友、招聘、求职等社交活动中，我们可以利用这种效应，展示给人一种极好的形象，为以后的交流打下良好的基础。当然，这在社交活动中只是一种暂时的行为，更深层次的交往还需要"硬件完备"。这就需要你加强在谈吐、举止、修养、礼节等各方面的素质，不然则会导致另外一种效应的负面影响，那就是近因效应。要做到这一点，首先，要注重仪表风度，一般情况下人们都愿意同衣着干净整齐、落落大方的人接触和交往。其次，要注意言辞幽默、侃侃而谈、不卑不亢、举止优雅，这样定会给人留下难以忘怀的印象。首因效应在人们的交往中起着非常微妙的作用，只要能准确地把握它，定能给自己的事业创造良好的人际关系氛围。

既然在人际交往中有这样一个首因效应在起作用，我们就可以充分利用它来帮助我们完成漂亮的自我推销：首先是面带微笑，这样可以获得热情、善良、友好、诚挚的印象；其次应使自己显得整洁，整洁容易留下严谨、自爱、有修养的第一印象，尽管这种印象并不准确，可对我们总是有益处；第三使自己显得可爱可敬，这个必须由我们的言谈、举止、礼仪等来完成；最后尽量发挥你的聪明才智，在对方的心中留下深刻的第一印象，这种印象会左右对方未来很长时间对你的判断。

我们在平时的社会交往中，就要学会运用首因效应，说简单一些，就是要给人一个好的第一印象。

抓住最初的 60 秒钟，让别人喜欢你

开场白第一分钟至为关键，按照心理学的解释，这是所谓的首因效应。《心理学新词典》这样解释："在人际知觉过程中最初形成的印象起着重要的影响作用，亦即'先入为主'带来的效果。虽然这些印象并非总是正确的，但是却是最鲜明、最牢固的，并决定着以后双方交往的过程。"

鲍勃·蒙克豪斯在他的《三言两语》一书中说过："开场白应是一把钩子……"意思是说发言一开始就要抓住听众的注意力，引人入胜的开场白是成功发言的开端。演讲者在处理开场白时应注意：第一，不可太长。迟迟不入正题会引起听众的烦躁、厌恶。第二，不可故弄玄虚。过分的谦虚会引起听众的反感。第三，不可不顾对象特点。过分高雅或过分卑俗的语言会拉大与听众的心理距离。第四，不可照本宣科。没有新意的讲演无法赢得公众的支持。在第一分钟之内，你要充分发挥你的聪明才智，利用你的风趣、幽默、表情、动作帮助你吸引听众的耳朵。

而对于精彩的开场白的方式，许多智者作出了很好的分析。他们都试图对开场白的方式进行分类。美国语言大师戴尔·卡耐基认为，演讲的开头可分为七类：叙述事件、事例；制造悬疑；陈述某件惊人的事实；提问，并要求听众举手作答；告诉听众如何才能获得他们所需要的；展示物体并予以解释；以某位名人提供的问题开始。我国的演讲与口才专家邵守义先生也提出了七种开场白的方法：由演讲的题目讲起；由演讲的缘由讲起；由演讲的主题讲起；由当时的形势讲起；由具体的事例讲起；由惊人的或意外的事情讲起；由时间或当场的情景讲起。季世昌先生把演讲的开场白分为四种方式：与演讲内容关系不大，旨在激发听众兴趣的楔子式；用与演讲内容密切相关的比喻、

警句、经历、事情等开头的衔接式；以提出旨在激发听众思维和感情的问题开头的激发式；以一语中的、直截了当进入正题的开门见山式。

如何与陌生人交谈，开场白很重要。与刚认识的人在一起谈话或与人谈论你不认识的人，最好的办法是从一个话题到另一个话题地试着说，如果某个题目不行，再试下一个。或者轮到你讲话时可讲述你曾经做过的事情或想过的事情，修整花园、计划旅行或其他我们已经谈过的话题。不要对片刻的沉默慌张，让它过去即可。谈话不是竞赛，像跑步一样拼命地冲到终点。

当你发现在聚会上坐在你身边的是个陌生人时，在开始"钓鱼"之前先介绍一下自己，然后有各种各样的开始方式。如果你是个很腼腆的人，在参加聚会之前就可在脑子里先想好。如果女主人已经告诉你一些关于他的消息，你可以说："我知道你的球队在上星期的决赛中获胜了，一定很精彩。"如果你对他一点都不了解，可以说："您是住在这还是游客？"从他的回答中你可以期望开始话题。他可能会问你住在哪、从事什么职业等。非常简单，但要注意给他说话的机会。

另一个重要的开场白（也是立竿见影的）是征求建议。例如，你可以问一个热心的园艺家："我想把花园中的一年生植物改种多年生的，您建议种什么好呢？"或对于一个在家或办公室办公的人，你可以问："我想买一部传真机。您有什么好的推荐吗？"如果没有反应，可以问他其他的观点。问他有关任何方面的观点是很稳妥的：政治、体育、股市、时尚和当地新闻，所有的都可以，但不能是已经问过的和引起激烈的反对或争论的话题。

在餐桌上另一个能提供良好开端的话题是食品或酒："好吃吗？我没有时间在厨房里真正地做一顿好饭。您自己做饭吗？"

在谈判桌上，谈判双方大多都是初次见面。开场白说好说坏，关系重大。说第一句话的原则是：亲热、贴心、消除陌生感。三国时代的鲁肃就是这方面的能手，他跟诸葛亮初次见面时的第一句话就是："我，子瑜友也。"就凭这句话，使得诸葛亮愿意与他倾心交谈，为以后的孙权跟刘备的结盟抗曹打好了基础。

一般说来，在谈判前，最好作一番认真的调查研究，你往往都可以找到或明或暗或近或远的关系，在见面时及时拉上这层关系，就能一下子缩短与对方的心理距离。对德高望重的长者，宜说"您老人家好"，以示敬意；对年龄跟自己相仿者，称"老刘，你好"，显得亲切；对方是老总，说"张总，您好"、"李总，您好"，有尊重意味。

对人尊重、敬慕会引起对方的好感，对谈判者表示敬重、仰慕则是热情有礼的表现。用这种方式必须注意：要掌握分寸，恰到好处，不能乱吹棒，不要说"久闻大名，如雷贯耳"之类的过头话。表示敬慕的内容应因人、因时、因地而异，应恰到好处，让听者感到自然。

第一次握手：让对方记住你

第一次握手之所以至关重要，是因为第一次握手的时候，别人不是因为你的家庭、财产等因素而记住你的，更多的是通过你握手的姿态、握手时的表情等细节因素产生对你本人的欣赏。

第一次握手时就给别人以很好的印象，本身得有一个前提：你的着装得适应当时的情境。你在和别人交往的时候，一定要刻意地注意修饰自己，要做到无论从外表还是从内在气质上都要给对方一种愉悦的感觉，让人愿意和你交往，这是你第一次握手成功的第一步。对于外表，我们可以举个例子来说明我们要十分注意的：眼睛不管大小一定要干净、有神，尤其是眼部的分泌物要及时处理掉，如果你戴近视镜，镜框和镜片不能有破损；鼻子的清洁也很重要，注意要把过多的分泌物清理掉，鼻毛不能露出鼻孔外；嘴的修饰也要做到牙齿清洁，口腔无异味；因为是第一次见面，尽量不要吃大蒜、葱等气味刺鼻的东西，如果吃了，也要及时想办法清除掉气味，这就需要我们平时多记住一些消除异味的方法。

这是第一次握手想要对方对你产生好感的前提条件，做好上述准备，我们还要注意到握手的规则。握手是一种重要的礼仪行为，也是心理行为的外在表现。

至于握手的方式，看似简单，其实大有学问。首先，不管对方是陌生人，还是亲朋好友，都要迎着对方的手，热情友好地直伸右手，亲切地说声"您好"、"欢迎"等致意的话；握手要注意自己的姿势，姿势得当，会使他人感到热情，反之，会让人有冷落感。握手时，目光要正视对方，微笑致意，切不宜看第三者，也不要握手未定笑容已失。

如果我们在握手时再加上适当的话语，那么我们给别人留下的好印象就又进了一步。

第一次握手的成功，就有可能意味着你的形象在别人心中变得很高大，从而为你的事业的腾飞增添动力。

波音公司总裁康迪特有一个很特别的握手故事。有一次，他刚忙完工作，由于时间来不及而带着维修时沾满油漆的双手参加了新员工进厂宴会，并同每一个工作人员握手。这件事给这些新进厂的员工以很大的震撼，因为这是他们第一次和自己的老板进行的握手，而老板又是那么随和、亲近。连康迪特的握手方式都是那么特别，所以给他们留下了很深的印象。员工们认可了他颇具个性的风格并且给予他很高的评价，从而愿意为公司奉献自己的智慧。这件事极大地调动了大家的积极性。

当然这件事有点特别，我们尽量不要模仿，但是从这件事中可以得出一个道理：我们可以在适当的时候，稍微改变一下我们以往的风格，大胆创新一下，结果可能是另一番天地。

下面是礼仪专家总结出来的几大技术性的握手原则，供你在实践中参考：

1. 尊重对方喜欢的空间和距离。
2. 握手掌而非握手指。
3. 与对方友善地寒暄交谈。
4. 握手的时间比标准的时间稍微长一点点。
5. 握力应当紧稳，但勿太用劲使对方觉得不适。
6. 如需要表示额外的热忱，可用双手紧握。
7. 收回的时候，要简洁，明确，且要再停顿一下。

与陌生人初次见面，人们大都会重视着装和微笑，但据报道，美国一项调查研究指出，握手力度能够对人的第一印象起决定性作用，尤其在求职时，有力的握手可能让你求得一份竞争激烈的好工作。

这项研究由一支国际研究小组合作完成。美国爱荷华大学的研究人员对100名学生进行了模拟求职面试，在求职前和求职后，这些学生分别与5位人际关系研究学家握手，专家分别给学生打"握手分"。结果发现，握手有力的求职者受雇佣的成功率，远远大于握手无力的求职者。值得注意的是，握手时正视对方，注意出手体面且握手有力度，对于女性求职者的帮助更大。接下来，研究者询问了大量的招聘者，多数人都表示，会握手的求职者在面试时能给他们留下较好的第一印象。

研究人员指出，"握手得体有力"往往代表着"善于社交、合群、友善和支配能力强"。而"握手无力"则会给人留下"性格内向、害羞和神经质"的不好印象。这一研究主持人乔治·斯图尔特说："我们发现，第一印象开始于握手的一刹那，之后的面试基调也就基本上定型了。握手在交往中的作用不可小视，人们应该学会握手时怎样用力。"

最后，应当注意握手四忌。在与人握手时，下述几种表现均为失礼。

第一，忌不注意先后顺序。和外人握手时一定要注意，伸手的先后顺序不能搞错了，搞错了会很尴尬。

第二，忌用左手。要注意握手只用右手，一般不用左手，除非没有右手。特别在对外交往中，虽然有些国家，有些民族，有特殊的宗教和民族习惯，但他们一般还是用右手的，你上左手去跟他握就不合适了。顶多左手起个辅助性作用，托一托。有些著名的政治家、企业家，他明明是左撇子，但是握手用右手，因为这是基本的常识。

第三，忌戴手套、墨镜与帽子。握手时一般不戴手套，不戴墨镜，不戴帽子的，此举表示对他人的一种尊重。戴帽子的话，把帽子摘下来；戴手套的话，把手套摘下来；表示专心致志。公众场合，带着墨镜不摘的人，不是盲人、警察、保安、便衣，就有黑社会之嫌。

第四，忌交叉握手。到国外去，特别到西方国家去跟别人握手，则要避免交叉握手。他们认为所有类似十字架的图形，都是不吉利的。所以欧美人对刀叉放成十字，交叉握手、交叉干杯，都非常忌讳。

善用声音表现自我

在某种意义上，声音是人的第二外貌。一个词语的发音，音调的细微区别远远超过了我们的想象。你的语音、语调以及声调变化占说话可信度的84%。强有力的声音感染力会使你的对方很快接受你，喜欢你，对你建立瞬间亲和力有很大的帮助。

有一次，意大利著名悲剧影星罗西应邀参加一个欢迎外宾的宴会。席间，许多客人要求他表演一段悲剧，于是他用意大利语念了一段"台词"，尽管客人听不懂他的"台词"内容，然而他那动情的声调和表情，凄凉悲怆，不由使大家流下同情的泪水。可一位意大利人却忍俊不禁，跑出会场大笑不止。原来，这位悲剧明星念的根本不是什么台词，而是宴席上的菜单！

声音是一种威力强大的媒介，具有表述作用，可以淋漓尽致地表达一个人的情感，同时也或多或少地展示了一个人的性格。由此，一个人仅仅凭借声音便可辨别另一个人的情绪、态度甚至个性。打电话时尤其如此，虽然不是面对面，看不见对方面部表情，但是我们能够从对方的语调中，想象对方的心情。

人际沟通专家阿尔伯特·莫哈比博士的研究成果表明，声音的暗示在语言表达中独领风骚，声音是一个人的"有声自我"，在人们的互动中传递着三分之一的信息。许多人留给他人的第一印象不深不是基于他们的长相，而是基于他们的声音。

恰当地自然地运用声调，是顺利交往的条件。一般情况下，柔和的声调表示坦率和友善，在激动时声调自然会有颤抖，表示同情时略为低沉。不管说什么样的话，阴阳怪气的，就显得冷嘲热讽；用鼻音哼声往往表现傲慢、冷漠、恼怒和鄙视，是缺乏诚意的，会引起人不快。

声音质量包括：高低音、节奏、音量、语调。语调就像画图，会直接影响客户的反应。在某种意义上，声音是人的第二外貌。一个词语的发音，音调的细微区别远远超过了我们的想象，在通电话的最初几秒钟内能"阅读"到用户声音中的许多内容。因此，请你给你的声音添加颜色。

音调的高低可引起对方的兴趣与注意，对风度翩翩、谈吐不俗的人，注意他们的谈话，记下他们的优点，多加琢磨，以提高自己的水准。

无论是面对面与人沟通，还是通过电话与人沟通，感染力无疑都是影响沟通效果的一个重要因素。我们都知道，沟通中的感染力主要来自于三个方面：身体语言、声音和措词。当我们通过电话与人沟通时，我们与对方相互看不到，那这种感染力从常规上讲将更多地体现在你的声音和你的措词上。

声音不仅影响听者的第一印象，而且影响所收到信息的最终质量，说话者的音调、语速和语调不恰当，会弱化语言信息，不利于有效沟通。反之，说话者恰当的音调、语速和语调，可大大强化语言信息，让沟通更有效。

声音是一面镜子，它能传递出人们许多潜在的信息，直接影响沟通效果。与人沟通，我们必须重视声音的表现力，一方面要辨识别人的声音，了解别人的心情，另一方面，要善于发挥声音的作用，用声音表现自我。

每个人的声音都是独一无二的，每个人的声音都蕴含了丰富的信息。要了解一个人，就要搞清楚他的声音所蕴含的意义，需要注意以下几方面：

1. 音量。一般情况下，性格外向的人讲话声音宏大而粗犷；性格内向的人说话声音柔和而谨慎。喜欢大声讲话的人，为人一般爽快，然而其内心往往缺乏细腻，思想较为单纯。当人们与对方交谈时，如果对所表达的内容缺乏自信，其声音会在不知不觉中越变越小，有时甚至变成了喃喃自语；但是一般人说谎时，由于害怕事情被揭穿，音量会不由自主地提高；为了反对他人的意见，也可能提高自己的音量。

2. 声调。声调的高低，也是表达信息的一种方式。用不同的声调来说，往往就传达出不同的心意，比如句末出现升调，往往表明对方正在提问。

3. 语速。语速即说话的速度，也反映一个人的观点与态度。

英国博物学家威勒德·普赖斯的《哈尔罗杰历险记》中的 15 岁男孩罗杰，是一个勇敢、机智、善良、可爱的男孩。书中写到他与探险中碰到的动物的交往，更是令人感动。他跟动物们总能相处得很好，这也许是因为他喜欢它们，但也可能是因为它们不怕他。而我觉得，是罗杰的温柔的语音使得动物们感受到了他的友好和感情，得到了心灵上的沟通。

在书中，罗杰先是碰到了一只庞然大物——北极熊。这只熊四足落地 150 厘米，与罗杰一般高，站起来却有 3 米多高，只需几口，它就可以把罗杰吞掉。罗杰怎么办的呢？他"轻声细语，温柔地爱抚着那只巨兽，仿佛它只是一只小猫咪"。尽管这只大北极熊既没学过爱斯基摩语，也没学过英语，但它会分辨人说话的语调。罗杰轻柔的嗓音在它耳边响着，它就努力模仿，发出心满意足的呜呜声回应他。自然，这只巨兽就成了罗杰的宠物和好帮手。

后来，一只北美驯鹿闯到了他们住的雪屋——伊格庐里，并且大发野性，用它的那对漂亮的犄角胡挑乱撞，用它可怕的后蹄到处乱踢。罗杰勇敢地抓住了它的一支鹿角，用另一只手去抚摸它激动的脖子，"同时对着它的大耳朵说一些虽无意义但却甜蜜动听的话。他坚持了整整10分钟，一边爱抚，一边温柔地说话。这是罗杰的拿手好戏。那只驯鹿不再挣扎，一双眼睛凝视着罗杰，看上去已经没有了恶意。"罗杰又驯服了这只大鹿。

听起来这似乎是天方夜谭，但我相信这是有事实根据的，不同语言的人群第一次交往会是怎样进行的呢？一般不会是语言的交流，只能是使用语音与体语进行情感上的沟通。人类最早的语言（特别是手势语）并不是表达某种思想观念，而是表达情感和爱慕的。一些动物心理学家训练、教养的动物中，有的能用声音和手势来与人"对话"。

所以，在人际交往中，多一点罗杰的做法，多一点"甜言蜜语"吧！那会使人与人之间的关系更加融洽，人们的心灵更加接近。

日常生活中，我们应该充分地运用"声音形象"。运用得好，可以改变你的生活和事业；运用得不好或不注意自己的"声音形象"，就会带来负面的影响。

称呼别人，想好了再说出口

孔子说："必也正名乎，名不正则言不顺，言不顺则事不成。"可见，一个社会，想要秩序井然，想要运转良好，怎么称呼别人这样的"小"事情，就是一件"大"事情。因为在称呼中，人才能确定自己与社会、与他人的恰当关系。如何恰当地称呼别人，这是构建和谐人际关系的重要细节，也是尊重别人的具体体现。懂得恰当称呼别人的人，才会让人喜欢。

如何称呼别人，是非常有讲究的一件事。用得好，可以使对方感到亲切，给别人留下一个良好的印象。反之，如果称呼不得体，往往会引起对方的不快甚至恼怒，使双方的交流陷入尴尬的境地，导致交流不畅甚至中断。

刚毕业的小王在入职单位前，父母给她上了一堂社会课。母亲告诉她，刚进单位资历浅，对同事要客气、尊重地称呼为"老师"，父亲更是一副过来人的样子："当年我在工厂当学徒，就是对师傅非常恭敬！"可在同单位的师姐说法却正好相反——最好直呼其名。师姐在单位试用时，按照家长的教导，见了老同事就叫老师，年龄差不多大的就叫哥哥姐姐，反倒弄得大家都很尴尬，给经理留下的印象也是"太孩子气"。师姐说："师傅、老师都是过时的叫法，我以前的同事之间都是叫名字的。"

不同的人给出的说法五花八门："老总、头儿、老大、同志、小姐"！其实这样的难题并非只有小王一个人会遇到。生活中的大部分人都曾遭遇过称呼烦恼。

那到底应该怎么正确地称呼同事呢？我们不妨从以下几点来着手：

第一，要考虑对方的年龄。见到长者，一定要呼尊称。比如"老爷爷"、"老奶奶"、"老先生"、"老师傅"、"您老"等，不能随便喊"喂"、"嗨"等，否则，会使人讨厌，甚至发生口角。另外，还需注意，看年龄称呼人时要力求准确，否则会闹笑话。比如，看到一位20多岁的女性就称"大嫂"，可实际上人家还没结婚，这就会使人家不高兴，不如称她"大姐"更合适。

第二，要考虑对方的职业。对不同职业的人，应该有不同的称呼。比如，对农民，应称"大爷"、"大娘"、"老乡"；对医生应称"大夫"；对教师应称"老师"；对国家干部和公职人员、对解放军和民警，最好称"同志"；对刚从海外归来的港台同胞、外籍华人，若用"同志"称呼，有可能使他们感到不习惯，而用"先生"、"太太"称呼倒会使他们感到自然亲切。

第三，要考虑对方的身份。有位大学生一次到老师家里请教问题，不巧老师不在家，他的爱人开门迎接，当时不知称呼什么为好，脱口说了声"师母"。老师的爱人感到很难为情，这位学生也意识到有些不妥，因为她也就比这学生大不了多少。所以，最好的办法就是称呼"老师"，不管她是什么职业（或者不知道她从事什么职业），称呼别人"老师"都含有尊敬对方和谦逊的意思。

第四，考虑说话的场合。称呼上级和领导要区分不同的场合。在日常交往中，对领导、对上级最好不称官衔，以"老张"、"老李"相称，使人感到平等、亲切，也显得平易近人，没有官架子，明智的领导会欢迎这样的称呼的。但是，如果在正式场合，如开会、与外单位接洽、谈工作时，称领导为"王经理"、"张总"等，常常是必要的，因为这体现了工作的严肃性、领导的权威性。

第五，要考虑自己与对方的亲疏关系。在称呼别人的时候，还要考虑到自己与对方之间关系的亲疏远近。比如，和你的兄弟姐妹、同窗好友、同一车间班组的伙伴见面时，还是直呼其名更显得亲密无间，欢快自然，无拘无束，否则，见面后一本正经地冠以"同志"、"班长"之类的称呼，反而显得外道、疏远了。在与多人同时打招呼时，更要注意亲疏远近和主次关系。一般来说以先长后幼、先上后下、先女后男、先疏后亲为宜。

在交际过程中，称呼往往是传递给对方的第一个信息。不同的称呼不仅反映了交际双方的角色身份、社会地位和亲疏程度的差异，而且表达了说话者对听话者的态度和思想感情，而听话者通过对方所选择的称呼形式可以了解说话者的真实意图和目的。恰当的称呼能使交际得以顺利进行，不恰当的称呼则会造成对方的不快，为交际造成障碍。为了保证交际的正常进行，说话者要根据对方的年龄、职业、地位、身份，以及同对方的亲疏关系和谈话场合等一系列因素选择恰当的称呼。

自我介绍与初次交谈

初次交谈与自我介绍是我们跨入社交圈必须面对的事情。把握好良好的心态、掌握好交谈和介绍的技巧、运用幽默风趣的话语、寻找并抓住双方共同的话题，可以使我们在交谈中占据有利地位，同时也可以给别人留下很好的个人印象，从而为扩大自己的交往圈奠定良好的基础。我们一定要走好这一步。

自我介绍是我们跨入社交圈、结交更多朋友的第一步。如何介绍自己？如何给对方或其他人留下深刻的印象？如何使得他人能够和自己有共同的话题使谈话得以继续？可以说这是一门艺术，这与个人的气质、修养、思维和口才密不可分，同时也和自己的幽默感、风趣度、说话的方式有很大的联系。一个人是否有人缘、魅力或者吸引力，往往在见第一面时就已决定。学会自我介绍，可以树立自信、大方的个人形象。

自我介绍，一般情况下，需介绍自己的姓名、供职单位以及与正在进行的活动是什么关系。如"我是戴威，是恒昌公司公关部经理，很高兴认识您（或很高兴和大家在此见面），请多关照！"我们要学会主动作自我介绍，争取先机。我们可以预先准备一下自我介绍的内容并反复进行练习，介绍时要做到表达清晰、风趣、真实、流畅。大约10秒钟的"自我推销"包含足够的有关你自己的信息以及与接下去的谈话相关的内容。"您好，我叫段威。我是光明公司的销售部经理。""您好，我是湖南日报社的记者王南，久仰您的大名，非常想请教您几个问题。"等，都可以作为我们的开场白，抑或说是我们的自我介绍的第一步。

初次交谈的前提必须是双方或者是多方至少在了解各方的大致后才能使交谈进行下去，不了解身份的空间里，没有人会喜欢去花费太多时间，而这就需要我们掌握好自我介绍的方法。

自我介绍要讲究方法，粗俗无礼的自我介绍会引起对方的不快，甚至将你拒之于交际的大门之外。我们应遵守社交礼节，主动灵活地进行自我介绍。当你走进朋友的家门时，看到已有几位客人在座，你就应该主动地与他们攀谈，并趁机作自我介绍，你可以从谈天气、赞主人谈起，然后再说自己与主人的关系。不顾其他的客人，默不作声地坐着是不礼貌的；当你在社交场合碰到陌生人时，可以先以眼神示意，友好地看着对方、点头微笑、伸出右手，主动向陌生人走过去，握手并作自我介绍。如果与陌生人坐在一起，则可主动寻找话题，如根据对方的口音攀上老乡的关系等，从而作自我介绍。在一般情况下，当你先作了自我介绍后，对方也会介绍自己，继续交谈，双方很快就会融洽了。

方法的前提是知道自我介绍的相关要求，我们也可以称之为原则。

一、要有勇气和信心

在现实生活中，有的人不善于交际，怕见陌生人，在陌生人面前不知如何开口，更不敢主动介绍自己。他们未开口脸已先红，一开口则结结巴巴不知所云。这样的人是无法进行社交活动的，这种胆怯心理是办事的一大障碍。我们应该一方面树立信心，相信自己不会比别人差；一方面努力锻炼自己的口才，培养自己的社交能力，这样就会逐渐克服胆怯心理，在社交场合中进出自如了。

二、要自然、随和

自我介绍时，要自然、亲切、随和，切忌过分亲热，比如大力握住别人的手，说过分夸张的话等，这会使对方觉得你矫揉造作，轻浮而不庄重，因而产生反感。当然，这并不是说在自我介绍中完全不能有强烈的感情。充满深厚的感情是可以的，有时还是必要的，但一定要看场合，而且要自然、诚挚。

三、要有谦虚求实的精神、避免使用骄傲自大的口吻

介绍自我或者初次交谈时，我们要时刻谨记自己和别人是平等的，别光在那只顾吹嘘自己而不管别人的感受。在这方面，我们的老前辈们为我们做出了很好的榜样。当代某著名剧作家在一次会上自我介绍："我乃平庸之辈，只写过一些不成熟的剧本、小说及文章……我本人尚不能以'作家'或'剧作家'自居，我的写作习惯也无任何惊人之处。我只是像一般人那样写作。"这是多么谦逊而又不显得矫情。自我介绍不但自谦，而且勇于解剖自我，充分体现了实事求是的精神。自谦与实事求是会赢得大家的尊敬与信任。如果自吹自擂，一味炫耀自己，效果可能会适得其反。

四、不要打断别人的谈话，尊重别人

自我介绍时不要打断别人的谈话，否则是很不礼貌的，应等适当

的时机再介绍自己。在社交场合，不要只想结识某一位显赫的或有特殊身份的人，而置其他人于不顾，这对大多数在场的人来说，也是不礼貌的。应该热情地和多数人打交道，扩大自己的社交圈子，这才不会失礼，才会受到大家的欢迎。

五、语言要清晰、准确而有礼貌

自我介绍时口齿要清楚，切忌含混不清。容易弄错的字、不好写的字或生僻的字，都要加以准确说明。如"张"和"章"同音，介绍时就应该说明是"弓长张"还是"立早章"。在自我介绍时还要注意用语文雅有礼，不要粗俗；要能让人理解，不要给人留下疑团。

另外，自我介绍时，我们还应该注意声音、姿势、表情等细节性因素。充分利用这些"小因素"，我们可能获取很大的成功。

日本著名的销售大师原一平说过，销售能否顺利进行，在很大程度上取决于你第一分钟给客户的印象。因此销售过程中初次与客户见面是很重要的，如果不注意技巧和方法，你可能会丢掉很多客户。记得世界级管理大师彼得·德鲁克曾经说过："推销员初次与客户见面时，必须找出打破僵局的最佳时刻，不能操之过急，但也不要闲扯太久。"初次与客户见面说话是十分讲究的，无论是语气、语调还是我们的肢体语言，与客户见面之前一定要打好腹稿。因为只有顺利交谈才可能为以后的成功推销建立基础，否则就可能白白丧失机会，失去一个客户。

人们在初次见面的时候尤其注意第一印象，对第一次谈话情况往往会记忆犹新。所以初次谈话一定要讲求技巧。那么初次与人交谈的技巧都包括哪些呢？

1. 微笑是最好的名片，微笑可以建立信任，微笑是表示友好，建立信任的第一步。笑容可以除去不安也可以打破僵局，没有笑的地方必无工作成果可言，推销时的微笑，表明销售代表对客户交谈抱有积极的期望。

2. 与客户交谈时，要讲究说话的声调、措词等技巧，切记声调要正常，语速要放慢，措词要符合逻辑，以避免陷入僵局，造成不可挽回的局面。

3. 赞美客户要实心实意，不可乱说一气，以免造成对方的反感。

4. 记住要真诚、热情和友善，这样会让客户心里舒服，同时你可以展现自我魅力，给客户留下好印象，让客户记住你。

5. 与客户见面的时候，不要闲扯得太久，不仅耽误了客户的时间，也容易让客户产生反感，在适当的时候要开门见山，让客户知道你的意图，达到最终销售的目的。

6. 态度要诚恳，与客户交谈中要让客户觉得我们在尊敬他，尤其是在交谈不融洽时，不应有任何反感的表示，在要告别时仍要对客户的接待表示感谢。推销员只有在推销过程中，注意以上一些细节，才一定会有收获。

众所周知，和陌生人谈话是口语交际中的一大难关，处理得好，可以一见如故，相见恨晚；处理得不好，只能导致四目相对，局促无言。要是这个陌生人是潜在顾客，处理得好，有利于业务的进一步展开，可能顺利成交；处理不好，可能不欢而散，甚至影响公司和产品在这个顾客心里的地位。所以对于初次谈话，我们需要掌握一些谈话的技巧，特别是需要掌握一些初次谈话不冷场的方法。

一、从对方口音找话题

一个人的口音就是一张有声的名片，从而表明他的祖籍，起码说明他在哪里居住过。这时我们可以从这种口音本身及其提供的地域引起很多话题。例如，从乡音说到地域，从地域说到他家乡的风土人情、特产、名胜古迹等。

二、从有关的物件中找话题

有时候人们携带的物件也能反映一个人的兴趣和爱好，或者提供有关什么信息。例如，有的客户随身带有 MP3 就可以从音乐类型说开。在客户办公室看到他放着的杂志，也可以从书本找到话题。还有一些物品是可以作为借口，用试探的口气来问的，比如，从询问对方手提的一个新产品的产地、价格等，以此为借口和对方搭讪，找到说话的机会。

三、从对方的衣着穿戴上找话题

一个人的衣着、举止在一定的程度上可以反映出人的身份、地位和气质，这同样可以作为你判断并选择话题的依据。比如，你的陌生客户开的是宝马跑车，穿着高档的西装，手带的是劳力士，还带有密码箱，你就可以主动问："如果我没有猜错的话您是位企业家，是位商业中的佼佼者吧！"这话巧被你言中，对方会有几分吃惊地说："你真是好眼力！"紧接着，很多与企业生产、经营管理有关的话题就可以谈了。即使你猜错了也不要紧，因为你把他看成企业家本身是高看他，对方心里也会感到高兴，并会礼貌地说出自己的真正身份。

四、察言观色，寻找共同点

一个人的心理状态、精神追求、生活爱好等，都或多或少地要在他们的表情、服饰、谈吐、举止等方面有所表现，只要你善于观察，就会发现你们的共同点。大侦探福尔摩斯为了破案，研究过几十种烟灰，我们不用做到那么细，可简单的识别能力还是要具备一些的。

张健去一个涂料厂推销产品，开始谈的时候他很拘谨，还是按照一般顺序介绍他们的产品和服务。当张健提出要给客户安装试用自己的软件的时候，客户说："最近网通一直升级，我买的路由器坏了，就是上次在电脑城那买的，说管升级的，现在坏了还没有人来。"张健正好认识他所说的那家电脑商，就马上接上话头说："是不是那家姓高的，130元买的？"那个厂长马上眼睛一亮，连声说："是啊，是啊！"两人关系一下熟悉了很多。

五、听人介绍，猜度共同点

有时你的朋友也许会把他的一些朋友的信息介绍给你去一起拜访，遇到有生人在场，作为对二者都很熟悉的你的朋友，会马上出面为双方介绍，说明双方与主人的关系，各自的身份、工作单位，甚至个性特点、爱好等，细心人从介绍中马上就可发现对方与自己有什么共同之处。

六、步步深入，挖掘共同点

发现共同点是不太难的，但这只能是谈话的初级阶段所需要的。随着交谈内容的深入，共同点会越来越多。为了使交谈更有益于对方，必须一步步地挖掘深一层的共同点，才能如愿以偿。就和树根一样，主根是一个，但是随着你不断地挖会发现，其实周边的侧根也很多，毕竟一个人的爱好是很多的。

寻找共同点的方法还很多，譬如面临的共同的生活环境，共同的工作任务、共同的行路方向、共同的生活习惯等，只要仔细发现，陌生人无话可讲的局面是不难打破的。

我们在第一次去拜访新客户的时候不必要紧张也不必想会谈很失败。多的是要细心，要去发现，去积极挖掘和客户的共同点，由此开始我们的谈话会建立比较熟悉的关系。寒暄的一个重要步骤就是话题的选择。下面几个选择说话话题的方法推销员们可以参考。

1. 公共话题

公共话题是人人都知道，而且易于谈论。所谓"公共话题"，包括天气、新闻、时事、运动等。

天气。"天气"是最易于交谈的话题，因为人人都可以感受得到。开头语通常是"今天天气真不错啊"、"这几天又降温了，真冷啊"、"这段时间怎么老下雨啊"之类的。

新闻。可以谈谈客户比较关注的新闻，比如客户喜欢看 NBA 比赛，就可以谈谈昨天的球赛，尤其是客户喜欢的球队、球星；如果不知道客户的喜好，你就要小心一点，最好先试探性地提及，如果客户不感兴趣，就赶紧停止该话题。

以新闻为话题时，开头语可用"昨天新闻直播"、"我刚才听说"、"哎，姚明到哪个队都是主力"等。

2. 特色爱好

客户的专长爱好。如果客户喜欢听歌，你就可以多聊聊最新的娱乐热点，比如某个明星、某个演唱会之类的话题；而如果你的客户是个"车迷"，那你就要花一些时间去了解那些"奔驰"、"宝马"之类的名车。

客户的专长优点。每个人都有自己的专长优点，如果你发现了客户的专长优点，并把那个优点提出来，赞美你的客户，那么你已经成功地取得了客户的见面权了。

此外，国内外大事、风土人情、文体消息，也可以拿室内的陈设为话题，表现对某些摆设的欣赏，并加以称赞等。

3. 就地取材

如果场合适宜，说几句"今天天气真好"之类的话当然不错，但若不论时间、地点一味是"天气如何"则未免有些滑稽。最好还是结合所处的环境就地取材来引出话题。如果是在朋友家，不妨赞美一下室内的陈设，比如问问电视机的性能如何，谈谈墙上的画如何出色等。这样的开场白并非实质性的谈话，主要是使气氛融洽。因此，你评论某件东西不应用挑剔的口吻，多用"这房间布置得不错呀！""这幅画映衬着花瓶，配起来很好看！"之类的语言。总之，采用赞美的语气，是最得体的办法。

贵在求同：你是否真的善于倾听

两个人在一起的交谈，贵在求同，即寻找共同的话题，有了共同的话题，谈话才有进行下去的可能。而这基础，靠的是双方的聆听。专心地听别人讲话，是我们能给对方最大的赞美。你的魅力开场白，寻求你和听众的共同话题是你开始表现自己魅力的开始。

卡耐基说："在生意场上，做一名好的听众远比自己夸夸其谈有用得多。如果你对客户的话感兴趣，并且有急切想听下去的愿望，那么订单通常会不请自到。"

一般人在交谈中，倾向于以自己的意见、观点、感情来影响别人，因而往往谈个不停，似乎非如此无法达到交谈的目的，这样的人很容易招致别人的厌烦。实际上，与人交谈，光做一个好的演说者不一定成功，还须做一个好的听众。在谈话中，任何人都不可能总是处于说的位置上。要使交谈的双方双向交流畅通无阻，就必须善于倾听他人的谈话。善于倾听的人，懂得"三人行，必有我师"的道理，能够利用一切机会博采众长，丰富自己，而且能够留给别人讲礼貌的良好印象。

古希腊哲学家赛诺有一天在家里接待了一位来访的年轻人，那人嘴里老是讲个不停。最后，塞诺实在是忍无可忍了，便提醒他道："神赐予我们两只耳朵和一只嘴巴，你知道是为什么吗？那就是要我们多听少说！"

这个故事很短，但是给我们的启示却很重要，他教会我们一定要学会去倾听别人的声音。在社交场合能说会道的确十分重要，但这仅仅是"整幅图画"的一半。要赢得别人的好感，听和说一样重要。善听者善交人，不善听者赶跑人。不善于听的人，往往会被人们看作是自我中心和落落寡合的边缘人。善于倾听，则有利于待人接物和改善关系。因为倾听是交谈的重要组成部分，交谈作为两个人或两个人以上才能发生的一种行为，不可能大家同时在说，必然是有听有说，说是为了听，也是因为有人听；听是因为有人说，也是为了听后说，这就构成了交谈。

不过，我们要记住，善于倾听别人谈话的人，可不是那种只是"高僧入定"般坐在那儿，并不住点头的人，而是要在适当的时机提出自己的意见或看法，以表示你已经了解对方话中的微言大义，也可以充分配合对方的要求。换句话说，如果对方发现你不止是倾听而已，而且还完全吸收自己话中之意，那么，你在这方面的形象就可算确立。倾听是捕捉信息、处理信息、反馈信息的过程。谈话是在传递信息，倾听别人谈话是在接受信息。一个好的倾听者，应该善于从一大堆谈话中捕捉有益的信息，并以参与谈话的方式作出积极的反应，这就是信息反馈。而说话者也才能根据你的反馈信息确定是继续、改变，还是停止他的谈话。

在你的开场白中，你应该时时刻刻想着对方的反应。当别人在表达他们的意见时，你也要学会倾听，不管你对对方的话题是否感兴趣。

心理专家认为，在人际交往中，滔滔不绝不如善于倾听。生活中，如果你自己不善言辞的话，就想办法让对方多说话填补交谈中的对白空场，让对方心情舒畅地表达。

一、磨炼自己的耐性

对方有表现欲的时候，让他尽情去说，你全神贯注地倾听，这显然需要听者有很强的耐力，内向性格的人比一般人更加关注自己，所以，认真听取别人说话其实也是培养自己对别人说话感兴趣的一种训练方式。

你耐心并且全神贯注地听取他人讲话，会提高对方的兴致。因为无论是多么微不足道的事情只要是完全倾吐出来的话，当事人就会感到心平气和。如果善于倾听，就会达到积极的人际沟通的效果，对方对你的好感会增加。

二、领会对方言辞再发言

这个时代，每一个人都在忙碌着，好像都没有闲心空暇静下心来听一听别人的表达，正是这样，才会体现出一个好的听者的价值。要留心找机会让对方尽情地说，在不影响对方兴致的时候赞同对方的意见。用心领会对方说的话之后，再表达自己的见解这才是明智的。心理学实验表明，一个人说话的多少一般和说的内容无关，只要听者能够频频点头会意，对方就会越说越多。如果一个听者能够适当地表示赞同，认真地倾听，可以让说者尽情畅快地讲话，那么不知不觉中，你自己就会成为交谈高手。

三、倾听是搞好人际关系的需要

人有两只耳朵一张嘴，就是为了少说多听。不重视、不善于倾听就是不重视、不善于交流，交流的一半就是用心倾听对方的谈话。不管你的口才有多好、你的话有多精彩，也要注意听听别人说些什么，看看别人有些什么反应。俗话说得好："会说的不如会听的。"也就是说，只有会听，才能真正会说；只有会听，才能更好地了解对方，促成有效的交流。尤其是和有真才实学的人交谈，更要多听，还要会听。所谓"听君一席话，胜读十年书"，大概也正是这个意思吧。

四、听话也有诀窍

当某人讲话时，有的人目光游离、心不在焉，给人一种轻视谈话者的感觉，让对方觉得你对他不满意，不愿再听下去，这样肯定会妨碍正常有效的交流。当然，所谓注意听也不是死盯着讲话者，而是适当地注视和有所表示。

注意倾听不仅具有重要的意义，而且还能给我们带来许多好处。善于倾听的人常常会有意想不到的收获：蒲松龄因为虚心听取路人的述说，记下了许多聊斋故事；唐太宗因为兼听而成明主；齐桓公因为细听而善任管仲；刘玄德因为恭听而鼎足天下。

1. 可以及时捕捉宝贵的信息，获取重要的知识和见解。在现实生活中，只要留心倾听，就会不断有所收获。即使是看似平常的言论，也往往包含着许多宝贵的信息和智慧的哲理，从而触发自己的思考、产生灵感的火花。

2. 可以了解谈话者的意图和个性特征。每个人在谈话时，都会不自觉地显露出自己的个性特征和起初想法，只要细心分辨，就不难把握。比如，有人总爱说："你明不明白，你懂了吗？"这样的人大都自以为是、骄傲自满。有的人往往说："说实在话，真的是这样，我一点都不骗你。"这样的人总担心别人误解，或是急于博取别人的信赖。而经常爱说"我听别人讲，听说的"的人处世比较圆滑，总要给自己留有余地，怕负责任。

对于说话条理不清的人，要想抓住他的真实想法，就更需要听清他的每一句话。为了了解对方的意图、洞察对方的心理，在人际交往中要学会用心倾听。

3. 一面倾听对方的谈话，一面观察对方的反应，这样就可以用较为充足的时间思考自己该怎么说。即兴构思、随机反应也是口语的重要特点之一，而多听、会听则给你的细看多想创造了有利条件。

那么，是不是我们什么都不说，只一味地去听呢？当然不是。假如一句话都不说，别人即使不认为你是哑巴，也会认为你对谈话一点兴趣都没有，反应冷漠，这样会使对方觉得尴尬、扫兴，不愿再说下去。到底多说好，还是少说好呢？这就要看交谈的内容和需要了。如果你的话有用，对方也感兴趣，当然可以多说；倘若你的话没有什么实质内容和作用，还是少说为佳。即使你对某个话题颇有兴趣和见解，也不要滔滔不绝、没完没了，更不要打断别人抢话，因为那样会招致对方厌烦，甚至破坏整个谈话气氛。

人与人之间需要沟通、交流、协作、共事，善不善于倾听，不仅体现着一个人的道德修养水准，还关系到能否与他人建立起一种正常和谐的人际关系。在很多时候，我们更需要的往往不是口腹之欲，而是一方可以栖息心灵的芳草地。在人际交往中，善于倾听对方的谈话，尤其是善于倾听带着某种情绪、心情不佳者的谈话，并作出适度的应答，这反映了一个人的素养和交往技巧。善于倾听的人有耐心，有虚心，有爱心，他们在人际交往方面一定会是成功的。

和谐的音符：人际关系五大要素

你觉得自己是一个人际关系处理得很好的人吗？为人处世中最重

要的是如何来营造一种和谐的人际关系气氛。只有在和谐的氛围中你才能把握好对方对你的好感，才能够吸引对方的注意力，这是你谈话得以继续的基础。在和谐音符上跳动的人际关系才是世界上最美妙的乐曲。良好的人际关系的建立，我们需要把握好五大关键性要素。

寻求人际关系中的和谐的认知结构，是心理学上人际吸引的认知型理论所要达到的效果，也是其强调的重点。说的明白一点就是在认知结构的平衡状态下，人际关系是最容易建立起来的。主张人际吸引认知型理论的专家们认为人的认知最大特点之一就是整个认知过程不断地达到认知的平衡。这种平衡的取得，是由于维持各组认知之间彼此没有冲突。而我们知道，认知是人际关系的基础。

在国外曾经发生过这样一件事：一位工程师并不是要真迁居，他只是感到房租太贵，希望房东能够降低一些房租。别的房客都告诉他，这位房东很顽固，很难对付，他们都曾试过要求降低房租，结果都失败了，但这位工程师仍然决定再试一试。房东接到信之后，就同他的秘书一同去见这位工程师，这位工程师则特地在门前迎接，话里充满了对房东的好感与热心。他没有开口说房租是如何的高，而是谈论他如何地喜欢这间公寓，恭维地赞扬了房东对公寓的管理。最后他告诉房东，他很愿意再住一年，可惜他的经济力量不能承受房租的支付，看这位房东从来没有从一个房客那里受到过这样热忱的欢迎，面对着工程师真诚的欢迎和恭维，他简直不知如何是好了。然后他就开始向工程师诉说自己的困难，说有的房客给他写了好多信，简直是对他的侮辱，有的房客对他进行恫吓，并说："能遇上你这样一位房客，我是多么的高兴。"结果是，没等工程师提出请求，他就主动提出减少房租。工程师要求再多减一些，并提出了自己所能支付的数目，房东竟然同意了。这位工程师认为，如果他不是从真诚地肯定和赞扬房东工作入手，而是像别人那样，挑他的毛病，对他进行侮辱和恫吓，那势必把关系搞僵，也会像别人那样，使问题得不到双方都满意的解决。

和谐的人际关系的建立，我们必须掌握好五大要素：

一、个性相容性

人是社会的，每个人都是社会的一员。人们在社会生产、生活中，必然要同他人结成这样或那样的关系，不可能独立于社会而存在，不可能不同他人发生关系。亚里士多德说得好："一个生活在社会之外的人，同他人不发生关系的人，不是动物就是神。"而在交往的过程中，我们要特别注重自己的个性与他人之间个性的差距问题。我们不是要主张抹杀我们的个性以适应别人的兴趣来达到愉快聊天的目的，而是说在我们的交往中，特别是在互不相识的情况下，应该特别注意不要随便表现自己的个性，因为你不能够确定对方是不是肯定你的个性，但是别人肯定会接受你的赞美与肯定的，即使你的个性不善于恭维别人，可在交往的场合中你要适当地压抑一下自己的个性，多给别人一点"面子"。说到恭维别人我们就涉及到了第二个原则性问题。

二、把握好感情，加强人际亲和力

人际关系是人与人之间的关系和心理上的距离，是以一定的群体为背景，在互相交往的基础上，经过认识的调节、感情的体验而形成的，是人们长期交往的结果。交往是双方共同的行为，受双方感情的影响很大。适当地恭维别人几句，是对别人的肯定，是别人得到一定程度上满足的基础。故事中的工程师就是通过适当地对房东进行赞美和肯定来达到自己的目的的。

三、多从对方的立场考虑问题

谈话是两个人带着一定的立场来进行"谈判"的，我们要时时刻刻想着对方的立场，他可能不那么明显表现出来，可我们要适当抓住机会来表达我们对对方立场的尊重来换取对方的好感。其实在这种情况下，我们的尊重也会使对方对我们的立场持尊重的态度的。"尊人之，人尊之"便是说的这个道理。故事中的工程师正是抓住了房东的立场才获取了对方的好感的。

四、态度相似性

在平常生活中，态度相似性是指谈话双方的兴趣有很大的一致性。其实，这条原则和第一条中的个性有很大的关系和相似性。态度的相似便是共同旨趣的所在，只有在双方共同感兴趣的话题中，谈话才可能顺利进行。我们可能会问工程师和房东的共同旨趣是什么？我们的答案是：尊重与个人的满足感。

五、需求互补性

这个原则要求我们要懂得对方需要什么，才能针对各自的需求来达到自己的目的。而我们怎样才能得到对方需要的信息呢？当然得从对方的话语分析中得到。个人的需求有时候在话语中很明显地被表达出来，我们要把握好机会从中抓住。工程师正是抓住了房东的需求，才使得自己的需求得到满足，其实这是一种需求的互换。

给他人留足面子

"中国人在公共场合，都是比较注重面子的，所以在人际交往的时候，一定要注意给他人留足面子。"

"面子"是人际交往中再重要不过的东西。如果你让他人的面子受损，他便会感到你对他怀有敌意，感到自己的权威受到威胁和损害。

很多人常常喜欢摆架子，在众人的面前指责别人，或是抱有我想怎样就怎样的想法，不去尊重别人，只想着个人怎么样能够出尽风头之类。这样的人无论在事业当中还是在交友中有这样的态度，一定不会很顺利。所以在人际交往的时候，一定要注意给他人留足面子。

李世民即位后，佛道之争非常激烈。唐太宗本人十分推崇道教。当时有个名叫法琳的僧人写了本《辩正论》，宣扬佛教，结果引起唐太宗的不满。唐太宗一怒之下，把法琳打入大牢，并对他说："朕听说念观音者，刀枪不入。现在让你念七天，然后试试我的宝刀。"法琳顿时吓得魂不附体。七天后，法琳面见太宗，说："七天以来，未念观音，唯念陛下。"李世民听后，不仅免其死罪，而且还转变了自己的观念，大兴佛教。法琳的高明之处在于，他用"未念观音，唯念陛下"这八个字，把李世民比作大慈大悲的观音菩萨，既让太宗杀人没了借口，又巧妙地赞扬了太宗，使他感到佛教于他的统治无害，反而有益，为大兴佛教埋下了种子。此外，一个"未"字，一个"唯"字把李世民置于为难境地。若杀之，不灵不在观音，而在陛下，因此要灵，只有不杀。七天想出妙语一句，真是一字千金。

法琳的这个"面子"留的巧妙，不但保住了自己的性命，更让佛教以后的发展成为了可能。

正如一位心理学家所说的那样："人们都喜欢喜欢他的人，人们都不喜欢不喜欢他的人。"这样，在公开场合不给他人留面子的结果便是，他人以牙还牙地还击；要么便怀恨在心，用秋后算账的方式慢慢报复。所以，除非迫不得已，绝不首先撕破面子。而一旦有人敢于直言不讳，不给别人面子，这在中国人眼里已是具有相当的敌意了，甚至是发出挑战的信号。因为在逻辑上我们可以很方便地作出推论，即首先撕破了面子，那就肯定是出于迫不得已，或者是受人胁迫，或者便是心有怨气而不得不发。

给了他人面子，相当于保护了他人的自尊。试想一个人的自尊受到伤害，是最伤人感情的，因为它触动了人最为敏感的地带，挫伤了"人之所以为之"的信条。

所以，即使是善意地给别人提意见，也一定要讲求方法。在给他人留足面子的前提下进行交流和探讨。这样，他才愿意理智地接受你的看法。给他人留足面子，做事留有余地，也能使别人有可能做到进退自如，一旦提出的意见并不确切或恰当，还有替自己找回面子的余地。

给他人留个面子，自己也会多个面子，何乐而不为呢？

时不时地献些小殷勤

不要对"无事献殷勤"不屑一顾。这里所说的献殷勤不是物质上的，却比物质更加有用。注意身边的人的喜好和厌恶，并在平时小心经营，这也是一种别样的殷勤。

芒西的同事欧尔曼·雷奇著有《芒西的传记》一书。书中有一个对人很有启发的故事，从这个故事中我们可以看出，芒西是如何从一个地位很低的人而登上《纽约太阳报》出版人那样的高职位的，从中我们也可以找出芒西成功的原因。芒西去世后，雷奇说："大约 25 年前，我便右耳失聪了。从此，每当我们共处时，他总站在我那只完好的耳朵的那边，无论是在他的房里、写字间，还是在汽车里、大街上、用餐时……无论何时，他总站在我的左边，这让我感觉，我并不是一个残疾人。而且，他这样做的时候是那样的自然而随意，没有人能注意到他是有意的，这太让人惊讶了……他真是一个处处为朋友着想的好人。"

我们从这件小事中可以看到，芒西也像所有有才干的人一样，总会在细小的事情上照顾他人。这种细节上的注意被称为敏锐、殷勤或体贴。所有的有心人都知道如何小心经营，去赢得他人的好感和支持。

卡尔文·柯立芝任美国副总统之时，有一次，他参加阿拉巴马州土斯凯其公立医院献礼，就曾十分小心地改变过一项计划。本来，是应该由阿拉巴马州州长来搭乘柯立芝的专车的，但柯立芝考虑到州长的处境——在州长自己的辖区，于是决定改变计划，自己去搭州长的车。

这确实是一件小事，可正因为有这些小事，才能使得自己与他人结下深厚的友谊，从而迈向成功的彼岸。

切斯特·菲尔德爵士是英国一位大名鼎鼎的政治家，直至今日，人们仍称他是最卓越的大政治家。他曾说："愉悦他人是最伟大的艺术，也是人们最应学习的艺术。"如果你想受到众人的欢迎而非众人的厌恶的话，你就应该时刻想着随时恭维他人，这能极大地满足他人的虚荣心。

如果有人天生就憎恶一种东西，你就嘲弄他的这一点。或因不小心，未在意，你做了他所憎恶的事。在这种情况下，第一种行为会让人感觉你是在侮辱他，第二种行为会让人感觉你怠慢了他。这两种情况都会让他对你记恨在心。如果你能明白他的需求而照顾到他，或者知道他讨厌什么而使他能够回避……这就是最大的恭维，这种恭维的效果比你替他做一件重要的事更能赢得他的友谊。

詹姆斯·利夫斯是纽约利夫斯食品店的创始人。他相信，只要用一些献点小殷勤的方法，所有人都能成为自己的顾客。他说："我不知道，除了这个方法，还有什么方法能让生意做得更稳妥。这种小殷勤有多种形式，比如，一个小孩受母亲之命拿一张清单和钱来买东西，在这种情况下，懂事的店员就会把找回的零钱用纸包好，以免孩子不小心在路上将钱丢掉。"

　　一位著名的华盛顿记者曾讲过一些新闻记者是如何献些小小的殷勤而成功地做到定期访问柯立芝的。记者对柯立芝那些著名的、十分乏味的幽默能够报以大笑，对此，柯立芝十分满意。

　　人们很容易忽略他人在哪些小事上有所希望，这种忽略往往会给自己带来巨大的损失。

　　钢铁大王安德鲁·卡内基的手下就有一位年轻人因为小事而未能当上分公司的经理。本来，上级已经指定他去担任经理的职务，他也做好了就职的准备。但是，据卡内基的秘书欧文斯说，"就因为他最后见卡内基时穿得很不像样子，根本没修饰一下自己。在这样重要的场合，一般人都会修饰一下自己的。于是，这就有足够的理由让卡内基免掉先前的任命了。"

　　这就是一个不会办事的年轻人。他忽略了上司在衣着这样的小事上的看法。哈佛商学院院长都纳姆说："虽然，没有哪本讲商业的书会郑重地告诉你，你应该知道老板讨厌哪些细节。可是，多注意这样的细节不是很重要吗？"

幽默是人际关系的"最佳调料"

　　幽默不是万能的，没有幽默却是万万不能的！在人际交往过程中，幽默扮演了一个越来越重要的角色。掌握幽默艺术的人总是最能得到大家好感的一群人。

　　如果问这世上最好的沟通方法是什么，答案应该是幽默。

　　幽默是一种人生的智慧，体现着乐观积极的处世方式和豁达的人生态度。幽默是社会活动的必备礼品，是活跃社交场气氛的"最佳调料"。会说话的人一般都懂得使用幽默的语言。在任何场合，拥有良好的幽默口才的人都总是能赢得他人的好感，获得众多的支持和理解。

幽默口才还可以毫不留情地反驳他人的攻讦，捍卫自己的尊严。要想获得众人的欢迎，你必须学会说话幽默。拥有了幽默的口才，我们便拥有了一笔受益终身的无价的财富。

幽默是以轻松的话语来表达某些严肃的概念。幽默是人际沟通的"最佳调料"，它能调节气氛、缓和矛盾。

一天夜里，一个小偷钻进巴尔扎克房间，在他的桌子里乱摸。巴尔扎克被惊醒了，他悄悄地坐起来，点亮了灯，然后微笑着说："亲爱的，别找了，我白天都不能从那里找到钱，现在天黑了，你就更别想找到了。"小偷看着平静的巴尔扎克，乖乖退了出来。

由此可见，幽默可以解围，而且还可以还击，还可以交友。

在西方社会，幽默感被认为是一种接触的能力。恩格斯曾经说过："幽默是具有智慧、教养和道德的优越感的表现。"幽默常常不直接面对问题，而是采取迂回的方式，所以不会造成太尖锐的感觉。因此，幽默能表事理于机智，寓深刻于轻松，为谈话锦上添花，叫人轻松愉快之余又深觉难忘。

幽默不仅是一种消遣，还是一种武器。幽默往往可以解决一些难处理的问题，特别是人际关系方面，可以使我们顺利渡过难关。

有一位绅士正在餐馆里进餐，忽然发现菜汤里有一只苍蝇。他扬手招来侍者，冷冷地讽刺道："请问，这东西在我的汤里干什么？"侍者弯下腰，仔细看了半天，回答道："先生，它是在仰泳！"餐馆里的顾客被逗得捧腹大笑。

在这种情况下，无论侍者如何解释、道歉，都只能受到尖锐的批评，甚至会引起顾客的愤怒。但是，幽默帮了他的忙，把他从困境中解救出来，使气氛得以缓和。

又有一次，一位顾客走进一家有名的饭店，点了一只油焖龙虾。他发现菜盘中的龙虾少了一只虾螯。他询问侍者，侍者把老板找来。老板抱歉地说："对不起，龙虾是一种残忍的动物。您的龙虾可能是在和它的同类打架时被咬掉了一只螯。"顾客巧妙地回答："那么请调换一下，把那只打胜的给我。"

老板和顾客双方都用幽默的表达方式，委婉地指出双方存在的分歧。这种方式不取笑、不批评他人，没有伤及他人的自尊，既保护了餐馆的声誉，也维护了顾客的利益。

幽默能够迅速消除人与人之间的陌生感，并为说者增添魅力。通常，幽默是将生活中的各种令人烦恼的问题以轻松诙谐的语言表达出来。要想在工作中给人留下良好的印象，运用幽默力量是很有帮助的。例如，两位刚认识不久的朋友，谈着诸如天气、物价等无聊的问题时，两个人都会有一种没话找话的局促感，这时，若其中一人说："老实说，我实在想终止这种无聊的话题，但我不敢，因为我怕因此终止了我们刚建立的友谊。"另一位听后一定会深有同感。于是，两人的谈话内容自然会"拓宽"到他们共同感兴趣的事物上来。幽默不是毫无意义的插科打诨，也不是没有分寸的卖关子，耍嘴皮。幽默要在入情入理之中，引人发笑，给人启迪，善于使用它需要一定的素质与修养。

幽默需要一份旷达朗润的心境。所以，培养幽默的第一步是养成豁达开朗的性格。幽默是由一个人旷达的心性中自然而然地流露出来的，其语言中丝毫没有酸腐偏激的意味。幽默有时不仅是调侃别人，还要善于自嘲，如果没有一颗豁达开朗的心是很难做到的。

幽默在人际交往中的作用是不可低估的。美国一位心理学家说过："幽默是一种最有趣、最有感染力、最具有普遍意义的传递艺术。"幽默的语言，能使社交气氛轻松、融洽，利于交流。人们常有这样的体会，疲劳的旅途上，焦急的等待中，一句幽默话，一个风趣故事，能使人笑逐颜开，疲劳顿消。在公共汽车上，因拥挤而争吵之事屡有发生。任凭售票员"不要挤"的喊声扯破嗓子，仍无济于事。忽然，人群中一个小伙子嚷道："别挤了，再挤我就变成相片啦。"听到这句话，车厢里立刻爆发出一阵欢乐的笑声，人们马上便把烦恼抛到了九霄云外。此时，是幽默调解了紧张的人际关系。

幽默还有自我解嘲的功用。在对话、演讲等场合，有时会遇到一些尴尬的处境，这时如果用几句幽默的语言来自我解嘲，就能在轻松愉快的笑声中缓解紧张尴尬的气氛，从而使自己走出困境。一位著名的钢琴家，去一个大城市演奏。钢琴家走上舞台才发现全场观众坐了不到五成。见此情景他很失望，但他很快调整了情绪，恢复了自信，走向舞台的脚灯处对听众说："这个城市一定很有钱。我看到你们每个人都买了二三个座位票。"音乐厅里响起一片笑声。为数不多的观众立刻对这位钢琴家产生了好感，聚精会神地开始欣赏他美妙的钢琴演奏。

正是他的幽默改变了他的处境。

幽默虽然能够促进人际关系的和谐，但倘若运用不当，也会适得其反，破坏人际关系的平衡，激化潜在矛盾，造成冲突。

在一家饭店，一位顾客生气地对服务员嚷道："这是怎么回事？这只鸡的腿怎么一条比另一条短一截？"服务员故作幽默地说："那有什么！你到底是要吃它，还是要和它跳舞？"顾客听了十分生气，一场本来可以化为乌有的争吵便发生了。

所以，幽默应高雅得体，态度应谨慎和善，不伤害对方。幽默且不失分寸，才能促使人际关系和谐融洽。

在办公室要注意开玩笑的艺术，哪怕是最轻松的玩笑话，都要注意掌握分寸。当然也不是要你死气沉沉，三缄其口。

一、不要开上司玩笑

上司永远是上司，不要期望在工作岗位上能和他成为朋友。即便你们以前是同学或是好朋友，也不要自恃过去的交情与上司开玩笑，特别是在有别人在场的情况下，更应格外注意。

二、不要以同事缺点开玩笑

你以为你很熟悉对方，就可以随意取笑对方的缺点，但这些玩笑话却容易被对方觉得你是在冷嘲热讽，倘若对方又是个比较敏感的人，你会因一句无心的话而触怒他，以致毁了两个人之间的友谊，或使同事关系变得紧张。

三、和异性同事开玩笑别过分

有时候，在办公室开个玩笑可以调节紧张的工作气氛，异性之间玩笑亦能让人拉近距离。但切记异性之间开玩笑不可过分，尤其是不能在异性面前说黄色笑话，这会降低自己的人格。

四、别把捉弄人当做开玩笑

捉弄别人是对别人的不尊重，会让人认为你是恶意的，而且事后也很难解释。它绝不在开玩笑的范畴之内，是不可以随意乱做乱说的。轻者会伤及你和同事之间的感情，重者会危及你的饭碗。

微笑吧！一展笑颜，就胜过万语千言

当你向他人展露笑容的时候，对方通常也会报以同样的微笑。这种良性的传染，可以看作是生活的润滑剂，它让我们在与人交流的过程中多了几分轻松自然，少了几分艰难险阻。

微笑本身就是人际沟通成功的秘诀。微笑，是你接近别人的最好的介绍信。微笑，传递诚意，引发好感与兴趣；微笑，让你的赞美更有分量；微笑，让对方不忍拒绝你的请求；微笑，让别人加倍领受你的谢意；当你不得不向某人提出建议时，微笑可以帮助你将不甚好听的部分剔除或减少。

我们应当学会微笑着去面对生活，面对生活中的每个人。很多名人都对微笑有精辟的见解。斯提德说"微笑无须成本，却创造出许多价值"；施皮特勒也说"微笑乃是具有多重意义的语言"。我们应该体会这句话："你的脸是为了呈现上帝赐给人类最贵重的礼物"。微笑，一定要成为你最大的资产。

其实，总结起来，我认为微笑至少有一些显而易见的好处：

1. 微笑可以拉近彼此的距离。当我们首次和别人相见时，也许你的一个微笑，就让人和你消除了陌生感，对你增添了亲近感。

2. 微笑是朋友间最好的语言，一个自然流露的微笑，胜过千言万语。

3. 微笑能给自己一种信心，也能给别人一种信心，从而更好地激发潜能。

4. 微笑能促进工作中良好的人缘。无论是对你的领导还是对你的下属，都应当施以最真诚的微笑。微笑是对他人的尊重，同时也是对生活的尊重。微笑是有"回报"的，人际关系就像物理学上所说的力的平衡，你怎样对别人，别人就会怎样对你，你对别人的微笑越多，别人对你的微笑也会越多。

当然，人会遇到不开心的事情，这很正常，但是苦着脸对处境也没有什么改变。相反要是能微笑着去面对，乐观地生活，那会让你更加快乐地生活，活得也更有价值，会获得更多的朋友，得到的机会也会更多。我们应当记住：乌云后面依然是灿烂的晴天。我们要愉快地接受人生，勇敢地、大胆地，而且永远地微笑着。

　　因此，我说微笑是一种修养，并且是一种很重要的修养。微笑的实质是亲切，是鼓励，是温馨。真正懂得微笑的人，总是容易获得比别人更多的机会，总是容易取得成功。因为微笑是人生中最好的名片。

　　卡耐基说："笑容能照亮所有看到它的人，像穿过乌云的太阳，带给人们温暖。"因为，一个微笑可以打破僵局，一个微笑可以温暖人心，一个微笑可以淡化缺点，一个微笑可以树立信心。对人微笑是一种文明的表现，它显示出一种力量、涵养和暗示。一个刚刚学会保持微笑的年轻人说："当我开始坚持对同事微笑时，起初大家非常迷惑、惊异，后来就是欣喜、赞许，两个月来，我得到的快乐比过去一年中得到的满足感与成就感还要多。现在，我已养成了微笑的习惯，而且我发现人人都对我微笑，过去冷若冰霜的人，现在也热情友好起来。"微笑是一座沟通的桥梁。

　　罗伯特·布诺温发现，人在群居生活时欢笑的次数是独处时的30倍。同时，他还发现，与各种笑话以及有趣的故事相比，和他人建立友好的关系这一目的与笑声的联系似乎更加紧密。在引发我们大笑的各种原因当中，只有15％来自于笑话。布诺温通过试验发现，试验参与者处于孤单的环境中时，更多的人会选择自言自语，而不是哈哈大笑。布诺温通过录像记录下了实验参与者在三种不同的环境中观看喜剧电影的情景：独自一人、与同性的陌生人一起以及与同性朋友一起。在让我们发笑的各种原因当中，只有15％的原因与笑话有关。想与他人沟通，建立联系，才是我们大多数笑容产生的真正原因。

　　虽然实验参与者所观看的电影在滑稽程度上并没有太大的区别，但是三组实验者哈哈大笑的次数却有明显的差别。独自一人观看电影的实验者笑的比两人观看电影的实验者都要少，而且他们笑的频率和时间也明显要少很多。在人际交往当中，发生大笑的频率会更高。所有这些数据和结果都证明了一个事实：社交环境中人越多，人们大笑的次数和时间就越多，越长。

微笑如同一剂良药，能感染你身边的每一个人。没有一个人会对一位终日愁眉苦脸、深锁眉头的人产生好感，能以微笑迎人，让别人也产生愉快的情绪的人，是最容易争取别人好感的人。

在××市凤凰街某体彩销售站有一个非常奇怪的现象，每天下午6点左右，很多人在这家销售站排队买彩票。有人连续观察数天，才发现之所以有很多人愿意到这家销售站买彩票，是因为这个销售站有个非常优秀的销售员。

据了解，这家销售站的销售人员小张通过读报学习，慢慢地心智开悟，并逐渐明白了："微笑生活，才能成就梦想。"而当她获得销售体育彩票这份工作后，她总是以饱满的热情和不厌其烦的态度，还有一直挂在脸上的微笑，迎接每位彩民，这就是很多人愿意到她的站点买彩票的原因。

当你向他人露出笑容的同时，对方通常都会回以一个同样灿烂的笑脸。如此一来，双方心中便都会自然生出一种对对方的好感。研究证实，会面时，双方如果都面露笑容，就能够使绝大多数的会谈进行得更加顺利，会谈的时间也会相对延长，而且会谈最后通常也能获得对双方都更加有利的结果，使双方关系更进一步。而想获得这所有的一切，你需要做的就是慷慨地展露自己的笑脸，并且让微笑成为自己的一种生活习惯。

日本有近百万的寿险从业人员，其中很多人不知道日本前10名寿险公司总经理的姓名，但却没有一人不知道原一平。原一平的一生充满传奇。他从被乡村里公认为无可救药的小太保，最后成为日本保险业连续15年全国业绩第一的"推销之神"，他的微笑亦被评为"价值百万美元的微笑"。

原一平在最初成为推销员的七个月里，连一分钱的保险也没拉到，当然也就拿不到分文的薪水。为了省钱，他只好上班不坐电车，中午不吃饭，晚上睡在公园的长凳上。但他依旧精神抖擞，每天清晨五点起床从"家"徒步上班。一路上，他不断微笑着和擦肩而过的行人打招呼。

有一位绅士经常看到他这副快乐的样子，很受感染，便邀请他共进早餐。尽管他饿得要死，但还是委婉地拒绝了。当得知他是保险公司的推销员时，绅士便说："既然你不赏脸和我吃顿饭，我就投你的保好啦!"他终于签下了生命中的第一张保单。更令他惊喜的是,那位绅士是一家大酒店的老板,帮他介绍了不少业务。从此,原一平的命运彻底改变了。由于原一平的微笑总能感染顾客,他成了日本历史上最为出色的保险推销员;而他的微笑,亦被评为"价值百万美元的微笑"。原一平的笑容是如此的神奇,在给顾客带来欢乐与温暖的同时,也给自己带来了巨额的财富和一世的英名。

恰当使用肢体语言,让你的表达富有成效

一个无心的眼神,一个不经意的微笑,一个细微的动作,就可能决定了你的成败。是的,那些被我们所忽略的微小的身体语言,就是有着如此神奇的魔力。我们能够辨认的面部表情有 25 万种之多,但这仅仅是身体语言中的一小部分。正是这些微妙的身体语言,决定了我们在与他人的交往中是掌控别人,还是为别人所掌控。

我国民间流传着这样一个故事:

一个人走进饭店要了酒菜,吃罢摸摸口袋发现忘了带钱,便对店老板说:"店家,今日忘了带钱,改日送来。"店老板连声:"不碍事,不碍事。"并恭敬地把他送出了门。

这个过程被一个无赖给看到了,他也进饭店要了酒菜,吃完后摸了一下口袋,对店老板说:"店家,今日忘了带钱,改日送来。"

谁知店老板脸色一变,揪住他,非剥他衣服不可。

无赖不服,说:"为什么刚才那人可以赊账,我就不行?"

店家说:"人家吃菜,筷子在桌子上找齐,喝酒一盅盅地筛,斯斯文文,吃罢掏出手绢揩嘴,是个有德行的人,岂能赖我几个钱。你呢?筷子往胸前找齐,狼吞虎咽,吃上瘾来,脚踏上条凳,端起酒壶直往嘴里灌,吃罢用袖子揩嘴,分明是个居无定室、食无定餐的无赖之徒,我岂能饶你!"

一席话说得无赖哑口无言,只得留下外衣,狼狈而去。

在人际交往中，我们可以通过别人的动作、姿势来衡量、了解和理解别人。动作姿势是一个人思想感情的文化修养的外在体现。一个品德端庄、富有涵养的人，其姿势必然优雅。一个趣味低级、缺乏修养的人，是做不出高雅的姿势来的。在人际交往中，我们必须留意自己的形象，讲究动作与姿势。因为我们的动作姿势，是别人了解我们的一面镜子。

我们靠什么沟通？大多数人的答案是语言，而将肢体语言遗忘一角。其实说语言也没错，但肢体语言有助于我们更好地理解说话人的意图及其深藏的含义。肢体语言又称身体语言，是指经由身体的各种动作，从而代替语言借以达到表情达意的沟通目的。广义的肢体语言包括面部表情在内；狭义的肢体语言只包括身体与四肢所表达的意义。肢体语言虽然无法张口说话，但通过它我们却能更好地理解与被理解。

在各种社交场合，肢体语言的正确使用，都会助口头语言一臂之力，帮助对方理解你所表达的意思，让对方作出你所希望的反应。例如，肢体语言在讨价还价方面也能派上用场。当一桩买卖陷入僵局时，只要你出的价还在卖家可承受的范围之内，再加上做出想走的样子这一杀手锏，基本上宣告你可以拿着你想要买的东西走出店门了。正所谓"成也萧何，败也萧何"，所以在生意场上，真正的会谈判的人是不会轻易地将自己的内心活动显示在脸上的，不要忘了"水能载舟，亦能覆舟"。

肢体语言是比说话更为有效的沟通方式。大多数人的感觉和行为都和他的肢体语言是一致的，而不是和他的口头语言一致。如果你一生都保持幸福自信的肢体语言，这极可能带来让你惊喜的结果！我们的肢体语言反映了我们的感受，同时它也影响着我们的感受，这是一种双向感应。

最早研究肢体语言领域的心理学家迈克尔·阿杰尔，称肢体语言为"沉默的语言"。尽管它几乎不在意识注意的范围之内悄悄地发挥作用，但我们建立、培养和维持关系主要是通过这种沉默的语言。

肢体语言对于透明的沟通至关重要。美国传播学家艾伯特·梅拉比安曾提出一个公式：信息的全部表达＝7％的语调＋38％的声音＋55％的表情。我们把声音和表情都作为非语言交往的符号，那么人际交往中信息沟通就只有7％是由言语进行的，另93％的信息传递是通过肢体语言进行的。当一个人口头上说一件事，而肢体语言却在告诉你完全不同的信息，这时你还会相信他吗？与大多数人一样，你会相信肢体语言而不是口头的语言，这一统计数据基于心理学教授艾伯特的著名研究。虽然有些人比其他人较擅长于理解肢体语言，甚至有些人是这方面的专家，但事实上我们每个人每天都在无意识地做着这些事。我们能够迅速地甚至在一眨眼的瞬间感觉到一个人是否友好、可信或者诚实。

在给予信息时，我们能够确信我们的肢体语言的信号阐释了我们所要表达的信息。我们还可以运用肢体语言鼓励或者制止别人与我们交流。我们可以一言不发地提问和决断，还可以很好地运用时机，何时该直言，何时要含蓄，何时应强调，何时应低调。

在收集信息时，如果我们理解肢体语言，我们就能够更容易地认识到一些问题，诸如缺乏理解，达不成协议或冲突的端倪何在。我们能够尽早地发现支持的、协商的或鼓励的信号。通过改进我们的进程和方法来确定对某些事情的轻重缓急，确定是加强理解，还是施加压力。运用我们自己的和其他人的肢体语言，会使人们的交流变得更有效。

恰当使用自己的肢体语言，要做到以下几点：

1. 经常自省自己的肢体语言。
2. 有意识地运用肢体语言。
3. 注意肢体语言的使用情境。
4. 注意自己的角色与肢体语言相称。
5. 注意言行一致。
6. 改掉不良的肢体语言习惯。

自省的目的是检验自己以往使用肢体语言是否有效，是否自然，是否使人产生过误解。了解了这些，有助于我们随时对自己的肢体语言进行调节，使它有效地为我们的交往服务。不善于自省的人，经常会出现问题。性格开朗的女孩，她们在与异性交往中总是表现得很亲近，这就会使人想入非非。我的一个朋友就遇到过一个这样的女孩，结果害得他陷入单相思，烦恼不堪。而事实上，女孩根本就没有特别的意思。对于我的朋友而言，他应该增强对别人的肢体语言的理解能力，避免产生误解；而那个女孩则应该自省，自己是否总是使人产生误解，如果是，则应注意检点自己的行为。如果不注意自省，就会产生不必要的误解。

我们可能会注意到，那些比较著名的演说家、政治家，都很善于运用富有个人特色的身体语言。这些有特色的肢体语言并不是与生俱来的，都是经常有意识地运用的结果。

这里提供15种提高肢体语言的方法，供大家参考：

1. 不要双手环抱在胸前或者跷二郎腿。

2. 保持眼神交流，但是不要盯着别人。

3. 人与人之间保持一定距离，双脚不要紧闭，显得有自信。

4. 放松你的肩膀。

5. 当听别人发表意见的时候，轻微点头表达对演讲者的尊敬。

6. 不要作风懒惰，弯腰驼背。

7. 如果对别人的演讲很感兴趣，前身可以轻轻前倾表示自己的兴趣。

8. 微笑，讲一些笑话让对话环境更轻松。

9. 不要不断地触摸自己的脸，这只会让你觉得紧张。

10. 保持目光平视。不要把目光集中在地上，给别人一种不信任的感觉。

11. 放慢速度可以让你冷静，减少压力。

12. 不要坐立不安。

13. 与其让你的手左右摆动或者触摸自己的脸，不如让你的手加入对话中。但要避免适得其反。

14. 不要把手维持在胸前，尽量放在脚的两侧，否则会让听者觉得你显得拘束。

15. 最后，一定要保持好的态度。

第七章
"相识"与"相熟"大不相同

人类之所以区别于动物，是因为人们之间表现了更多的情感，并且以语言、表情、动作等形式表达出来。利用情感来达到使别人和自己产生共鸣的效果便是感染。日常生活中所谓的感染就是别人的行为或者言语抑或其他的东西得到了你的认可。历史上最伟大的演说家往往就是利用自身的感情来渲染当时当地的气氛，使得听众与演说者产生共鸣，来达到演说的目的。感情渲染能让认识的人对你卸下心防，从此关系更进一步。

结识到熟识：不止是一步之遥

我们在社交场合穿的整整齐齐是为了什么？我们又为什么对演讲人的磁性的声音有着共同的钦佩之感？最终的答案只有一个，那就是我们在这件事上达成了共识，有了共鸣。在共同话题的促使下，素不相识的我们很快就会由结识变成熟识。

有一则故事，它很有名，也很老，但是对我们要说的话题绝对有启发。

林肯是美国历史上著名的总统，而其任职前是一位著名的律师。林肯的律师生涯中包含了许多传奇性的色彩：他的辩护滔滔不绝但是不失确凿证据，演说节奏快但是又有着很强的逻辑性，最重要的一点是他很会抓住听众的心，用陪审团的声音来为自己的辩护增加分量。所以在他工作的区域很有名望，由于他的平易近人，人们很喜欢让他来为自己辩护。

有一次，林肯在其办公室接待了一位老妇人，对其哭诉和陈述怒不可遏、大发雷霆，当场表示会帮助这位老人处理好这件事。原来事情是这样的：这位老人是美国独立战争时一位烈士的遗孤，每月就靠着那么一点烈士抚恤金来维持其风烛残年的病体和生活开支。而就在她最近去取抚恤金时出了一件事，那位出纳员竟然要求她支付一笔手续费后才能领到钱。这是典型的敲诈勒索，而老人对此无能为力，于是便找到了林肯帮其打这场官司。

这场官司不好打是因为那位出纳员是口头进行勒索的，而老人没有任何凭据，但是林肯毫不犹豫地答应了下来。

法院开庭后，老人对法官申诉之后，被告就是那位出纳员，他果然矢口否认。因为老人没有证据，形势对其十分不利。

林肯就在这时缓缓地站了起来，陪审团上百双眼睛立即盯住了他。大家都想看他有无办法扭转老太太的不利形势。林肯的方法很是特别，没有直接进入正题。他首先叙说了独立战争前美国人民所受的深重苦难，然后那些爱国的仁人志士是如何为了人民的幸福揭竿而起，他们是怎样在冰天雪地中坚持战斗、受苦挨饿，直至流尽最后一滴血。他讲到这里时情绪十分激动，言辞也变得犀利起来，而他的矛头也指向了被告——那位出纳员。

林肯这样说道："现在事实已成陈迹。1776 年的英雄，早已长眠地下，可是他那老而可怜的遗孤，还在我们面前，要求代她申诉。不消说，这位老妇人从前也是位美丽的少女，曾经有过幸福愉快的家庭生活，不过她已牺牲了一切，变得贫穷无依，不得不向享受着革命先烈争取来的自由的我们请求援助和保护。请问，我们能熟视无睹吗？"

林肯的话是如此的真挚、如此的具有渲染力，以至于那位出纳员自己都低下了头，但事情却没有到此为止，下面的听众听了林肯的话，都被感动得眼圈泛红、痛哭流涕、捶胸顿足、群情激愤。

法官看到这种情况，也作出决定："任何勒索烈士抚恤金的行为都会受到严重的惩罚！"于是，这位老人如愿以偿地得到了她应该拿到的钱。

在这个故事里，林肯与陪审团的成员，以及下面的听众是互不相识的，但是就是他的演说使得大家认可了他，而林肯也正是利用了大家的共鸣帮助老人解决了困难。林肯抓住的是大家的心理，因为陪审团的成员们坐享其成的也是独立战争中那些烈士们用鲜血换来的成果，没有那些前辈，他们也不可能过着幸福的生活。大家维护独立战争中的英雄，也就在一定程度上认可了其后代获取补偿的权利，结果也就可以预料了。

在日常生活和交往中，从相知到熟识的第一种方法是，我们应该适时抓住对方或者大众的情感为我们的观点服务。当然，我们的前提是正当的、不以损害他人的利益为目的的。情感的发挥也只有在一定场景中才能发挥它的固有威力。所以，什么地方说什么话、对什么人说什么样的话也是我们利用情感的一条重要法则。

我们也应当记住：第一次和别人交谈是结识而不是熟知，熟知是我们交谈的一个重要结果，从相知到熟知并非轻易就能达到的，是需要一套特别的技巧的，而用自己的情感来使对方对我们所陈述的内容产生共鸣是最为明智的办法！

请大家记住这则故事，记住林肯的讲话内容和场景，他的讲话为我们作出了很好的榜样，我们可以从中学到很重要的东西。

在与人交往中，我们会有这样的体会：与自己没有共同语言的人一起交谈时，会感到别扭，烦闷。而我们在销售工作中，若是碰到这种情况，更是让我们头疼。但是为了与客户搞好关系，又必须与其友好地交往下去，怎么办？首先就是要和对方产生共同语言，要善于找到与对方共同感兴趣的话题，和对方产生共鸣。这样，交谈才能够愉快进行，对方也才乐于与你交谈。

退伍军人杰克和一个陌生人同乘一辆汽车。汽车上路不久就抛锚了，驾驶员车上车下忙了一通也没有修好。这位陌生人建议他把油路再查一遍，驾驶员将信将疑地去查了一遍，果然找到了病因。杰克觉得陌生人的绝活可能是从军队学到的。于是试探地问道："你在军队呆过吧？""嗯，呆了六七年。""哦，算来咱俩还应是战友呢。你当兵时军队在哪里？"……于是这一对陌生人就谈了起来，到最后杰克和这位陌生人还成了朋友。

有一位业务员去一家公司销售电脑的时候，偶然看到这位公司老总的书架上摆放着几本关于金融投资方面的书。刚好这名业务员对于金融投资比较感兴趣，所以，就和这位老总聊起了投资的话题。结果两个人聊得热火朝天，从股票聊到外汇，从保险聊到期货，聊最佳的投资模式，结果，聊得都忘记了时间。

直到中午的时候，这位老总才突然想起来，问这名业务员："你销售的那个产品怎么样？"这名业务员立即抓住机会给他做了介绍，老总听完之后就说："好的，没问题，咱们就签合同吧！"

他们从相识、交谈到最终的熟悉，就在于彼此间找到了"金融投资"这个双方的共同点。

你看，和对方找到共同话题达到"共鸣"，让你轻松，他也高兴，可以说是皆大欢喜。可见，寻找共同话题对于沟通的双方是多么重要。

有一种人，在容貌、才能、说话方面并没有什么卓越之处，可是与人交往却堪称能手，能够迅速地和一些陌生人成为朋友。其实，他之所以受欢迎，关键不在容貌、才能，而是在他是个能够真诚热情、让朋友感到快乐的人。任何人都希望自己被爱、被认定自己的价值。再小的愿望，只要获得满足，一个人的心就会平静、祥和。你如果想得到这些愿望，首先要学会"爱朋友"。就像爱自己一样去爱朋友，为朋友"奉献"，爱朋友的人，最终会得到朋友的爱。善于让朋友倾情相诉的人，最容易获得朋友的衷心爱戴。

从相知到熟识的第二种方法，就是恰到好处地伸出援助之手，用热情感动陌生人，让他从心眼里认同你。任何人总是关心着自己，可是如果一旦发现了别人也在关心着自己所关心的人，大都会产生一种无比亲近的感觉。比如你帮正在上楼的邻居拎一把液化气罐，你就可以成为他家中的常客；替一个刚刚上车的旅客摆放好行李，你的旅途就多一个伙伴；为忙碌的同事沏一杯茶，你就会得到善意的回报。

某厂的小王是一位书法爱好者，他一直想结识退休的赵副厂长，想和他一起切磋毛笔书法艺术，可惜一直没有良机。一次，工会举办老干部书画展，小王前去参观，正碰上赵副厂长也在展览现场。小王默默地向赵副厂长身边走去，走到赵副厂长的参展作品前时，小王似在自言自语地说："赵副厂长的这幅作品好，无论是布局还是字的结构、笔法都显得活而不乱，留白也地道。""就是书写的变化凝滞了些，放得不够开。"旁边的赵副厂长接口说道。这样，他们你一言我一语自然而然地进入了对下幅作品的品评。小王与赵副厂长的相交取得了初步的成功。

人们都有一种显示自我价值的需要。真诚的赞扬不仅能激发人们积极的心理情绪，得到心理上的满足，还能使被赞扬者产生一种交往的冲动。

善用"近因效应"，让对方将不快改为好印象

在交往中，新近得到的信息比以前得到的信息对于交往活动有更大的影响。"近因效应"是人们在交往中认知的又一个偏见，它对人际关系的影响极其微妙，主要产生于"熟人"之间。

所谓"近因效应"即与首因效应相反，是指在多种刺激一次出现的时候，印象的形成主要取决于后来出现的刺激，即交往过程中，我们对他人最近、最新的认识占了主体地位，掩盖了以往形成的对他人的评价，因此，也称为"新颖效应"。多年不见的朋友，在自己的脑海中的印象最深的，其实就是临别时的情景；一个朋友总是让你生气，可是谈起生气的原因，大概只能说上两三条，这也是一种"近因效应"的表现。在学习和人际交往中，这两种现象很常见。

由于最近时间的某一信息，使过去形成的认识或印象发生了质的变化。如一个你熟悉的很不起眼的人，发明了一个了不起的东西，使你对他突然刮目相看。再如一个有多年交情的好朋友做了一件让你怒不可遏的事，从此你们就"老死不相往来"——这仅仅是一次不良的印象，却压倒了以前所有的好印象，看似多么的不合理。这就是"近因效应"的结果。

社会心理学家做过一种试验：把一段描述内向性格特征的文字和另一段描述同一个人外向性格特征的文字让被试者去看，当被试者看完一段文字后（或是先看描述为内向的，或是先看描述为外向的），先

进行其他的活动，如下棋、打扑克等，然后再让被试者看第二段文字，结果大多数对第二部分的印象深刻，将此人描述为内向或外向的人。

日本前首相田中角荣是个懂得心理学的政治家，他非常善于处理事务。对付各种请愿团，更是有一手。他有一个习惯，如果接受了某团体的请愿，便不会送客；但如果不接受，就会客客气气地把客人送到门口，而且一一握手道别。

田中角荣这样做的目的是什么呢？是为了让那些没有达到目的的人不埋怨他。结果也如他所愿，那些请愿未得到接受的人，不但没有埋怨，反而会因受到他的礼遇而满怀感激地离去。

从心理学的角度来讲，田中角荣的做法很有道理，他运用的是"近因效应"。田中角荣所擅长的，便是这种高明的心理战术，他送客，就是要让客人忘掉原来的失望，转而觉得荣幸。

一旦出现不良的"近因效应"，也许你会希望与对方的关系恢复如初，却又有碍于面子而无法启口，"第101步"就是解决这种交往障碍的方法之一。所谓第101步，就是设计最新的一次良好交往，以消除最近一次不良交往所形成的交往障碍的过程。这个过程可用数学公式表示为：（99＋1）＋1。公式中的99表示双方有相当长的亲密交往史，括号中的"1"表示最近一次效果不佳的交往，括号外面的"1"，表示在"近因效应"后，一次效果良好的交往，并称之为"第101步"。第101步的关键在于寻找良好的共同点。

熟悉时期，近因效应的影响也同样重要，也就是人们常说的一句话："好头不如好尾。"与人打交道，我们不仅要在最初表现很好，最后阶段也要表现好，分手时更要特别注意，做到有始有终。

此外，如果给对方的第一印象不够好，或者在双方的交往中曾遇到了不快，更应该巧妙地运用"近因效应"，在最后时刻，挽回局面，达成谅解，给对方留下好印象。

最近一次你留给他人的印象，往往是最强烈的，可以冲淡在此之前产生的各种印象，这就是"近因效应"。有这样一个例子：面试过程中，主考官告诉应聘者可以走了，可当应聘者要离开考场时，主考官又叫住他，对他说："你已回答了我们所提出的问题，评委觉得不怎么样，你对此怎么看？"其实，考官做出这么一种设置，是对应聘者的最后一考，想借此考察一下应聘者的心理素质和临场应变能力。如果这一道题回答得精彩，大可弥补此前面试中的缺憾；如果回答得不好，可能会由于这最后的关键性问题而使应聘者前功尽弃。又如，某人近期突然出现了异常言行，使别人印象非常深刻，以致推翻了根据过去此人一贯表现所形成的看法，从而导致一定的偏见。难怪有时候一句话会伤了多年的和气。事实上，如果你能够把别人近期的异常表现视为以往的任何一件事，甚至是非常重要的一件事，都是毫无妨碍的，不会因"近因效应"而影响你的判断。

心理学研究表明，在人与人的交往中，交往的初期即还处于相识的生疏阶段，"首因效应"的影响很重要，而在彼此交往中已处于相当熟悉的时期，"近因效应"的影响也同样重要。

如果你有个几年前与你闹翻了的好朋友，请你仔细回想一下：当时的场景是不是还历历在目？被好朋友误解甚至还被他狠狠地骂了一顿，这肯定让你非常伤心和不满。这时候，那个好朋友以前曾经很默契的交谈、很温馨的照顾与关怀，都不见了。眼前浮现的是他因责怪而显得有些狰狞的面孔，而正是这些让你越想越生气，下决心再也不和这位朋友联系了。

清朝时，曾国藩带领他的湘军全力对付太平军。在最初的交锋中，湘军一直处于劣势，连续几次都吃了败仗。曾国藩在上报朝廷的奏折中如实写道："湘军'屡战屡败'。"他的师爷看后，摇摇头，建议将"屡战屡败"改成"屡败屡战"。

曾国藩听从建议，后来事实证明，这一举动是完全明智的。朝廷看到奏章后，认为曾国藩虽然连遭败仗，仍然顽强地战斗，忠心可嘉。所以，不但没有军法论处，反而对他委以重任。完全相同的四个字，只是调动了"败"字的位置，便将一个败军之将的形象，塑造成为勇于挑战失败的正面形象，传达出一种百折不挠的勇者精神。

同"首因效应"相反，"近因效应"使人们更看重新近信息，并以此为依据对问题作出判断，忽略了以往信息的参考价值，从而不能全面、客观、历史、公正地看待问题。"近因效应"是存在的，"首因效应"也是存在的，那么，怎么样去解释这种矛盾的现象呢？通过大量的试验证明，"首因效应"和"近因效应"依附于人的主体价值选择和价值评价。在主体价值系统作用下形成的印象，被赋予了某种意义，被称为加重印象。一般而言，认知结构简单的人更容易出现"近因效应"，认知结构复杂的人更容易出现"首因效应"。

就他人最在行的事情提问

人与人之间的交流是双方的沟通，最忌讳的是对方始终沉默不语。那么如何打开对方的话匣子呢？最好的方法就是提问。

一个人光是自己不断地说话，是无法了解对方关心的问题的，所以让对方说话，非常重要。正是通过提问，使得我们对别人的需要、动机以及正在担心的事情，具有一种相当深入地了解，有了这样的答案，他人的心灵大门也就对你敞开了。

如果想感动他人，给他人留下一个良好印象，引导他谈论他自己的事情、知识、意见和看法是最简捷的方法。无论是商场精英还是社交名人，恭维他的最好方法就是提出一个他熟悉的问题，请他谈谈自己的看法。

如果我们碰到的是一个房地产经纪人，就可以问他"近来国家宏观调控下的房价走向如何？"

如果碰到家电业的人，则可以请教他"国产电器和日本电器、欧美电器相比，性价比如何？"

如果我们碰到的是教师，我们可以问他"学校的情况怎么样？"

有才干的人在利用发问来取信于人时，通常会特别注意以下原则：

第一个原则：提出的问题一定要能显示出自己对他人的知识的敬佩，这种谦恭的态度是重要的。麦克兰就是因为忽略了这一原则"失去至少20份工作"。自始至终，他都是一个十分刻苦的专于喜爱炼铸技术的工程师，经过他的不懈努力，他成了世界知名的炼铸师。可当他开始工作时，根本不会提问，他说："我不断失去工作，这是因为在上司眼里我懂的太多了，可我又喜欢提问，很明显我的问题使我上司十分下不来台，然后我就失业了。"

仅仅是一个不合时宜的问题，就会导致我们十分不快。在日常生活中，这样的事太多了。

第二个原则：确定你真的对这个问题有兴趣。有一次，一位少妇就一个有关道德哲学的问题向普林斯顿大学校长迈克什博士发问，校长立刻追问她道："夫人，你是只想了解一点知识呢，还是想重点谈一下这个话题呢？"

我们必须承认，博士对少妇的态度是粗暴了些，可这位太太也是自讨没趣，因为她问这个问题时根本没什么诚意。

第三个原则：确定对方乐于回答这个问题，就连我们也会时时躲避那些想要打听我们隐私的人。比如，有人问："据说隔壁要加房租，你掏多少钱？"

这种人不是很冒失吗？

李莲·爱可乐女士说："每个人都喜欢讲一件以自己为主的事情，如果那个人是有汽车的，你可以问问他所经历的险情中最危险的是哪一次；每个人都喜欢发表自己的看法，所以，对一个你一无所知的人，你可以问他对近来人们谈论的暗杀事件持何种意见。"

另外，还有一个话题甚至能让最沉默的人侃侃而谈，那是一个任何人都喜欢谈论的话题，也是一个最容易运用的话题，即谈论他人。一位知名的广告人曾说："人是天底下最有意思的东西。"这句话几乎就是一条真理，我们对与自己相关的东西最感兴趣，当我们听到一些与我们相关的人的消息时，不管他是谁，我们都会马上认真地听着，同时心里立刻就会有一些自己的想法、看法。

人际交往中面对众多的陌生人，窘迫心理在所难免，如果你有足够的信心和超人的勇气，主动、热情地同他人说话、聊天，通过提出恰当的问题，让对方有话可说，乐意开心地说，并在话语中逐渐摸索、试探，成功肯定属于你。

牢记你能记住的每个名字

要让人感觉到他在你心目中的分量，最有效的方法是记住他。对于刚交往的人来说，一定要记住他的名字，而对于交往中的人来说，要记住他的生日，保持寄生日贺卡等。卡耐基的一生中常这样做。他用给人算命等理由，暗中记下别人的生日，然后在生日那天给人寄贺卡，这起到不小的作用，使他赢得了别人的友情。

礼貌，是由一些小小的牺牲组成的。没有一个人不希望自己的名字不被别人记住，这代表自己受他人的重视。记住别人的名字，是最直接、最容易获得别人好感的办法。我们中的大多数人可能都多多少少会遇到下面的场景：不久前聚会认识的朋友在马路上邂逅，正在冥思苦想对方的名字的时候，他叫出了你的名字，而你只能勉强地说声"你好！"内心多少有点尴尬。多年的老朋友出现在我们面前，看着那张熟悉亲切的脸却怎么也想不起他叫什么名字……这个时候，不知道你有没有发现对方脸上的一丝不悦？自己心里有一点点懊悔？

除了熟悉的人，多数人不记得更多人的名字，一些人抱着无所谓的态度，而更多的人给自己找的理由是我们太忙了，我们的记性不好。作为总统，富兰克林·罗斯福更忙，而他却肯花时间去记忆别人的名字，并且说得出他见过的每个人的名字，即使是他只见过一次的汽车机械师。

一次，克莱斯勒公司为罗斯福先生特制了一部汽车，张伯伦和一位机械师把车子送到白宫。张伯伦先生后来在一篇文章中回忆道："我教罗斯福总统如何驾驶一部附带许多不寻常零件的车子，而他教了我很多待人的艺术。""当我被召至白宫的时候，"张伯伦写道，"总统非常和气愉悦。他直呼我的名字，我觉得非常自在。给我印象最深的是，他对展示给他和告诉他的那些东西，非常地感兴趣。那部汽车经过特别的设计，可以完全靠手来操纵。总统说：'我认为这部车子真是太棒了。你只要按一个电钮，它就动了，不必费力就可以开出去。我认为真不简单，我不知道它是怎么工作的。我真希望有时间把它拆下来，看看它怎么发动。'"当罗斯福的朋友和助理在赞赏那部车子的时候，他在他们的面前说：'张伯伦先生，我真感激你为建造这部汽车所花的时间和精力，造得太棒了。'他赞赏冷却器、特殊的后镜和钟、特殊的前灯、那种椅套、座椅的坐姿、车厢里特制的带有他姓名缩写字母的行李箱。换句话说，他注意到每一个我花过不少心思的细节。他还特别把各项零件指给罗斯福太太、柏金斯小姐、劳工部长和他的秘书们看。他甚至把那名年老的黑人司机叫进来，说：'乔治，你要好好地特别照顾这些行李箱。'""当驾驶课程结束的时候，总统转向我，说：'嗯，张伯伦先生，我已经让联邦储备委员会等待 30 分钟了，我想我最好还是回办公室去吧。'""我带了一个机械师到白宫，我们抵达时，他就被介绍给罗斯福。他并没有和总统说话，他是一个害羞的人，躲在角落里。但是，在离开我们之前，总统找到了机械师，握着他的手，叫出他的名字，谢谢他到白宫来。总统的谢谢一点也不造作，他说的是心里话，我可以感觉出来。""回到纽约之后，我收到一张罗斯福总统本人签名的照片，以及一小段谢辞，再度谢谢我的帮忙。他怎么有时间做这件事，对我来说真有些神秘。"

罗斯福知道一个最简单、最重要的得到好感的方法，就是记住别人的名字，使别人觉得自己在他心中的重要，而我们有多少人能这么做呢？

很多成功的人士正是从记住别人的名字这样的事做起，逐步走上成功的道路的。如果你抱怨记忆力差对记住别人的名字无能为力的时候，可以向拿破仑三世学习。他曾经得意地说："即使我日理万机，仍然能够记得每一个我所认识的人的名字。"

他的技巧非常地简单。如果他没有听清楚对方的名字，就说："抱歉，我没有听清楚。"如果碰到一个不寻常的名字，他就说："怎么写法？"在谈话的时候，他会把那个名字重复说几次，试着在心中把它跟那个人的特征、表情和容貌联系在一起。如果对方是个重要人物，拿破仑三世就更进一步，等到他旁边没有人，他就把那个人的名字写在一张纸上，深深耕植在他心里，然后把那张纸撕掉。这样做，他对那个名字就不只有视觉的印象，还有听觉的印象。

没错，记住一些名字，可能要花一些时间，用一些脑力，但是与我们收获的尊重和愉快来讲，那又算得了什么呢。正如爱默生所说："礼貌，是由一些小小的牺牲组成的。"记住别人的名字并运用它，并不是国王或公司经理的特权，它对我们每一个人都是如此。

记住别人的名字，并不是鸡毛蒜皮的小事，而是从细微处反映了你对他的兴趣如何，他对你有多重要。其实记名字也不是没有办法。记住别人的名字，最有效的方法是每次认识一个人，问清楚他的姓名、家庭人口、职业及价值观点等，把这些资料记在纸上，留在脑海里，反复默看、默想几次就不易忘记了。但是，如果万一忘记他人名字怎么办呢？或者说错记他人的名字怎么办呢？可以采取必要的补救办法，这就是以提问题的方法来弥补。比如，一个登门造访者突然出现在你的面前，你神经的雷达搜遍脑际也找不出他的名字，便可微笑地说："你好"，之后提问题。如"你好像瘦了一点？"对于胖瘦的感觉是各不相同的，这类问题通常不会失误。也可以这样问："现在的日子过得怎么样？""你还住在老地方吗？""最近在忙些什么？"等，以促使对方谈起自己的有关情况，提供信息，引发、唤醒我们记忆深处的东西，而又不露痕迹。一旦我们努力失败，提问题法就可转为感叹赞扬法。比如："天啊！几年不见，你变得这么年轻，我简直不敢认你了，你是不是叫……"这时，如果对方自报家门，你可接上说："噢，我不敢认，不敢认！"一句恰到好处的感叹和赞扬就能弥补忘却的遗憾。

但是这些方法还是未免有一点救火的意思。其实记住他人名字还是有一些小窍门的。比如说你可以有一本小册子，专门用来记录友人或者值得结交的人的名字、大体背景，在何时什么场合遇见等。如果还是记不住，你还可以根据你遇到的人形象特征起一个代号或绰号。比如如果是位漂亮的小姐有双大大的动人的眼睛，你就可以起名为"大眼睛"。如果是位胖胖的憨厚先生，你就可以起名为"熊先生"等。这样利用对方外形的特征加以记忆会很不容易忘记又有趣。然后不能忘记的就是要及时把你的代号与小册子的信息联系起来一起记下确保万无一失。

因此，如果要别人喜欢你，最快最简单的秘诀就是记住这个人的名字，对他来说，这是所有语言中最甜蜜、最重要、最受尊重的声音。

用热情走进他人心中

查尔斯·施瓦布说过："一个人，当他有无限热情时，就可以成就任何事情。"发挥你的热情吧！让自信的笑容随时挂在你的嘴角，它可以展现你的热情，感染、带动你的同事、朋友，它可以帮助你收获快乐，取得成功！

如果没有热情，最好就不要做任何事；如果缺乏热情，就无法成就任何一件大事。那么什么是热情呢？热情是指一种对学习、生活、工作和事业的炽热感情，它是一种积极的精神状态。热情是一个人全身心投入的基本前提，有热情才有动力，高度的热情往往表现为激情。在人际交往中，热情同样以其独有的魅力占据着制高点，试想，没有热情，你能打动谁？

你该如何迅速认识一个人并且和他建立交流呢？是热情主动，还是冷漠孤傲？人人都怕被拒绝，这是人的天性。当你看起来"安全"的时候，你就减少了别人的恐惧感。如果进一步，你能够热情主动，那将是更好的效果。

想象一下你在候诊室、在飞机上与邻座的人或在聚会上与一位迷人的客人进行一次愉快的交谈，那么，是什么让你们能够如此愉快地促膝而谈？和别人建立认识的过程，你是等待别人介绍还是介绍别人？

一位女士应邀参加一位朋友的宴会。宴会上，她唯一认识的就是繁忙的女主人。她在屋里四处看了看，希望在人群中发现一两张熟悉的面孔。但是，她一无所获，于是她开始自选食物。两位站在她旁边的女士正在交谈。当她把碟子装满食物后，转向身边的一位男士。这位男士向她点了点头，然后拿了个碟子，转身走开了，留下她独自在那儿，她感到很尴尬，觉得大家都在看她。"到底哪不对劲啊？"她想了又想。"我很乏味还是没有吸引力？"她托着一盘子的食物，希望可以找到一个可以独自用餐的地方。她感到极度不自在，不知道自己还能忍受多久。

你也可能遇到和这位女士一样的情况，你一个人也不认识，又不能愉快地与人交谈。你可能太拘束，觉得与人接近让你感到不自在。你可能把别人的无意行为理解为拒绝，并因此弄糟了心情。因为这是被动的方法——等待被人介绍。

让我们想象一下，如果她换种方法来处理这次宴会：拿着一盘子食物，四处看看，想找一处地方坐下。她发现在房间的另一边有几个人围坐在一张咖啡桌边，她走了过去，先做自我介绍，然后坐了下来，问问别人的情况。几分钟之内，她已经与人展开交谈，竟然发现他们都认识她的上司，相互之间也有些了解。当一位男士边走边找座位就餐的时候，她就邀请他加入他们，介绍自己刚认识的几位朋友。

在这种情况下，这位女士采用主动的方式介绍自己。虽然她可能会心里忐忑不安，但是，在发现与别人有共同之处后，她很快就不再害羞了。她传达了自信、从容的信念，让别人来接近她。

为什么要热情主动呢？因为大多数人都喜欢热情主动的人，这让他们感到安心，感到能与人交流。最重要的是，这让他们不用费事主动与人交流。将心比心，热情的人总是能使人倍感舒心。热情能够感人，它就像磁场一样，散发出无限生机和活力、真诚与自信，一定能够感染周围的人，引起对方的共鸣，从而让彼此的交流顺畅自如，谈话滔滔不绝，让彼此打成一片。所谓"酒逢知己千杯少，话不投机半句多"，为什么人们会把喝酒和谈话联系在一起？就是因为喝酒的朋友们在酒精作用下激发出热情，从而让谈话的气氛变得十分活跃，大家更容易找到共同的话题畅谈不已。但是"热情"是什么呢？

为了了解传达此类"冷热"信息的肢体语言，研究者拍摄了被试者与他人进行 5 分钟交流的录像带。研究者让一些人参加评估一下别人对他们有多热情或者冷淡，接着再把无声的对话录像带放给他们看，并让他们以同样的方式评估每个参加者的冷淡或者热情的程度。对于观察者来说，热情的肢体语言是表现出关注的姿态、微笑和点头。而不注意对方、没有微笑、坐着的时候伸直了腿都是表面冷淡的肢体语言。

有趣的是，接受评估的人自己没有把这些肢体语言当做冷淡的表示，他们不知道别人这么看自己。所以，你应该注意自己的"冷热信号"。因为，其他人也可能会判断你态度冷淡，尽管你自己并不这样认为，或者你并不想传达这样的信息。如果这样的话，别人可能消极地回应你。实际情况往往不是一对一地对话，很多时候都是一对多或者多对多，比如你想在众多求职者中取得理想的职业。这样的话，你如果不能在众多人中给其他人留下印象，很快就会被别人遗忘。

当你参加一次聚会的时候，你向房间的四周张望，想找一个可以接近、可以与你谈话的人，也许你对认识新的朋友已经跃跃欲试了，如何使自己表现得更为热情一点呢？在与他人，尤其是陌生人的交往中，面部表情是最能引起注意的非言语信息。面部表情也是一个人最准确的、最微妙的"情绪晴雨表"。据悉，人的面部有数十块肌肉，可产生丰富的表情，准确传达出不同的心态和情感。人的四种基本情绪喜、怒、哀、惧通过面部不同部位的组合而产生。表现喜悦的关键部位是嘴、颊、眉和额，表现愤怒的是眉、眼睛、鼻子和嘴，表现哀伤的是眉、额、眼睛和眼睑，表现恐惧的是眼睛和眼睑。在所有的表情中，人们最喜欢的肯定是笑，没有一个人喜欢看愁眉苦脸的样子。在人际交往的过程中，很多成功人士就是凭着一张笑脸，扩大自己的影响，表现自己的热情，从而建立起自己的关系网，赢得关键的客户。比如他，无论什么时候，不管遇到多大的困难，即使面对微软将被"一分为二"的时候，他都是那样一副笑脸。这除了能够表现王者的自信，还能体现他那大方的心态，这也成为微软的一块金字招牌。

热情会让你有更多朋友，你一定要相信这句话。如果生活中的你是一个非常普通、非常平凡的人，没有美丽的外表、没有光鲜的打扮、没有富裕的出身，可是你还是可以凭借自己的热情赢得很多朋友。他们关心你、喜欢和你在一起说话、聊天、谈事情，他们主动帮助我，而这一切都是源于你的热情。你可以用自己的热情感染你周围的朋友，而有热情，就会有更多的热心，谁又能拒绝热心的人呢？

请记住，你的一个主动、一句问候、一份热心都会给别人带来好感，而会让你又交下一个朋友。多一点主动，多一点热情，多一个朋友，走的路更宽！

努力记住他人的嗜好

你对对方的关注有多少，对方对你的重视也就有多少。如果他人的一些微乎其微的平凡小事，你都铭记在心，那么说明你是一个认真细心、待人诚恳的人。如此一来，你也会受到对方的惦念与尊重。记住，眼光永远不要只停留在自己身上！

　　曾经有一位年轻的商人兼政治家威廉·比尔十分不喜欢马可·汉纳，他甚至都不想见汉纳。

　　当时，马可·汉纳是克利夫兰的大商人，几乎是世界闻名的美国政坛的风云人物了。麦金莱正是在汉纳的帮助下，才于1896年顺利当选为总统的，并且是他的坚持才使美国采用金本位制。

　　尽管如此，在年轻而骄傲的纽约商人、政治家威廉·比尔眼里，汉纳也不过就是个"笨蛋"，一个克利夫兰的"红发妖魔"而已。有一次，比尔为了信仰而专门到圣路易斯参加议会会议，偶然间，他看到了一家报纸上登有诋毁汉纳的报道，于是便感觉汉纳十分恶劣，视汉纳如瘟疫，避之唯恐不及。

　　后来，有朋友劝比尔，如果想在政坛上有所作为的话，最好还是见一下这位共和党领袖。权衡利弊之后，比尔才决定退让一步，登门拜访汉纳。

　　于是，比尔在南方某个宾馆的一间拥挤而喧哗的房间里见到了汉纳。当时汉纳十分沉静，穿着一身灰色的衣服，安静地坐在椅子上，旁边放着一杯水。

　　经过介绍之后，汉纳就开始"进攻"这位对自己有所不满的人，他滔滔不绝地说了很多话，多得不让他人有插嘴的余地。

　　出乎意料的是，比尔发现汉纳从头到尾讲的都是与他自己有关的事：关于他父亲（一位民主党法官）的事，还有他自己对政纲的意见。汉纳说："你来自俄亥俄州吧？你父亲是不是比尔法官？"比尔目瞪口呆。"嗯，你父亲可害得我几个朋友在一次石油生意上损失了许多钱呢！"讲到这儿，汉纳概括地说："其实很多共和党的法官都远远不如民主党的法官……我想想……你是不是有一位在阿需兰的伯父？……好，现在……你对我的政纲有哪些看法呢？"

　　就这样，这位就在前不久还鄙视汉纳的年轻而高傲的政治家开始说话了，当他讲完了自己想说的话时，已经口干舌燥了。

　　汉纳说："不错。"

　　几天后，威廉·比尔就成了汉纳忠诚的支持者。

　　在此后的几年中，为自己曾经最厌恶的汉纳服务是威廉·比尔最愿意做的事情。

　　查尔斯·什瓦普是著名的锦标赛冠军骑师，他还曾建立了佩恩莱亨钢铁公司，他这样认为：做一名成功人士的公认的利器便是对他人怀有浓厚的兴趣。

"一战"期间，查尔斯·什瓦普担任紧急装备军舰公司的领导，他就曾运用了这样的策略，使一个下属听从自己的指挥。

当时，他对担任火克岛造船所所长的海军司令说，如果他能提高军舰的制造数量，从30艘提高到50艘，他就将得到一头"全美最棒的泽西牛"。海军司令听后十分兴奋，日夜赶工，果然创造了造船史上的最高纪录。所有的功劳都得益于什瓦普事先了解到那个海军司令平生最喜欢泽西牛的事实。

塞乐司·克提斯先生曾是《星期六晚报》和《妇女家庭杂志》的出版商，在他年轻的时候，就懂得如何运用这种策略以取得巨大成功。

起初，他在缅因州波特兰的一家卖织品的店里学做生意，刚过学徒期，他就开始独自创业，办了一份微型杂志，就是如今名满天下的《妇女家庭杂志》。

可在当时，没有一个著名作家会替这样微不足道的小杂志写文章。而如果想提高杂志的销售量，最好能刊登一些著名作家的文章，因此，克提斯得与一些名人建立起关系才行。路易莎·沃尔科特女士就是当时著名作家中最受人欢迎的一位。不久以后，这位作家帮克提斯扭转了命运。

一天，克提斯听说这位女作家对慈善事业十分热心。

根据爱德华·博克的记载："这位能力非凡的约稿专家将矛头对准了那位女作家，他以给她的慈善事业捐助100美元为代价邀请她写一段文章。对于一个热衷于慈善事业的人来说，这个条件确实充满了诱惑。于是，她十分高兴地为他写了一篇文章，他则将一张100美元的支票送给她作为回报。"

其实，克提斯只是在名义上把支付给她的稿费作了改动，投他人之所好，就轻而易举地使这位女士改变了对自己杂志的态度，获得了她的好感，顺利地渡过了他出版事业的第一个难关。

英国著名外交家弗利德里克·汉密尔顿爵士在他的事业起步之时，也曾运用过类似的策略来对付一位十分难缠的老绅士。

汉密尔顿在外交界的最初工作是与里斯本的意大利主教普里·农希奥这位老绅士攀交情。事先，汉密尔顿已经打听到，这位主教对一般人是绝对不会注意的。但是，他有一个特殊的嗜好——喜欢美味佳肴与高超的烹调技术。于是，汉密尔顿悉心收集了很多意大利烹调方法，在与主教交谈时，他表现出对烹调十分感兴趣，这方面知识也很丰富。

汉密尔顿说："自此以后，我就成了主教最欢迎的客人。"他们总会探讨有关烹调的事情，直到主教双眼发光，大流口水为止。

当汉密尔顿将要结束他的任期时，他回忆道："我的上司——英国大使对我说，主教说我是他认识的年轻人中学识最渊博的人，对于我的评论，他感到十分高兴，我的谈话能让他很开心。在这个基础上，我所遇到的很多棘手的事情都变得容易解决了。"

关于这一策略的具体实施，不同的人会有不同的方法。

弗利特·凯里是著名的新闻记者。他说，他认识一位十分出色的推销员，那个人有很多详细记载他的客户的嗜好的小卡片。沃尔特·蒂尔·斯科特也说过有这样一位经理，他有一个记事簿，上面记录着他的员工的生日，以使他能在员工生日那天给他们加薪。

当我们出其不意地给他人一个惊喜时，这种策略就十分有效。因此，我们应当对我们所知的他人的嗜好善加利用。休·富乐敦告诉我们，当他与罗斯福会面时，每次一说到棒球的话题，罗斯福就会特别高兴，罗斯福经常问他："现在棒球怎么样？安松还打棒球吗？"无论是对大人物还是普通人，这种策略都同样有效。新闻记者马可森以访问大人物而闻名，他告诉我们："大人物最喜欢的就是你提起你们上次谈话时他说过的话。"

银行行长劳伦斯·怀廷是芝加哥金融界一位十分敏锐而博学的人物，前不久，一位广告商曾说起过他的一些事。

他明白如何适当地去向他人发问。在交谈中，他总会在适当的时刻顺便问一两句你的私人的事情，以表示他在记挂你正在做的事、你的喜好以及那些你认为他早就该忘记了的小事。

这个方法实施起来是十分容易的，也许正是如此，人们才最容易忽略它。对于我们来说，我们不总是只记得与自己有关的事，而忘记他人的事吗？

因此，伟人之所以被称为伟人，就是因为他们能够竭力关注他人，对与他人相关的事情，都能加以关注，这也是他们解决问题的一种策略，同时，他们也赢得了人们的好感。

不是多余的赞美：你不可不知的技巧

努力去发现你能对别人加以夸奖的极小事情，寻找你与之交往的那些人的优点、那些你能够赞美的地方，要形成一种每天至少五次真诚地赞美别人的习惯。这样，你与别人的关系将会变得更加和睦。只要你愿意，你总是能够在别人身上找到某些值得称道的东西，也总是可能发现某些需要指责的东西——这取决于你寻找什么。

我们活在这个世上，除了面包、大米之外，似乎还需要些别的。这不是你或者我或者什么圣人能决定的事，或者可以算是我们的本性吧。还记得别人（也许是你的爸爸妈妈）第一次赞美你是什么时候吗？还记得那个时候，你是怎样兴奋得无法入睡吗？还记得那时的美妙感觉吗？

随着我们的成长，或许我们已经不会为了别人的一句赞美而彻夜不眠，但是我们听到赞美时的美好感觉并不能抹去。在潜意识里，我们都渴望别人的眼睛，渴望别人的赞美，这是每个人都会有的渴望。由此而及彼，别人也渴望我们的赞美，所以学会赞美别人往往会成为我们处世的法宝。

有一首诗中写道："假如你认为他应该得到赞美，现在正是时候，因为他去世后，不能读自己的墓碑。"

"赠人玫瑰，手有余香。"任何掌握了赞美艺术的人都会发现，赞美不仅给听者，也给自己带来极大的愉快。它给平凡的生活带来了温暖和快乐，把世界的喧闹声变成了和谐动听的音乐。人人都有值得称道的地方，我们只需把它说出来就是了。赞美并不是教你使用卑鄙谄媚的手段来操纵他人。你当然不必连人们的缺点、坏事都加以赞美，而且也不应该赞美。不过，请想想，如果我们不对人类的缺点及肤浅幼稚的虚荣心佯装不知的话，又如何能在这个世界上立足呢？

俗语有云："逢人短命，遇货添钱。"假如你遇到一个人，你问他年龄，他答道："今年 50 岁了。"你说："看这位先生的面貌，只像 30 岁的人，最多不过 40 岁罢了。"他听了，一定很欢喜。是之谓"逢人短命"。又如走到朋友家中，看见一张桌子，问他多少钱，他答道："400 元。"你说："这张桌子，普通价值 800 元，再买得便宜，也要 600 元，你真是会买。"他听了一定也欢喜。这就是"遇货添钱。"只要掌握这一特征，你必然能大受欢迎。要建立良好的人际关系，恰当地赞美别人是必不可少的，因此，我们一定要做到。

在一家卖清粥小菜的餐厅，有两个客人同时向老板娘要求增添稀饭时，一位是皱着眉头说："老板，你为什么这么小气，只给我们这么一点稀饭?"结果那位老板也皱眉说："我们稀饭是要成本的。"还加收他两碗稀饭的钱。另一个客人则是笑眯眯地说："老板，你们煮的稀饭实在太好吃了，所以我一下子就吃完了。"结果，他拿到一大锅又香又甜的免费稀饭。

适当地赞美别人，是我们在创造"新关系"中最好的方法之一。小小的赞美能产生极大的效果，甚至能帮我们化解好多困境，因为赞美是人与人之间最好的润滑剂。

美国华克公司在费莱台尔亚承包修建了一座办公大厦。自承包修建之时起，所有的项目都按预定计划顺利进行着。谁知工程接近尾声，进入装修阶段时，负责提供大厦外部装饰铜器的工厂却突然来电通知他们不能如期交货。大厦不能准时完工，华克公司必将蒙受巨大的经济损失。因此，华克公司的头头脑脑们都非常焦急，但多次打长途电话以及派人反复交涉，都无济于事。最后，公司决定派高伍先生前去谈判。

高伍先生不愧为谈判的高手，他一见到铜器厂的总经理，就称赞道："经理先生，你知道你的姓名在勃罗克林是独一无二的吗?"总经理很惊异："不知道。"高伍先生说："噢，我今天早晨下火车，在查电话簿找你的时候，发现整个勃罗克林只有您一个人叫这个名字。""这我还从来不知道。"总经理很惊喜地说，"要说我的姓名的确有点不平常，因为我的祖先是 200 多年前从荷兰迁到这里的。"随后，总经理便饶有兴致地谈起了他的家庭和祖先。待总经理说完，高伍先生又夸奖起他的工厂："真想象不到你拥有这么大的铜器厂，而且我还真没见过这么干净的铜器厂。"

高伍的夸奖使总经理得意非常，他自豪地说："它花费了我毕生的精力，我为它骄傲。"总经理高兴地说完，便热情邀请高伍参观他的工厂。在参观的过程中，高伍又不失时机地夸奖了工厂里几种特别的机器，这使得总经理更为高兴。他告诉高伍，这几种机器都是他自己设计的。

最后，总经理对高伍说，没想到我们的交往会这样令人愉快，你可以带着我的承诺回去。即使别的订货拖延，你们的货也保证按期交。

赞美是一种艺术。真正懂得赞美艺术的人，不仅可以赞美对方现在特别出色的地方；还可以在看到对方有潜在能力时，看到对方身上好的苗头的时候，而来赞美，好像伯乐发现了千里马一样。

朋友们，去慷慨地赞美每一个人吧！每个人，都有他值得别人赞美的地方。找到这些值得赞美的人和事，然后——赞美他们！

一、一定要真诚

赞美绝不是虚伪，一定要真诚。朋友把事情搞砸了，你却"不失时机"地赞美道："你做得真好，我还做不到那个样子呢。"这个时候，你的朋友会有被赞美的"美妙感觉"吗？

二、对事不对人

赞美也绝不是阿谀奉承。如果你的赞美毫无根据，只是说"你真是太好啦"或者"我对你的佩服如滔滔江水连绵不绝"之类的话，恐怕没有什么人会认为你真的是对他们充满了善意吧！所以，一定要赞美事情本身，不要"以人为本"，这样你的赞美才可以避免尴尬、混淆或者偏袒的情况发生。

请求他人帮个小忙，是深化关系的起始

在人际交往中，我们免不了要碰上几个与自己背道而驰的人。当遇上这些反对者，我们应该尽量避免与他们形成冲突，选择把他们拉入我们的阵营。让对手帮自己一个小忙，可以帮你"化敌为友"。

本杰明·富兰克林和安德鲁·卡耐基在其事业起步时，都运用过一些巧妙的心理策略。

创业初期，他们都面临着一种普遍性的困难——有的人反对他们的计划。卡耐基事业受阻，因为他的一个合作伙伴突然撤出了，而富兰克林则碰到了一个喜欢和他作对的人。

可他们几乎是运用了相同的方法轻而易举地将那些困难一一克服。那么，他们到底用了什么方法呢？

几乎只用了一夜的时间，富兰克林就成功地让一个对手转变为他终生的朋友。

那时的富兰克林还很年轻，他在费城开了一家小印刷厂，在州议会的复选中，他被推举为宾夕法尼亚议会下院的书记员。

可就在这最紧要的关头，却出现了危机。一个新当选的议员在正式选举之前为难他，那位议员公开发表了一篇反对演说，演说篇幅很长，措词尖锐，在那位议员眼里，富兰克林简直一文不值。

面对这种出人意料的状况，富兰克林真的有点手足无措了。

他该怎么做呢？之后，他告诉我们说："坦白讲，这位新议员提出了他的反对意见后，我挺生气，可对方是一位十分有名望、有修养、有才识的绅士，他加入议院后，杰出的才能也使得他的地位十分重要。当然，当时我并不想为了博得他的好感而在他面前装出一副卑躬屈膝的样子。那次演讲后，我运用了另外一种更恰当、更有效的方法。

"我听说他收藏了几部十分名贵而罕见的书，于是，我就给他写了一封短信，表示我十分想读一读这些珍贵的书籍，希望他能答应我的恳求，让我得以饱览他那些珍贵的书籍。他一接到我的信，就马上把书送过来了，一个星期后，我准时送还了那些书籍，还附了一封十分热情的信，表达了我对他的衷心感谢。

"后来，我们在议院偶尔碰面，他竟然很主动跟我打招呼（以前他根本不和我说话），而且十分客气。临别之时，他答应我会尽他所能地帮助我。于是，我们成了很好的朋友，直到他去世的那一天。"

实际上，富兰克林自己也对这一心理策略所产生的如此有效的作用而感到惊讶。

我们再来看看安德鲁·卡内基的故事。安德鲁·卡内基博闻强识，他运用了同样的方法来对付他的一个居心不良的伙伴。也许，他就是在富兰克林的自传中学到这个方法的吧！

卡内基的副手派伯中校是一位有些古怪、有些可爱的人。在一个关键时刻，中校竟然想背叛卡内基。

那时，他们正准备在圣路易斯的某个地方为公司刚修好的一座桥征收税款。在这关键时刻，中校却突然想家了，他头脑一热，就想搭夜班车马上回匹兹堡。

眼看着卡内基的计划就要毁于中校的心血来潮的行为之下了。在这关键时刻，卡内基灵光一闪，他没有乞求中校留下帮他把这件事办好。相反，他不动声色地和中校谈起了另一个话题。平时，他就注意到，中校特别喜欢名马。于是，卡内基就对中校说，以前他听人说过，圣路易斯专门产名马，因此一直以来，他都想给他的姐妹买匹好马，以供她们驾车，所以，他请求中校帮他挑匹好马，暂时不要急着回家。

听了卡内基的话，这位可爱的派伯中校果然心甘情愿地留下来了。

卡内基自己写道："鱼儿果然为这个香饵所诱……我们终于成功地完成了我们应做的工作，派伯也完成了他的光荣使命。"

卡内基就是这样让这位中校答应留在他身边，还没有一点抱怨的情绪。在这一点上，卡内基同富兰克林一样，通过向对方乞求一些小小的帮助，获得了自己事业的成功。

不知道你注意到没有？当他人拜托自己帮个小忙时，自己通常会十分高兴，特别是当他人所恳求的东西又恰恰是自己最拿手的东西时，尤其会感到高兴，人就是这样。

这个策略看起来十分巧妙又十分简单，可惜的是，没有几个人能十分恰当地运用这种技巧。从上面的两则事例中我们可以看出，富兰克林与卡耐基所运用的这个策略取得了十分明显的成效！

正是因为这种策略契合了存在于人类天性中的一种潜在的需要，它才能取得如此巨大的成效。现在，我们来研究一下，这种潜在的需要是如何在富兰克林和他的对手的关系上发挥作用的。

为何那位议员能在瞬间改变对富兰克林的看法呢？是什么东西在促使他迅速消除愤怒，培养起与富兰克林的友情呢？

其实，答案很简单。富兰克林通过向那位实力派议员借书这一小小举动，已经在向他人暗示自己十分推崇这位议员，他主动将自己放在了一个相对较低的位置，从而抬高了对方。这样，那位议员就好比高高在上的施主，而富兰克林则是乞求他给点帮助的人。这种策略使人感觉到自己在受他人的尊重，在他人心中，自己是很重要的。

用心理学的角度来解释便是：富兰克林通过这个策略激发了他人的自尊心（Ego）。

在拉丁文中，"Ego"是"我"的意思。心理学家用它来解释我们"自己"所拥有的"观点"，这是人们判断自我重要性的一个基本依据，是人们对自身价值的总体衡量。说得形象点儿，这是我们在审视自己时为自己画的一幅自画像。

维护"自尊心"的欲望是人类所有欲望中最强烈的欲望。

当我们向他人提出一些恰好与其意见一致的意见或建议时，我们就能得到他人的好感，因为我们满足了他人这种维护"自尊心"的心理需要。

因此，帮助他人维护"自尊心"是获得他人好感的最佳策略，这种策略实行起来十分容易。上文提到富兰克林与卡耐基所运用的就是这种策略：在既让他人十分满意，但又不会很麻烦他人的情况下，主动乞求他人的帮助。

时刻要注意维护他人的自尊心

每一个人都有自己的自尊，在应酬中如果能够极好地维护自己及他人的自尊，便会得到更多人的尊重。

在书上曾读到过这样一篇文章，大致内容如下：

三年级的教室里正在进行期中考试，一个小男孩尿裤子了，幸好同学们都在埋头苦读，没有人看见小男孩的异常。细心的老师发现了，他不动声色地来到窗边，端着窗台上的金鱼缸走过来，经过小男孩身边时，"一不小心"打翻了鱼缸，小男孩身上溅满了水。老师连忙向小男孩道歉，并给他一条干净的裤子让男孩换上……

　　这真是一个好老师啊！他没有声张，而是利用自己的"过失"来掩盖小男孩的过失，他维护了小男孩的自尊，让他不至于在同学面前抬不起头。因为老师善意的"过失"，小男孩的那些同学们不知道他尿裤子了，也就没有取笑他，而是对他表示友善与同情，这样的老师是我们所敬爱的。如果这件事发生在我们身边，大家（包括我）也许会狂笑不止，但当我读了这篇文章后，我再也不会这样了，因为我懂得了维护别人的自尊心是多么的重要啊！不能把自己的快乐建立在别人的痛苦之上，更不能在别人的伤口上撒上一把盐，这样做只会带给他们沉重的打击，造成心灵上难以治愈的伤痛，后果不堪设想。

　　每一个人都有自己的自尊，在应酬中如果能够极好地维护自己及他人的自尊，便会得到更多人的尊重。人生在世，各有所长，各有所短。若以我之长，较人之短，则会目中无人；若以我之短，较人之长，则会失去自信，这是应酬中尤其要注意的一点。所以在应酬中，尽可能地避开对方的短处，也是应酬成功与否的关键之一。

　　每一个人都有自身无法消除的弱点，就像个子矮是天生的一样。如果我们总是把眼光盯住别人的弱点当成攻击的对象，那么只会出现两种情况：一是别人不愿意再与你交往。如此一来，你的朋友会越来越少，别人都躲着你，避开你，不与你计较，直到剩下你自己孤家寡人。二是别人对你进行反攻，揭露你的短处。这样势必造成互相揭短，互相嘲笑的局面，进而发展到互相仇视。如此，你在应酬中便会彻底失败，你在人们的印象及评价中，也不可能好到哪里去。

　　"当着矬子不说矮话"，推广开来，就是不要将他人的不足放在嘴边，即使非说不可，也可以变通一下再说，这是应酬的技巧，是获得友谊的技巧。俗话说："会说话的人让人笑，不会说话的人使人跳"，就是说语言的变通所能达到的不同效果。因此，学会变通语言，在应酬中是非常重要的。

　　有一次，汤姆去好莱坞一个美国演员家做清洁工。女主人给汤姆布置完工作，突然问他："我能够吸烟吗？"

　　汤姆吃了一惊，说："你是在问我？"

　　她说："是啊，我想抽支烟。"

　　汤姆说："这是你的家呀，怎么还要问我？"

她说："吸烟会妨碍你，当然该得到你的允许。"

汤姆赶忙说："你以后不用问，尽管吸好啦！"她这才拿起烟，把它点燃。

那天汤姆想了许久。一个人在自己家里抽烟，还要温文尔雅地来征求一个清洁工的同意，真是匪夷所思！然而，汤姆不得不承认，那一刻，自己非常高兴，非常感动，因为自己被人当作一个平等的人得到尊重。尽管汤姆是一个清洁工，但他并不比人低一等，即使在别人家里，他也有自己不被侵害的权利，也是和主人一样平等的人。

大凡矮人都有一种自卑，有短处的人都怕人提及。俗话说："打人不打脸，骂人不揭短"，就是这个道理。当然这也并非是绝对的，在日常应酬中，我们一方面尽可能地避免提及对方的短处，一方面也完全可以从真正关心对方的角度出发，善意地为对方出谋划策，使他的短处变为长处，或者使他不为自己的短处而自卑，那么，你同样会得到别人的认可，而且还会因此得到别人的信任乃至感激。

一天中午，一个老板模样的男子与一个学生模样的女子走进餐厅，落座后，侍者李杨上前去送水、写餐单，在众多客人中李杨对他们印象深刻的是那位老板居高临下的神情和那位小姐局促不安的面容，她拿着餐牌，半天只轻轻说出两个字"咖啡"。

李杨问她："您要什么咖啡？"

那位小姐的脸马上红了起来，凭经验可以看出，她仅知道咖啡，并不知道还要分什么咖啡。她看了李杨一眼，无助又无奈地说："随便。"

几分钟后，李杨就把一杯普通的冻咖啡用店里珍存的平时极少用的银盘端了出来，躬身放在那个女孩面前说："我们这里真有一杯叫'随便'的咖啡，是你进门时，我们的咖啡师就着手为你的清纯和美丽专门调制的，请试试合不合你的口味。"

李杨职业化地看着咖啡杯，但仍能感到那个女孩的神情。那神情让李杨一直感动至今。

也许你可能不信什么，但你必须确信一点：在自尊心方面，别人和你一模一样。自尊心是每一个人都拥有的，无论他是高高在上的企业总裁，还是沿街乞讨的流浪者。然而，在待人处世方面，我们往往是过分地强调了自己的自尊心，而把别人的自尊心踩在了脚底下。

有个餐馆新请了个做西点面包的大师傅，他拿出自己现烤的面包让大家试吃，他烤的面包口感很好但造型不佳。当着许多人，餐馆老板说："以你这样差劲的造型一定卖不掉，我找别人来教你。"结果是，此师傅自尊心大受伤害，隔天便辞职，拂袖而去。

如果我们试着说："你的面包好吃极了！我想找别人来向你学，而且你们也可以一起研究面包的各种造型，你看如何？"结果应大大不同。

自尊心人皆有之。因此，身为管理者必须时刻注意，不能伤害下属的自尊心，尤其是在公共场合，更需注意。现实中，常有这样的现象：一些单位的某些员工由于工作能力较差，经常做不好事情，不时地给领导添麻烦，于是到哪哪不要，有的管理者便当众说："他要是能调走，我磕头都来不及！"此类的话是非常伤人自尊心的，也是管理者的禁忌。

事实上，即使是被大多数人认为"无用"的人，往往也有他自己的长处，在某些方面他或许比别人差一点，但在其他方面也许潜藏着他人所不及的特长，例如，也许他比别人头脑反应慢，显得笨拙，也许因此就比别人更勤奋努力。所以身为管理者，切不可对其抱有嫌恶的态度，而应尽量维护他的自尊，进而激发其积极向上的勇气。

有一项研究调查表明：凡是自尊心强的人，荣誉感和成就感也强，无论在何种岗位上，都会尽自己最大努力，决不愿落于人后。所以，作为一名明智的管理者，不仅要注意保护下属的自尊心，而且要因势利导，采取正确的方法，将其引上积极向上的轨道，不要因为一点点工作上的失误就当众批评他，即使你非常不喜欢他。在此，须牢记一句话，维护别人的自尊，就等于维护了自己的自尊。

在帮助他人时也要注意维护他人的自尊心。你也许会很不解，自己的善意和帮助怎么会造成对别人的伤害呢？别不相信，这可是千真万确的。有些善良的人也会因为不会考虑别人的感受而伤害别人。要想把自己的善意变成真正的帮助，首先要学会在向别人传达自己的善意时，顾及别人的感受，顾及别人的自尊心会不会受到伤害。如果你在帮助他人时伤害了他人的自尊心，哪怕只是无意的一句话和一个小动作，那么这样的帮助等于没有甚至比没有还要糟糕！你想，给予一个人物质帮助，让他渡过难关固然重要，可是这里的帮助远不及心灵上的一丝伤害带来的影响大！这就需要你留意自己的一言一行给对方带来的感受，所以要在帮助别人的同时还巧妙地维护对方的尊严！

在一次坐火车中，魏先生发现一个衣衫褴褛、蓬头垢面的老人，这个老人没有买车票，因为他和小孙子走散了，身无分文的他只得拿着政府的一张字条回老家。通过观察，魏先生发现老人脾气很犟，自尊心又强，于是他决定在下车时悄悄地给老人的包里塞上 20 元钱，而不是在大家面前，这 20 元钱虽然少，但它至少可以让老人吃顿饱饭。

假使魏先生当初是当着众人的面递给老人 20 元钱，那么这不是在救济老人，而是在伤害老人的自尊啊！那么这样的帮助又有什么用呢？这就是高尚与不高尚的区别啊！有时候一个小小动作和一句无意的话就可使一个人温暖一生或怀恨一生！因此我们要时刻留意自己的每一个动作，每一句话对别人的影响！留意自己，千万别在无意中伤害别人！

满足对方的个性化需求

观察细节，从别人细节中发现其个性化需求。当你满足了他这种个性化的需求的时候，你一定能够引起他的注意，这是一个好的开端！

史丹莱·阿林是一名会计，25 岁时他就已经是颇具规模的国家银器公司的审计员了。35 岁时他又做了财务主管，直到现在。阿林之所以能成功，完全要归功于他对人们容易忽略的琐事的关注。

在他还是一名普通的小会计时，公司的创始人约翰·帕特森想看到一种形式特殊的账目：他想让会计编制一种比报纸还要大两倍的账单。可那些会计们都认为他的主意太荒谬了，因此拒绝那样做。

可阿林却顶住了来自上司的直接压力，将拟好的关于这种"怪异"账单的意见书呈给帕特森。帕特森马上同他研究那个意见书，这奠定了阿林毕生事业的第一步。

从这件事开始，帕特森就对这个迎合他意愿的小会计注意起来。在这个规模巨大的公司里的众多年轻雇员中，阿林马上显得很突出。

他有了一个展示自己才华的机会，从此，他开始了迅速升迁的人生旅程。

因为阿林给了自己的领导一些他所期望的东西，所以，他也给领导留下了一个深刻的印象。

有多少人能注意一下自己的领导那点看似微小的期望呢？有谁会将自己的心思放在领导身上，以实际行动迎合他们的想法呢？

若要深刻地影响他人，就要做到从他人最细微的需求出发。他人的希望、问题、需要都是他的兴趣里最现实的部分。无论这些东西是怎样显示出来的，我们都必须最先注意这些他人需要的东西。

人际交往中，有一点必须要牢记：人的欲望是多种多样的。每个人真正关注的欲望往往都是十分个性化的。聪明的人总会十分努力地去探知他人的特殊需求，不管多么细微的事他们也会小心在意。

聪明人发现这些小事能帮他们更好地驾驭他人。通过这些小事，聪明人可以使他人的自尊心得到满足，从而赢得他人的友谊与支持。

百年李锦记的时尚营销，就是以满足客户的个性化需求为第一目标的。李锦记至今已有 121 年的历史。它曾经只是珠海水乡一个小小的蚝油作坊，如今已经发展成为蜚声世界的酱料王国，其产品远销世界 100 多个国家和地区。传承家业、永续经营是每一个家族企业的渴望，然而在漫长的商业发展史上，有太多的案例可以证明，这往往是一个奢望。李锦记打破了"富不过三代"的魔咒，不但将接力棒传到了第四代手上，而且得到了越来越多消费者的认可和喜爱。

不同国家、不同地区的人们在生活习惯和口味特点上有很大的差异，几千年来，中国基本上形成了"南甜北咸东酸西辣"的大格局。因此，对于一个调味品品牌而言，能否做到针对消费者需求细分产品，随需应变至关重要。

为此，李锦记专门成立了产品研究及控制中心，由专人对新产品试味和尝试酱料各种食用方法，以期达到方便和用途广泛的产品概念目标。李锦记一些产品的配方甚至来自烹饪经验丰富的客户私人珍藏。而李锦记所选生蚝主要来自内地及日本、韩国。采购人员深入世界上人迹罕见的偏远地区采购土产香料、原料，以供开发新产品之用。就是通过诸如此类的方式，李锦记研制出多款新产品以满足消费者个性化的口味需求。李锦记集团主席李文达说："李锦记已有近百个品种，可以满足国内各地口味的需要，我们还将开发出更多的品种。"在国际市场上同样如此，像日本人喜甜等饮食习惯均在李锦记的考虑之列。现在，欧美、日本、东南亚的许多中餐馆都把李锦记的产品作为不可缺少的调味酱料。

除了口味丰富之外，李锦记还不断创新，极力满足消费者多元化的功能需求。李锦记的高端产品 XO 酱便是这样一种创新产品。XO 酱最初是香港高级食府用干贝、火腿、干虾为主要材料制成的餐前小食，后来很多普通食府用散料制作 XO 酱。李锦记发现了消费者对饮食日趋讲究的潮流，针对这一需求特别配制成味美而品质稳定的李锦记 XO 酱，并通过一连串宣传攻势塑造其高端形象。李锦记推出 XO 酱后获得了空前的成功，提高了中式酱料的市场地位。

目前，李锦记涵盖了酱油、方便酱料、辣椒产品、烹调用料及蘸料、胶杯酱料、XO 酱六大系列 200 多种产品，仅酱油一项就细分为搭配煲仔饭、蒸鱼、饺子等不同菜品，以及适合中国市场、西方市场不同口味的多种产品。

幽默的自嘲：一把利剑

朋友，在平时你遇到很尴尬的事情时你会怎么办？你有办法让自己从尴尬的气氛中走出来吗？也许自嘲就是很好的解决办法。自嘲就是"自我攻击"，用嘲讽的语气提及自我，表现了个人的谦逊和幽默。其目的是用诙谐的语言巧妙地自我"嘲讽"，以使听者倍感新奇，无形中缩短了你与他之间的距离。

幽默是一把双刃剑，它既可以使人欢笑，也能使人尴尬；既能赢取别人的好感，也会攻击他人。因为在日常生活中，我们有时候确实是把握不好说幽默话语的情境以及对方的感受，比如说对方可能会有什么忌讳等，那么我们可以拿自己开玩笑，这样是一种安全的开玩笑的方式，可以得到多重目的：赢取别人的信任以及缓解紧张或者尴尬气氛。拿自己开玩笑其实就是自嘲。自嘲就是"自我攻击"，用嘲讽的语气提及自我，表现了个人的谦逊和幽默。其目的是用诙谐的语言巧妙地自我"嘲讽"，以使听者倍感新奇，无形中缩短了你与他之间的距离。

第二次世界大战期间，英国首相丘吉尔到华盛顿白宫拜见美国罗斯福总统，要求美国给予英国经济援助，共同抗击德国法西斯。丘吉尔被安排住进白宫。一天早晨，丘吉尔躺在浴盆里，抽着他那大号雪茄。门突然开了，进来的是美国总统罗斯福。而这个时候，丘吉尔正大腹便便，肚子露出水面。两位世界名人在此相遇，都非常尴尬。丘吉尔扔掉了烟头，说："总统先生，我这个英国首相在您面前可是一点没有隐瞒。"说完两人哈哈大笑起来。丘吉尔一句风趣幽默而又带有双关的话，不仅使对方从尴尬中解脱出来，而且借此机会再一次含蓄地阐述了自己的观点和目的，意外地促成了谈判的成功。

一、适当适时地自嘲还可以增加自己的"知名度"

1990 年中央电视台邀请台湾影视艺术家凌峰先生参加春节联欢晚会。当时，许多观众对他还很陌生，可当他说完那段妙不可言的开场白后，观众们对他的印象很是深刻。他是这样说的："在下凌峰，我和文章不同，虽然我们都获得过'金钟奖'和最佳男歌星称号，但我以长得难看而出名……一般来说，女观众对我的印象不太好，她们认为我是'人比黄花瘦'，脸比煤炭黑。"这一番话妙趣横生，观众也鼓掌大笑。这段开场白给人们留下了非常坦诚、风趣幽默的良好印象。后来，凌峰的名字就传遍了祖国大地，深受全国观众朋友的喜爱。

二、巧妙地运用自嘲也会给对方以"适当的面子"

有这么一则故事：美国俄亥俄州的布劳德议员去白宫拜访林肯总统，布劳德和林肯谈完话出门离开时碰巧一队士兵正等着总统出来给他们训话，士兵们为看到总统而欢呼起来，林肯旁边的副官立即让布劳德后退几步，林肯看到这种情况，就说了句："知道吗？他是怕士兵们分不清哪位是总统才请你后退一步的。"本来，布劳德的后退就代表着士兵们不欢迎看到他的存在，但林肯总统的一席话把注意力转移了。但是我们从林肯的话语中能感受的更多的是其"幽默的自嘲"——用降低总统的身份来避免朋友的尴尬。

三、幽默的自嘲还可以化解许多不必要的冲动

有时你会处在一种相当狼狈的境地，倍受他人攻击与恶意侮辱。你可能惊惶失措，可能十分愤怒，也可能十分沮丧。这失败而无助的情绪可能使你失去思考能力，失去对自己情感的控制，还可能导致你的精神处于消极、无所作为、抑郁苦闷的状态，而这一切无法帮你从遭受侮辱的境地中解脱出来。实际上在这种时候，客观情景的严酷更加需要你把自己思维的潜在能量充分调动起来，运用幽默的语言做出超常的发挥，通过讽刺给对方以反击。

有一次文学家马克·吐温收到一位初学写作者的来信。信里说："听说鱼骨里含有大量的磷，而磷是补脑的；那么，要成为一位大作家，是不是必须要吃很多的鱼呢？"马克·吐温的回答只有一句："看来，你得吃一对鲸鱼才行。"

四、其实不管你是大人物还是小人物，自嘲都能让你倍受欢迎

大人物因自嘲可减轻妒意获得好名声，小人物可以苦中作乐。所以自我解嘲，自己把自己胳肢几下，自己先笑起来，是很高明的一种脱身手段。

传说古代有个石学士，一次骑驴不慎摔在地上，一般人一定会不知所措，可这位石学士不慌不忙地站起来说："亏我是石学士，要是瓦的，还不摔成碎片？"一句妙语，说得在场的人哈哈大笑，自然这石学士也在笑声中免去了难堪。

一位矮个子学者的妻子嘲笑丈夫身材太短，这位学者笑眯眯地说："我看还是矮点好，如果不是我身短力小，我们的战斗你能场场取得胜利么？如果不是我矮，你能很优越地说我太短么？"话毕，全场叫绝。由此可见，自嘲时要对着自己的某个缺点猛烈开火，就容易取得妙趣横生的效果。

某人要出国进修，他的妻子半开玩笑地说："你到那个花花世界，说不定会看上别的女人呢！"他笑道："你瞧瞧我这副尊容：瓦刀脸，罗圈腿，站在路上怕是人家眼角都不撩呢！"一句话把妻子逗乐了。人人忌讳提自己长相上的缺陷，可这位丈夫却能够接受自己的先天不足，并不在意揭丑。这样的自嘲体现了一种"糖酒情态"和人生智慧，比一本正经地向妻子发誓决不拈花惹草，其效果不是更好吗？此时他在

其妻眼里，一定变得又美又可爱。

五、自嘲运用得好，可以使交谈平添许多风采

如果用得不好，就会使对方反感，造成交谈障碍。自嘲一定要审时度势、相宜而用，千万不能到处乱用。比如说自嘲是要分场合的，在答辩、座谈、调查、访问的时候就尽量少用自嘲的话语。另外，在运用自嘲的方法时一定要端正自己的态度，不能玩世不恭。因为自嘲也是一门艺术，它包含了自嘲者的自尊、自爱。其实，自嘲很像我们在日常生活中所遇到的揭短的情况。揭短含有两个层面的意思：揭自己的短和揭别人的短。而在实际运用中，我们往往采取这样一种手段，先揭自己的短，然后再揭别人的短，因为这样会增强说话者的反击力。

在对待揭短的情况中，我们应该注意，尽量不要认为别人别有用心，不能反唇相讥，要积极地去应对。

分享秘密意味着你们是"死党"了

分享秘密可以成为增进友情的一条纽带。你的朋友会因为你乐于与他分享秘密，而感到来自于你的重视和接纳。他一旦倾听了你的秘密，也就自然而然地担负起维护秘密的责任。秘密就是这样，越分享越快乐。

人类天生就有一种倾诉欲，在嘈杂的城市里，可能人最需要的，就是一双可靠的耳朵。而把心中的秘密告诉可靠的耳朵，就成了我们拥有"死党"的发端。

女人是天生的秘密制造者，从心理学的角度上讲，女人细腻的情感更需要关心和呵护，更希望被聆听。分享秘密不仅可以使我们的感情得到宣泄，而且会多了一个提供帮助和支持的同盟军。另外，友情也在秘密的分享中不断升温。

有调查显示，女人最喜欢分享秘密的对象大都是自己的挚友，而非最安全的亲人。我们之所以不担心"死党"会泄露自己的秘密，是

因为在共同分享秘密之前，已经确信了对方的人品和性格是能对我们的秘密负责任的。

有人认为秘密是越分享越快乐的。

"我时常会与最亲密的女朋友们谈些感情上的小秘密，我们彼此分享各自的恋爱经历，互相为对方的感情出谋划策，也会互相安慰对方遭遇的挫折沮丧。我渐渐发现，分享秘密可以成为增进友情的一条纽带。你的朋友会因为你乐于与她分享秘密，而感到来自于你的重视和接纳。她一旦倾听了你的秘密，也就自然而然地担负起维护秘密的责任。秘密就是这样，越分享越快乐。"

之所以能完完全全地和朋友分享秘密，是因为我们对朋友充满信任，这是做朋友的第一步。一个人的成功，除了智商及个人努力外，还需要靠旁人的协助与扶持、理解和信任，这就是友谊。但没有信任就没有友谊，反之，没有友谊，信任也就不复存在。没有信任和友谊人们会变得多疑、紧张、恐惧。被人信任，是一种难得可贵的荣誉；对人信任，是一种良好的美德和心理品质。夫妻之间相互信任，感情会愈加浓郁；同事之间相互信任，隔阂会炭火化雪；朋友之间相互信任，距离会愈拉愈近。人与人之间尽可能多些信任，少些猜疑，人生之旅才会丰富多彩。

有位先贤说："真诚的友谊好像健康，失去时才知道它的可贵。"

信任和理解是多么的重要，没有信任和理解友谊就不复存在，会变成没有生机的、没有人性化的乃至敌对状态的一种关系。

信任他人和赢得他人的信任是同时的。相信朋友，相信自己，让我们从分享秘密开始吧。

第八章
从微笑细节一窥人心

　　什么是识人？怎么识人？识人乃是一种见微知著的尝试，它侧重的是知道该去看些什么，听些什么，具有好奇心及耐心去搜集重要的细节，从一个人的外貌、姿态、声音等推及其人基本特征。或许，你在日常生活中有意无意地已经积累了零星的经验和知识，然而，它却并未成为你手中掌握的工具。面对错综纷乱的各种人，零星的经验显然无法胜任阅人的繁重任务。任何经验和知识，只有当它成为一个体系的时候，才会发挥出强大的作用，否则，即使你阅人无数，也是"阅人无术"。

识人是管中窥豹的高端招数

　　无论你走到哪里，都无法隐于世外，都会碰到人。你必须与人相处，你也必须了解人，因为你不了解人，你永远无法成功。

　　我们每天都在进行着一个周而复始的游戏——与人打交道。即使你自认为阅人无数，但你依然对每个人都独具个性与特质而惊奇，你不能将人简单地分类，甚至不能按照同一种方法与两个人相处，这真是一件稍显复杂的事情。在今天这个快节奏的社会中，你每天都像被一双无形的手推着，不断地结识人、试图了解人，但穷尽一生，你也未必能真正地读懂某个人，哪怕那个人是与你最亲近的。谁都想找到了解他人并与之相处的捷径。的确，这条捷径是存在的。然而，你可能还没来得及体察他人，就作出盲目的判断并急于采取行动了，或许，是因为你学习了太多的处世智慧，然而，不幸的是，这些处世智慧只有有针对性地运用在不同的人身上才有效。换言之，只有学会如何阅人，那些处世智慧才能被派上用场，从而使你游刃有余地行走于社会。

显而易见，你必须学会识人，它是处世的基础。一个人的外貌特征、不经意间的肢体动作、话语中的弦外之音等都会泄露他内心的秘密：情感趋向、思维模式、行为方式……人们总是难于掩饰自己，因为这是人性最自然、最畅通的流露。但丁在《神曲》中这样说："一个人在智者面前可要小心呀！他不仅看清了你的外表行为，就是你内在的思想他也能看清楚呢！"我们完全有理由把但丁所说的"智者"理解为能透彻阅人的人。阅人是人际关系中一项最基本的技巧，无论你是谁，无论你在生活中扮演着什么样的角色，如果你不能精于此道，就会常常毫无知觉地陷入一个又一个人际关系的"围城"之中，成为众矢之的；同时，由于你的不善"设防"，也会成为他人眼中的"透明人"，总是被人看透，让人知道你的动机，而你自己却无法占到先机。

有的人着装不当，有过多的肢体动作，他或许想别人注意，或许欠缺应有的常识，或许不体谅他人，但你尚需搜集更多的信息，绝不可只凭外貌就对他作出结论。

有的人说话的内容没有什么特别的含义，但他的音调却流露出内心的秘密。对这样的人你就需记住："怎样说话比说什么样的话更重要。"要注意对方声音的细微变化，辨认其中的差异，探测他所要传达的信息。

有的人喜欢喋喋不休地倾诉，对这样的人，不妨做个最佳听众：不打断他、不责怪他、与他保持亲密但适度的距离、显得专注一些，并刻意营造美妙的谈话氛围。

有的人开着昂贵而整洁的车子，办公室里摆着妻儿的照片，住宅的冰箱门上贴着卡通图片。你"阅读"他时，就会发现他所处的环境——工作环境、住宅环境，乃至社会环境中隐藏的线索，他的性格、兴趣、健康、婚姻、社交伙伴，等等。

与此同时，你在阅人时，还要相信直觉，因为其中蕴含着巨大的力量；你也要时刻准备"被阅"，既然你已经能用客观的、公正的态度去"阅读"别人，那么你绝对应在众人面前展现出完美的自己。

寻找工作的人或初入职场者需要学会阅人，他要冷静地评断未来的老板是否适合自己，也要快速适应全新的工作环境；为情所困者需要学会阅人，不露痕迹地侦测对方对自己的感情投入是否一如往昔；为人夫、为人妻者需要学会阅人，从而避免婚姻中与对方"恍若两个星球"的窘境；为人父母者需要学会阅人，以防止"沟通阻碍"在家庭中引发轩然大波；寻找友情者需要阅人，最令你信赖的朋友可能并不善表达对你的关爱，而你却因"失察"而最终后悔莫及；不停地面对陌生面孔的推销员需要学会阅人，他可以一进客户的办公室就掌握谈判的主动权，也能让最难缠的顾客买下他的商品；从陌生人眼中你或许看到了进入他心灵世界的那扇门；在与你交谈者的语调中你或许读出了他的隐衷……这些都得依靠细心而入微的观察力，都得从你敢于将社会和人当作一本隐藏无尽秘密、覆盖着重重面纱的书来"阅读"。

阅人，从而了解人、热爱人，并防范和制服那些不怀好意的人。这不仅会使你成为更有洞察力的人，更富于同情心和善解人意的朋友，而且会使你变得更加从容，更加机警，更加敏锐，更加精明和练达。

魏文侯手下有员将领叫乐羊。有一次乐羊领兵去攻打中山国。这时，恰巧乐羊的儿子正在中山国。中山国王就把他儿子给煮了，还派人给乐羊送来一盆人肉汤。乐羊悲愤至极但并不气馁，毫不动摇，他竟然坐在帐幕下喝干了一盆用儿子的肉煮成的汤。魏文侯知道后，对堵师赞夸奖说："乐羊为了我，吃下他亲生儿子的肉，可见，他对我是何等的忠诚啊！"堵师赞回答说："一个人连儿子的肉都敢吃，那么，这世上还有谁他不敢吃呢？"乐羊打败了中山国，凯旋归来时，魏文侯对他的功劳给予了奖赏。但是，从这开始，总是时时怀疑他对自己的忠心。魏文侯这样做不无道理，乐羊的自制力过于吓人，非老谋深算之人不能为之。堵师赞的说法更有道理，因为一个人的行动可以以小见大，有着惊人的内在一致性。

日本曾有这样一个传说，永禄时期，力量最雄厚的是北条氏康，他称霸于关东地方。有一次，北条氏康在战场上同长子氏政一起吃饭，可以想象战时的饭食是很简单的，只有米饭汤。然而，氏政吃着吃着又往饭里加了一碗汤。此事北条氏康看在眼里，记在心上。他马上产生了联想，为什么氏政连自己饭量有多大都没有数呢？从吃饭吃到一半时又泡一碗汤看来，至少可以认为氏政是个没有多少远见的人。北条氏康的担心，日后不幸变成了事实。三十年后，氏政终于因为缺乏远见，被丰臣秀吉的大军围困，同弟弟氏照悲惨地战死了。称雄一时的北条氏从此日趋灭亡。

从加饭这样的小事能看出人的内心，可见功力非凡。

一个老板的老同学见到老板时，这位老板正在亲自面试一个年轻人。他对面试者说："我这里有个魔方，你能不能把它弄成六面六个颜色？"

那个年轻人拿着魔方，面有难色。

老板看了看他的老同学，对面试者说："如果你没有考虑好，可以把魔方拿回去考虑。我到星期五才离开这里。"

等那个面试者走了以后，老同学问他："这是你独创的考题？"

"咳！你不知道！这个人有后台，我不好意思不要他，所以出个题考他，以便到时候安排个合适的职务。"

"要是我，"老同学说："我会把魔方拆开，然后一个个安上去。"

"如果他这样做就好了，这就说明他敢作敢为，就可以从事开拓市场方面的工作。"

"那其他做法呢？"老同学问。

"如果他拿漆把六面刷出来，说明他很有创意，可以从事软件开发部的工作。"

"如果他今天下午就把魔方拿回来，说明他非常聪明，领悟能力强，做我的助理最合适了。"

"如果他星期三之前把魔方拿回来，说明他请教了人，也就是说他很有人缘，可以去客户服务部工作。"

"如果在我走之前拿回来，说明他勤劳肯干，从事低级程序员的工作没问题。"

"如果他最终拿回来说他还是不会，那说明他人很老实，可以从事保管或财物方面的工作。"

"如果他拿不回来，那我就爱莫能助了。"

第二天晚上，这位老板又请他的老同学吃饭。在饭桌上，老同学又向他问起魔方的事。

这一回，老板很是得意扬扬："那个人我要定了，他今天早上把魔方还给了我，你猜怎么着？他新买了一个魔方！他还说'你的魔方我扳来扳去都无法还原，所以，我新买了一个，比你那个更大、更灵活！'"

"这说明什么？"老同学问。

老板压低了声音："他绝对是做盗版的好材料！"

以上事例仅仅是一个玩笑，但说明了了解一个人的本性有多重要。

了解一个人的本性有七条办法，下面罗列出来，可以供大家参考：

1. 用离间的办法询问他对某事的看法，以考察他的志向、立场。
2. 用激烈的言辞故意激怒他，以考察他的气度、应变的能力。
3. 就某个计划向他咨询、征求他的意见，以考察他的学识。
4. 告诉他大祸临头，以考察他的胆识、勇气。
5. 利用喝酒的机会使他大醉，以观察他的本性、修养。
6. 用利益对他进行引诱，以考察他是否清廉。
7. 把某件事情交付给他去办，以考察他是否有信用、值得信任。

曾国藩《冰鉴》的学问

有弱态，有狂态，有疏懒态，有周旋态。飞鸟依人，情致婉转，此弱态也。不衫不履，旁若无人，此狂态也。坐止自如，问答随意，此疏懒态也。饰其中机，不苟言笑，察言观色，趋吉避凶，则周旋态也。皆根其情，不由矫枉。弱而不媚，狂而不哗，疏懒而真诚，周旋而健举，皆能成器；反之，败类也。大概亦得二三矣。

《冰鉴》是曾国藩的名作，这部《冰鉴》有什么学问呢？

作为"中兴名臣"，曾国藩的一生功业，以办团练始，以剿灭太平天国运动而达至巅峰。身居朝廷命官，面对清王朝的腐败、没落，他提出了"行政之要，首在得人"。他曾发现、培养、提携了一大批无名之辈，如李鸿章、左宗棠、张之洞、胡林翼等，这些人在清末政局中叱咤风云半个世纪之久。《冰鉴》就是他一生为人处世、阅人无数的经验总结和理论概括，是他体察入微，洞悉人心的心法要诀。

我们可以先看看曾国藩独到的、令人叹为观止的观人之道，他十分擅长通过人的身体语言来判断对方的品质、性格、情绪、经历，做到这一步已经不简单了，而更厉害的是，他竟能对其前途作出准确的预言。

一天，李鸿章带了三个人去拜见曾国藩，请曾国藩给他们分派职务。恰巧曾国藩散步去了，李鸿章示意让那三个人在厅外等候，自己走到里面。不久，曾国藩散步回来，李鸿章请曾国藩考察那三个人。曾国藩摇首笑言："不必了，面向厅门，站在左边的那位是个忠厚人，办事小心谨慎，让人放心，可派他做后勤供应一类的工作；中间那位是个阴奉阳违，两面三刀的人，不值得信任，只宜分派一些无足轻重的工作，担不得大任；右边那位是个将才，可独当一面，将大有作为，应予重用。"李鸿章很是惊奇，问："还没用他们，大人您如何看出来的呢？"曾国藩笑着说："刚才散步回来，在厅外见到了这几个人。走过他们身边时，左边那个态度温顺，目光低垂，拘谨有余，小心翼翼，可见是一小心谨慎之人，因此适合做后勤供应一类只需踏实肯干，无需多少开创精神和机敏的事情。中间那位，表面上恭恭敬敬，可等我走过之后，就左顾右盼，神色不端，可见是个阳奉阴违，机巧狡诈之辈，断断不可重用。右边那位，始终挺拔而立，气宇轩昂，目光凛然，不卑不亢，是一位大将之才，将来成就不在你我之下。"曾国藩所指的那位"大将之才"，便是日后立下赫赫战功并官至台湾巡抚的淮军勇将刘铭传。

从《冰鉴》的书名看，冰出于水而寒于水，水可以鉴事物之清浊，鉴人亦可如水之透彻。《冰鉴》分七章，神骨、刚柔、容貌、情态、须眉、声音、气色，直至今天，这仍不失为一部社交宝典。在操作原则上，它既不忽视人物外貌形体的神、骨、气、色、音、声，同时更注意对道德、学识、气质、业绩等方面的考察。

比如，从一个人的情态看，如小鸟依依、娇柔的是弱态；衣着不整，不修边幅，恃才傲物的是狂态；不分场合、无所谓的就是懒态；把心机深深地掩藏起来，处处察颜观色就是周旋态。这些情态，都来自于内心的真情实性，不由人任意虚饰造作。委婉柔弱而不曲意谄媚，狂放不羁而不喧哗取闹，怠慢懒散却坦诚纯真，交际圆润却强干豪雄，日后都能成为有用之材；反之，即委婉柔弱又曲意谄媚，狂放不羁而又喧哗取闹，怠慢懒散却不坦诚纯真，交际圆滑却不是强干豪雄，日后都会沦为无用的废物。情态变化不定，难于准确把握，不过只要看到其大致情形，日后谁会成为有用之材，谁会沦为无用的废物，也能看出个二三成。

又如，曾国藩认为，声音如天地之间的阴阳五行之气一样，也有清浊之分，清者轻而上扬，浊者重而下坠。听人的声音，要去辨识其独具一格之处。辨识声相优劣高下的方法很多，但是一定要着重从人情的喜怒哀乐中去细加鉴别。如果说话的时候，一开口就情动于中，而声中饱含着情，到话说完了尚自余音袅袅，不绝于耳，则不仅可以说是温文尔雅的人，而且可以称得上是社会名流。如果说话的时候，即使口阔嘴大，却声未发而气先出，即使口齿伶俐，却又不轻佻，这不仅表明其人自身内在素养深厚，而且预示其人还会获得盛名隆誉。只要听到这个声音就能想到这个人，这样就会闻其声而知其人，所以不一定见到其庐山真面目，才能判断他究竟是英才还是雄才。

从历史上看，每一次推动历史进步的变革，无不因英雄的出现而力挽狂澜。从个人看，生活中交往的朋友、工作上来往的上司、同事、下属，只有准确地了解他们的心理，洞悉其性格，才能有根据地识人、用人、辨人，才能够建立起良好的人际网络，游刃有余。国家因贤才而壮大，企业因贤才而发展，个人因贤才而成就。人在江湖，欲成事业，个人拼搏诚然重要，然必得有人相助，否则怎能成事？

从人的外貌和打扮获得第一手资料

曾国藩说，"有感于内，必形于外。"一个人的修养往往表现于外表，举止衣着，先有三分气象，话未出口已有七分先机。由表入里识人，须细辨其天性、品德、心理、心地、胸怀、修养。目光敏锐之人三步之外，则识人八九不离十，有此一招，则人莫能欺。

俗话说"人不可貌相，海水不可斗量"，这句话只说对了一半，这句话完全否定了相貌跟性格的关系。它的意思是，从人的相貌来判断一个人就如同用斗去量海水一样，从逻辑上推理的话是这样的：人们为什么说不能通过相貌来衡量一个人呢，因为有人这样做，既然有人这样做，肯定有他的道理。可是通过相貌来判断一个人并不是无稽之谈，其实科学已经说过相貌跟性格的关系。

德国著名心理学家梅赛因说："眼睛是了解一个人的最好工具。"此言真是不虚！语言可以说谎，但眼睛不会。从社会调查经验看，我们对不同的眼睛可以作出如下概括：

1. 两眼对称，外形稳定，与面部其他器官配合较为和谐。这种人做事情中规中矩，能够合理安排调度自己的时间和工作，并且往往是一个成功者。

2. 眼窝深陷，眼球四周看起来有较大凹陷空间。这种人智虑比较深沉，考虑事情详细周到，但是尽管面面俱到，其人所经历的挫折也会接连不断。

3. 眼球外凸，眼睛大而明亮。这种人智商很高，个性很强，学习上往往是佼佼者，业务上通常是领头羊；目光显露天真无邪的，其人缘较好，大家都喜欢这样的朋友，聪明又够意思。目光比较敏锐的，属于能力很强的领导型人才，往往能够用自己的手腕控制局势，果敢坚决，是事业型人才。

4. 眼睛偏小，眼睑外部下走，白眼球较多。这种人心思细腻，容易被评判为阴险狡诈，变化多端，不易把握；这种人做事情往往会出人意料，不循常规；交朋友时会显得比较功利，不讲究感情。

5. 有眼袋，眼角上翘者。这种人有着较好的异性缘，常常能够获得长辈的欣赏喜欢，成人化的过程较快，能够迅速适应环境的变化，和周围的朋友或同事打成一片。

除了眼睛以外，额头也是最能显示人的脸部轮廓的部位。额头大的看起来轮廓较大，五官明显，给人的印象深刻。有句话说"将军额头能跑马"，做大事的人总是需要一颗包容心，能够容纳别人或者包容错误的人才有机会成功，这也是人们通常所说的胸怀。

1. 额头宽广、浑圆

个性分析：聪明果决，逻辑思绪都很缜密，气度也相当大。

2. 额头窄小、发际线低

个性分析：思绪明显比较迟钝、混乱，不喜欢思考复杂的事物，也不喜欢作决定。人际关系不错，但是常会因为无法拒绝别人而懊恼、后悔。

3. 额头呈圆形且突出

个性分析：聪明、理解力强、有霸气。做事习惯单打独斗，不喜欢被人指使。

人体的每一个器官都是一个人不可或缺的组成部分，这些部分多多少少会透露人的内在信息；头发是人体最为重要的装饰品，从中可以看出人的性格趋向。

头发粗直，硬度高的人为人豪爽，行侠仗义，不拘小节，对朋友总是以义当先，光明磊落，不会玩弄小聪明，并且是很好的患难之交。

头发浓密而且很黑的人，做事情有条理，很有智慧，懂得发挥自己的长处，有理想，有抱负，是典型的事业型人才。

头发稀少，并且发质很细，这种人心机很重，会打算，算计事情一丝不苟，喜欢把事情整理得很仔细，但缺乏气概和宽容心。

头发自然卷，这种人一般都有很强的个性，喜欢表现自己，常常给别人带来意想不到的惊喜。

头稍秃的人做事情很勤奋，对待工作认真，对自己本分内的事情具有很强的责任感。

衣服是一种不说话的物体语言，它传递着人的心理状态、意向、性格、爱好、兴趣及身份等多方面的信息。通过对一个人衣着打扮的观察，可以明显地发现一个人的内在气质，以及内心最为真实的想法。每个人都有各自喜爱的形式、色调以及质料等。一般来讲，通过对一个人穿着的观察，包括衣服的类型、颜色等，便能猜出这个人大概属于什么样的人。

下面简单地介绍几种穿着打扮的情形，希望可以为你识人时带来帮助。

1. 缺乏自信，喜欢争吵者：这种人穿着朴素，不喜欢穿华美的衣服，大多缺乏主体性格，对自己缺乏信心。希望对别人施与威严，借以弥补自己自卑的感觉。

2. 自我显示欲强，爱出风头者：在大庭广众之中，你可以发现某些人总是穿着引人注目的华美服饰，这种人大体上有强烈的自我显示欲。同时，这种人对于金钱的欲望也特别强烈。当你看到这类身着华服的人，或下属中有这样的人时，就能洞察到他们的这种心理。多夸奖他们的服装服饰，满足其膨胀的显示欲是一个好办法，这种人就不会轻易刁难你。

3. 有孤独感，情绪不稳定者：这种人平时爱穿着时髦服装，他们完全不理会自己的嗜好，甚至说不清楚自己真正喜欢什么，他们只以流行为嗜好，向流行看齐，随着潮流走，没有主见。这种人在心底常有一种孤独感，情绪也经常波动。

4. 以自我为中心，标新立异者：这种人对于流行的状况毫不关心，他们的个性可以说是十分强硬，但这些人中的部分人不敢面对外面的花花世界，而一味地把自己关在小黑屋里，这种人认为，如果跟别人同调，岂不是失去了自我？他们以自我为中心，经常弄得大家不欢而散。

5. 冷静对待流行，渐渐改变穿衣方式者：这种人情绪稳定，处事中庸，一般不会做什么越轨的事。他们理性多于狂热，不过于顺从欲望，也不盲从大众时尚。这种人比较可靠，值得委以重任，在公司里则是一位优秀的员工。

从千姿百态看个性

人就是这样奇怪的动物，虽然他在别人面前常常要表现出自己想要表现的那一面，但是，所谓"相由心生"，他在不经意间流露出的各种姿态，却可以成为旁人洞悉他内在品质的最有利的提示。

我们正确地评价一个人，不是单单凭借他有没有美丽的外表和衣着，更要看他的举止、体态语言，从中捕捉其性格的轨迹。一个人在向外界传递信息时，有55％的信息是通过非语言的肢体动作来传达的。更重要的是，肢体语言是人在下意识时做出的自然行为，它比其他表现更加真实可靠、减少了许多欺骗性。因此若能正确解读一个人肢体语言中的各种信息，就可以从中了解到人们内心深处的不少思想活动和个性信息。

人走路的姿态千奇百怪。走路时用大踏步的方式进行的人，其身体非常健康而心地善良，此种人十分好胜而顽固。走路姿态非常柔弱的人，精神也十分衰弱，即使他的体格很健壮。当他一遇到精神上的打击，就立刻崩溃。拖着鞋子走路的人，抑或说是鞋跟磨损较严重的人，缺乏积极性，不喜欢变化，此外亦无特殊才能，在命运方面容易受阻。以小而快步伐行走的人性情急躁，或许是由于腿短的原因所致。一面走路一面回头看的人，其猜忌心与妒嫉心特别强烈。走路时把右肩抬起来的人，是权威主义者，古代时的官吏大多属于此类。

在公交车上站着的姿态。不抓吊环，而仅抓环上的皮革的人，可说是洁癖，他觉得环圈任何人都拉，一定有细菌，他也是位欲意极强的人。虽然抓住了吊环，但手却不停地在动的人，是有神经质的人，也表示出他内心十分不稳定。只用指尖勾住吊环的人，其独立自主心极强。如果是男性，他个性比较高傲，虽然他有时也听别人的话，但决不附和雷同。紧握吊环的人，喜欢将手与吊环完全接触，如此他可获得掌握感，十分希求安定。两只手抓一个吊环的人，其依赖心很强，或是意志薄弱的人，或是他已非常疲劳了。用指尖捏着吊环，无论电车如何晃动，他都站得极稳，他的手指只不过是形式上的抓抓而已。他是非常慎重的人，不太依赖别人，同时做任何事都考虑得很周到。

从一个人吃饭时无意表现出来的小动作也能够窥测他的内心。吃饭时，含着满嘴的饭粒，毫无顾忌地大声说笑，这样的人虽然动作非常不文雅，但是心思单纯、活泼开朗，对朋友热情大方，很乐于助人。默不作声，细嚼慢咽，只是低头吃饭的人，内心想法颇多，很怕被别人看清自己的内心，做事深思熟虑，稳重理智，很有计划性。我们也可以从吃玉米的方式来看准对方。吃玉米时啃着吃，这说明他是个不拘小节的人，他不会在乎别人的看法、想法，想做就做，充满活力、积极、有行动力。从中间下手吃，这种人平常与人相处时都保持距离，不会去侵犯他人的隐私权，也有能力保护自己，通常看看别人怎么做后才作决定。折为两半再吃，这种人比较谨慎，然而在团体中较不会表达自己的意见，内向而顺从。切成小块再吃，这说明他是个很神经质的人，非常情绪化，由于喜欢追求物质上的享受，所以显得虚荣而浪费。

心理学家还从人的睡姿中推断出人的性格：

完全胎儿型：是把脸和内脏隐藏起来，成球形横躺的姿势，像胎儿在母亲腹中那样。这种类型的人，紧紧地封闭着自己的外壳，希望经常得到保护，有像自己小时候受到母亲保护那样，继续受到保护的倾向。

半胎儿型：横向，膝稍弯的姿势。大多是右撇子的人右侧向下，左撇子的人左侧向下。这种类型的人，给人一种平衡感、安心感，能很好地处理问题。

俯卧型：俯卧着睡，像是要独占一张床。这种类型的人，在处理周围所发生的事情时，不是以自我为中心，能对周围事物细心观察并妥善处理。

仰卧型：仰面睡姿。这种类型的人，安定、自信心强、坦率、心软。多见于孩提时，父母的关心集于一身的人。

囚徒型：是双膝相离，脚踩重叠横躺的睡姿。睡觉中双脚交叉，有心情不安或工作不称心的表示。这种类型的人预感到自己会有什么烦恼。

斯芬克斯型：把背隆起，跪着睡的姿式。常见于孩子的姿势。这种类型的人像是拒绝睡觉，想早点回到白天的世界中去。

最传统的方法：透过眼神辨人性

"欲察神气，先观目睛。"眼睛是心灵的窗口，相信你很早就知道了。但是，你可知道如何读懂眼睛的"语言"吗？

在描绘人物形象的文艺作品中，着墨最多的莫过于人的一双眼睛了。眼睛是人脸上最重要的部位，人在童年都有一双明亮的眼睛，是那么稚气、无邪，总是那么大大地看待这个世界。但是随着岁月的流逝，每个人的眼睛就变得千差万别、扑朔迷离了。眼睛被人称为监察官，意思就是鉴别"人之善恶"。

生理学的研究告诉我们，眼睛作为视觉器官，众多的神经纤维把大脑和外界直接联系起来，使大脑对外界有个清楚的认识。心理学研究认为，眼睛是人类表达情感的窗户。亚圣孟子曾说："存乎人者，莫良于眸子，眸子不能掩其恶。胸中正，则眸子瞭焉；胸中不正，则眸子眊焉。"古人认为："五脏之精，皆现于目。"所以，古书上这样说："天得日月以得光，日月为万物之鉴；人凭眼目以为光，眼为万物之灵。"你的那双眼睛，总在向人们传递各种信息，它会毫不掩饰地表露出你的学识情操、趣味和性格。

目光执著的人，志存高远；眼神浮动者，为人轻薄。眼光内敛，表示自私；目光暴露，表示贪婪。眼睛炯炯有神的人具有某种权威，能正确地评价别人。他们的洞察力很强，仿佛能看透他人的内心。眼睛清澄的人，是最有魅力的人，具有光辉并能吸引他人。一般认为，这种人性格大方，处事得体，办事有魄力。

眼睛还会泄露人的心底秘密、品性。在交谈的过程中，如果对方不时地把目光移向远处，则表示他对你的谈话内容不关心或另有所思，正在盘算另一件事情。对方的眼睛上下左右不停地转，表现出不沉着时，可能是惧怕你而在说谎。这类人多半是心里有一定的难处，为了不失去对方的信任和帮助，而对某些事情真相有所隐瞒。对方长时间凝视你，目光久久不移开时，说明他肯定有对你隐瞒的事情。这种情形一般是曾经向你借过钱，由于无法偿还而在躲避，或过去曾被人欺骗过，不希望让你知道等诸如此类的情况，所以在潜意识里有隐瞒事实的表现。和异性视线相遇时故意躲开，表示关心对方，或表示不好意思。如果眼珠滴溜溜地转，这种人容易见异思迁。

好像貌视对方的眼光，多表示敌视或拒绝的意思。对方的目光发亮并冷峻逼人时，表示对人不相信，自身处于戒备中。对方做没有表情的眼神时，表明心中有所不平或不满。对方根本不看你，可视为对方对你不感兴趣或无亲近感。目不转睛地凝视着对方谈话的人，一般表示较为诚实。在谈话中注视对方时，表示其说话内容为自己所强调，或希望听者更能理解。初次见面先移开视线者，大多想处于优势地位，争强好胜。被对方注视时，立即移开目光者，大都有自卑感或缺点。

喜欢斜眼看对方者，表示对对方怀有兴趣，却又不想让对方发现。

抬眼看人时，表示对对方怀有尊敬和信赖之心。俯视对方者，欲显示对对方的一种威严。视线不集中于对方，目光转移迅速者，大多属于性格内向的。视线左右晃动不停，表示陷入冥思苦想之中。视界大幅度扩大，视线方向剧烈变化时，表示此人心中不安或有恐惧心理。在谈话时，如果目光突然向下，表示转入沉思状态，想整理出头绪来。尽管视线在不停地移动，但当出现有规律眨眼时，表示思考已有了头绪。

对方对你到底有没有兴趣或亲近感，可以从视线的有无来判断。如果对方不看你一眼，那表示对方对你完全没有兴趣；倘若对方与你频频交换视线，无疑表示他希望与你建立来往的关系。此外，由于彼此不认识，只是视线偶然接触，在这片刻之间，双方都会很自然地避开对方的视线。同样，如果被人瞪了很长时间，总觉得对方似乎看穿了自己心底的秘密。

当双方的视线互相接触时，首先翻眼皮的人，就是胜利者。反之，对方的心理动态，马上就被先下手为强的人操纵了，接着，对方的心理活动，也会落在后者的掌握之中。因此，在初次见面的时候，对一面谈话，一面将视线投向外边的人，你一定要加以提防。这种人常常言不由衷，不太好交往。不过，这种情形也有例外，有些人心中另有隐情，或有愧于心，为了不让对方看穿自己心底的秘密，也常将他的视线投向外边。

通过眼睛探测对方心理的能力，女性通常比男性要强得多。有些研究者认为，女性的这种能力与观察细微有关，心理学家认为这实属女性的天性。有些学者认为，女性在通过眼睛探测对方（包括同性和异性）心理方面的能力之所以强于男性，是因为女性更易忌妒或钟情，她们对同性的观察或探测，是出于一种无意识的潜在忌妒心理，而对异性的观察精细或探测幽深，则是出于一种有意识但却无意流露出来的钟情心理。

你也可以像侦探一样精确"阅人"

在人际交往中，如何较准确地判断出他人内心的真实想法，有时真不能单纯地听他说什么。心口不一的情况时时存在。但是，请记住：人说出的话可以编造，但说话时的体态是骗不了人的。人的惯性动作"出卖"了他的掩饰。

要达到精准"阅人"的境界，你就得像侦探一样，善于捕捉任何一个被人忽略的细节。它们被人忽略，正是因为它们是人们无意识、下意识表现出的，被人认为习以为常的动作、神态，也正是因为如此，这些细节才成为会说话的动作，成为你精准"阅人"的准确切入点。

通过观察他人的体相，来洞察他人内心的真实想法，能及时识破一些人的骗局，戳穿他人的谎言。如果你是位领导，能帮你决策果断，提高成功率，赢得下属的心；如果你是位业务员，能及时捕捉客户的所思所想，就能服务到位，赢得客户的认可，提高销售业绩；如果你正在追求理想中的情人，你可以不听对方的任何表白，就可以揣测出你追她成功的可能性有多大。所以，你需要拥有一双"慧眼"，时刻保持警觉，抓住细节。

"点头"和"摇头"这两种头部动作所持的肯定和否定的态度，在人们的潜意识中可以说是根深蒂固的。不管人类的智慧进化到了多么高深的程度，这种人类骨子里的东西，是谁想有意掩饰，都掩饰不了的，可以说无法根除。基于这一点，在人际交往中，观察一个人对某种事情或持肯定态度，或持否定态度就有了观察判断的依据。

如果你是求爱的一方，问对方究竟爱不爱你时，请你不要把注意力只放在他说了什么，还要仔细观察他在回答你时，他头部自然流露出的动作与他的回答是否一致。当他表示同意你的观点，或接受你的爱时，你注意观察他的头部动作，如果是发自内心的，所持的是肯定态度，他会伴有微微"点头"的动作。面对这种情况，你对他持完全的信任没问题。如果他在肯定地回答你时，你发现他的头部没有点头的示意，甚至伴有"摇头"的迹象，可以判定他是"口是心非"。那么，在以后的接触中，要对他加以提防。

手掌的动作会传递出许多的信息，其中手心朝上与朝下，传递的信息是不一样的。通常情况下，手心朝上一般传达的是积极的、坦诚的、正向的信息；而手心朝下则传达的是否定的、消极的、被动的肢体语言。想要发觉一个人是否坦诚，有效的方法之一，是观察那人手掌的动作。行为心理学家研究发现，人类饲养的狗在向人表示顺从或向别的狗表示屈服时，会仰起头暴露出它的喉部，人则是用手掌来表示类似的态度。比如，小孩子在说谎或隐藏事情的时候，两手自然不自然地往背后藏。同样地，当丈夫要向妻子隐藏他在外玩了一夜的事实时，一面说着编造的谎言，一面会下意识地把手插进口袋里，或将两手埋在腋下，如果有经验的妻子，看到他这样隐藏手的动作，马上会断定他说的话的真假。

身体动作除了显示对方当下的状态之外，很多时候也是个性的展现。日本管理顾问武田哲男归纳出几种常见的习惯动作，反映了特定的个性与行为模式：

一、喜欢眨眼

这种人心胸狭隘，不太能够信任人。如果和这种人进行交涉或有事请托时，最好直截了当地说明。

二、习惯盯着别人看

代表警戒心很强，不容易表露内心情感，所以面对他们，避免出现过度热情或是开玩笑的言语。

三、喜欢提高音量说话

多半是自我主义者，对自己很有自信，如果你认为自己不适合奉承别人，最好和这种人划清界线。

四、穿着不拘小节

代表个性随和，而且面对人情压力时容易屈服，所以有事情找他们商量时，最好是套交情，远比通过公事上的关系要来得有效。

五、一坐下就跷脚

这种人充满企图心与自信，而且有行动力，下定决心后会立刻行动。

六、将两手环抱在胸前

做事也非常谨慎，行动力强，坚持己见。

以上只是简单说明几种重要的观察方法，重要的还是要靠经验的累积，只要平时多与人互动、多观察，你也能拥有惊人的阅人能力。

训练有目的地寻找、发现和认识人的能力

当今，功利性地交友已经不是什么新鲜的事情，也不会被人视作是一种令人唾弃的行为。在生意场上，有计划地有目的地寻找人才，认识人才，才能确定可靠的雇佣关系和合作关系。

每当你翻开通信录，打开名片夹，就发现很多人都对不上号，有时甚至完全不记得这个人究竟是谁。通常，我们总是想想就作罢了，从来不会深究这个人究竟是谁。毕竟我们随时都在结识新朋友，遗忘旧朋友，记不住也是常理，很少有人会自我反省为什么记不住对方。直到有一天，当合作伙伴不讲信用时，才发觉问题的严重；当朋友暗箭伤人，才后悔为何没能早点看清……如果我们早点思考，这些烦恼就不会出现。亡羊补牢，为时未晚，现在赶紧寻找问题的症结，解决它吧。

其实，出现这些问题，根源就在于目的的缺失。这是看穿人心入门阶段最容易忽视的问题，不知道自己找什么。每天，我们接触的信息多如牛毛、纷繁复杂，但真正能进入我们内心的信息少之又少，要留下印象都如此困难，更别说有什么发现和收获了。症结出在哪儿呢？那是因为我们一直没有进行有目的地寻找、发现和认识。我们不知道自己的所需，没有带着需求去看，自然也就无法留下深刻的印象了。

不清楚自己的需求，也会造成我们寻人的障碍。试想，自己都不清楚自己的需求，又如何知道到底在找什么样的人呢？不管是找恋人、合作伙伴，还是保姆，你都应该在脑子里列一张表，想想自己到底需要什么样的人，性格内向还是外向？是电子方面的人才还是法律方面的？如此，你才能对号入座，发现自己需要的人。即便是找保姆，你也要先弄清自己的需要，是要带孩子的还是做家务的？知道自己要什么，有的放矢地寻找，才能迅速地找到目标。

在现代社会中，很多情况下朋友交往主要是为了直接的功利性

目的。

　　小章是公司的地区销售主管，为了打开某地的市场，必须进入当地的一家大型百货公司。说实在的，这个任务还真的比较困难，因为小章所在公司的产品并没有明显的竞争优势。产品不提劲，只有靠业务员的能耐了。小章通过调查，认为百货公司采购部门的小李是比较合适的目标对象。小李尽管不是采购部门的主管，但恰好分管本公司的产品采购。由于其他公司纷纷将目标集中在采购部门主管身上，小李很少被人重视。其实，小李事实上控制着进货权，只要小李提出来，主管又不反对，也就通过了所有的障碍；即使是主管引进的产品，所有的手续还是小李经手处理。小章的老板并没有给予太多的经费和权限，小章即使采用其他公司的策略，将采购主管作为目标对象，或许也不能达到理想的效果，因为采购主管毕竟见识广泛，小章有限的资源和权限，甚至小章那几下子，根本不是其对手。小章采取了与小李交朋友的策略。正式拜访小李之后，找了一个机会与小李在外面吃了一顿饭。吃饭的时候，小章不停地夸耀自己四川火锅做得很地道。小李顺口恭维了几句，小章就顺势邀请小李到自己家里（公司的办事处）吃四川火锅，小李也就答应了。

　　家里待客与在外面吃饭有很大的差异，通常只有朋友才采用这种方式。小章和小李在家里吃了一顿小章亲手做的四川火锅之后，双方都以朋友关系相处，而不是普通的业务关系。当然，小章也顺利地把业务做成了。

　　这个案例中，小章交朋友的目的就是典型的功利性目的，通过与小李交朋友，打开某地的市场。除了业务关系之外，很多情况下交朋友都带有明显的功利性特征。例如，认识某个人，可以买到打折的商品，办特定的事情容易很多，或者成为炫耀的资本……其实我们大可不必因为直接的功利性目标而感到朋友关系是否不纯，因为很多朋友就是功利性的朋友。同样是做生意或者做事情，与朋友打交道当然比与陌生人打交道要好很多，除了办事顺利之外，大家还是朋友一场，何乐而不为呢？

第九章
成功让别人听你的话

话语权的争夺和使用，是成功路上的必要历程。在成功的路上，如何能实现目的，牵涉到话语权灵巧地运用。如果要别人接纳你的意见，你必须要灵活辩论，让别人自然而然地跟着你的思路走，从你的角度想事情。而要是劝说不太管用，就得更加八面玲珑地迎合别人的意见，绕个弯路，以达到自己的目的。话语权的主动与转让，都是让自己获取成功果实的不同方式，性质虽相反，但是取得的效果是一样的。

你是自己人：信任感是劝说的第一步

君王只会听取信臣的意见，而对于不信任的人，轻则置之不理，重则更加疏远。说服别人与臣子献计也是一样的道理，人们永远只会相信自己阵营里的人，排斥与之不相干的，利益不同的其他角色。

所谓说服，指在正式或非正式的谈判交流中，进行充分的沟通，进而使对方接受说服者意图的过程。这是一个非常复杂的过程，其中的每一环节都要谨慎小心，任何微小的错误都会降低说服的效果。

说服别人，就是使被说服者能够认同说服方的各种信息和事实。而要达到这一点，最基础的要求就是要在说服的前期建立相互信任的关系。所以，说服艺术中一条最基本的法则就是尽量建立相互间的信任。这是因为，说服的过程如果是以相互信任为基础的，则有助于创造良好的气氛、调节双方的情绪、增强说服的效果。

　　同样一个十分有利于公司发展的方案，如果领导信任你，他就容易接受；相反，如果领导不相信你，那么，他就难以接受。一个正直诚实的人往往容易获得他人的信任。

　　对不信任的人，无论他怎样劝说也不会得到效果，因此，信任是劝说的第一步。怎样才能让人信任呢？首先就是让对方觉得你是自己人，是替他着想的，对此有很多技巧。

一、寻找共同利益，利用"自己人效应"

　　在劝说中，力争使对方形成与自己相同的看法，尤其让对方看清楚双方在利益上的共同之处，共同之处会使他人产生趋向倾向，把你看作是自己人，这样可以大大减少对立情绪。你提出要求时，对方较易接受。心理学家哈斯曾告诉人们："一个造酒厂老板可以告诉你为什么一种啤酒比另一种好，但你的朋友（不管他的知识渊博还是肤浅）却可能对你选择哪一种啤酒具有更大的影响。"

二、对对方的某些困难表示关心和理解，适度褒扬别人

　　每个人的内心都有自己渴望的"评价"，希望被赞美并希望别人能了解。

　　比如你是领导，当下属由于非能力因素而借口公务繁忙拒绝接受某项工作任务之时，领导为了调动他的积极性和热情从事该项工作，可以这样说："我知道你很忙，抽不开身，但这种事情非得你去解决才行，我对其他人没有把握，思前想后，觉得你才是最佳人选。"这样一来就使对方无法拒绝，巧妙地使对方的"不"变成"是"。这一劝说技巧主要在于对对方某些固有的优点给予适度的褒奖，以使对方得到心理上的满足，减轻挫败时的心理困扰，使其在较为愉快的情绪中接受你的劝说。

三、寻求共鸣

　　人与人之间常常会有共同的观点，为了有效地说服别人，应该敏锐地把握这种共同意识，以便求同存异，缩短与被劝说对象之间的心理距离，进而达到说服的目的。共同意识的提出能缩短和别人之间的心理距离，能使激烈反对者不再和我们的意见相反，而且会平心静气地听我们的劝说。这样，我们就有了解释自己的观点，进而攻入别人

内心的机会。

四、动之以情

说服工作，在很大程度上可以说是感情的征服。感情是沟通的桥梁，要想说服别人，必须跨越这座桥，才能进入对方的心理堡垒，征服别人。在劝说别人时，应推心置腹，动之以情，讲明利害关系，使对方感到我们的劝告并不抱有任何个人目的，没有丝毫不良企图，而是真心实意地帮助被劝导者，为他的切身利益着想。

五、以真诚之心建立情谊

一位美国青年当上了一家豪华饭店的侍从，这是一个收入很高的工作。一天一个顾客在进餐前，把餐巾绕脖子围了一圈。经理见后对这个青年说："去告诉他餐巾的正确使用方法。"青年来到顾客面前笑着对他说："先生，您要刮脸，还是要理发，这里是餐厅。"结果他失去了一个好工作。

这位青年劝说为什么会失败？最主要的原因是他缺少真诚之心。在劝说他人，加强情感联络的同时还要具有同情心，使对方感到你是真诚的。

六、轻松诙谐

说服别人时，不能一律板着脸、皱着眉，这样很容易引起被劝说人的反感与抵触情绪，使说服工作陷入僵局。可以适当点缀些俏皮话、笑话或歇后语，从而取得良好的效果。这种加"作料"的方法，只要使用得当，就能把抽象的道理讲得清楚明白、诙谐风趣，不失为说服技巧中的神来之笔。

七、注意说话时的距离

在美国，询问可疑人时有"警官坐在可疑者身边，警官与可疑者之间不放置桌子等物"的要求。实际上警官和可疑者之间的距离是60～90厘米。以这种距离相坐时两膝十分接近，这就是促膝谈判。如果与对方的距离远，中间有桌子等物相隔，就会给予对方心理上的余地。促膝谈判，不给对方以心理上的余地。

想得到他人长时间的协助，怎样说服好呢？以此为目的进行了实验。距对方30～40厘米进行热心的劝说，得到协助的时间最长。而

90～120厘米距离的劝说，得到协助的时间最短。近距离热心说服的效果，是不能以远距离说服代替的。

八、利用光环效应

一般说来，信任是基于他的社会地位。

如医生、律师、领导、教师等都易被人信任。名片上一般都有自己的头衔，身份明了，根据"××长"、"××博士"的头衔就可产生信任感，这就是光环效应。如果一个人病了，医生的话当然要比经济学家的话更能取得他的信赖。

此外，我们还要注意沟通中的各种微小细节问题，缩小与对手的心理距离。生活中人与人之间的交往也处处证实了这一点，如果一个人对别人总是心怀戒备、处处提防，就会在双方的交往过程中无形地挖开一道深深的鸿沟，虚情假意的惺惺作态只会让交往沟通的难度一升再升。请注意，在沟通中的话语，甚至是不自觉的微小的体态语言都会给对方产生强烈的印象，如说服者在对话中不自觉地低头或将视线移开，语气的犹豫，用词的模糊，都会使对方自然而然地产生感觉："他不信任我，一定隐瞒了什么！"或是："这小子目中无人，根本不把我当回事！"这样的话，说服的难度就会大大增加。因此，说服沟通过程中，应该处处注意激发并保持亲近、融洽的气氛，以便于说服活动的逐步深入。例如可以在对话中多用"我们"、"我们大家"，或者在闲聊中谈及自己的私事或个人的生活细节，稍稍偏离说服的主题，也可以使对方产生更亲密更贴近的感受。

你对别人越信任，别人也会给你更多的信任。对别人的信任和友好，实际上是对其积极行为的强化，会大大地激发其可信行为的重复，也制造了更多的融洽，别人会投桃报李，给你更多的信任。这样，所进行的说服工作也会事半功倍。

运用他人最熟悉的语言

试想一场以论者自我为中心的群体讨论吧！你的论述如果只有你

一个人懂，那么即使话题再生动有趣，别人也不会应和你，并加入讨论。如果不想把与对方的交流变成你自己的独角戏，那么，就要多运用一些别人的经验在你的谈话里。

阿莫斯·科明18岁时第一次到纽约来，他只想到一家报社去做编辑。当时，纽约有成千上万的失业人员，几乎所有的报社都被求职的人挤满了。在这种情况下，科明是很难达成他的愿望的。

科明在一家印刷厂做过几年排字工人，这是他所有的也是唯一的工作经验。但是，他知道，和他一样，《纽约论坛》的老板荷拉斯·格利莱幼年也在印刷厂里做过学徒，所以，科明决定先去《纽约论坛》试试。科明想，格利莱一定会对与他有相似经历的孩子感兴趣的。他是对的，他果然被录取了。

他十分容易地让格利莱相信他是值得雇用的。正如卡耐基的成功一样，科明完全是因为能巧妙地借用格利莱自己的经验来达到目的的。

这种方法也是十分简单的。比如，当我们看见一种新式飞船时，我们想让他人相信这飞船令人惊异的长度，于是，当你想说给街上的行人听时，你就得说它有三个街区那么长，或说它有从榆树街到林肯街那样长。这些人经常在街上走，所以你一说，他们就知道飞船到底有多长。如果你想说给一个纽约人听，你就得说飞船的长度和42号街上新建的克莱斯勒大厦的高度一样。因此，我们想让他人完全理解自己的语言时，一定要引用他人的经验才行。

很多时候，除非你能引用他人的经验去让他理解你所说的话，否则，他甚至不知道你在说什么。确实是这样，有些人只有在自己的经验范围内才能理解他人的话，因此，与这种人交流时，如果不能迅速引用他们自己的经验，他们也不会了解你想要表达的事物。这是因为，大部分人都很懒惰，懒得动脑去思考问题，如果他们从一开始就不明白你在说什么，那么，他们可能就永远也不会明白了。所以，当一个聪明人想把自己的想法和意见说给他人听时，他总会想方设法地运用对方所熟悉的语言，使其能迅速理解自己想说的话。

一次，许多摄影记者把石油大王洛克菲勒的儿子和三个孙子包围住了。本来他们是出去旅行的，洛克菲勒的儿子不想让孩子们的照片曝光，那么，他会当场严词拒绝吗？不会！如果这样做，他还是聪明的洛克菲勒的儿子吗？为了不让那些摄影记者扫兴，同时又达到自己的目的，他就想方设法让他们情不自禁地同意他的意见，他不把他们当新闻记者，而是当成一名父亲或将要做父亲的平常人，与他们交谈着。他合乎情理地提出自己的意见，把小孩子的照片登在大众读物上对儿童的教育是不利的。这些记者也认为他的想法是十分有道理的，最后就很客气地告辞了。

在查尔斯·布朗的故事中我们也可以看到这种简单而有效的策略。本来，查尔斯·布朗是一名船长，后来，他成了全球最大的玻璃工厂匹兹堡平板玻璃公司的总经理。

创业初期，他在明尼阿波利营做着彩色玻璃的生意。当时，有一家同行与他一起竞争一笔大生意，因为他能及时了解买主的特殊经验，他获得了成功。

这份合同的决策者都是美国西部的人，因此，布朗故意做了一份粗率而狂放的计划书，而他的竞争对手却恰恰相反。最后，布朗拿到了这份合同，因为他充分利用了买主的经验。

伊万杰林·普斯女士也运用过相同的策略，在与顽固的犯人交谈的几分钟时间里，她就能让犯人泪流满面地低头忏悔。

沃尔多·沃仑记载道："她一开始就谈犯人幼年的事，以勾起犯人对美好纯真的童年的怀念。也许，犯人能应付那些外来的高压，如威胁、刑罚等，可他们却不能抵抗那些浮现于内心的种种回忆。"

美国著名的探险家拉·撒里，他一开始也因为被印第安人仇视而遭遇了很多挫折。后来，他学会了用印第安语以及印第安常用的特殊语言与他人交流，受到了其中一个部落的欢迎，最后在当地人的帮助下，他终于完成了历史上著名的墨西哥湾旅行。

亨利·桑敦是美国铁路专家，他之所以能在英国坐上大东铁路公司总经理的位置，就是因为他在一个恰当的时机，巧妙地说了一句他人常说的成语。

在他刚刚就任之时，他发现别人对他很冷漠，他自己就像处在"雾都"五月的寒霜中一样。原来，他曾说过："任何英国人都没有担任此职的资格。"这句话使英国人十分愤怒。因此，英国人对他十分不满。但是，这位后来的加拿大国有铁路公司的局长、数千万人的领袖只用了一个小小方法就将人们的敌意消除了。在英国人面前，他用英国人的成语，迎合他们的口味发表了一次公开演说。在演说中，他特意说，自己到英国来任职只是想有个"户外竞技的机会"罢了。

多年来，约瑟夫·乔特都是纽约律师界的领袖，他的雄辩家地位从来未有过一丝动摇。这恰恰就在于他善于在演说中运用这种策略。

有一个艺术学校是以陶瓷为主要科目的。乔特在这个学校一开始演讲就说自己是校长手里的一堆"陶土"，接下来，他就开始讲述自巴比伦及尼奈梵时代以来的陶瓷简史。

在他担任一家钓鱼俱乐部主席时，一开始演说，他就把自己比喻成被俱乐部的职员放进来的一尾"怪鱼"，也许，他这尾"怪鱼"会让他们的钓鱼失败。这样打趣自己之后，他才接着讲英国渔业委员会在繁殖江河鱼类方面所做出的突出业绩。

他在英国一所学校里演说时，就列举了许多从这个学校毕业的大人物，以此证明在教育方面，美国是远远不如英国的。

总而言之，他的所有演说总是集中在他人感兴趣的事物上。

民主党领袖阿尔·史密斯十分擅长此道，他的语言和题材都源自不同的听众，无论是在大学里演讲还是在纽约的政治集会上提出见解时。

优秀的雄辩天才菲利浦斯曾说："雄辩的第一意义便是以听众的经验为自己演讲的根本出发点。他所演说的内容十分符合听众的口味。"

菲利浦斯说："演讲者愈能将自己的思想融入听众的经验中，就愈容易达到目的。"他还说："我跟朋友说我的邻居买了一车紫苜蓿。我这位从未见过紫苜蓿的朋友对此十分困惑。因此，我又说：'紫苜蓿是一种草。'于是，他马上就对紫苜蓿有了一个大体的印象。这样，经过我一补充，这句话就变得十分容易理解了，这是因为说者将解释融入了听者的经验之中。"

菲利浦斯还举过一个相似的事例："当我的朋友踏入家门之时，天气十分晴朗。一小时后，我走出门说快要下雨了，开始，他不相信我的话，我告诉他，西方乌云滚滚，闪电划空，冷风四起，他便信了我的话。我是如何说服他的呢？我只是向他说了乌云、闪电和狂风三种事实而已，而这三种事实是与他之前经历过的风雨即将来临时所有现象都相同。因此，他便信了我的话。"菲利浦斯得出一个结论：如果要他人相信你，关键是要列出与听者的经验相似的事实。

抛出实在利益，没有人能够拒绝你

人们任凭你口头狂轰乱炸，都无动于衷，那是因为语言的诱惑等于"口说无凭"，而当利益"眼见为实"地摆上台面，相信很多人就会把持不住了。

在生活中，人们常用晓之以理、动之以情的方法来说服他人。但事实证明，有时情不一定能打动人，理也不一定能说服人。此时，就要想到以利服人——对方之所以不服，无非是为了某种利益，只要将其中的利益说开了，对方的心理防线也就很容易松弛了。

齐国孟尝君田文，又称薛公，用齐来为韩、魏攻打楚，又为韩、魏攻打秦，而向西周借兵求粮。韩庆（韩人但在西周做官）为了西周的利益对薛公说："您拿齐国为韩、魏攻楚，五年才攻取宛和叶以北地区，增强了韩、魏的势力。如今又联合攻秦，又增加了韩、魏的强势。韩、魏两国南边没有对楚国侵略的担忧，西边没有对秦国的恐惧，这样，辽阔的两国愈加显得重要和尊贵，而齐国却因此显得轻贱了。犹如树木的树根和枝梢更迭盛衰，事物的强弱也会因时而变化，臣私下替齐国感到不安。您莫如使敝国西周暗中与秦和好，而您不要真的攻秦，也不必要向敝国借兵求粮。您兵临函谷关而不要进攻，让敝国把您的意图对秦王说：'薛公肯定不会破秦来扩大韩、魏，他之所以进兵，是企图让楚国割让东国给齐。'这样，秦王将会放回楚怀王来与齐保持和好关系（当时楚怀王被秦昭公以会盟名义骗入秦地，并被扣押），秦国得以不被攻击，而拿楚的东国使自己免除灾难，肯定会愿意去做。楚王得以归国，必定感激齐国，齐得到楚国的东国而愈发强大，而薛公地盘也就世世代代没有忧患了。秦国解除三国兵患，处于三晋（韩、赵、魏）的西邻，三晋也必来尊事齐国。"

薛公说："很好。"因而派遣韩庆入秦，使三国停止攻秦，从而让齐国不向西周来借兵求粮。

韩庆游说的根本和最初目的就是让齐国打消向西周借兵求粮的念头。他的聪明之处是没有直接说出这个目的，而是以为齐国的利益着想、为齐国的前途考虑为出发点，在为齐国谋划过程中，自然地达成了自己的目的。所以在说服他人时一定要以对方为出发点，要让他明白各种利害关系、挑明他的利益所在，然后再关联到自己的目的和利益。

下面介绍几种以利益说服他人的技巧：

一、直陈后果，以利制人

此方法，就是直接告知被说服者，不接受劝说，就会失去某种"利"，从而以一种强制性和不可抗拒性使对方接受。

丁某在一机关单位上班，由于他自视有靠山，常常置单位规章制度于不顾，迟到、旷工、上班时间吵闹等恶习不改，影响极其恶劣。为此，好几任机关领导虽然都曾找丁某苦口婆心地谈过话，但都因方法不当或力度不够而没有解决——情与理的说服遇到了阻碍。新领导上任，直接找到丁某办公室，当着众人的面警告："我已经宣布了单位新的规章制度，甭管是谁，如果违反，丑话说前头，我就先'烂掉'这根出头的'椽子'——咱们单位人满为患，需要精简人员。我说得出，也能办得到，不信就试一试！"丁某从没听过这么坚定有力的"威胁"话语，哪里敢再试？结果，新领导没有讲什么道理，就根除了丁某的恶习。其解决的关键就是"利益"发挥了作用——谁也不想丢掉自己的饭碗。

二、对比利害，以利喻人

直陈后果固然可以强制人服从，但它只适用于那些比较顽固不化的人身上，对于大多数人来说，还是要通过使其心服来主动听从说服者的意见。这就需要说服者从"利"、"害"两个方面阐明利弊得失，通过利与害的对比，清楚明白地分析出何为轻何为重，向被说服者指出如何做更有利，更易于被说服者接受合理的意见和主张。

有一个人很不满意自己的工作，他忿忿地对朋友说："我的领导一点也不把我放在眼里，改天我要对他拍桌子，然后辞职不干。"他的朋友不希望他辞职，就问："你对那家贸易公司完全弄清楚了吗？对他们做国际贸易的窍门完全搞通了吗？"他回答："没有！"他的朋友建议说："君子报仇十年不晚，我建议你好好地把他们的一切贸易技巧、商务文书和公司组织完全搞通，然后再辞职不干。你用他们的公司做免费学习的地方，什么东西都通了之后，再一走了之，不是既出了气，又有许多收获吗？"由于他的朋友从分析"现在就辞职的利弊得失"入手，从维护他的利益出发，进行分析，提出建议，最终那人听从了朋友的建议。

三、结合情理，以利动人

有时候，单纯的"利"难免给人以贪利庸俗之嫌，最好是在对被说服者利益尊重和认同的基础上，将利与理、情有机结合起来论事说理、条陈利害。

著名体操运动员李宁，在"退役"时面临很多的选择：广西体委副主任职位；年薪百万美元的外国国家队教练；演艺界力邀李宁加盟，那是明星偶像之路；健力宝公司也有招募之意。李宁举棋未定。健力宝公司总裁李经纬再次面见李宁，他先谈起一个美国运动员"退役"后替一家鞋业公司做广告，赚钱后自己搞公司，用自己的名字命名公司和鞋的牌子，成功得很，引起李宁若有所思。然后从李宁想办体操学校的理想入手，分析说："要是你想靠国家拨款资助，不是不可以，但许多事情不好解决。与其向国家伸手，不如自己闯条路子。所以我认为你最好先搞实业，就搞李宁牌运动服吧。赚了钱，有经济实力，莫说你想办一所体操学校，就是办十所也不成问题。"这番话使李宁的心为之一动。见时机已经成熟，李经纬提出："请你考虑一下，是不是到健力宝来？我相信只要我们携手合作，绝对不会是1＋1＝2这样简单的算术。从另一个角度说，就目前，恐怕也只有健力宝能帮助你实现这个理想。我那时创业，走了不少弯路，你应该也不至于从零开始吧，那实在太难。你到健力宝来，我们是基于友情而合作，健力宝也需要你这样的人。"面对李经纬的热情、诚恳和一次极好的发展机会，李宁终于决定到健力宝去。

李经纬劝说李宁时，突出地表现了对李宁切身利益的关注，论证了李宁到健力宝公司的有利性，同时又充分表现了朋友般的拳拳之情，非常有人情味，从而打动了李宁，也实现了自己的劝说目的。

从他人最感兴趣的事着手

"要迅速和与你不相干的人和事情建立起关系，特别是和名人，大事件有所牵连。"这好像是每个渴望成功的人梦想中的捷径攻略。要获得这样的机会不是不可能，前提是要摸清对方兴趣所在，才能提高获取交流机会的概率。

爱德华博克是《妇女家庭杂志》的著名编辑。13岁时，他给当时的每位名人都写了一封信，引起了他们的注意。当时，他只是西联电报公司里一个送电报的小孩而已。可他没费什么力气就与众多名人交了朋友，比如格兰特将军夫妇、拉瑟夫特·海斯、休曼将军、林肯夫人、杰斐逊、戴维斯等人。在博克的众多朋友中，拉瑟夫特·海斯后来当选为美国总统。博克初创《伯罗克里杂志》时，拉瑟夫特在头版发表了一篇文章，使杂志的身价倍增，一路看涨，销量大大提高。

在这个世界上，许多人都盼望着那些地位显赫的大人物能在百忙之中注意一下自己，如果没有合适的方法的话，这种渴求也只是一个遥不可及的梦罢了。

年轻的爱德华·博克却十分幸运，他与这些大人物交上了朋友，很明显，这些友谊对他的人生有很大的作用。

他给大人物们写的信都很特别。为了加大信件的针对性，他熟读名人的传记，熟悉了每位名人的性格。这样，他写的信自然就很有吸引力，因而也深深地打动了那些名人。

彼亚特回忆道："博克想核实一下伟人传记中的一些事情，于是，他就凭着孩子特有的真诚直接写信去问加菲尔特将军，问他小时候是否真的做过纤夫。同时，他还将写这封信的原因向将军一五一十地道明。不久，将军客气地回复了他，详细地回答了他的问题。他从将军的回信中受到了不少鼓舞，他还想得到其他名人的书信，不只是为了能得到他们的手迹，更重要的是，他想从名人的回信中学到一些对自己有益的知识。

"因此，他又开始写信了。他不是追问那些伟人们做事的理由，就是询问他生平最重要的事情或日期……还有几个人欢迎爱德华去做客。所以，每当那些与他通过信的名人来到伯罗克里时，他都登门致谢，以示敬意。"

我们都想让那些自己不曾有机会接触的大人物注意到自己，我们都想攻克这些重要的"碉堡"，可我们有哪些良枪良炮呢？我们能否像博克一样去从他人的事情中寻找属于自己的"枪炮"呢？

要想打动他人，首先应该赢得他人的注意，并牢牢抓住这个机会。

这是博克成功的所在，他运用了所有能干的人所常用的策略达到了自己的目的：以每位名人最感兴趣的事作为出发点去接近他们。

安德鲁·卡内基能在事业陷入生死存亡的关头奇迹般地扭转溃败的局面，除了他的好运气之外，大部分是因为他成功地运用了这一策略。当时，有一笔规模很大的铁路桥梁工程的生意几乎快被别人抢去了，卡内基眼睁睁地看着他将失去这份巨额合同。

他想尽了一切办法，想让桥梁建筑公司的决策层改变主意。当时，人们对于熟铁好于生铁这一重要事实并不了解，于是，卡内基就以此为突破口，开始了他的行动。据卡内基说，那时，仿佛是上天注定一般，发生了一件出乎意料的事情，给了他一个绝妙的机会。一位管理人员在黑暗中驾驶一辆马车时，不小心撞到了一根生铁做的灯柱上，发生了惨剧。

卡内基马上作出反应。他说："大家看见了吧？如果灯柱是用熟铁做的，这样的惨剧就不会发生了。"于是，在事实面前，他们相信了卡耐基的说法，他得到了为他们详细解说为何熟铁比生铁好的机会。

在那些决策人已经准备接受那家公司标价的关键时刻发生了这样的事，而卡内基竟然在如此短暂的时间里从竞争对手那里抢过了这笔大生意。他及时而恰当地运用了与爱德华·博克同样的方法：从管理人的切身经验中寻找让自己脱颖而出的机会，最终达成目标。

当我们和他人交谈时，如果发现对方的眼神在游移，同时感觉到他们的注意力并不在我们身上之时，也许是因为我们忽略了这个策略；我们没有去关心对方的经验和体会，谈话中没有他特别感兴趣的东西。杰勒德·斯沃普的失败就是最好的例证。

左手博弈论
右手心理学

——大全集——

（第四卷）

张维维　编著

中国华侨出版社

用对方的观点说服他最有效

"以其人之道还治其人之身"，这句老话也可以用在与对方的过招中。什么样的招式都没有以对方的招式武装自己来得更具杀伤力。当你拥有对方的思路和策略，那么想要征服对方的目标已经开始实现。

汽车大王亨利·福特曾说："从我和他人的很多经验中可以看出，那个所谓的成功的策略就是从他人的角度去考虑问题，用'推己及人'的思维去看待各种事物。"原通用电气公司总经理欧文·扬也说过："那些拥有光明前程之人，恰恰是那种有易地而处的思维，能够探究和关注他人心理的人。"

亨利·福特和欧文·扬在这两句话中已经完全抓住了我们在上文中讲过与人相处的要领了。福特用"推己及人"四个字说明了人与人之间的不同之处：人们各有各的需要、问题、偏见和独特的趣味、经验。如果我们想把握住他人，就要从他人的观点出发去接近他们才行。

其实，这个要点也十分简单。只要我们在说话时稍微注意一下说话的时机和内容就可以了。

你知道卡耐基的弟弟和善良的老人派伯的有趣故事吗？

卡耐基基斯顿桥梁公司有一位股东叫派伯。他十分妒忌卡耐基的其他事业，如专为桥梁公司供铁的钢铁厂等。为此，他们还争吵过许多次。一次，派伯以为一份合同抄错了，于是就表示出对卡耐基的弟弟十分不满意。

其实，派伯是想弄清楚合同中所写的"实价"二字的意思。价目表上标的是"实价"的字眼，可当交易顺利结束时，没有人提到"实价"这件事。卡耐基的弟弟对此是这样说的："哦，派伯，那是不需要再加钱的意思。"派伯满意地答道："哦，那就好。"

卡耐基评价这件事说："很多事都是要这样解决的，如果说'实价即不打折扣'，也许就会马上引起纷争。"卡耐基的弟弟以对方能够了解的方法迎合了派伯的心思。

以下这个小故事就说明了一个运用语言来感化他人的道理。

纽约的著名律师马丁·里特尔顿以雄辩而闻名。他也十分清楚地解释过这个原理："如果不能令与我们交谈的人提起兴趣，或者不能将其折服，也许就是因为我们不能站在对方立场去考虑问题的缘故。"

只要是推销过商品的人都知道，一个想法是否成功不只由那个想法本身的性质决定，很大程度上还要看你是以怎样的态度去向他人展示你的想法。

当威尔逊总统为组织国联而游说欧洲各国时，豪斯上校就用一个小方法使威尔逊说服了法国政府。豪斯在威尔逊与那位绰号叫"法国老虎"的克莱·门索会晤的前10分钟贡献了一个尽管很小、但却十分聪明的主意。他建议威尔逊把先谈海洋自由问题作为说服法国的方法，因为这是法国急需解决，而与国联又密切相关的事。

果然，克莱·门索对此十分感兴趣，后来他终于支持成立国联。威尔逊之所以能赢得"法国老虎"的支持，完全是因为他告诉后者国联可以满足他的某种需要，从而把自己的计划与克莱·门索的观点融合在一起。

"以其人之道还治其人之身"是说服别人的灵丹妙药，可是我们总是不能运用这一法宝，因为我们总是忘记思考问题。比如，在出席一个集会之前，我们是不是总会考虑自己该说什么呢？我们是否能顺着对方的兴趣来表达自己的意见呢？是否能顾及他人的最急切的需要呢？在向上级汇报之前，在见一位顾客之前，在与一个同事交谈之前，在召见一个下属之前，有多少人能真正地考虑过这些人的需要呢？多纳姆说，有一次一位很能干的推销员曾经说过一句十分有道理的话："如果我们在拜访一个人之时，不知道应该对他说什么，也没想过要观察他的兴趣和思想，以及他会怎么回答我们的话，就鲁莽地冲到他的办公室，这种做法是非常不明智的。你不如在他办公室外考虑两个小时，然后再去敲人家的门。"

多数派就是压力

当两个人统一口径诱使某人采取求同行为时，几乎没有人会作出错误选择。如果人数增加到三人，求同率就迅速上升。从众心理与从众效应在生活中随处可见，多数派容易形成压力，具有说服别人的力量。

战国时代，互相攻伐，为了使大家真正能遵守信约，国与国之间通常都将太子交给对方作为人质。《战国策·魏策》有这样一段记载：

魏国大臣庞葱，将要陪魏太子到赵国去作人质，临行前对魏王说："现在有一个人来说街市上出现了老虎，大王可相信吗？"

魏王道："我不相信。"

庞葱说："如果有第二个人说街市上出现了老虎，大王可相信吗？"

魏王道："我有些将信将疑了。"

庞葱又说："如果有第三个人说街市上出现了老虎，大王相信吗？"

魏王道："我当然会相信。"

庞葱就说："街市上不会有老虎，这是很明显的事，可是经过三个人一说，好像真的有了老虎了。现在赵国国都邯郸离魏国国都大梁，比这里的街市远了许多，议论我的人又不止三个。希望大王明察才好。"

魏王道："一切我自己知道。"

庞葱陪太子回国，魏王果然没有再召见他了。

"市"是人口集中的地方，当然不会有老虎。说市上有虎，显然是造谣、欺骗，但许多人这样说了，如果人们不是从事物真相上看问题，也往往会信以为真的。

这故事本来是讽刺魏惠王无知的，但后世人引申这故事成为"三人成虎"这句成语，乃是借来比喻有时谣言可以掩盖真相的意思。但这个故事同时也向我们揭示了这样一个道理：当多数人都认定同一件事情时，这势必会对判断者造成一定的压力。

　　说服别人或提出令人为难的要求时，最好的办法是由几个人同时给对方施加压力。那么为了引发对方的求同行为，至少需要几个人才能奏效呢？

　　实验结果表明，能够引发同步行为的人数至少为 3～4 名。当两个人统一口径诱使某人采取求同行为时，几乎没有人会作出错误选择。如果人数增加到 3 人，求同率就迅速上升。效果最好的是 5 个人中有 4 人意见一致。人数增至 8 名或 15 名，求同率也几乎保持不变。但是，这种劝说方法受环境的制约较大，在一对一的谈判中或对方人多时就很难发挥作用。当对方是一个人时，你可以事先请两个支持者参加谈判，并在谈判桌上以分别交换意见的方式诱使对方作出求同行为。

　　在纸牌游戏中，经常能看到这种现象。纸牌游戏一般由 4 个人参加，在游戏过程中如果时机成熟，有人会建议提高赌金或导入新规则，同时也会有人提出异议，这时如果能拉拢其他两人，三个人合力对付一个人，那么剩下的那个人会因寡不敌众而改变自己的主张，被多数的力量说服。

　　孔子的学生曾参是战国时一个有名的学者，至孝至仁，在道德方面是无可挑剔的。他的母亲对儿子极为了解。有一次，曾参有事外出未归，碰巧一个与他同名的人杀了人被抓走了。一位邻居急忙报信给曾母："你的儿子因为杀人被捕了。"曾母连连摇头，相信曾参不会杀人，所以依旧织自己的布。不一会儿，另外一个邻居跑来对曾参的母亲说："你的儿子杀人了。"曾参的母亲开始有些怀疑了，但仍然不信自己的儿子会杀人。不久第三个人对曾母说："你的儿子杀人了，你赶快跑吧，不然官府就要来抓你了。"话音刚落，曾母已经扔掉织布的梭子，准备翻过墙头去逃难了。

　　从众心理是指人们改变自己的观念或行为，使之与群体的标准相一致的一种倾向性。也许有人说，我是个意志坚强的人，不会随便改变自己的观念。但是，当大家众口一词地反对你时，你还能坚持自己的意见吗？

　　社会心理学家所罗门·阿希做过一个比较线条长短的实验。在实验中，有 1 个大学生，还有 6 个研究者参与实验（大学生并不知道这些人是研究者），大学生总是最后一个发表意见。

　　当线条呈现出来后，大家都做出了一致的反应。之后呈现第二组线条，6个研究者给出了完全错误的答案（即故意把长的线条说成是短的）。这时，最后一个发言的大学生就十分迷惑，并且怀疑自己的眼睛或其他地方出了问题，虽然他的视力良好。

迫于群体压力，他还是说出了明知是错误的答案。人们为了被喜欢，为了做正确的事情必然表现出从众行为。那么，在什么条件下人们会从众呢？

1. 当群体的人数在一定范围内增多时，人越多人们越容易发生从众。"三人成虎"，说的就是这种情况。不过当群体的人数超过一定的数量时，从众行为就不会显著增加了。

2. 群体一致性。当群体中的人们意见一致时，人们的从众行为最多。如果有一个人的意见不一致时，从众行为就会低至正常情况的1/4。

3. 群体成员的权威性。如果所在的群体里都是著名的教授，那么即使他们说出了明显错误的事情，自己也会好好思考一下；如果所在的群体里是普通人，当他们说出明显是错误的事情时，自己肯定会立刻反驳。

4. 个人的自我卷入水平。无预先表达即自我卷入水平最低；事先在纸上写下自己的想法，之后再表达——自我卷入水平中等；公开表达自己的想法表示自我卷入水平高。实验证明，个人的自我卷入水平越高，越拒绝从众。

简单说来，从众即是对少数服从多数的最好解释。不过，这种服从是少数派心甘情愿地服从。

从众效应是指人际交往中个人受群体影响自动服从群体的效应。日常生活里，人们经常表现从众行为倾向，即受周围多数人的影响，自动选择多数人愿意做的事去做。

例如，在一条人头攒动的繁华街道上，有人站立在那里使劲朝上张望，不一会儿便吸引周围的人停下来一起张望，即使许多人并不知道为什么而张望，也会不知不觉地看上几眼，后来停下来张望的越聚越多，形成一群人一起在张望。

其实这样类似的事情，在日常生活中并不少见。社会心理学家指出，人们普遍具有从众心理的原因：一是从众行为使人获得安全感，多数人同意做的事即使错了也比一个人做错事要好；二是从众行为容易为群体所接受，任何人的生存都离不开群体，希望自己为群体所接纳，而不愿被群体所排斥。

按照正确的社会规范、群体要求的从众行为是积极的。人际交往中的从众心理，在不同人身上表现不同。自信心较强和个性较突出的人从众心理较为淡薄，自信心不足和个性随和的人从众心理较为明显。

社会心理学家关于从众行为性别区别的研究证实，女性一般比男性从众性高。许多不同条件下的实验结果表明，女性从众率为 35%，男性从众率为 22%。女性从众率高的原因是女性较男性易于遵从于群体的压力，也由于女性更倾向于维护群体的凝聚力。

利用权威人士帮你说话

人天生有服从的需要，对权威会有本能的相信。善于用语言征服别人的人，常常会引用名人或权威者的话，来提高自己言论的价值。但在利用权威帮你说话时，也要注意利用好人们的依赖心理，把对方厌烦心理控制在一定的范围之内。

在说服别人的时候，抬出权威来说话，这就是权威说服法。利用权威能使你的说服工作顺利进行，事半功倍。假如你知道怎样运用权威，你就可以很顺利地成为胜利者。

利用人们相信权威的心理进行说服的例子很多，在日常生活中也随处可见。比如有些推销人员在卖人寿保险的时候，他们喜欢提到权威人士。他们说："过去有五位总统都买了我们公司的人寿保险。""你们公司的经理也买我们的人寿保险。"大家会说："噢，我们公司的经理那么精明能干，他都买你们的人寿保险，看来你们的人寿保险是不错，买吧。"一些推销员并没有经过很深的判断，但他就这么做了。这就是利用了人们相信权威的心理。

很多时候国内请一些国外的人来作报告，其实国内有些方面的技术水平并不一定比国外的差，但是外来的和尚会念经，大家的权威心理在作祟；另外，也希望听一听外面的人的意见，这也是一种权威心理。

有的时候没有这种权威人士给你作宣传，那怎么办呢？利用权威机构的证明。权威机构的证明自然更具权威性，其影响力也非同一般。当客户对产品的质量或其他问题存有疑虑时，销售人员可以利用这种方式来打消客户的疑虑。例如："本产品经过××协会的严格认证，在经过了连续9个月的调查之后，××协会认为我们公司的产品完全符合国家标准……"

除了利用权威机构的证明外，我们还可以使用确凿的数字和清晰的统计资料。很多有经验的商人都会说："这家工厂利用了我们这个机器产量增加20％，那个工厂利用了我们的计算机效率提高了30％。"然后把这些数字，很系统地给新客户看，新的客户很容易地就接受了。有的时候，产品刚刚出现，统计数字还太小，他们还有一种方法，就是用前面的顾客买了他们的产品觉得满意写来的信函做宣传，这个时候，这种做法对新顾客，对一些小的公司也起一定的影响作用，这就是权威的心理。

善于用语言征服别人的人，常常会引用名人或权威者的话，来提高自己言论的价值。人们对事物的看法常常是带有偏见的，无论是什么，只要有权威人士或有名气的人捧场，大都会认为是上品，纵然是以前根本名不见经传的，也会有很多人去购买。这是一种错觉，人们往往会将推荐的人和推荐的东西混为一谈。这种心理现象，经常在日常生活中发生。如电视的商业广告或其他宣传海报，常聘请名人或权威者来宣传，便是利用人们的心理。电视广告可以反复播送，商品的特性便深深印在观众的心里。

但使用这种技巧，必须恰当。电视的商业广告，在宣传商品特色时，如果和标语不一致，会得到相反的效果，岂不可惜。譬如，以制造健康酒为主的中药厂商，为了扩大营业，利用电视广告作宣传，他们打破传统的做法，提出现代化的卫生工厂设备，及聘请有名的演员做宣传，想抓住年轻阶层。结果，却完全失败。因为，无论男女老幼对健康酒的一贯传统，是要求信赖感和安心感，绝不是在求其合理性或新鲜度。

总之，引用名人或权威者以提高产品知名度时，先要能正确地把握对方的期待、对方的弱点，才能发挥最佳的效果。

怎样运用权威非常重要，因为它足以反映你能把人际关系处理得如何，还有你怎样引导对方努力朝向一个共同的目标——你的目标。也许你认为没什么必要使用权威，但了解权威怎么发挥它的力量对你却大有帮助，特别是当它挡住了你的路时。

无论何时你宣扬权威，同时你也是在宣扬你的领导权、你的可信任性，以及你的不易犯错（某种程度的）等特性。你在说明你是对的，你的想法要被遵循，同时，你也是在冒险。如果你没有成功的话，你可能会发现你不只输了一场比赛，还有别人对你领导能力的信心。若你误用了权威，别人会知道，而且会把你的失败加以夸大。出了纰漏的说服者可能会发现，以前对他忠实的跟随者正在背叛他。

身为权威者要知道他力量的来源，而且还要知道怎样去处理他在别人身上激发的情感。权威者之所以是权威者，原因是别人相信他是。

在某些方面，所有的权威都会让人想起自己的父母。小孩子相信他们的父母是强壮的、对的、无所不知的，因为孩子需要强壮、正确、又无所不知的父母。成人了之后，人们会把这种古老的尊敬、恐惧和愤怒的感情投注在权威者身上，赋予他相当的力量。

当父母告诉长大些的孩子该做什么时，他们会觉得生气，但是通常他们对于反抗父母也会觉得焦虑和内疚，因此努力控制自己不要去厌恶父母。同样，当权威者告诉大人要怎样做时，他们一样会觉得生气，但也试着控制自己的厌恶之情。

所以，我们在利用权威帮你说话时要注意利用好人们的依赖心理，把对方厌烦心理控制在一定的范围之内。

引发同理心，带来谈判转折点

同理心指能设身处地地体验他人的处境，对他人的情绪和心境给予理解。这种"同理"层次越高，感受越准确、深入。它不仅能帮助人们更好地理解对方，缓解情绪状态，促进对方的自我理解和双方深入沟通，建立起一种积极的人际关系，还有助于发展人们的爱心、利他、合作等个性品质。缺乏同理心的人是不能从他人的角度出发去理解他人的，他们常常不能接受别人的观点，却要求别人接受他们的观点。对这样的人，人们自然"敬而远之"。

在谈判中，掌握对方的心理是非常重要的。从谈判的准备阶段起，直至谈判结束，都应该"攻心为上"，所以同理心的运用显得很重要。

同理心是个心理学概念。它的基本意思是说，你要想真正了解别人，就要学会站在别人的角度来看问题。在沟通中，同理心尤其重要。有个英国谚语说："要想知道别人的鞋子合不合脚，穿上别人的鞋子走一英里。"工作中因为某件事发生了冲突，也有人说"你坐那个位置看看，也会这样做"，说的也是同理心的概念。

人际间的沟通，以"同理心"最能达到效果，这是利用将心比心的技巧，让对方也能感同身受，进而让彼此愿意站在对方的立场上着想，达到相互尊重与和谐互助的沟通成效。

在美国经济大萧条的年代，人们的工作机会非常难得。有位 17 岁的女孩好不容易找到一份售货员的工作，虽然这只是暂时性的工作。这时，圣诞节即将到来，珠宝店里的生意非常忙碌，女孩工作相当勤奋，因为今天早上她听经理说，想继续聘用她。

中午时分，她正将柜上的戒指全部拿出来整理，忽然，她瞥见柜台边来了一位男子，看上去 30 岁左右，而且穿着有点残破的衬衫，满脸散发着悲伤、怨愤的气息，似乎说明了这个人的生活遭遇，而他此刻正贪婪地盯着那些珠宝首饰。

这时，电话铃响了，女孩因为急着去接电话，一个不小心把摆放珠宝的碟子打翻了，六枚精致的钻石戒指，就这么清脆地掉落在地上。

她连电话都不接了，连忙趴到地上寻找，并捡起了五枚戒指。

"咦？还有一枚戒指呢？"女孩在地上找了半天，怎么也找不到，不禁急得出了一身冷汗。

这时，她看到那个男子正向门口走去，忽然，她知道戒指在哪儿了。

当男子的手即将拉起门把走出珠宝店时，女孩温和地喊了一声："对不起，先生！"

那男子登时停住，并转过身来，之后约有一分钟的时间像是静止的！

最后，男子打破静默，他有点微微颤抖地问："什么事？"他的声音似乎有点卡住了，男子咽了咽口水，又复述了一遍："什么事？"

女孩这时却低下了头，神色黯然地说："先生，这是我头一份工作。唉！现在想找个工作很难的，不是吗？"

男子看着她，也低头沉思，忽然在他的脸上浮现出一个温和的微笑："是啊！的确如此。但是我可以肯定一件事，你在这里一定做得很不错。"停了一下，男子向前走了一步，接着把手伸了出来，并对着女孩说："我可以为你祝福吗？"

女孩立即伸出了手，并温柔地微笑着。只见两只手紧紧地握在一起，而女孩接着也用十分柔和的声音对这名男子说："祝你好运！"

男子随后便转身离开，女孩目送他的身影消失之后，才转身回到柜台，将手中的第六枚戒指放回原处。

每个人都有心地柔软的一面，这是人性的弱点，也绝对是人性的优点。就像故事里的女孩与小偷，女孩紧抓住彼此类似遭遇的"同理心"，获得了对方的理解与同情，最终让事情有了转机。甚至，我们还能大胆地预测，因为这份将心比心的相知与相惜，小偷的未来必定会有一个全新的人生。

在谈判中，同理心也有广泛的应用。我们可以有意迎合对方的喜好，使其得到心理与情感上的满足，是投其所好的技巧。当彼此产生融洽的感情基础之后，再进一步提出己方的条件与要求，容易被对方认可。投其所好的具体手段很多。

如给予对手良好的款待，赠送礼物，陪同观光旅游，参加文娱体育活动等。还可以通过谈论或参与对手喜爱的各种活动，主动介入到对方独特的文化氛围，取得心理认同感。

对手心理得到满足，有利于扫清谈判道路上的障碍，取得谈判共识。投其所好技巧用于"感情型"与"虚荣型"的谈判对手效果尤佳。前者可能会考虑"人情难却"而不惜代价，希望获得对方认同，交往中要适时抛出些赞扬、称颂的话语。后者的自我意识极强，善于表现自己，可创造些机会，让其好大喜功地表演一番。

认同感不仅仅是彼此间话家常，认同感更是一种表现同理心的能力，也就是感同身受。认同感是建立伙伴关系的第一步，是一种体贴、细心、言出必行、有礼貌等一系列的组合。认同感也就是要求谈判人员做好准备，可以随时为对方提供附加价值。有些业务员认为生意归生意，有的人甚至表示他们会避免建立私人关系。然而大多数的商业关系都掺杂私交在内。顶尖的业务员和销售组织会将交易视为建立关系的机会，他们懂得如何让一连串的交易转变成为双方的交情，他们更知道双方的交情常常会决定交易的成败与否。无论你现在是刚开始建立关系，或是正处于加强关系的阶段，或者已经进入伙伴——顾问关系的阶段，感同身受的同理心都扮演了重要的角色。

请记住每一次和顾客的接触都有可能加强或削弱彼此的关系。搞好双边关系的最初阶段就是建立认同感，通常在双方见面的最初几分钟就知道是成功或失败。之所以大家会把认同感和销售连在一起，因为认同感是一股维持销售过程的动力。大型的销售多半不是一次就成交，所以在多次的销售拜访中，必须一直维持着认同感，从找出顾客需求到后来的追踪工作，都不能漏了它。

在美国，曾经发生过这样一件事情。有一位小学生身体感觉不适被送往医院，后经医师详细检查确认他患了癌症。接下来是一连串更详细的检查与治疗，当然其中也包括了人人闻之色变的化学治疗。在不断地使用化学针剂治疗之后，癌细胞的蔓延受到了控制。但化学治疗强烈的副作用也伴随着产生，这位小病童的头发开始大量掉落，一直到他的头上不留一根头发。随着出院的日子一天天接近，小病童的心中除了欣喜之外，更有着一丝隐隐的担忧——考虑自己是否应该戴上假发回学校上课。一则为了自己光秃的头而自卑，再则也怕自己光头的新造型吓坏了同学。回学校那天，母亲推着轮椅，送他走进教室的那一刻，母亲和他不禁张大了口，惊喜得发不出声音来。只见全班同学全都理光了头发，连老师也顶着大光头，热烈地欢迎他回来上课。我们的小病童一把扯去假发，大叫大笑，从轮椅上一跃而起。

在激烈的社会竞争中，谁能具有良好的心理素质和人格魅力，谁就会拥有良好的人际关系，谁也就有可能成为大赢家。至少，这是一个通向良好人际关系的桥梁，即便在普通的生活中，我们都可以体验到这一点。在社会上，不少人的身上具备了很多让别人羡慕的地方，如良好的家庭条件和漂亮的外表等。可他们当中有的人不但不能感受到快乐，反而常常会陷入不满、苦闷或是愤怒的心理状态之中。

不过，在我们身边，还存在着这样的情况，那就是同理心过度。处处站在别人的角度想问题，却忽略了自己的感受，或者让自己沾染上了别人太多的心理不适，带来不必要的心理负担。以下的方法可以帮助你避免同理心过度：

一、保持自我界限感

在跟别人同理的时候，记住分清楚双方界限，而不要把两者混淆起来。尤其不要过度地跟对方的负面情绪共感。

二、把握分寸和尺度

同理心的目的是为了便于双方更顺畅地沟通，因此，你要看对方接受的程度而把握分寸，不要一厢情愿。

三、有时要"难得糊涂"

同理心其实是一种慈悲和善意，而不是非要助人为乐，甚至为别人作决定。在别人不想要你涉及的领域，哪怕你发现了问题也要学会装一下糊涂，要相信别人有解决问题的能力。

说到底，同理心是人生全方位的心理历练，是你和他人建立良好关系的决定性因素。同理他人并不意味着完全认同他人，而是因为懂得，所以宽怀，不会拿自我的东西来压制他人的意愿。你对他人内心世界的深入体恤也让人际之间产生了爱的连接，让你时时刻刻被爱所环绕。人生也会因此得到更多支撑，越走越顺！

抛出肯定问题，让对方不得不同意

交涉的过程实际上也就是双方对话的过程，善于交谈的人能掌握对方的心理活动，引导他们从一开始就做出肯定的回答。要学会赞同别人，努力让别人赞同你。如果想要别人接受你的观点，请记住："在谈话开始时就要设法得到对方肯定的回答。"

交涉的过程实际上也就是双方对话的过程，那么怎样在彼此的交谈或交流中赢得对方的信任，说服别人，提问的方式很重要。心理学研究证明，如果我们一开始就抛出一系列的肯定问题，让对方不得不同意，跟着我们的思路走，那么说服工作就能很顺利地进行。

当你和某人开始交谈时，不要选择有分歧的话题，而应选择意见一致的话题。要设法说明，你们的追求是一致的，所不同的只是方法，目的是一个。与某人开始谈话时尽量让他说"是的、是的"，而不是说"不"。奥弗斯特里特教授在所著书中说"不"这种答复是最严重的障碍。如果一个人说出了"不"字，他的自尊心就会促使他一直坚持到底。事后他或许认识到这个"不"字不明智，然而他要顾全自己的面子，非这样做不可。他既然说了，就必定要坚持。因而与人交谈时，不给对方创造说"不"字的机会是很重要的。

善于交谈的人总是在最初就能得到肯定的答复。他能掌握对方的心理活动，引导他们做出肯定的回答。

这就好比是打台球。你从一个方向击球，既需要力量使它偏离这个方向，又需要更大的力量让它碰回相反的一方。从心理学上解释这个问题非常简单，当一个人说出"不"字时，他的心理也确实是这样想的，不单是口头说说而已。他的整个神经思维系统都同"赞成"处于对峙状态。但当这个人说"是"的时候，上述情况就绝对不会发生。

因此，我们在谈话开始时得到的"是"越多，就能越快地获得对方对我们意见的赞同。这种方法非常简单，但人们对它却视而不见。人们习惯以首先表示反对意见来维护自己的尊严。激进者同保守者谈话时，立刻就能激起保守者的愤怒。他能从中得到什么好处呢？他这样做如果是为了使自己开心，还能被人理解；但倘若他是想借此获得什么，那就说明他不懂心理学。如果你的顾主、妻子或孩子说出"不"字，就需要你有极大的耐心去改变他们的答复。

尽管苏格拉底曾穷得连鞋都穿不上，到40岁时才娶上老婆，但他是一位杰出的人物。他获得了很少有人能获得的成功——大大改变了人的思维方式。在他死后一千多年的今天，人们仍然把他作为一位有影响力的英明人物来敬仰。他的方法是什么？他对人们说过他们不对吗？噢，没有。他不说，这点是非常聪明的。

苏格拉底的交际方法被称作"苏格拉底方法"，其根本之点就是得到肯定的回答。他提出他的对手不得不同意的一些问题。这样，他就得到许多肯定的回答。他是在他的对手还没意识到，还没得出结论之前（他的对手在几分钟之前激烈反对的正是这一结论）提出这些问题的。

所以请记住，当下一次你想当面说某人不对时，请你想想苏格拉底是怎样做的，并提出使他不得不作肯定回答的问题。

纽约一家银行有个叫詹姆斯·埃麦逊的出纳员运用"肯定答复"的办法，留住了一位险些失去的大客户。银行的规矩是，有人要在银行开个户头，就必须填写一张应填的表格。有些问题顾客很愿回答，有些问题则会被断然拒答。在此之前，詹姆斯碰到类似情况时总是会对存款人说："如果你拒绝通报必需的情况，我们拒绝为你存款。"

詹姆斯认为，这种最后通牒式的办法曾使他得到一些满足，那就是感到自己是主人，并向人们表明银行的章法是不能破坏的。但来银行存款的人当然不会接受这种态度。而现在他却为过去的做法感到惭愧。

这次面对这么一位大客户，他决心合理地解决这个问题。"不是替银行说话，而是替客户说话。"决心让客户从一开始就说出"是"字。

于是他对这位客户说："在所有需要提供的情况中，您拒绝提供的那部分情况正是银行不怎么需要的。但是，您想过没有，这笔存款即使在您身后也是有效的。难道您就不想让我们把这笔存款转交给您有继承权的亲属吗？"

"说得对，当然想啦。"客户答道。

詹姆斯接着说："这样好不好，您把自己一位亲近的人的姓名告诉我们，这样就可以在您遇到不测的情况下，便于我们迅速无误地实现您的愿望。您看行不行？"

客户又说："可以"，并很愉快地填写了表格。

当对方忘记或忽视了与我们之间的分歧时，其态度就会发生变化，进而赞同我们的提议。所以，在我们谈话开始时就让对方说出了"是的"、"对"，才可能使对方忘记与我们之间的分歧，愉快地接受我们的劝说。

总之，要学会赞同别人，要努力让别人赞同你，要尽量不与人争论，更不能与人"抬杠"。如果想要别人接受你的观点，请记住"在谈话开始时就要设法得到对方肯定的回答"。

顺水推舟促成事成

"顺水推舟"就是因利乘便,利用时机,趁势而上。以子之矛,攻子之盾。抓住对方的话头,把对方引入到你的圈套中。也可先假设对方的观点言之有理,然后据此引申出一个连对方也不得不承认是荒谬的结论来。

"顺水推舟"是一种应变手段。在猝然发生的事件中,能利用此中矛盾,站在主动地位,出其不意地向对方进攻。

归谬说服并不直接反驳对方的错误观点,而是先假设对方的观点言之有理,然后据此引申出一个连对方也不得不承认是荒谬的结论来,从而心甘情愿地放弃原有的错误观点和主张,无条件地接受说服者输出的思想信息。

实践已使许多人懂得,当我们面对固执己见的人,直接反驳其错误会有诸多的不利,而最有效、最巧妙的方法当属归谬说服方式了。

《伊索寓言·不忠实的受托人》中有一段话说得很实在:"遇到谎言说得过于离题的时候,你如果想用论证来破其谬见,那么,未免太郑重其事了。"因为那样反而会纠缠在没有意义的细节上,显得愚拙,不如直接运用归谬方式,以争取让对方"哑巴吃黄莲,有苦说不出"。

据《史记·滑稽列传》记载,楚庄王有一匹心爱的马,"衣以文绣,置之华屋之下,席以露床,啖以枣脯",结果这匹马因为喂得太肥,反倒死了。庄王非常痛心,欲以"棺椁大夫礼"为死马举行丧事。左右力劝,庄王不听,以致动怒,下令:"谁敢再来谏我葬马,就处以死罪!"优孟听知此事,进殿后就仰面大笑,庄王诧异,问其缘故,优孟答道:"这是大王您最喜爱的马呀!我们楚国堂堂大国,什么排场摆不出来呀,而大王只以大夫的丧礼来葬马,太寒酸了!我看应以国君的葬礼来安葬它。"庄王问:"那该怎么办呢?"优孟说:"应以雕玉为棺,文梓为椁，调动大批士卒修坟，征用大批百姓负土。送葬时，让齐国、赵国的使节列于前，让韩国、魏国的使节紧随于后；再给它造起祠庙，祀以太牢之礼，奉以万户之邑，这样一来，诸侯各国就都知道大王您把人看得轻贱，而把马看得很尊贵了。"庄王一听，突然醒悟过来，深责自己险些铸成大错，遂打消了用大夫礼葬马的念头。

庄王以大夫之礼葬马本来就是一件很荒谬的事情，而拒听劝谏，更是蛮横无理。这时候，任何人再去一味地正面规谏，都是不识时务，其后果也就可想而知了。

优孟的聪明之处在于他没有继续强行力谏，而是采用顺水推舟、火上浇油的策略，把貌似合理的东西作了极端的夸张，顺着庄王荒谬的思路向前延伸，直到庄王本人也认为是荒谬至极，才心悦诚服地弃非从谏。

运用归谬方式使说服对象认识原来观点的错误，还可采用这样一套方式，即先提出一些问题让对方谈自己的见解，即便对方说错了，也不要急于直接指出，而要不断地提出补充的问题，诱导对方由错误的前提推到显然荒谬的结论上，使之不得不承认其错误。然后再设法引导他随着你的思维逻辑走，一步一步通向你所主张的观点，达到劝导说服的目的。

一个人讲话不能只顾自己，而应抓住对方的话头，把对方引入到你的圈套中，这样才能机智取胜。成大事者在操纵说话技巧时，常惯用此法。船顺水而下就行得快，说话也是一样，能因势利导、顺水推舟就容易达到说话的目的。

春秋时的孟子，在游说齐宣王时，曾成功地运用了此法。

在战国时期，闻名遐迩的齐宣王尤好大喜功，爱讲排场。据《孟子》记载，齐宣王生性好狩猎，为了寻欢作乐，曾在临淄城郊建了一个方圆40里的猎场，专门蓄养麋鹿等珍禽异兽以供狩猎之用。这么大的猎场，在当时的诸侯国中，已算是破格。可是，齐宣王还嫌小，又恨齐国老百姓反对他建猎场的抱怨之声。于是他问孟子道："当年周文王的猎场有方圆70里之阔，有这事吗？"孟子一到齐国，就知道齐宣王建猎场的事，而且了解到了齐宣王滥杀进场百姓的残酷行为。当齐宣王询问他关于周文王的猎场时，他立即答道："听说有的。"齐宣王一听，果有此事，便进一步问道："果真如此，那他的猎场算不算大？"孟子答道："老百姓还认为它太小哩。"齐宣王一听，马上说："可是我的猎场才 40 里，老百姓却嫌它太大，这是什么道理？"

孟子一见齐宣王满腹牢骚的样子，便乘机进言道："周文王的猎场虽有 70 里，但他多放养幼小的动物，而且与民同游同猎，老百姓嫌它太小，不是很正常吗？我来到齐国，一进国门先要问有什么禁忌然后才敢入内。又听说在你 40 里的猎场内，倘若有人捕杀其中的猎物，罪同杀人，处以重罚。所以虽说只有 40 里，却如一口深深的陷阱立于国中，老百姓认为它大，不也是正常的吗？"

听完孟子的话，齐宣王低头想了好一会，认为果真如此。所以，从那以后，他不再觉得猎场小了，也不禁止百姓入场捕猎了。

孟子此次游说齐宣王为什么能成功？应该说与他善于用"顺水推舟，引君入瓮"的技巧有很大关系。孟子来齐国的目的，就是让齐宣王废旧制，开放猎场与民同乐。但是，在什么时候、在什么情形下才能实现游说的目的呢？恰好，齐宣王主动征询他关于周文王建猎场的事。孟子抓住话茬，顺水推舟，成功地达到了预想的目的。

《史记·孙子吴起列传》中说："战争史告诉我们，双方交战，攻方要在守方的防线上选准一个突破口。"这是告诉我们，办事情如果能找准突破口后，然后加以点拨，因势利导，定能取得奇效。

"顺水推舟，引君入瓮"的特点是以子之矛，攻子之盾，极富雄辩性。在论辩中，发现其论辞的意图后，因势利导，引诱他孤军深入，一直引向荒谬的极端，然后再集中火力，乘机猛攻。这样既打开了尴尬局面，又取得柳暗花明的奇效。

几种功亏一篑的劝说法

说服要因时、因地、因人制宜，才能取得良好效果。类比不当、论证不够严密、损害对方自尊心、过度同情或赞扬、信息虚假、自我中心、着装不合时宜都会使你的说服功亏一篑。

一、类比不当

在叶新《近代学人轶事》里有这样一则名人间的趣事：

清华大学教授吴宓追求毛彦文遭到失败，伤心之下，在报纸上发表了他的爱情诗，其中有"吴宓苦爱毛彦文，三洲人士共惊闻"的诗句。吴宓的一个同事觉得他失恋之后，不该到处张扬，况且女方也是著名教授，要注意她的声誉，要金岳霖去劝劝吴宓。

金岳霖不假思索，就跑去对吴宓说："你的诗如何我们不管。但是，内容是你的爱情，并涉及到毛彦文，这就不是公开发表的事情。这是私事情，私事情是不应该在报纸上宣传的。我们天天早晨上厕所，可是，我们并不为此而宣传。"

听金岳霖这么一说，吴宓大为生气，说："我的爱情不是上厕所！"

金岳霖也觉得不妥，辩解说："我没有说它是上厕所，我说的是私事不应该宣传。"两人不欢而散。

事后，金岳霖回想起来，也认为自己把爱情和上厕所联系在一起，确实不伦不类。由此，他认为自己虽然很有理性，却根本没有劝说别人的能力。

二、论证不够严密

世人都知道林语堂喜欢抽烟斗，烟斗几乎成了他的生活态度的一种标志。有一次，他向秘书黄肇珩女士兴致勃勃地介绍抽烟的好处，找了许多可发挥的论点。最后，他怂恿黄肇珩劝丈夫抽烟斗。

黄女士问："为什么？"

林语堂说："如果他要和你争吵。你就把烟斗塞进他的嘴里。"

不料，黄女士模仿他的语调反问道："如果他用烟斗圆圆的一端敲我的头呢？"

林语堂无话可说，只是哈哈大笑，很欣赏黄女士的机智，同时也觉得自己的论说不甚严密，说服缺乏力度。

三、损害对方自尊心

一位母亲忠告自己的儿子说："我说杰克，你看隔壁家的比尔多有礼貌，多乖啊！你和他是同年生的，而且还比他大两个月，你要好好向他学习，做个好孩子！"

儿子杰克说："哼，嘴里天天就念叨着比尔的好，既然比尔这也好，那也好，干脆你让他做你的亲生儿子算了！"

母亲很生气，儿子也很生气。很显然，母亲的说服没有奏效。因为儿子杰克觉得自己的自尊心受到了伤害，产生了逆反情绪和排斥的心理，所以母亲的劝告适得其反。

再如，丈夫对穿戴不整洁的妻子提出忠告和建议："你看，约翰逊的太太穿戴多么整洁，整整齐齐的，而你老是不修边幅，你就不能学学人家？"

妻子很不高兴地回答道："学学人家？你要我怎么学，你的收入有人家丈夫多吗？也不检讨一下你自己，要是你有了钱，难道我还不会打扮吗？"

显然，妻子明明知道自己是应该注意一下衣着，但出于维护自己的自尊，所以没好气地回敬丈夫，丈夫的忠告自然也失败了。

四、同情或赞扬过度

在说服的过程中，可以对对方的某些困难表示关心、同情；对对方某方面的能力表示钦佩；对对方的某些言行表示赞赏等。但这必须做得自然而不露痕迹，如果让对方感觉到醉翁之意不在酒，就会产生戒备心。

日本著名的职业棒球队教练广冈达朗，对于比赛中表现突出的选手，他顶多只说："今天你很努力。"但对那名选手而言，这种程度的赞美已能使他心中产生最大的满足。这种情形同样发生在商业界，最擅长管理部下的经营者很少赞美员工。因此，当他说出"你很努力"这类赞美之词时，员工会感到"经理对我的评价十分公道"，因而士气大震。其实，喜欢听人奉承是人之常情，每个人都希望受到别人的赞美、奉承。但不可思议的是，如果受到过度的奉承，人们反而会感到不安。

五、信息虚假

在你说服别人的过程中，如果你的论证包含有虚假信息，那绝对是不明智的。如果你想利用别人对某些方面的无知，可能暂时会收到效果。但是在这样一个信息爆炸，信息流通速度快得惊人的时代，你很快就会知道这样的做法是多么愚蠢。而你的声誉，也会因此一落千丈，最后导致说服工作不能完成。

六、自我中心

以自我为中心的说服是绝对不可能成功的，如果你想说服对方，首先要让对方觉得你的提议对他是有好处而无损伤的。

比如一个寿险业务员在给客户介绍了基本情况之后，客户问："这又怎样？"

失败的说服者："我们公司拥有七百万元的资产。"

成功的说服者："你在寿险上的投资百分之百安全，因为我们公司的资产比国内其他公司还多。一旦你走了，你家人将立即获得给付。明显地，同样的情形在其他公司未必适用。选择我们公司，是你明智的决定。"

七、着装不合时宜

事业成功的人在工作、人事交往中一定是个值得信任的人，也就是说他的工作以及待人接物方式等，总给人一种踏实可靠的感觉。

上海某房地产售楼部有过这样一件事：同样的工作时间与工作环境，"售楼先生"完成的营业额大大超过"售楼小姐"。公司对客户进行了解后发现是销售人员不同的装束，对顾客心理产生微妙的影响所致。几位中年女顾客说："看那几位小姐打扮得那么漂亮，指甲油涂得闪闪发亮，像在服装店当模特儿，我们可不是来买裙子的，不合适换一条。我们投进毕生积蓄来买一套住房，当然要找稳妥可靠的公司和销售人员。"也有顾客表示："小姐妆扮如此时髦漂亮，可见将大部分心思投在服饰上了，还有精力替顾客考虑周详吗？倒是几位售楼先生，白衬衣、黑领带、端正的胸卡，一丝不苟，深色西服也给人一种沉稳、老练、周密的感觉，还是去找他们吧！"

以上只是列举一些在说服工作中常见的纰漏，而在具体的说服工作中，需要注意的问题还有很多。总之，说服要因时、因地、因人制宜，才能取得我们预期的效果。

第十章
如何获得 100％ "点头率"

生活中，每个人都扮演着不同的角色，都不可避免地要与人打交道。让人接受你的观点，要成就自己的事业，要树立自己的威信，不仅要有良好的口才，还要有清晰的说服过程。因此要学会主动说服他人，而不是让他人说服你。你要说服他人，就必须把握说服他人的方法，并遵循说服的过程。善于利用语言魅力的人，也就是受人欢迎的说话高手，在劝说别人的场合中，他也显得热情洋溢，聪明不凡，能言善辩，具有令人倾倒的精神魅力。

想要点头率高，先想想你的个人魅力在哪里

假如某事使你怒不可遏，你可能会将怒火一泄为快，但你是否想到对方此时此刻的心情？他能同你共享这种心理上的不满吗？你愤怒的语气和不友好的态度能迫使他同意你的观点吗？你如何在复杂的环境中施展个人魅力，成功说服他人？

事实上，如果你想以拳相待，对方同样也会以牙还牙。假如你善于妥协和让步，并合适地运用说服语言，就一定能找到共同语言。

1915 年，美国工业史上规模最大的罢工浪潮在科罗拉多州持续了两年。矿工们要求富勒煤铁公司提高工人工资。当时该公司由洛克菲

勒主持。愤怒的罢工者砸坏机器，拆毁设备，因此导致了军队的干预并发生多起流血事件。就在人们对洛克菲勒充满愤恨的时候，他却将罢工者争取到自己这一边。他是如何做到的呢？首先，洛克菲勒用了几个星期的时间谋求与罢工者建立友好关系，尔后向罢工工人代表发表了热情洋溢的讲话。他的讲话真可称之为演说杰作，它产生了奇妙的效果，缓和并阻止了向他袭来的仇恨浪潮。在这次讲话之后出现了一批洛克菲勒的崇拜者，部分罢工者只字未提为之长期斗争的、提高工资的要求，便恢复了生产。他在讲话中运用了感人肺腑的诚恳语言。他说："今天是我一生中值得纪念的日子，我为能和这个大公司的工人代表、职员和管理人员第一次在此相会而感到荣幸。请相信，我为此而自豪并永远记住这一天。假如我们相聚在两个星期之前，对你们中的大多数人来说我还是个陌生人，因为那时仅有个别人认识我。在拜访了你们的家庭并已和你们当中的不少人进行交谈后的今天，我可以有把握地说，我们是作为朋友在这里相聚的……"

洛克菲勒在这里运用的说服策略可以说是相当成功的。假如洛克菲勒采取另一种方法，那么结果又会如何呢？如果他据理力争，摆出一大堆力求证明这些矿工是无理的材料，即使他能够驳倒对方，也是一无所获，甚至仇恨和憎恶会越积越深。可见，如何在说服中充分展现个人魅力，是成功说服的关键。

首先是确立目标。你首先必须知道你想要什么，然后才谈得上实施。所有的说服者的失败都由于没有清楚地认识到这一点。洛克菲勒能在环境险恶时保持镇静，知道自己应该达到的目标是让工人们和产业和谐相处，共同发展，所以他选择了理性、和平的方式。

其次要看准对象去说服。在社会上工作久了，你就可以辨清什么人属于攻击型，什么人属于粗野型，什么人是指责型，什么人是冒犯型，什么人是消极型，也可以找到说服他人的办法。当你采取说服他人的正确方式时，你就掌握了主动权。有人说："我缺乏说服能力。"有人说："我对下属讲话，他们'一只耳朵进，一只耳朵出'，根本不知道你在说什么。"其实，这里面有一个重要的问题，就是你是否了解要说服的对象。

说服他人的前提是了解他人，而了解他人则有许多学问。首先要对对方的"听力"加以分析。所谓"听力"，并非指耳朵接受声音的能力，而是指对方对不同意见的接受能力。你的话虽然说了，也许只是一厢情愿的唠叨而已，因为你事先并未了解对方的"听力"，说服不但不能奏效，反而会引出口角。各人的"听力"都不相同：有的人比较精于逻辑思考，能冷静地听你的话，思考分析，他不会立刻相信你的话，因此想要说服他就要求你说话要有根有据，条理分明，否则他根本不会相信你的话。有些人不善于把握资料，也不习惯长时间去思考，更反感和你一起推理，他只想让你作出一个让人信服的结论。有些人满脑子都是人情世故，不考虑你说话的要义，喜欢在你片言只语中去寻找"弦外之音"，揣测你的话会有什么影射含义，对他是否有利或不利。当然，不止以上几种，只要悉心研究，采取有针对性的说服方法，让对方看到对自己有益时，就会使你的说服收到良好的效果。

如何避免请求别人时碰钉子

声东击西、投石问路、自我否定、轻描淡写等都是交际中常用的技巧，在熟练掌握这些交际技巧的同时，我们更应该知道，平日里要广交真朋友，善结好人缘，要有正直高尚的品格、助人为乐的精神，才会有凝聚力、吸引力。

设想一下，当你充满期待地请求他人帮忙时，却当场遭到拒绝，真是难以想象会多么让你如坐针毡。这种因拒绝而产生的尴尬往往会让人心灰意冷，给彼此之间的正常关系带来恶劣的影响。如何避免这种令人困窘的境遇？需要注意哪些不该犯的错误？

首先，在向对方提出请求之前，你要基本了解一下几个方面的情况：提出的要求是否超出了对方的能力范围，要求太高，对方即使有心帮忙，也爱莫能助，这样的要求最好不要提出，否则，岂不是自寻尴尬？

其次，看对方的人品和与自己关系的性质、程度。先侧面了解一下对方是不是乐于助人、慷慨大方，否则，即使你提出的要求并不高，也会被拒绝。还要知道彼此之间的交情深浅，如果对方与你只是泛泛之交，碰壁的可能性就会很大。

最后，看你提出的要求，如果合情不合理，合理不合法，违背政策、原则，就决不要办，更不能去难为别人。

有了以上的基本估计，你就要施展你自己的试探技巧了。人际交往的情况是很复杂的，懂得运用必要的试探方法，能够免去许多不必要的麻烦。以下的方法是比较有效的：

一、声东击西法

当你想提一个要求时，可以先提出一个与此同属一类的问题，试探对方的态度。如果得到肯定的信息，便可以进一步提出自己的要求；如果对方的态度是明确的否定，那就免开尊口，以免遭到拒绝出现尴尬。

曹操用的马鞍被老鼠咬坏了，库吏十分害怕，因为曹操很迷信，如果他知道心爱的马鞍被老鼠咬了，一定认为不吉祥，定要治这个库吏的死罪。曹冲得知此事后，故意用锥子戳破了自己的单衣，然后到曹操面前故作愁容。曹操问他为何烦恼。曹冲说："人们常说，被老鼠咬破了衣服的主人大不吉祥，现在我的单衣被老鼠咬了，怎么办呢？"曹操忙劝慰说："这是无稽之谈，不用担心。"事后，曹冲就让库吏向曹操请罪，说马鞍不慎被老鼠咬了，曹操听了，只是一笑了之。曹冲了解曹操的秉性，揣测到库吏肯定会受责骂，所以他便假托自己的衣服被老鼠咬了，先试探一下曹操的反应，并借此消除其固有的迷信心理，这样库吏提出类似问题时，就免于受责罚。这样的试探，进退自如，不仅有效地避免了尴尬，还能免于受苦。

二、投石问路法

它与声东击西有些相似。如果你有具体想法，先提一个与自己本意相关的问题，请对方回答，如果从其答案中自己已经得出否定性的判断，那就不要再提出自己原定的要求想法，避免尴尬。比如，有个女青年买了块布料，拿回家后看到售货员找的钱不对。但是又没有把握是人家错了，于是她找了回去，问道："小姐，这种布多少钱一米？"对方回答后，她立即明白是自己算错了，说了句"谢谢"，离开了商店。所以，当自己拿不准的时候，不要武断地否定对方，最好使用投石问路法，先清楚事实再决定如何行动。

三、顺便提出法

顺便提出问题。以看似随意的方式提出问题，在很多情况下，实际上正是自己要说明的真正意图。比如小赵随同厂长去拜访一位有名望的书法家，在谈完正事之后，小赵乘机说："万老，我很喜欢您的字，如果您在百忙中能给我写一幅，那就太好了。"万老说："近来我身体不太好，以后再说吧！"在对方的否定答复面前，他一点也没有感到尴尬，但是已达到了试探的目的。

四、自我否定法

自己对所提问题拿不准，如果直截了当地提出来恐怕失言，造成尴尬，这时，就可以既提出问题，同时又自我否定来进行试探。这样，在自我否定的意见中就隐含了两种可供对方的选择，而对方的任何选择都不会使你感到不安。比如，有一位年轻作者在某刊物上发表了两篇小小说，可是收到相当于一篇的稿费，他想这一定是编辑部弄错了，可是又担心如果是自己弄错了，被顶回来那就太尴尬了。于是，他就这样说："编辑先生，我最近收了 200 元稿费，这一期刊登了我两篇稿子，不知是一篇还是两篇的稿费？如果是两篇的那就是我搞错了。"对方立即查了一下，抱歉地说是他们搞错了，当即给以补偿。他把两种可能同时提出，而且把自己的想法作为否定的意见提出。这样即使是自己出错，也因有言在先而不使自己难堪。

五、开玩笑法

有时还可以把本来应郑重其事提出的问题用开玩笑的口气说出来，如果对方给以否定，便可把这个问题归结为开玩笑。这样既可达到试探的目的，又可在一笑之中化解尴尬，维护自己的尊严。

探听虚实：知道底牌，有的放矢

每一个人都有自己的利益需求，这是他最为薄弱的地方，如果在说服别人时能够将和他息息相关的利害关系摆出来，使他明白怎样做对自己有害、怎样做对自己有利，说服他就不会存在什么问题了。

《孙子兵法》有句话很有名，叫做"知己知彼，百战不殆"。在说服人时，也要做到"知己知彼"。然而，"知己"容易，要"知彼"就要下点工夫了，关键是要摸清对方的底牌，也就是说要知道对方想要什么，才能够投其所好，从而说服他们。为什么你不能说服别人？那是因为你没有仔细研究对方，就急忙下结论，还以为"一眼看穿了别人"，当然会碰钉子了。

那么怎样才能够摸清对方的底牌呢？说服之前要多调查，多获得信息。只有多调查，多研究，才能够知道对方的真实想法。

美国人在与人交往时，尤其是在和对方谈判时，就很注意摸清对方的底牌。美国总统尼克松在一次访问日本的时候，基辛格作为美国国务卿同行。尼克松总统在参观日本京都的二条城时，曾询问日本的导游小姐大政奉还是哪一年？那导游小姐一时答不上来，基辛格立即从旁插嘴："1867年。"这点小事说明基辛格在访问日本前已深深了解和研究过日本的情况，阅读了大量有关资料以备不时之需。美国人在和人交谈前总要把情况了解清楚，不主张贸然行动。所以，他们的成功率较高，尤其是在谈判时。美国商人在任何商业谈判前都先做好周密的准备，广泛收集各种可能派上用场的资料，甚至包括对方的身世、嗜好和性格特点，使自己无论处在何种局面，均能从容不迫地应对。

在说服他人时，如果能够摸清他的底牌，就知道了他的需求，就会站在对方的立场，从关心、爱护他的角度出发，摆明他接受意见、停止行动的种种好处，对方就会愉快地接受劝说。那么我们在调查时应该注意哪些方面呢？

一、了解对方的性格

不同性格的人，对接受他人意见的方式和敏感程度是不一样的。如：是性格急躁的人还是性格稳重的人；是自负又胸无点墨的人还是有真才实学又很谦虚的人。掌握了对方的性格，就可以按照他的性格特征，有针对性地说服。

二、了解对方的长处和兴趣

如有人擅长文艺，有人擅长语言，有人擅长交际，有人喜欢绘画，有人喜欢音乐，还有人喜欢下棋、集邮、书法、写作等，每个人都喜欢从事和谈论其最感兴趣的事物。在说服人的时候，要从对方的长处和兴趣入手。首先，能和他谈到一起去，打开他的"话匣子"，也使他容易理解，从而顺利开始你的说服；其次，能将他的长处和兴趣作为说服他的一个有利条件，如一个伶牙俐齿、善于交际的人，在分配他做销售任务时可以说："你在这方面比别人具有难得的才能，这是发挥你潜在能力的一个最好机会。"这样谈既有理有据，又能表明领导者对他的信任，还能引起他对新工作的兴趣。

在说服对方时，要运用交际技巧说服对方放弃固执、愚蠢、鲁莽、不智的举动，要把利害关系摆明，令对方心服口服。"天下熙熙，皆为利来；天下攘攘，皆为利往。"在说服他人时，你只要直陈利害，把利害关系给他摆明了，"打蛇打七寸"，抓住对方切身利益的得失，找出双方的共同点，事情也就成功了。

在某剧场的门前不许卖瓜子、花生之类的小食品，怕的是污染环境，影响市容。可有一位年近六旬的老太太却非要破这个例。用剧场管理员的话说就是："这老太婆年岁大，嘴皮尖，不好对付，只好睁只眼闭只眼。"有一天，市里要组织检查卫生，剧场管理员小马要这位老太婆回避一下，说："老太太，快把摊子挪走，今天这里不许卖东西。"这老太太还是那副倚老卖老的样子："往天许卖，今天又不许卖，世道又变了吗？""世道没有变，今天检查团要来了。""检查团来了就不许卖东西？""检查团来了还许不许吃饭？""检查团来了，地面上不干净要罚款的。"小王加重了语气。"地面不干净关我什么事？"小王无言以对，只得把这位老太太往外赶，两个人就吵了起来。这时候，管理自行车的老刘师傅随后走了过来，对这位老太太说道："老嫂子，你这么一大把年纪，没早没晚的，能挣几个钱呀？检查团来了，真要罚你一笔，你还不是吃不了兜着走呀！再说，检查团不会天天来，饭可是要天天吃，生意可是要天天做啊。"老太婆一听，也有道理，边说边笑着把摊子挪走了。

两个人说服，为什么一个人失败了，而另一个却成功了呢？这其中的奥妙，就在于小马只是一味地讲抽象的大道理，却没有说出其中的利害关系。而老刘从老太婆的切身利益出发，向她指出了只考虑眼前而不顾长远的不良后果，使她真正认识到了自己固执行为的不明智，于是心服口服地接受了规劝，立马就离开了剧场门口。从老刘的方法中我们看到：成功的说服，是建立在为对方利益着想的基础上。设身处地的为对方设想，如果事先没有设想到对方会有哪些反应，就会遭到尴尬的窘境。所以必须站在对方立场上考虑，研究你与对方的差异究竟是什么？是否能够消除？每一个人都有自己的利益需求，这是他最为薄弱的地方，如果在说服别人时能够将和他息息相关的利害关系摆出来，使他明白怎样做对自己有害、怎样做对自己有利，说服他就不会存在什么问题了。

绕弯子太累，言语要通俗易懂

太直白容易伤人，太委婉就会虚伪。要把握中间的一个度，让话语"曲径通幽，直入公堂"。

生活中，有一些人不易接近，就少不了捧场开道、遇水搭桥，有时候为了使对方减轻敌意，放松警惕，接受自己的请求，我们就要学会绕弯子、兜圈子，这样才能达到自己说话的目的。但是过度的兜圈子、绕弯子也是不可取的。

在实际工作中，我们时常也会碰到有一定难度的谈话，这就要求我们使用一定的沟通技巧。没有铺垫的"开门见山"是行不通的，过分兜圈子、绕弯子也是不可取的。

直话直说的人有好处也有坏处，好则"直"没有心机，坏则说话"太直"容易伤人心或得罪人，自己却不知道。把话说得太婉转的人，没有好坏，只是让人受不了，觉得无奈，且让人更加不知所措。

记者小贝一向给人精明能干的感觉，只是有个小缺点，就是说话爱兜圈子。

一天她如常向甲老板发问，问题一问长达 1 分钟，但甲老板听不明白究竟她要问什么，结果在一旁的乙老板用四个字，不用 1 秒钟就讲明了小贝的问题。在场的各位哭笑不得，只能对小贝露出无奈的表情，甲老板更是无言。

其实不管是哪种讲话方式，最重要的还是看场合和与你对话的对象。有时想为别人留余地而讲话婉转，有所保留，但当事人却不以为意，还以为你讲话啰嗦，不识大体，到头来你就多此一举了。

著名语言学家王力先生也曾说过兜圈子是一种说话的艺术，但兜圈子的说话方式也不是随便哪种场合都能用的。要正确运用这种艺术，首先要善于分辨言语交际的具体情况，做到当兜则兜，不当兜还是直说为好。言语交际中兜圈子主要有如下几种情况：

1. 顾及情面，有些话不便直说，可以兜。比如婆媳之间、恋人之间、两亲家之间、朋友之间、客户之间等情感都是需要慢慢建立的，基础欠牢固，交往中的双方都比较谨慎、敏感，言语中稍有差错，都会带来不快或产生误解、造成矛盾。

2. 出于礼仪，有些话不便直说，可以兜。中国是一个历史悠久的文明古国，素称"礼仪之邦"，具有文明礼貌的社交风尚。人们在言语交际中，十分注意话语的适切、得体。私人场合、知己朋友，说话可以直来直去，即使说错了，也无伤大雅。在公共场合，对一般关系的人，特别是晚辈对长辈，下级对上级，对待外宾，说话就要特别讲究方式、分寸。为了不失礼仪，说话就常需兜圈子。

3. 某种事情或某个意思直接挑明，估计对方一时难以接受，一旦对方明确表示不同意，再要改变态度，就困难多了。在这种情况下，为了强调事理，说服对方，就可以把基本观点、结论性的话先藏在一边，而从有关的事物、道理、情感兜起。待到事理通畅、明白，再稍加点拨，自能化难为易，达到说服对方的目的。

4. 直言不讳地表达。为什么大多数人常常会欲言又止、词不达意。也许是因为不想让人觉得自己要求得太多，也许是因为担心被人拒绝，很多人说话往往拐弯抹角、充满暗示，而不是直截了当、想什么就说什么。几乎在每种沟通技巧里，都会阐述这样的道理，那就是直言不讳。你不能指望别人猜想你的目的，或者领会你的暗示。还有，如果你吞吞吐吐、欲言又止，你等于让对方有机会回避争论，要逼对方直接回答。其实，应付断然的拒绝，比你想象的要容易得多。

兜圈子不是猜谜语、说隐语，它是曲径通幽，最终要让对方理解自己的意思，如果兜来兜去，把对方引入迷魂阵，这就不好了。

让你的请求更有分量

让对方在一开始说"是，是的"。假如可能的话，最好让对方没有机会说"不"。这样你的请求将十分有分量，让人从一开始就无法拒绝你，无法拒绝意味着"答应"。中国有句格言最能反映这种智慧——以柔克刚。

早在两千多年前，古希腊哲学家就发明了一种改变他人态度、争取他人支持的方法，即避免对方说"不"字，而应当尽量让对方说"是"，通过一连串的"是"，把他的注意力吸引到自己的最终目标上来，从而让自己的请求更加有分量，让人无法拒绝，这种说话的艺术就是"苏格拉底问答法"。他的秘诀是什么？他指出别人的错处吗？当然不是。他问一些对方肯定会同意的问题，然后渐渐引导对方进入设定的方向。对方只好继续不断地回答"是"，不知不觉到最后已得到你设定的结论了。

美国有一个叫艾利森的推销员，把"苏格拉底问答法"运用到推销中去，结果获得了意外的成功。如有一次一位客户对他说："艾利森，我不能再向你订购发动机了！""为什么？"艾利森吃惊地问。"因为你们的发动机温度太高，我都不能用手去摸它们。"如果在以往，艾利森肯定要与客户争辩，但这一次，他打算改变方式。"是啊！我百分之百地同意你的看法，如果这些发动机温度太高，你当然不应该买它们，是吗？"

"是的。""全国电器制造商规定，合格的发动机可以比室内温度高72华氏度，对吗？"

"是的，那完全正确，不过你们的发动机热过头了。"艾利森并没有辩解，只是轻描淡写地问了一句："车间的温度有多高？""大约75华氏度。"这位客户回答。

"那么，如果车间温度是75华氏度，再加上发动机的72华氏度，总度数是 147 华氏度，如果你把手伸到 147 华氏度的热水龙头下，你的手不会被烫伤吗？”“我想你是对的。”过了一会儿，他把秘书叫来订购了大约 7.5 万美元的发动机。

当你向别人请求的时候，不要先讨论你不同意的事，要先强调、不停地强调你所同意的事。因为你们都在为同一结论而努力，所以你们的相异之处只在方法，而不是目的。

让对方在一开始说“是，是的”。假如可能的话，最好让对方没有机会说“不”。“不”的反应是最难克服的障碍，当你说了一个“不”字之后，你那自尊就会迫使你继续坚持下去，虽然以后也许发现这样的回答有待考虑。但是，你的自尊往哪里摆呀？一旦说了“不”，就发现自己很难摆脱。所以，如何让对方一开始就朝着肯定的方向作出反应，这就看你的说服能力了。懂得说服技巧的人，会在一开始就得到许多“是”的答复，这可以引导对方进入肯定的方向，就像撞球一样，原先你的是一个方向，只要稍有偏差，等球碰回来的时候，就完全与你期待的方向相反了。

“是”的反应其实是一种简单的技巧，却为大多数人所忽略。也许有些人认为，在开始便提出相反的意见，这样不正好可以显示出自己的重要吗？但事实并非如此，在现实生活中，这种“是”的反应的技巧很有用处。

“光圈效应”让你平地升值

为什么知名人士的评价或权威机关的数据会使人不由自主地产生信任感？为什么那些迷信权威的人，即使觉得没有什么值得借鉴之处或者有许多疑问，但只要是权威部门或权威人士的话就会全盘接受？

在美国的金融中心华尔街，一位商学院的学生在办公室的墙中央挂着美国石油大王洛克菲勒的照片——虽然他从来没有见过这位石油大王。照片使人联想到，他与石油大王也许有密切关系；更有人认为，他是一位知道经济界秘密情报的消息灵通人士。这位学生利用人们的心理错觉，将计就计，与很多大富翁交往。在他们的帮助下，他的生意十分顺利。

这就是"光圈效应"的表现，它是一种影响人际知觉的因素。一个人的某种品质或一个物品的某种特性如果给人印象深刻，就会影响人们对这个人的其他品质或这个物品的其他特性——所谓的"爱屋及乌"、"情人眼中出西施"就是这个道理，从而造成了"好者越好，差者越差"的局面。

美国学者罗伯特·西奥迪尼在他的营销学著作《影响力》一书中指出：人们通常会下意识地把一些正面的品质加到外表漂亮的人头上，像聪明、善良、诚实、机智等，虽然它们与这个人其实并无直接的联系。

"光圈效应"最明显的就是体现在权威的作用上。由于人们在心理上对权威的认识能力有限，但崇拜的心理十分强烈，为什么知名人士的评价或权威机关的数据会使人不由自主地产生信任感？为什么那些迷信权威的人，即使觉得没有什么值得借鉴之处或者有许多疑问，但只要是权威部门或权威人士的话就会全盘接受？

航海家麦哲伦之所以能够成功地获得西班牙国王卡洛尔罗斯的帮助，就是利用了"光圈效应"。当时，自哥伦布航海成功以来，许多投机者或骗子为求得资助频频出入王宫。麦哲伦为表明自己与这些人不同，在觐见国王时特地邀请了著名的地理学家路易·帕雷伊洛同往。帕雷伊洛将地球仪摆在国王面前，历数麦哲伦航海的必要性及种种好处，说服卡洛尔罗斯国王颁发航海许可证。但在麦哲伦等人结束航海后，人们发现他对世界地理的错误认识及他所计算的经度和纬度的诸多偏差。可见，卡洛尔罗斯国王只是因为那是"专家的建议"，就认定帕雷伊洛的劝说值得信赖。

可见巧妙地利用"光圈效应"，可以成功地达到说服对方的目的。大多数人只要一听到是"权威"，就会放弃自己的主张或信念，转而去迎合权威的说法。在报纸杂志的书评中，若有知名的权威人士鉴赏某一本书，多数人也会肯定这是一本好书。也许这本书出自一位默默无闻的年轻作家之手，但只要一经著名人士推荐，该书必定畅销。凡此皆属于一种错觉，人们常会在无意之中，将被推荐的书与推荐者的权威混为一谈。这种心态在日常生活中往往会渗透到人的心中。例如电视广告或是宣传海报，往往会利用名人的权威，这是在应用心理学的原理。譬如公司的小职员所说的话，很少会为上司所采用，但若能引用"曾经得过诺贝尔奖的 Ａ 博士说过……"，上司则必定加以考虑。这是因为引用了名人的话加重了自己说话的分量。在现实生活中，"光圈效应"随处可见。热恋中的姑娘和小伙子，受"光圈效应"的影响，双方就会被理想化——姑娘变成了人间的仙女，小伙子变成了白马王子。此时，双方都变得完美无暇，一切缺点都变成了优点：脸色苍白称"洁白无暇"，纤细瘦弱称"苗条均称"，身体肥胖称"丰满健壮"，脸上黑痣称"美人痣"。难怪莎士比亚曾发出这样的感叹："恋人和诗人都是满脑子的想象。"

在社会上还通常会流行这样的话："据一流大学某某某教授说""据世界公认的最具权威的某某学术杂志称"。难怪有推销员在发展会员时往往会说："著名的某某、某某也加入了我们的俱乐部。"所以，具有说服技巧的人，便会经常引用名人名言或著作来证实自己所言的价值。

我们不难发现，拍广告片的多数是那些有名的歌星、影星，而很少见到那些名不见经传的小人物，因为明星推出的商品更容易得到大家的认同。一个作家一旦出名，以前压在箱子底的稿件全然不愁发表，所有著作都不愁销售，这都是"光圈效应"的作用。你如何能够说服别人？企业怎样才能让自己的产品为大众所了解并接受？一条捷径就是让企业的形象或产品与名人相粘连，让名人为公司作宣传。这样，就能借助名人的"名气"帮助企业聚集更旺的人气。要做到人们一想起企业的产品就想到与之相连的名人。

人的感情倾向是很主观的，也是很武断的，它会毫不犹豫地牵引着你去着重认识事物的某个符合自己感情状态的侧面，并加以印证、放大。同样，对于那些与自己既定感情不相符合的方面，则会采取回避、虚化。这样就出现了"一叶障目，不见泰山"的现象。所以，为了增强你的说服效果，提高说服力，你就需要向推销员那样，善于利用"光圈效应"，来使自己平地升值，从而产生意想不到的结果。

第十一章
成功者离不开八方支援

　　想要成功，除了自身的努力以外，必须还得依仗他人的帮助。赤壁之战中，周瑜和孔明要攻打曹操，也要等到东风才能成事。可见，在走向成功的道路上，我们需要招来各路支援，与人为伴，并且察言观色，灵活出招，使他们帮助自己走到目的地，这是走向成功十分重要的手段。不要以为自己单枪匹马能走天下，一个成功的人，往往是受人爱戴，人缘颇好的人，这就需要使上三十六计，善意地利用他人，以求成功。

即使你是天才也需他人相助

　　人能取得多大成就和多少财富，与自己的能力及合作伙伴的合作程度有很大的关系。正像胡雪岩所说："你做初一，我做十五，你吃肉来我喝汤，大家才能共同发财。"要知道，当你拥有了一些愿意与你患难与共的好朋友时，你在事业上也就更容易成功。

　　在历史上，再厉害的好汉也无一能凭一己之力称王称霸。只有团结协作、齐心协力才能最终成功。刘邦用得张良、韩信、萧何，得以创建帝业；刘备用得孔明、关羽、张飞、赵云，得以三足鼎立天下；宋江是一遇大事就手足无措，不知"如何是好"的主子，幸好有梁山一百多位兄弟"哥哥休要惊慌"的辅佐才占据八百里水泊；唐三藏西天取经，没有孙悟空一路的降妖伏魔，猪八戒、沙和尚的鞍前马后，岂能取得真经，普度众生？

在动物世界，即使是最凶残的鳄鱼也有合作伙伴帮助它完成捕猎才得以继续生存。

公元前450年，古希腊历史学家希罗多德来到埃及。在奥博斯城的鳄鱼神庙，他发现大理石水池中的鳄鱼，在饱食后常张着大嘴，听凭一种灰色的小鸟在那里啄食剔牙。这位历史学家非常惊讶，他在著作中写道："所有的鸟兽都避开凶残的鳄鱼，只有这种小鸟却能同鳄鱼友好相处，鳄鱼从不伤害这种小鸟，因为它需要小鸟的帮助。鳄鱼离水上岸后，张开大嘴，让这种小鸟飞到它的嘴里去吃水蛭等小动物，这使鳄鱼感到很舒服。"这种灰色的小鸟叫"燕千鸟"，又称"鳄鱼鸟"或"牙签鸟"，它在鳄鱼的"血盆大口"中寻觅水蛭、苍蝇和食物残屑；有时候，燕千鸟干脆在鳄鱼栖居地营巢，好像在为鳄鱼站岗放哨，只要一有风吹草动，它们就会一哄而散，使鳄鱼猛醒过来，做好准备。正因为这样，鳄鱼和小鸟结下了深厚的友谊。

人们常说"爱拼才会赢"，但偏偏有些人是拼了也不见得赢，关键可能在于缺少贵人相助。在攀登事业高峰的过程中，贵人相助往往是不可缺少的一环，有了贵人相助必然会增加成功的筹码。在人的一生中，总会碰到几个"贵人"。例如，你在工作中一直不是很顺利，心灰意冷，你开始想打退堂鼓，你的一位上司却在这时候拉了你一把，设法帮助你跨过了这道坎儿，重新燃起你的斗志。因此，你的师傅、上司、同事或者朋友，都有可能是你的贵人。

细心观察的人会发现，公司里面总是有那么一些人，平时有事没事就到其他部门和岗位转转，人事、财务等部门更是他们重点光顾的对象，有事说事，没事混个脸熟，遇到机会更是烧上一把高香。也许若干年之后，一些成功机遇便轮到这些人的头上来了。真正善于利用关系的人都有长远的眼光，早做准备，未雨绸缪。这样，在危急时就会得到意想不到的帮助。

丁力在美国的律师事务所刚开业时，连一台复印机都买不起。移民潮一浪接一浪涌进美国时，他接了许多移民的案子，常常深更半夜被唤到移民局的拘留所领人，还不时地在黑白两道间周旋。他常开着一辆掉了漆的本田车，在小镇间奔波，兢兢业业地做着职业律师。天长日久，他终于有了些成就。然而，天有不测风云，一念之差，他的资产投资股票几乎亏尽，更不巧的是，岁末年初，移民法又再次修改，移民名额减少，他的事务所顿时门庭冷落。这时，丁力收到一封信，是一家公司总裁写的：愿将公司 30% 的股权转让给他，并聘他为公司和其他两家分公司的终身法人代表。他不敢相信天上真的掉下馅饼。总裁是个 40 岁开外的波兰裔中年人。"还记得我吗？"总裁问。他摇摇头。总裁微微一笑，从硕大的办公桌的抽屉里拿出一张皱巴巴的 5 美元汇票，上面夹着的名片印有律师事务所的地址、电话。丁力实在想不起有这一桩事情。"10 年前，在移民局……"总裁开口了："我在排队办工卡，排到我时，移民局已经快关门了。当时，我不知道申请费用涨了 5 美元，移民局不收个人支票，我又没有多余的现金。如果我那天拿不到工卡，雇主就会另雇他人了。这时，是你从身后递了 5 美元过来，我要你留下地址，好把钱还给你，你就给了我这张名片。后来我在这家公司工作，很快我发明了两项专利。我单枪匹马来到美国闯天下，经历了许多冷遇和磨难。这 5 美元改变了我对人生的态度，所以，我不能随随便便就寄出这张汇票……"

这个故事颇具传奇性。传奇带有偶然性，只要这种偶然性爆发，就会成为人生的重大转机。尽管他起初不是有意的，却是无心插柳柳成阴。这种无意间的滴水之恩，带来的是受助者日后的涌泉相报。要有长远的眼光，真正利用关系，早做准备，未雨绸缪。这样，在危急时就会得到意想不到的帮助。

某公司有两个打工的小青年，第一个青年因为精明能干，很受老板的器重。老板喜欢把大大小小的事都交给他去办。第二个青年不怎么显山露水，平时的额外工作也不多。日子长了，第一个青年心里就有了些想法，觉得钱没比别人多拿，事却干得不少，实在是不划算。有一次，老板买了一套房子请人装修，让他去帮忙照看一下，他找借口推掉了。第二个青年见状，便自告奋勇去充当监工，每天都守到很晚才离开，他从老板与包工队打交道的过程中受到了很多启发。装修房子完工后不久，老板就宣布提升第二个青年为一个分公司的经理。第一个青年感到不平，不管是论能力还是论业绩，他都是公司里最突出的，但好事却落到了别人的头上。其实，这就是因为他对工作干多干少太过于计较，加之不善于结交老板造成的。

良好的"伯乐与千里马"的关系，强调彼此要以诚相待，既然你有恩于我，他日我必投桃报李。任何人干事业完全可以寻找一位"贵人"，但在寻找贵人的过程中必须谨记以下几点：首先他要是一个你真正景仰的人，而不是你嫉妒的人。其次是摸清"贵人"提拔你的动机。有些人专门喜欢找弟子为他做牛做马，万一出了事，你就可能成为替罪羔羊。最后要谨记，知恩图报，饮水思源，否则就会被人认为是"忘恩负义"。

有了"贵人"的提携，加之个人的能力与努力，你的成功之日就不远了。正像胡雪岩所说："你做初一，我做十五，你吃肉来我喝汤，大家才能共同发财。"要知道，当你拥有了一些愿意与你患难与共的好朋友时，你在事业上也就更容易成功。你也许在业务上很内行，但是假如在你的周围没有人愿意帮助你和支持你，你的生意也就不会有多大的发展。如果在生意场外也没有人帮助你，你也就可能失去很多机会。曾经有人说过："成功的90％是协调人际、和谐共济带来的，只有10％才是技术的突破改进带来的。"

向对方表示钦佩

不管别人的地位高低与否，都能相信对方，重视对方，这样的人必然也能得到大家的认可和尊重。在人际交往中，能经常对他人进行肯定的人，反之也会得到别人的钦佩。

伍特是美国著名将军，他以英明果敢和善于带队见长。

1917年秋季，伍特将军在波士顿兵营中负责把这些刚进军营的两万多个新兵训练成精兵良将。一天，当伍特将军的汽车驶来之时，兵营中的一位士兵正与其女友并肩漫步，他不想当着女友的面向长官敬礼，于是假装没看见，蹲下身去系鞋带。他对自己的长官失礼了。

伍特会严厉地责备这个懒散而愚蠢的士兵吗？不会。伍特有着自己独特的带兵方法。后来，几乎每个人都知道了这个故事。

伍特停下来，把那个士兵叫到面前说："你看见我了吗？"

那士兵尴尬地小声说："看见了，长官。"

将军接着说："为了不向我敬礼，你故意装作系鞋带的样子，是不是？"

"是的，长官。"士兵只好承认。

伍特说："现在，我要告诉你，如果我是你的话，我一定会对我的女友说：'等下，看我怎么让这个老头儿给我敬个礼的！'知道吗？"

那士兵敬了一个礼，尴尬地说："是的，长官。"

将军极其严肃地回礼之后，就驱车前行了。

为了让这些尚不成气的野小子懂得当兵的荣耀，伍特将军用了一个许多人都不太注重的方法。他让士兵把自己当成笑柄，他清楚地告诉他，为了让这"老头儿"给他回礼，他可以先敬个礼。与任何大人物一样，伍特成功地让他的士兵们欢迎他，因为将军能让他们感觉自己是很重要的。

有人问他手下的一个参谋："伍特为何会如此受士兵们的拥戴呢？"

参谋回答："我可以告诉你，那是因为就算你站在最后一排，他也会认为你在部队里是不可缺少的。"

无论你是不是行政人员，你都得和一些必须听命于我们的人打交道。也许，我们都曾注意过，当我们为他们所从事的工作鼓励他们，让他们为之骄傲时，他们会显现出多么大的兴趣！

效率工作制的创始人泰勒就常让他的下属们相信，他们做的事情是最重要的，对整个大局的发展有着非凡的意义。只要你能让一个人敬仰你，你也表示十分钦佩于他的某些才能，你就可以轻而易举地指挥他。

丹尼尔·古亨汗是铜矿大王。他甚至能让办公室的行政人员也有自尊自重的意识。他说："在整个组织之中，办公室人员应该与其他成员一样受到同等的尊重。如果一个工作人员来给你送信、报纸，或者因为其他事情来到你身边，你绝不能让他在一边干等着，因为他和我一样，时间都是很宝贵的。"

先让别人认可你，他会主动伸出援手

处理人际关系就像钓鱼一样，你要想获得对方的认同，首先要考虑的是，他们喜欢什么？你有什么可以将他们吸引到自己的身边来？你想钓不同的鱼，就有必要投资不同的饵。

请试着回想自己完成过的工作。和自己的部下一起同心协力进行的工作，想必是较顺利、轻松得多了。相反地，若无法得到他人的认同、帮助而焦急，会导致烦恼，什么也做不好，从而陷入更糟的困境。

最好的情况是双方相互理解，达成共识，这就是说服。正因为如此，拥有良好的说服力，是非常重要的。或许你从未顺利地完成工作，或许你并没有好的人际关系，那么现在，请你试着考虑获得人们对你的认同。

"说服"并不是要对方俯首称臣，完全按照自己的意思去做的强硬做法，而是要尊重对方，让对方理解，得到赞同，因而产生相同的看法。这其中的道理颇深，试着从这些观点审视自己，具体地想想，哪里不对？何处不懂？

根据这些问题，一一地解决，不管是在工作中或是人生的道路上，创造出一个良好的循环，这就是享受工作、快乐度日的窍门。

我们说话做事情，都必然或多或少地为自身利益打算，但是，我们为了能够得到他人的帮助，就必然要与他人的利益发生关系，或者有益于人，或者有损于人。如果有益于人，就能得到他人的认同和帮助，如果有损于人，必然遇到抵抗，所以，需要得到对方的认同。

古代有许多人都向国君毛遂自荐，要为国家效力。与其说国君是被他们的道理所说服，倒不如说国君是被他们报效国家的诚意所打动，他们受到了国君的认同。

晋献公时，东郭有个叫祖朝的平民，上书给晋献公说："我是东郭草民祖朝，想跟您商量一下国家大计。"晋献公派使者出来告诉他说：

"吃肉的人已经商量好了，吃菜根的人就不要操心了吧！"祖朝说："大王难道没有听说过古代大将司马的事吗？他早上朝见君王，因为动身晚了，急忙赶路，驾车人大声喝斥让马快跑，坐在旁边的一位侍卫也大声喝斥让马快跑。驾车人用手肘碰碰侍卫，不高兴地说：'你为什么多管闲事？你为什么替我喝斥？'侍卫说：'我该喝斥就喝斥，这也是我的事。你当御手，责任是好好拉住你的缰绳。你现在不好好拉住你的缰绳，万一马突然受惊，乱跑起来，会误伤路上的行人。假如遇到敌人，下车拔剑，浴血杀敌，这是我的事，你难道能扔掉缰绳下来帮助我吗？车的安全也关系到我的安危，我同样很担心，怎么能不喝斥呢？'现在大王说吃肉的人已经商量好了，吃菜根的人就不要操心了吧！假设吃肉的人在决定大计时一旦失策，像我们这些吃菜根的人，难道能免于惨遭屠戮、抛尸荒野吗？国家安全也关系到我的安危，我也同样很担心，我怎能不参与商量国家大计呢？"晋献公听了以后，被祖朝的诚意感动，于是立即召见了祖朝，跟他谈了三天，受益匪浅，于是聘请他做自己的老师。

在社会交往中，我们与人交谈，很多时候都是在自我营销，将自己的才华和能力销售出去。我们不要总是想着凭借自己的口才和辩驳将自己的道理说明白，有些时候要适当地从情上面出发，说些能够打动别人、感染别人的话。一个人如果把道理说得太多，就有点木；一个人把事实摆得太多，就容易招来别人的反驳。为此以情动人是一种润滑剂，如果你能让人在情感上和你产生共鸣，那么你和别人心理上的距离就拉近了很多。

为帮助你的人描绘一幅美好前景

求得他人的帮助，也需要你有一点勾画美好远景的能力。

实际上，在人类的天性中，一直存在这样一个可悲的事实：人们总是在见到具体的回报后才愿意付出。如果你也习惯于这样去想，可以说，你经常会什么也得不到。如果你明白了只有先付出，才会有所取的道理，你就是一个很容易成功的人。同样，在人际交往过程中，想获得来自于他人的帮助，不妨和他畅想一下他帮助你会给他带来哪些利益和好处，用未来的美好前景吸引他向你提供帮助。

在请求别人帮助之前，你一定要搞清楚别人为什么要帮助你？你凭什么能叫别人来帮助你？帮助你的人到底真正帮助你的目的是什么？毕竟有一部分人都是为利益生存。如果你觉得想方设法打动别人来帮助你很难，可以利用这样一种方法：直接先让对方知道在帮助你之后可以获得什么样的利益，来利诱别人使自己渡过难关。

皮尔帕特·摩根曾拒绝收购卡耐基钢铁公司。卡耐基和加里都曾希望摩根能做这笔数额巨大的生意，可是，他们都未能成功地说服摩根。

前不久，什瓦普就任卡耐基公司的总裁，卡耐基委托什瓦普说服摩根。什瓦普抓住摩根不小心犯的一个错误，折服了这位美国金融界的巨擘。

什瓦普以智巧闻名于世。他设计了一系列使摩根只能倾听而无法拒绝的计划。接下来，他又用一个人们非常熟悉的简单办法，达到了自己的目的。

亚塞·斯特朗记载道："纽约的多位银行家设宴款待什瓦普。他们事先商定，一定请摩根参加宴会。什瓦普在宴会上作了十分精彩的演说。他展望钢铁工业的美好未来，使许多人都十分神往，他没有特意强调某家公司，也没露出演说专为摩根而设的痕迹。他只是说，公司之间的合并可以成为一个完美的增进效率、促进良性竞争，为发起人创造巨大财富的工业组合。他才华横溢，口若悬河，让人无法抗拒。因此，摩根就在散席后找到他，问了几个问题。在他们谈完话后，什瓦普竟不负重托，以 4.92 亿美元的价格把卡耐基的公司卖给了摩根。结果，一家拥有数亿资金的规模庞大的美国钢铁公司就这样诞生了，加里担任执行委员会主席，什瓦普任总经理。"

由此可知，什瓦普运用了一个十分简单的策略——激发摩根的想象力，刺激他对金钱的渴求，从而完成了有史以来最重大的收购。

我们应该用语言的魅力先让他们去想象未来的美妙，以勾起他随我们共同努力的欲望，达到让他们帮助我们的目的。

什瓦普就是这么做的。他先让摩根想象到那样一幅美好的画卷，他猜到在散席之后摩根一定会与他单独计算一下自己能得到的利益。

因此，假如我们想让他人做我们想让他做的事，就应该预先刺激一下他的欲望，以达到我们的目的。

求人办事并不是什么难以启齿的事，要想成功，只要用正确的态度，正确的方法，就会很容易达到你的目的了。请求他人帮忙，必须以别人的切身利益为准。古人云："衣人之衣者，怀人之忧。"意思就是说，穿了别人的衣服，怀里就会装着别人的心事或引诱。换句话说，受了人家的利益就得为别人办事。所以说，要求人办事并不难，只要你学会了用"切身利益"蛊惑人心，"想他人之所想"。

俗话说："无利不起早。"没有一个人愿意去做没有好处的"无用功"。求人办事，只要你了解了对方的这种心理，积极主动地满足他的欲望，他就会很痛快地帮助你。"以利诱之"，对方才觉得不会白忙，所以在办事时，就会积极主动地为你办好。求人办事也就没有那么难了。

将心比心的求助术

古话有云："人同此心，心同此理。要人敬己，必先己敬人，你敬人一尺，人敬你一丈。"人际交往就有这样的互补性报偿，报偿是一种自觉不自觉的社会动机，只有尽可能地尊重一个人，才能尽可能地要求一个人。

我们若想得到亲人、朋友、上司、同事、下属的真心帮助，更需要将心比心，多多从他人的立场、利益出发来思考，将之巧妙地转化为自己的陈述话语，将话说进对方的心坎里，从而成功求助。

美国女企业家玛丽·凯，在1963年成立了一个化妆品公司，仅有女工九人，如今事业大发展，已经成了拥有20万人的大公司了，她成功的秘诀就是在待人之道上，对下属尊重，平等待人，一视同仁。而这位女企业家所以履行尊重人的待人之道，是因为她年轻时和经理握手，受过一次冷遇，那位经理根本不把她放在眼里，她的自尊心受到了莫大的刺激，她办企业后，就把尊重属下、一视同仁当做了金科玉律，她的属下自然尽心竭力为公司奋斗，才使得公司得以迅速成长起来。

做人要有人情味，真正的强者，都是最善顺人情人意的人。"假如换了我，我该怎么办？"这乃是说服技巧的第一步。通过角色互换，使对方有转换立场的模拟感觉，借此模拟感觉而达到说服对方、获得对方支持的目的。

詹姆斯从小就憧憬着军旅生涯。1929年美国经济恐慌，人人被生活逼得走投无路，年轻人都一窝蜂挤入各兵种的军事学校，而他特别钟情于西点军校，可是有限的名额早就被有权势的人的子弟占据了。他只是个小民，于是他到处打躬作揖，鼓起勇气，一一拜访地方上有头有脸的人物，不怕碰钉子，尽量推销自己："我是个优秀青年，身体也棒，我毕生最大的愿望是进西点报效国家，如果您的孩子和我有一样的处境，请问你会怎么办呢？"没想到，这些有权势的人物，经过他这么一说，十分之八九都给了他一份推荐书，有的人更积极地为他打电话，拜托国会议员，他终于成了西点军校的学生了。

任何人对自己的事，总是怀有很大的兴趣和关切。这位年轻人如果不以"如果您的孩子和我一样"作为说服战术的话，他哪有今日的成就？

要说服他人，先得使他设身处地，对自己困难的问题感到切肤之痛，兴起极端关切。别人在回答"如果你是我……"的问题时，不自觉地便把自己投影在该问题中了，他已经开始感受到你的处境了。

人可以不辞千里跋涉，只为了与知心的朋友共聚一堂；做一次彻夜长谈，只因为朋友可以了解他、理解他、喜欢他、安慰他，正是这样的朋友才是值得他伸出援助之手的人。

不给对方说"不"的机会

不被拒绝最好的方式就是不给对方拒绝你的机会。

美国前总统胡佛曾采用过类似的策略使劳合·乔治采纳了一个有关战时比利时财政计划的重要建议。

据维里夫说："在读了胡佛的备忘录后，劳合·乔治认为这一建议并不合适，就请胡佛过来，想告诉他自己的意见。"

对于乔治可能有的态度，胡佛早就做好了准备。因此，在与乔治谈话之前，他就让乔治陷入他的重围之中。在乔治准备给胡佛泼冷水之前，胡佛就很仔细地将他的想法和动机，以及计划的必要性与执行的方式向乔治作了解释。他不断地陈述自己的想法，乔治根本插不进嘴去。乔治也只能听着……胡佛明白什么时候可以说话，什么时候应保持沉默，他很清楚，这次应该是劳合·乔治听他说话。

就在胡佛仍在滔滔不绝地说话时，劳合·乔治就已经改变了先前的主张。胡佛停止说话后，乔治静静地坐了很长时间，才说："本来，我请你来是想告诉你这件事根本行不通的。可现在我觉得可以实行，而且应该实行。因此，我会立即做一些必要的安排。"

胡佛就是发现自己不能让乔治说"是"时，而立刻采取了第二个对策"阻止乔治说'不是'"。

在处理类似的事情时，我们应该把自己置于"是"这一情景之中，将对方可能采取的反对意见铭记于心，同时，还应牢记我们所熟知的对方的观点。

乔治·霍普金斯是美国推销员协会的创始人。他曾说过，通常来讲，一名出色的推销员是一个非常感性的人，而且，还有一个特点，就是能够判定顾客是否会买他的产品。当他感到顾客有此需要时，他肯定能做成生意。

由此可知，我们相信某件事往往可能帮我们赢得对方的支持，是因为人的感觉能对事情的发展猜出个大概，因而想出应对的办法。

地产商任伍光在生意上十分成功。有一次，他与另一位地产商罗斯一起讨论一个策略。任伍光对下属说了这样一番话："以肯定的说法开拓自己的前程的销售员才是最好的销售员。比如，已经卖出八千块地，而我还想卖出一块地。我肯定会把有关这块地的价值的材料准备好，如置备一处房产的重要性，付款的方式等，然后才去拜访对方。于是，等我见到他后，我就对他说：'嗨，罗斯，你是不是特别想买一块地？我听说你们夫妇想建一幢房子，没有什么比这个更能吸引人了。'接着，我就从他们的立场来阐述买下这块地有哪些好处。然后，我只需请他在空白的申请书上签个字就行了。"

可是，如果我对他说："嗨，罗斯，你认为自己根本买不起一块地，是吗？"

他一定会回答你说，正是如此，如果他这样说了，你再怎么说都没用了，因为如果你说他买不起，他就会认为如此，这样的话，结果就是，他与你一样，都没有胜利的机会。

如果让他人按照你的意志去做事，你就应该在告诉他你的计划之前获得他肯定回应。在人际交往中，应当尽量让对方说"是"，千万不要让他说"不"。

把握请求最佳时机：出其不意，攻其不备

在各种争议中，不论歧见多广，总会有某一共同的赞同点能让人人都产生心灵共鸣的，努力抓住它。时机对说服者来说非常宝贵，但如何抓住它，就要靠你的个人观察和应变能力了。

说服他人能否成功，是受多种因素制约的。其中，能否抓准说服的最佳时机，是至关重要的。俗话说："干什么事情都要趁热打铁。"趁热打铁，也就是要求办事要掌握火候，掌握时机。孔子在总结教学经验时说过"不愤不启，不悱不发"的话，意思是说，教导学生，要讲究时机，不到他追求明白而又弄不清楚的焦急的时候，不去开导他；不到他想说而说不出来的时候不去启发他。这个道理，推而广之，用在说服他人上，也是一样的。

大量的事实证明，抓住了最佳时机，一语值千金，事半功倍；背其时，则一钱不值，事倍功半。正如一个参赛的棒球运动员，虽有良好的技艺、强健的体魄，但是他没有把握住击球的"决定性的瞬间"，或早或迟，棒就落空了。同样，一个人说话的内容不论如何精彩，但

如果时机掌握不好，也无法达到说话的目的。因为听者的内心，往往随着时间的变化而变化，所以要对方愿意听你的话或者接受你的观点，就应当选择适当的时机。说服的最佳时机很古怪，看不见、摸不着，而且随着人的思想和环境的不断变化时而出现时而隐没，往往稍纵即逝，所以说服者不得不精心研究、捕捉。卡耐基认为："时机对说服者来说非常宝贵，但何时才是这'决定性的瞬间'，怎样才能判明并抓住，它并没有一定的规则，主要是看当时的具体情况，凭经验和感觉而定。"

秦始皇死后，丞相李斯由于受赵高的诱惑，和赵高一起假造圣旨，害死了公子扶苏，把胡亥推上了王位。胡亥继位后，赵高日益受到宠信，地位也不断升高。但是李斯身为宰相，对赵高的地位构成了威胁，赵高决定除掉李斯，于是他决定寻找机会。胡亥执政十分荒唐，李斯身为宰相，觉得应该劝谏一下，但是由于胡亥不理朝政，李斯根本找不到机会。于是李斯找到赵高，想让他想办法，赵高一口答应了下来。时隔不久，赵高就告诉李斯，说皇上在某某宫，你可以去找到他。李斯谢过赵高，找到了胡亥。胡亥当时正在和嫔妃宫女玩乐，看见李斯来很扫兴，大怒并呵斥他下去。从此，李斯被胡亥彻底冷落。其实，这正是赵高的奸计。他有意在胡亥正玩得开心的时候让李斯去进谏，说一些胡亥不高兴的话，胡亥能不恨李斯吗？

明朝的魏忠贤为了把持朝政，也有意玩这一招。明熹宗朱由校长年不理朝政，除了声色犬马之外，他还有一个特殊的嗜好，就是爱做木工活。他曾经亲自用大木桶、铜缸之类的容器，凿孔、装上机关，做成喷泉，还制成各种精巧的楼台亭阁，还亲自动手上漆彩绘，他常年乐此不疲。权奸魏忠贤便利用了这一点，每当朱由校专心在制作时，他便在一旁不住口地喝彩、夸奖，说什么"老天爷赐给万岁爷如此的聪明，凡人哪能做得到啊！"皇帝听了更是得意，也更专心了。就在这种时刻，魏忠贤便以朝中之事向他启奏，他哪里还会对这些事有兴趣呢？便不耐烦地挥挥手说："我已经知道了，你自己看着办吧，别再麻烦朕了。"魏忠贤就这样把大权抓在手中。

可见，时机掌握不好，会影响进言效果，也许一件好事会办砸；而掌握了最佳时机，适时地表现出个人的意图，往往会让对方于不知不觉间就被你说服。

在说服人的时候，要特别注意把时机选在对方心情比较平和的时候。因为一些人由于劳累、遇到不顺心或正在把注意力集中在其他事情上时，是没有心情来听你说话的。开口说话之前，应先看看对方的脸色，看了脸色，再决定说什么话。

业绩不错的推销员，就善于抓住这些说服的"生物钟"。根据职业的不同，调查出拜访对象较忙碌的时间和较空闲的时间，再据此做一张访问时刻表，根据表上的适合时间做访问。零售的小商人，一大早为了开店的准备而忙碌，根本没有说话的时间，中午之前的时间就较适合做拜访。比如，像餐厅是什么时候、医院又是什么时候等，收集这些资料，自己做一份最有效率的访问计划表来实行。

此外，从心理学观点来看，任何人的身心都可能受到一种所谓的"生物时间"所支配，每当到了黄昏时分，精神就比较脆弱，容易被说服。一般说来，女性较男性更为情绪化，当受了"生物时间"不协调的影响时，也较男性更易于陷入不安和伤感。

众所周知，煽动天才德国纳粹的头头希特勒，集会时间每每都选择在黄昏时刻，由此可知他颇为了解人心的倾向。像这种巧妙利用"生物时间"的变化来攻击对方的做法，在商业谈判上也很有效。譬如我们认为此次商谈困难时，最好就选择傍晚时分，若是开会，则将会议拖延至傍晚等。所以选择这个时候进行交涉或举行会议，是实现自己计划的理想时刻。对成功的希望感到渺茫时，最好将交涉时间选定在傍晚时候。我们在劝说别人或有求于人的时候，要注意时机，在办公桌上不好说的事，在酒桌上可能就好说一点；当领导不高兴的时候不要进言，可以等他心情好的时候进言。只有这样，才能把握说服的最佳时机，话说了，事也办好了，也不得罪人。

分享利益，下次求助不会难

要想成功地获取对方的支持，重要的是用共同利益说服对方，双方互惠互利，找到共同的利益，才是长期合作互助的基础。互惠是人类特有的文明，是一个人做人的基石，是人际关系的基础。

你一定会很惊讶，卡耐基作为钢铁大王却对钢铁制造不甚了解，那么他是如何成功的呢？关键就在于他知道如何与人分享利益，从而获得人们的支持。

当他还是个孩子的时候，在田野里抓到两只兔子，他很快就替他们筑好了窝，但发现没有食物，因此，他想到一个妙计，把邻居小孩找来，如果他们能够为兔子找到食物，就以他们的名字来为兔子命名，这个妙计产生了意想不到的效果。后来，当卡耐基与乔治·伯尔曼都在争取一笔汽车生意的时候，他就想起了兔子事件给他的经验。当时卡耐基所经营的中央能运公司正在与波尔曼的公司竞争，他们都想争夺太平洋铁路的生意，但这种互相残杀对彼此的利益都有很大的损害。当卡耐基在与波尔曼都要去纽约会见太平洋铁路公司的董事长时，他们在尼加拉斯旅馆碰面，卡耐基说："波尔曼先生，我们不要再彼此玩弄对方了。"波尔曼不悦地说："我不懂你的意思。"于是，卡耐基就把心里的计划说出来，希望能兼顾两者的利益，他描述了合作的好处以及竞争的缺点，波尔曼半信半疑地听着，最后问道："那么新公司要叫什么名字呢？"卡耐基立刻答道："当然是叫波尔曼汽车公司啦。"波尔曼顿时展露了笑容，说道："到我的房间来，我们好好讨论讨论这件事。"

由此可见，不管任何人，先入为主的总是对对方的猜测、估计和看法，如果能出他意料，在他心灵的深处挖一个洞穴，一定能成功地诱导他接受自己的意见。让对方知道，你能够和他一同分享成功的利益，你也一定会获得最大的帮助和支持。

牺牲自己的虚荣心

让别人接受自己，喜欢自己，就要让自己具备一定的亲和力。在人际交往中，亲和力和虚荣心永远是一对冤家。虚荣心人人都有，只要控制在安全范围之内，让亲和力占据上风，那么赞扬和友爱也就自然而然地来到你这一边。

一位商店经理接到了手下一位推销员写的极具侮辱性的信。

推销员在这封信里认为，经理一无是处，他对他的印象很恶劣，也不觉得自己应该尊敬经理。他希望他下台，让副手取代他的职务。总而言之，这是一封措词十分严厉、让人大吃一惊的信。

可真正令人惊奇的并非这封信，而是经理对这封信的态度。

这位经理就是贝克，后来他成了《考利欧周刊》的发行人。那位和推销员很亲近的副手叫巴腾。

原本，这封信不是寄给贝克，而是寄给巴腾的。而且，那位推销员也没想让贝克亲眼去看这封信。可是，贝克总和巴腾互拆商业信件，当这封信寄来时，恰好巴腾不在。

在读了这封充满挑衅的信后，他就拿着信跑到老板纳勃的办公室里。纳勃是《考利欧周刊》的老总，还拥有许多其他产业。

贝克对纳勃说："你看，我做经理做得多出色啊！带出了一个这么好的副手，连我手下的推销员都认为他比我强。"

贝克在看到这封信竟然没有丝毫的嫉妒和恼怒之情，他只为他那能干的副手而感到自豪。

就这样，贝克把一地碎砖变成了花球。鼎鼎有名的人物总会这样做。他们常有手下在智慧和能力上都胜过他们的人，他们就是用这个秘诀来拉拢和驾驭那些人才的。

平庸的人根本就不会明白这个道理。他们常会嫉妒能干的下属，事实上，这也是因为人们没有看重他的原因。总而言之，他一定特别看重自己，希望自始至终他都是所有工作的主体。但是，真正的领袖人物往往视野开阔，不在乎一时的虚荣，而只珍重结果。

比如说，卡耐基在说起他的成功之时，总是把功劳让给周围的人，他认为他身边的人要比他聪明许多。

林肯在选择内阁成员之时，对那些意志坚定、难于控制的人有着浓厚的兴趣，即便那些一向鄙视他的人，他也会量才使用。我们来看两个例子。陆军司令史丹顿是继卡梅仑之后的一员名将，他经常侮辱林肯为"原始的大猩猩"，并说由于林肯管理无方，才造成了布尔仑的灾难。还有，林肯最得力的财政大臣柴斯起初也很讨厌林肯，他还曾背地里反对过他。

无论他人对他什么感觉，林肯自己总能兼容那些能够担当重任的人。同时，他对自己的弱点是很清楚的，他所重用的人都是能够克制他的弱点的人。

平庸的人不仅不能容忍那些不易操纵的人，也不愿让权力从自己手中分离出去，还总是抱怨没有一个真正能用得上的助手。也许，他说的一部分是对的，可事实上，他并不需要那些人才。他永远看不清自己，以为世界上只有他才能把事情做好。无论他是否能看清自己，实际上，他已经把"自我"提高到了一个至高无上的境界。

如今，人们认为，正是因为德皇威廉二世在全盛时期不想让他人与之竞争，才导致了德国在马尔纳一役甚至在世界大战中的失败。因为，大战之初他所任用的都是能对他俯首帖耳的人，他的参谋部就是最好的例证，这是十分明显的事。现在，我们知道莫奇因为缺乏勇气而没能坚持充分实施参谋总部原拟的进攻计划，也许实施这个计划立刻就能取得胜利。这个计划就是：在关键时刻，把进攻阿尔萨斯、洛林的左翼德军抽调出来，加强右翼力量，直接攻打防守巴黎的法军。

与威廉二世这个不幸的孙子相反的是，威廉一世多年来都能与气焰嚣张的宰相俾斯麦和平共处，因为他知道俾斯麦聪明，只有他能统一普鲁士与分裂的德国，使之成为世界上的强国。

当明尼波利斯西北国家银行主席戴克谈起人们成功和失败的原因时，发表了如下有趣的言论："我们知道一名成功的商人身边总会有着很多坚强意志的人。如果这位商人怕这些人危及到他而没有努力重用这些人做助手的话，那么，他就没有资格成为一名商业领袖。仅凭一群只知逢迎的人去发展商业是不可能的。因此，在一个蒸蒸日上的组织里，应由一些位置较低的人去作出一些重要的决议。如果不是这样，建设一个健全而伟大的商业就是一则笑谈。"

因为真正的领袖有追求事业的热情，所以他们能够轻易牺牲自己的虚荣心。只有这样，他才能在身边发掘人才以及有能力和肯帮忙的朋友。

我们知道，那些勉强出名的人不愿意和比他地位更高的人在一起。他们宁可鄙视他人，也不愿意恭维他人。有时，他们也愿意让他人"看到"他和声名正隆的人在一起。可他的心腹朋友都是在地位上低于他，因而他能给予他们一些小惠。所以，那些真正能帮助他的人其实是与他绝缘的。

马克西姆是著名的发明家和工艺家。他是这样概括上述思想的："人们只是想从他人那里得到赞扬和友爱而已。然而，人行于世，应该抛开他人的赞扬，让人们伸出友爱之手。这是因为，只要是接受他人的赞扬，并为此而陶醉不已，就会遭人嫉妒。嫉妒是仇恨之源。"

归功于他人

成功的人爱惜功绩和荣耀，但是不贪恋这些。名利也可看作身外之物，与其全部占为己有，招致祸患，不如留下部分给身边有关的人，皆大欢喜。这样，名利对于自己也可以成为一种升华后的力量。

只有那些能把机会让给他人的人才能称得上是伟大的商人。有很多商人因为只顾着个人的利益和荣耀，所以不能建立伟大的事业。

卡耐基说："如果事必躬亲，将所有荣誉归于自己，那么这种人怎么能成就伟大的事业呢？"

著名铁路建筑家哈里曼对许多工程都有着杰出贡献，正是因为他，整个加利福尼亚大峡谷才在洪水的攻击下得以保全。后来，凯南这样写道："如果有人问哈里曼，那是谁控制了科罗拉多河，并使大峡谷转危为安，他肯定会说：'是伦道夫、科罗、欣特、克拉克，还有所有的同事。'可这几位先生都曾公开表示，正是因为他们的领袖有着百折不挠的决心，才使得他们永远有工作的动力。"

我们应该知道，真正的大人物未必要时时追名逐利，他应该尽可能地让他人有赢得名利的机会，至少他应与他人共享这种名利，这就是他赢得部下的支持与拥戴的最好的办法。

事实上，这种策略是很常见的，可人们却往往忽略了它！还有一些人因为不能抗拒名利的诱惑而牺牲手下的利益。

张华是某出版公司的制作总监，他总能在开理事会时提出一些新意见。对这些意见，他十分自负，还会为了公司能采纳这些意见而不懈地努力奋斗。因为这些意见多数都很中肯实用，所以公司的高层也确实采用了许多。张华便因此到处制造舆论，好像所有的功劳都是他自己的。

可是，随后公司高层就发现，其实这些意见几乎都是张华从下属那儿得来的，而他从未为他的下属表达过什么。在知道事实的真相后，张华的好些下属十分愤怒。本来，他管辖的部门的纪律很好，就是因为这件事，那个部门被弄得一团糟。

相反，如果张华对高层说："昨天，我的下属李多提出了一个建议，我觉得特别好。现在，我就向大家汇报一下，请大会审议。我的下属能为公司发展提出这么好的建议，我为此而感到骄傲，能有这样的下属是我的莫大荣幸。"这样不就能做到高层与下属皆大欢喜了吗？

案例中的张华正是由于过于"自我膨胀"，从而导致了自己的失败。有些人建立了十分严密的组织，最终取得了成功。无论他担任何职，我们都能看到与张华大不相同的作风与结果。

刘茗是某都市周刊的创立人和发行人。周刊中的编辑与工作人员普遍认为他根本没有虚荣心。有一次，刘茗对周刊的一个广告员说，不仅广告部十分重要，就连这名广告员也是肩担重任的。但对此，周刊的副主编表示了自己不同的看法，他认为如果编辑目标不固定，广告就几乎为零。刘茗却说："从广告员的角度来说，他确实是十分伟大的，我们应该让他有一种骄傲的感觉。"

他的鼓励让公司上下都能感觉到自身的重要性，而他总是在幕后指挥着一切。结果在刘茗离任周刊之后，公司上下都以为这家刊物能继续办下去，但是没过多久，周刊却在众人的忙乱与失望中倒闭了。在他在职时，人们都没有感觉到，实际上，是他一人在独立支撑刊物的运作。

有时，一名领袖竟然会让他人担当领导的头衔，这是因为他可以用这种办法去弥补自身的一种局限。比如，英国政治家迪斯雷利将做首相时，就推举了他人担任党的领袖。其实，他才是党的真正的领袖，但他却谨慎地做着任何事，甘做此人的助手，直到他逝世。他明白，这样能更让公众欢迎。

一名真正的领袖不但要敬重他的部下，而且当自己的部下犯了错误，还应该主动替部下承受谴责。

美国南北战争时联邦统帅李将军是世人公认的军事将领中的佼佼者。也许，没有人更能像他一样感化自己的部下，使之对自己忠诚不渝。军事批评家们认为，李将军有一种特殊的品格，即他敢于公开地将所有失败都揽到自己身上，这是他的部下对他如此忠诚的主要原因。

但是，正像英国的一位名将说的那样，任何人也没有像李将军那样有可以推罪他人的好机会。比如，在维吉利的早期战争中，他的部将不能按照他的命令在适当的时机发起进攻，以致失去了取胜的良机。但李将军总是绝口不提此事，他在写给总统戴维斯的信中说："如果当时没有下雨，我想我们一定会取胜。"可是，他却在私下里承受着公众狂风疾雨一样的责难。

在贝尔伦的第二次大战中，朗斯特利德违背了李将军要求他进攻的命令，拖延了一整天，胜利就在眼前白白地溜走了。可是，统帅居然在整整一天里都没有训斥过他。

在盖茨堡时，朗斯特利德又违背了李将军的命令，两次都不肯发动进攻，使得战役失败。可李将军却对自己的部下和总统戴维斯说："都是我的错，我应当承担所有失败的责任，军队没有错，我个人的错误不可原谅。"

后来，打败李将军的格兰特也是用这一策略来对待他的部下的。事实证明，没有比这种策略更高明、更有效的了。他的部下道奇记载道："他让旁人去享受自己应得的尊崇和名望，所有在他手下任职的人都知道这一点。当我还很年轻时，他就交给我许多比我的资历多得多的权力。格兰特将军总是为我所做的或正在努力做的事而鼓励我。如果我失败了，他就将罪过揽在身上；如果我胜利了，他就想办法让我升职。他像注意军士们的动作一样，时刻关注军队的士气，如果士气消沉，他就及时采取措施，好像他能让全国人都关注军队的士气一样。"

作为一名领袖，都对部下抱有一定的希望。当他领导他们时，他像一名宽容的长辈一样护着他们，保护他们不受委屈。无论是什么性质的事情，他都能担起所有的责任。在他眼里，他们就是他"正在成长的孩子"。

他把荣耀给了他人，也就是这样，他为自己赢得了荣耀，他牺牲了自己的虚荣心，所以人们对他万分忠诚。

在讲起格兰特时，卡耐基说："在战场上，他永远以颂扬自己的部下为乐事。每当提起自己的部下时，他就像一名父亲提起自己的孩子一样。"

混个"脸熟"，人情会卖给熟面孔

常言道："人情卖给熟面孔。"熟人之间好办事。因此，与陌生人拉关系、套近乎，光是死磨硬泡不行，必须讲究方法，讲究步骤。

俗话说，"一回生，两回熟"，只要能打开突破口，毫不放松，日久天长，熟脸关系就会慢慢地建立起来。我们看看心理学家给我们总结的一套技巧：

要建立长期良好的合作关系，首先，要考虑请什么人推荐。推荐人与当事人的关系在很大程度上决定推荐的效果。一种是推销对象所信赖的人，比如说某某权威人士的推荐，还有同行专家以自己的体会推荐，这使推销对象在见面前就会产生倾向性。另一种是和推销对象比较亲近的人，这种关系使其不想见也得见。再一种是与推销对象利益有关联的人，如其上级领导或者是其重要的用户，由于不能得罪这些人，推荐一般都会成功。但要注意的是，这里原本存在着某种不情愿的成分，因而见面之后，不要过多地重复提及推荐人，以免对方感到是在向他暗示压力。主要应强调产品能给对方带来的好处，以建立起双方的感情。

其次，要考虑通过推荐人传递的推销内容。其一，可以是一种初步的产品推销，告知一下产品的基本性能，如果能加进去推荐人自己的体会就更好了。其二，推荐人最好能将推销者的人品加以介绍，初步使推销对象产生对推销者诚实可靠的印象。其三，请推荐人传达一下自己对推销对象的了解，如知道其业绩、仰慕其名声、很珍惜这次会面等，推荐的过程就传递了一种情感。

最后，对一些重要的推荐人，要设法维持住长期的关系，如请顾问就是一种可行的办法。北京某电器厂只是一个规模不大的企业，但产品很有竞争力，主要是全国七大电网的专家都被他们聘为顾问。不但给他们提供了大量信息，同时也大力推荐他们的产品。由于这些专家都具有权威性影响，推荐的效果很好。

　　另外，需要注意很多小细节：首先，是要制造自然地接近对方身体的机会。比如在商场买衣服，店员会主动帮你测量身体的尺寸，这个时候对方的身体就会接近到只有情侣之间才有可能的限度，从而使被接近者心里产生一种无防御的亲切感。

　　其次，对于那些初次见面的人，要尽量处于对方旁边的位置。与初次见面的人对面谈话很容易觉得紧张与不适，因为这样的话两个人的视线就很容易相遇，从而造成两人之间的紧张感。所以面对初次见面的人，尽量坐在对方旁边进行交谈，这样就很容易放松下来。亲切感也很容易建立起来，这样想谈的事也就更加容易谈成。

　　再者，就是要明白见面时间长不如见面次数多的道理。对于一个成功的推销员来说，经常到主顾家中去，是迅速和主顾熟悉起来的要诀，尤其是假装不经意地路过顺便来探访，这种方式更容易让主顾产生亲切感，从而抓住主顾的心。掌握了以上的细节，搭建"熟脸"也就是很容易的事了。

第十二章
让别人挨批了还感恩你

批评是人生中不能避免的，无论是在生活中还是在职场上，人都会犯错，而犯了错误，必定会有别人向自己提醒，作出批评，希望自己能改正。但是在这个过程中，如何具体地操作是个大学问。我们在与别人的交往中，有时候不能太过直接，特别是在批评别人的时候。发现了别人的错误，向他提出的时候，应该运用巧妙的技巧，让他既接受批评，又不至于难堪。这样才能既解决问题，又能把与别人的关系处理好，才会收到两全其美的效果。

旁敲侧击说出你的不满

说话听声，锣鼓听音。生活中有大量的话不用直接说出来，尤其是批评、不满的话。作为上司的你，要表达对下属的指责的话，一定要注意方法。也许你的批评会深深地伤害到下属的感情，所以不妨考虑一下一语双关、旁敲侧击的方法。

批评的目的，并不是让他人了解我们的愤怒，而是让他们认识到自己的错误，以便改正。所以，即使你完全站在真理这一边，也不要咄咄逼人，出言不逊。莫不如以双关影射之言暗示他，迫使对方认错改正，从而体面地结束无益的争论。

有一位先生在一家餐馆就餐时，发现汤里有一只苍蝇，不由大动肝火。他先质问服务员，对方全然不理。后来他亲自找到餐馆老板，提出抗议："这一碗汤究竟是给苍蝇的还是给我的，请解释。"

那老板只顾训斥服务员，却全然不理睬他的抗议。他只得暗示老板："对不起，请您告诉我，我该怎样对这只苍蝇的侵权行为进行起诉呢？"

那老板这才意识到自己的失误，忙换来一碗汤，谦恭地说："您是我们这里最珍贵的客人！"显然，这个顾客虽理占上风，却没有对老板纠缠不休，而是借用所谓苍蝇侵权的类比之言暗示对方："只要有所道歉，我就饶恕你。"这样自然就十分幽默风趣又十分得体地化解了双方的窘迫。

不要以为旁敲侧击的批评达不到批评的目的，如果你懂得运用它，或许会化干戈为玉帛。然而，对于态度恶劣的出言不逊者，旁敲侧击的办法可能会成为更有力的反击和说服。

古代齐国晏子出使楚国，因身材矮小，被楚王嘲讽："难道齐国没有人了吗？"晏子说："齐国首都大街上的行人，一举袖子能把太阳遮住，流的汗像下雨一样，人们摩肩接踵，怎么会没有人呢？"

楚王继续责难道："既然人这么多，怎么派你这样的人出使呢？"晏子回答说："我们齐王派最有本领的人到最贤明的国君那里，最没出息的人到最差的国君那里。我是齐国最没出息的人，因此被派到楚国来了。"

几句话说得楚王面红耳赤，自觉没趣。

这个故事中晏子的答话就是采用以退为进之法，貌似贬自己最没出息，所以才被派出使楚国，这是"退"，实则是讥讽楚王的无能，这是"进"，以退为进，绵里藏针，使楚王侮辱晏子不成，反受奚落。

在上级与下级的关系中，处理不好批评和指责，便容易与员工结怨。所以作为领导的艺术，就是要巧妙地原谅他人的过错，同时又让犯错者心服口服，认识到自己的错误。旁敲侧击地暗示他人，是其中的奥秘所在，下次遇到不满的事情时，停下来想想怎样说出来更艺术吧！

裹上"糖衣"，批评更易被接受

"糖衣"良药不苦口，悦耳忠言不伤人。

俗话说："金无足赤，人无完人。人非圣贤，孰能无过。"我们在沟通中，既需要真诚的赞美，也需要中肯的批评。

人们通常认为，批评他人往往是得罪人的事，所以就不去花心思研究批评的技巧。

在现实生活中，要使批评奏效，切不可损害他人的自尊心，即使你的动机是好的，有充足的理由批评对方，仍要注意不要使别人的自尊心受到伤害。所以，我们不妨在批评之语的外边裹上一层"糖衣"，这样就不会让对方丢面子，对方还会很容易接受。

如果良药用糖衣包起来，吃起来就不会苦口了；如果批评别人时用赞美的方式，别人听起来就悦耳多了，从而更容易接受你的批评，进而采纳你的忠言。

1887年3月8日，美国最伟大的牧师、演讲家亨利·华德比奇尔逝世。华德比奇尔被世人评价为"改变了整个世界的人"。为了纪念他，一个演讲纪念大会将举行，而莱曼·阿尔伯特应邀向那些因为华德比奇尔的去世而哀伤不语的牧师们演说。

由于急着想表现出最佳状态，阿尔伯特把自己的演讲稿改了又写，写了又改。在作了严谨的润色后，他读给了妻子听，让她给予意见。

妻子感觉他写得很不好，就像大部分写好的演讲稿一样。假如她的判断力不够，她可能就会说："莱曼，你写得太糟糕啦，这样不行，你如果真的读了这样的稿子给听众，他们肯定都会睡着的。这念起来就像是一本百科全书。你都已经演讲这么多年了，怎么还会写成这样呢？天哪，你怎么不能像普通人那样说话呢？你难道不能表现得自然一些吗？如果你想自取其辱，就读这篇文章吧。"幸好她没有这样说，否则，你一定知道类似的后果，当然她也知道。

左手博弈论，右手心理学大全集

Zuo Shou Bo Yi Lun, You Shou Xin Li Xue Da Quan Ji

因此，她是这样说的："莱曼，这篇演讲稿如果刊登在《北美评论》杂志上，将会是一篇极佳的文章。"

批评在日常生活中是难免的，工作中更是经常发生。因批评不当，闹别扭，结怨，甚至影响工作，都是常有的事，因此有必要注意一下批评的技巧。

卡耐基《挑战人性的弱点》一书中有这样一个例子：

一家营建公司的安全检查员的职责是检查工地上的工人有没有戴上安全帽。一开始，当他发现不戴安全帽的违规行为时，便利用职业上的权威要求工人改正，其结果是受指正的工人常常显得不悦，而且等他离开，便又将帽子拿掉以示反抗。于是，他总结经验，改变方式，看到有工人不戴安全帽就问是不是帽子戴起来不舒服，或是帽子的尺寸不合适，还用愉快的声调提醒工人戴安全帽的重要性，然后要求他们在工作的时候最好戴上。这样效果比以前好多了，也没有工人显得不高兴了。

如果采用表扬的方式改正一个人的错误，就不会毁坏一个人的尊严和自尊心，给其保留脸面。善于运用这种方式是需要一段艰苦的学习、理解、容忍的过程的。如果想获得驾驭他人的能力，就需付出一定的努力。更重要的是，你因此掌握了一种激励他人改正错误而前进的方法。

我国著名教育家陶行知先生任育才小学校长时，发生过这样一件事情：一天，陶行知先生无意中看到学生王友用泥块砸同学，就迅速将其制止，并要求他放学后到校长办公室一趟。放学后，当陶先生处理完手边的事情后赶到办公室时，看到王友早就等候在门口。陶先生把他领进屋，很客气地让他坐下，并没有立即批评他，而是出人意料地从口袋里掏出一块糖递给他："这是奖励你的，因为你遵守时间并且比我先到。"接着又掏出一块糖给他："这也是奖励你的，我不让你打同学，你立即住手，说明你很尊重我，并且也听师长的话，是个好学生。"待王友迟疑地接过糖，陶先生又说："你是个有正义感的孩子，你打同学也不是无缘无故的，是因为他们欺负女同学，你看不过去，才出手打人。"说完陶先生又给了他第三块糖。王友再也忍不住了，边哭边说："校长，我错了，你批评我吧，我不该打同学，我不能接受你的奖励。"陶先生笑了，又拿出第四块糖："你已经承认了错误，再奖励一块。我们的谈话结束了，你可以走了。"

　　其实，很多时候批评的效果往往并不在于言语的尖刻，而在于形式的巧妙，正如一片药加上一层糖衣，不但可以减轻吃药者的痛苦，而且使人很愿意接受。批评也一样，如果我们能在必要的时候加上一层糖衣，也同样可以达到"甜口良药也治病"的目的。

批评要对事，不要对人

　　理智的建议，不含成见的批评，是一个领导者的基本素质，也是把握人才的基本要领。

　　我们常说"对事不对人"，就是说处理问题的时候，要把人和事分开。

　　"对事不对人"是在展开批评教育中常用的一句话。这句话的潜台词是：这次这件事没有做好，是做这件事的方法和过程有问题，和做这件事的人关系不大，如果换了其他人，用同样的过程和方法在同样状况下来做同样的事，仍然也会做不好。

　　这句话之所以能给接受批评的人以安慰，是因为把造成失误的原因归结到做事的人的本性之外了。这句话常常在事件发生之后来使用，而且每次使用都会给人有道理的感觉。

　　2002年，快速发展中的百度一方面要面对独立流量带来的用户，另一方面，还要为合作的门户网站提供搜索服务。当时，负责人Dan几乎天天都盯着百度服务器，因为每天承受的访问压力已经接近服务器极限，如果访问人数再增加，就会导致百度独立网站的服务不稳定，严重影响到用户的搜索体验。

　　恰恰这个时候，销售那边新谈成了一个门户网站，希望马上使用百度的搜索引擎服务。

　　Dan很犹豫，他知道这个服务不应该上，因为新服务很可能成为压垮百度服务器的"最后一根稻草"。但最后因为种种原因，Dan没能坚持到底，新服务还是上线了。

结果，连续两天，百度网站的服务稳定性很差，用户在提出搜索请求时经常得不到正常的搜索结果，新服务不得不紧急下线。

Dan 惴惴不安了好几天，已经做好了挨批评的准备，他明白，以 Robin 的个性，是容不得这么大的纰漏的，从不发脾气的 Robin 看来要在自己这儿破一次例了……

Robin 确实对这件事很在意，但是在例会上，他并没有对任何人发脾气，而是平静但认真地对 Dan 说："你的职责就是保证百度的服务可信赖，所以这次事故你有很大的责任，要好好反思。"然后很快将话题一转，看着大家说："现在最关键的是怎么解决这个问题，赶紧讨论一下。"

Dan 说出了自己准备好的解决方案，Robin 很认真地听着，时而点点头，他觉得这个想法考虑得很全面，然后很投入地和他一起讨论起其中的细节来。Dan 心头原本重重的乌云渐渐散去。

会后，Dan 看见 Robin 还是有点儿不好意思，没想到 Robin 却好像已经忘了这件事，主动过来对他说："这个周末你有空吗？"看着 Robin 脸上那带着无限企盼的熟悉表情，Dan 乐了："你是不是又想把大家聚一块玩'杀人游戏'了？""是啊，好久没玩了，你们不想玩吗？""早就想了！我去约人，这周末！"这下，那个活力四射的 Dan 又回来了。

虽说事情都是人做的，但在批评下属时，还是要尽量对事不对人。这样做也是为了防止让下属认为你对他有成见。"对事不对人"不仅容易使下属客观地评价自己的问题，让下属心服口服；它的重要意义还在于这样可以在部门内部形成一个公平竞争的环境，使下属不会产生为了自己的利益去溜须拍马的想法。

正确的批评应该是对事不对人。虽然被批评的是人，但绝不能搞人身攻击、情绪发泄。因为要解决的是问题，是为了今后把事情办好。只要错误得到了改正，问题得到了解决，批评就是成功的。因此，管理者必须首先弄清楚事情的来龙去脉，同员工们一起分析出现的问题，做到以理服人。由于是对事不对人，员工便会积极主动地协助领导解决问题。否则，不分青红皂白，撇下问题而教训人，就容易感情用事，员工会误以为是领导在蓄意训人，从而聚起思想疙瘩，一时难解。其实，人和事本是统一的，因为"事在人为"，具体的事都是具体的人做出来的，所以纠正了问题也就等于批评了当事者，而这样做容易被人接受，因为这种方式对事情是直接的，但对人却是间接的。它形成了"上级（批评者）——问题（应解决的事）——下级（被批评者）"这样一个含有具体中介物的结构。言之凿凿，使员工无法抵赖和回避。抽掉中介，直接对人，当事人就可能吃不消。当然，澄清了事实也并不等于解决了员工思想上的问题。接下去的工作应是凭事实摆道理，只要是正确的，不会令人不服。既办了事，又团结了人，真正达到了工作目的。说到底，在感情上对批评者要委婉；在事情上则要抓住直接、本质的问题，即通过事实做人的工作。

"对事不对人"的精髓在于注重成果、尊重规则。批评时，一定要针对事情本身，不要针对人。谁都会做错事，做错了事，并不代表他这个人如何如何。错的只是行为本身，而不是整个人。一定要记住，永远不要批评"人"。

避免对人进行人身攻击，扩大伤害。批评的主要目的是希望对方改善其行为，如果批评时能够对事不对人，将可避免被批评者的情绪反应。也可避免对被批评者的伤害，因为你所表达的是你不喜欢该件事而非被批评者本身。

以理服人不如以情感人

有"人情味"的话语，更能让人悔过，激励人奋发向前。

常言道："欲晓之以理，须先动之以情。"这句话道出了情感的重要性。"感人心者，莫过乎情。"满含情感的批评往往能收到奇效。

一个学生返校时迟了一天，老师对他说："旷课一天！记入学期档案。"另一老师说："你一贯遵守纪律，是不是家里有什么事来不及请假?"再一位老师在事先了解情况之后对学生说："听同学说你妈妈生了病，你妈妈好些了吗?"同样的情况，问法不一样，效果也完全不同。第一位老师使学生感到委屈；第二位老师让学生感到内疚；第三位老师则让学生感动。这就是因为方式不同效果也就不一样。

满含期待的批评，往往收到奇效。

李老师曾经教过这样一名学生：他经常不写作业，上课在座位上说话，下课常欺负人，对老师的批评一副不以为然的样子，还常与老师"讲理"，在班上造成了不良影响。这样的学生如果靠训斥只能越训越皮，越训越没有自尊。为了转化他，李老师首先从沟通师生情感入手，他犯错误时，总是心平气和地与他谈话，帮他分析危害。他看到李老师对他不讨厌，不嫌弃，而是对他很平等，很真诚，对李老师也就慢慢亲近了。就这样，李老师用情感的缰绳套住了这匹不驯服的"小马"。在日常生活中，李老师慢慢诱导他走上道德规范的正轨，在学习生活等多方面关心他，给他为集体做事的机会，使他把老师的关心变为自己的道德情感。现在这匹"小马"懂事多了，做事能顾及到他人的感受，做到心中有他人了。

松下幸之助说："说一大堆大道理，还不如讲一句肺腑之言。"批评的效果在一定程度上受人的感情制约，只有情深才能意切，出言才能为人接受，批评才能让人心服口服。过去说"有理走遍天下"，但是批评仅仅有理，未必能"走遍天下"，有时需要先通情，然后才能达理。这就要求领导者在批评时，要用一分教育之水加上九分情感之蜜，酿成批评艺术的甘露，这样才能收到事半功倍的效果。

某企业一个屡教不改的职工陈某，曾三次因赌博被抓被罚但仍执迷不悟。第四次正与别人赌博时又被抓到了。在把他从派出所接回单位后，保卫科长老黄与他进行了一次严肃的谈话，告诉了他一件令人心酸的事情。老黄说："你这次被抓，派出所了解到你曾赢了别人一台黑白电视机，决定没收。当我们到你家时，你的妻子和儿子正在看电视，你那五岁的儿子泪眼汪汪地央求我们，说：'警察叔叔，别把电视拿走……'我心里很不忍，只好摸着孩子的头说：'叔叔给你搬去修理一下，就更好看了。'临出门时，你的孩子又追了出来，说：'警察叔叔，星期六能修好吗？我想看动画片。'我当时听了，心里难过极了。正好我家刚买了一台彩电，我就把那台闲置的黑白电视机搬去给孩子看了。人心都是肉长的，你也是身为人父，应该有爱子之心，不能让赌博恶习麻木了自己的良知，要多为自己的孩子想想，千万不能再做让孩子都心碎的事情了呀！"陈某听完这些话，伏下身子失声痛哭起来，后来，他痛下决心，改造自己，成了企业的模范职工、革新能手。

总而言之，批评人时做到以情感人，使对方了解自己用心良苦，从而使其乐意接受你对他的批评。

批评别人时，要单独对他说

"人活一张脸，树活一张皮"，即使是受批评的员工也需要面子，批评人要谨言慎行。

俗话说："表扬在人前，批评要私下。"曾国藩也曾言："扬善于公庭，规过于私室。"一般而言，在有第三者的情况下，即使是最温和的批评也会触怒对方，不论你的批评正确与否，他都会觉得你的批评让他在别人面前丢了面子。

尽可能不要当众批评规劝别人。当众批评规劝别人，尤其是以那些有地位、有身份的人士为批评对象的话，难免会让其自尊心备受伤害。当着部下的面训斥一名部门经理，当着孩子的面批评他的父亲，都会让后者长时间地"抬不起头来"，或许还会因此而对批评者心存怨恨。

被批评可不是什么光彩的事。没有人希望在自己受到批评的时候召开一个"新闻发布会"。所以，为了被批评者的"面子"，在批评的时候，要尽可能地避免第三者在场。不要把门大开着，不要高声地叫嚷似乎要全世界的人都知道。在这种时候，你的语气越"温柔"越容易让人接受。下面这个销售经理的见闻，希望你能从中得到一点启示：

有一次去一个同行吴老板的公司，正赶上他在销售部办公室里训斥员工，被他训斥的是公司销售部马经理，我也认识，算是他们公司的元老了。吴老板火气很大，声音高亢，表情丰富，被训斥的马经理一脸沮丧，低头不语，销售部其他员工噤若寒蝉，鸦雀无声。平时我每次去吴老板的公司，都很难与他聊上两句，因为他非常非常忙，电话一个接一个，等他签字的人经常在他桌子前排成一行。其实他的公司并不是很大，只有二十几个人，但七八个业务员却与老板形成鲜明对比，业务员经常百无聊赖地坐在桌前对着电脑发呆。我曾经问他们公司业务员，为什么有的销售单子自己不做，非要推到老板那，业务员说公司的事能不做主我们尽量不做主，我们老板可厉害了，万一做错事会被他骂死的。平常也经常耳闻他们公司新去的业务员因为忍受不了吴老板的脾气而辞职不干了，其实吴老板人不错，他们公司待遇也不错，工资在我们这行里算是很高了。

现在公司新招的员工基本都是 80 后，在家大部分是独生子女，从小受宠，自尊心强，到单位也受不了一点委屈，因此对员工的管理方法也应与十年前不一样，应随着员工的改变而改变。对待员工，比较好的方法是私下批评，公开表扬。员工有缺点，如果当众批评指责他，因为面子问题，员工逆反心理强，不仅心里不接受，而且容易口头上反驳，顶撞上级，这就把上级置于一个非常尴尬的境地，是大人不计小人过、不予计较还是放下身段与员工争吵？无论怎样，都达不到预期的效果。如果将批评放在私下进行，照顾了员工面子，员工一般就能心平气和地考虑问题，也能充分地与上级交换意见并接受批评，效果比较好。

我曾从一位成功人士那里听过这样一个故事：

一位女老师去新接的一个班里上语文课，发现一个男孩没有带书。男孩说他忘了带。同学们笑起来说："老师，他有健忘症！""老师，他一贯这样。"她笑笑，没有再说话。

第二天，她照样到班里来上课，发现那个男孩的课桌上依然空空如也。她没有发作，平静地宣布"上课"。要上课了，她却发现眼镜没有带。她不好意思地说："同学们，真抱歉呀，我忘了带眼镜了。我眼花，离了眼镜什么也看不清。"她走到那个没有带书的男孩面前，说："请你帮我去办公室拿下眼镜好吗？"那个男孩受宠若惊，很快地完成了这个光荣的任务。

没多久，老师接过眼镜，真诚地向男孩致了谢，然后说："一个人如果经常马马虎虎，丢三落四，多么耽误事啊。从今天开始，我和你们大家相约，我们一起来消灭马虎，你们说好不好？"只见，那个忘了带书的男孩第一个站起来大声响应老师的号召……

高明的教育往往是不留痕迹的，让人在不知不觉中欣然接受，其效果却超出预期。而暗示正是达成这无痕效果的最佳教育方法，人们不禁感叹那位女老师的教育艺术。而那个马虎的男孩是谁，故事的结局怎样，相信大家已经猜到，他就是站在台上演讲的企业家自己。

"无声批评保面子。"同事间用网络聊天的现象并不少见，尤其在白领集中的写字楼里比较普遍。有的上司还在 QQ 上，将所有下属都加为好友，想对某人提出批评时，不必再将员工叫到一边说"悄悄话"，而是在网上完成"无声批评"，这样既达到了教育员工的目的，又不让员工当众失"面子"。

批评是让人改正错误的方式，但是批评也要讲究艺术。恰当的批评会对对方敲响警钟，使其改正错误。反之，则会适得其反，弄巧成拙。在工作中，员工避免不了会犯错误，因此领导要想纠正错误、批评员工一定要注意场合，最好是在没有第三者在场的情况下进行，否则，再温和的批评也有可能会刺激被批评人的自尊，因为他会觉得在同事面前丢了面子。他或许以为你是有意让他出丑，或许认为你这个人不讲情面，不讲方法，没有涵养，甚至在心里责怨你动机不善。因为批评人不注意场合，带来这么多的副作用，被批评者心生怨恨，批评人、改变人的目的就很难达到。

如果万一必须在现场当众批评人，其态度措词要特别谨慎。以不刺伤他人的自尊为前提，否则很难达到批评人、改变人的目的。

除非绝对必要，不要在会议上，写字间内当众批评他人。如果有条件，可找对方单独交谈，而不在他人面前交谈，哪怕就是规劝批评的话说得重一些，也易于为对方所接受。还须说明的是，在外人面前规劝同事、批评下属，有时会有"借题发挥""指桑骂槐"之嫌。

己所不欲，勿施于人：换个角度传达坏消息

困难的不是坏消息本身，而是怎样将一个坏消息传达给听者，并且让其听后不感到失望或羞耻，这绝对是一门交流的艺术。

豪斯上校带给布莱恩一个坏消息，粉碎了他迫切而强烈的希望。这事发生在 1915 年 1 月，"一战"爆发后的第二年。

政府并没有批准国务卿布莱恩到欧洲出任美国和平密使一事。总统决定由豪斯去完成这个艰难的任务——将这个消息告诉布莱恩。

豪斯得让布莱恩放下他高翘的骄傲尾巴，还得让他心甘情愿。豪斯在自己的日记中描述了这次与布莱恩棘手的会面："他听说是派我去欧洲充任和平密使而不是他时，脸上很明显地显得十分失望。他说他已经为这次使命做了很长时间的准备……"

"我说：'总统的意思是，无论是谁，都不适合接受正式的任命，因为这样一来，人们就会广泛注意他，会对此感到奇怪，他为何要到那儿去？'

"听了我的话，他就慷慨地说：'如果政府不能正式委派我出使欧洲，如果一定要采取非正式，那么，我一定会是最合适的人选……'"

就这样，豪斯很灵巧、很自然地治好了这位国务卿的创伤。

豪斯的这句"会广泛注意……"无疑安慰了布莱恩的虚荣心。那个"非正式"任命的密使只是个巧妙的借口罢了。这就使布莱恩的自尊心得到了充分的维护，他自然是应该留在国内的。

当时，豪斯把最着力的一点放在使布莱恩意识到自己地位的重要上，让他感觉自己的任何举动都能引起人们"广泛的注意"。

豪斯巧妙地运用这个策略解决了问题：通过表示对布莱恩的尊敬，使布莱恩的自尊心得到维护。于是，他只是对布莱恩轻轻一拍和一推，就十分迅速地把布莱恩甩到了后面。

豪斯能清楚地认识到给人带去坏消息是一件很难办好的事，消息本身并不是最困难的，最困难的是传递消息的方法。

许多人都不能清楚地明白这一点，一见到他人没有成功，就会犯自主膨胀的毛病，总是不由自主地这样做。而对方一旦发现这种行为，就会认为他们是在幸灾乐祸，哪怕是一闪念的怀疑也会令人怀恨终生。

聪明的人在必须传达给他人一个坏消息或必须粉碎他人的希望时，会想方设法不让他人有耻辱的感觉。

在必须拒绝他人的请求时，亨利·福特有着自己一套固定的应付办法。为了减轻对他人的打击，维护他人的尊严，他一定会让自己的助手接见这个人，并"暗示应该怎样应付他和他的请求"。有时，福特居然还用一种私人代码，他让求他之人去见他的助手时顺便带一张便条给助手。如果便条上的"see"字拼写正确，他的助手就知道福特应允了此人的请求，如果"see"被拼成"sea"，他就知道应该拒绝这个人。

麦金莱总统和菲尔特会用一种更简单、更直接的办法来表达自己的想法。如果他们要拒绝某人，就会格外恭敬地招待他，如请他吃点心或午餐等。

奥尔科特曾这样描述麦金莱："他有好几次必须要拒绝别人，于是他说得是那样的诚恳，以至于那些被拒绝的人都成了他的好朋友。"

如果我们要以调侃的方式传达给他人一些坏消息时，我们应该慎重对待。

你一定听过一个几乎人人都知道的故事。以前，霍普金斯就用它来形象地说明了这样一个道理："一家鞋店的推销员对一位正在试一双舞鞋的妇人说：'太太，您的这只脚比那只脚大。'

"第二家鞋店的推销员却说：'太太，您的这只脚要小于那只脚。'

"结果，那位妇人在第二家鞋店买了双舞鞋。

"可以说，第二家鞋店的推销员是一名优秀的推销员，与之相比，第一家鞋店的推销员就逊色多了。"

纽约一家大建筑公司的主人约翰·托德的手下就有一个十分擅长此道的叫沃德的年轻雇员。约翰·托德说："有一次他要给纽约的一个很奇怪的人传达一个很坏的消息，他要到那个人的私人办公室去，在他离开那个办公室时，他已经成为那个人无话不谈的好朋友。"

因此，如果你一定要带给他人一些坏消息，或粉碎他们的希望时，你更要尊重他人，一定要注意小心地维护他人的虚荣心。

点到为止，促其自省

点到为止，给对方留有余地，可能有十分收获。毫不留情，骂得体无完肤，一定一分收获也没有。

在这个世界上，没有人不会犯错误。在错误面前，你可能忍不住要大发雷霆。狂风暴雨过后，你可能会沮丧地发现，你的"善意"并没有被对方接受，甚至换来的结果可能让你追悔莫及。批评对谁来说，都不是一件让人愉快的事。但是如果你能够适当掌握批评的技巧和方法的话，相信你们的交流能更容易些。

如果我们在批评别人时不注意方法，狠狠地将对方批得体无完肤，那么，对方很可能就会"明知道自己错了，可就是不改正"。

比如，某公司的一位员工经常迟到，上司如果当面对他讲："你到底还要迟到多少次？公司并不只有你一个人，想什么时候来就什么时候来，你这种行为根本无视公司的规定，你该好好反省反省了！"

与其这样说，倒不如抓住对方的"良心"点到为止："我想你肯定也知道迟到是不对的，如果你能坚持这样正确的看法，相信很快你就能发现员工准时上班的乐趣。"这样的说法，相信员工更愿意接受。

实际上，如果对方犯的不是原则性错误，或不是正在犯错误的现场，我们就没必要"真枪实弹"地批评。我们或者不指名道姓，用温和的语言，只点明问题；或者是用某些事物对比、影射，也就是平常所说的"点"到为止，从而起到一定的警示作用即可。

俗话说，批评的话最好不超过三四句。会做工作的人，在对人批评教育时，总是三言两语见好就收，不忘给对方留下一定的余地；然而有些人就不是这样，他们总是不肯善罢甘休，非要将对方批评得体无完肤不可，结果是过犹不及，往往将事情推到了反面。

一般来说，批评要适可而止，没有必要非置对方于死地。因为我们批评人的目的是为了救人，为了帮助人。一个人犯了错误，我们对这个错误的某一点提醒一下就行了，再翻来覆去地批评就没有必要了。将过去的错误多次批评，总是纠缠不休，不仅于事无补，而且也显得有些愚蠢。

通常情况下，在批评他人时要做到点到为止，需要遵循以下原则：

一、态度应温和

常言道："忠言逆耳，良药苦口。"对于被批评者而言，即使你的批评再中肯，无疑也会使其自尊心大大受挫。尤其是一些领导在批评时不讲究方式方法，往往导致被批评者反感甚至无名火起，不仅对于工作没有帮助，反而影响了工作。因此，在批评他人时，首先应该态度温和，尽量在不伤害对方自尊心的前提下作出适当的批评。否则，只会让对方难以接受，得不偿失。

二、方式宜间接

在批评他人时，如果不是万不得已，最好不要采用直接批评的方式，尤其是对于一些脸皮薄的人，批评时最好选择拐弯抹角的方式，使其易于接受。

张玲是某学校初中三年级的班主任，一次，她听说学生小梅要举办豪华的生日宴会，于是把她叫到自己的办公室问道："小梅，你的生日宴会准备得怎么样了？"小梅不无得意地说："家里都给我准备好了，准备好好地办一场。您知道我是独生子女，所以爸爸妈妈非常疼我。""哦，据我所知，咱们班就只有我不是独生子女。"小梅终于听出了张老师的言外之意，于是她说道："老师，我今天回去就告诉爸爸妈妈尽量办得简单一些，到时候请老师赏光！"

要给人留足台阶下

批评不可避免地让双方形成对立的局面，这之后一定要留给对方一条走回来的路，才能使一切步入正轨。

批评他人又保全他人面子的办法是给他人留下台阶，留下退路，让他人体面地退却。当对方已经明确表明某一态度和意见，而你要纠正他时，最好的办法是为他找一个安全合理的理由，这个理由既不使他丢面子，又可使他全面地改变自己的观点和态度。就事说事，把责任推给模糊的第三者，使当事人有台阶可下，也是一个聪明的做法。

松下幸之助被日本同行尊称为"经营之神"。但是又有多少人知道，松下幸之助批评人的时候可是毫不留情，甚至于破口大骂。他的下属中不知道有多少人被他骂得无地自容。可是被骂的这些人中却没有人因此而辞职，反而更加积极地围绕在松下幸之助的周围，这是不是很让人费解？松下幸之助的员工对他既敬又怕，但是员工们一般都不会因为忍受不了松下幸之助的批评甚至是责骂而选择主动离职的。这是为什么呢？让我们看看下面一则故事吧，看完之后就会了解松下幸之助到底有什么秘密武器让部下始终不渝地跟随他了。

有一次，松下幸之助下属工厂的一位厂长做错了事情，造成了公司的损失。松下幸之助被激怒了，只见他暴跳如雷，破口大骂，并边骂边用握在手里的火钳猛敲火炉，以至最后把火钳都敲弯了。他高亢的声调与语言的恐吓交织在一起，致使那位厂长支持不住晕厥了过去。松下幸之助叫人用酒将这位厂长灌醒，然后温和地对他说："这火钳是为你而敲弯的，你可以回去了，但是必须弄直它才能走。"这时候那位厂长才松了一口气，只是把火钳弄直而已，这种体力上的惩戒是愿意接受的。

松下幸之助叫秘书护送他。秘书送厂长回家后，又按松下幸之助的吩咐，偷偷地告诉厂长的太太千万注意厂长的举动，以免他一时间想不开，做出冲动的事情来。

过了几天，松下幸之助就给这个厂长打电话："昨天的事情已经过去了，以后好好干就行，另外我那根火钳你给弄直了没？"

"弄直了，弄直了。"那边传来了厂长的笑声。

听到这样的话，松下幸之助又对这位厂长进行了安慰。这件事情使那位厂长既为自己的过错而内疚，又对松下的恶骂感到害怕，因此拼命地工作，并且尽量减少纰漏。一段时间之后，他终于成为了一个优秀的管理者。他很感谢那个火钳，那是松下幸之助给他的台阶啊！

给别人一个台阶，可能只是很简单的一件事情。也许只是你主动地为对方打开前面的门；也许只是你为对方泡上的一壶茶；也许只是你为对方说上一句话；也许只是你的一个微笑；也许只是你的一个眼神……任何一个细微的行为都有可能帮助到对方，给对方一个台阶，会让对方觉得自己的重要，会让对方感觉到对方在你心中占有重要的地位。人们对于这样的感受都会非常高兴，如果你能够给对方这种感受，那么对方自然而然就会喜欢你、帮助你、感谢你。

一位禅师晚上到院子里散步，当走到墙角边的时候，他发现平时很平整的地面上多了一块石头。他立刻明白是那个总是不守规矩的徒弟违反寺规爬到墙外去玩乐了。这对于寺院来说是很严重的事，要么禁闭一年，要么起单出寺，或者杖击一百。禅师很气愤，但是当他正要喊其他人来监视的时候，他又停住了。他想也许有更有效的方法，既可以惩罚徒弟，又可以让他从此不再犯规。禅师没有离开，他就坐在那块石头上等徒弟归来。半夜时分，徒弟回来了，徒弟摸着黑从墙外翻进来，双脚正好踩在禅师的肩膀上。禅师把惊魂未定的徒弟轻轻放下，对他说："天这么晚了，快去睡觉吧！"

第二天徒弟满脸羞愧地见到禅师时，禅师的脸上却一如平常，就像什么事儿也没有发生过。后来这位总不潜心修炼的徒弟，从此成为寺院里最刻苦用功的徒弟，当禅师故去时，这位徒弟接替了师父的位置，成为寺院的住持。

常常有人自以为是，对的时候便大肆批评他人，毫不留余地，其实留个台阶给他人下不只是对他人仁慈，也因为事情往往没有绝对的对和错，而且人经常会因为不同的立场、角度而产生误会，因此留个台阶给他人也有利于日后弥补错误的空间。

在我们日常生活和工作中，经常可以看到这样的情景：在大街或会场等公众场合中，总有些人喜欢当众批评有过失的人，有的语气强硬，有的厉声呵斥，有的不惜出口伤人，让被批评者颜面尽失，无地自容。如果是亲人之间的批评，这样做会影响家庭和睦；如果是上下级之间的批评，这样做会导致上下级关系紧张。这两种情形都不利于当前和谐社会的构建，应当引起我们的关注。

是人就难免会犯错误，会有过失，不管你是伟人也好，普通人也罢，这是没办法的事情。但不管是谁，当他做了错事的时候，内心总是充满愧疚、悔恨、自责甚至恐惧。因此，在指出和纠正别人的过失当中是大有讲究的，尤其是各级领导者或部门主管在指出和纠正下属和员工的过失时，运用换位思考的方法，多站在对方立场，给被批评者一点面子。美国杰出的教育家卡耐基在《美好人生》一书中说："让他人有面子，这是十分重要的事。有些人却很少想到这一点，经常残酷地抹杀他人的感觉，又自以为是，比如，在他人面前批评一位小孩或员工，找差错，发出威胁，甚至不去考虑是否伤害别人的自尊。"

通常，批评人不给人留面子由两个原因使然：一是不愿给他人留面子；二是不会给他人留面子。不愿给他人留面子，完全是"官本位"思想在作怪，权威思想太严重，家长作风太盛，认为对下属和员工的批评斥责甚至咆哮怒骂是应该的，是情理之中的，批评太温和了，对对方起不到触动作用，其他人也受不到教育。如果是这样的领导者，自身应该深刻地从思想根源上找原因，多些民主意识，多些宽容胸怀。不会给他人留面子是因为做思想工作的方式方法掌握不够，不懂得如何去批评人，不知道怎样批评人才是最有效的方法，才能达到最理想的效果。

卡耐基说得好："如果经过一两分钟的思考，说一句或两句体谅的话，对他人的态度作宽容的了解，都可以减少对他人的伤害，保住他人的面子。"因此，当你批评他人时，请事先想好方法吧，既达到指出他人过失、使当事人受到教育的效果，又不要让他人丢了面子，伤了自尊。

用好批评，也能征服他人

批评本是一件难事儿，深谙批评之道，让人心服口服的必定是一位受人尊敬的高人。

如果说说话是一门学问、一门艺术的话，那么批评就是学问之上的学问、艺术之中的艺术。大家在生活中都有这样的体会，即有的人会说话，即使是对他人不利的话也会让人听着受用；有的人不会说话，即便是表扬他人，他人也会听着难受甚至反感。尤其是在批评他人时，由于往往涉及到他人的缺点或不足之处，因此，批评的方式恰当与否就显得更加重要。古往今来，很多人之所以赢得人脉，进而成就一番事业，受到人们的尊敬，就在于他们掌握了说话的技巧，尤其是在批评他人时巧妙恰当，既达到了目的，又使人易于接受。

可以说，批评他人是一门艺术，富有艺术性的批评不但不会惹来麻烦，反而会收到意想不到的效果。

有一天，查尔斯·施瓦布经过受他管理的美国钢铁公司的一家钢铁厂。当时是中午，他看见几位工人正在抽烟，而在他们的头上，正好有一块大牌子，上面写着"禁止吸烟"。如果你是施瓦布，你会怎么做？会不会走上前去，指着那个大牌子说："你们不识字吗？"

很多当领导的都会这样做。但是，施瓦布不会这样做。他是这样做的：他走向那些人，递给他们每个人一根雪茄，然后说："各位，如果你们可以到外面去抽这些雪茄，我将感激不尽。"工人们一听到这句话，立刻就意识到自己违反了"禁止吸烟"这项规定，同时，他们也更加敬重施瓦布了。

如果你遇到了施瓦布这样的总经理，看到你抽烟违反了公司规定，却还送给你小礼物，并对你很有礼貌，让你受到尊重，你会不喜欢这样的人吗？你会不听这样的人的话吗？

美国百货连锁公司老板约翰·华梅内克每天都会到他在费城的一家大商店去看一看。有一次，他看见一名顾客站在柜台前等待了老半天，却没有一位服务员对她稍加注意。他找呀找，才发现那些服务员正在另一头挤成一堆，彼此正嘻嘻哈哈的。华梅内克一句话也没有说，只是默默地走到柜台后面，亲自招呼那位女顾客，并把她购买的货品交给售货员包装，然后他就走开了。从此以后，这群服务员开始变得待客热情，工作积极认真起来了。

如果你想用你的"嘴"说动别人的"腿"，用好"批评"，也能起到极佳的效果。当面指责他人，只会造成对方顽强的反抗，而巧妙地暗示对方注意自己的错误，则会受到爱戴和喜欢，这就是最高明的批评之道。

吉米曾经在美国的一家快餐店打工，有一天，吉米错把一小包糖当作咖啡伴侣给了一位女顾客。女顾客非常恼火，因为她很胖，正在减肥，必须禁食糖和一切甜点心。她大声嚷嚷，"哼，她竟然给我糖！难道她还嫌我不够胖？"

那时，吉米完全不懂减肥对美国人有多么重要，吉米愣在那里，不知所措。这时，黑人女经理闻声而来，她在吉米耳边轻轻地说，"如果我是你，马上道歉，把她要的快给她，并且把钱退还她。"吉米照着做了，再三道歉，那女顾客哼了几下就不出声了。

这件事是快餐店的一个小事故，吉米等着经理来批评自己。可是，她过来对吉米说："如果我是你，下班后我大概会把这些东西认认真真熟悉一下，以后就不会拿错了。"不知怎么，这一句"如果我是你"，竟令吉米十分感动。后来，吉米在学校上课，在其他地方打工，老师也好，老板也好，明明是对你提出不同意见，明明是批评你，他们很少有人会责问你，你怎么做得这样？你以后不能这么干！而是常常委婉地说："如果我是你，我大概会这样做……"这使吉米不感到难堪，反而让吉米感到有那么一点温暖，那么一点鼓励。

仔细分析下来，他们说的话只是多了那么几个字——"如果我是你"，这就一下子站到了对方的立场上。大家一平等，情绪自然不会对立，沟通就更容易进行。

第十三章
世上人人都爱赞美

赞美是为人处世中十分行之有效的万能术。相比批评，赞美更能让人心情愉快，调动人的积极性，让人之间的心理距离拉近，从而能更好地相处，工作上也能达到更高的效率。赞美的技巧五花八门，要都能学好，便是对自己的生活和工作都大有裨益了。赞美当然不能虚假，以免变质成了谄媚，当然也要把握好一个度，不然敷衍的色彩便会油然而生，而如果直接当面把对方大肆赞美，也稍有阿谀奉承的嫌疑。把赞美的技巧学习好，在我们日常生活中，是有百益而无一害的。

诚心诚意是赞美的最大原则

真心实意、发自肺腑的赞美是给人最珍贵的礼物。虚情假意、矫揉造作的话语，与之相比毫无价值可言。

美国有本书，讲如何建立良好的人际关系，其中一条就是"不吝给出真诚的赞美"。就是说，当他人有优点的时候，应当毫不吝啬地给予真诚的赞美。这对于建立良好的人际关系，对于获得他人的好感，进而得到他人真诚的、热心的帮助是有很大好处的。

清朝末年著名学者俞樾讲过这样一个故事：有个京城的官吏，要调到外地上任。临行前，他去跟恩师辞别。恩师对他说："外地不比京城，在那儿做官很不容易，你应该谨慎行事。"官吏说："没关系。现在的人都喜欢听好话，我呀，准备了一百顶高帽子，见人就送他一顶，不至于有什么麻烦。"恩师一听这话，很生气，以教训的口吻对他的学生说："我反复告诉过你，做人要正直，对人也该如此，你怎么能这样？"官吏说："恩师息怒，我这也是没有办法的办法。要知道，天底下像您这样不喜欢戴高帽的能有几位呢？"官吏的话刚说完，恩师就得意地点了点头："你说的倒也是。"从恩师家出来，官吏对他的朋友说："我准备的一百顶高帽，现在仅剩九十九顶了！"

这虽然是个笑话，但却说明了一个问题，就是谁都喜欢听赞美的话，就连那位教育学生"为人要正直"的老师也未能免俗。

心理学理论证明：人在不被欣赏、不被重视、没有鼓励，甚至是充满负性评价的环境中，往往会自我价值感降低，自信、自尊感降低，导致行为上出现停滞不前，甚至退化。相反，如果能够工作在一个充满欣赏和信任的环境中，就很容易受到启发和鼓励，行动越来越积极，最终做出更好的成绩。

齐国名相管仲，在官拜宰相一职前曾经做过押解官负责押送犯人。与其他押解官不同，管仲并没有亲自押送犯人，而是让他们按自己的喜好自己安排行程，只要在预定日期赶到目的地即可。有人曾经提醒管仲说不能相信这些犯人，一定会有人中途逃走，那他就要承担责罚，但管仲坚持自己的做法。犯人们认为这是管仲对他们的信任与尊重，结果没有一个人中途逃走，全部如期到达了预定地点。管仲利用的正是对犯人的信任与尊重的期待效应。

赞美他人必须真诚。每个人都珍视真心诚意，它是人际沟通中最重要的尺度。英国专门研究社会关系的卡斯利博士曾说过："大多数人选择朋友都是以对方是否出于真诚而决定的。"如果你在与他人交往时不是真心诚意，那么要与他建立良好的人际关系是不可能的。所以在赞美他人时，你必须确认你赞美的人的确有此优点，并且要有充分的理由去赞美他。

西西在一家进出口公司工作了四年，业绩始终较差，她的上司林琳非常傲慢刻薄，对西西的话99%都是冷酷犀利的否定和批评，西西偶尔积极一下，也会被林琳毫不留情地讽刺打击一番，从此她越来越沉默。

不久，林琳被调职，新主管 Sam 总是鼓励大家畅所欲言，对同事们赞赏有加，在他的带动下，西西开始尝试性地发表自己的看法，每次都会获得 Sam 的鼓励，西西的工作热情迅速高涨，不断学习着新东西，起草合同、参与谈判……以前那个沉默害羞平庸无能的女孩子，现在不仅能够跟外国客商为报价争论得面红耳赤，工作业绩也突飞猛进。

欣赏必须发自内心，违心的欣赏是虚假的，别人也能明显感受到这一点。如果你作为一名主管，虽然经常在口头上夸奖你的那些员工，但你的内心深处却认为，那些人的所谓优点根本不足挂齿。结果，你的夸奖充满了高高在上的施舍的味道，你的下属听到这些话，不但不会感激，反而会产生抵触情绪，失去工作激情。

由此可见，欣赏绝不是表面功夫，学会欣赏不难，但掌握欣赏不易，熟练运用欣赏，更需要持之以恒的努力。真正的欣赏，是内心真诚和善意的流露，是理解和尊重的体现。

其实在成功的人际交往中真诚地赞美他人尤为重要，赞美可以使你与对方缩短距离；赞美可以使你在他人心中建立威信；赞美可以使你赢得朋友；赞美可以使你获得领导的信任；赞美可以使你得到下属的尊重；赞美可以使你获得成功的人际交往；所以，在我们的工作、学习和生活中，我们用自己最真诚的心去赞美他人、表扬他人，我们才能影响他人、赢得朋友。

一句中的，夸就夸到点子上

夸人巧在恰如其分，巧妙的夸奖会起到鼓励的作用和引发感激的心理效应，于是，类似"士为知己者死"的效应就产生了。

我们经常遭遇各种各样的推销员，他们可能会先赞美你的皮肤，你的年龄，你的房子，或者你可爱的孩子，他们不一定什么都知道，但通常都能言善道。根据通用电气公司副总经理所言："在最近的代理商会议中，大家投票选出导致推销员交易失败的原因，结果有 3/4 的人认为，最大的原因在于推销员的喋喋不休，这是一项值得注意的结果。"

杜维诺面包公司生产的面包远近闻名，不仅质量好，而且信誉佳。经营着这家公司的杜维诺先生是一个非常精明能干的人，他一直希望把自己的产品推销给当地的一家大饭店。

一连 4 年，他天天给那家饭店的经理打电话，甚至在那家饭店专门包了一间房间，住在那里以便随时同饭店的经理洽谈业务，但是他始终一无所获。杜维诺先生是个意志坚定的人，他具有不达目的绝不罢休的精神。他当然不会眼看四年的努力付诸流水，于是他着手多方打听饭店经理所关心的事情是什么。不久，他了解到这家饭店的经理是一个美国饭店协会的会员，并且在最近担任了该饭店协会的会长。他十分热衷于公益活动，不管协会的会议在什么地方召开，他都会趋车前往。在获得了这些信息之后，杜维诺先生的心中有了底。

第二天，杜维诺前去拜访该饭店的这位经理，在双方会面的时候，杜维诺一反常态，对面包的事只字不提，而是大谈特谈有关那个协会的事情。经理先生非常高兴，邀请杜维诺也加入这个协会，杜维诺毫不犹豫地答应了。

几天之后，这家饭店的采购部门给杜维诺打来了电话，请他马上把面包的样品和价格表送去。杜维诺喜出望外地赶到了饭店，饭店采购部门的负责人笑眯眯地对杜维诺说："我难以想象你使用了什么绝招，使得我们的老板对你如此赏识，要知道，我们的经理可是一个非常固执的人啊！"

杜维诺哭笑不得，他感慨万千地想：我们公司的面包远近闻名，价廉物美，我努力了四年，可是连一粒面包屑都没能推销给他，现在仅仅是因为我对经理感兴趣的事情表示了关注，形势居然完全变了。

所以，作为一个理智而冷静的人，应该仔细分析对方的所需和真正的闪光点，采取对症下药的策略。

有一次，齐威王和魏惠王一起到野外打猎。魏惠王问："齐国有宝贝吗？"齐威王答道："没有。"魏惠王听后得意地说："我的国家虽小，尚且有直径一寸大的珍珠，光照车前车后十二辆车，这样的珠子共有十颗，难道凭齐国如此大国，竟没有宝贝？"

齐威王别有意味地回答道："我用以确定宝贝之标准与您不同。我有个大臣叫檀，派他守南城，楚国人就不敢来犯，泗水流域的十二个诸侯都来朝拜我国。我有个大臣叫盼子，派他守高唐，赵国人就不敢东来黄河捕鱼。我有个官吏叫黔夫，派他守徐州，燕国人对着徐州的北门祭拜求福，赵国人对着徐州的西门祭拜求福，迁移而请求从属齐国的有七千多户。我有个大臣叫种首，派他警备盗贼，做到了道不拾遗。这四个大臣，他们的光辉将光照千里，岂止十二辆车呢？"

这段话既是对魏惠王有力的回答，使他羞愧难言，同时更是对自己臣下的极好赞扬。正是通过诸如此类巧妙得当的赞扬，齐威王在笼络人心方面做得非常出色，使一大批诸如田忌、孙膑、淳于登等杰出人才心服口服，心甘情愿地为其效劳。于是，齐国大治，出现了"坐朝廷之上，四国朝之"的局面。

所以，夸人巧在恰如其分，巧妙的夸奖会起到鼓励的作用和引发感激的心理效应，于是类似"士为知己者死"的效应就产生了。

一位被邀参加晚会的摄影师，带了几张自己的照片，以便给客人们展示一下。

女主人看到照片赞叹道："多美的照片呀！看来您的照相机很贵吧！"摄影师对她的话也没回应，但在晚会结束道别时他说："谢谢，晚餐做得非常棒！可能您家的锅相当不错吧！"

这就是夸人没有夸到点子上的效果。夸人不夸到点子上，势必事与愿违。

怎样才能夸人夸到点子上呢？熟悉的人好办，因为了解他。那么，对陌生人呢？可以从他的职业、所处环境及历史年代大体判断其引以为荣的事情作为范围。一位将军引以骄傲的资本往往是他曾经取得累累战功或者爱兵如子、带兵有方这方面的事；一位研究历史的教授则必然对自己发表的论文和专著引以为豪。如果你想对一位陌生的历史教授尽一点赞美之意，不妨对他说："先生，您的论文和专著在史学界颇有影响力，久仰大名。"一个律师则会以自己办理影响力较大的案子而得意，所以碰到一名陌生律师时，你就可以说："做律师的人不简单，你办理的好几个案子都相当出色。"即使是个农民，也会为今年只有他多种了几亩西瓜，碰上了西瓜行情好而有几分成就感，你买西瓜时不妨说："老兄，你真有眼力，今年的西瓜算是让你种着了。"

称赞一个人引以为荣要注意三点：其一，夸奖的话语表达要准确，不能偏离事实；其二，赞美必须是由衷的，发自肺腑的言语，不要过分夸张；其三，夸奖之时要专注，让被夸者感到你有分享其光荣和快乐的心情。

善于从细节发现赞美素材

做事要从小事做起，夸人也要从小事夸起，这样更令人有遐想的余地。

有经验的人常常抓住某人在某方面的行为细节，巧施赞美，这样很容易博得对方的好感。其实对方之所以在细节上投入那么多的心思与经历，一方面说明对方对此重视，另一方面说明对方渴望能够得到别人的关注与赏识，能够得到应有的报偿和肯定。因此，我们在交际中应善于发现细微之处的用意，不失时机的赞美，这不但会给对方巨大的心理满足，而且会加深彼此情感的沟通和心灵的默契程度。

阿郭这天早晨起床，先随便活动了一下筋骨，洗漱完毕后，正在发呆，同宿舍的小翟凑过来说："大师兄，昨天来的那个小帅哥，虽然好看，可是他没有你的眼睛有魅力！"阿郭兴奋地说："你大师兄的眼睛是一般人比的了的吗？我还没有见到比我眼睛好看的呢！"呵呵……他们两个都笑起来了，阿郭是被小翟的赞美搞得飘飘然而笑了，而小翟好像也达到了自己的目的而开怀大笑。

其实，小翟的赞美虽然只是一句简单的话，可是却值得我们学习。他没有笼统地说阿郭帅气之类的话，但是他注意到了一个细节，就是阿郭的眼睛，即他的赞美从小处着手，一个细节的赞美却可以收到意想不到的效果……因此我们在赞美别人的时候，无需夸夸其谈，你只要真诚，只要注意细节，那么你的赞美肯定会被慷慨接受，你可以赞美女士的提包、发型、穿戴的每个细节，赞美她的房间布置的每个细微的部分……一切尽在细节中。

事实上，一个人无论怎样有缺点，也会有一两个值得赞美的优点。

右手心理学，把握人性才能掌控人心

许多人认为赞美别人主要是从他的突出方面来谈，其他的细枝末节，可赞亦可不赞。你认真想想，别人闪光的一面是最容易被发现的，也是别人赞得最多的，可以说已经听得麻木了，你再跑上去凑热闹，也肯定毫无效果，反倒是那些平时人们不太注重的细节受到赞扬更令人高兴。

例如一个年轻的女孩子或许长相难看，但牙齿长得很漂亮，或者皮肤很白等，要善于抓住这些地方对其加以赞美。也许有的人根本不在乎这些小优点，但无论如何，你的赞美一定会使她心情愉快。如果你面对的是一位美貌绝伦的女子，如果你老调重弹，夸其美得如何沉鱼落雁、闭月羞花，往往引不起她多大的兴趣，如果能找出她较不易为人所知的优点，则往往可以使对方感到意外的惊喜。

从细节赞美他人，还会给他人很多温暖。从一件小事上去赞美他人必须注重细节，不要对他人在细节上所花费的时间和心血视而不见，而要特别地对他人的这番煞费苦心表示肯定和感谢。因为对方所做的一些小事，既说明对方对此的偏爱，也说明他渴望得到肯定与赞扬。

刘老师最近很苦恼。班上的小杨性格内向，因小时候曾误食药后反应有些慢，记忆不是很好，从一年级到三年级，他都没能完整地背过一篇课文，也很怕当堂背诵课文，他越怕越紧张，越紧张越什么也记不起来，无论怎么鼓励都无济于事。他也在家长的监督下努力背过了，还是不能通顺地背，每次背书望着他眼泪汪汪的大眼睛心里总是满满的惭愧，刘老师作为他的语文老师，试尽各种办法教他都无济于事，这难道不是一种悲哀吗？在深深地自责中刘老师也在期待，期待一个契机消除他的惧怕与自卑。终于在这学期开学的第一周，班里语文课上学了《燕子》后要求背诵课文，那天在背诵展示时刘老师发现小杨总是用大眼睛看他，眼神有点不一样，并且看到同学们一个个都争先恐后地表现，他更是盯着刘老师了。刘老师心头一喜，会不会是奇迹要出现了，于是便请了他背诵并鼓励他别担心，试一试，小杨怯怯地说："我……我……"刘老师走到他身边对他说："别担心，大声点！""我只会背第一段。"他说。刘老师笑着对他说："不怕，试一试。"小杨的身子有些颤颤地结结巴巴地背完了第一段，但终归是背对了，刘老师鼓起掌来，全班同学也鼓起掌来，刘老师激动地拉着小杨说："你看，其实你的记忆力并不像你认为的那样差，你和其他人是一样的，只要勇敢点，你也做得到，而且做得很好，今天回家你试着背一背第二段。"小杨含着泪说："嗯！"那一晚刘老师还在担心他回家后心病又犯，如背不会该怎么办？可第二天小杨竟然背到了剩下的四段，而且很流利！刘老师的眼睛酸酸的，奇迹真的出现了。之后他又经常鼓励小杨尝试其他课文的背诵，渐渐地，小杨在背诵方面越来越进步了，已能背好几篇课文了，像《翠鸟》《荷花》还背得很有感情。

事后刘老师才了解到，小杨家住在郊区的农村，房檐经常有燕子搭窝，他对燕子很熟悉，第一段描写燕子的样子，他联系已有观察经验自然就背得快。可就是这么一个小细节却让他找回了自信，战胜了心魔。刘老师也很高兴，他认为教书育人的最大幸福无非就是这些一次次小小的改变，一次次小小的感动，只要我们善于发现，从细节上开始，就能让表扬和赞美温暖每个孩子的心房。

赞美别人需站在一定的高度上，充分发掘别人成绩的意义，并推测它将带来的影响，因为赞美一个人的行为和贡献比赞美他本人好，但一定要说中要害，这样你的赞美才会上品位、上档次。

在日常生活中，人们有非常显著成绩的时候并不多见，很多人的优点其实都是潜在的优点。因此，交往中应从具体的事件入手，善于发现别人哪怕是最微小的长处，并不失时机地予以赞美。赞美用语愈详实具体，说明你对对方愈了解，对他的长处和成绩愈看重。让对方感到你的真挚、亲切和可信，你们之间的人际距离就会越来越近。如果你只是含糊其辞地赞美对方，说一些"你工作得非常出色"或者"你是一位卓越的领导"等空泛飘浮的话语，不仅会引起对方的猜度，甚至产生不必要的误解和信任危机。这样不仅得不到促进交往的效果，甚至还可能失去朋友。

当然，我们说赞美他人不明显的优点也要有根据，而不能胡乱说话，随便说一句赞美的话就不是在"赞美"他人"不明显"的优点。虽然人人都喜欢听赞美的话，但并非任何赞美都能使对方高兴，能引起对方好感的只能是那些基于事实、发自内心的赞美。相反，你若无根无据、虚情假意地赞美别人，他不仅会感到莫名其妙，更会觉得你油嘴滑舌、诡诈虚伪。

例如，当你见到一位其貌不扬的小姐，却偏要对她说："你真是美极了。"对方立刻就会认定你所说的是虚伪之至的违心之言。但如果你着眼于她的服饰、谈吐、举止，发现她这些方面的出众之处并真诚地赞美，说她气质好，很有品位等，她就一定会高兴地接受。

　　了解他人的心理不仅要抓住对方大致的心理波动，而且要于细微之处下工夫，利用细小的刺激来影响特定情形下的心理，使赞美既收到"润物细无声"的效果，又有极强的针对性。

别让赞美被人认为是谄媚

　　赞美是一门学问，少一分太轻，让人不痛不痒；多一分则太重，让人难分真假。

　　赞美与谄媚有何不同？

　　很简单：一个是真诚的，而另一个是虚伪的；一个是出于心，另一个是出于口；一个是无私，另一个是自私；一个为天下人所钦佩，一个为天下人所鄙视。

　　赞美别人要适度，要恰到好处，不要太夸张。赞美要适度，要有所保留。要在比较中赞美，在夸奖对方的同时，让对方意识到自己的优点和存在的差距。这样，对方对你的赞美会更加深信不疑。

　　赞美要名副其实，否则就是谄媚了。名副其实就意味着我们赞美他人的内容必须是真实的，这是一个重要前提。以前，我认为过多的赞美会使赞美的内容失去可信度，比如赞美学生，可真正努力学习成绩优异的让我心满意足的又有几个人，叫我怎么赞美得起来呢？后来试着去做了一下才发现，赞美比斥责更能打动人心，只要内容是真实可靠的，怎么赞美都不过分。褒扬某种真实的东西永远不会变得乏味。

　　名副其实并不意味着惊天动地或是可歌可泣，唯一的要求就是真实。你不需要等到你的朋友减掉10斤重才赞美她。气喘吁吁地运动10天之后，她很希望听到别人说她看起来很不错。每一次都是给出真诚赞美的机会，只有真实的赞美才能最打动人的心灵。

　　赞美必须具体明确。我们赞美的行为常常成为日后还会继续下去的行为。如果我们能用具体的评价来承认他人的努力，那么，我们就可以帮助他人认识到这些努力的价值。

赞美的内容也应当具体明确，使其自觉地克服缺点，弥补不足，不断进步，而不能笼统地、抽象地用模糊广泛的概念性语言造成他人误解，以致达不到你期望的赞美效果。

赞美最重要的是情真意切。很多人都会误将赞美别人与"拍马屁"混为一谈。实际上真诚的赞美与虚伪的谄媚有着本质区别：前者看到和想到的是别人的美德，而后者则是想从别人那里得到某些好处。如果你不想也不必从他人那里得到什么，那就开诚布公地夸奖他人吧。"听说你上回解决了一件很麻烦的事情，换做我就很可能搞不定"，"这次老总表扬你了，加油啊，前途无量啊，以后多多切磋啊"。不要吝啬你的赞美之词，这可是拉近你们距离、加强你们关系的零成本方法。

英王乔治五世悬挂在白金汉宫室墙上的一套6条的格言，其中一条是说："教我不要奉承或接受卑贱的赞美"，谄媚就是那个"卑贱的赞美"。

与人交往，我们要真诚地赞美他人，让我们暂且停止思考我们的成就，让我们研究他人的优点，然后把谄媚去掉，给人以真诚的赞美。

不落俗套的赞美更有效

赞美使人愉悦，不落俗套，带有新意的赞美更让人获得特殊的愉悦。

美国著名心理学家威廉·詹姆斯曾说过："人类本性上最深的企图之一是期望被赞美、钦佩、尊重。"可以说，希望得到尊重和赞美，是人们内心深处的一种渴望。

当然，赞美也需要智慧，要懂得掌握分寸。赞美不要跟在别人后面，鹦鹉学舌，那样只能落入俗套，不会有什么新意。正如巴尔扎克曾经说过的："第一个形容女人为花的人，是聪明人；第二个这样形容的人，就一般了；第三个再将女人比喻为花的人，纯粹是笨蛋。"不难看出，赞美别人，需要我们善于挖掘，从独特的视角出发，察别人所未察，言别人所未言，这样才能发现新亮点，搞搞新意思，给被夸赞的人留下深刻的印象。

不走寻常路同样适用于赞美别人，试想一个人如果一天被人赞美说长相出众，当你再说一次的时候，她的心里会是怎么想的呢？所以，另辟蹊径也未尝不是一个好的办法。

有一位在公司做行政工作的雷女士，既漂亮又聪明，而且嘴巴也很甜。她的领导非常爱打扮，又很会搭配衣服，稍一改动，就能变换出很多新衣服。而那位甜嘴巴的雷女士，却成为了这位领导的苦恼。因为每天早上一到公司，雷女士那种令人不舒服的赞美声就涌入耳中："哇噻，经理！又买了一套新衣服，对不对？颜色好漂亮喔！穿在您身上就是不一样。"隔天一见面，又来了："看看看！又一套，很贵吧？还有项链、耳环，也是新的吧？我就缺这个本事，不会像您如此会打扮。"不仅如此，雷女士还当着客户"恭维"领导，说辞几乎都是："在我们经理英明的领导之下，我才有今天的成绩，好多人都问我跟我们经理多久了？其实也没多久啦，但是大人大度，她肯教我嘛！对不对？"

领导终于被雷女士的过分"恭维"弄烦了，只好告诉她："不是你没看过的就是新衣服，我的衣服有的已经穿了五六年啦，只是保养得好，配来配去就不一样了而已！你一嚷嚷，人家还以为我多浪费呢！以后求求你，请别再说我的衣服了！"

这位"甜嘴儿"雷女士给领导送的高帽就很不得法。内容千篇一律、毫无新意。

高水平的赞美是不落俗套的赞美。假如你遇到一个很漂亮的女孩子，漂亮到十个人见了九个人都会夸她漂亮的程度，你再去夸她漂亮，效果会怎样呢？她从小到大听人说她漂亮恐怕有无数次，你说她漂亮她自然不会很高兴，也不会留下深刻的印象。倘若你能发现她有别人都没有发现甚至她自己也没有发现的优点并加以赞美，你猜结果会怎样呢？

赞美人不要落入俗套，看你对面人的心情，如果他是兴奋的，你可以适当使用一些"过格"的词，这样他就能理解你的意思并接受你的赞美。有一种场合，就是有一群人在赞美一个人，大家都在说赞美之词，你却能整出一些与众不同却能让他感觉到你恰好反映了他的特点的话，那么赞美也可能是成功的。因为你的话不同别人，那么有一点作用一定可以起到，那就是你会给人们，特别是你赞美的人留下深刻的印象。

一、语言要有新意

赞美是所有声音中最美的一种，赞美应该给人一种美的感受。新颖的语言是美丽的，有吸引力的。简单的赞美都可能是振奋人心的，但是赞美如果多次单调重复，也就会显得平淡无味，甚至令人厌烦。

二、角度要有新意

每个人都有许多优点和可爱之处。赞美要有新意，当然要独具慧眼，善于发现一般人很少发现的闪光点，即使你一时还没有发现更新的东西，也可以在表达的角度上有些变化和创新。

对一位公司经理，你不必称赞他经营有方，因为这种话他听得多了，已经成了毫无新意的客套话。假若你称赞他目光炯炯有神，风度潇洒大方，他就会更受感动。某将军屡战屡胜，有人称赞他："你真是个了不起的军事家。"他无动于衷，因为他认为打胜仗是理所应当的事。而当那人指着他的鬓须说："将军，你的鬓须真可与美须公相媲美。"这次，将军欣然地笑了。

赞美的角度很重要，从新颖的角度来赞美将起到事半功倍的效果。

三、表达方式要有新意

赞美他人，在表达方式上可以推陈出新，另辟蹊径。

表达赞美的方式很多，要针对不同人、不同场合、不同时间选择最为恰当的方式。选择赞美方式时，既要考虑表达方式的新意，又要考虑对方的感受及最后的效果，综合地去思考，就会找到最适宜的表达方式。

第十四章
一见面就让对手折服

在与他人交往中，通常会有比较占优势的一方和比较弱势的一方，而占优势的一方达到自己目的的可能性更大，因为主动权掌握在自己手中，对方会比较容易对自己顺从。在生活或是工作上，要一开始就取得优势，需要不同的方法，比如从时间、空间，或者从态度上都抢先一步，掌握主控权，才能让自己获胜的可能性增大。

见面时一定要主动打招呼

主动打招呼，先下手为强。给对方一个充满朝气、热情大方的印象。

当我们散步街头或是乘地铁时，经常会碰到一些不太熟的人，这时我们往往会犹疑，"该不该打招呼呢"？

碰到这种情况时，你会想"我要是冒昧地上去打招呼，也许对方会觉得很稀奇，那多不好啊"，或是想"和他聊些什么呢"。犹疑的同时，你就会错过了打招呼的时机，或许马上改变自己的路途，故意不打招呼就溜走了。

请大家记住，假如熟悉对方，就一定要主动上去打招呼。有句话叫"人脉带来商机"，只有平常主动和他人应酬，热衷和他人交流，才能扩展你的人脉和商机。

当你碰到了熟悉的人，哪怕还相隔 100 米以上，也应该先点头致意。主动和对方打招呼，能抬高对方，这样做可以轻易让对方心情愉悦。但是，打招呼慢了的一方往往会有"糟了"，"我太失礼了"的心情，所以也不要太过于主动地去打招呼。

打招呼时，先下手为强。首先启齿打招呼的人，就能牢牢把握住对话的主动权。不论对方地位多高，岁数多大，你主动向他们打招呼的话，都能在他们心理上加一定的压力，有可能使他们跟着你的节拍进行对话。

某项心理学实验证明，假如让一些人组成小组进行讨论，首先发言的人很自然地就会成为会议主席。从我们个人的阅历来看，这也是十分容易了解的。

当你远远看到熟悉的人来，假如觉得打招呼有点太早，就暂时先把头低下，然后渐渐抬起头，显露笑容，向对方走去。这时，对方已经被你的气势控制，你可以随意地选择话题或是控制对话的节拍。

擅长打招呼以及和他人应酬的人能轻易得到他人的青睐。由于这类人会笑眯眯地、大声地道"你好"，这样的问候会让人精神为之一振，心情变得很愉快。就我们自身来讲，假如他人主动和我们打招呼，我们的自尊心就会马上得到满足。我们会觉得得到了他人的承认，会十分高兴。

在主动出击去打招呼时，切记要稍微做得夸张一点。这一点在一切的人际交往技巧中都适用，如果不稍微做得夸张一点的话，对方往往注意不到你的行为。既然你是主动打招呼，那就不要只是悄悄一低头，嘟嘟囔囔地道一声"你好"，而应充分显示出自己的热情。

握手占优势的技巧

握手是正式场合人际交往的重要礼仪，即使是这样一个简单的动作，也能通过一定技巧，从而达到"制人"的效果。

握手，它是交际的一个部分。握手的力量、姿势与时间的长短往往能够表达出握手对对方的不同礼遇与态度，显露自己的个性，给人留下不同印象，也可通过握手了解对方的个性，从而赢得交际的主动。美国著名盲聋女作家海伦·凯勒曾写道：我接触的手有的能拒人千里之外，也有些人的手充满阳光，你会感到很温暖……事实也确实如此，因为握手是一种语言，是一种无声的动作语言。

一般说来，握手可以传达以下三种信息："我的力气（地位）比你更胜一筹"、"让我们以对等的关系相互协作吧"、"我服从你"。下面让我们依据这三种不同的信息，分别来介绍一下握手的技巧。

1. 让对方感觉到你的气势。想让对方听你的话，或是想传达"我是担任人"的信息时，握手时手掌应该向下，这样就显示了"你的地位比我低"的气势。此外，握手时间稍微长一点，也能让对方感觉到你的气势。由于这在无形中传达了"我已经控制了你"的信息。

2. 和对方树立对等的关系。假如想和对方树立对等的关系，应该用和对方相同的力气去握对方的手。假如对方伸过来的手十分有力气，那你就应该同样有力地去握手。假如对方只是稍稍一握，那你就同样稍稍地握对方的手。这样就传达了"我和你相互配合"的意思。

此外，握手时手应该尽可能平着伸出去。假如自上而下伸出去的话，就成了气势型握手，从下而上像讨物品一样伸出去的话，就成了服从型的握手。

3. 表示你服从对方。假如对方的势力及地位比你高很多，为了迎合对方，在战术上应该表现自己弱的一面。在这种情况下，应该采用服从型的握手方式。

想传达"我愿意服从你"的信息时，应该让手掌朝上，像讨物品那样把手伸出去，这和气势型握手正好相反。假如对方伸出来的手十分有力气，你就要稍微减轻一下力气。当然不能脆弱无力，但应该向对方传达出依据对方握手的力气，你已经做好了抽手预备的信息。

控制空间就等于控制人心

空间的占有是最直接的一种存在感的体现，一个存在感强烈的个体不会被人忽视、怠慢，只会被人重视、尊敬。

一个人的地位越高，可以占有的空间就越宽广。无论是高级轿车，还是官邸、办公室等。

另一方面，地位低的人拥有的空间十分有限。很多人挤在一个办公室里，只能和大家共享一个空间。也就是说，是否能拥有足够的空间正是地位高不高的一个标志。

在商业谈判中，能不能占到优势和能不能控制对方的空间紧密相连。假如能控制更多的空间，就能得到更多的利益。

比如，你在和对方面对面坐着交谈，假如想摆出强硬有力的姿态，就应该不露痕迹地把自己的咖啡杯和记事本往前放，这样可以侵犯到对方的空间。把自己的笔和材料等物品"咚"的一声放到桌子上叫做"做标志"表示"这里是我的空间"。

在桌子上争取到足够多的空间，仅仅这一点就能给对方施加无形的压力。经常有这种状况，在商业谈判中，虽然开端时大家都是对等的，但是谈判完毕时，占桌子空间更多的一方往往能得到有利的结果。因此，依据占据空间的多少甚至可以猜测出谈判的结果。

假如对方用咖啡杯和其他物品占据了你的空间，你该怎样办呢？当然，你不能听任不管。为了表示你不答应对方侵犯你的空间，你应该不露声色地还击，去占据对方的空间。你可以道一句"有一份材料想请您看看"，这样就很自然地把对方的物品从桌子上拿开，并且还能起到还击的作用，即利用你的材料去占据对方的空间。因此你应该随身携带一些无关紧要的材料，在对方侵占了你的空间时，作为还击的武器派上用场。

控制空间就是控制在空间中人物的心理。请尽量多占据一些对方的空间，这是一个能让你在商业谈判中取胜的战术。

在与人交谈时或在谈判中过于紧张的人，应该事前把用得很顺手的笔和记事本放在桌子上。只需你控制了桌子上的空间，就可以在心理上处于优势地位，从而渐渐安静下来，不再紧张。

时刻记住，抢占时间就是抢占人心

抢占时间，也是占有控制权的一种。谁能在时间上抢占先机，谁就能在气势上凌驾于对方之上。

除了争夺空间，争夺时间也是心理战中的有效战术。假如你能占据对方的时间，就表明你具有为所欲为操纵对方时间的才干。因此，当你预备和对方见面时，应该尽可能地依据你的状况决议见面的时间，绝对不可以说"依据您的时间定吧"这样的话。否则，你就是主动降低了自己的气势。

在会晤中，邀请对方访问是强大的一个标志。这一点适用于商业中的时间约定。也就是说可以决议会晤日期的一方在当天的会晤中可以发挥巨大的指导作用。

假如对方提出要在星期几或是哪天见面的话，那你就要决议见面的具体时间。假如不想在见面时被对方的气势压倒，秘诀就是不让对方从头到尾把握控制权。假如你有"对方特意来和我见面"这种想法的话，你的气势就非常轻易受挫，很轻易对对方唯命是从。

在商业谈判中，假如可能的话，你应该掌控对方的时间。这样从一见面，你就把对方放在了一个比你低的位置上，最简单的方法就是让对方等你。让对方等你也就是占据了对方的时间。

加利福尼亚州立大学的心理学家罗伯特·莱宾教授指出：让对方等候时间的长短，取决于这个人的重要水平。比如学校里的教授，能让学生长时间等候的教授往往会被以为是重要人物。

人们总是不愿意找有很多闲暇时间的财务顾问和律师咨询问题。

他们从内心深处更愿意找那些见一面都十分难且日程表上接连好几个月都没有闲暇时间的顾问咨询问题。

依据心理学家詹姆斯·鲁斯和卡萨力·安达克共同做的一个实验，我们得知，大学课堂上假如讲师上课迟到，学生只等 10 分钟就会回去，副教授的话能等 20 分钟，教授的话能等 30 分钟。由此可见，随着地位的提高，一个人能占据的对方的时间也会增加。

在谈判中，假如想让对方答应你的要求，那就比约定的时间晚几分钟再去，这是一个有效战术。假如迟到几十分钟的话，会让对方觉得你很没有礼貌。但假如只迟到几分钟的话就完全没有问题。这样，占据对方的时间就成为一个事实，你就能给对方留下"我是一个重要人物"的印象。

在谈判进程中，请同事或秘书给你打电话，然后对对方说："对不起，我接一下电话"，让对方等你 5 分钟左右，这也是一种谈判技巧。通过占据对方的时间，无形中取得了心理优势，并且可以向对方表明"我可是个大忙人"。

无论你多么闲暇，都不能让对方看穿这一点，否则你就不能成为一名成功的商人。你应该显得十分忙，并且要尽可能按自己的步伐控制时间，这是一个简简单单就能控制别人的方法。

"时间被占用"的反击方法

时间是何等的重要！我被你占用的时间，一定要用你的愧疚感作为补偿。

当对方控制了你的时间时，让对方产生愧疚感就是最有效的还击方法。

例如，当对方故意比约定的时间来的晚的时候，你一定要特意强调"没关系，我真的不在意你迟到了"，这样就会让对方在心理上产生愧疚感。

斯坦福大学的心理学家麦力鲁·卡鲁史密斯博士和威斯康辛大学的阿兰·克劳斯博士曾经通过实验证实，心中怀有愧疚感的人会轻易服从对方。在实验中，他们让一位学生（不知情的被实验者）由于运用电器形成对方休克（实际上对方并没有遭到电击）而产生愧疚感，在这之后，这位学生对对方提出的毫无道理的要求的服从率是平常的3倍。

因此，在对方占据了你的时间时，让他产生愧疚感，是一种有效战术。

当对方占据了你的时间时，还有一种还击的方法，就是再去占据对方的时间。比如，当对方说"抱歉，请稍等"，分开一会儿的时间，你就把自己的材料在桌子上摆开，不慌不忙开始安排任务。即使在对方回来之后，你也可以道一句"请稍等一下"，继续你的任务。这样就又占据了对方的时间，在谈判中就取得了相对的平衡。

假如你没有什么事情来打发这段时间的话，那就随意和谁打个电话。在对方回到座位之后，你也不要马上挂电话，让对方再稍等一会儿。这样就向对方传达了"我可是十分忙的"讯息，向对方施加了无形的压力。

当你觉得对方要控制你的时间的时候，马上告辞也是一种有效的战术。你无妨试一试这个方法，你可以对秘书说："××先生看上去很忙啊。请以后再和我联络。我还有别的事情要处理。"然后告辞。假如对方是故意让你等候，那么这时他应该会很焦急，就会马上出来见你。即使对方没有出来，由于你已经把告辞理由说得清清楚楚，也不会显得没有礼貌。

此外，在对对方占据你的时间还击时，还有一条规则是占据对方的时间应该和对方占据你的时间相同。假如对方占据了你5分钟，那么你就随意和谁打个电话，再占他5分钟。假如对方占据了你10分钟，那你就夺回这10分钟，这种"马上回击战术"是十分有效的。

把对方引入你的"领地"

在自家办事，总是有一种"我的地盘儿听我的"这样的自信。

进行商业谈判时，你应该尽量让对方来你的公司。凡是第一次见面，应该尽可能想方设法让对方来你的公司。这是为什么呢？由于你的办公室是你这一方的"优势空间"，你很熟悉自己的办公室，你不会产生不必要的紧张，并且能给对方施加心理上的压力。

在体育界中，在对手所在地进行竞赛叫做"客场"（awayground），在自己的地盘上进行竞赛叫做"主场"（homeground）。依据大量的调查我们发现，人们在自己的地盘上进行竞赛时能更轻易地取胜。这是由于人们到了一个生疏的地方，就会害怕，从而不能轻易发挥出自己的才干。

依据动物行为学家拉杰克的观察得知，即使是平常很害怕的小狗，也敢追逐跑到自家院子里的大狗。鸡也是一样，假如别的鸡跑到自己的鸡栏里来，原来在栏里的鸡就会有一种优势，它会去追逐后来的鸡。

田纳西大学的心理学家卡洛伊和萨德斯·特劳姆曾经做过一个让大学生们讨论问题的实验。这个实验是在大学生的宿舍里进行的，分为"在自己的宿舍讨论"和"打搅他人，在他人的宿舍讨论"两种情况。实验中，用秒表静静记载了在自己的宿舍发言的人的发言量以及以"客人"的身份去他人的宿舍发言的人的发言量。结果表明：在自己宿舍里讨论的人可以自在发言，与此相对，作为客人时却发言不多。并且，在两个人意见不一致的时候，在自己宿舍的人的发言占绝对优势。这个实验的结果证实了"在自己的领地进行谈判，心理上能处于优势地位"这条法则。把对方叫到你的领地里来，自然就能提高你的谈判才干。

公司的高层人员之所以可以对部下发号施令，是由于他拥有和他的地位相应的优势空间——一个人的办公室，他能把部下叫到自己的办公室来。假如你能把对方叫到你的办公室进行商业谈判的话，就能进一步提高你的优势地位，这就是你的"领地"的作用。

在商务活动中招待客人时，选择自己常去的饭店已经是大家的常识。你常去的饭店就好似是你的领地，可以起到在你的地盘招待客户的效果。假如是对方招待你的话，你应该事先去招待场所看一下。店主是个怎样的人，洗手间在哪里，事先了解了这些信息，你的心理压力就会减轻很多。

不妨放一个"烟幕弹"

我们不必像变色龙一样千变万化，但是也要学会在某些时刻用适当的方式掩饰真实的自己。高手就经常放个"烟幕弹"来保持自己的神秘感，让别人永远不知自己到底在想什么，也是保护自己的一种方式。

有一名叫戴维斯的年轻人去福特的工厂里找他，想卖给他一块地皮。

福特穿着一双破靴子，斜着身子靠在那儿，仔细地倾听戴维斯说的话。那块地皮正好在福特已购买的地皮中间，按理说，他们很快就能谈成这笔生意，而且戴维斯的推销技巧也很不错，可福特的反应却让戴维斯在很长时间内都摸不着头脑。

福特没有直接回答他，而是把桌子上的织状物递给戴维斯看，福特问："你知道这是什么吗？"

戴维斯摇摇头。于是，福特开始详细地给他解释，说这是一种新发明的材料，福特想用这种材料做"福特汽车"的骨架。

福特给他介绍了这种材料的来历，说它有什么样的好处，福特针对这个新材料足足谈了一刻钟。他给戴维斯详细谈了他准备对明年的汽车换个新式样的计划，显然戴维斯搞不清福特为什么这么做，可他却感到很高兴。

最后，福特才说他对那块地不感兴趣，然后亲自送他出门。

福特没说他为什么不想买那块地，也无须与人争辩，就直接回绝了他人的建议，同时，还让那个人很高兴地离去。

福特的方法是十分巧妙的。他把自己的计划全部告诉了他人，让人感到高兴。可是，其实这是在放"烟幕弹"。他早就下了某种决定，以免让自己的真实想法流露在自己的言行之中。一个人只有先控制自己的情感，才能有机会去控制他人，这是驾驭他人的最重要的一点。

我们看福特、什瓦普、林肯这些人，他们都能熟练地运用这一策略，不到紧要关头，决不透露自己的真正想法。他们会在可能的范围内尽量赢得对方的好感。

史特郎曾这样描述什瓦普："拜访者见他是十分容易的，可是当他们离开时，他们才发现，自己没能打听到任何想要的消息，只是听了很多笑话。"

当他人问林肯一些十分难以回答的问题，而该问题还不能尽快解决时，他就会反过来询问对方，或者给对方讲些小故事，这就是在暗示客人该告辞了。

一位年轻记者总能得到采访大实业家冯德彼特的机会，可是却总也得不到什么实质性的东西。可是，冯德彼特的亲和力却经常让他在谈论中忘记时间。他为对方独特的魅力所倾倒，觉得能和他在一起谈话是一种极其美好的享受。

这些领袖要么让对方说话，要么就讲故事，或者向对方提问，或者用一种奇妙的方式让对方拜倒在自己的魅力之下。总而言之，他们擅长用迷人的方法使你不能达到自己的目的。

我们再看另一个妙策。

曾做过菲尔德公司秘书的辛普森后来成了公司的总经理。早年，有一次，他在代表菲尔德会见各地客商的会议上一言不发，只是在那儿闷着头抽烟。后来，他人向菲尔德说了辛普森的表现。菲尔德问辛普森："听说你抽了特别多的烟？"辛普森回答："是啊，为了不开口，我也只能抽烟了。"

我们也应该在类似的事情上多加留心。在某些场合，我们不但要少说话，还要努力让自己神色平静。有时，一脸平静地听他人讲话也是非常必要的。

老于世故的芒格说："在他人讲话时，你可以看一些别的东西，比如说，你可以悠闲地看看桌上的一个花瓶，在他人看来，你就会有一种捉摸不透的感觉。"

纽约一位优秀的律师曾经对作者说，他就运用过辛普森的方法："我总在审判的时候抽烟，借以掩饰自己的真情实感。"

在一些特殊场合，我们需要冷漠地对待他人，不作任何反应。

著名的基安尼里是意大利银行的创办人，他说自己就遇到过这种情况。当时，他就作出了如下对策：无论对方有什么反应，他一概不理，只是专心想自己的事情，"对于对方的话，你可以左耳进，右耳出嘛"。

也许，这些人要让自己在任何状态下都能做到稳如泰山。在提及拉斯科普做共和国民会议主席时，普兰格尔说："人们可以安心与他共事，他早就学会了不动声色地对待任何人和事。当一个人了解一件事的来龙去脉，但表面上却不动声色时，这才是真正的聪明人。对于商业精英和目光远大的人来说，这只是小把戏而已。"

当我们处于一种尴尬的处境，但不回应他人又显得有些蠢笨的时候，我们也可以讲几句令人发笑的笑话，就像下面两个例子中的豪斯将军和惠灵顿公爵那样。

1917 年夏天，当豪斯将军退居他的别墅时，外界传言说他和威尔逊总理已经决裂。新闻记者在他身边转悠，让他对此事作出明确的回应，他答道："这个谣言好像传播得太晚了，总的来说，它总是伴随着仲夏海蛇的童话一同到来。"

惠灵顿公爵打败了拿破仑，后来，有人给他看法军在屠龙一带布置得不太严密的计划，那些人请求公爵批准将此事作为历史上的一段趣闻。惠灵顿严肃地说："好计划……如此美满的计划！太妙了！请你把这个计划还给拿破仑将军，并代我向他表示谢意。"

有时，为了谨慎起见，可以如实地告诉对方自己在某方面的无知，以免日后证明自己判断有误时，为众人所笑。

斯普拉格是芝加哥一家大批发店的经理。一次，他就说起了菲尔德是如何运用这个技巧的。少年时，斯普拉格总去拜访菲尔德，他们是世交，他问菲尔德怎样才能做到明智地投资。菲尔德是许多公司的顾问，他当然十分熟悉内幕消息，但他不可能用自己的地位介绍任何特别的投资。于是，他就只对斯普拉格说自己以前做过什么生意，但是，接下来，他往往会说："我不知道你还对这些有兴趣……"或者是"我的意思并不是要你注意我说的话……"有时，我们无须掩饰自己的行动，却一定要掩饰自己的动机。

第十五章
把对手变成"自己人"

现代商业，不可能非常简单地建立在单纯业务往来之上，人际关系在其中起着非常重要且不可忽视的作用。现代商业谈判的形式，也已经不再拘泥于以前单纯的谈判桌前了；交易的方式，也不仅仅是出示文件、出示样品，而是增添了许多其他的更新的内容——利用人际关系来做生意。商场如战场，在商务谈判中，对方的信息对于自己来说同样十分重要。只有掌握了大量及时的信息，才能在扑朔迷离的谈判桌上掌握主动权。掌握信息，并且让对方视己为好友，便能在商场中无往不利了。

建立私人之间的信任

现代商业，也不可能非常简单地建立在单纯业务往来之上了，人际关系在其中起着不可忽视的作用。

商务谈判的价值在于通过联合决策得到的利益大于非合作甚至是对抗情况下的利益。然而共同决策是有前提的，其中最重要的因素之一是形成一定程度的信任。在其他条件相同的情况下，双方有信任基础则市场交易成本会明显降低，这就是熟人之间做生意轻松愉快的原因。

有目的的私人交际，是很好的商谈前哨战，通过私人交际，可以建立良好的私人关系和友好的工作关系。现代商场中与客户进行私人交往的形式，一般是请客户吃饭，陪客户打高尔夫球，以及同客户一起打麻将等娱乐活动。它能够使交易双方的关系更加密切，促成交易的成功。

以下有三种方法，可以帮助你跟谈判对手建立私人之间的信任关系：

1. 亲自约见别人，而不是借助于电话、电脑或电子邮件。面对面的谈话比使用电子邮件、信件或电话进行接触，更能减少个人距离感。一旦你亲自认识了某个人，就更容易避免对他人的模式化想法，或是误解他人的个性。人们来你办公室见你，别让你的办公桌成为两人之间的阻碍。美国前国务卿迪安·艾奇逊总会从办公桌后面站起身，坐到靠近客人的椅子上。罗杰爱让办公桌面对靠墙的书架，这样一有客人来，他就能倒转椅子问候别人，并请对方坐到跟前来。没有桌子的阻挡，你们更容易建立起私人关系。

2. 讨论你们共同关心的事情。我们都知道交通或天气一类的话题很安全，它不会冒犯别人，或是透露太多有关自己的信息。然而，风险最小的谈话往往最无助于缩短个人距离。谈论个人关心的话题，往往会让人感到太暴露，一方面，它更冒昧、更容易遭人攻击，但另一方面，它营造亲密感的可能性也更大。家庭问题、财政焦点、对时事的情绪反应、对自己职业的怀疑，还有道德困境等，都是能加强双方关系的话题。

对于这类话题，找别人提建议是打开局面的好办法。"让同事们来准时开会，总是让我觉得头痛。你有什么建议吗？你是怎么处理的？"主动暴露你的错误、弱点和坏习惯，也能拉近你和别人的情感距离。

3. 为彼此留出空间。建立个人关系的第三个办法是给别人和自己留出足够的空间。为了提供更大的自由度，你不需要破坏双方的亲密感。你可以在保持友好的前提下要求个人空间。一对苏格兰夫妇款待来自己家过周末的客人，他们热情地招呼客人，"欢迎你们"，紧接着又问，"我们正在读书呢。你们想干点什么？"

要建立关系，你用不着分享自己心底最深的秘密。和对方谈判代表交往的目的是，让彼此变得更有人情味一些，而不是结交新朋友，处理自己的每一个家庭问题。你只需创造足够的个人联系，让你们逐步信任对方，从而能够更有效地联手解决问题。

只有双方互相了解彼此信任的谈判才能获得成功，才能不因为某一句话或某一个要求而导致谈判夭折。如果谈判双方都通过细致精心的准备工作，让对方了解自己、相信自己，并且不厌其烦地倾听对方的陈述诉求，就可以精诚合作，并在较短的时间内签署谈判协议。

让自己表现得笨拙一些

在大多数情况下，人们总是喜欢帮助那些在思维或者其他方面不如自己的人。

在谈判过程中，即便你是一个高手，也要学会装傻，永远不要让对方感觉你是个聪明、狡猾、老练的谈判高手。对于谈判高手来说，聪明就是愚蠢，愚蠢就是聪明。在谈判的过程中，有时如果你能假装没有对方聪明和高明，最终所达到的谈判效果反而可能会更好。你越是装得愚蠢，最终的结果可能就对你越有利。

这么说是有原因的。在大多数情况下，人们总是喜欢帮助那些在思维或者其他方面不如自己的人。所以，装傻的一个好处就是，它可以消除对方心中的竞争心理。你怎么可能会攻击一个前来向你征求意见的人呢？你怎么可能会把一个求你的人当成竞争对手呢？面对这种情况时，大多数人都会产生同情心，进而主动帮助你。

下面这个小孩子的故事相信会给我们以启示。

在小街上，有一个文静、内向的孩子。每当放学后，淘气的孩子们就会飞一样地来到一家杂货店前闹哄哄地争抢着。因为店主是个乐善好施的老板，他正翻箱倒柜地四处为孩子们找那些要降价处理的食物。

每当他拿出一件，孩子们就欢呼起来，争先恐后地拥上去抢。只有这个文静的男孩例外，总是在远处看着。等那些争到食物的孩子们一哄而散后，杂货店老板看到了这个可爱的男孩。于是他就打开一罐糖果，让小男孩自己拿一把，但是这个男孩却没有任何的动作。老板越发喜欢这个男孩儿了。几次的邀请之后，老板亲自抓了一大把糖果放进他的口袋里。

回到学校，看到他的糖果比别人的都多，他那些小伙伴羡慕不已。大一点的孩子很好奇地问小男孩，为什么你自己不去抓糖果而要老板抓呢？

小男孩回答道："因为我的手比较小呀！而老板的手比较大，所以他拿的一定比我拿的多很多！"

小伙伴们都很佩服他的聪明。

小孩子是单纯的，但也是聪明的。靠自己得不到，依靠别人可以得到更多。这不是无能的借口和自我安慰，而是一种谦卑的聪明。因为从心理学的角度来讲，一般人们会对笨一些的人有同情、帮助和支持的意向，所以要想办法表现自己的笨拙，要经常说一些谦虚和赢得对方好感的话，如："我非常想请你帮我一个忙"、"这个地方我有一点儿想不清楚"、"麻烦你帮我算一下，我还是不明白"。总之，要显得你不那么干练，对方的好胜心也就不会那么强了，反而对你充满了同情心。

只有最笨的谈判高手才把自己表现得很精明。试想，如果你处处像王熙凤那样机关算尽，对方就会有防备之心，就不利于开诚布公地把所有议题都说出来。即使看起来赢了谈判，这都可能是暂时的，因为对方说不定在什么地方埋有伏笔，最终可能是你输了。所以精明的谈判高手往往会表现得很笨。

一旦谈判者无法控制自我，并开始装出一副老谋深算的样子时，他实际上把自己放到了一个非常不利的位置上。而谈判高手则非常清楚在谈判过程中装傻的好处，他们的做法通常包括：

1. 要求对方给自己足够的时间，从而可以想清楚接受对方建议的风险，以及是否还有机会提出进一步的要求。

2. 告诉对方自己需要征求委员会或股东会的意见，从而可以推迟作出决定。

3. 希望对方给自己充足的时间征求法律或技术专家的意见。

4 恳请对方做出更大的让步；使用黑白两策略，在不制造任何对抗情绪的情况下给对方施加压力。

5. 通过假装查看谈判笔记的方式来为自己争取更多的时间。

需要提醒的是，一定不要在自己的专业领域上装傻。打个比方，如果你是一名设计师，千万不要说："我不知道这栋大楼是否能够支撑自身的重量……"谈判高手知道，装傻充愣可以消解对方心中的竞争情绪，从而为双赢的谈判结果打开大门。

谈判对阵前，先聊些温馨的话题

创造和谐的谈判气氛，是很重要的前提。要想获得谈判的成功，必须创造出一种有利于谈判的和谐气氛。

在谈话之前，想要营造出宽松环境、和谐气氛，关键是拉近谈话者与谈话对象的距离。除了谈话场所等固有"硬环境"外，谈话者也要尽可能地营造出一些"软环境"，谈话者要表情轻松自然，面带微笑，语气平缓，语速适当，使谈话对象觉得亲切，能够信任，愿意接近。有时，不必刚开始就直接踏入正题，先适当拉拉家常，了解一下谈话对象本人目前的一些基本情况，使谈话对象在介绍自身的过程中逐渐放松，然后再适时提出谈话的主题和要求，水到渠成，避免突兀而来给谈话对象造成压力，引起紧张而束缚言路。

谈判的开局阶段是指谈判准备阶段之后，谈判双方进入面对面谈判的开始阶段。谈判开局阶段中的谈判双方对谈判尚无实质性感性认识。各项工作千头万绪，无论准备工作做得如何充分，都免不了遇到新情况，碰到新问题。由于在此阶段中，谈判各方的心理都比较紧张，态度比较谨慎，都在调动一切感觉功能去探测对方的虚实及心理。所以，在这个阶段一般不进行实质性谈判，而只是进行见面、介绍、寒暄，以及谈论一些不是很关键的问题。这些非实质性谈判从时间上来看，只占整个谈判程序中一个很小的部分。从内容上看，似乎与整个谈判主题无关或关系不太大，但它却很重要，因为它为整个谈判定下了一个基调。

　　创造和谐的谈判气氛，是很重要的前提。要想获得谈判的成功，必须创造出一种有利于谈判的和谐气氛。任何一方谈判都是在一定的气氛下进行的，谈判气氛的形成与变化，将直接关系到谈判的成败得失，影响到整个谈判的根本利益和前途，成功的谈判者无一不重视在谈判的开局阶段创造良好的谈判气氛。而同谈判对手聊聊轻松的话题，恰好可以缓解谈判的严肃气氛。

　　如果你能跟他谈一些轻松的话题，将会使你们双方都感到愉快。其实，陌生人之间的交往之所以存在障碍，关键是人际之间隔着一层"窗户纸"，如果有人能捅破这层纸，人们之间的沟通也就非常顺利了。

　　人们普遍认为，在谈判中，讲话简洁明了才有力量，才能有效地节省时间，很少有人能够意识到"废话"在许多时候不废，颇能起到难以预料的积极作用。对于彼此不够熟悉的双方，只一两次谈话大多会互存戒心，有时还会陷入"无话可说"的尴尬场面。

　　据研究，初次见面的人，欲迅速消除陌生感，拉近彼此的距离使关系融洽起来，最好的方法是适当说一点"废话"，这便是渐入正题的谈判技巧。如果这次谈判成功对你十分有利，你不妨牺牲一点时间，同对方多聊一会儿，聊到彼此投机，很像朋友了，对方消除了陌生感，而且比较信任于你了，再进入正题。这比一见面就切入正题，效果要好得多。

　　但是，闲聊终归是闲聊，不可随心所欲地乱聊，乱聊有时不仅起不到融洽感情、增强信任感的作用，反而会使对方产生疑心，怀疑你在同他兜圈子，是另有所图，从而对你更加戒备。闲聊应注意以下几点：

　　1. 事先做好闲聊的准备。重要的谈判，必须对闲聊的话题进行认真研究准备，这样才能做到"废话"不废。如果你的闲聊竟是一些毫无意义的话，如"今天可真凉快！"、"你的生意可真不错"，等等，这会使人感到废话连篇索然无味。如果因为无准备，而聊了不该聊的话题，大多会起反作用。如果不顾对方的喜好，一个劲滔滔不绝地聊自以为非常有趣的话题，会使对方产生厌烦心理。

　　2. 创造有利于闲聊的环境。有条件的话，可创造一些较轻松的场合，营造愉快融洽的气氛，力求从"闲"入手，"聊"出效果。

3. 准备适当的闲聊话题，选择话题应本着这样的原则：

（1）与正题有关的话题，力求有利于转入正题，又要不露痕迹。这就必须进行一番认真的研究。

（2）对方感兴趣的事。如果能事先了解对方的爱好、兴趣，便可围绕他的爱好、兴趣去准备谈话材料；如果事先来不及了解或无法准确了解，可以用"试探迈进"的方法去探寻他的爱好和兴趣。

（3）最大限度地运用幽默。闲聊的目的在于消除陌生、隔阂。运用幽默得当，可更有效地发挥闲聊的作用。

邀请"共餐"，敞开心扉

你应该学会善用餐桌。"三尺桌台作战场，舌端横扫千万军。"

请客吃饭是最常见的维持与谈判对手的良好关系的策略，但大多数人认为请客吃饭仅仅是走过场。其实宴请的目的是让谈判对手敞开心扉，借此机会和谈判对手做感情上的交流，让他们在一个相对轻松的环境下充分释放自己。要时不时的请谈判对手吃饭，而且要有创意。

为什么要重视请客吃饭呢？因为人在吃喝的时候，最没有戒心，也最容易流露出一个人的本性。借着餐桌可以互相加深了解，推心置腹地交谈，从而赢得彼此的信任。餐桌上不知做成了多少惊人的生意，餐桌上不知化解了多少谈判的僵局。

在吃饭的轻松自如的气氛中，一些商场上的秘密，会在无意中得知；许多商场上的构想，在这时可能浮上脑际；一度谈不拢的话题，也能顺利解决了。

谈判高手请客吃饭之前，都会有很周密的策划，会给吃饭一个明确的定义和任务。也就是吃饭的分类，是饭口的工作餐，还是为达到目的的攻关餐，是为了联络感情的聚会，还是为庆祝合作成功的庆祝餐；由于吃饭的意义性质不同，所要达到的目的也不同。因此在吃饭前，自己心里一定要明确，也就是请客吃饭第一招——为目的而吃饭。

由于吃饭的意义不同，所要参加的人员自然不一样。很多谈判者在请客户吃饭时，对作陪的人员不加选择，结果由于作陪的人不会说话，或者很会说话，一顿饭吃完了，业务没谈成，反倒让自己的朋友和客户成了朋友。所以请客吃饭的第二招：精心选择作陪人员。

请客吃饭的第三招：懂得礼貌，安排好座位。这一点很多年轻的谈判者都不很在意，在请客吃饭时，座位的安排没有长序，无形中得罪了客户还不知道。特别是在宴请政府官员或者长辈时，一定要按顺序安排。当我们进入餐厅后，直对门口的位置是主宾位，主宾位的右手是次宾位以此类推，主宾位的左手边是主陪位，一般这次参加宴会的主方级别最高的落座，以此类推。当然根据吃饭的性质不一样可作调整，但大体不要违反礼貌原则。

宴会的性质不同，要保持不同的气氛。如要解决合同的未尽事宜或者要攻关，先要倾听客户的意见，再根据情况做适当的洽谈。不要只顾洽谈而忘了吃饭，吃饭喝酒这是谈判和攻关的润滑剂。当有冷场时，就以喝酒来活跃气氛。请客吃饭第四招：吃中谈，谈中吃，一切为了达成目的。

总之，请客吃饭也是一种学问，是你谈判工作中必不可少的手段，用好了，无往而不利，用不好也会影响谈判的结果，得罪客户。最后，请大家记住：学会请客吃饭！

和谈判对手的"熟人"搞好关系

要擒王，还是要跟贼打好交道，以便得到更多的敌方军情。

战场上，兵家讲究"知己知彼，百战不殆"。商场如战场，在商务谈判中，对方的信息对于自己来说同样十分重要。只有掌握了大量及时的信息，才能在扑朔迷离的谈判桌上掌握主动权。

由人们在生活中设定目标、修正目标的举动可以看出一些他们在谈生意中可能出现的反应。人们常为自己修订目标，却浑然不自知。

当我们选择去一个社区居住，或选择参加一个团体时，我们便会针对现况，制定目标。公司主管也是这样，他们会向朋友、秘书、助理人员描述他们的目标，依据不断的信息反馈，逐步向上或向下修正目标。

除了通过谈判对手的熟人得知一些重要的商业信息的同时，有时这些熟人还可以帮助谈判出现转机。

2003 年甲公司开始全面负责在河北沧州的销售。2002 年乙公司在沧州的销量为 200 万，丙公司为 150 多万，而甲公司只有 60 多万。后来乙公司与当地市场中的第一大户经销商 A 发生矛盾并激化，A 决定退出乙公司的经销阵营。因 A 在市场上的重要地位，一时间，各大厂家纷纷上门游说，希望促成与 A 的合作，A 成了各大厂业务代表眼中的香饽饽。A 也开出了合作的两个基本条件，一是销售政策要好；二是必须保证独家操作。

甲公司业务代表想抓住这个机会突破甲公司在沧州市场的瓶颈，虽然甲公司在沧州已由 B 代理，但 B 的销售能力已不能满足甲公司发展的需要。如何能在保证老客户稳定销量的基础上，开发一个更加优质的客户，成了甲公司业务代表必须破解的一个难题。

正在为难之际，事情出现了一线转机，在一次聊天中，甲公司的业务代表得知其一好友与 A 的老板私交甚好，于是甲公司业务代表找其好友出面沟通。为了让本次谈判取得成功，甲公司业务代表准备好了 A 家电销售乙业务代表产品的利润分析表、甲公司销售政策、公司获得的主要荣誉、产品手册、价格表等资料。谈判在甲公司业务代表好友与 A 老板相互关心近期生活的良好氛围中拉开了帷幕。经过其好友对甲公司经营理念、营销政策和产品优势以及经营甲产品的前途等进行了全面介绍和分析后，A 老板很快就从心理上接受了甲公司。

稍有失态，就"付之一笑"

笑的力量是很强大的，通常硬碰硬不能解决的事，一个微笑竟能使问题迎刃而解。

俗话说得好："一笑解千愁"，"眼前一笑皆知己，举座全无碍目人"。的确，没有人能轻易拒绝一个笑脸。笑是人类的本能，要人类将笑容从脸上抹去是件很困难的事情。由于人类具有这样的本能，因此微笑就缩短了两个人之间的距离，具有神奇的魔力。

俗话说："抬手不打笑脸人。"笑能将怒气挡在对方体内，阻止他的进攻，从而使矛盾化解。在中百超市发生过这样一件事，一个顾客买了一瓶大宝护肤霜，回家用后说味不正，她怒气冲冲地找到营业员要求退货说："你们店里卖的水货，这种变了质的东西拿来骗顾客，这不是拿顾客的健康开玩笑吗！"有几个顾客走过来也闻了闻。这时营业员把店长找来面带笑容地说："对不起，对不起，这瓶大宝护肤品有问题，我们跟厂家联系，这是我们工作的失误，非常感谢您给我们提出宝贵的意见，您是退钱还是换一瓶呢？"面对这诚恳的微笑，顾客还能说什么呢？微笑是一种武器，是一种和解的武器。

一位坐飞机的乘客在飞机起飞之前，请求空姐为他倒一杯水服药，空姐告诉他说："先生，为了您的安全，等飞机进入平稳飞行后，我会立刻把水给您送过来。"可是，等到飞机起飞后，空姐却把这件事给忘了，待乘客的服务铃急促响起来时，她才想起送水的事情。于是，空姐小心翼翼地微笑着对那位乘客说："对不起，先生，由于我的疏忽延误您吃药的时间，我感到非常抱歉。"那位乘客严厉地指责了空姐，说什么也不肯原谅她，并声称要投诉她。在接下来的行程中，空姐一次一次地询问那个乘客是否需要帮助，但是他就是不理不睬的。

临到目的地时，那位乘客要求空姐把留言本给他送过来。此时，空姐十分委屈，但她还是很有礼貌地微笑着说："先生，请允许我再次向您表示真诚歉意，无论您提什么意见，我都欣然接受。"

等飞机降落乘客离开之后，空姐不安地打开留言本，只见上面写着这样一段话："在短短两个小时的飞行途中，你表现出的真诚歉意，特别是你第8次的微笑深深地打动了我，使我最终决定将投诉信改成表扬信。谢谢你真诚的微笑，下次旅行有机会我还会乘坐你的这趟航班。"微笑魅力如此之大，眼看一场风波就要起了，那位空姐用了她充满真诚歉意的微笑，深深地打动了那位将要投诉她的客人，这便是微笑的魅力。

微笑表现出的温馨、亲切的表情，能有效地缩短双方距离，给对方留下美好的心理感受，从而形成融洽的交往氛围。它能产生一种魅力，可以使强硬变得温柔，使困难变得容易。所以微笑是人际交往中的润滑剂，是广交朋友、化解矛盾的有效手段。

在出错前先道歉

"与其临事而攻，不若事先防守。"

《诗经》中有一篇标题为《鸱鸮》的诗，描写一只失去了自己小孩的母鸟，仍然在辛勤地筑巢，其中有几句诗："迨天之未阴雨，彻彼桑土，绸缪牖户。今此下民，或敢侮予！"意思是说趁着天还没有下雨的时候，赶快用桑根的皮把鸟巢的空隙缠紧，只有把巢弄坚固了，才不怕人的侵害。后来，人们把这几句诗引申为"未雨绸缪"，意思是说做任何事情都应该事先做好预防、准备工作，以免临时手忙脚乱。

在谈判的过程中，在出错前或针对自己可能出现的问题先向对方表示自己的歉意，这样可以博得对方的好感，让他体会到你对谈判的诚意和对他的善意，这样很容易就可以消除谈判中双方的敌意，使得谈判顺利进行。

有一位大公司的业务经理在同另一家企业谈判出售产品时，发现对手是几位年轻人，随口便道："你们中间谁管事？谁能决定问题？把你们的经理叫来！"一位年轻人从容答道："我就是经理，我很荣幸能与您洽谈，有什么不妥的地方请您谅解，希望得到您的指教。"年轻人的话软中带硬，但是却透露着一种谦虚和示威的双重战略，出乎这位业务经理的意料。因此这位业务经理就坐下来安安心心地和这几个年轻人谈判了。

兔子斗苍鹰，可谓实力悬殊。当苍鹰张开利爪向兔子发起凌厉攻势之时，机敏的兔子佯装死去，等待完全放松了警惕的苍鹰扑上来，突然集中浑身气力于双腿，猛然一蹬而击毙苍鹰，这就是兔子巧胜苍鹰的方法。军事上把这种示弱诱敌、巧搏智取、以弱胜强的方法称为

"兔搏苍鹰"战术。它的基本思想是与强敌作战，力避正面硬拼伤害自己，力争出其不意以奇取胜，在与敌交战的过程中，强调运用计谋，巧设圈套，诱敌上钩，并千方百计麻痹敌人，在敌人毫无戒备之时，突然"重拳"出击，致敌于死地。

孙子所言之"能而示之不能"、"利而诱之，强而避之，卑而骄之，佚而劳之"、"出其不意，攻其无备"，正好道出"兔搏苍鹰"战术之要害。

示弱更体现在商务谈判与合作中。你需要让对方抱有希望，但又不要抱有太高的期望。你需要让对方不忽视你，也不对你抱太高的期望，这是很微妙的。在上游与下游产业链环节之间，在承包方与发包方之间，在领导与下属之间，都遵循了如此原则：在让对方保持希望的前提下，谁示弱得比较彻底，谁就会在日后的工作中少一些压力。

你跑得越快，他会越希望你跑得更快——鞭打快牛；

你的业绩越卓著，他对你的期待越会水涨船高——能者多劳；

你越表现得轻松自如，绩效对你而言小菜一碟，他越有可能会克扣你应得的利益——看看谁是老大。

总之，假如你表现得太强势，对方就会对你寄予厚望，并让你的焦虑感加强。

你需要始终让自己处于弱势的地位，先告诉他你很重视与他的合作，每天都在想合作之后的事情，虽然考虑得不是很周到，但依然有一些顾虑，然后就以客户的角度提出你的困难与顾虑，同时把客户的每一点反馈都第一时间与你的供应商联系，并从他那里得到权威的答复与解决方案。

在合作洽谈中策略性地示弱是理智的选择，这就是兵家所云的"骄兵之计"。故意向敌军示弱，以助长其骄傲情绪，是使其轻敌大意的计策。

东汉末年，大将关羽领大军来围攻曹仁守卫的樊城。曹仁在关羽的第九次激将法前，忍不住出战，结果大败。后曹操派庞德与关羽交战，在关羽和他的一次交战中，被他的毒箭射中。幸好名医华佗路过，刮骨疗伤，治好了关羽，然后关羽又用水来淹樊城，庞德被斩，于禁被关进大牢。曹操招谋士商量对策，一个谋士提出联合东吴，让他们攻打荆州，来个围魏救赵。

东吴派吕蒙和陆逊攻打荆州。陆逊妙使骄兵之计，写信称赞关羽并且在关羽面前示弱，让吕蒙装病，被胜利冲昏头脑的关羽果然上当。东吴接着打算占领荆州，关羽得到消息，回兵救荆州，不料荆州被东吴占了，关羽退守麦城，后被东吴擒下，斩下了首级，被东吴送到了曹操那里，荆州就这样失去了，而这都要怪关羽的自大。

示弱骄兵就是呈现于对方的自己是弱不禁风、不堪一击的假象，目的是让对方轻视我方，从而骄傲自大，骄傲的后果就是不会制定严密的作战方案，盲目进攻。而我方早已制定了严密的作战方案，一旦开战，结果就不用说了。

第十六章
掌控对话的主动权

在谈判过程中，如何掌握主控权，是非常重要的。与别人谈判时，我们常常会不知不觉就陷入了一种被动的状态，因而使对方占尽了优势，让他们的诉求得到了允诺。这种情形，就是被对方掌握了主控权。作为谈判的一方，我们应该琢磨如何把优势夺回自己手中，应该在方方面面运用各种语言或非语言的手段，来让自己的气势压倒对方，从而在谈判中取得自己想要的利益。

谈判无情，但需要和谐的氛围

和谐的谈判气氛是建立在互相尊重、互相信任、互相谅解的基础上，坚持该争取的一定要争取，该让步时也要让步，只有这样，才能赢得对方的理解、尊重和信任。如果对方是见利忘义之徒，毫无谈判诚意，只想趁机钻空子，那么，就必须揭露其诡计，并考虑必要时退出谈判。

任何谈判都是在一定的氛围中进行的，谈判氛围的形成与变化将直接影响到整个谈判的结局。特别是开局阶段，有什么样的谈判氛围，就会产生什么样的谈判结果，所以无论是竞争性较强的谈判，还是合作性较强的谈判，成功的谈判者都很重视在谈判的开局阶段营造一个有利于自己的谈判氛围。

谈判是双方互动的活动，在尚未营造出理想的谈判氛围之前，不能只考虑自己的需要，更不可不讲效果地提出要求。

在谈判中，谈判者的言行、谈判的空间、时间和地点等都是形成谈判氛围的因素。但形成谈判氛围的关键因素是谈判者的主观态度。谈判者要积极主动地与对方进行情绪上、思想上的沟通，而不能消极地取决于对方的态度。应把一些消极因素努力转化为积极因素，使谈判氛围向友好、和谐、富有创造性的方向发展。

议程制定好之后，就要准备开始谈判了。为了使谈判更顺畅，还要营造一个非常好的谈判氛围。营造良好的谈判氛围需要提前做如下准备：

1. 准备谈判所需的各种设备和辅助工具

如果在主场谈判更易做好，但如果到第三方地点去谈，就要把设备和辅助工具带上，或者第三方的地点有相应的设备和辅助工具；如果是在客场谈判同样也需要数据的展示、图表的展示，所以要把相应的设备、辅助的工具准备好。临阵磨枪会让人觉得你不够专业。

2. 确定谈判地点——主场/客场

谈判时，到底是客场好还是主场好，根据不同的内容和不同的谈判对手可以有不同的选择。如果是主场，可以比较容易地利用策略性的暂停，当谈判陷入僵局或矛盾冲突时，作为主场可以把谈判暂停，再向专家或领导讨教。

3. 留意细节——时间/休息/温度/点心

调查表明，一般人上午 11 点的精力是最旺盛的，如果自己精力最旺盛的时间是下午两点，而对方下午两点钟容易困，我们就可能把时间选择在下午两点开始。一般谈判不要放在周五，周五很多人都已经心浮气躁，没有心思静下心来谈，谈判很难控制，结果可能就不是双赢。

同时谈判现场的温度调节也需要考虑。从一般的谈判经验来讲，谈判现场的温度要尽量放低一点，温度太高人往往容易急躁，容易发生争吵、争执，温度放得低一点效果会更好。

谈判现场是否安排点心，是否有休息，这都是营造一个好的谈判氛围必须考虑的。可以迟一点供应点心或者吃午餐、晚餐，让大家有饥肠辘辘的感觉，会有利于推进整个谈判的进程。

4. 谈判座位的安排

谈判座位的安排有相应的讲究。一般首席代表坐在中间，最好坐在会议室中能够统领全局的位置，比如圆桌，椭圆桌比较尖端的地方。"白脸"则坐在他旁边，给人一个好的感觉。"红脸"一般坐在离谈判团队比较远的地方，"强硬派"和"清道夫"是一对搭档，应该坐在一起。最好把自己的"强硬派"放到对方的首席代表旁边，干扰和影响首席代表，当然自己的"红脸"一定不要坐在对方"红脸"的旁边，这样双方容易发生冲突。通过座位的科学安排也可以营造良好的谈判氛围。

谈判人员中一般有首席代表、白脸、红脸、清道夫和强硬派5种角色，他们在谈判中发挥着不同的作用；一人可以扮演一个或多个角色，但不管怎样，这些角色是缺一不可的。在谈判中还要设定自己的底线，并在谈判中把自己的底线告诉对方，底线是不能随便更改的，在谈判中一定要坚持这一原则。在谈判之前还要拟订一个谈判原则，避免仓促上阵，做到有备而来，有备无患。为了谈判的顺利进行，还应在谈判中营造一个良好的谈判氛围，尽量使双方满意。

在一次谈判中，谈判对方的首席代表是一个非常精益求精、对于数字很敏感、做事情非常认真、要求非常高的人。针对谈判对手的这一特点，主场方在安排座位的时候，故意把对方的首席代表有可能坐的位子固定下来，然后在他对面的墙上挂张画，并且把画挂得稍微倾斜。当这位首席代表坐到该位置上时，他面对的是一张挂歪了的画，而他本人是一个追求完美的人，他的第一个冲动是站起来把那张画扶正。但是因为他们不是主场，不可能非常不礼貌地去扶正，这使得他在谈判中受到了很大的影响，他变得焦虑、烦躁，最后整个谈判被主场方所控制。所以，有时可以利用主场优势来达到谈判的某些目的。

当然，客场也有相应的好处，客场就是自己带着东西到对方那儿去谈。作为主方容易满足对方的要求，当自己作为客方的时候，也可以提出一些要求，如可以把谈判议程要过来。当然因为客场是不熟悉的环境，会给谈判者带来这样或者那样的不安，因此要做好充分的思想准备。还有一种情况是既不是主场也不是客场，即在第三方进行谈判，这时我们必须携带好各种各样的工具、设备和有关资料，因为大家对环境都不熟悉，相对比较公平。

营造良好的谈判氛围要注意以下几个问题：

1. 利用非正式接触调整与对方的关系

在开局阶段，由于谈判即将进行，即便是以前彼此熟悉，双方也都会感到有点紧张，初次认识的更是如此，因而需要一段沉默的时间。如果洽谈准备持续几天，最好在开始谈生意前的某个晚上一起吃一顿饭，影响对方人员对谈判的态度，以调整与对方的关系，有助于在正式谈判时建立良好谈判气氛。

2. 心平气和，坦诚相见

以开诚布公、友好的态度出现在对方面前。谈判之前，双方无论是否有成见，身份、地位、观点、要求有何不同，既然要谈判，就意味着双方共同选择了磋商与合作的方式解决问题。切勿在谈判之初就怀着对抗的心理，说话表现出轻狂傲慢、自以为是等。那样，会引起对方的反感、厌恶，影响谈判工作的顺利进行。

商务谈判是一种建设性的谈判，这种谈判需要双方都具有诚意。具有诚意，是谈判双方合作的基础，也是影响并打动对手心理的策略武器。有了诚意，双方的谈判才有坚实的基础，才能真心实意地理解和谅解对方，并取得对方的信赖，才能求大同存小异取得和解和让步，促成上佳的合作。

3. 不要在一开始就涉及有分歧的议题，运用中性话题，加强沟通

谈判刚开始，良好的氛围尚未形成，最好先谈一些友好的或轻松的话题。如气候、体育、艺术等话题进行交流。缓和气氛，缩短双方在心理上的距离；对比较熟悉的谈判人员，还可以谈谈以前合作的经历，打听一下熟悉的人员等。这样的开场白可以使双方找到共同的话题，为更好地沟通做好准备。

语言中不要有"被动形式"

在语言中，最好不要有被动形式，如"被……"、"让……"，因为这样会给听众留下消极、被动的印象。

在商务谈判中怎样提问，如何答复对谈判者来说是至关重要的。掌握了谈判中提问与答复的语言技巧，也就抓住了谈判的主动权。

曾有一家大公司要在某地建立一个分支机构，找到当地某一电力公司要求以低价优惠供应电力，但对方态度很坚决，自恃是当地唯一一家电力公司，态度很强硬，谈判陷入了僵局。这家大公司的主谈私下了解到了电力公司对这次谈判非常重视，一旦双方签订合同，便会使这家电力公司经济效益起死回生，逃脱破产的厄运，这说明这次谈判的成败对他们来说关系重大。这家大公司主谈便充分利用了这一信息，在谈判桌上也表现出决不让步的姿态，声称："既然贵方无意与我方达成一致，我看这次谈判是没有多大希望了。与其花那么多钱，倒不如自己建个电厂划得来。过后，我会把这个想法报告给董事会的。"说完，便离席不谈了。电力公司谈判人员叫苦不迭，立刻改变了态度，主动表示愿意给予最优惠价格。至此，双方达成了协议。

在这场谈判中，起初主动权掌握在电力公司一方。但这家大公司主谈抓住了对方急于谈成的心理，运用语言掌握了谈判的主动权，声称自己建电厂，也就是要退出谈判，给电力公司施加压力。因为若失去给这家公司供电，不仅仅是损失一大笔钱的问题，而且可能这家电力公司还要面临着破产的威胁，所以，电力公司急忙改变态度，表示愿意以最优惠价格供电，从而使主动权掌握在大公司一方了。这样通过谈判的语言技巧的运用，突破了僵局，取得了成功。

针对性语言的针对性要强，要做到有的放矢。针对不同的商品、谈判内容、谈判场合、谈判对手，要有针对性地使用语言。比如谈判对象由于性别、年龄、文化程度、职业、性格、兴趣等等的不同，接受语言的能力和习惯性使用的谈话方式也不同。

在商务谈判中忌讳语言松散或像拉家常一样的语言方式，尽可能让自己的语言变得简练，否则，你的关键词语很可能会被淹没在拖拉繁长、毫无意义的语言中。一颗珍珠放在地上，我们可以轻易地发现它，但是如果倒一袋碎石子在上面，再找珍珠就会很费劲。同样的道理，我们人类接收外来声音或视觉信息的特点是一开始专注，注意力随着接收信息的增加会越来越分散，如果是一些无关紧要的信息，更容易被忽略。因此，谈判时语言要做到简练、针对性强，争取让对方大脑处在最佳接收信息状态时表述清楚自己的信息。如果要表达的是内容很多的信息，比如合同书、计划书等，那么适合在讲述或者诵读时语气进行高、低、轻、重的变化，比如重要的地方提高声音，放慢速度，也可以穿插一些问句，引起对方的主动思考，增加注意力。在重要的谈判前应该进行一下模拟演练，训练语言的表述、突发问题的应对等。在谈判中切忌模糊、啰嗦的语言，这样不仅无法有效表达自己的意图，更可能使对方产生疑惑、反感情绪。在这里要明确一点，区分清楚沉稳与拖沓的区别，前者是语言表述虽然缓慢，但字字经过推敲，没有废话，而这样的语速也有利于对方理解与消化信息内容，在谈判时要推崇这种表达方式。

通过"问题攻势"来占据上风

一般来说，向对方有技巧地问问题，也是一种攻势。

一位年轻人到某银行的一个实力雄厚的分行任行长，他确实非常年轻，一点都不威严。银行中经验丰富的老职员们都发牢骚说："难道就让这小子来指挥我们？"

但是，分行行长一到任，就立刻把老职员们一个个找来，连珠炮般问起了问题。

"你一周去A食品公司访问几次？每个月平均能去几次？"

"制药公司的职员是我们的老客户，他们在我们银行开户的百分比是多少？"

……

就这样，这位年轻的分行行长问倒了所有的老职员，也在新单位中树立起了领导威信。

如果你想在和对方的谈话中占上风，就应该提前准备很多估计对方根本回答不上来的问题，连续向他发问。对方回答不了这些问题，就证明你占了上风。

有的研究者认为这种连珠炮似的发问就像"蜜蜂振动翅膀发出的令人烦躁的声音"，把它叫做"蜂音技巧"，这是一种用让人心烦的聒噪声来驳倒对方的战术。人们对于涉及到详细数字的问题，都不可能立刻回答出来，所以这个战术十分有效。假如对方一下子就回答出来，那就继续追问"除此之外，你还能举出什么例子吗？"等问题，直到对方哑口无言。到最后，对方一定会回答不出来的。

故意问对方你知道的事情，也许会被认为是不怀好意。但是，问题攻势的目的是使对方丧失气势，所以你绝对不要心软，要尽量使用这个办法。

如果商业谈判的对手阅历比你丰富，学历比你高，你可能会觉得非常没有自信。在这种己不如人的场合下，就要使用"蜂音技巧"。当你看到对方面露难色的时候，你肯定能逐渐平静下来，恢复自信。

既然通过"蜂音技巧"展开问题攻势的目的是驳倒对方，那么一定要切记，你所提出的问题要抽象、模糊，尽量找对方不好回答的问题。

谈判是一件很严肃的事情，双方在谈判桌，既不能有戏言，说过的话又不能随便反悔。因此要谨慎发表意见，而提问的应用技巧则显得尤为重要。谈判中提问的技巧有下面几点：

1. 作为提问者，首先应该明白自己想问的是什么，如果你想要对方明确的回答，那么提出的问题也必须要明确具体。一般情况下，一次提问只提一个问题。

2. 注意问话的方式：问话方式不同，引起对方的反应也会不同。比较下面两句问话："赵总，您提出的附加条件这么高，我们能接受吗！"（这样的问话容易给对方造成压力。）

"赵总，这些附加条件远远超出了我的估计，我们一般只是运到车站，不送仓库，有商量的余地吗？"（这样的问话有利于问题的解决。）

3. 掌握问话的时机：在谈判中，合理掌握问话时机非常重要，不要打断对方的思路，应选择对方最适宜答复时发问。

"赵总，您只购 4 套设备，我还是按照交易的次数给您算运费，这已经是我们的底线了，您现在还有什么顾虑呢？"

4. 考虑问话的对象：谈判要看对象，性格不同的人，提问方式也应该不同。比如对方性格急躁，提问就不要拖泥带水，比如对方性格严肃，提问就要认真，对方幽默风趣，提问不妨活泼一点。

避而不答，转换话题

对方采取"蜂音技巧"时，要采取什么对策比较合适呢？这时候就需要我们"不走寻常路"，巧妙地变换一下原有的套路，绕过话题的死角，做一个八面玲珑的谈判者。

一个头脑呆板僵硬的谈判者，很可能将一次成功的谈判引入死胡同，而一个既讲原则又会变通的优秀谈判者，却可能把一个已经进入死胡同的谈判拯救出来，使谈判产生"柳暗花明又一村"的新景象。

在谈判中，你可能会遇到这种场面：对手从一开始就先发制人，不接纳你的任何言辞，用"你赶快回答我！"等言语，逼迫你回答某些不好回答的问题。

在这种情况下应当怎么办呢？可以绕开对方提出的问题，给予及时的回答，回答时应尽量转移对方的话题。此时，你可以这样说："我不知道我这样的回答能否直接回答您的问题。"而后，你可以把对方质问范围边缘的不太重要的事说出，避开正面冲突，转移话题。并且做出十分诚恳的样子，使对方能够顺着你的话题，把谈判继续进行下去。

在对方提出己方最难于接受的问题时，应尽力把对方的注意力由敏感问题转移到己方可以接受且对方认为同样重要的问题上。你可以向对方说："你说的问题很重要，但是还有一个问题更重要，我想你一定也这么认为。"然后把要说的问题向他说明，使其认为该问题具有同样的或更高的重要性。

松下幸之助是个极具智慧的商人。在他的领导下，松下公司日渐强大，成为世界上著名的电器生产企业。一次，松下幸之助去欧洲与当地一家公司谈判。由于对方是当地一个非常有名的企业，不免有些傲慢。双方为了维护各自的利益，谁都不肯做出让步。以至于谈到激烈处，双方大声争吵，甚至拍案跺脚，气氛异常紧张，尤其是对方，更是丝毫也不客气。松下幸之助无奈，只好提出暂时中止谈判，等午餐后再进行协商。

　　经过一中午的修正，松下幸之助仔细思考了上午双方的对决，认为这样硬碰硬地与对方干，自己并不一定能得到好果子吃，相反可能谈不成这笔买卖。于是开始考虑换一种谈判方式。而对方仗着自己具有"天时、地利、人和"的优势，丝毫不愿做出让步，打定主意要狠狠地杀一下松下幸之助的威风。

　　谈判重新开始，松下首先发言，而对方个个表情严肃，一副志在必得的样子。松下并没有谈买卖上的事，而是说起了科学与人类的关系。

　　他说："刚才我利用中午休息的时间，去了一趟科技馆，在那里我深受感动。人类的钻研精神真是值得赞叹。目前人类已经有了许多了不起的科研成果。据说'阿波罗11号'火箭又要飞向月球了。人类的智慧和科学事业能够发展到这样的水平，这实在应该归功于伟大的人类。"对方以为松下是在闲聊天，偏离了谈判的主题，也就慢慢地缓和了紧张的面部表情。松下继续说："然而，人与人之间的关系并没有如科学事业那样取得长足的进步，人们之间总是怀着一种不信任感。他们在相互憎恨、吵架，在世界各地，类似战争和暴乱那样的恶性事件频繁地发生在大街上。人群熙来攘往，看起来似乎是一片和平景象。其实，人们的内心深处相互进行着丑恶的争斗。"他稍微停了一会，而对方越来越多的人被他的话吸引，开始集中精神听他谈话。接着，他说："那么，人与人之间的关系为什么不能发展得更文明一些，更进步一些呢？我认为人们之间应该具有一种信任感，不应一味地指责对方的缺点和过失，而是应持一种相互谅解的态度，携起手来，为人类的共同事业而携手奋斗。科学事业的飞速发展与人们精神文明的落后，很可能导致更大的不幸事件发生。人们也许会用自己制造的原子弹相互残杀。"

　　此时，人们的注意力已经完全被松下所吸引，会场一片沉默，人们都陷入了深深的思索之中。随后，松下逐渐将话题转入到谈判的主题上，谈判气氛与上午完全不同，谈判双方成了为人类共同事业而合作的亲密伙伴。欧洲的这家公司接受了松下公司的条件，双方很快就达成了协议。可以说，在关键时刻松下先生谈判言语方向的转移为谈判铺垫了走向成功的道路。

通过"表情和姿势"控制对话

人们常把对话比作接投球练习。在接投球练习中，如果投球速度太快，对方就接不到球；如果总是一个人拿着球，接投球练习压根儿就不能成立。与此相同，在对话中能不能顺利地交替发言是非常重要的。

"语言调整动作"，是指一系列的动作，其作用就是调整对话，所以我们要有意识地训练一些语言调整动作，巧妙运用到位就能让说话的对象加快语速、放慢语速、持续发言或是结束发言。

下面是几种语言调整动作，建议大家适当运用。

一、想让对方加快语速，只叙述要点时

有时候对方慢条斯理地开始讲话，而你根本没有时间一一去听，这种情况下，可以做出快速点头的动作，这个动作会向对方传达快点结束讲话和希望对方只讲要点的信号。反之，如果你做出慢慢点头的动作，就是向对方传达"你的话很有意思，请继续说下去"的信号。

二、想让出发言时（想让对方讲话时）

如果你意识到不应该只是自己一个人讲话，想要把发言权让给对方，就降低音量，减慢语速，拖长最后一个字，视线下垂等，这都是向对方发出交换发言权的信号。此外，你说完最后一句话，直视对方，这也是表示"好了，现在该你讲了"的意思。如果这样对方还没有讲话，你就可以轻轻拍一下对方的身体催促他讲话。

三、对方发言过多，想让他停止时

对于讲起话来像机关枪一样的人，你可以试一下抬起食指这个动作，这个动作表示"我稍微打断一下，可以吗"的意思。这和我们在学生时代，想在课堂上发言时要举手示意是一样的。

四、想表达"我不想再听下去"的意思时

几乎在任何场合，低头看表、唉声叹气都能让对方停止说话，但是这些动作会让对方心生不快。与此相比稍微委婉一点的方法是，一直把胳膊抱在胸前。如果这样对方还没有注意到而继续讲话，你就利用视线下垂、跷着腿晃来晃去的动作，表示"我觉得很没有意思"的信号。摸摸鼻子、摸摸耳朵这些动作也都表示"你能不能快点结束啊"的意思。

五、你想继续讲下去时

当你想继续讲下去，而对方发出了"让出发言权"的信号时，你也可以无视他的意见。这时，你可以伸手将对方的胳膊轻轻按下去，也就是一边说着"嗯、嗯"，一边让想站起来的对方坐下去。这表示"我还没有说完，请稍等"。

如果你想让谈判和讨论向着有利于自己的方向发展时，应该轻轻触碰对方的胳膊，表示"现在还是我说话的时间"。但是，如果多次重复这个动作，对方就会等得失去耐心。

当然，生活中的语言调整动作太多太多了。大家要不断地总结，有意识地去运用，全面提升自己的讲话能力和谈判技巧。

让对手感觉到你的"气势"

在谈判过程中，让对手感受到你强大的气势是十分重要的。

势，即势如破竹、势在必得、势不可挡，通俗来讲就是个人的气势！敢作敢为、敢作敢当、敢怒敢言的态度！

坚持自己的立场，不屈不挠。尤其是砍价的时候，一定得沉得住气，客户如果已经正儿八经地和你谈价格或者付款方式的时候，他基本上已经确定给你做了。这时候比的是谁更冷净，谁才是胜出者，客户当然希望你的价格降得越多越好，而我们当然希望利润越多越好，

将这两者的关系平衡得恰到好处，我们就是胜出者！所以，首先得在气势上压倒客户，肯定公司的产品或者服务就是值这个价！降一分都是对公司的不认可，对自己的能力打了折扣。下面，我们通过一个新员工的眼睛，对经理谈判现场进行一番观察：

昨天和我们经理去谈判价格的时候，我充分领略到了他的魄力！首先在等客户的时候，他就这瞄瞄那瞄瞄，四处转悠，就像是自己家里一样，客户来了，他就和客户坐同一排座位上，翘个二郎腿开始谈判！谈判过程中他手舞足蹈，声音比客户的还大！条理清楚，表述得当，善于察言观色，并且引导客户的思路与之同步！最终维持原价，签下合同，让人不可思议的是，客户居然还说："就这样确定了哦，你再不要变了哦，价格就是这样了，确定了哦！"客户居然认为以这样的价格签合同竟然是他占到了便宜！但事实上，利润高达100%！这就是一种气势、一种魄力，更是一种谈判的艺术！

掌握这一技巧，在更多的时候让我们掌握了谈判的主动权，就更加能够使我们旗开得胜！处处表现得小心翼翼，唯命是从，客户的一切要求都是合理的，有道理的，我们就要那样去做，有的时候反而适得其反，让人觉得你没有主见，不可信任！

在谈判中说绝话对性的话表现自己的气势。即在谈判中，对己方的立场或对对方的方案以绝对性的语言表示肯定或否定的做法。该做法有点像"拼命三郎"，敢于豁出去从而在气势上震慑对方。

具体表达方式有："不论贵方如何看待我的态度，我认为我们给出的条件是最公平的，不可能再优惠了。""我宁可不要该笔交易，也不会同意贵方意见。"有表达方式的绝对，有用词的绝对，诸如不论、宁可、只要、决不、只有、已经等。

但要注意说绝对性的话时相对的事——论题。有的不应绝对，就不要以绝对性的话说。此外，绝对具有双重作用：或真的无可选择，或仅做姿态施压。前者在选择的话题准确，后者在坚持的时间合适。

《孙子兵法》中言道："激水之疾，至于漂石者，势也；鸷鸟之疾，至于毁折者，节也。故善战者，其势险，其节短。势如矿弩，节如发机。纷纷纭纭，斗乱而不可乱；浑浑沌沌，形圆而不可败。乱生于治，怯生于勇，弱生于强。治乱，数也；勇怯，势也；强弱，形也。"这段话所讲述的是一个精明的指挥家应该利用地形、时机等一系列条件因素来鼓舞士气、振作军威。也就是商务谈判中所谓的"造势"。这里的造势有两个概念：一是振奋自己的气势；二是形成打压对方的局势。在谈判中我们所要做到的就是这个。一方面，我们要充分准备，加强同步的沟通和联系及彼此之间的鼓励来凝聚己方的力量和培养自己的自信心，在气势上压倒对方，力求在心理上占有优势。另一方面也要借助一系列事物，如谈判的价格，交易时间和交易地点的确定能给对方施加压力，使他们陷于被动局面，最终使得整个谈判的局势向我方倾斜。

不让别人接近你，就能增强你的气势。当和对方一起入座时，可以把椅子向后拖一拖；谈判中，可以装着伸脚，自然地把椅子往后挪一点；也可以在中途休息后故意往后拉一点；并肩坐时，可以把包或上衣放在你和对方之间，设置屏障。

"极力宣扬"反而会让人心生疑虑

在日常生活中，谁都有缺点失误，难免会遇上尴尬的处境，往往都喜欢遮遮掩掩，或极力辩解。其实那样反而越是心理失衡，越描越黑，有点"此地无银三百两的味道"。

要想促成谈判，你必须使用高超的语言技巧，以免使自己被谈判对手看作是一个不诚实的谈判者和合作者。

卡尼是美国摄影界非常知名的商业摄影师，每当他给别人拍照片的时候，他从来都不会对被拍摄的人说"笑一笑"。如果你是一名摄影师，你肯定会觉得做到这一点很难。但卡尼觉得，不用"笑一笑"这样的说法而使对方笑出来会让自己的工作更富于创造性。他的摄影作品中，人物多数面带笑容，这说明卡尼的办法是有效的。他避免了使用陈旧的、缺乏想象力和不真诚的语言，反而取得了很好的效果。

在这个竞争激烈和信息爆炸的时代里，夸耀自己的优点，掩饰自己的缺点，可谓是人的本性。然而，各个商家都在竭力宣扬自己的长处，同时竭力掩饰自己的短处，消费者被淹没了各种自卖自夸的宣传海洋之中，窒息得喘不过气来，对这种积极宣扬自己长处的产品早已产生了逆反心理。

因此，对于商家来说，此时如果反其道而行之，以承认自己短处的方式出场，也许会很容易引起人们的积极关注。因为，在这个时候商家是站在消费者的角度上的，他们承认自己的弱点虽然是违背企业和个人本性的，但人人都在自夸，只有你在认错，人们当然更愿意听你诉说。试想，当一个人找到你诉说他的困难时，你一定会立即注意倾听并愿意提供帮助，而如果一个人开口就向你炫耀他的长处，你反而不一定会感兴趣。承认自己短处还可以给人一种坦诚的好印象，而坦诚能够解除人们对你的戒备心理，使你赢得信任。最后，当你向人们承认自己的短处时，人们就会信以为真，并立即接受你，不需要任何的证明；相反，对"王婆卖瓜，自卖自夸"式的宣传，人们常常持怀疑态度，你必须通过证明才能使人们接受。

对于商家来说，虽然营利很重要，但是，当你承认自己的缺点，从而引起人们对你的关注、信任和好感时，你再转向积极的宣传，变缺点为优点，变劣势为优势，达到以退为进的目的，这样宣传的效果将会更加达到商家的盈利目的。

英国有一家生产漱口水的公司，它生产的漱口水味道很难闻，被公认为是一种缺点。而在这个时候，有一种叫"好味道"牌的漱口水向其发起攻击。如果这家公司站出来狡辩，说它的味道是一种特殊的"好味道"，其结果自会适得其反，使事情变得更糟。这家公司没有这样做，而是公开宣称这种漱口水是"使你一天憎恨两次的漱口水"，出色地运用了坦诚相见的战略。而结果却让人出乎意料，这种公然承认自己缺点的举动，竟然赢得了消费者对其的信任和好感，人们认为这家公司很诚实。而后，这家公司抓住机会，又转入了积极的宣传，称这种漱口水"会消灭大量细菌"。

这种说法很符合产品的特性，消费者认为，气味像杀虫剂一样的东西一定能消灭细菌，消灭细菌当然比口味更重要。结果，这种牌子的漱口水更为畅销。这家公司巧妙地利用了人们对口味不好这一缺点的认识，然后变其缺点为优点，将劣势转化为优势，高度的坦诚使这家公司克服了气味的危机。

此时无声胜有声

商务谈判中，谈判者通过姿势、手势、眼神、表情等非发音器官来表达的无声语言，往往在谈判过程中发挥重要的作用。在有些特殊环境里，有时需要沉默，恰到好处的沉默可以取得意想不到的效果。

在紧张的谈判中，没有什么比长久的沉默更令人难以忍受，但是也没有什么比这更重要的了。比如说，向对方鼓掌致意，不用出声，也能明白是祝贺、赞许之意；用食指指向太阳穴，表示需要慎重思考等。许多无声语言约定俗成，意义明确，都可以脱离有声语言，在不便说话时，独立使用，暗示出自己的态度。

沉默是一种无声的武器，恰当地运用沉默，往往令对方招架不住，自乱阵脚，从而露出庐山真面目。

当你作为公司领导，你的下属向你提出涨工资要求时，你保持沉默。他吃不准你是什么态度，因而一再地陈述他的理由，你再一次地运用了沉默，也许这时他会自己降低要求，征询你的意见，等待你的反应。

高明的谈判者利用沉默来获得优惠的价格，此时无声胜有声，从而取得最大限度的利润。当你和别人进行一项关于商品价格的谈判时，对方说："我希望能在这个月之内达成协议，因为我不敢肯定过了这个月是否能给你相同的价格。"这时你应保持沉默，冷静地看对方的举动。这时对方又说："你究竟愿不愿意在这个月内达成协议？如果愿意，我们可以考虑适当优惠。"你仍以沉默来回答，对方会再说："我们可以再把价格降低10%，希望你能慎重考虑。"也许你等的就是这句话。于是，一项谈判就成功了。它或许比你原来想象的价格还要低。

当然，沉默不能滥用，如果双方在谈判时都采用沉默来对抗，那这场"没有硝烟的战争"就不知要拖延到什么时候了。那些老谋深算、富有谈判经验的人会一下子窥探出你沉默的用意，从而不露声色，令你失望。因而，卡耐基告诫我们，只有对那些急于求成或谈判经验稍逊的人运用此法，方能全面获胜，真正体现出沉默的价值。

江西省某工艺雕刻厂原是一家濒临倒闭的小厂，经过几年的努力，发展为产值200多万元的规模，产品打入日本市场，战胜了其他国家在日本经营多年的厂家，被誉为"天下第一雕刻"。有一年，日本三家株式会社的老板同一天到来，到该厂定货。其中一家资本雄厚的大商社，要求原价包销该厂的佛坛产品，这应该说是好消息。但该厂想到，这几家原来都是经销韩国等地区产品的商社，为什么争先恐后、不约而同地到本厂来定货？他们查阅了日本市场的资料，得出的结论是本厂的木材质量上乘，技艺高超是吸引外商定货的主要原因。于是该厂采用了"待价而沽"、"欲擒故纵"的谈判策略。先不理那家大商社，而是积极抓住两家小商社求货心切的心理，把佛坛的梁、榴、柱分别与其他国家的产品作比较。在此基础上，该厂将产品当金条一样争价钱、论成色，使其价格达到理想的高度。首先与小商社拍板成交，造成那家大客商产生失落货源的危机感。那家大客商不但更急于定货，而且想垄断货源，于是大批定货，以致定货数量超过该厂现有生产能力的好几倍。

在谈判开始时，对谈判对手提出的关键性问题不做彻底的、确切的回答，而是有所保留，从而给对手造成神秘感，以吸引对手步入谈判阶段，这种谈判方式称为保留式开局策略。

本案中该厂成功的关键在于其策略不是盲目的、消极的。首先，该厂产品确实好，而几家客商求货心切，在货比货后让客商折服；其次，是巧于审势布阵，先与小客商谈，并非疏远大客商，而是牵制大客商，促其产生失去货源的危机感。这样定货数量和价格才有大幅度增加。

注意在采取保留式开局策略时不要违反商务谈判的道德原则，即以诚信为本，向对方传递的信息可以是模糊信息，但不能是虚假信息。否则，会将自己陷于非常难堪的局面之中。

赢者不全赢，输者不全输

凡事不能急于求成，赢大头者也要给对方一些甜头。以退为进的策略，是要告知对方，我并不急于签约，以给他们一些压力，但同时又捧一下对手，让他们感到舒心，放松警惕。

也许大多数人会认为，谈判是一门妥协的艺术。但是世界著名谈判专家盖温·肯尼迪将用他的学说颠覆我们心中的惯性思维。盖温·肯尼迪的《谈判是什么》一书中，作者清楚地指出："谈判的目的不是'取胜'，而是'成功'。"

面对艰难的对手，较好的办法是先作出些微小的让步，以换取对方的善意。

很多年以前，第一批外来商人跑到北极圈里向当地人兜售。一天，一个商人在冰天雪地里遇到了一只狼。为了保命，他将雪橇上的鹿肉割下来喂给狼吃，狼聚集得越来越多，边追他边吃他扔下来的鹿肉。幸而鹿肉刚刚扔完，他也终于钻进了居民点，捡回一条命。于是，他开始到处讲述如何用鹿肉对付狼群。这些商人们纷纷效仿，凡是遇到狼群便扔鹿肉逃命。于是，狼群从此不再接近海湾自己觅食，而是不停地追逐雪橇。这件事对我们所有人都是一个惨痛的教训。为了铲除祸根，当地人赶跑了所有的商人。从此，饿狼追赶雪橇除了能迎来一阵空啤酒罐的痛击以外什么也得不到，它们也就再也不去追赶雪橇而是老老实实地向大自然觅食去了。

当"善意"成了先例，只能使自己蒙受损失。当你的谈判对手看到你的"善意"让步，他的想法无非是两条：其一是你确实在表示善意；另一则是你表现得软弱可欺。即使对方同意第一个论点，也没有必要回报你的"善意"。而如果他持第二种观点的话，只会变本加厉地迫使你作出更大的让步。所以说，"善意"战略是行不通的。那么，作为一个精明的谈判者应该怎么做呢？我们的答案如此简单，寸步不让，除非交换。

　　想要成为一名成功的谈判者，有些事情是必须要做到的，但还有一些事情是绝对不能做的。谈判者最不该做的事情就是仓促与人成交，接受对方的第一次出价是很愚蠢的。这样做，不仅是自己付出了更高的价格，而且会让对方怀疑自己出价太低，下次再跟你交易时就会漫天要价了。

　　在提出任何建议或任何让步的时候，务必在前面加上"如果"。用上"如果"这两个字可以使对方相信你的提议诚实无欺。加上条件从句后，对方无法不相信你的提议绝非单方面让步。养成在每次提议前都加上"如果"的习惯。这能给你的谈判对手送去两个信息："如果"部分是你的要价，随后部分是他可得到的回报。在谈判中如此行事有助于谈判的进程，避免形成僵局。当然，即使是这样也不可能达成完全对等的交易。"公平交易就是完全平等的交易"，这句话是不对的，公平交易绝不是交换的东西必须对等。事实上，世上就没有完全对等的交易。只要谈判双方基于自愿平等的原则，各取所需，就应该被认为是公平交易。

　　周瑜给诸葛亮出了一道难题，10天之内监造10万支箭。诸葛亮明知这是一件欲害自己的"风流罪过"，却欣然从命，还把日期缩短为3天，当场立了"军令状"。第三天，浓雾满江、远近难分。诸葛亮在鲁肃的陪同下，指挥20只草船向曹军水寨驶去，并令船上军士擂鼓呐喊。顿时，曹营中一片惊恐，以为敌军攻到，立即命令弓箭手向鼓声方向射箭。这样诸葛亮通过草船，凭借大雾，从曹军"借"了许多箭，完成了"造"箭任务。鲁肃惊奇地问："何以知今日如此大雾？"诸葛亮答："为将而不通天文，不识地理，不知奇门，不晓阴阳，不看阵图，不明兵势，庸才也。""草船借箭"的成功在于施计者诸葛亮上通天文、下识地理，博才多学，善于识机并巧妙运用。

第十七章
三年不发威，一朝赢全盘

　　声东击西、引蛇出洞、以虚打实，都是听起来不甚光彩的行为，可是这样的行为，恰恰能让我们在与人的交往中占上风，从而更胜一筹。看穿对方的心理，自然能让我们掌握更多的信息，从而在对付对方时也更有把握和准备，可想而知，如果我们的心理被别人看穿了，自然胜券并不甚在握了。所以在操控对方心理的同时，我们得时时防范，不让对方警觉发现我们的手法。战术的运用，需要我们找准机会，灵活运用，在不同的情况下变化应对方法，以使自己的获益最大。

声东击西，掩饰自己行动的真正意图

　　在战争中，军事家常常运用"声东击西"的战术出奇制胜。在商务谈判中，运用"声东击西"的妥协战术往往会为谈判双方矛盾的解决带来意想不到的效果。

　　"三十六计"中的"声东击西"，是忽东忽西，即打即离，制造假象，引诱敌人作出错误判断，然后乘机歼敌的策略。为使敌方的指挥发生混乱，必须采用灵活机动的行动，本不打算进攻甲地，却佯装进攻；本来决定进攻乙地，却不显出任何进攻的迹象。似可为而不为，似不可为而为之，敌方就无法推知己方意图，被假象迷惑，作出错误判断。

东汉时期，班超出使西域，目的是团结西域诸国共同对抗匈奴。为了使西域诸国便于共同对抗匈奴，必须先打通南北通道。地处大漠西缘的莎车国，煽动周边小国，归附匈奴，反对汉朝。班超决定首先平定莎车国。莎车国王北向龟兹求援，龟兹王亲率五万人马，援救莎车国。班超联合于阗等国，兵力只有二万五千人，敌众我寡，难以力克，必须智取。班超遂定下"声东击西"之计，迷惑敌人。他派人在军中散布对班超的不满言论，制造打不赢龟兹而撤退的迹象，并且特别让莎车俘虏听得一清二楚。这天黄昏，班超命于阗大军向东撤退，自己率部向西撤退，表面上显得慌乱，故意放俘虏趁机脱逃。俘虏逃回莎车营中，急忙报告汉军慌忙撤退的消息。龟兹王大喜，误认班超惧怕自己而慌忙逃窜，想趁此机会，追杀班超。他立刻下令兵分两路，追击逃敌。他亲自率一万精兵向西追杀班超。班超胸有成竹，趁夜幕笼罩大漠，撤退仅十里地，部队即就地隐蔽。龟兹王求胜心切，率领追兵从班超隐蔽处飞驰而过，班超立即集合部队，与事先约定的东路于阗人马，迅速回师杀向莎车国。班超的部队如从天而降，莎车国猝不及防，迅速瓦解。莎车王惊魂未定，逃走不及，只得请降。龟兹王气势汹汹，追走一夜，未见班超部队踪影，又听得莎车国已被平定，人马伤亡惨重的报告，见大势已去，只有收拾残部，悻悻然返回龟兹。

在战争中，军事家常常运用"声东击西"的战术出奇制胜。"声东击西"之计，早已被历代军事家所熟知，所以使用时必须充分估计敌方情况。方法虽是一个，但可变化无穷。在商务谈判中，运用"声东击西"的妥协战术往往会为谈判双方矛盾的解决带来意想不到的效果。

曾国藩练兵时，每天午饭后总是邀幕僚们下围棋。一天，忽然有一个人向他告密，说某统领要叛变了，告密人就是这个统领的部下。曾国藩大怒，立即命令手下将告密者杀了示众。一会儿，被密告要叛变的统领前来给曾国藩谢恩。

曾国藩脸色一变，阴沉起脸，命令左右马上将统领斩首。幕僚们都不知为什么，曾国藩笑着说："这就不是你们所能明白的了。"说罢，命令把统领斩首了。他又对幕僚们说："告密者说的是真实的，我如果不杀他，这位统领知道自己被告发了，势必立刻叛变，由于我杀了告密的人，就把统领骗来了。"

蒙蔽别人最关键的在于掩饰自己的真实意图和目的。不能让人发现，更不能让人预见，所以诈者蒙蔽他人时，常玩的把戏便是"声东击西"。假装瞄准一个目标煞有介事地佯攻一番，其实暗自瞅准别人不留心的靶子，然后伺机施以致命打击。有时他似乎不经意间流露出自己的心思，实际上是在骗取他人的注意和信赖，目的在于突然发难而出奇制胜。

"声东击西"用于谈判中，是指通过转移对方注意力的方法达到目的，即当谈判在议题上进行不下去时，既不强攻硬战，也不终止谈判，而是巧妙地将议题转移到无关紧要的事情上且纠缠不休，或在对自己不成问题的问题上大做文章，迷惑对方，使对方顾此失彼；或者把议题迅速转移到对方最感兴趣的方面，然后通过适当满足以不破坏谈判的和谐气氛，从而使对方在毫无警觉的情况下实现预期的谈判目标。

弗雷德·罗杰斯是一位销售经理，为新泽西的某个皮革公司搞推销。公司已经生产即将出售的新产品，这是一种加工成带状的皮革制品。他访问一个顾客，问："你认为这产品如何？""啊，我非常喜欢它，但是我猜想您现在会告诉我它是非常贵的，我应该为它付出一个荒谬的价格，在您之前，我全听说了。""您告诉我。"弗雷德·罗杰斯说，"您是一个有贸易经验的人，您和别人一样懂得皮革和兽皮，您猜想它的成本是多少？"那人受了奉承，回答说可能是 45 美分一码。

"您说的对。"弗雷德·罗杰斯用惊奇的眼光看着他说："我不知道您是怎样猜到的？"销售经理以 45 美分一码的价格获得了他的订货和随后的重复订货，双方对事情的结果都很满意，弗雷德·罗杰斯决不会告诉他公司最初给产品的定价是 39 美分一码。在介绍价格的时候，必须让别人看起来价格比较低，但你向他介绍好处的时候，就必须使他看起来好处比较多。

一个药品公司出售一种特别昂贵的兽医外科用药，它的价格与竞争的对手比起来高得吓人。但是推销员问兽医，每次的用量是多少，然后告诉对方，用他们的产品，每头牛仅多花 3 美分，那真算不了什么，但是它的效果却是同类无法相比的。这样介绍价格，使人易于接受，但如果他们说每包多 30 美元，那听起来就是一个很大的数目，很可能把顾客吓跑了。还可以推开价格，在时间上延伸。

"您现在的车每天用多少小时？"

"6个半小时。"

"啊，如果您买我们的，那么在机器的整个使用寿命期间，您可以得到全部的额外的机动性，更大载重能力和更安全、更舒适的驾驶室，每小时仅花6美分，一个月仅仅多花费20美元，20美元能买到什么。在普通的一个饭馆里一顿两人便餐，您对此不会有什么抱怨吧？"你还可以告诉它不买的代价是什么。

"麻烦的是，如果您不买，一年以后，价格至少要上涨20％。"

在谈判中，不要怕提出低价的竞争者，要直接告诉他决不介意出低价的竞争者，因为他们一定知道一分钱一分货这个道理。

1962年，京都窑业公司的稻盛和夫只身前往美国，此行的目的并不是要开拓美国市场，而是为了打进日本本土的市场。

3年来，稻盛和松风工业公司的一名职员，共同创建京都窑业公司，他们拼命工作，终于使得公司业绩蒸蒸日上，这对一个不到100个职员的无名小公司来说，实在不是一件容易的事情。

唯一使他们烦恼的是，经常有一些款数大的订单，大得使他们不敢冒险轻易接受。因为超过正常的进度而大幅度扩充人才和工厂，反而容易造成人事与资金的状况恶化，甚至有倒闭的危险。所以稻盛决定暂时不接这种大订单，而努力奔走推销公司的产品，积极说服各个厂商试用。但是，当时美国制品占有大半的市场，大的电器公司只信任美国的制品，根本不采用日本厂商自己生产的东西。

面对这种局面，稻盛灵机一动，既然日本市场有如铜墙铁壁般地难以打入，不如以奇招取胜。这一招就是使京都窑业公司的制品变成美国产品。他的做法就是使美国的电机工厂使用京都公司的产品，然后再输入到日本，以引起日本厂商的注意。届时，再来开拓日本市场就容易多了。而美国厂商不同于日本的厂商，他们不拘泥于传统，崇尚合理及自由。不管卖方是谁，只要产品精良，经得起他的测试，就可以采用。

话虽如此，但是想在美国推销产品也不是一件容易的事。稻盛从西海岸到东海岸，一家一家地拜访，访问了所有电机、电子制造厂商，却一再遭到失败，但稻盛并不气馁，终于在拜访数十家之后，碰到德克萨斯州的路缅公司。这个公司为了生产"阿波罗"火箭的电阻器，正在找寻材料，经过非常严格的测试后，京都的产品终于击败西德和美国许多有名大工厂的制品，而获得采用。

这是一个转折点，也正是稻盛所希望的。京都公司的产品获得路缅公司的好评而采用后，许多美国的大厂商也陆续与他接触，采用了他们的产品，这一切终于使稻盛如愿以偿，将产品输出到美国，使它成为美国产品后再运回日本，就这样在一夕之间打响了知名度，而获得日本厂商的信赖和承认。

产品欲进日本，先去美国，稻盛的这一记奇招，使得京都产品打入了铜墙铁壁般的日本市场，这正是"声东击西"的最佳运用。

假装不知道，让对方开口

面对无知的你，对方更容易放下戒心，向你吐露真言。因为一个"空白"的你，对他来说是纯洁、乖巧且无害的。

假装不知道，让对方开口！不要总给别人一种自己无所不知的感觉，不要对方刚一开口讲，你就来一句这个我也知道，对方还会讲吗？我想这和自己不一定知道的问题就不能问别人是一样的道理！

假装无知让对方失去心理戒备。据一个经验丰富的杂志编辑说，他在访问名人时，多半使用两种方法去触及对方的内心，使其说出心里话。一个方法就是挑拨对方，使他生气，即使是世界超级名流，也不排除在外。另一个方法就是在对方面前假装无知，使他说出真心话。一般说来，名人的自尊心都非常强，不会轻易地说出真心话。所以，一场个人采访下来，留下的印象多半是极其普通，只是一般人所想象的典型人物。因此，一些有经验的访问者，常常故意用无知或挑拨对方的方式，来促使对方说出内心的话。不过据说采访者如果采用假装无知的方式，其成功率会比故意去挑拨对方还要大。

为什么假装无知，会促使对方说出真心话呢？简单地说，当采访者以无知的态度出现时，被采访者就会消除警戒心，而产生一种被信赖，被依靠的快感。大体而言，一个人当被别人依靠时，除非是较别扭的人，一般内心都会很舒服。其理由很简单，因为任何人都有一种希望站在比别人的地位更优越的位置上的欲望。当你祈求对方时，就会显示出你比对方的位置低一级，换言之，也就是你承认对方站在比你高一级的层次上。当对方是一个非常骄傲的人物时，你以这种方法去对待他，他会觉得自己是站在优越的地位上，而产生非常大的满足。

所以说，首先让对方的内心感觉很舒服，然后再触及他的内心，使其说出真心话，这才是最高明的攻心术。以假装无知的方式来触及对方的心理，更能使对方感觉自然。前面提到的那个编辑，他在采访前，都先彻底地搜集、调查有关对方的一切资料，做好充分的准备，而且，在提问时还事先说明："我对专业以外的事情完全不了解，所以……"如此一来，必能将对方心里的话全盘套出。

一个有经验的谈判者，能透过相互寒暄时的那些应酬话去掌握谈判对象的背景材料：他的性格爱好、处事方式，谈判经验及作风等，进而找到双方的共同语言，为相互间的心理沟通做好准备，这些都是对谈判成功有着积极的意义的。

同无知、蛮不讲理而又顽固的人打交道，是让人很伤脑筋的，遇到这样的人，你会被搞得筋疲力尽，不知所措，以致无奈只好赶快让步，以解除这种痛苦。

有些谈判者正是抓住对方怕与这种人打交道的心理，于是在谈判中采用"假装糊涂"法，以"无知"为武器来赢得谈判的胜利。采用此种方法常常可以取得以下效果：

1. 可以麻痹对方，使之放松警惕；

2. 可以考验对方的决心和耐心；

3. 使对方无可奈何，只好让步；

4. 能够争取到足够的时间来回避对方所提出的尖锐问题；

5. 可以很从容地思考问题或向有关专家请教。

使用"假装糊涂"法，在谈判中往往能够奏效。比如，有的买方会这样对卖方说："我不管你们的情况，我什么也不知道，反正我只有这么多钱，只能出这个价，不能再多了！"遇到这种情况，无论你怎样与他商量也不会改变他的要求，最终，你只好屈服。再比如，有的卖方也会这样辩解："我是个'门外汉'，不懂什么叫'成本分析'，只知道大家都卖这个价，少一分钱也不能卖。"这样，你就无法向他询问有关成本的问题，而原来所收集的资料数据、专家分析等也都不起作用了，如果急于成交的话，也许就只好按他的出价来办。

因此，面对假装糊涂的人，一定不能掉以轻心，要保持清醒的头脑和极大的耐心，不要上假装糊涂者的当。

丹麦一家大规模的技术建设公司，准备参加德国在中东的某一全套工厂设备签约招标工程。开始时，他们认为无法中标，后来经过详细地研究分析，在技术上经过充分的讨论，他们相信自己比其他竞争对手有更优越的条件，中标是很有希望的。

在同德方经过一段时间的谈判后，丹麦公司方面想早点结束谈判，抓紧时间争取早日达成协议，尽早和对方签约。可是，德方代表却认为应该继续进行会谈。在会谈中，德方一位高级人员说："我们进行契约招标时，对金额部分采取保留态度，这一点你们一定能够理解的。现在我要说点看法，就是请贵公司再减 2.5％。我们曾把这同一个提案告诉了其他公司，现在只等他们回答，我们便可作出决定了。对我们来说，选谁都一样。不过，我们是真心同贵公司做这笔生意的。"

丹麦方面回答："我们必须商量一下。"

一个半小时以后，丹麦人回到了谈判桌旁，他们故意误解对方的意思，回答说，他们已经把规格明细表按照德方所要求的价格编写，接着又一一列出可以删除的项目。

德方看情况不对，马上说明："不对，你们搞错了。本公司的意思是希望你们仍将规格明细表保持原状。"接下来的讨论便围绕着规格明细表打转，根本没有提到降价的问题。

又过了一小时，丹麦方面准备结束会谈，于是就向德方提出："你们希望减价多少？"德方回答说："如果我们要求贵公司削减成本，但明细表不作改动，我们的交易还能成功吗？"

这一回答其实已经表明了对方同意了丹麦公司的意见，于是丹麦公司向对方陈述了该如何工作，才能使德方获得更大的利益。德方听了之后表现出极大的兴趣。丹麦方面则主动要求请德方拨出负责监察的部分工作，交由丹麦公司分担。这样一来，交易谈成了，德方得到了所希望得到的利益，丹麦公司也没有做什么实质性的让步。

在这场招标谈判中，丹麦人巧装糊涂，故意误解德方的意思，并且巧妙地转移了德方的兴趣，从而如愿以偿，顺利中标。

右手心理学，把握人性才能掌控人心

虚晃一枪，用假动作扰乱对方视线

凡用兵打仗，不可毫无变化，以实打实；必须制造出各种"假象"，分散对手的注意力，进而分散其兵力。在商场中，也经常会用到这种方法。

东汉末年，黄巾军揭竿而起，起义队伍日益壮大。北海太守孔融被围困在都昌城中，黄巾军的围攻则越来越紧，孔融只好让太史慈带兵突围，去请皇叔刘备前来援助。黄巾军把城围得如铁桶一般，怎样才可冲出去呢？太史慈想了一个计策。太史慈骑马持弓出了城，后边还有几个人拿着箭靶跟着。外面围城的黄巾军十分惊骇，马上严阵以待，准备厮杀。而太史慈则到城下的堑壕内，支好箭靶，往来驰射。射了一会儿，便回城去了。过了几天，太史慈又出城射箭，围城的人大都不以为然，只有少数人还站着观看。这样十来天过去了，围城的人也都习以为常，他们躺在地上，一动也不动。又一天早上，太史慈照例出城射箭，突然跃马扬鞭，冲出重围。等黄巾军想追赶时已来不及了。不几天，太史慈搬来救兵，解了围城之困。做一些表面看来毫无意义甚至愚蠢的事情，可以麻痹敌人，分散敌人的注意力，然后趁机行动。

我们看到这样的战场真假计确是出奇制胜之招，着眼于扰乱对手视线，就好像是虚晃一枪的障眼法。

东汉末年，曹操为统一北方而与袁绍展开了"官渡之战"，曹操在谋士荀攸的建议下，成功运用了"形人而我无形"的战争策略。

建安五年，曹操与袁绍相拒于官渡。袁绍派郭图、淳于琼、颜良在白马城进攻曹军大将东郡太守刘延，而自己则率主力到黎阳，准备渡过官渡河。曹操率兵援救刘延。途中，谋士荀攸劝说曹操："我军兵少，难与袁绍抗衡，但我军可分势行事。曹公您可派兵到延津，做出一副渡河击其后方的样子，袁绍必然退兵应变。我军再以精兵攻击留在白马城的袁军，这样必定可以击败颜良。"曹操对荀攸此计完全依从。袁绍听说有曹军攻击其后方，大惊，便分白马城兵力向西去急急相救。怎知曹操只是虚晃一枪，待袁绍重兵分作为二，曹操便率军急行军直奔白马城。颜良慌忙迎战。曹操派张辽、关羽为先锋，颜良不敌，被斩于马下，白马城之围于是被解。

犹太高人沙米尔，移民到澳洲经商。一到墨尔本，他就轻车熟路地操起了老本行，开了一家食品店。而他的店对面，正好已有一家意大利人安东尼开办的食品店。于是，两家食品店不可避免地展开了激烈的竞争。

安东尼眼看新的竞争对手出现，惶惶不可终日，苦思冥想良久，只想出削价竞争一策，便在自家门前立了一块木板，上书："火腿，1磅只卖5毛钱。"

不想沙米尔也立即在自家门前立起木板，上写："1磅4毛钱。"

安东尼一赌气，即刻把价钱改写成："火腿，1磅只卖3毛5分钱。"这样一来，价格已降到了成本以下。

想不到，沙米尔更离谱，把价钱改写成："1磅只卖3毛钱。"

几天下来，安东尼有点撑不住了。他气冲冲地跑到沙米尔的店里，以经商老手的口气大吼道："小子，有你这样卖火腿的吗？这样疯狂地降价，知道会是个什么样的结果吗？咱俩都得破产！"

沙米尔报之一笑："什么'咱俩'呀！我看只有你会破产罢了。我的食品店压根儿就没有什么火腿呀。板子上写的3毛钱1磅，连我还不知道是指什么东西哩！"

安东尼这才发觉自己上了大当，他不禁叫苦连天，知道遇上了真正的竞争老手。

社会竞争，虚实相同，有时无须真刀真枪，只须虚晃一枪，就足以克敌制胜。

前几年，君子兰曾一度成为抢手货，一盆君子兰少则能卖到上百元，多则能卖到上万元。君子兰价格达到如此昂贵的地步，据说是一个养花个体户搞起来的。这位个体户养了不少君子兰。苦于卖价太低，一筹莫展，左思右想之后，他想出了这样一条计策来：当时正值一个花展开幕，他便选了几盆君子兰免费送到花展上。等到花展快要结束时，他又暗中派人将那几盆花以每盆5000元的高价全部买了回来。这个消息一传开，许多人觉得有利可图，于是纷纷购买君子兰，于是君子兰的价格一涨再涨，一时间成了抢手货。乘着这一良机，那个个体户大量销售他的君子兰，从中赚了大钱。

商场上既靠实力，也要有战术支持。所以有时虚晃一枪，也能直中对方要害，虚而实之，才能保持不败之地。

不发威则已，一发威就要有效

再温和的强者，再隐忍的伟人都会有大发雷霆的时候。发怒是他们维护自己的武器，而这个武器之所以强大，是因为他们运用了"快、狠、准"的策略。

约瑟夫·巴克林是林肯的前任秘书。他曾讲过林肯生平中一件有趣的事。他说："有一次，我们正说着话，有个求职的人从门外走进来，他已经来几个星期了。这次，他又提出了他的请求。林肯说：'朋友，这样没用，你回去吧，你说的位置我安排不了。'

"这次，那个人十分生气，就很无理地大声说：'总统，你是不肯帮我忙了，是吗？'林肯的忍耐力向来很强，这次他也忍不下去了。他盯了那个人一会儿，然后慢慢地站起来。

"他不动声色地走到那个陌生人面前，揪起他，拖他到门口，猛地把他推倒在门外，关上门，回到座位上。那个人爬起来推开门，大声地叫：'把证书还给我！'林肯抓起桌子上的文件，走到门口，把那些东西扔了出去，又关上了门。在当时与事后，他再也没提过此事。"

在必要的时候，就连温和而隐忍的林肯也会大发雷霆。大人物都是坚强的战士，他们无所不能，精通各种战略。他们知道在必要时如何自卫，他们必须面对战争，他们不仅要维护自尊，还要让人正视他们。他们知道只有弱者才永无敌人，而发怒是对付敌人的有力武器。可他们绝不是非要他人畏惧，他们尊重应尊重的人，也非易怒和好斗之辈。商业巨子夫克兰则概括地总结这一点："我从不回避必要的战斗。"这些人只会在紧要关头毫不犹豫地出手。

在此，我们来讨论一下他们经常运用的几种方法。无论是和敌人贴身而战，还是只去对付讨厌的人，他们都会用最便捷、最可靠的方式去赢得胜利，这种方式或许只是一拳，或许是几句嘲讽的话语。

我们早就知道，有些时候，幽默也是一种战斗方法。

道斯总是给伯欣添麻烦，因此伯欣就稍微讽刺了他几句，保持了自己的风度。当时，副总编道斯出席了庆祝"莱克星顿"和"康克德战役"150周年纪念的盛典，而他则是盛典的明星主持人。伯欣和他形影不离，他们每到一个检阅台或庆祝厅，道斯就高呼伯欣的名字，向大家介绍"伯欣——当代美国最伟大的将军。"对此，伯欣十分恼火，总想着怎样才能报复他。节目休息时，伯欣乘机回击了道斯，终于让他闭了嘴。当道斯再次这么说时，伯欣答道："查理，您这位当代最了不起的副主编要吩咐小的什么事？"

柯立芝做马萨诸塞州议会议长时，也用同样的方法回击了一个想和他斗嘴的议员。

在一位议员演讲时，另一位议员想给他提点儿意见，结果让人家小声骂了一句："滚开！"亨尼西说："他听了那位议员的骂声后，恼怒地走到议长席，愤怒地对柯立芝说：'卡尔，你听见他跟我说的话了吗？'柯立芝一动不动地回答：'听见了，我已经查过相关的法律，你无须滚开。'"

虚而实之，在对方面前做个假信号

虚实结合，让对方看不清你的真面目，方可在对抗中保持不败之地。

"寡而示众、弱而示强，无而示有、假而示真，远而示近、近而示远"这些虚虚实实的变化，往往能达到"假作真时真亦假，无为有处有还无"的心理效应。虚而实之是实而虚之的反用，其目的是通过显示自己的力量来欺骗迷惑敌人，"使敌人视之为实"，造成心理上的错觉，从而起到威慑和牵制对方的作用。

"虚张声势，以虚充实"，这是迷惑敌人常用的心理手段和方法。檀道济"用沙冒粮"赚魏军就是一个无而示有的范例。

公元 431 年，宋将檀道济奉命率军征魏，当打到历城（今济南市郊）时，因粮草不济，只好准备撤退，不料这时宋军有人降魏，把宋军中缺粮的情况告诉了魏军，宋军为此非常担忧，生怕魏军乘隙穷追，走脱不了。檀道济面对军心不稳和极为不利的形势，命令士兵在夜幕降临之时，以斗量沙，并要大声报数，故意弄得远近皆闻。尔后，又命令把军中所剩不多的一点军粮撒在路旁。天亮后，魏军发现了路上有粮，联想到昨夜听到的量斗声，确认宋军并不缺粮，便把投降的宋兵误认为间谍斩首示众，并停止追击，远远地围观宋军动静。只见檀道济悠然自得地坐在车子上，举止坦然，谈笑风生，缓缓地带领队伍前进。此情此景，使得魏军怀疑宋军必有埋伏，更不敢接近，宋军得以安全撤退。

现代生活中，利用人们的从众心理，促使消费者尽快下决心也是商家常用的虚实策略。在购物时，有的人对某商品拿不定主意，或者本不想购买，而看到旁边买的人多，便会跟从旁人的行动而掏腰包。销售者利用这一心理，可以促进商品的销售。

某商店进了一批新牌子的高压锅，人们对其质量、性能尚不了解而不敢问津，这就造成了商品的积压，影响该店的资金周转。商店的一位副经理颇有新招，他派人迅速调查本市曾购此锅而又已知姓名并且使用满意的用户，将他们使用后的评价（称赞之语）写在一幅广告上，并将广告立于门口。过往行人，见而停步，不免要看看。许多人家里正需要，一见广告写了那么多有名有姓的用户的肯定及称赞之语，自然也就确信此锅的质量了，于是欣然购买。不久，这批高压锅就顺利地销售出去了。这个牌子的高压锅很快在本市打开了销路，厂家还向该店发来了贺信。就一般情形而言，多数人的选择总是正确的，随从多数人的行动也大体错不了，这已是目前消费者较为普遍的心理。许多生产厂家也深知这一奥妙，所以不失时机地抓住这一心理来宣传和推销自己的产品。

"虚而实之"的烟幕术，还可以变化为"避实去虚"的主动进攻中使用的蒙蔽。绕开了敌人的强大之处，也就意味着掩盖了自己的弱处，让敌手疲于防守而难以进攻。

路透是现时英国路透通讯社的创办者。在他创办这个国际通讯社之前，曾有一段时间在德国的古城亚琛从事通讯社的工作。在这里，他为自己将来的腾飞从各方面奠定了基础。1849年10月，普鲁士政府正式开通了从柏林到亚琛的电报线，并交付供商业通讯使用。这样，亚琛的地理位置一下子便重要起来，利用柏林与亚琛之间的电报线从事服务也成了十分有利可图的事业。路透得知这个消息后，立即行动起来，准备抓住这个机会干一番事业。他赶到柏林，想在那里仿效巴黎的哈瓦斯也办一家通讯社。但是，另有一个叫沃尔夫的人已经抢在他前头，在柏林建立了沃尔夫办事处。沃尔夫家中广有资财，经济实力雄厚，且有着与路透同样精明的头脑和才干。面对这样的对手，路透十分明白自己无力挑战。但是，路透并没有气馁和绝望，他避实就虚地打了一场"闪电战"，马不停蹄地赶到亚琛。一瞧亚琛的生意尚无人问津，路透喜出望外，马上开办了一家小小的单独经营的电报办事处。路透广泛收集欧洲各个主要城市的各种行情快讯，经处理后汇编成《路透行情快讯报》，然后利用尽可能快的交通联络工具提供给订户。由于不辞辛苦，路透的经营市场很快打开，一个时期以后，竟然出现了一股争相订购路透快讯稿件的局面，路透终于站住了脚跟。

可见在社会竞争中，我们有时得采用"田忌赛马"之计，以自己虚的打对手实的，把有可能的胜券留着，以做最后一击。这种虚张声势的做法，在我们生活的方方面面都可说是有益的。

从前某银行发行钞票，有一次忽传有不稳的消息，执钞人都去挤兑，银行被挤得水泄不通，形势异常严重。银行老板态度依然镇静，绝不慌张，立即将库存现银一齐搬了出来，堆在店堂内，又一面放长兑现时间，一面向同业拆借现银，把店堂内堆满现银，高与天花板相接，外面还是一箱又一箱地抬进库内。挤兑的人眼见现银如此之多，知道银行实力充足，不稳之况，可见不确，结果只有小数目的人仍要兑现，大数目的人，仍把钞票带回，一场挤兑风潮，就此烟消云散。而该银行的信用，经过此次风潮，反而越趋稳固。

第十八章
尴尬之后就是阳光

在与他人的交往中，尴尬与窘迫是不可避免的，但重点是要如何扭转局势，把这种僵局巧妙地化解掉。聆听与幽默通常是最有效的润滑剂。在人际交往过程中，矛盾出现了，就得赶紧解决，不然会越演越烈，一直到不可收拾的境地。而在这种情况下，我们应该先退一步，听完对方说的话，再针对问题解决，而如果是不能主动调和的境况的话，应该好好运用幽默感、自嘲与无伤大雅的戏谑让气氛缓和，这样矛盾便自然消解了。

善于倾听，化僵局于无形

每个人的身边都应该有位懂得倾听的朋友，这样的朋友能让你从愤怒、疯狂、激动之中解脱出来，慢慢趋于平静、理智。在人与人的交往中，往往更需要一双懂得倾听的耳朵，而不是一张善于强辩的嘴。

伟大的科学家爱因斯坦，有人曾问他成功的秘诀，他说："成功就是 X 加 Y 加 Z。X 是工作，Y 是开心，而 Z 则是闭嘴！"倾听是与人沟通的最基本的技巧，倾听是人们生活中常见的一种人际交流方式。你说的话被别人倾听过，同时你也在倾听别人的话。

我们常常会看到倾听别人的问题会化解困境，就像把气球里的气放掉。当"火星"出现时，我们不必说任何东西，只需要保持沉默，只需要倾听！

一个牢骚满腹，甚至最不容易对付的人，在一个有耐心、具同情心的倾听者面前都常常会软化而变得通情达理。

某电话公司曾碰到一个凶狠的客户，这位客户对电话公司的有关工作人员破口大骂，怒火中烧，威胁要拆毁电话。他拒绝付某种电信费用，他说那是不公正的。他写信给报社，还向消费者协会提出申诉，到处告电话公司的状。

电话公司为了解决这一麻烦，派了一位最善于倾听的调解员去会见这位惹事生非的人。这位调解员静静地听着那位暴怒的客户大声的申诉，并对其表示同情，让他尽量把不满发泄出来。3个小时过去了，调解员非常耐心地静听着他的牢骚。此后还两次上门继续倾听他的不满和抱怨。当调解员再次上门去倾听他的牢骚时，那位已经息怒的客户把这位调解员当成了最好的朋友。

由于调解员充分利用了倾听的技巧，友善地疏导了暴怒客户的不满，尊重了他的人格，并成了他的朋友，于是这位凶狠的客户也变得通情达理了，自愿把所有该付的费用都付清了。矛盾冲突就这样彻底解决了。那位仁兄还撤销了向有关部门的申诉。

在日本古代，一次，德川家康带了50个家臣在邻邦观光旅游期间，突遇该国政变。在匆匆返回领地时，遭遇了一伙500人的农民起义军。这伙人满脸是血，劫杀了不少商贾，正杀得性起。德川带的家臣只有几十人，敌我力量悬殊显而易见，一场没有胜算的遭遇战似不可避免。就在这千钧一发之时，德川决定与起义军头领谈判。找到起义军头领后，第一句话就问："你们起义的原因是什么呢？是因为领主的欺负，还是因为税赋太重，活不下去了？"这句话一下就让对手的注意力从杀人抢劫，转换到了倾诉心中的不满，同时为对手的行为找到合适的借口，给其台阶下。接着德川又问："如果领主的政策太苛刻，你们完全可以反抗，但为什么要杀掉和你们一样受压迫的其他村的村民呢？"这句话起到了对起义军的行为认同的同时，又起到了让他们从疯狂的行为中反省，恢复理性、良知的作用。接着德川表明自己的身份，讲到这样的乱世是暂时的，如果他们能在这段时间保护好这一带的秩序，就会得到他的嘉奖，同时拿出随身带的百两黄金赏给他们。这又恰好为起义军指明了出路，让他们恢复理性后，做自己应该做的事。

　　人在愤怒、疯狂的时候是不讲道理的，德川一步步让对手燃烧的怒火熄灭。先是倾听、赞同，化解矛盾对立的僵局，再进行合理的分析，巧妙地指出这种疯狂行动的后果严重，同时提出合理化建议。有时候，人与人之间的关系是微妙的，谈话的气氛变了，对立的双方也可以因为相同的利益而成为同一方。

　　为什么人们会在和别人共同分担难题时，心里觉得好受一些呢？因为个人遭受挫折的部分原因是他们认为自己没有得到别人的理解。换句话说，他们的声音被别人忽视了，谁也不愿意听！要知道，不愿意倾听，对于一般人还影响不太大，要是领导者、经营者和管理者，你的下属必然会爆发！严重时，会酿成"火灾"。

　　倾听是一种美德，倾听能让你化解干戈，倾听能深入心灵，倾听能够使别人对你产生敬慕，倾听是人人都能运用的策略。

　　当初蒙娄初受柯立芝总统之命，去往墨西哥任新任公使。但是对一个才上任的新官而言，这确实是一项苦差事，曾经有位美国知名人士评点说："墨西哥是美国最疼痛的一个手指头，到那儿做公使，是再麻烦不过的事了。"

　　蒙娄初重任在身，他觉得此行最关键的时刻，就是他在第一次和墨西哥总统卡尔士会面的时刻。他能不能让自己和美国得到胜利的结果呢？他能不能在墨西哥总统心里留下一个美好的印象？这都不得不依赖蒙娄初事先拟定的策略了。会见的第二天，墨西哥总统卡尔士对一位朋友说："新任美国公使真是一位能言善辩的人啊！"

　　蒙娄初是怎么跟墨西哥总统进行沟通的呢？他又使用了一些什么样的策略才使墨西哥总统卡尔士对他留下了如此美好的印象呢？原来，在他和墨西哥总统进行会谈的时候，他压根儿不提公使应当提到的官方性的那些严重事件，只是顺便夸了夸当地厨师的手艺，还多吃了一些面包和菜品；随后，他请卡尔士总统讲一讲墨西哥的现状，以及墨西哥内阁对国家的发展有什么新的举措、总统自己现在有没有什么正在计划的事宜？还有卡尔士总统对未来的形势有什么样的看法等。

　　蒙娄初运用了人人都可运用的策略。他说这些话的目的，只是为了让卡尔士总统感到轻松和愉快。蒙娄初鼓励卡尔士总统，发表自己的见解，让他率先开口说话，自己则一心一意地倾听着。在这个过程中，他表现出对于对方的兴趣和崇敬之意，从而提高了对方的自尊心和自信心。

勇于自嘲，用"开涮"拉近心理距离

有的时候，不如用自嘲来化解尴尬。自嘲的好处就是，别人不会真正嘲笑你，反而会觉得你是一个诙谐幽默、心胸宽广、自信自尊、亲切可爱的人。

自嘲的意义是自己嘲笑自己，主要的作用是作为一种重要的交际智慧而使用，俗称即自我解嘲。通过自我解嘲拉近了交际双方的心理距离，使交流变得更为愉悦。

有这样一种人，他们在面对僵局的时候往往会自己嘲讽自己。他们这样做，是因为他们懂得利用自嘲可以拉近与他人之间的心理距离。所谓自嘲，顾名思义，就是运用嘲讽的语言和口气，自己戏弄、嘲笑自己。说白了也就是要拿自身的缺点、弱项甚至是生理缺陷来"开涮"，然而，从自嘲者的本意来看，又并非止于自我嘲弄，而主要是为了展示自己的幽默，并拉近与他人之间的心理距离。

从表面上看，自嘲就是对自己的丑处、羞处不予遮掩、躲避，反而把它放大、夸张、剖析，然后巧妙地引申发挥、自圆其说，博人一笑。但实际上，自嘲者若是没有豁达的心胸、乐观的态度也是肯定不行的。可想而知，自嘲者的胸怀是那些自以为是、斤斤计较、尖酸刻薄的人难以望其项背的。同样，自嘲也一直都是缺乏自信的人不敢而且不愿使用的心理策略。

自嘲者敢于将自己的不足暴露给别人，敢于用这种看似危险的方式来与对方拉近心理距离，因此，敢于自嘲的人，要么是一个傻子，要么是一个心理博弈的高手。

在一次晚宴中，服务员倒酒时，不慎将啤酒洒到一位宾客那光亮的秃头上。服务员紧张得手足无措，主人与来宾也都不知所措，局面一时十分尴尬。在这种氛围下，这位秃头来宾却微笑着对服务员说："老弟，我的脱发问题已经治疗了许久都没什么效果，难道你认为这种治疗方法会有效吗？"在场的人闻言大笑，尴尬局面即刻被打破了。主人对于这位宾客的大度也十分感激。

这位宾客借助自嘲，既展示了自己的大度胸怀，又维护了自我尊严，消除了耻辱感，也使得自己的形象在所有人的心中更加亲切了几分。

我们不得不承认，西方的幽默文化底蕴深厚，他们可以在举手投足之间将这种幽默展现得淋漓尽致。因此，相对于东方人，西方人可能会更懂得利用自嘲进行心理博弈，善于用自嘲的方法展示幽默，同时博取对方的亲切感。

有一次，美国总统里根访问加拿大，在一座城市发表演说。在演说过程中，有一群举行反美示威的人不时打断他的演说，强烈地显示出反美情绪。里根是作为客人到加拿大访问的，作为加拿大的总理，皮埃尔·特鲁多对这种举动感到非常尴尬。面对这种困境，里根反而面带笑容地对他说："这种情况在美国经常发生，我想这些人一定是特意从美国来到贵国的，可能他们想使我有一种宾至如归的感觉。"听到这话，在场的人和尴尬的特鲁多都禁不住笑了。

无独有偶，另外一位美国总统杜鲁门，也是深谙自嘲之道的高手。

有一次，杜鲁门会见麦克阿瑟。麦克阿瑟是一位十分傲慢的将军。会见中，麦克阿瑟拿出他的烟斗，装上烟丝，把烟斗叼在嘴里，取出火柴，当他准备划燃火柴时，才停下来，转过头看着杜鲁门总统，问道："我抽烟，你不会介意吧？"显然，这并不是真心征求意见。在他已经做好抽烟准备的情况下，如果对方说介意，那就会显得粗鲁和霸道。这种缺乏礼貌的傲慢言行使杜鲁门有些难堪。然而，他只是狠狠地瞪了麦克阿瑟一眼，自嘲道："抽吧，将军，别人喷到我脸上的烟雾，要比喷在任何一个美国人脸上的烟雾都多。"

从上述两则故事我们看到，当令人难堪的事实已经发生，运用自嘲能使你的自尊心通过自我排解的方式受到保护，不至于失去平衡。适时、适度地自嘲，不失为一种可以体现自我良好修养、充满活力的心理博弈策略。自嘲不但能制造宽松和谐的交谈气氛，而且可以使人感到你的平和与人情味。

嘲笑的对象如果是他人，就会锐利如刀；如果嘲笑的对象是自己，却是拉近与对方心理距离的良药。不过需要提醒读者注意的一点是，自嘲也只能适度，不能自嘲到让别人觉得必须来安慰你，否则别人又觉得你太自卑了，这也就失去了自嘲的意义。

在日常生活中，当我们面对僵局时，如果怨天尤人，有时不仅不能化解矛盾、减轻内心的苦恼和解决问题，反而适得其反。这时候，不妨来一点自嘲，变严肃为诙谐、化沉重为轻松。

嘲笑自己，不要轻易嘲笑他人。也许只是一个善意的小玩笑，但是可能会引起对方的不快，这是我们在人际交往中应该避免的。若是不知道对方心理的禁区，我们便不能那么随意地开对方的玩笑。但是嘲笑自己，则没有那么难操作。适可而止的自嘲往往会带来意想不到的结果。自嘲有时具有"嘲人"的刺激作用，运用它应格外慎重小心。通常情况下应是"点到为止"，让人意会即可，不能一味放纵，喋喋不休，如同用过量的卤水点豆腐，会使豆腐变得苦涩一样，过分的自嘲，也会导致交际出现危机。

另外，要避免采取玩世不恭的态度。具有积极意义的"自嘲"，包含着自嘲者强烈的自尊、自爱和责任感。自嘲者的心是热的，自嘲不过是他们采取的一种貌似消极，实为积极的促使交际向好的方向转化的手段。而玩世不恭，则是人们对世事表现出的冷漠、讥讽和不负责任的态度。如果自嘲出于这种态度的话，就会失去任何积极意义，有害于交际。

为人"救场"，让别人暗中感激你

生活中需要打圆场的时候很多，矛盾和分歧不断，就需要有人来打圆场。但是圆场要打好，也要注意一定的方法。如果话说得不好，不仅不能息事宁人，还可能火上浇油，扩大事态。

在打圆场时，作为圆场之人要理解争论双方的心情，找出各方面的差异，并对各自的优势给予肯定。这在一定程度上，就满足了双方自我实现的心理。这时再提其他的建议，双方就都比较能接受了。

别人出丑不能幸灾乐祸、溢于言表，否则会结下仇家，并为众人不齿。如能主动为别人打圆场，遮丑事，就能顺水推舟般地落下人情。世事难料，每个人都会有出丑露乖的时候。

与别人发生争执时，被夹在中间的处境是比较尴尬的，我们一定希望有个人来劝解调和。所以，如果作为争论的局外人，我们应该善于随机应变地打圆场，让彼此的矛盾得以化解。世上没有劝不开的架，没有解不开的死疙瘩。

一位中年男子在生意红火的面摊前等了半天才占上位置，他要了一份自己爱吃的面。很快面就端了上来，他想先尝一口汤。可是汤的味道刺激了他的呼吸道，随着"阿嚏"一声，他的体液和着面汤同时砸在了对面一位顾客的身上和面碗里。这可惹火了这位顾客，他"呼"地一下站了起来吼道："你怎么乱打喷嚏！"

中年男子也被自己的不雅之举惊呆了，赶紧赔礼。待缓过神来后，马上对着老板喊道："我告诉你不要放辣椒的，你干吗在里边放辣椒？你赔我的面钱，我要赔人家的面钱！"老板马上问伙计，伙计也很委屈，他明明就没有放辣椒。

结果顾客、老板及周围的群众都开始七嘴八舌，说得不亦乐乎。最后老板感到这不是个事，就赶紧打圆场，对着厨房大手一挥："算啦！再下两碗面，钞票都免啦。大家和气，才能生财嘛！"

两位顾客这才平静下来，表示接受。不难想象，这两人以后会是这里的常客啦。有些时候，争执双方的观点明显不一致时，就不能"和稀泥"了。如果你能巧妙地将双方的分歧点分解为事物的两个方面，让分歧在各自的方面都显得正确，这必定是一个上乘之法。

吵得难分难解的双方，无不希望趁早收摊。但是，由于那些起哄的围观者在旁边注视，想收都收不了。于是双方的话越来越尖锐，口气也越来越硬，甚至演变为扭打的场面。当争吵的双方拳打脚踢，而围观者还在作壁上观、无动于衷的话，那就真让人感到有些"悲哀"了。这时候，如果能有人出面解围，他们心里的感激，肯定像涛涛江水绵绵不绝。

别人的举止令你不满时而你觉得有必要给他指出。日常生活中，你总有被无意或有意冒犯的时候，掌握表达不满而又让对方乐意改正的恰当方法非常重要。即使是亲近的人，也应该为对方留有余地，不能不讲方式方法，直来直去。

小雅非常喜欢跳舞，男友小张偏是个好静的人，正当他参加本专业的自学考试时，却常被她拉去看舞。小雅有个很不好的习惯，不跳到舞厅关门不尽兴，久而久之小张就受不了了。有一次他们从舞厅出来已是夜里12点多了，小张说："你的慢四跳得很棒，我还没看够。你一路跳回宿舍怎么样？"小雅撒娇地说："你想累死我啊！"小张一副认真的样子："不要紧，我用快三陪你跳。"小雅扑哧一乐："亏你想得出，丢下我一个人也不怕我碰上流氓。"小张这时言归正传："那你在舞厅丢下我一个人也不怕我打瞌睡被人掏了包儿。"小雅这时才知道男友压根没有兴趣跳舞。很多人在谈恋爱时把恋人看得很完美，花前月下，卿卿我我，有时明知道对方的某种缺点难以接受，可指出来又怕伤害对方的感情。其实，只要注意圆场，是可以让恋人接受的。

一次，一位外国客人在饭店请客，请10个人要3瓶酒。饭店女服务员小丁知道10个人5道菜起码得有5瓶酒。于是，她不露声色地亲自给客人斟酒。5道菜后，客人们的酒杯里的酒还满着。这位外宾脸上很光彩，感激小丁给他圆了场，临走时表示下次还来这里。如果小丁想让这位外宾出洋相，那太容易了，但那样就会失去一位回头客。善于交往的人往往都会这样不动声色地让对方摆脱窘境。

每个人都有难言之隐，令人不耻之事，相信没有人愿意让人传扬，因此为他人贴金扑粉也是一大善举。如果在交际中，注意为人遮盖羞处，瞒住隐私，别人便会觉得你对他做了一件值得嘉许的"善事"，对你感激不尽，也就会在别的事上弥补你的人情。

在打圆场时，作为圆场之人要理解争论双方的心情，找出各方面的差异，并对各自的优势给予肯定。这在一定程度上，就满足了双方自我实现的心理。这时再提其他的建议，双方就都比较能接受了。

生活中该如何去打圆场呢？下面介绍一些方法和技巧：

一、转移注意，岔开话题

当尴尬的局面或气氛产生时，人们往往会由于情绪上的冲动而不肯退让，会导致矛盾升级，此时适当地打个圆场，就能平息。

大学里正在举行拔河比赛，大家都摩拳擦掌准备着，这时学习委员觉得天有点热，就把外套脱下来放在旁边阳台上，这时其他同学看到了，也把外套脱了，纷纷把衣服一件一件地压在了学习委员的衣服上，这时学习委员看到了，很是恼火，随手拿掉上面一件扔在地上，说："谁的衣服，别压在我的衣服上，赶快拿走！"衣服被扔的同学心里也很不高兴，说："不放就不放，你好好说，干什么扔我衣服！"气氛立刻紧张起来，这时班长看到了，马上跑过来说："大家平时玩得挺好的，今天怎么了？别的班可都准备好了，正盼着我们输呢！咱们可得齐心协力、团结一致呀！"这时这两位才意识到还有更重要的比赛等着大家，都不好意思了，抛开衣服的事情，认真去做赛前的准备工作了。

班长此时的打圆场，先以"大家平时玩得挺好的"来缓解气氛，然后以一句"别的班可都准备好了，正盼着我们输呢"，岔开了话题，转移了争吵双方的注意力，提醒大家在这个节骨眼上一定要齐心协力，从而化解了一场纠纷。

二、曲解掩饰，进行幽默地解说

幽默是人际交往的润滑剂，一句幽默的话能使人们在笑声中相互谅解，心情愉悦。当遇到窘境或尴尬时，我们可以通过幽默的解说将其诙谐化，把搞僵的场面激活，将尴尬化解。

三、求同存异，强调事件的合理性

当人们因固执己见而争执不休时，局面难以缓和的原因往往是彼此的争胜情绪和较劲心理。因此我们在打圆场时可以抓住这一点，求同存异，帮助争执双方灵活地分析问题，使他们认识到彼此观点的合理性，进而停止无谓的争执。

庄闯闯、裴方运和马力三人约好周日上午9点去书城买书，并将碰头地点定在书城。9点整庄闯闯和裴方运准时到达，可等了半个多小时也没见马力的影儿。他们便进了书城，没想到在书城里见到了马力。急性子的庄闯闯责备道："我们在外面等了半个多小时也不见你的鬼影子，天寒地冻的，原来你一直在里面溜达呢！"马力也急了："我8点50分就到了，一直在里面等你们！这么冷的天我总不能在外面傻等吧！"两人各说各的理，互不相让。

这时，裴方运打圆场道："其实都是误会，大家谁也不想耽误对方的时间。"接着他对马力说："庄闯闯今天穿得单薄，在外面等你时冻得直跺脚，发发牢骚也是情有可原的。"然后转头对庄闯闯说："人家马力也没有违约，比咱俩还先到十分钟呢。都怪咱们仁没把碰面地点是在书城门口还是里面说清楚，才造成这个小误会，下次可都要长记性啊。走，买书去。"

裴方运这么一说，两人的怨气果然消了，一同开始了快乐的购书行动。

庄闯闯与马力争执不休，裴方运在打圆场时，没有轻率地厚此薄彼，而是强调各方"违约"的合理性，提醒他们求同存异，互谅互让，缓解了双方的对立情绪。

巧舌破尴尬，主动打破僵局的话语技巧

生活中总有错误被发现，过失曝光于众人的时刻，在这样的情况下，该怎么坦然处之呢？在交际中，如果不是为了某种特殊需要，一般应尽量避免触及对方所避讳的敏感区，避免使对方当众出丑。必要时可委婉地暗示对方已知道他的错处或隐私，便可造成一种对他的压力，但不可过分，只须点到而已。

陈某是某电影明星的丈夫。一个除夕之夜，他们夫妻俩发生矛盾吵了起来，陈某被老婆拒之门外，陈某恨不得砸门以解心头之愤，他只得叫来了警察帮忙。来的是一位老警察，他对陈某说："好兄弟，你的心情我能理解，我们知道你是她的丈夫，所以这也是你的家。但是如果你在这里闹出什么不愉快，就会让别人有借口了，还有一点，收容所春节放假了，一旦闹出了不愉快，我们还得叫来别的警察，你说哪一个没有家？哪一个不想过一个团圆年呢？你好好想一想。"

老警察的语言看似朴素，然而却充满了对陈某的理解之情，"这也是你的家"这短短的一句话，既表达了对陈某深深的同情，也包含着对某明星的不得体行为的指责。同时老警察的话也充满了对他的同事的关心，即陈某如果闹出不愉快的事情就有可能使他的战友过不好春

节。不难看出，老警察的语言中还饱含着"不要做违法的事情"之意。正是老警察这融情于理的语言引起了陈某的思索，使陈某放弃了冲动行为，从而平息了这场可能触犯法律的纠纷。

在广州著名的大酒家里，一位外宾吃完最后一道茶点，顺手把精美的景泰蓝食筷悄悄插入自己的西装内衣口袋里。服务小姐不露声色地迎上前去，双手擎着一只装有一双景泰蓝食筷的绸面小匣子说："我发现先生在用餐时，对我国景泰蓝食筷颇有爱不释手之意。非常感谢您对这种精细工艺品的赏识。为了表达我们的感激之情，经餐厅主管批准，我代表中国大酒家，将这双图案最为精美并且经严格消毒处理的景泰蓝食筷送给您，并按照大酒家的优惠价格记在您的账簿上，您看好吗？"那位外宾当然明白这些话的弦外之音，在表示了谢意之后，说自己多喝了两杯"白兰地"，头脑有点发晕，误将食筷插入内衣袋里，并且聪明地借此台阶，说："既然这种食筷不消毒就不好使用，我就'以旧换新'吧！"说着取出内衣里的食筷恭敬地放回餐桌上，接过服务小姐给他的小匣，向付账处走去。

服务小姐的做法十分聪明，既没有"大喊捉贼"让外宾没有面子，下不来台，又成功避免了餐厅的财产损失。不能不说是我们应该学习的。

对于误解引起的尴尬和争执，让双方都能掌握充足的相对的信息是关键。

在一辆列车上，一位妇女卖雪糕，先叫一块一个，后又叫两块一个。一位妇女买雪糕时说："前面卖的一块，后面卖的是两块，有这样做生意的吗？"卖主却说："这叫一分钱一分货，一块的怎能和两块的相比，我的雪糕是正宗货。"临了补了一句："虎了吧唧的（东北话'傻'的意思）。"买雪糕的妇女脸上"唰"地红了，提高声说："你这话是怎么说的？你说谁'虎了吧唧'的？"卖主顿时傻了眼，买主却越叫越带劲，一场战争即将爆发。这时一位旅客灵机一动，说："大姐，她说的是雪糕'苦'了吧唧的，不是说您'虎了吧唧的'。"卖主也随声说："我是说雪糕，不是说您，对不起，我没说清楚。"旁边的人也说："刚才她说的是'苦'，不是'虎'。"那买主便逐渐多云转晴，脸上又阳光灿烂了："哎呀，我的耳朵要聋了，怎么打起岔了，真不好意思！"卖主向圆场者感激地笑了笑，溜之大吉。

这位乘客的巧舌头解开了即将爆发的一场大战。家庭纠纷，亲戚朋友之间的争执，同事之间的争吵，陌生人之间的纠纷都会经常发生，如果不及时地加以解决，无疑就会影响相互关系和社会的安定团结。所以，动真情，圆中有方，劝中带威，巧言相劝，就会化干戈为玉帛。

转变话题，跳出僵局

在演讲或者会话中，我们时常会遇到如下情况：话题内容枯竭；产生了不同意见而引发了一系列不必要的争论；谈及了别人的隐私；话题没有积极意义。这时候我们就要立即转换话题。可是怎样去转换话题呢？

你和你的朋友在谈话中对一个问题的答案有很大的不同，如果你们一直在那里争执不休就会影响你们之间的关系和感情，这时候你会怎么做？是坚持自己的原则还是适当地转换一下话题，重新开始另一个问题的讨论，再找一个合适的机会和他交换想法？你在心里恐怕已经作好了选择。一个优秀的交谈者，不仅能很好地表达自己的思想，倾听对方的谈话，同时还要有驾驭话题的能力。千万不要只顾自己在那滔滔不绝地乱讲别人不爱听或者不感兴趣的话。你需要观察你说话的对象想听什么，他的关注点在什么地方。当然转换话题也是有规则的，不是胡乱转的。比如说你不能太突然，太突然容易引起别人的误解或者伤害对方的自尊心。

当双方都坚持自己的观点而争论不下的时候，我们应该适当地转换话题，可是仍应该时刻关注自己的切身利益，这尤其在国家交往时是很重要的。

转换话题，关键点在于抓住对方的好奇心理，让她产生对话题感兴趣的欲望。这样，我们就能避开一些不必要的麻烦。有一个乖孩子，看到了火车，觉得很好奇，不知其为何物，便问妈妈："这是什么啊？"

妈妈说："这是火车。""它为什么跑这么快呢？"其实这是个很不好回答的问题。这位聪明的妈妈便说："是呀，火车跑得很快，过几天咱们去你舅舅家，就坐火车好不好？"孩子只顾在那想着去舅舅家的事，就把先前的问题给忘了。

其实转换话题是有一定的方法可循的。《公关词典》上对其方法的定义是指用暗示或提问的方式将对方的谈话引向主题或者脱离自己不想谈的主题。具体有：

一、暗示

如果对方的谈话离题太远，你可以用暗示的方法启发他回到正题。例如通过一些简短的插话或展示一下与谈话正题有关的物品等。

二、提问

提问是引导话题和转换话题的好方法。提问可以把对方的思路引导到某个话题上来。

三、答非所问

就是说别人问你话，而你不愿意对这件事发表评论，你可以试着回答另外一个和这个话题不相关的事。比如说在吃饭时，你可以把话题转到吃饭上，其实一句"菜都快凉了，快吃吧！"就可以转移很多话题。

四、见风使舵

就是顺着说话人的想法走到另外一个话题上，而这个办法往往是要以贬低自己为代价的。到企事业单位面试时，我们可以多运用此方法。比如说，有个人去面试，经理直接跟他说"不缺人"就想把他给打发走。这个人很是聪明，从书包中掏出了一个早已制作好的牌子"人已招满"递给经理，然后转身就走。这个经理被他这种有创意而又不失礼貌的举动给"惊"了一下，就让他去广告部了。

另外，还有另起炉灶、分心转意等方法，其实我们在日常生活中也会创造出一些"惊人之举"的方法的，大家要相信自己的能力。

把握时机，没有破不开的坚冰

矛盾再坚固，也会有裂缝的时候，只要在对的时间、对的位置，选择正确的方法击破矛盾，它就没有那么坚硬得可怕了。

矛盾冲突发生了，双方横眉冷对，言语相加，这时若是没有人出来和解，恐怕争执将永无休止下去。即使没有争执，化解尴尬、打破沉默也是必要的，人是情感动物，虚荣、要面子，这些都让人有了更多的精神需求。

一次，解缙陪明太祖朱元璋在金水河钓鱼，整整一个上午一无所获。朱元璋十分懊丧，便命解缙写诗记之。没钓到鱼已是够扫兴了，这诗怎么写？解缙不愧为才子，稍加思索，立刻信口念道："数尺纶丝入水中，金钩抛去永无踪。凡鱼不敢朝天子，万岁君王只钓龙。"朱元璋一听，龙颜大悦。南朝宋文帝在天泉池钓鱼，垂钓半天没有任何收获，心中不免惆怅。王景见状便说："这实在是因为钓鱼人太清廉了，所以钓不着贪图诱饵的鱼。"一句话说得宋文帝拿起空杯高兴地回宫了。

没有人不爱听好话，在当事人十分懊恼或不快时，只要旁人说几句得体的话，打个漂亮的圆场，便天开云散了。

有个理发师傅带了个徒弟。徒弟学艺3个月后，这天正式上岗。他给第一位顾客理完发，顾客照照镜子说："头发留得太长。"徒弟不语。师傅在一旁笑着解释："头发长使您显得含蓄，这叫藏而不露，很符合您的身份。"顾客听罢，高兴而去。

徒弟给第二位顾客理完发，顾客照照镜子说："头发留得太短。"徒弟不语。师傅笑着解释："头发短使您显得精神、朴实、厚道，让人感到亲切。"顾客听了，欣喜而去。

徒弟给第三位顾客理完发，顾客边交钱边嘟囔："剪个头花这么长的时间。"徒弟无语。师傅马上笑着解释："为'首脑'多花点时间很有必要。您没听说'进门苍头秀士，出门白面书生！'"顾客听罢，大笑而去。

徒弟给第四位顾客理完发，顾客边付款边埋怨："用的时间太短了，20分钟就完事了。"徒弟心中慌张，不知所措。师傅马上笑着抢答："如今，时间就是金钱，'顶上功夫'速战速决，为您赢得了时间，您何乐而不为？"顾客听了，欢笑告辞。

故事中的这位师傅，真是能说会道。他机智灵活，巧妙地打圆场，每次得体的解说，都使徒弟摆脱了尴尬，让对方转怨为喜，高兴而去。他成功地打圆场的经验，给了我们诸多启示。

甲有两个朋友乙和丙，不料这二人反目成仇，一天乙对甲说，丙在众人面前说甲的坏话并揭其隐私。甲听后半信半疑，骂丙吧，怕冤枉好人；不骂吧，一来怒气难消，二来怕乙尴尬，他琢磨了一会儿，说了一句两全其美的话："如果那样，丙这人可不咋样！"所以，当与他人谈话时，你认定自己的观点绝对正确，不能让步，可是出于礼貌不能坚持，在这两难境地，假设句可说是最好的解围方式。

协同一致，掌握时机，巧妙解释，从而化解矛盾。打圆场的方法有很多，只要有一颗真诚的宽容的心，就没有破不开的坚冰。

很多教师常常对后进生的某些不足，穷追猛打，期望他们马上就能改变，致使大家注意力都对准了孩子不足的方向，这给他们造成很大伤害，容易使他们自暴自弃，再也不想有好的表现了，于是他们依旧一副我行我素、毫不在乎、无所畏惧的样子，而教师也越发恨铁不成钢，使得教师和后进生之间产生对立情绪，矛盾亦更加尖锐。每当在冲动下批评学生时，要总是提醒自己是否另有途径？其实，冷静撤离、避开冲突是非常有效的办法。一段冷却期后，掌握时机，再行教育。

张老师的班上有个同学写作业的速度非常慢，每次订正作业，总是拖到最后，非要等张老师查人数时发现他，然后盯着他一题一题做，才能完成。有时他不想做时，动之以情、晓之以理也好，严肃批评、严厉指正也好，他就是无动于衷，似乎任何表扬批评在他身上都起不了作用，张老师越急，他越慢。面对这种情况，张老师采取"冷处理"，避开和他的矛盾，不去注意他，订正作业时，张老师故意不去催促他的作业速度，让科代表去督促他完成。渐渐地，张老师发现在最后订正完作业的几个人里，少了他的影子。有时，根据作业的情况，张老师会适当地给他减免一两道题，让他觉得作业不是很多，充分调动他的积极性，让他主动地完成作业，张老师再适时给予鼓励，久而久之他终于有了反应，成绩也开始有了进步。

一笑万事消，巧用幽默解除尴尬

即使眼前的情况多么尴尬或棘手，对方多么不悦或惊慌，不要沮丧也不要灰心。要相信，所有人都抵挡不了幽默的攻势。

在人际交往中，我们难免会遇到意想不到的尴尬。如何将尴尬巧妙化解呢？幽默不失为一种行之有效的方法。用幽默打圆场往往容易奏效。弗洛伊德说："最幽默的人，是最能适应的人。"有些矛盾或者纠纷的双方都有调解的愿望，但一时找不到台阶。幽默是人际交往的润滑剂，一句幽默语言能使双方在笑声中相互谅解和愉悦。

怎样才能圆得巧妙和恰当，实际上很难穷尽其方法，但幽默绝对是最好的武器。发挥自己的聪明，并时时留心他人的高明做法，是打圆场技术取得进步的不二法则。

某单位一对中年夫妇，婚后近10年双方关系一直很好。但最近在社交应酬问题上，两人发生了矛盾，谁也说服不了谁。由口角到争吵再到打骂，闹得满城风雨，面临分手的严重危机。在领导和亲朋好友的关心、劝导和说服下，两人终于心平气和地坐下来相互"交心"，但谁也不愿公开"认罪"。男方终于先开了口，说："我们是在斗争中求团结、求生存、求发展，今天，能进入这样一个和平民主、共同协商的新阶段，是我们双方共同努力的结果，它来之不易啊！"可谓言简意赅，语短情长。女方也就势接过话头说："是啊！正因为它来之不易，所以我们要倍加珍惜今天这个安定团结的大好局面！"夫妻两人就是这样在亦庄亦谐、妙趣横生的对话中彼此交了心，统一了认识，化解了矛盾，从而言归于好。

遇到尴尬的情况时，我们还可以通过戏谑来舒缓气氛，创造一种轻松愉悦的氛围，尴尬自然荡然无存。

当处于尴尬、难堪的困境时，故意开玩笑说俏皮话，可以助你走出窘境。

一次，有记者当众问国际大导演李安："你在金球奖颁奖仪式上公然说太太强悍，你是不是怕老婆?"面对这个尴尬的问题，李安微笑着说："第58届金球奖由朱莉娅·罗伯茨颁发最佳导演奖，当她念出我的名字时，我脑中一片空白。因为我根本没准备感谢词，只好把事先为'最佳外语片'准备的谢词挪过来使用：'我的惊喜之情难以形容。我要感谢我强悍的太太，她是《卧虎藏龙》里除了碧眼狐狸以外所有女角的典范。我拍片一年，处理了我的童年幻想与中年危机。'像我这种男人不需要那种娇娇滴滴、小鸟依人的女人，我也想依人，不能两只小鸟在一起。我从小爱哭，希望找一个能干、果断的太太，不会选一个黛玉型的女孩，她是我可以依赖的。以前我不出名，我不准她讲是她追求我的，太没有面子了，现在讲出来没关系了。"

在尴尬的处境下，可以通过幽默的自嘲为自己找个台阶，从而顺利地摆脱尴尬的状况。

幽默是化解尴尬的良方，幽默的话语常能令人转怨为喜，开怀大笑，并且能使人在笑声中有所悟，有所得。一笑泯恩仇，是不无道理的。

第十九章
不战而屈人之兵

    有人说自己天不怕地不怕，可是真的吗？每个人总有他害怕的东西。你知道他喜欢什么，就可以投其所好，你知道他害怕什么，就可以永远制住他。只有找到了对手的命门，才能一击必中，即俗话所说的"打蛇就要打七寸"。人们心中不可避免有其害怕、畏惧的东西，而且在人们的心底害怕惩罚的心理往往比获取奖赏表现得更为强烈。所以，只要抓住了别人的软肋，在互相的斗争中，就可以多一个筹码，便更加胜券在握了。

害怕是藏在每个人心中的毒蛇

    在面对各种挑战时，也许失败的原因不是因为势单力薄，不是因为智能低下，也不是没有把整个局势分析透彻，反而恰恰是把困难看得太清楚，分析得太透彻，考虑得太详尽，以至于被困难吓倒，举步维艰了。

    弗洛姆是美国著名的心理学家。一天，几个学生向他请教：心态对一个人会产生什么样的影响？他微微一笑，什么也不说，就把他们带到一间黑暗的房子里。

    在他的引导下，学生们很快就穿过了这间伸手不见五指的神秘房间。接着，弗洛姆打开房间里的一盏灯，在这昏黄如烛的灯光下，学生们才看清楚房间的布置，不禁吓出了一身冷汗。原来，这间房子的地面就是一个很深很大的水池，池子里蠕动着各种毒蛇，包括一条大蟒蛇和三条眼镜蛇，有好几只毒蛇正高高地昂着头，朝他们咝咝地吐着芯子，水池上面有一座桥，刚才他们就是从这座桥上通过的。

弗洛姆看着他们，问："现在，你们还愿意再次走过这座桥吗？"大家你看看我，我看看你，都不做声。

过了片刻，终于有三个学生犹犹豫豫地站了出来。一踏上去就战战兢兢，如临大敌。

"啪"，弗洛姆又打开了房内另外几盏灯，学生们揉揉眼睛仔细看，才发现在小木桥的下方安着一道安全网。

弗洛姆大声问："你们当中有谁愿意现在就通过这座小桥？"学生们没有做声，谁也不敢上前。

"现在看到了安全网，你们为什么反而不愿意过桥了呢？"弗洛姆问道。

"这张安全网的质量可靠吗？"学生们心有余悸地反问。

弗洛姆笑了："我可以解答你们当初的疑问了，这座桥本来不难走，可是桥下的毒蛇对你们造成了心理威慑，于是你们就失去了平静的心态，乱了方寸，慌了手脚，表现出各种程度的胆怯。其实水池里那些蛇的毒腺早已经被除掉了。"

人生也是如此。在面对各种挑战时，也许失败的原因不是因为势单力薄，不是因为智能低下，也不是没有把整个局势分析透彻，反而是因为把困难看得太清楚，分析得太透彻，考虑得太详尽，以至于被困难吓倒，举步维艰了。如果我们在通过人生的独木桥时，能够忘记背景，忽略险恶，专心走好自己脚下的路，我们也许能更快地到达目的地。

有一次，美国洛杉矶的华裔商人陈东在香港繁荣集团购买了一批景泰蓝，言明一半付现金，一半付一个月期票。交易那天，陈东却不出面，派来儿子陈小东。一个月后，期票到期了，银行却退了票，几经联系，陈东一推再推，后来索性不接电话了。繁荣集团这才知道上了圈套。集团老板陈玉书说："除非他永远缩在美国，不在香港做生意，只要他来香港，我一定逼他把钱交出来。"陈玉书广布眼线。终于有一天，陈东来到了香港。陈玉书马上派人同他联系，并以鸟兽景泰蓝优惠售价相诱，将陈东请到公司。陈玉书大脚一踹，房门大开，大喝一声："陈东，你上当了！"陈东这时脸色大变，仿佛吴牛喘月，呆立在对面。

"你既然来了，就让我处置你吧。"陈玉书伸出手掌问他："我的钱呢？""我没欠你的钱，是我儿子欠的。""不是你在电话里答应，我怎么会让你儿子取货？""儿子欠债，要老子还钱，这不符合美国法律！""这里是香港！你今天要能走出这个门，我就不姓陈！""我们这些人是讲道理的，对不讲理的人我们总有办法处理。你知道我是什么人？"不等对方回答，陈玉书大声说："我从小在印尼就是流氓！"

俗话说："软的怕硬的，硬的怕横的，横的怕不要命的。"这时，陈东冷汗直流，用手摸摸胸口，又忙掏药，看样子心脏有点不妥。陈玉书对陈东说："我们是讲人道主义的，我今天要的是你还钱，否则你别想走出这个门。"陈东知道抵赖是无用的，诡计也施不上了，只得乖乖地打电话给一个珠宝商人，叫他开支票，估计他在那儿存了钱。

在人际交往中，虽说不是刀枪相见，可存在一种心理优势由谁取得的问题，下面介绍几种先声夺人、震慑对方的具体做法：

一、一开始便宣布最低目标以压制对方

对于初次见面的人，如果能给予先发制人的一击，就可以在心理上压倒对方。例如，一开始便宣布此次见面的最低目标，如果你说"今天你只要记得我的名字就行了"或者说"无论如何，请给我五分钟的时间"，那么，对方往往会接受你的暗示，感到自己至少有记住你的名字或给你五分钟讲话机会的义务，使以后的话题朝着对你有利的方向发展。

二、争论中自己先提问题可占先机

在唇枪舌战中，你不要老等着对手发问后，你去机械地被动应答。而应首先就反问对方，逼着对方按照你的思路去进行，这样起码从心理上你就首先赢得了胜利。

三、让对方先表现礼貌而你可故意忽视礼仪

礼仪其实是清楚地反映出了人与人之间的序列关系。因此，如果你来取序列较高者的行动，例如，鞠躬时让对方先鞠躬，进餐时则要

先动筷子，这样便能占据优势。有时候，故意忽视礼仪也是一种很重要的心理战术。

四、比对方提前到达约定地点

当自己比约定的时间晚到时，难免会觉得很不好意思；倘若发现对方还没到，心情就舒畅，同时也觉得很从容，看见对方的时候，心理上总有一种优越感。

五、不要主动道歉，以免处于劣势

先开口致歉的一方肯定会处于劣势，因为"对不起"这句话会决定心理上的次序。

怕什么就给他来什么

人们心中不可避免有其害怕、畏惧的东西，而且在人们的心底害怕惩罚的心理往往比获取奖赏表现得更为强烈。

有人说他自己天不怕地不怕，可这是真的吗？每个人总有他害怕的东西。

你知道他喜欢什么，就可以投其所好，你知道他害怕什么，就可以永远制住他。现在我们只有找到了对手的命门，才能一击必中，即俗话所说的"打蛇就要打七寸"。

战国时期，一到冬天，鲁国都城南门附近的人们就会到城门附近的芦苇荡子里打猎。由于那里湿度适宜，生长着肥美的野草，所以有数不清的鱼虾和许许多多的飞禽猛兽，来这里打猎的人络绎不绝。一天，不知谁为了一时之利，竟然放了一把火来捕杀猎物。火借风势，很快蔓延开来，马上要烧到都城了，但却没有一个人去救火。大家都在兴高采烈地追逐着四处逃窜的动物。鲁哀公在宫中听到火灾的消息，大吃一惊，赶忙派人去救火。但是被派去的人也跟着众人追逐火海中逃出来的猎物。看到这乱糟糟的情形，鲁哀公不知所措，担心再延误下去都城就要化为灰烬了。这时，宫中一位大臣说："在这样危急的情况下，我们没有设置任何奖赏和惩罚，他们当然不愿意冒险去灭火。更何况趁机捕杀猎物不仅有利可图，也有趣味，他们自然趋之若鹜。出现这种情况也是在所难免的。"鲁哀公心中正焦急，听到这句话后说："这好办，传令下去，凡是救火的人就是为挽救都城立下功劳的人，一定会得到重重赏赐的！"那位大臣赶忙说："这样也不太好。现在一团糟，不清楚谁在救火，谁在追逐猎物。至于谁的功劳大谁的功劳小，也没有办法评定。况且还有一个重要的问题，现在人这么多，用这么多的财富去赏赐实在是不划算啊！"鲁哀公想想觉得也对，又开始发愁，说："那该怎么办呢？"大臣回答道："既然奖赏不行，那为什么不惩罚呢？我们可以规定，捕杀猎物者视同玩忽职守，不救火的人等同于战场上的逃兵。如果被发现，不管是谁，都要以军纪处罚，不留半点情面！这样不用花一分钱，就能达到目的。您觉得怎么样？"鲁哀公一听赞不绝口，立即传令下去。在场的人都害怕了，纷纷救火。有的脱下自己的衣服扑灭火苗；有的拿工具切断火路，防止火势向四周蔓延；有的铲土掩盖即将复燃的灰烬。不一会儿，大火就被扑灭了。

宫中这位大臣正是利用"赏罚分明需有度"这一点，抓住人们害怕受到惩罚的心理，以法治事，终于团结人心，扑灭大火。

竞争对手怕什么？竞争对手对于他的弱点一般都翼翼防护，因为如果软肋被人作为攻击的靶子应该滋味不会好受。竞争对手到底会怕什么？观察你的竞争对手，你可以找出他的弱点；研究你的竞争对手，你可以更好地出招。外表强大的对手，其实不一定浑身是铁。对方怕什么，我们就专门给他来什么。抓住对方的心理弱点，攻其一点，不及其余，从而达到目的。

东汉末年，曹操势力比较大，而刘备和孙权的势力非常弱，为说服周瑜联合抗战，诸葛亮认为，如果只泛讲一通孙刘联合抗曹的意义，只怕难于奏效，于是他巧用激将之法去激怒周瑜，促其下定决心。诸葛亮说："我有一条妙计，只需将两个人送给曹操，其百万大军必然卷旗而撤。"周瑜闻言急问此二人是谁？诸葛亮说："曹本好色，听说江东乔公有女大乔、小乔，美丽动人，曹发誓，'要得其二乔，以娱晚年'。观曹兵百万，进逼江南，就是为二乔而来。将军何不找到乔公，花千两黄金买女送曹？江北失此二人，就如大树飘落两叶，无损大局；而曹得二乔，必心满意足，班师回朝。"周瑜问："曹欲二乔，有何为证？"诸葛亮答："有诗为证。曹操在漳河岸上建一铜雀台，挑选美女安置其中。又让曹植做了一篇《铜雀台赋》。文中之意说他会做天子，誓娶二乔。"周瑜问："此赋可记否？"诸葛亮诵道："立双台于左右兮，有玉龙与金凤，揽'二乔'于东南兮，乐朝夕之与共。"周瑜听罢，勃然大怒，霍地站起指着北方大骂："曹操老贼欺人太甚！"诸葛亮连忙起来拦住说："过去匈奴屡犯汉朝疆界，汉天子答应派公主去和亲。现在你怎么倒舍不得两个民间女子？"周瑜说："先生有所不知，这大乔是孙策将军的主妇，而小乔则是我的妻子呀！"诸葛亮赶忙做出诚惶诚恐的样子说："这个我实在不知道，失口乱说，死罪，死罪！"周瑜咬牙切齿道："我与那老贼势不两立！"诸葛亮又敲边鼓说："事须三思，免得后悔。"周瑜说："我承蒙孙策将军临终托付，岂有屈身投降的道理？先前所说的，不过是想试探二位的态度。其实我自离开鄱阳湖，便有北伐之心，就是刀斧加头，也不改其志。望孔明助我一臂之力，共破曹操！"诸葛亮慷慨答应："若蒙不弃，愿效犬马之劳，早晚听凭驱使。"周瑜说："明天见了主公，便商议起兵。"

在这场精彩的谈判中，诸葛亮善于拨弄对手弱点的战术发挥到了极致。周瑜是对孙权决策影响最大的人物，一旦抗曹开始，他必然也是主帅，诸葛亮必须调动起他的强烈抗曹愿望。于是异想天开地利用曹植《铜雀台赋》中的句子，诳称曹操有染指孙策遗孀大乔和周瑜妻子小乔的念头。这不啻在周瑜最敏感的部位砍了一刀，把一个故作深沉、正得意扬扬地对诸葛亮大演其戏的周郎刺得顷刻之间离座而起，将自己与曹操势不两立的意愿和盘托出。诸葛亮就此圆满完成了出使江东的重要使命，真可谓高明！

只有将言语真正地击到对方的痛处，对方才会甘心降服于你，从而达到理想的办事效果。

先找理由，恐吓也需要有凭据

恐吓的前提之一便是气势汹汹的样子要装得像模像样。只有对方产生了怯意，才能将对方唬住。

鬼谷子在《本经阴符七术》里说的关于威慑对手的方法，大致的意思是发挥盛大的威力，依靠内部充实坚定；内部充实坚定，威力的发出便没有什么可以抵挡；没有什么抵挡，就能以发出的威力震慑对方，那威势便像天一样壮阔。

显然，在鬼谷子看来，威力与兵力是密切相关的，威力是兵力的显示，兵力是威力形成的基础。以兵力为后盾的威力发挥，既可以增强己方队伍思想和行动的一致性，从而增强兵力，同时也能威慑对手，从而打乱其阵势。如果离开相应的兵力基础去使用威力，就无法达到预期的目的，而且还会增加困难和陷自己于危险的境地。

东汉时的廉范是战国时赵国名将廉颇的后代，曾经做过云中太守。当时正值匈奴大规模入侵，报警的烽火天天不断。按照旧例，敌人来犯如超过五千人，就可以传信给邻郡。廉范手下的官吏想要传布檄文，请求援助。廉范没有同意，而是亲自率领仅有的少数部队，前往边境抵御来犯的匈奴骑兵。

匈奴人多势盛，廉范的兵力比不过匈奴，正巧日落西山，廉范命令战士们每人将两根火炬交叉捆在一起，点燃其中的三个头，另一头拿在手中，分散在营地和营地周围列队，顿时火点如同满天的繁星，很是壮观。匈奴军队远远望见汉军营地扩大，火烛甚多，以为来了许多援军，大为惊恐。廉范对部下说："现在我们的谋略是，乘黑夜用火去突袭匈奴，使他们不了解我们究竟有多少人，这样他们肯定会吓得魂飞胆丧，我们就可以把他们全部歼灭。"

清晨敌人将要撤退的时候，廉范命令部队直奔匈奴营地，正赶上天刮起大风。廉范命令十几人拿着战鼓埋伏在匈奴营房后面，同他们约定，一见大火燃烧，要一边击鼓，一边呼叫。其他人都拿着兵器和弓箭，埋伏在敌营大门的两边，廉范于是顺风放火，前后埋伏的人击鼓的击鼓，呐喊的呐喊。匈奴军队猝不及防，乱作一团，慌乱之中自相践踏，死亡上千。汉军又趁势追杀，歼敌数百名，取得了重大胜利。从此以后，匈奴再也不敢侵犯云中了。

恐吓的前提之一便是气势汹汹的样子要装得像模像样。只有对方产生了怯意，才能将对方唬住。一个胆小自卑的人无法使用恐吓，弄不好还会害了自己。以小充大，以弱充强，说到底是勇气的较量，意志的搏斗。

王莽当了大司马，位极人臣，还需要什么呢？他想要个更高的名号。他想要代替辅助周成王的那个圣人周公姬旦，周公居摄六年，替周成王处理国事三年，制礼作乐，天下太平。南方越裳国派人给周公献上白雄。王莽为了冒充周公，暗示别人叫塞外夷人来献白雄。王莽趁机将白雄送给宗庙作祭品。

于是，王莽的吹鼓手们就借此大吹大擂，说王莽安宗庙，也像霍光安宗庙那样有功劳，当时霍光益封，王莽也应该增加三万户的爵邑。汉代数爵的等级以户数作为计数单位，所谓万户侯，就是得万户爵位的侯。所封的居民户是封侯者所统治的，这些户向封侯者纳税和服役。封的户越多，财产也越多，实力也越大。但是，这些实力都有限，天子管的郡，大的如汝南郡，达四十六万多户。诸侯国，小的如广阳国、泗水阅，都只有两万多户。封霍光达三万户，已相当于一个小郡、小国，其他人封侯，多数是几百户、几千户。

王莽亲信们先将王莽比喻为霍光，再进一步比萧相国萧何，萧何是刘邦时的名相。再用"白雄"的瑞符，把王莽比作周公。所谓"白雄之瑞，千载难符"。既然王莽与周公有相同的瑞符，那么就应该增加封邑，赐予尊号，王莽早就拟好了尊号，叫"安汉公"。王莽亲信说，只有赐号"安汉公"，才"上应古制，下准行事，以顺天心"。

太后同意了。王莽如果因此就接受了，那还可能出现麻烦。为了得到，故意推辞，这是《老子》哲学的"将欲取之，必先予之"的灵活应用。世俗都贪利，辞却有利的事就会在社会上产生轰动效应。当官是有大利的，读经就是为了做官。皇帝如果来征召，那是一般人巴不得的大喜事。

"敲山震虎"的效果毋庸置疑，但也要知道，敲山之前要先打探好老虎住在哪座山里。

气势第一，关键时刻要壮胆

在博弈过程中，即使自己没有自信一定会赢，也要先有气势，以免先输了阵势。

孙子认为，善战者最重视气势，而不过分苛求每个士兵之强弱。而我们生活中也能经常发现以势取胜的经验。爱看足球比赛的人都知道，足球比赛有一句至理名言，那就是"足球是圆的"。它的意思是说球场上风云变幻，胜负并不全依强弱而定。那么，是什么因素使得足球比赛具有这样的魅力呢？无疑，其中一个特点就是气势。所谓"主场之利"，指的就是主队士气上升，具有了气势，在这样的情况下，往往有超水平的发挥。

中国古代战场上双方对垒时，都会擂起战鼓，声音越高，士气就越旺盛，士兵斗志越强。鲁国与齐国打仗，就先让齐国擂鼓，开始时，鼓声惊天动地，齐军士气高昂，鲁军按兵不动。渐渐地，齐军战鼓声越来越小，士气也就渐渐低下去，这时鲁军猛敲战鼓，一鼓作气，将齐军打败。你的声音就是你天生的武器，只要你表现出勇气十足，你的勇气就来了。表现勇敢则勇气来，退缩则恐惧来。宏大而响亮的声音，可以给对手有信心的印象，自己也能借此产生坚强的信心，进而获得意料不到的效果。在辩论或争吵中，有人会不由自主地提高自己的嗓音，以期盖过对手，这就是对"嗓音可以增强信心"的本能利用。

下面介绍一些壮胆的办法，以便在关键时刻不畏恐吓或敢于恐吓对方：

一、在胆怯或自卑时，找出对手的弱点，先在心里将对手打倒是一种方法

在感到对手的威吓时，就去找出对手可笑的地方，当你想着他的可笑时，压迫感、胆怯感就会全都消失了。假如在你目所能及的范围

内挑不出对手的毛病，那就想象一下他在其他场合的卑微，这样也会把对手从权威或力量的宝座上硬拉下来。比如，分公司里为所欲为的董事长，到了总公司的董事会上，可能只是本座的小角色罢了；他回到家里，也可能是一个在太太面前抬不起头来的惧内先生；在娱乐场合，又可能只是一个被孩子欺负而无还手之力的父亲。

假如只看见对手的优点，往往容易高估对手，而产生难以应付的意识，可只要想到对手和我们一样，不过一个人而已，再想象一下他的卑微与毛病，你就不会再胆怯或自卑了。

二、尽可能大声说话，武装自己的心理，制造压倒对方的气势

宏大而响亮的声音，可以给对手有信心的印象，自己也能借此产生坚强的信心，进而获得意想不到的效果。在辩论或争吵中，有人会不由自主地提高自己的嗓音，以期盖过对手，这就是对"嗓音可以增强信心"的本能利用。

小男孩夜里走过墓地时，愉快而大声地吹口哨，为的也是壮胆，通常他就这样克服了经过墓地的恐惧，因为他"吹起了"自己的勇气。

你的声音就是你天生的武器，只要你表现出勇气十足，你的勇气就来了。表现勇敢则勇气来，往后退缩则恐惧来。

三、用你的眼睛盯视对方眼手等某一身体部位，给对方以压迫感

比如一对恋人闹矛盾时，为了证明自己观点的正确，当言语已无法奏效时，明智的人就会改用双眼集中于对方的眼睛，让自己的恼怒和要求通过这种注视传导给对方，"此时无声胜有声"。这样可以给对方一种心理上的压迫感，并可避免语言冲突时双方不冷静、易冲动的心理状态。

其实，在任何竞争中，这种"一点突破"的战术是颇为有效的。所谓"一点突破"就是聚集一切力量，朝向对手最弱的部位猛力攻击。比如，在对话中，你的眼睛不妨直视对方身体的某一部位。这样不但不会受到对方制造出来的压迫感的威胁，而且，还能令对方不得不转移注意力于被盯视的那一个部位。换句话说，你的视线不仅可使对方的态度失去平衡，并能分散对方的意识。此外，你也能造成一种迫使

对方心慌意乱的局面，借此收到处境转好的效果。

四、相持中，身体要摆好架势，震慑对手

在双方对垒时，人的形体动作也是增强信心的一种武器。俄国大作家屠格涅夫的散文《麻雀》写了这样一件小事：

一只小麻雀从树上掉了下来，飞不动了，猎狗看见了，便跑过去。这时，一只老麻雀从树上飞下来，挡住了小麻雀，并冲着猎狗张开了全身的羽毛，恶狠狠地盯着猎狗，猎狗竟然呆住了。

麻雀其实也是在本能中利用自己的羽毛、动作、眼光这一切天生的武器向猎狗示威，驱除自己的恐惧。

体育比赛中，运动员有时为了增强战胜对手的信心，会有意识地昂首挺胸，做出不畏一切的样子。谈判中，这样这也能产生震慑对手的效果。

五、占据背光位置，可产生威慑效果

站在反光线的位置上，不但可给予对方有目眩的物理效果，同时也能产生各种不同的心理影响。在背光位置上站立的形象，正如同摄影一样，让对方无法认清自己的表情。相反的，对方的形象却被阳光照遍，因而暴露了身体的每一部分，仅凭这一点，就会使劲敌惶恐不安了。何况，置光于后的形象，也能与光融合为一体，使对方对自己产生比实物更大的印象，由于这种后光照射的状态，方能使自己在精神上压倒对方。

只要考虑到这种原理，那么，即使自己不站在受光的位置上，也不要站在感受不到光线的阴暗里。为的是在对方似乎更为强大时，利用光线的效果，从心理上战胜对方，确保优越的地位。

捧中含恐，恐吓可以在赞美中带出

一味地迎合捧场往往会被认为是软弱的表现，在适当的时候进行

恐吓，也会让不知趣的对方有所顾忌。

"厚黑大师"李宗吾对"捧"与"恐"的关系颇有见解，他在论述旧官场时说：

"恐吓，是及物动词。这个词的道理很精深，我不妨多说几句。'官'这种东西，该是何等宝贵，能轻易给人吗？有人把'捧'字做到十二万分，还不能生效，这就是缺少'恐'字的功夫。凡是当权的那些大人物，都有软处，只要找到他的要害，轻轻点一下，他就会大吃一惊，立刻把官儿送来。学者须知，'恐'字与'捧'字，是互相结合着用的。善恐者，捧之中有恐，旁观的人看他在上司面前说的话，句句是阿谀逢迎，其实在暗地击中要害，上司听了，汗流浃背。善捧者，恐之中有律，旁观的人看他傲骨铮铮，句句话责备上司，其实听的人满心欢喜，骨节都酥软了。这就是所谓的'心领神会，在于各人'，'高明的木匠能教人按规矩做，却不能告诉你技巧'。这就要求做官的人细心体会，最要紧的是用'恐'字的时候，要有分寸，如果用过度了，大官们恼羞成怒，作起对来，岂不就与求官的宗旨相违背？这又何苦呢？不到万不得已的时候，'恐'字不能轻易使用。"

历史上的"杯酒释兵权"，就是典型的先捧后恐的成功之例。

赵匡胤从后周手中抢过皇位之后，带领手下将士南征北战，基本上统一了中原一带。后又平灭了南唐，江山一统，天下太平，渐渐觉得那些战时曾流血卖命的把兄弟们无用起来。他们不但与自己分享荣华富贵，而且个个手握兵权，若一旦有哪个嫌自己官位不够高造反了，局面就难收拾了。但要向众兄弟下手，又怕天下人气愤。且每位兄弟手下都有一大批亲信，若向众弟兄下手，激起他们手下叛乱，自己的皇位也坐不稳。怎么办呢？想来想去，他想到了酒。以酒掩盖，让众兄弟交出兵权。大家若照办，这事就解决了。若有人发难反对，就用醉酒疯话掩过去。

第二天，他召来手握兵权的把兄弟们，饮酒谈笑，开怀痛饮，直喝到红日西沉，个个眼亮脸红。赵匡胤看差不多了，于是讲起往事，最后叹一口气说："若永远生活在那段日子里多好！白天厮杀，夜晚倒头就睡。哪像现在这样，夜夜睡觉不得安宁。"众兄弟一听，关心地问：

"怎么睡不稳?"赵匡胤说:"这不明摆着吗，咱们是把兄弟，我这个位子谁也该坐，而又有谁不想坐呢?"大家面面相觑，感到事态严重起来，想到刘邦得天下后逐个杀功臣的历史旧事，一个个胆战心惊，跪在地上说:"不敢。"赵匡胤看预期效果达到，顺势穷追下去，说:"你们虽然不敢，可难保手下人不这么想。一旦刀施加在你们身上，就由不得你们了。"大家一听，明白赵匡胤已在猜忌大家了。吓得在地上叩头不敢起身，求赵匡胤想个办法。赵匡胤说:"人生苦短，大家跟我苦了半辈子，不如多领点钱，回家过个太平日子，那多幸福。"大家忙点头说:"照办。"第二天，旧日的那些功臣们一个个请求告老还乡，交出兵权，领到一批钱，回家过富翁生活去了。

只捧不恐会让对方自觉有恃无恐，答不答应要看他高不高兴，主动权在对方手中;而捧中加恐，主动权在我们手里，捧字只用作台阶，让对方不失面子，实质上他是非顺从不可的。

有位女子其丈夫是海员，长期漂泊在外，孤独和寂寞陪她度日。白天上班还好说，一到晚上便焦躁不安。为了消磨时光，她报考了夜大。第一次上课，发现丈夫中学时的一位同学也坐在教室里。此同学与丈夫相处不错，因此跟她自然亲近起来。没料到这位同学却暗暗打起她的主意来。女子觉察到这位同学的不良动机，于是十分严肃地对他说:"俗话说，'朋友之妻不可欺'。你是我丈夫的朋友，他平时对你那么好，要是我告诉我丈夫，不知他会怎么对你啊?"同学一听，大惊失色:"你可……可千万别这样!"一味地迎合捧场往往会被认为是软弱的表现，在适当的时候进行恐吓，也会让不知趣的对方有所顾忌。要记得，恐和捧并不是孤立分开的两个对立面，捧中有恐，才是妙计。

借题发挥、虚张声势

虚张声势，是先赢气势，让对方后退一步，以此让自己占有优势。

虚张声势与假痴不癫相反，不是示弱而是示强，如俗语说，是"提虚劲"，或者说是"打肿脸充胖子"，借以威胁、吓唬敌人。示强的目的是要告诉人家"我要来打你啦，你还不走吗？我可是力量非常强大啊！"所以这是一种恐吓之计。

此计用在军事上，指的是自己的力量比较小，却可以借友军势力或借某种因素制造假象，使自己的阵营显得强大，也就是说，在战争中要善于借助各种因素来为自己壮大声势。

无人不知张飞是一员猛将，而且还是一个有勇有谋的大将。刘备起兵之初，与曹操交战，多次失利。刘表死后，刘备在荆州，势孤力弱。这时，曹操领兵南下，直达宛城，刘备慌忙率荆州军民退守江陵。由于老百姓跟着撤退的人太多，所以撤退的速度非常慢。曹兵追到当阳，与刘备的部队打了一仗，刘备败退，他的妻子和儿子都在乱军中被冲散了。刘备只得狼狈败退，令张飞断后，阻截追兵。

张飞只有二三十个骑兵，怎敌得过曹操的大队人马？那张飞临危不惧，临阵不慌，顿时心生一计。他命令所率的二十名骑兵都到树林子里去，砍下树枝，绑在马后，然后骑马在林中飞跑打转。张飞一人骑着黑马，横着丈二长矛，威风凛凛地站在长板坡的桥上。

追兵赶到，见张飞独自骑马横矛站在桥中，好生奇怪，又看见桥东树林里尘土飞扬。追击的曹兵马上停止前进，以为树林之中定有伏兵。张飞只带二三十名骑兵，阻止住了追击的曹兵，让刘备和荆州军民顺利撤退，靠的就是这"树上开花"之计。

在日常生活中，虚张声势也不无作用。最典型的如人们常爱讽刺的"名片效应"：官衔职务一大堆、理事会员一大串，这面印了印那面，实在不够再翻篇。说穿了，还不是虚张声势，借以吓人。

希尔顿是世界著名的大饭店，他的创始人希尔顿先生曾是一名军人，曾参加过第一次世界大战。大战结束后，退伍回家的希尔顿在德克萨斯州寻求发财的机会，最后买下了莫希利旅店，从此翻开了希尔顿王国辉煌的第一页。创业之初，资金匮乏，举步维艰。特别是在修建达拉斯希尔顿饭店时，建筑费竟然需要 100 万美元，希尔顿一筹莫展，急得像热锅上的蚂蚁，后来他灵机一动找到了卖地皮给他的房地产商人杜德，告诉他说："如果饭店停工，附近的地价将大大下跌，假如我告诉别人饭店停工是因为位置不好而将另选新址，那你的地皮就卖不了好价钱了。"杜德仔细一想，果然如此，他当然不会让自己陷入这般困境，于是同意帮助希尔顿将他的饭店盖好，然后再由他分期付款买下。希尔顿在进退两难之际，巧妙地运用威慑战术，最终说服了地产商杜德乖乖地接受了他的要求，帮助他建好了饭店。希尔顿此举并未花费太大的代价，只是虚张声势，稍费了些口舌，就"不战而屈人之兵"，如愿地达到了自己的目的。

平常能够运用威慑战术的地方有很多，除了虚张声势外，还可以利用对方做贼心虚的心理，借题发挥，以此来威慑对方，从而达到"不战而屈人之兵"的效果。

南唐时候，当涂县的县令叫王鲁。这个县令贪得无厌，财迷心窍，见钱眼开，只要是有钱、有利可图，他就可以不顾是非曲直，颠倒黑白。在他做当涂县令的任上，干了许多贪赃枉法的坏事。

常言说，"上梁不正下梁歪"。这王鲁属下的那些大小官吏，见上司贪赃枉法，便也一个个明目张胆地干坏事，他们变着法子敲诈勒索、贪污受贿，巧立名目搜刮民财，这样的大小贪官竟占了当涂县官吏的十之八九。因此，当涂县的老百姓真是苦不堪言，一个个从心里恨透了这批狗官，总希望能有个机会好好惩治他们，出出心中怨气。

一次，适逢朝廷派官员下来巡察地方官员情况，当涂县老百姓一看，机会来了。于是大家联名写了状子，控告县衙里的主簿等人营私舞弊、贪污受贿的种种不法行为。

状子首先递送到了县令王鲁手上。王鲁把状子从头到尾只是粗略看了一遍，这一看不打紧，却把这个王鲁县令吓得心惊肉跳，浑身上下直打哆嗦，直冒冷汗。原来，老百姓在状子中所列举的种种犯罪事实，全都和王鲁自己曾经干过的坏事相类似，而且其中还有许多坏事都和自己有牵连。状子虽是告主簿几个人的，但王鲁觉得就跟告自己一样。他越想越感到事态严重，越想越觉得害怕，如果老百姓再继续控告下去，马上就会控告到自己头上了，这样一来，朝廷知道了实情，查清了自己在当涂县的胡作非为，自己岂不是要大祸临头！

王鲁想着想着，惊恐的心怎么也安静不下来，他不由自主地用颤抖的手拿笔在案卷上写下了他此刻内心的真实感受："汝虽打草，吾已惊蛇。"写罢，他手一松，瘫坐在椅子上，笔也掉到地上去了。

有时沉默也是一种威慑力

沉默也是一种语言，其威慑力足以让人不知所措。

很多时候，沉默不语是懦弱的象征，是失败的前兆，特别是在发生矛盾、双方争辩的时候，往往言辞激昂的一方被认定为理由充分，而声音微弱，陈词结巴的一方大多是理亏，结果也就不言而喻了。

但是沉默也是一种语言，其威慑力足以让人不知所措。除了借题发挥，虚张声势外，沉默也是一种威慑。沉默的人总让人感觉到一种威慑力。

陆象先是唐朝末年的宰相。都说宰相肚里能撑船，陆象先的气度确实不小，喜怒都不形于色，让人无法揣摩。陆象先早年担任过同州刺史。在他担任刺史期间，有一天，陆象先的家童在路上遇到了他的下属参军，但是这个家童没有下马。在那个时候，奴仆见到当官的人不下马，是不礼貌的行为。虽然家童没有下马是不礼貌，可是这也并不是什么非常严重的事情。因为这个家童未必认识那位参军，就算认识，也许家童是压根没看到那位参军呢！可是，这个参军却非常生气。他大发雷霆，拿起马鞭就狠狠地抽打了那个家童一顿。可能是为了显示自己并不畏惧刺史大人，所以这个参军打完家童后，还挑衅似的跑到陆象先的府上，对他说："下官冒犯了大人，请您免去我的官职。"参军这么说的言下之意就是如果你因为这件事免去了我的官职，那就说明你袒护家童；而你如果不免去我的官职，那就证明你这个长官好欺负。陆象先早就知道了事情的经过，于是答复参军说："身为奴仆，见到做官的人不下马，打也可以，不打也可以；下属打了上司的家童，罢官也可以，不罢官也可以。"说完这句话，陆象先就把这个参军晾在一边，根本不管他了。参军一个人在边上站了半天，也不知道陆象先到底是什么意思，也揣摩不透陆象先的态度，于是只好灰溜溜地退了出去，从此收敛了很多。

交际中常有这样的情况：虽然声音最大、吵得最凶，往往也有十分害怕的痛点，选其痛点为突破口，则可一举击败对方。

某税务人员接到举报去查封一家偷税的烟店。当税务人员一开口询问有关的情况时，老板就大声地指责税务人员偷听偏信，并大骂同行嫉妒他、诬陷他，那劲头仿佛是税务人员得罪了他，得被他数落似的。但这位税务人员从他丰富的工作经验中得知越是这种人越有问题。于是不与他正面冲突，只平淡地丢下一句："你先别吵，过几天我们带几个人来查查再作结论。"烟商对这话越发摸不到底，只好强作欢颜地送客了。税务人员嘱咐住在烟店对面的一位正直的朋友暗中注视他家的动静，一有情况立即打电话通知。当天晚上烟商用一辆平板车装了20多箱香烟准备转移，被及时赶来的税务人员当场查获。

如果税务人员和这烟商刀对刀、枪对枪地干起来，最终只能落入烟商的圈套，既不能完成任务，也不能制取对方。在这场对抗中，成功的关键就是在打草时不图张扬，只此一句，却起到了真正的惊吓作用。如果太过吓唬，对方不但不会接受，而且会以为你在吓他、唬他，于是在心理上会产生对你的怀疑和防范。

人们在日常生活中不可避免地会有各种摩擦、冲突。在你不想让矛盾激化、摩擦升级而又想吓阻对手的时候，你就可以学学这种方法：给对手一种缓和些的威胁或是沉默，也就是说用对手无法揣度的态度去威慑对手。

汪青一直想做一个温和的母亲，这也一直是她努力的目标。但有时候，面对孩子的纠缠和哭闹，要始终保持温和并非易事。更多的时候，汪青采取"冷处理"的办法。无论宝贝怎么哭喊，她就是沉默不语。有时候自己的沉默对于做错事的孩子也有一种威慑力量，说不定比发火还有用。

前两天，汪青的孩子多多从幼儿园回来也不知怎么就开始不顺心，怎么都不成。你说一他偏要二，你给东他非要西。说他两句，小子就来眼泪攻势。无奈，汪青索性不理他，让多多在屋里哭，而自己躲到厨房去做饭。他哭了一阵子，看妈妈没反应，声音渐渐小了。过了一会儿，就悄悄在厨房旁边探头探脑，汪青还是没管他。他一会儿走开，一会儿又回来张望两下，非常小声地叫"妈妈"。如此反复了三四次，这个小子终于走过来，拉拉汪青的衣角说："妈妈，对不起！我刚才错了！"汪青当然什么怒气都没了，抱起多多，亲亲他，于是，一切都风平浪静了。

第二十章
他人的愤怒能帮助你胜利

"激将法"本指用刺激性的话使将领出战的一种方法，后泛指用刺激性的话或反话鼓动人去做某事的一种手段。激将法就是利用别人的自尊心和逆反心理积极的一面，以"刺激"的方式激发其不服输的情绪，将其潜能发挥出来，从而达到不同寻常的说服效果。利用别人的情绪波动，从而影响他的行为，以达到自己的目的，就是激将法的目标。

用好情绪化，你离成功就不远了

激将法就是利用别人的自尊心和逆反心理积极的一面，以"刺激"的方式激发其不服输的情绪，将其潜能发挥出来，从而达到不同寻常的说服效果。

激将法是人们熟悉的计谋，既可用于己，也可用于友，还可用于敌。激将法用于己的时候，目的在于调动己方将士的杀敌激情。激将法用于盟友时，多半是由于盟友共同抗敌的决心不够坚定。诸葛亮对吴用便是此计。激将法用于敌人时，目的在于激怒敌人，使之丧失理智，做出错误的举措，给己方以可乘之机。激将法也就是古代兵书上所说的"激气"、"励气"之法和"怒而挠之"的战法。前者是对己和对友，后者则是对敌。

诸葛亮奉刘备之命到达江东劝说孙权共同抗曹，鲁肃带他前去会见孙权。诸葛亮见孙权碧眼紫髯，一表人才，自知难以用言语说动，便打定主意要用言语激他。寒暄之后，孙权问道："曹兵共有多少？"诸葛亮答："马步水军，共一百余万。"孙权不信。诸葛亮说："曹操在兖州时，就有青州军二十万；平定河北，又得五六十万；在中原招新兵三四十万，现在又得荆州兵二三十万。如此算来，曹兵不下一百五十万。我只说一百万，原因是怕惊吓了江东之士。"鲁肃听后大惊失色，一个劲向诸葛亮使眼色，诸葛亮却假装看不见。孙权又问："曹操部下战将，能有多少？"诸葛亮说："足智多谋之士，能征惯战之将，不下一二千人！"孙权道："曹操有吞并江东的意图，战与不战，请先生为我下决心。"诸葛亮说："曹操取得了'官渡之战'的胜利，又新破荆州，威震天下，现在即使有英雄豪杰要与他抗衡，也没有用武之地，所以刘豫州才逃到这里。希望将军您量力而行。如果能以吴、越之众与他抗衡，就不如早一点与其绝交；如果不能，为什么不依众谋士的主张，向他投降呢？"

孙权道："就如您所说的，那么刘豫州为什么不投降曹操呢？"诸葛亮说："当年的田横，不过是齐国的一名壮士罢了，尚能笃守节义，不受侮辱，更何况身为王室之胄、英才盖世、众士仰慕的刘豫州。事业不成，这是天意，又岂能屈处人下？"孙权听了，不禁勃然大怒，退入后堂。众人都笑诸葛亮不会说话，一哄而散。鲁肃则一个劲埋怨诸葛亮，批评他貌视孙权。诸葛亮笑道："我自有破曹良策，你不问我，我岂能说？"鲁肃听罢，赶紧跑到后堂告诉孙权。孙权回嗔作喜，又出来与诸葛亮相见，并设酒宴款待。经请诸葛亮一番实事求是地分析，孙权果然进一步坚定了抗曹决心。

日本有一家公司，公司名字缩写为 SB 主要生产咖喱粉。有一段时间，这家公司的产品滞销，堆在仓库里卖不出去，眼看企业就要破产了。面对这一危机，大家都在想方设法进行促销，可是一切手段都施展出来之后，咖喱粉销售量还是上不去。

该公司的经理一个个都"下了课"，连续换了三任经理。这时，受命于危难之际的第四任经理田中走马上任了，可他还是没有什么好办法。大家都清楚，产品卖不出去的原因就是顾客对 SB 公司的牌子很陌生，很难注意到有这种产品。由于没有足够的资金，大量做广告是不现实的，但如果不拼死去做一次广告，无异于坐以待毙。

那么做怎样的广告呢？有一天，田中经理在办公室里翻阅报纸，有一条新闻吸引住了他。这条新闻说有家酒店的工人罢工，媒体进行了追踪报道，最后罢工问题圆满解决，酒店恢复营业，原先不景气的生意，现在变得异常兴隆。在日本，劳资双方的关系一般都比较和谐，一旦出现罢工就会成为新闻的焦点。田中看着看着，大脑里突然有了主意：这家酒店之所以生意兴隆，就是因为新闻媒体无意之中给炒起来的……

这样，一个巧妙的想法在他的头脑里形成了。他悄悄地叫来几个干将，关上房门后吩咐了一番。几天之后，日本的几家大报如《读卖新闻》、《朝日新闻》等刊登出了这样一则广告："SB公司专门生产优质的咖喱粉，为了提高产品的知名度，今决定雇数架直升飞机到富士山撒咖喱粉，在这山上，人们将只能看到咖喱粉的颜色了。"这是一条令全日本人都感到震惊的消息。在日本，富士山既是一大名胜，又是日本国家的象征。在这样神圣的地方，居然有公司胆敢撒咖喱粉？

真是岂有此理！SB公司的广告刚刚刊出，国内舆论一片哗然。很多人都知道SB公司在故弄玄虚，但是对如此的言辞仍然难以忍受，纷纷指责SB公司。本来名不见经传的SB公司，连续好多天在各种新闻媒体上成为大家攻击的对象。有的人甚至放出话来，如果SB公司胆敢如此做的话，我们一定叫它倒闭！

在一片声讨浪潮中，SB公司的名声大震。当临近广告中所说的在富士山撒咖喱粉的日子的前一天，原先发表过SB公司广告的报纸都刊登出其郑重声明："鉴于社会各界的强烈反应，本公司决定取消在富士山撒咖喱粉的计划。"

当人们欢庆自己的胜利时，田中和SB公司的员工们也在欢庆胜利。经过这样一番折腾，全日本的人都知道有一家生产咖喱粉的SB公司，并且误以为这是一家实力超群、财大气粗的公司。很多小商小贩都纷纷投到SB公司的门下，大力推销其咖喱粉。而该公司的咖喱粉一时间成了畅销产品。

田中经理的一招妙棋救活了一家公司。目前这家公司的产品在日本国内市场占有率高达50％。

在商战中，如果想使自己的产品卖出好价钱，知道对方是个心烦气躁的人，用激将法最容易使人就范。同样，在产品的销售过程中，用"怒而挠之"的方法，同样也可以刺激对方的自尊心和虚荣心，使其理智程度降低，从而达到自己的价格目的。

"怒而挠之"之法的关键是"挠"，要对情绪容易激动的人来"挠"。一般说来，年纪轻的要比年纪大的易"挠"些，见识少的要比见识多的易生气些；越是讲究衣着打扮的、好争高比强的、地位较高、受人尊重的人越怕别人看不起。某种职业、某些人群在性格上具有某些不同的性格特征，激将法在这些人身上就会有不同的效应。

你只要掌握了"怒而挠之"的激将法，那无疑对你的推销技巧或是购买技巧是莫大的帮助和补充。

这种战术源于顾客的好胜心理。各个消费者的购买动机并不完全相同，有的为满足新、奇、怪、美的心理需要，也有一种为满足自己的好胜心理的。在某商店里，一对外商夫妇对一只标价3万元的翡翠戒指非常感兴趣，但因为价格太贵，所以有些犹豫不决。正在这时，售货员主动走过来介绍说："某国总统夫人也曾对它爱不释手，可由于价钱太贵，没买。"这对夫妇闻听此言，其好胜心理油然而生，立刻付钱买下，然后洋洋得意，感到自己比总统夫人还有钱。

所以你有商品推销给顾客，千万不能用"你不想买"而要用"你是因为没钱，买不起"来刺激他，因为前者不会刺激对方的自尊，后者却击中了他的要害，而对方为了挽回面子，也得勉强做出来让你瞧。

当然，要采取此激将法，必须注意方法和技巧，最好利用暗示，切不能够一激将人激怒了，让你吃不了兜着走，说不定要和你拼个死活呢。

在商务谈判中使用激将技巧的目的是要最终达成协议，需要强调的是，激将法使用的是一种逆向的说服对方的方法，需要较高的技巧，运用时需要注意以下几个方面：

1. 激将的对象一定要有所选择。一般来说，商务谈判中可以对其采用激将法的对象有两种：第一种是不够成熟，缺乏谈判经验的谈判对手。这样的对手往往有自我实现的强烈愿望，总想在众人面前证明自己，容易为言语所动，这些恰恰是使用激将法的理想的突破口；第二种是个性特征非常鲜明的谈判对手。对自尊心强、虚荣心强、好面子、爱拿主意的谈判对手都可使用激将法，鲜明的个性特征就是说服对手的突破口。

2. 使用激将法应在尊重对手人格尊严的前提下，切忌以隐私、生理缺陷等为内容贬低谈判对手。商务谈判中选择"能力大小"、"权力高低"、"信誉好坏"等去激对手，往往能取得较理想的效果。

3. 使用激将法要掌握一个度，没有一定的度，激将法就收不到应有的效果，超过限度，不仅不能使谈判朝预期的方向发展，还可能产生消极后果，使谈判双方产生隔阂和误会。比如，在诸葛亮智激黄忠中，如果在黄忠当众立下军令状后诸葛亮仍然以语相激，对黄忠的实力表示不信任，很可能会使黄忠认为诸葛亮根本看不起他，两人会由此产生误会。

4. 激而无形、不露声色往往能使对方不知不觉地朝自己的预期方向发展。如果激将法使用得太露骨，被谈判对手识破，不仅达不到预期的效果，使我方处于被动地位，而且可能被高明的谈判对手所利用，反中他人圈套。

5. 激将是用语言，而不是态度。用语要切合对方特点，切合追求目标，态度要和气友善，态度蛮横不能达到激将的目的，只能激怒对方。

当然，如果你想在商务谈判中抢占先机，不但要善于使用激将技巧，而且要善于识破激将法，在商务谈判中沉着应付，不为对手所激。

因人而异，施用不同激将法

《孙子兵法》中有云"能而示之不能"、"用而示之不用"、"近而示之远"、"远而示之近"、"卑而骄之"、"怒而挠之"，这样欲扬先抑的激将法在行军作战中得到了很好的应用。在我们的生活中也是一样，如果懂得善用激将法，便能化解生活中很多棘手的问题。

施用激将法，除了要考虑对方身份以外，还要注意观察对方的性格。一般说来，一个人的性格特点往往通过自身的言谈举止、表情等流露出来，快言快语、举止简捷、眼神锋利、情绪易冲动，往往是性格急躁的人；直率热情，活泼好动、反应迅速、喜欢交往，往往是性格开朗的人；表情细腻，眼神稳定，说话慢条斯理，举止注意分寸，往往是性格稳重的人；安静、抑郁、不苟言笑，喜欢独处，不善交往，往往是性格孤僻；口出狂言，自吹自擂，好为人师，往往是骄傲自负的人；懂礼貌、讲信义，实事求是、心平气和，尊重别人，往往是谦虚谨慎的人。对于这些不同性格的说话对象，一定要具体分析，区别对待。

比如对待傲气十足的人，如果他对面子看得很重而讲究分寸，你不妨从正面恭维入手，让他飘飘然，因为虚荣而顺从你的意图。这种类型的人只要你说他长得高，他便会跳起脚给你看。

诸葛亮对关羽便采取此法。马超归顺刘备之后，关羽提出要与马超比武。为了避免二虎相斗，必有一伤，诸葛亮给关羽写了一封信："我听说关将军想与马超比武。依我看来，马超虽然英勇过人，但只能与翼德并驱争先，怎么能与你美髯公相提并论呢？再说将军担当镇守荆州的重任，如果你离开了造成损失，罪过有多大啊！"关羽看了信以后，笑着说："还是孔明知道我的心啊！"他将书信给宾客们传看，打消了入川比武的念头。

1812 年拿破仑侵俄战争失败后，俄、英、普等国组成反法同盟军，开始反攻。拿破仑虽取得一些战役的胜利，但总的趋势每况愈下。法国的盟国奥地利一面积极备战，一面以停止结盟相威胁，提出了种种条件，拿破仑断然拒绝。

1813 年 7 月，拿破仑在德累斯顿的马尔哥和宫会见奥地利使者梅特涅。说了几句客套话，问候了弗兰西斯皇帝后，他面孔一沉就单刀直入："原来你们也想打仗。好吧，仗是有你们打的。我已经在包岑打败了俄国，现在你们希望轮到自己了。你们愿意这样就这样吧，在维也纳相见。本性难移，经验教训对你们毫无作用。我已经三次让弗兰西斯皇帝重新登上皇位。我答应永远和他和平相处。我娶了他的女儿。当时我对自己说：'你干的是蠢事。'但到底是干了，现在我后悔了。"

梅特涅看到对手火了，忘掉了自己的尊严。于是他愈发冷静，他提醒拿破仑说，和平取决于你，你的势力必须缩小到合理的限度，不然你就要在今后的斗争中垮台。拿破仑被激怒了，声言任何同盟都吓不倒他，不管你兵力多么强大，他都能制胜。拿破仑继续说道："我和一位公主结婚，是想把新的和旧的、中世纪的偏见和我这个世纪的制度融为一体。那是自己骗自己，现在我充分认识到自己的错误。也许我的宝座会因此而倒塌，不过，我要使这个世界埋在一片废墟之中。"梅特涅无动于衷。拿破仑威吓不成，就改用甜言蜜语，哄骗笼络。可是不久，奥地利加入了第六次反法同盟的行列。

很显然，在这次较量中，胜利者是梅特涅。一贯以权谋多变著称的统帅拿破仑不能控制住自己愤怒的情绪，连连失态，说些大话、气话，想借此胁迫梅特涅。相反，梅特涅却能冷静处事，不辱使命，不失时机地以言辞激怒拿破仑，使其暴露内心世界。梅特涅的话语不多，但他一则表达了对欧洲和平的看法，即取决于拿破仑；二则也得出结论，拿破仑固执己见，不思变通，在欧洲联合进攻下，其失败的命运是注定的。后来的结果真的被梅特涅言中了。

诸葛亮用兵是一把好手，诸葛亮最爱用的办法之一就是"军令状"，"军令状"实际上就是对部下不信任，"空口无凭，立书为证"，把人家的小辫子先抓在自己手里再说。不但对马谡，就是刘备的铁杆兄弟张飞、赵云，当他们去打武陵、桂阳时，诸葛亮也要人家先立军令状。更有意思的是诸葛亮在派关羽去华容道时，明明算计清楚了关羽要放曹操，也要关羽先立军令状。诸葛亮最爱用的办法之二是"激将法"，战马超之前要先激张飞，说谁也打不过马超，要请关云长来；打张郃前要激黄忠，说除了张飞谁也敌不过张郃；征孟获时又激赵云、魏延，要他们不听将令，私自出兵。"激将法"玩到后来大家也腻烦了，在第九十九回"诸葛亮大破魏兵，司马懿入寇西蜀"，孔明曰："今魏兵来追……非智勇之将，不可当此任。"言毕，以目视魏延，延低头不语。任他怎么激，魏延就是装没看见。诸葛亮在这里碰了个橡皮钉子，想必恼火得很，也暗下了杀魏延的决心。

"激将法"应用的关键在于不要被对方的虚张声势的话语吓到，找到对方的"软肋"，并将秘密点点滴滴引到舌端，对方一旦"发烧"，便会不顾一切地吐而后快，你的目的就达到了。

手法隐蔽，激将的最大关键点

"激将法"的手法之所以好用，不仅仅是因为"挑逗"了对方的敏感神经，更重要的是，这样的做法十分隐蔽，在对方还没有猜透你的真正目的的时候，就已经不知不觉地钻进你的思想圈子。

"激将法"要求做到无形无色，因为现在大家太了解"激将法"，所以只有隐蔽无形的"激将法"才会发生作用。"激将法"要起作用，必须是能够激起愤怒，而且刺激自尊这样对方才会在无意识中透露出原本不愿意说出的真相。

有两个同事在一起，一个人对另一个人说："我怎么听说，今年年底好像公司年终奖金就你没发，你去老总办公室好像还被老总骂了一顿，这是怎么回事儿？"另外一个人立刻被激怒了，"谁说我没有发？你看看，我年底的薪水加奖金一共有 2000 块呢！"这就是用激将法，你本来不知道真相，不知道他奖金有多少，这样一激，他却自己说出来了。有时候刺激他的尊严，对方反而会把真相透露出来。

再比如，我们想了解一位小姐是否结婚了，我们可以这样问她："小姐，你结婚了没？""还没。""但是我听说，只是听说而已啊，你嫁给一个赌鬼，你每次薪水一拿到手就被你老公赌光了。""谁说的，谁说我结婚了？你今天晚上和我待了一个晚上，有没有看到什么人和我在一起？"这就是激将法，我们略施小计就把小姐的婚恋情况摸了个清楚。

第二次世界大战期间，美国海军击沉了一艘德国潜艇，并捕获了德军军官汉斯·克鲁普中尉。

这艘德国潜艇是最新式的潜艇，它装备了最新研制成功的感音鱼雷，这种感音鱼雷能够根据敌方舰船螺旋桨发出的声音跟踪追击，从而将敌船击沉。由于这种新式武器的产生，使德国的潜艇战术更加猖獗，盟军为之大伤脑筋。

美军为了获取资料，好不容易击沉了一艘德军的新式潜艇，但感音鱼雷随着整个潜艇葬于海底无法揭秘，所幸的是捕获了艇上的一名海军军官汉斯中尉。汉斯是参加感音鱼雷研制工作的，并且亲自操纵过这种新式武器，要揭开感音鱼雷的秘密，必须从汉斯中尉口中获得。

负责审讯汉斯的是美国海军军官泰勒上尉。他深知汉斯是个性格倔强的纳粹党人，所以以交朋友的方式同他接触，这一办法果然有效，使汉斯对泰勒有了好感。

一个周末的夜晚，泰勒邀请汉斯到家中下棋，两人谈得非常投机。在谈话中，汉斯突然考虑到自己被俘的身份，问道："你为什么不审问我？"泰勒不屑一顾地说："你只是一个普通的军官，有什么好问的。"汉斯有些被激怒了："我是一个经过专门训练的优秀的鱼雷军官。"泰勒的态度也显得有些狂妄："你们德国的海军在世界上根本排不上号，还谈什么鱼雷！"汉斯则更加激怒了："你太瞧不起人了，我们不仅有鱼雷，还有比你们先进得多的感音鱼雷。""哈——"泰勒一阵大笑，"你是在说神话吧，世界上居然还有感音鱼雷这个东西，没听说过，你别吹牛了。""真是少见多怪。"汉斯也控制不住了，他就手画了一张感音鱼雷的草图，并详细指明了这种新式武器的奥秘所在。

这一晚，两人尽情而散，泰勒获得了感音鱼雷的资料。美军根据这个资料很快找到了对付的办法，并且用于实践之中，从而抑止了德国这种新式武器的威力。

隐蔽的"激将法"，甚至可以用反其道而行之的做法。即人们与其叫他依命令行事，不如叫他做相反的事要来得更有用。如果说到让孩子用功读书，往往引起孩子的抵触情绪，他们很容易想"我如果不念书又会怎么样呢"？而他们如果被告知"不可以抽烟"。没准好多人的心理便生出好奇的想法，想偷偷抽抽看。人类一旦被人指示或命令，就会本能地产生反抗心理。

反用这种人类心理的是日本的青岛幸男。他的选举活动是"不战而胜"。他对游说、到场演说等竞选运动一概免除，更不知何时投票选举，甚至公开声明："我并不希望你们投票给我，一点都不希望你们投票给我，我甚至可以拜托各位，我一点也不想当选。"而后迅速出发到外国去了，结果却是高票当选。

如果有人到东京迪斯尼乐园去，发现园中没有烟灰缸，因此问管理员："此地禁烟吗？"对方答复却是："不，不禁烟，烟灰请直接往下丢就行了。"但是，当你眼看周围却完全没有烟蒂，大概是因为清扫员不辞辛劳地立刻把垃圾和烟蒂迅速清除了吧！因此，游客一旦想抽烟时，反而不想在一尘不染的地面上丢下烟蒂了。

事实上，在东京迪斯尼乐园，不知是否由于这种心理作用，吸烟的人较想象中少许多。虽然平日毫不在乎地乱丢烟蒂，但一旦被人公开地说"请丢"，却反而不好意思。

对儿童的教育也是，光说"给我好好念书"，会产生反效果，偶尔可试着说："你尽量玩，没关系！"小孩一被这样说了后，也就不好意思毫不顾忌地大玩特玩了。

你如果处于拥有部属的地位的话，大概知道总是严厉训斥、大吼大叫的话，职员的工作效率不可能提高吧？偶尔也说说："不必那么认真也可以啊！"试试看！对工薪阶层，因为知道业绩等于报酬的法则，所以上司的相反言语反而激发了干劲。

所以，想叫对方做某事时，特别是不想得罪对方时，试试反面的说法，也是有效的"激将法"。

抓住时机，愤怒者最容易被激将

"能忍耐，才是长久的基石——要把愤怒视为自己的敌人。"这是德川家康留给我们的箴言，告诉我们如果能控制愤怒，能忍耐，便能长长久久。而反言之，不懂得如何控制自己情绪的人，则很容易被挫败。激将法中利用愤怒的人的混乱情绪，就可以事半功倍了。

俗话说："树怕剥皮，人怕激气。"孟子说过："一怒而天下定。"这怒因刺激而起，勇气也从胆中生，可见这"激"的功用。所谓"激将"，是指对人而说，即激发他的勇气，替自己去执行任务，对个人来说是挑拨，对团体来说是煽动，手段不同，目的一样。下面这则故事也许很有启发：

从前，有一个人特别爱吃熟透的柿子，但最甜的熟透的柿子一般都在树的顶端，为了达到目的，他不得不冒着危险上到树的最高处采摘。因为顶端的树枝较细，一根树枝折断了他失足跌了下来，幸运的是他及时抓到了一根树枝。他吊在这根树枝上，上也上不去，下也下不来，同行的村民赶快找到了梯子和竹竿，但因为过高却无济于事。这时只见一位被人们称作智者的老者捡起一个石子，朝吊在树上的人投去，大家不解地看着智者，吊在树上的人更是气得大叫："你疯了，想让我摔下去吗？"智者不语，又捡起一个石子投了过去，这时吊在树上的人变得狂怒："等我下来一定给你点颜色瞧瞧！"不可思议的是，智者第三次捡起石子朝那个人投去，而且这次比上两次出手更重，吊在树上的人忍无可忍，感到不下来出这口恶气就枉为男人。在这种想法的激励下，他用尽全身力气，调动每一根神经，终于够到了更粗的树枝，当他安全地爬下树时，被称为智者的老者已不见踪影。有人忽然悟出了其中的奥妙："其实唯一给你帮助的人正是老者，正是他的反常举动激怒你，才使你发挥出超乎寻常的潜在能力，爆发出战胜困难的勇气。"

诸葛亮率领大军北伐曹魏时，迎战的魏国大将司马懿虽然也是三国时代的名将，可是对诸葛亮灵活的战术，常常觉得无计可施。吃了几次苦头后，干脆就闭城休战，采取不理不睬的态度来对付诸葛亮。因为他认定诸葛亮远道来袭，后援补给都很不方便，只要拖延时日，消耗蜀军的力量，最后一定可以把握战机，反败为胜。

果然，诸葛亮耐不住他的沉默战法，好几次派兵到城下骂阵，企图激怒魏兵，引诱司马懿出城决战，但魏兵在司马懿的控制下，一直闷声不响。所以，诸葛亮就想出了一着"激将法"：他派人送给司马懿一件女人的衣裳，并附上一封信说："如果你不敢出城应战，就穿上这件衣裳，我们也就回去了。如果你是一个真正的勇士，希望你堂堂正正地列阵决战。"

这封充满轻视的侮辱信，果然在曹魏的军营里激起很大的反应，那些少年气盛的部将纷纷向司马懿说："士可杀不可辱，像这种欺人太甚的信公然送来，如果我们一味地沉默，未免太懦弱了。我们希望主帅赶快下令，出城和蜀军决一生死。"司马懿虽然也被激怒了，但他毕竟老谋深算，知道蜀军人人怀着建功的心愿而来，斗志昂扬，在没有力竭以前，绝不好对付；所以在紧要关头，仍勉强把心中的怒气压抑下来，讲了许多精神鼓励的话，把自己的军心稳住，终于没有让诸葛亮的计谋得逞。

想一想，当时司马懿如果不能忍一时之气，贸然出城迎战，一战而败，那么结局将会如何呢？历史是不是可能会重写？人类喜欢争斗，因为自古以来即以成败论英雄，所以人们总是宁肯进攻而不肯撤退。宁肯轰轰烈烈打到剩下一兵一卒，也不肯无声无息地被看成是没勇气的懦夫。在这种心态下，坦白说，叫人忍耐，有时只是一种安慰或奢想而已。

第二十一章
抓住"小辫子"一举击溃

心理战术是人际交往中的必要手段。在一般的社会交往中，进与退，攻和守，都要有一定的把握与心理尺度。有了尺度与标准，看准了机遇，便立刻出击，达到一击必杀的效果，就能以最小的付出得到最大的收获，让你的对手出局，再也无法逃脱或反击。

偷梁换柱，把对方依仗的铁台柱换掉

"偷梁换柱"之计虽然好用，但也要看场合，顾及道德底线。奸诈的小人终不能长久。

"偷梁换柱"是军事上常用的计谋。我们都知道，"梁"和"柱"是建造房屋时不可缺少的东西。在打仗时，军队布阵有东西南北之分，前后相对，称之为"天衡"，是军队的"大梁"，从中央两列延伸的是"地轴"，是军队的"支柱"，这种十字形的编队，不论在攻还是防上都是最有利的。因此，在编队时，要以自己实力最强的部队，作为"天衡"、"地轴"，去替代敌军。这样做，势必使敌军就地垮掉，于是就能吞并其军队。

秦始皇帝运用"远交近攻"的策略，成功地消灭了六国，统一了中国。他将武力讨伐与谋略纵横相结合，竭尽全力去削弱敌人的作战能力和战斗意志，如对齐国就是这样。

当时，齐国有一个叫后胜的人出任宰相，掌握了国家的实权。秦始皇盯住后胜，给他送去了很多贵重物品，最后将他收买了。后胜根据秦始皇的要求，把自己的部下和宾客大量送入秦国，秦国把他们培养成间谍后又送回齐国。在秦国的授意下，他们回国后大力宣传秦国的强大，迫使齐王准备停战。

后来，秦国军队逼近齐国首都临淄，竟无一人抵抗。由于间谍的作用，齐国完全丧失了抵抗意志。

秦始皇势力深入到敌方阵地，取得了巨大的成功，"偷梁换柱"之计用得精明，很有可能会换来一整片江山。

据传说，宋真宗的正宫娘娘章献皇后，聪明伶俐，好胜心强，政治手腕高明，在后宫中可谓一手遮天，连真宗也佩服她，有了为难的事便与她商量。怎奈她肚子不作主，十几年了，也没给皇上生出个儿子来。真宗为了承大统，便广召嫔妃，以求生子。其中有位李宸妃，善解人意，很得真宗宠爱。这李宸妃也很争气，待御不久，便呕酸减饭，眼见得有喜在身。

章献皇后本是个醋坛子，原本不放心真宗与嫔妃共居。但自己老不生育，也渐渐管不住真宗了。这回一听李宸妃怀孕，顿时愣在那里。李宸妃最得真宗宠爱，万一生下来的是儿子，那么封为太子无疑。将来太子登基，母凭子贵，那么太后的宝座就不属于自己了。怎么办呢？派亲信太监把李宸妃除掉？那倒一了百了。但转念一想，她觉得此事不妥，万一露了马脚，那自己立即会被打入冷宫，失去荣华富贵。就此罢手，她又不甘心，怎么办？思来想去，她突然想出一条"偷梁换柱"的计策。

第二天，她在腰上缠了些布条，看上去鼓鼓囊囊也似怀孕之状，又常装作干呕。真宗一听非常高兴，这生男孩的保险系数更大了。于是，他高兴地对章献皇后和李宸妃许下愿：生下来哪个是男的，便立太子。若都是男的，先生下来的立为太子。两人都点头答应。

自此，李宸妃的肚子天天鼓，章献皇后的布条天天加，为了实现计划，章献皇后又做了两种工作：其一，找人算卦说皇后的身孕怕命硬的人冲，所以不让皇上近身，实际上是怕皇上戳穿她的诡计；其二，加紧收买李宸妃的贴身太监阎文应。

怀胎十月，快要临产了，阎文应也被买通了，不时向章献皇后报告李宸妃的情况。一天，李宸妃腹痛生产，皇后也在床上滚起来，真宗闻听二人一起生产，快步来到后宫，先去皇后宫中一看，是一个白胖的儿子，心中大为高兴。又到李宸妃宫中，一看却生下一个狸猫，是一妖物，心中突生厌情，命人速速埋掉。李宸妃生产时疼昏过去，不知就里，醒来时见自己生了个狸猫，只有呜呜地哭，半句话也说不出来。

李宸妃既然是母凭子贵，那章献皇后便偷走太子这个支撑台子的铁柱子，换上了狸猫这种泥做的台柱，李宸妃的"台子"岂会不垮？皇后不但拆了别人的台，竟然用偷来的柱子来撑自己的台面，这台真是拆出"精"来了。这种拆台虽然巧妙，却为人所不齿。

"偷梁换柱"之计虽然好用，但也要分场合，顾及道德底线。奸诈的小人终不能长久。在实际经商活动中，"偷梁换柱"之策往往表现在两方面：一方面就是盗用名牌商标，以欺骗手段生产制造假冒伪劣商品，以获取暴利。这种事例在目前我国的商品经营活动中还是经常发生的，如前一段时间市场上曾出现的假茅台酒、郎酒、汾酒；假云烟、红塔山烟以及晋江假药等。当然这种投机经营，只能得势于一时一事，不可能也绝不会长久的。它无论是对生产者还是经营者都是不可取的。另一方面，则是反其意而用之，以变更自己的形象，在激烈的市场竞争中取胜。企业在生产初期，产品处于试制试销阶段，因而需要经常变更形象，待产品成熟定型后，再出现在消费者面前。变更的形式有：一是变更企业名称。当企业在消费者心目中信誉不佳时，往往采取改换企业名称策略，以重新树立新的企业形象；二是改变产品商标。即在产品初创，不知市场反馈如何时，采取不注册商标策略，以便在以后产品竞争力不强时，及时更新商标，等产品质量逐渐提高后，再注册商标。三是模仿名牌商标。如目前市场出现的从酒瓶包装式样到商标图案都与贵州茅台酒或四川郎酒相似的白酒等，即是利用名牌商标推销自身产品的实例。但这种模仿应该是质量过硬、价格低廉，否则消费者就不会买第二次。

"偷梁换柱"之策在商务谈判中还有其特殊的作用。即根据谈判双方都急于了解对方底细的心理，使对手上当。如故意造成疏忽的假象，让对方得知自己的底细，或将假情况遗弃在对方容易发现的地方等，给对手以假象，耗费其精力，以取得谈判的胜利。

围魏救赵，直击对手的大本营

"围魏救赵"之计是拆台不可多得的巧妙手段。围魏救赵是"三十六计"当中的第二计，它的要点在于攻击敌人所必须救援的要害地区，将敌方严阵以待的局面转变成运动分散的状态，以歼灭急行军中疲惫不堪之敌。

曹操在谋杀马腾之后，又想趁周瑜新死之际，进兵东吴，消灭孙权。就在这时，有探马向曹操报告说，刘备正在训练军队，打造兵器，准备攻取西川。曹操听后大惊，他深知刘备如果占据西川，就会羽翼日益丰满，到那时再攻刘备可谓难上加难。曹操有心攻打刘备，又怕失去灭吴的大好时机，正犹豫不决之时，谋士陈群献计说："现在刘备和孙权结为唇齿之盟，若刘备攻取西川，丞相您可以命人带兵直趋江南，孙权一定会求救于刘备。而刘备只想着西川，必定无心救援孙权。这样，我们先攻下东吴，平定荆州，然后再慢慢图谋西川。"曹操听罢，茅塞顿开，遂率领大军30万人，去进攻东吴的孙权。

面对曹操咄咄逼人的气势，孙权惊慌失措，立即命鲁肃派人前往荆州的刘备处告急。刘备收到孙权的求援信，感到左右为难：如果只取西川，不顾东吴，必定导致孙刘联盟的瓦解；如果支援孙权，放弃西川，岂不可惜？正在刘备拿不定主意的时候，刚刚从南郡赶回荆州的诸葛亮献计说："主公不必出兵东吴，也不必停止攻打西川，只修书一封，劝说马超进攻曹操，使曹操首尾不得兼顾，让他自动从东吴撤兵。"刘备闻言大喜，连忙派人带着他的亲笔书信劝说马超进攻曹操。马超是西凉马腾之子，马腾为曹操所杀，马超正切齿痛恨曹操，时刻打算杀死曹操，为父报仇。一见刘备来信，马超便率20万大军浩浩荡荡杀向关内，连续攻下长安、潼关，曹操急忙回师西北，根本无心攻打东吴了。

一幅诸侯争雄的战略态势图，实际上是一个各方力量相互牵制的

"关系网"。诸葛亮利用各方力量相互牵制的实际情况，向刘备献上"围魏救赵"的计谋，不仅挽救了岌岌可危的东吴，而且使刘备乘隙占领西川，为蜀国日后成为鼎之一足打下了基础。

同样，在经营管理方面，充分利用市场信息，预测市场需求趋势、开拓新产品、钻空档、走冷门也是"围魏救赵"的一种体现，它的核心就在于"避实击虚"。对于企业内部管理应该注重次要矛盾的合理和及时地解决，不能使其漫延，以至危及整个集体利益。

有"千岛之国"之称的印度尼西亚，是由许多岛屿组成的，因此公用电网少，小型电机由于其使用灵活方便，在这里有广阔的市场。

最初，印尼电机市场是由英国占领的，后来随着日本电机的进入，英国电机由于价格昂贵逐渐失去了市场。就在日本电机厂商以为自己马上就可以垄断市场时，福建闽东电机厂也开始参与市场竞争了。闽东电机厂是专营小型发电机的，他们的产品一进入印尼就受到了广泛欢迎，第一批投放的几千台电机被一抢而空，订单源源不断。

日本电机商人意识到闽东电机厂将是其主要竞争对手，为了及早把威胁消除在萌芽阶段，把闽东电机厂挤出印尼和东南亚市场，于是决定采用"围魏救赵"的策略。他们决定以退为进，进军闽东电机厂的大本营福州市，迫使闽东电机厂忙于应付福州市场的竞争，趁中方无暇顾及之际独占东南亚市场。

闽东电机厂为宣传自己产品形象，在福州市中心树立了大幅广告牌。日本商人与闽东电机厂谈判，要重金收买该厂树在市中心的广告牌用来宣传日本机电商品。当时闽东厂的有关领导人没有识破日本商人的险恶用心，认为一个广告牌可以卖几十万美元，竟高兴地同意了。正当要签合同时，闽东电机厂厂长从外地赶回，果断地决定放弃合同，并向日商提出愿意以几倍的价格收购日本电机商人的广告牌。日商一看计谋被识破，只得扫兴而归。后来，这位日本电机商又采用了种种方法和闽东电机厂在东南亚展开争夺，但最后都以失败告终。

在当今世界，由于世界性大市场逐渐形成，厂家竞争已变成了全方位的竞争。从产品形象、产品质量直至产品广告都不可放松，稍不留意，就有可能给竞争对手提供机会。

可见，避开表面的锋芒，声东击西，方能轻松取胜。这种妙计的效果常常令人击节赞叹，然而计策的运用确有其内在条件。"围魏救赵"

的实施要具备以下条件：

1. 施计者需要有过人的眼光和超群的才智，有广博的知识，善于观察周围的环境变化，发现对手的弱点；

2. 此计对于实力略处下风的一方尤为有效，弱势者要耐着性子，后发制人；

3. 施计者不能只满足于解围，要有更远的打算，通过调动敌人，最终打击敌人，这需要远见和勇气。

运用"围魏救赵"策略时一定要注意，它的精髓就在于避实就虚。"围"仅仅是手段，"救"才是根本性的目的，要达到"救"的目的，当然要分散对方的注意力，但是"围"是虚，"救"是实，一定要着眼于通过让对手疲于奔命，拉远敌我双方实力的差距，为随后的战略决战打下坚实的基础。要注意积蓄力量，等待时机，避免张扬，过早地暴露自己。

信息至上，制人要拿到关键把柄

抓刀要抓刀柄，制人要拿把柄。智者在对手身上发现了弱点，从不会轻易放过，而利用其弱点"拿住"他为我所用。

抓刀要抓刀柄，制人要拿把柄。智者在对手身上发现了弱点，从不会轻易放过，而利用其弱点"拿住"他为我所用。

汉代的朱博本是一介武生，后来调任左冯翊地方文官。他利用一些巧妙的手段，制服了地方上的恶势力，被人们传为美谈。

在长陵一带，有个大户人家出身的名叫尚方禁的人，年轻时曾强奸别人家的妻子，被人用刀砍伤了面颊。如此恶棍，本应重重惩治，只因他大大地贿赂了官府的功曹，而没有被革职查办，最后还被调升为守尉。朱博上任后，有人向他告发了此事。朱博觉得太岂有此理了，就召见尚方禁。尚方禁心中七上八下，硬着头皮来见朱博。朱博仔细看尚方禁的脸，果然发现有刀痕。就将左右退开，假装十分关心地询问究竟。尚方禁做贼心虚，知道朱博已经了解了他的情况，就像小鸡啄米似的接连给朱博叩头，如实地讲述了事情的经过，头也不敢抬，只是一个劲地哀求道："请大人恕罪，小人今后再也不干那种伤天害理的事了。""哈哈哈……"朱博突然大笑道："男子汉大丈夫，本是难免会发生这种事情的。本官想为你雪耻，给你个立功的机会，你愿效力吗？"于是，朱博命令尚方禁不得向任何人泄露今天的谈话情况，要他有机会就记录一些其他官员的言论，及时向朱博报告。尚方禁已经俨然成了朱博的亲信、耳目了。

自从被朱博宽释重用之后，尚方禁对朱博的大恩大德时刻铭记在心，所以干起事来特别卖命，不久就破获了许多起盗窃、强奸等犯罪活动，工作十分见成效，使地方治安情况大为改观。朱博遂提升他为连守县县令。又过了相当长一段时期，朱博突然召见那个当年受了尚方禁贿赂的功曹，对他进行了独自的严厉训斥，并拿出纸和笔，要那位功曹把自己受贿的事通通写下来，不能有丝毫隐瞒。那位功曹早已吓得筛糠一般，只好提起了笔，写下自己的斑斑劣迹。由于朱博早已从尚方禁那里知道了这位功曹贪污受贿，为奸为淫的事，所以看了功曹写的交待材料，觉得大致不差，就对他说："你先回去好好反省反省，听候裁决。从今以后，一定要改过自新，不许再胡作非为！"说完就拔出刀来。那功曹一见朱博要拔刀，吓得两腿一软，又是鞠躬又是作揖，嘴里不住地喊："大人饶命！大人饶命！"只见朱博将刀晃了一下，一把抓起那位功曹写下的罪状材料，三两下，将其劈成纸屑，扔到纸篓里去了。自此以后，那位功曹终日如履薄冰、战战兢兢，工作起来尽心尽责，不敢有丝毫懈怠。

对待"坏人"，要使他就范，就必须要拿出让他心服口服的证据来。捉贼要赃，拿奸要双，这就要求我们说话办事要有真凭实据。如果我们向对方说悄悄话，捕风捉影，纯属无稽之谈，那是很危险的，尤其是对一个人的隐私更是不可在私下信口开河，胡编乱造。

抓住对方的弱点给予打击，有如气功中点穴手段的奇妙效果。有些弱点是事先已经被我方掌握的，而有些弱点则是在对招之中对方暴露出来的，因此我们要随时发现把柄。出色的谈判家常常留意寻找对手的弱点，狠狠一击，譬如釜底抽薪，使对方的锐气顷刻消释，束手就范。

火眼金睛，耐心等待对手露出马脚

俗话说"打蛇打七寸"，同样的，制人也要抓住把柄。把柄的拿捏并不容易，要切记不要打草惊蛇，耐心等待其露出马脚。

清朝雍正皇帝在位时，按察使王士俊被派到河东做官，正要离开京城时，大学士张廷玉把一个很强壮的佣人推荐给他。到任后，此人办事很老练，又谨慎，时间一长，王士俊很看重他，把他当作心腹使用。王士俊期满了准备回到京城去。这个佣人忽然要求告辞离去。王士俊非常奇怪，问他为什么要这样做。那人回答："我是皇上的侍卫。皇上叫我跟着你，你几年来做官，没有什么大差错。我先行一步回京城去禀报皇上，替你先说几句好话。"王士俊听后吓坏了，好多天一想到这件事两腿就直发抖。幸亏自己没有亏待过这人！要是对他不好，命就没了。

为人处世，要像王士俊一样懂得矜持；交朋友也要有城府，否则会授人以柄，后患无穷。对于这一点某先生的体会颇深刻，值得分享："矜持是很多人借以保持神秘魅力的法宝，但我却常常把握不住。心里本来有什么东西，你把它当做自己看家的内涵，放得很高看得很重，仿佛你就因为它而有资本——含蓄和深沉。可一旦说出，你就没了，而若给有城府的人掌握了你的内涵，他就在你面前更有资格矜持了。因为你把内心的一块领地出卖给了人家，人家有更大的内心势力砍价了。他的大城府既然占据了制高点，他就可以在自家阳台上任意俯视你的小城府了，而且一览无余。这样，你便既不自主自在，又无神秘可言，自然也就显得不珍重！而假若你要回访别人，人家可是庭院深深深几许的，你根本没门。所以要谨防由于你的拱手相让'丧权辱国'而导致别人对你的心灵殖民！"

阿基琉斯是荷马史诗中的英雄。据说在他出生后母亲为了使他能刀枪不入，便捏住他的脚踝，把他浸入能让他刀枪不入的冥河水里，但他被母亲捏住的脚踝处却未能浸到冥河水，这成了他的致命弱点。后来在一场战斗中，他被帕里斯射中脚踝而死。

挑战者要想以弱敌强，以弱胜强，就要善于发现英雄阿基琉斯没有被冥河水浸泡过的脚踝。戴尔电脑的创始人迈克尔·戴尔对此有深刻的认识。他认为，所有强大的公司都有其弱点。通过研究竞争对手的游戏规则，就能发现将其最大的长处变为缺点的机会。要发现强势对手的致命弱点，有时候需要耐心地等待恰当的时机。

重视隐情，可以利用多次的弱点

"道高一尺，魔高一丈"，再狡猾的狐狸也会露出尾巴。对对手的弱点保好密，便可以多次利用同一个把柄抑制对手。一旦你掌握的秘密被公开以后，他便会破罐子破摔，反而毫无顾忌地对你报复。

狐狸总会露出尾巴，人人都想掩盖自己的弱点和丑处，更有些心智狡猾的人城府很深，很难让人抓住把柄。

比如，某大学生家里来客，父亲叫他去附近小店买一瓶茅台酒。待酒买回，发现是假货。父亲将假酒揣于怀中，去了小店，让店主拿过一瓶茅台酒来。父亲持酒仔细审视，并自语道："唉，这年头假茅台太多了！"店主抢过话头："你放心，我这里绝对是真货！"父亲仍叹曰："啊呀，上次我在市中心一家店铺买了一瓶，店主还不是打包票说绝对不假。谁知一打开来——是半公斤才一元钱的高粱酒！"店主道："你去找他呀！"父亲哭丧着脸说："已经过了好几天才开瓶发觉的，他还会认账吗？"店主惋惜道："你当时发觉就好了，他敢不认账！"父亲认真请教："要是当时发觉了，他还是不认账咋办？"店主指教曰："找工商局去呀！人赃俱获，他能不怕吗？"父亲见时机已到，和躲在一边的儿子招一招手，而后从怀中摸出那假酒来："那好！请你看该咋办吧？"店主一下傻了眼："对……对……对不起，对不起！我退款，我退款！"

在店主毫不知情的情况下，不自觉地就钻进了父亲设好的小圈套。实施这种技巧的关键在于"引"。"引"有两个环节：一是时机与环境。何时引，每一步引到什么程度，所引适不适合，都要考虑面临的机会和氛围；操之过急或行之迟缓，都不相宜。二是巧妙与自然。引，既然是要对手的思路按照自己的愿望发展，这就要求引者不能露出破绽，必须天衣无缝，自然会一步一步地向预定目标靠拢。

釜底抽薪，打消对手嚣张气焰的资本

所谓釜底抽薪，就是不直接去面对问题或障碍，而寻找问题或障碍存在的根源，绕道去消除根源，根源一去，问题或障碍自然就不可能再存在了。

我们在人际交往中，常会遇到很多傲气十足的"讨厌鬼"，他们往往有这样那样的资本可以依赖。如果你能针对他产生傲气的资本给予打击，便无异于釜底抽薪，拆掉了他的台子。

清朝末年，由于左宗棠不倒，对李鸿章的发展构成了很大的障碍，李鸿章想除掉左宗棠，但从何下手呢？总不能直接去把左宗棠杀了或关起来吧？

李鸿章经过分析发现：由于清政府资金紧张，左宗棠平常用来运作各种大事的资金，有相当大一部分来自于官商胡雪岩，于是他打定了主意：除左必先除胡。但胡雪岩也不能抓来杀头或关押啊，人家也没犯法。李鸿章又进一步分析胡雪岩，结果他发现胡雪岩的生意主要集中在钱庄、当铺、丝行和药店几个领域，其核心又是钱庄，因为钱庄一倒，胡雪岩的生意必然运转困难。于是，他决定先搞掉胡雪岩的钱庄。但钱庄也不能派官差去封掉啊，合法经营的钱庄，封掉会引起公愤。

于是，李鸿章行动了。他发现钱庄命脉在信用，于是他先放出风声，说胡雪岩钱庄周转不灵了，有很多人持巨额银票兑换现银，库存现银已严重不足了。风声一出，大量存户涌向胡雪岩的钱庄，排起长龙兑换现银。钱庄最终没有经受住这场挤兑，胡雪岩不得不宣告钱庄关门。钱庄一关，相关产业跟着出现问题。不久，胡雪岩全面破产，左宗棠的经济支持被撤掉，一下子陷入了困境。

在这一案例中，李鸿章经过了多次绕道：

第一次是绕开左宗棠，矛头指向胡雪岩；

第二次是绕开胡雪岩，矛头指向胡雪岩的生意；

第三次是绕开胡雪岩的其他生意，矛头指向钱庄；

第四次是绕开钱庄，矛头指向钱庄信用。

为什么要这样迂回地绕道？因为"钱庄信用"才是左宗棠这个"釜"底之"薪"。只要找到对方的源头"薪"，就能很容易地打击对手。

现代的专利战虽不是硝烟弥漫，但却残酷无情，它是打击对手、独霸市场的最有效武器。然而，任何武器都有其薄弱之处，专利最致命的弱点是它能从有效变为无效。所以常常看似强大的专利诉讼，就因其专利是无效的而冰消瓦解。

众所周知，世界上第一台电子计算机是 1946 年在美国诞生的，这台重 30 余吨、占地 170 多平方米的庞然大物最早是由埃克特和英奇勒制成的，并于 1950 年获得电子计算机的发明专利权。

美国有两家大公司从专利权人那里买下了生产电子计算机的使用权，电子计算机这个新兴产业从此兴旺起来，投资生产计算机的企业也在增多，当然，买下专利使用权的两大公司统治着市场。其中有一家汉尼威公司没有买计算机的专利使用权，也在生产计算机，这就引起这两大公司的强烈不满，并诉诸于法院。

在美国授予专利权采用的是"先发明制"，就是指按谁是最先发明的为准，不看申请时间的先后。因此，只要汉尼威公司发现比该专利更早的发明证据就可击败对手。

在法庭上，汉尼威公司陈述说，不承认两大公司是合法的专利权人。因为最早提出电子计算机发明设想的是塔内索。法院审理后判决，英奇勒和埃克特的专利无效，第一台电子计算机的发明人是塔内索。因为塔内索早在 1937 年即开始设计和制造了一台计算机模型，并提出这种机器的工作原理；而英奇勒和埃克特等人那时并没有发表任何文章，更没有样机。

就这样，汉尼威巧用釜底抽薪之计，把即将沸腾的战火熄灭了，这两大公司真是哑巴吃黄连，有苦说不出。

锅里的水沸腾，是靠火的力量。沸腾的水和猛烈的火势是势不可挡的，而产生火的原料薪柴却是可以接近的。强大的敌人虽然一时阻挡不住，何不避其锋芒，以削弱它的气势。《尉缭子》说："士气旺盛，就投入战斗；士气不旺，就应该避开敌人。"削弱敌人气势的最好方法是采取攻心战。所谓"攻心"，就是运用强大的政治攻势。吴汉在大敌当前时，沉着冷静，稳定了将士，乘夜反击，获得了胜利。这就是不直接阻挡敌人、用计谋扑灭敌人气势而取胜的例子。

宋朝的薛长儒在叛军气势最盛之时，挺身而出，只身进入叛军之中，采用攻心战术。他用祸福的道理开导叛军，要他们想想自己的前途和父母妻子的命运。叛军中大部分人是胁从者，所以自然被他这番话说动了。薛长儒趁势说道："现在，凡主动叛乱者站在左边，凡是不明真相的胁从者站在右边。"结果，参加叛乱的数百名士兵，都往右边站，只有为首的十三个人慌忙夺门而出，分散躲在乡间，不久都被捉拿归案。

这就是用攻心的方法削弱敌人气势的一个好例子。

颠覆信念，让对手希望泡汤

人活在世上，没有希望是可悲的。如果毫无希望，谁都不会有心思去搭台唱戏，苦心经营。因此，让对手不抱希望、心如死灰，他的台子便不拆自垮。

历史上，圣人孔子也在这个招数上栽过跟头，结果流亡他乡。

春秋时期，齐景公在夹谷曾受过孔子一番奚落，于是耿耿于怀。适巧自己的贤相晏婴又死了，后继无人，而鲁国此时重用孔子，国政大治，于是有些惊慌起来，便对大夫黎弥说："鲁国重用孔老头，对我国的威胁极大，将来它的霸业发展，我国必首蒙其害，这却如何是好？"

黎弥说出来计策："岂不闻'饱暖思淫欲，贫穷起盗心'？今日鲁国天下太平了，鲁定公是个好色之徒，如果选一群美女送给他，他必会照单接收。收了之后，自然日日夜夜在脂粉丛中打滚，什么孔子、庄子，怎及银子、女子，他们还会像过去那样亲密吗？这样一来，保管把孔子气走，陛下不是可以高枕无忧了吗？"

齐景公认为此计甚妙，即令黎弥去挑选若干美女，教以歌舞，授以媚容。训练成熟之后，又把一百二十匹马，特加修饰，金勒雕鞍，装扮似锦，连同那几个美女送到鲁国去，说是给鲁定公享受的。

鲁国另一位丞相胡季斯，首先听到这个消息，心里便痒不可支，即刻换了便服，坐车到南门去看，见齐国的美女正在表演舞蹈，舞态生风，一进一退，光华夺目，不禁目瞪口呆，手软脚麻，意乱神迷，已忘记了入朝议事这档子事。鲁定公也好此道，季斯乘机做向导，带他换了便服到南门去。于是"芙蓉帐暖度春宵"，从此君王不再早朝了。

孔子闻得此事，凄然长叹起来。子路在旁边说："鲁君已陷入迷魂阵，把国事置于脑后，老师！可以走了吧？"

孔子说："别忙！郊祭的时候已到，这是国家大事，如君王还没有忘记的话，国家犹有可为，否则的话，再卷包袱未迟！"

到了郊祭期间，鲁定公也循例去参祭一番，却一点诚心都没有，草草祭完，便又回宫享乐去了，连胙肉都顾不得分给臣下。孔子便对子路说："快去通知各位同学，卷好包袱，明早就离开这儿！"

于是，孔子弃官不做，率领一班学生去周游列国，过起流浪生活了。

人性的防线往往是最脆弱的，要攻垮一个人，最有效的方法，便是攻心计。

张仪为秦国破坏六国合纵而推行连横策略，前去燕国游说燕王："大王最亲近的莫过于赵国，以前赵襄子把他姐姐嫁给代王为妻，是想兼并代国。他和代王约定在句注要塞举行会盟，可是暗地却叫工匠做了一把铜制的羹斗，斗柄很长，可以用来打人。当他和代王野宴时，事先告诉厨师说：'当我们酒酣耳热时，你就把热汤端上来，然后把羹斗倒过来，用斗柄把代王打死。'果然，酒兴正浓时厨师端上热汤，为他们盛汤，然后把羹斗倒过来，用斗柄把代王打得脑浆涂地。赵襄子的姐姐知道以后，用磨尖的头簪自杀而死，所以现在还有一座摩笄山。这件事尽人皆知。

"赵武灵王暴虐冷酷，这点大王非常清楚。难道大王认为赵武灵王是可以亲近的吗？赵国以前曾出兵攻打燕国，两次围攻燕都蓟丘，威胁大王。大王割十城给赵国，向赵国谢罪，这才撤退。现在赵王已经到秦国退池朝贡，并且把河间献给秦国。

"假如大王不臣事秦国，那秦兵就会开到云中、九原，迫使赵国攻打燕国，这样易水和燕长城就不属于大王了。再说现在赵国对于秦国，就像一个郡县，并不敢随便出兵征伐。如果大王想要臣事秦国，秦王必定很喜欢，而赵国也再不敢轻举妄动。这样一来，燕国西面有强秦援助，南面却没有齐、赵之忧患，希望大王深思熟虑。"

燕昭王说："幸亏有贤卿来指教，寡人愿意率领燕国臣事秦国，并且把常山末端的五城献给秦国。"

张仪真是老奸巨猾，他除了巧于说辞之外，还工于心计，深谙心理战术，一番言语下来，就让燕王俯首贴耳，听命于他，心甘情愿地献出五城，臣事秦国。

仔细分析张仪的说服技巧，可以看出是分五步来实施的：

第一，揭赵国老底，让燕王寒心。张仪一见面便将矛头对准燕王最亲近的赵国，直言不讳地揭露从前赵襄子的老底。当年赵襄子为了达到兼并代国的目的，亲自导演了一幕"阴谋与爱情"的惨剧，毫无人道地谋杀了自己的亲姊夫代王，一举夺得代地。讲述这件典故的目的，就是让燕王对赵人感到寒心，首先在心灵上蒙上一层阴影。

第二，旧事重提，让燕王伤心。赵武灵王曾经出兵攻打燕国，从燕王手中掠夺了十座城池，这是燕王亲身经历的事。现在张仪又旧事重提，就不免勾起了燕王尘封已久的记忆，在他那已经愈合的伤口上又划上一刀，使燕王伤心，更觉得赵人真的不可依靠。

第三，告之真情，让燕王死心。张仪接下来直言相告：赵王已经到秦国退池朝贡，并且把河间献给秦国。这一消息非同小可，好像一把匕首直插燕王心窝，使他伤心之余又倍感绝望。因为燕、赵原是合纵的最好盟友，本应该共同抗秦，但赵王却背地里先他一步臣事秦国。最可靠的朋友都背叛了他，这怎不让他吃惊和失望？至此燕王的希望被彻底破灭了。

第四，胁以兵威，让燕王忧心。张仪软的使完了，又来硬的，说是如果燕王不臣事秦国，那秦兵就会收拾他，燕国江山难保，使燕王为此而忧心，这就瓦解了燕王的斗志。

第五，指示前途，让燕王宽心。张仪在恩威并施之后，又给予安抚，告之说："燕国臣事秦国之后，将没有齐、赵之忧，可以高枕而卧。"给他指出了希望所在，进一步引诱燕王，使之放宽心。至此，燕王的心理防线彻底被攻垮，无处逃遁，唯有缴械投降。

没有什么比让对方能在心底里自己颠覆了信念更有效的方法了，进攻在于攻心，心力垮掉，行动也就难有作为了。